高 等 学 校 教 材

# 电力电子技术

## 第 2 版

○ 主 编 王 勇
○ 参 编 佘 焱 孙 佳

中国教育出版传媒集团

高等教育出版社·北京

内容简介

本书是作者根据多年从事电力电子技术教学与科研工作的经验,在学习、研究国内外众多教材、论文的基础上编写完成的。

本书主要内容包括电力电子器件、基本概念、变换器电路分析和应用等。器件部分不仅介绍外特性知识,针对重点器件,更有半导体原理和模型的介绍;基本概念部分介绍电力电子电路的分析方法以及电力电子变换器中常用的磁路知识,是变换器分析的基础;变换器电路分析和应用部分系统地介绍 DC—DC、AC—DC、DC—AC、AC—AC 等电路,重点和特色章节是DC—DC、DC—AC 部分。以上三个部分为电力电子技术的应用与研究提供了理论和技术基础。

本书可作为高等院校电气工程及其自动化、自动化等相关专业的本科生教材,也可供从事相关研究的工程技术人员参考。

**图书在版编目(CIP)数据**

电力电子技术/王勇主编;佘焱,孙佳参编.--2版.--北京:高等教育出版社,2024.8
ISBN 978-7-04-061856-3

Ⅰ.①电… Ⅱ.①王… ②佘… ③孙… Ⅲ.①电力电子技术-高等学校-教材 Ⅳ.①TM1

中国国家版本馆 CIP 数据核字(2024)第 046894 号

Dianli Dianzi Jishu

| 策划编辑 王耀锋 | 责任编辑 王耀锋 | 封面设计 张申申 王 洋 | 版式设计 马 云 |
| 责任绘图 邓 超 | 责任校对 刘丽娴 | 责任印制 刁 毅 | |

| 出版发行 | 高等教育出版社 | 网 址 | http://www.hep.edu.cn |
| 社 址 | 北京市西城区德外大街 4 号 | | http://www.hep.com.cn |
| 邮政编码 | 100120 | 网上订购 | http://www.hepmall.com.cn |
| 印 刷 | 北京玥实印刷有限公司 | | http://www.hepmall.com |
| 开 本 | 787mm×1092mm 1/16 | | http://www.hepmall.cn |
| 印 张 | 25.25 | 版 次 | 2020 年 7 月第 1 版 |
| | | | 2024 年 8 月第 2 版 |
| 字 数 | 560 千字 | | |
| 购书热线 | 010-58581118 | 印 次 | 2024 年 8 月第 1 次印刷 |
| 咨询电话 | 400-810-0598 | 定 价 | 54.00 元 |

本书如有缺页、倒页、脱页等质量问题,请到所购图书销售部门联系调换
版权所有 侵权必究
物 料 号 61856-00

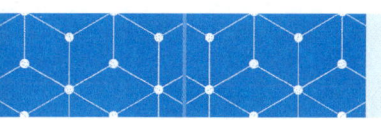

# 新形态教材网使用说明

## 电力电子技术
### 第2版

主编　王勇

参编　佘焱　孙佳

1 计算机访问https://abooks.hep.com.cn/61856或手机微信扫描下方二维码进入新形态教材网。

2 注册并登录后，计算机端进入"个人中心"，点击"绑定防伪码"，输入图书封底防伪码（20位密码，刮开涂层可见），完成课程绑定；或手机端点击"扫码"按钮，使用"扫码绑图书"功能，完成课程绑定。

3 在"个人中心"→"我的学习"或"我的图书"中选择本书，开始学习。

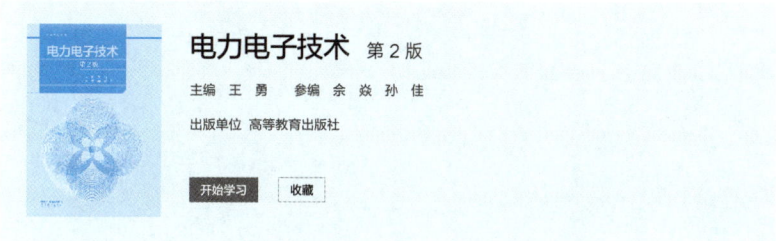

　　绑定成功后，课程使用有效期为一年。受硬件限制，部分内容可能无法在手机端显示，请按照提示通过计算机访问学习。

　　如有使用问题，请直接在页面点击答疑图标进行咨询。

https://abooks.hep.com.cn/61856

# 第 2 版前言

本书第 1 版于 2020 年 7 月出版,基于 3 年多的教学实践以及读者反馈的宝贵意见,学习吸收了国内外相关教材、论文的内容,编者现对本书进行修订,形成第 2 版。

根据电力电子技术的发展,第 2 版重点加进了一些最新的电力电子器件知识,如第 2 章新增了宽禁带半导体器件知识,第 9 章软开关变换器中增加了近年来得到广泛应用的 LLC、DAB 电路等。

本书重点优化了知识点详略等,如加强、加深了第 2 章电力 MOSFET 的讲解、第 5 章 DC—AC 变换器中电流型逆变器的讲解等;梳理了重点知识的陈述思路、内容细节等,如第 4 章隔离型 DC—DC 的分类和原理、第 5 章 DC—AC 逆变器中数学模型、空间矢量调制等内容;还通过仿真、实验等手段改进了部分插图,使之更加精确及易懂,如第 5 章关于冲量等效原理的插图、第 7 章晶闸管电路相关波形等。

本书由王勇、佘焱、孙佳统筹、规划和编写,感谢为本书配图、校对付出辛勤劳动的来自上海交通大学电气工程系新能源与汽车电子实验室的各位同学。

编者殷切希望使用本教材的教师、同学和工程技术人员,对本书的内容、体系、错漏之处给予批评、指正。编者邮箱:wangyong75@ sjtu. edu. cn。

编者

上海交通大学电气工程系

2023 年 10 月

电力电子技术是关于功率变换的技术,是在电气工程、电子科学与技术、控制理论三大学科基础上发展起来的新兴交叉学科,被国际电工委员会(IEC)命名为电力电子学(Power Electronics)。电气化、飞机、汽车、航天等领域都不同程度地应用了电力电子技术。电力电子技术课程讲述了电力电子器件,电力电子电路的基本理论、概念和分析方法,其作为电气工程及其自动化或相关本科专业的一门重要专业基础课,将为后续专业课程的学习和今后的电力电子技术理论研究和工程实践打下良好的基础。

本书在介绍电力电子技术基本理论和概念的同时,结合实践对象进行分析,从理解实际电路开始,进而上升到理论分析。本书重视学生分析能力的培养,尝试研究型思维的启发与训练。

在内容体系上,本书分为器件、基本概念、变换器电路分析和应用三个部分,共 9 章。第 1 章为绪论,让同学们对电力电子有个感性直观的认识。第 2 章电力电子器件,介绍常用的电力电子器件如 MOSFET、IGBT 等,本章不仅仅介绍器件的外特性,更有半导体原理和模型的介绍。第 3 章电力电子电路和磁路的基本概念和分析方法,在正式学习变换器电路之前,让学生对电力电子电路和磁路的基本概念和分析方法有个初步的认识,有助于后续对于变换器电路的理解。第 4~9 章,具体介绍各种变换器电路,包括 DC—DC 变换器、DC—AC 变换器、AC—DC 变换器、AC—AC 变换器以及软开关变换器。DC—DC 变换器、DC—AC 变换器是本书的重点和特色章节,在内容编排和讲解方法上具有自己的特点。DC—DC 的各种拓扑从单个开关的简单结构开始拓展,推导出 Buck、Boost 等所有拓扑及其工作原理,着力传达一个概念,那就是拓扑是可以用来推导的。DC—AC 部分,在介绍完逆变器的理论基础后,以单相到三相为线索和载体,引出调制、交直流侧纹波分析、输出电压谐波分析等概念。

本书由王勇主编,佘焱、孙佳参编,具体编写分工如下:王勇、佘焱共同编写了第 1 章,王勇编写了全书大纲、第 4~9 章、习题集,佘焱编写了第 2~3 章,孙佳完成了电子材料的准备以及实验指导书的设计。本书编写历时多年,过程中有多位本科生、研究生参与到资料编纂、校对等工作中,还邀请了工业界几位工程师进行关键部分的校对,本书参编人员较多,不能一一列出,在此一并感谢。

  由于编者能力和水平有限,书中定有不妥之处,编者殷切希望使用本教材的教师、学生和专业技术人员,对本书的疏漏和错误进行指正,以利于我们改进。编者邮箱:wy_ywy@126.com。

  最后,编者还要对书末所列参考文献的作者表示感谢。

作者

2020 年 2 月

# 目 录

I

# 第1章
## 绪论

## 1.1  什么是电力电子

电力电子技术是在电子、电力与控制技术基础上发展起来的一门新兴学科,国际电工委员会(IEC)将其命名为电力电子学(Power Electronics)。

1955—1957 年短短两年间,美国通用电气公司(General Electronics Company)相继发明了第一个大功率 5A 硅整流二极管(silicon rectifier)和全世界第一个晶闸管(thyristor),俗称"可控硅"。大功率硅整流二极管以及晶闸管的发明标志着现代意义上的电力电子技术诞生。1974 年,在第 4 届国际电力电子技术会议上,美国学者 W. Newell 首次提出电力电子技术的定义,即电力电子技术是由电子学、电力学及控制理论组成的交叉学科,并用图 1-1 所示的"倒三角"图形表示。随着电力电子技术的发展,尤其是全控器件出现之后,W. Newell 的定义得到了更多学者的认同。

为了使电力电子技术的定义更加具体,美国著名学者 B. K. Bose 教授于 1980 年对 W. Newell 的定义进行了扩展,提出了图 1-2 所示的电力电子技术的 Bose 定义。

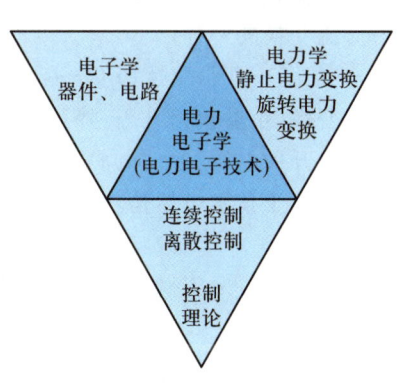

图 1-1  电力电子技术的 Newell 定义

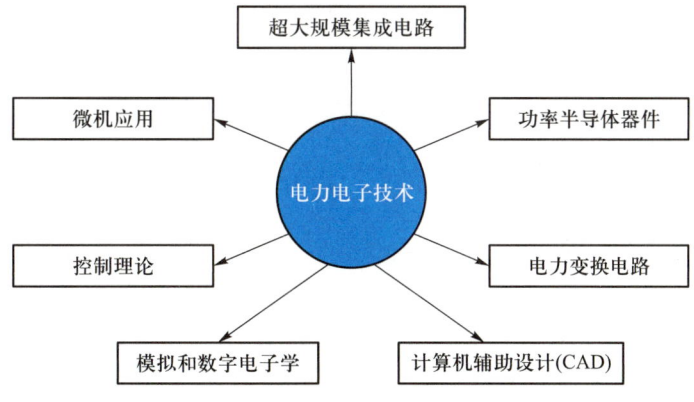

图 1-2  电力电子技术的 Bose 定义

美国电气和电子工程师协会(IEEE)的电力电子学会则将电力电子技术定义为:电力电子技术是有效地使用电力半导体器件、应用电路和设计理论以及分析开发工具,实现对电能的高效变换和控制的技术,包括电压、电流、频率和波形等方面的变换。其中,"高效"这一个关键词,是区分电力电子技术与其他电能变换技术的关键。

电力电子技术是通过器件、拓扑和控制三要素来完成各种电能形式转换的技术,以电能输入—输出变换形式来分,主要包括以下四种基本变换。

① 交流—直流变换(AC—DC) 交流—直流变换一般称为整流,完成交流—直流变换的电力电子装置称为整流器(rectifier)。交流—直流变换常应用于直流电动机调速、蓄电池充电、电镀等各种场合。

② 直流—交流变换(DC—AC) 直流—交流变换一般称为逆变,完成直流—交流变换的装置称为逆变器(inverter)。逆变器的用途非常广泛,例如太阳能并网、离网逆变器、风能逆变器、有源电力滤波器、高压直流输电等。

③ 交流—交流变换(AC—AC) 交流—交流变换主要有交流调压和交—交变频两种基本形式,其中交流调压只调节交流电压而不调节频率,常应用于调温、调光、交流电动机调压调速等。交—交变频则是频率和电压均可调节,完成交—交变频的电力电子装置也称为周波变流器(cycloconvertor),主要用于大功率交流变频调速等场合。近年来,能够实现更宽频率输出的基于全控双向开关的矩阵变换器的研究也越来越多,它也是交流—交流变换的一种。

④ 直流—直流变换(DC—DC) 直流—直流变换主要完成直流电压幅值和极性的调节与变换,主要包括升压、降压和升—降压变换等,一般称为斩波器。直流—直流变换常应用于开关电源、通信电源、电动汽车充电器等场合。

电力电子技术虽然是功率变换的技术,但并非所有的功率变换都可以归类为电力电子技术。

下面通过一个实例来找出电力电子功率变换的一些主要特征。假设需要一个隔离的、稳定的直流电源,最简单的方法是通过如图1-3所示的线性电源来实现。电网经过工频变压器隔离并经过不控整流后得到不够稳定(具有较大纹波成分)的直流电压$V_D$之后经过晶体管的闭环控制得到需要输出的稳定电压。这里的晶体管工作于放大区,作为可变电阻使用。显而易见,线性电源的缺点主要是工频变压器的体积庞大。晶体管作为可变电阻工作于线性放大区,它和负载是分压的关系。所以,线性电源的效率很低,假设$V_D$为15 V,而输出$V_O$为5 V,则其效率只有33%。

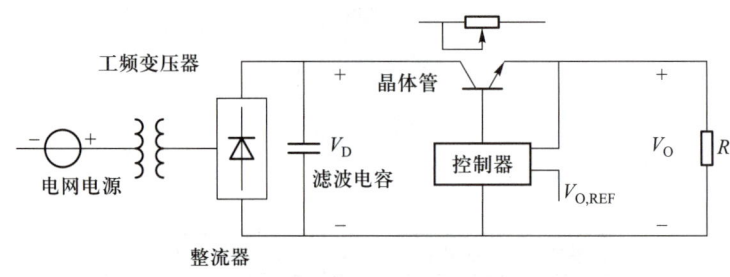

图1-3 线性电源示意图

在电力电子电路中,可以通过 PWM 斩控来实现上述功能。图 1-4 是实现上述功能的正激变换器的方案。电网电压不经过工频变压器而直接经过不控整流后得到一个不稳定的直流电压 $V_D$ 作为正激变换器输入。当晶体管导通,$V_D$ 通过变压器耦合经过负载后回到电源。而晶体管断开时,负载经过二极管 $D_2$ 续流,它的等效电路及波形如图 1-4(b)(c)(d) 所示。这里晶体管以高频通断,所以可以采用高频变压器隔离,相比于图 1-3 中的工频变压器,高频变压器的体积大大减小。更关键的是晶体管在此处不是作为可变电阻工作于线性区,而是作为开关在饱和区和截止区来回切换,相当于一个开关的作用,只起到连接和断开输入输出的作用。因为开通时工作于饱和区,所以其导通压降很小。整个装置的效率大幅提升,图 1-4 所示的正激电源的效率大概在 90%。

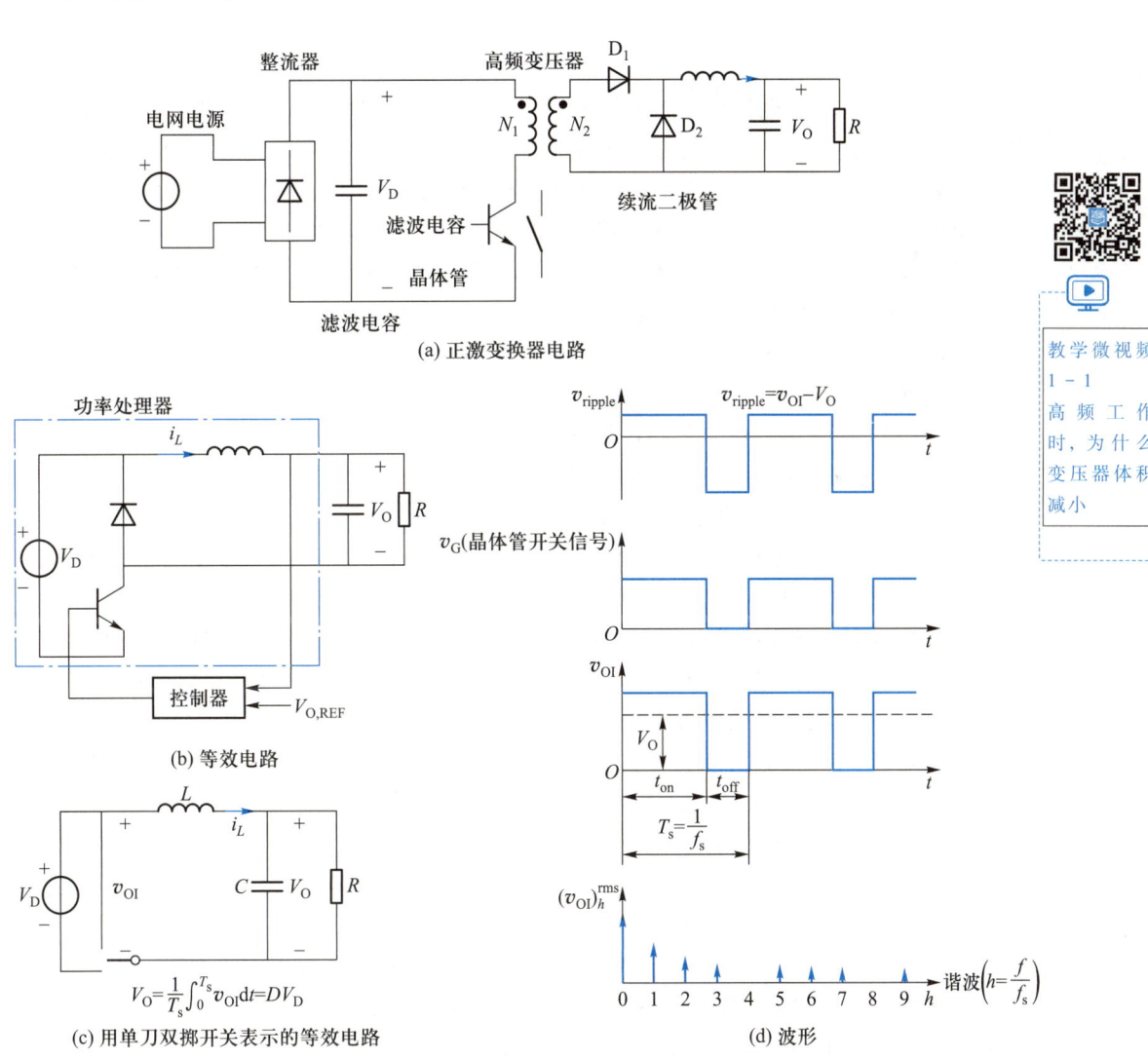

(a) 正激变换器电路

(b) 等效电路

$$V_O = \frac{1}{T_s}\int_0^{T_s} v_{OI}\,dt = DV_D$$

(c) 用单刀双掷开关表示的等效电路

(d) 波形

**图 1-4　正激变换器电路、等效电路及其波形**

教学微视频 1-1 高频工作时,为什么变压器体积减小

上例充分说明电力电子技术是通过器件、拓扑以及控制三要素来实现高效功率变换的技术。在现代电力电子技术中,器件通常是按照开关模式工作的,现代电力电子技术的核心特征就是开关模式控制。线性电源虽然也具有以上三要素,却不能称为电力电子范畴的功率变换,因为它的功率器件是作为可变电阻工作在放大区,而不是开关模式。器件、拓扑和控制是电力电子的三要素,开关模式是现代电力电子的核心特征。三要素和开关模式在一起较为完整地描述了现代电力电子技术的内涵,其关键特征是"高效率变换"。

## 1.2  电力电子技术的发展

电力电子技术已经逐步发展成为一门独立学科,并已成为电气工程技术领域最为活跃与关键的核心技术之一。电力电子技术具有发展迅速、学科交叉、渗透力强等特点。大容量化、高效化、小型化、模块化、智能化和低成本化等则是电力电子学科发展的趋势。

电力电子技术起始于 20 世纪 50 年代末—60 年代初的硅整流器件,从晶闸管开始电力电子器件实现"可控"化。电化学工业、铁道电气机车、钢铁工业、电力工业的迅速发展也给晶闸管提供了用武之地。电力电子技术的概念和基础就是由于晶闸管及晶闸管变流技术的发展而确立的。

晶闸管是可以通过对门极的控制使其导通而不能使其关断的器件,属于半控型器件,且晶闸管的控制方式主要是相位控制。晶闸管的关断通常依靠电网电压等外部条件来实现,这就使得晶闸管的应用受到了很大的局限。

20 世纪 60 年代—70 年代后期,以门极可关断晶闸管(GTO)、电力双极型晶体管(BJT)和电力场效应晶体管(Power MOSFET)为代表的全控型器件迅速发展。这些器件既可以控制开通,也可以控制关断,且开关速度普遍高于晶闸管,可用于开关频率较高的场合。由此电力电子技术进入了一个新的发展阶段。该阶段标志性的事件包括 1961 年小功率 GTO 的发明、1970 年双极型晶体管 BJT 的发明、1975 年巨型晶体管 GTR 的发明以及 1978 年电力功率场效应管 MOSFET 的发明等。

与晶闸管电路的相位控制不同,采用以上全控型器件电路的主要控制方式为脉冲宽度调制(pulse width modulation,PWM)方式,也称为斩波控制。采用全控器件、PWM 控制的电力电子技术可以定义为现代电力电子技术。

在 20 世纪 80 年代—90 年代,集成了 MOSFET 和 BJT 优点的复合型器件——绝缘栅双极晶体管(IGBT)迅速成为现代电力电子技术的主导器件。此外集成门极换流晶闸管(IGCT)也取得了相当的成功,在超大功率而频率相对较低场合获得大量应用,同时,还有其他复合器件的发明和应用,如 MOSFET 控制的晶闸管(MCT)等。这一阶段标志性的事件是 1983 年 IGBT 的发明以及 1996 年 IGCT 概念的提出和商用化。

随着全控型电力电子器件技术的不断进步,电力电子电路的工作频率得以不断提高。伴随而来的电力电子器件的开关损耗随之增大。为了减小损耗,软开关技术应运而生,零电压开关(ZVS)和零电流开关(ZCS)是软开关的基本形式。标志性的事件是 20 世纪70年代谐振DC—DC变换器的发明和80年代准谐振变换器的发明。软开关技术反过来又助推了电力电子电路频率的提高。刚才提到现代电力电子技术的主要特征是采用全控器件、PWM控制方式,而软开关技术的一些细分领域如谐振变换器、准谐振变换器等都采用脉冲频率控制(pulse frequency modulation,PFM),它也是现代电力电子技术的重要组成部分。PWM控制和PFM控制都属于开关模式控制,当然采用PFM控制的变换器比采用PWM控制的变换器相对较少。

20世纪90年代开始出现了IGBT功率器件的功率模块集成技术,包括功率器件的模块封装以及把驱动、控制、保护电路和功率器件集成在一起的智能功率模块(IPM)技术。

20世纪90年代末期至21世纪以来,电力电子的主要发展成果是IGBT器件向高压大功率、高开关频率方向的发展,目前商用化的IGBT最高耐压已经到了6 500 V以上,同时大功率模块封装技术也得到了长足发展。

21世纪以来,以SiC、GaN为代表的宽禁带器件逐渐突破了自身电流等级和电压等级较小的限制,宽禁带器件将以Si器件为基础的电力电子电路的工作频率大幅度提高。另一方面,模块封装技术的发展大大扩展了宽禁带器件的功率等级。

同时,相关技术领域日新月异的发展也给电力电子技术提供了广阔的应用空间。电力电子技术已经呈现出了百花齐放、欣欣向荣的新局面。

教学微视频
1－2
电力电子的
主要应用

## 1.3　电力电子技术的应用

### 1.3.1　电力电子技术在电源中的应用

#### (1) 开关电源

20世纪80年代末,计算机率先采用开关电源完成了电源的换代,图1-5是台式电脑主电源及从主电源输出再变换到内部其他等级电压的DC—DC电源框图。

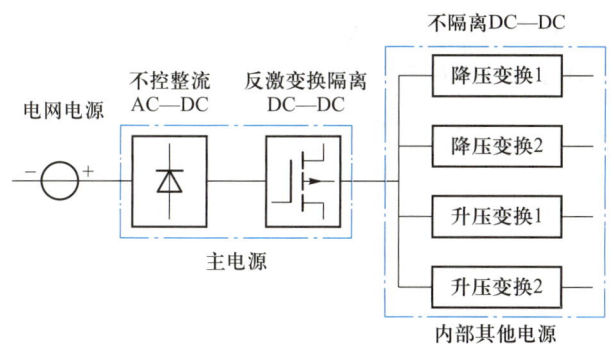

图1-5　台式电脑主电源及内部其他电源框图

接着,开关电源技术相继进入其他电子电器设备领域。高频小型化的开关电源是通信领域不可或缺的设备和技术,传统的相控式稳压电源已被高频开关电源取代。

开关电源相关内容参见第 4 章 DC—DC 变换器和第 6 章 AC—DC 变换器(二极管整流)。

（2）不间断电源(UPS)

不间断电源是一种广泛应用于计算机、通信系统中的电源。如图 1-6 所示,它主要由整流器、逆变器、蓄电池及控制单元组成。其中整流器将交流电变换成直流电,而直流输出中一部分能量给蓄电池充电,另一部分能量经过逆变器变成交流供给负载。这样电网正常时,可以通过逆变器给负载提供不受电网波动等因素影响的更加纯净的交流电,而当电网发生故障时,仍然可以通过蓄电池经过逆变器后给负载供电。在逆变器发生故障时,用旁路开关再切换回到电网或其他备用电源供电。其中整流和逆变相关内容参见第五章和第六章。需要强调,UPS 具有多种形式,图 1-6 是其中常见的一种。

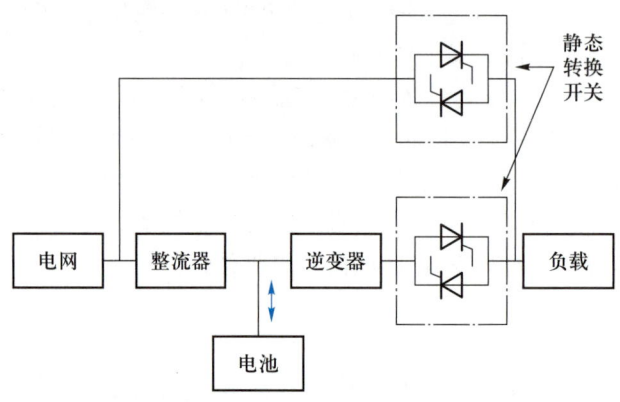

**图 1-6　不间断电源框图**

（3）变频器电源

变频器电源主要用于交流电机的调速,是一种高性能的变频变压电源。变频器电源广泛应用于大型风机、水泵、家电等系统,在电气传动系统中占据越发重要的地位,已经带来巨大的节能效应。如图 1-7 所示,变频器电源一般采用交流—直流—交流的方案,即首先由 AC—DC 变换器将工频电源整流变换成固定的直流电压,再由 DC—AC 变换器将直流电逆变成电压、频率可变的交流输出驱动交流电机。AC—DC 部分可以采用二极管不控整流,也可以采用全控器件构成 PWM 整流。其中不控整流技术将在第六章介绍,而 PWM 整流、逆变部分将在第 5 章讲解。

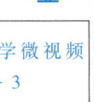

教学微视频
1－3
变频器样机
实验

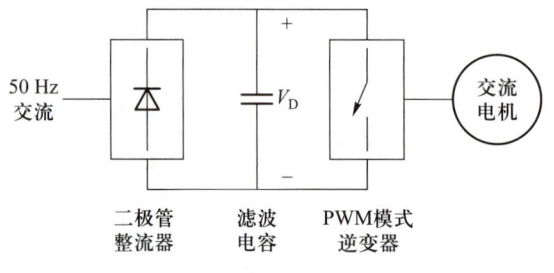

(a) 输入侧为二极管不控整流的变频器

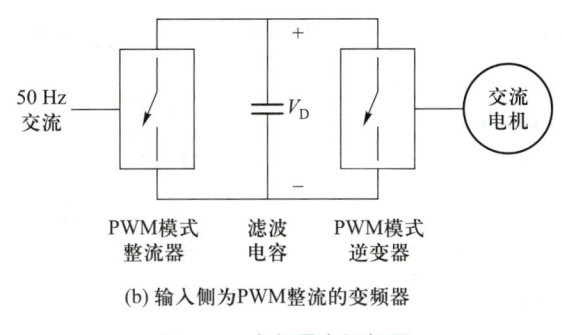

(b) 输入侧为PWM整流的变频器

**图 1-7　变频器电源框图**

### 1.3.2　电力电子技术在电力系统中的应用

电力是关系到国计民生的重要能源,在国民经济中发挥着巨大的作用。各行各业对于电力供应的可靠性及稳定性要求越来越高,因此输送大功率、高效、清洁、稳定的电能成为电力系统中的关键问题,而这些关键问题离不开电力电子技术的相关解决方案。随着大功率电力电子器件技术的不断发展,电力电子技术也将在电力系统的应用领域得到前所未有的拓展,电力系统也越来越呈现出电力电子化的特征,高频开关的电力电子设备给电力系统带来了多元化的时空尺度和特征。

**（1）高压直流输电（HVDC）技术**

直流输电技术具有输送容量大、受控能力强、稳定性好以及与不同频率电网之间容易实现连接等众多优势,现已成为交流输电技术的有力补充并在全球范围内得到较为广泛的推广。高压直流输电系统中的关键设备正是变流器,它通过变流器来实现交—直—交变换与传输。1970 年,世界上第一个晶闸管变流器正式应用于直流输电,直到 20 世纪末,直流输电技术仍然主要是基于晶闸管电网换流的交—直—交变换技术。目前高压直流输电中仍然主要采用晶闸管技术,如图 1-8 所示。

在中低电压直流输电领域,基于 PWM 电压源变流器的轻型直流输电系统开始高速发展,并开始应用于数十至数百千米小型直流输电系统中（如海上风电场输电等）,其结构如图 1-9 所示。可以预见,随着 IGBT 等全控型器件耐压等级的提高,轻型直流输电技术会得到越来越多的应用。

传统的 HVDC 牵涉相控整流和有源逆变技术,这些技术都将在第 7 章讲解。而轻型直流输电技术牵涉 PWM 整流和 PWM 逆变技术,这些技术将在第 5 章讲解。

**（2）柔性交流输电（FACTS）技术**

FACTS 技术的概念问世于 20 世纪 80 年代后期,其是一项基于电力电子技术与现代控制技术的对输电系统的阻抗、电压及相位实施灵活快速调节的输电技术,可实现对交流输电功率潮流的灵活控制,能大幅度提高电力系统的稳定性。根据电力电子变换器的换相类型和与被控交流输出电网的连接方式及作用,FACTS 控制器被分成多种类型,其中统一潮流控制器（UPFC）是 FACTS 控制中最关键的电力电子设备。图 1-10 为 UPFC 系统框图,实际上,UPFC 是由静止同步补偿器（STATCOM）和静止同步串联补偿器（SSSC）组成的。

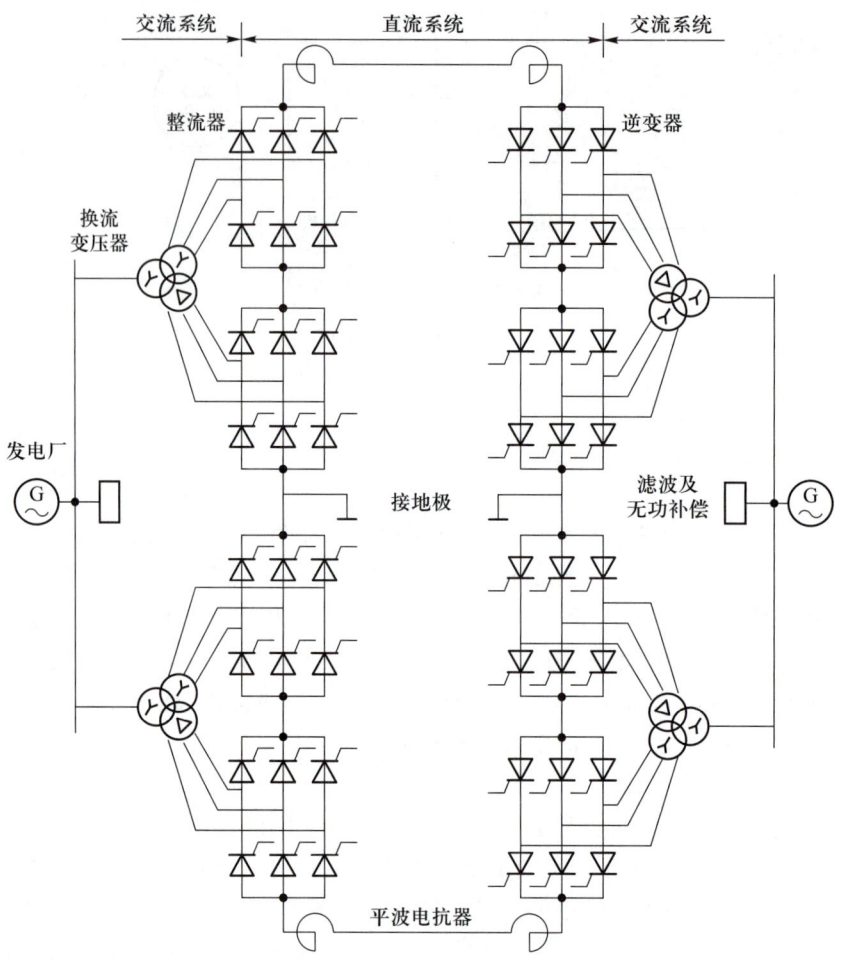

图 1-8　传统相控交—直—交 HVDC 系统原理框图

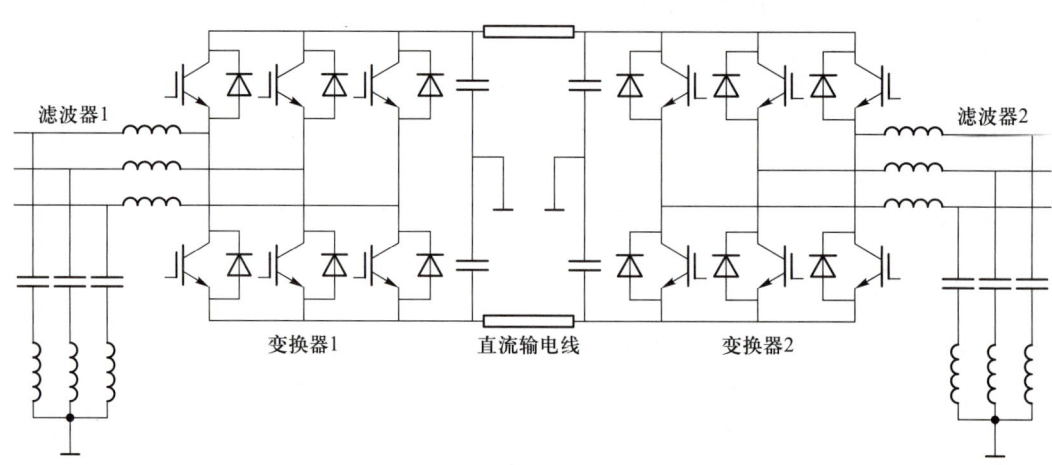

图 1-9　轻型直流输电系统框图

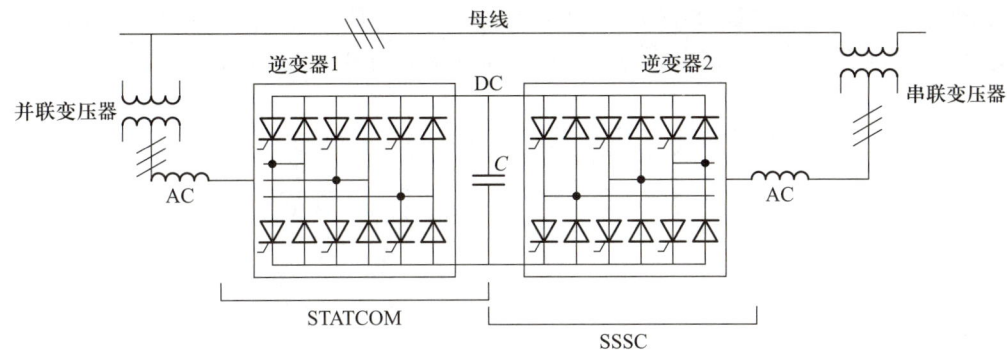

图 1-10　UPFC 系统框图

**（3）电力系统的谐波抑制——有源电力滤波器（active power filter）**

二极管整流等非线性负载产生的谐波将对电力系统产生极大危害，而某些电力电子装置如开关电源的整流部分都是谐波源。如何抑制电力电子装置和其他谐波源造成的系统谐波呢？首先是采用功率因数校正（PFC）技术对装置本身进行改进，使其不产生谐波；其次是加设补偿装置，利用 $LC$ 调谐滤波器或者变流装置——有源电力滤波器产生和谐波相反的信号，以补偿谐波。前者主要用于中小功率系统，而后者主要用于大功率系统。

$LC$ 调谐滤波器具有很多局限性，而有源电力滤波器则得到了越来越多的应用。有源电力滤波器原理图如图 1-11 所示。系统检测出负载电流中的谐波电流，根据检测结果产生与谐波电流大小相等而方向相反的补偿电流，从而使流入电网的电流只含有基波分量。有源滤波器本质上是一个逆变器，相关的知识将在第 5 章讲解。

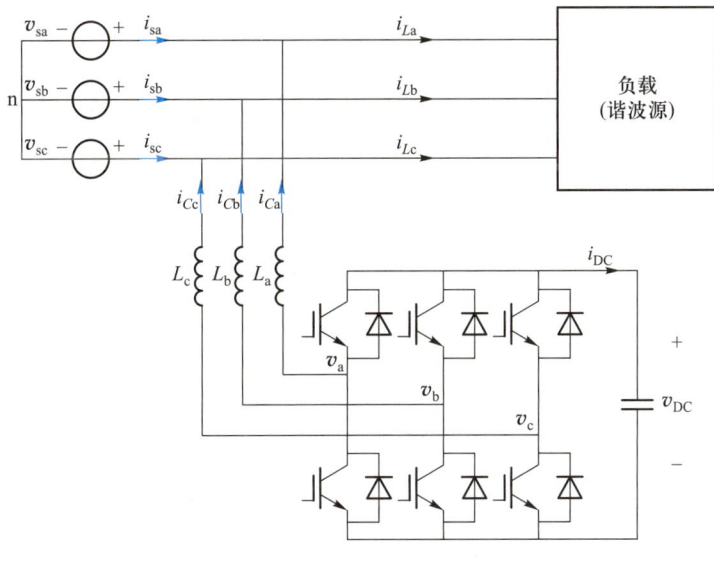

图 1-11　有源电力滤波器原理图

教学微视频 1-4 APF 有源滤波器和 SPC 三相不平衡治理实验

**（4）无功功率控制**

**① 晶闸管投切电容器 TSC（tyristor switched capacitor）**

交流电力电容器的投入与切断是控制无功功率的一种重要手段，与机械开关投切电容器相比,晶闸管投切电容器 TSC 是一种性能优良的无功补偿方式。由图 1-12 所示 TSC 原理图可见,晶闸管是作为交流电力开关来使用的,第 8 章将会对此进行更多地描述。

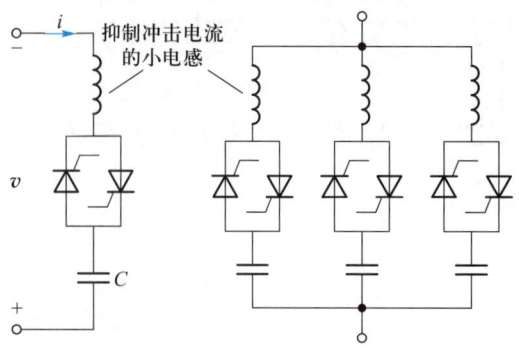

图 1-12　TSC 原理图(单相分组投切)

② 晶闸管控制电抗器 TCR(thyristor controlled reactor)

图 1-13 表示了 TCR 的典型电路,图中的电抗器所含电阻很小,TCR 电路可以近似看成纯电感负载。通过控制晶闸管的触发角,可以连续调节电抗器电流,从而调节电路从电网中吸收的无功功率。

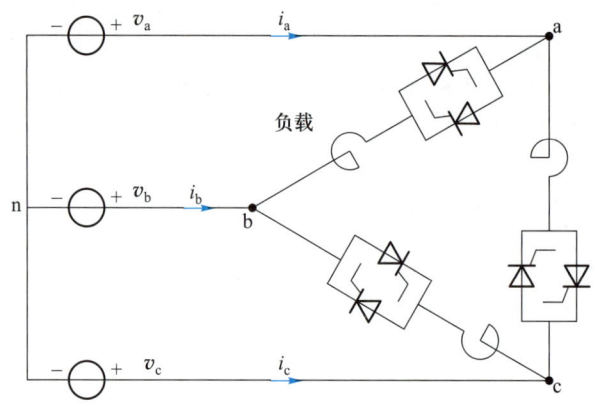

图 1-13　TCR 的典型电路

③ 静止无功发生器 SVG(static var generator)

静止无功发生器 SVG 指由全控器件组成的变流器进行动态无功补偿的装置,本质上它也是一个逆变器。SVG 的思想早在 20 世纪 70 年代就有人提出,限于当时的器件水平,采用强迫换相的晶闸管器件是实现 SVG 的唯一手段。而现代的 SVG,通常都是采用全控型器件。SVG 的主要问题还是相比于传统 SVC(采用无源器件进行无功补偿的技术总称,包括 TSC、TCR 等)产品的高昂成本。图 1-14 表示基于 IGBT 的静止无功发生器原理图与相量关系图。SVG 工作时,通过器件的通断将直流侧电压转换成交流侧与电网电压同频率的输出电压,相当于一个并网逆变器。因此,仅考虑基波频率时,SVG 可以等效被视为幅值和相位均可以控制的一个与电网同频率的交流电压源,通过交流电抗器连接电网。如果电网电压和 SVG 输出交流相电压用相量 $\dot{V}_{\mathrm{s}}$ 和 $\dot{V}_{\mathrm{I}}$ 来表示,则连接电抗上的电

压 $\dot{V}_L$ 即为 $\dot{V}_s$ 和 $\dot{V}_I$ 的差,而连接电抗的电流可以由其电压来控制。这个电流就是 SVG 从电网吸收的电流 $\dot{I}$。因此改变 SVG 输出电压 $\dot{V}_I$ 的幅值及其相对于 $\dot{V}_s$ 的相位,就可以改变连接电抗器上的电压,以及控制 SVG 从电网吸收电流的相位和幅值,也就控制了 SVG 所吸收的无功功率的性质和大小。

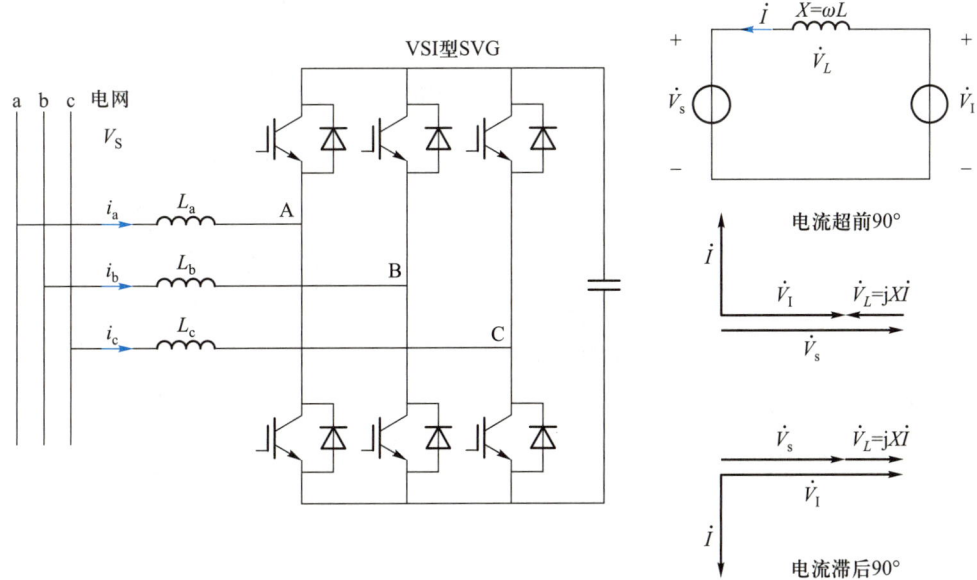

图 1-14　基于 IGBT 的静止无功发生器原理图与相量关系图

### 1.3.3 电力电子技术在新能源发电中的应用

#### (1) 光伏发电系统

光伏发电系统分为离网系统和并网系统,如图 1-15 所示,单相光伏并网系统由光伏阵列、Boost 升压变换器和并网逆变器组成。阵列输出电压在 100~500 V 范围,通过 Boost 变换器后稳定在大约 380 V,高于 380 V 时,Boost 则被旁路,之后再通过逆变器并网。其中 Boost 变换器和并网逆变器就是典型的 DC—DC 变换器和 DC—AC 变换器。

教学微视频
1 - 5
2.8 kW 光伏
逆变器样机

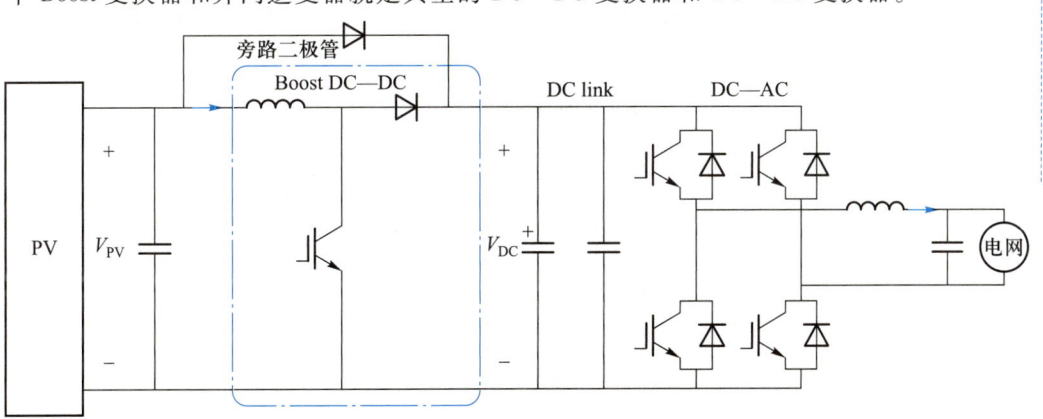

图 1-15　光伏并网逆变器原理图

### （2）燃料电池发电系统

图 1-16 是 1.5 kW 家庭用质子交换膜（PEMFC）燃料电池发电系统，与光伏系统不同，燃料电池堆的输出电压通常比较低，图 1-16 中额定工作电压在 40 V 左右，需要用高频隔离 DC—DC 变换器，借助变压器达到约 10 倍的升压，再逆变并网。相关知识将在第 4 章 4.10 节讲解。在第 4 章，还会了解到为什么高电压变比 DC—DC 不能用简单的 Boost 电路进行升压。

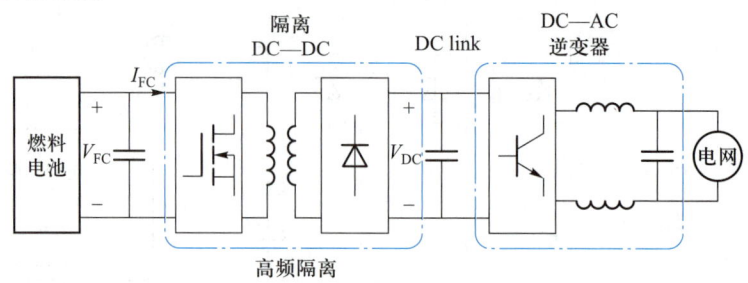

(a) 燃料电池并网发电两级主电路

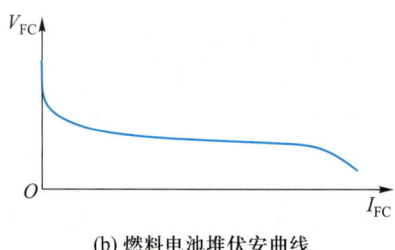

(b) 燃料电池堆伏安曲线

**图 1-16　1.5 kW 家庭用质子交换膜（PEMFC）燃料电池发电系统**

### （3）风力发电系统

变速恒频风力发电机组是当今风力发电系统的主流，在变速恒频风力发电系统中，由于风力机可在大范围的风速变化时保持高效运行，因此高性能的电力电子变换装置必不可少。目前，实现变速恒频风力发电的方案主要有永磁同步全功率风力发电系统以及异步双馈风力发电系统，如图 1-17 所示。其中异步双馈风力发电系统由于可采用较小功率（30% 风机功率）的变换器，故是当前变速恒频风力发电的主流。而永磁同步全功率风力发电系统由于采用高效发电机并且省略了齿轮箱，发展速度非常快。可以预见，随着电力电子器件的不断发展，全功率风力发电系统将逐步成为主流。

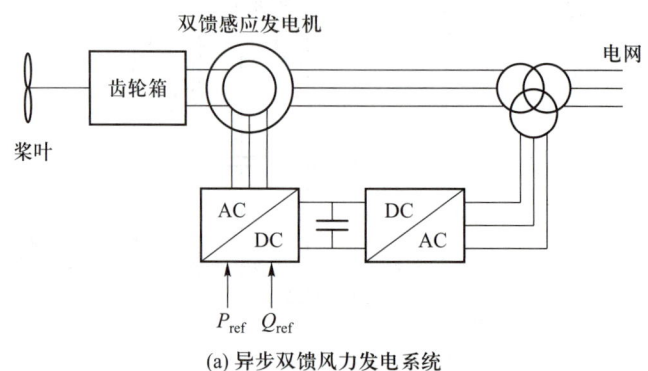

(a) 异步双馈风力发电系统

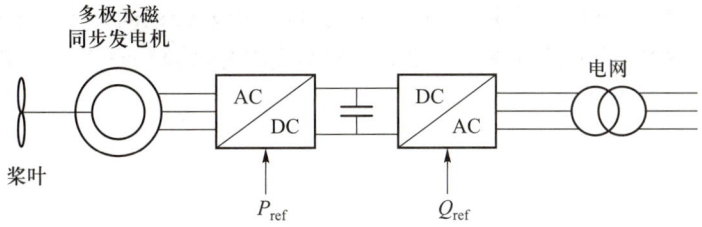

(b) 永磁同步全功率风力发电系统(无齿轮箱)

**图 1-17　变速恒频风力发电系统**

# 本课程学习思路

第一部分,电力电子器件。器件是电力电子三要素的第一要素,它是深入理解电力电子电路的基础。目前的器件还是以 Si 材料和 PN 结构造为基础,因此器件部分首先从 PN 结的基本原理开始讲解。需要掌握不控器件二极管、半控器件晶闸管以及典型全控器件尤其是 MOSFET、IGBT 的结构原理以及其静态、动态特性,例如二极管的反向恢复过程、晶闸管的关断过程、MOSFET 与 IGBT 的开通和关断曲线、四阶段等效电路等。另外全控器件的驱动、控制、保护等问题也是后续学习电力电子电路的基础。

随着 SiC、GaN 等宽禁带器件的逐步商用化,以 SiC、GaN 器件为基础的新一代电力电子技术将会得到越来越多的研究,因此了解一些新型器件也是十分必要的。

第二部分,电力电子电路的一些基本概念。电力电子电路作为强非线性电路,它的分析方法和概念有别于传统的线性电路。在学习器件后,用这部分内容作为学习各种变换电路前的一个理论和思维转换准备。在这一部分,需要强调和明确一些电力电子电路常用的概念和分析方法,例如:电力电子稳态的概念;非正弦电路的变量分析数学工具——傅里叶分析;伏秒平衡、安秒平衡;磁路基尔霍夫第一、第二定律、电磁感应定律;软磁材料的知识等。

第三部分,二极管整流电路和晶闸管变换器,包含第 6、7 章。二极管整流电路和晶闸管变换器是电力电子的发端和起源。它们基于不控器件二极管和半控器件晶闸管,有别于后续基于全控器件的电路控制方式和工作方式。在学习这两章时,要注意分析方法的相似性。首先把实际的应用电路简化到最简单的情形,之后通过不同的负载类型逐渐逼近真实的负载。另外,注意晶闸管可以工作于有源逆变状态。

第四部分,第 4 章 DC—DC 变换器和第 5 章 DC—AC 变换器。这两章是现代电力电子技术的精华。DC—DC 的基本拓扑是 Buck 降压电路和 Boost 升压电路,其他所有的DC—DC 拓扑都是由它们演化而来的。尤其要注意每种隔离型的 DC—DC 拓扑都有其对应的非隔离拓扑原型。DC—AC 应用最广,其分类、调制方法、拓扑纷繁复杂,关键问题众多,并可以从多个角度去理解,是最难归纳和掌握的。本书通过两个线索来贯穿 DC—AC所有内容和知识点,学习时要注意这两个线索。第一个是调制方法的线索,逆变器的 SP-WM 调制分为线性调制、过调制、方波调制,本书把方波调制看成 SPWM 调制的特殊形式。另外一种调制方式 SVPWM 应用越来越多。第二个是拓扑的线索。本书从单个桥臂也称为半桥逆变器开始讲逆变器的基本工作原理,接着由两个桥臂构成单相全桥,再由三个桥臂构成三相逆变器。抓住上面两个线索,再明确要讨论的几个主要问题为电压增益、输入输出纹波等,就可以覆盖逆变器部分的绝大部分内容。空间矢量调制 SVPWM 的应用越来越多,也是本章重点。

习题集
第 1 章　绪论

## 习题

1. 电力电子的几个关键要素是什么?

2. 电力电子的主要应用有哪些?

3. 现代电力电子技术的核心特征是什么?

4. 为什么采用高频开关工作,变压器的体积就可以大幅度减小?

# 第2章
# 电力电子器件

## 2.1 概　述

教学 PPT
第 2 章　电
力电子器件

本章将学习电力电子三要素中的器件技术。掌握各种电力电子器件的特性和正确使用方法是学好电力电子技术的基础,本章将在对电力电子器件的概念、特点和分类做简要概述后,分别介绍各种器件的工作原理、基本特性、主要参数等问题。值得指出的是大部分电力电子器件都能在信息电路中找到自己对应的器件,它们的工作原理基本相同,但是电力电子器件通过改进结构、掺杂等,使得其能够承受高电压和大电流。

### 2.1.1　电力电子器件的概念和特征

**电力电子器件**是指主电路中可直接用于处理电能、实现电能的变换或控制的电子器件。具有以下特点:

① 处理功率大:电力电子器件所处理电功率的大小,也就是其承受电压和电流的能力,是最重要的参数,一般都远大于处理信息的电子器件的功率。

② 工作在开关状态:因为处理的电功率较大,为了减小本身的损耗,提高效率,电力电子器件一般都工作在开关状态。

③ 需要控制电路:需要由信息电子电路来控制,按控制目标的要求给器件施加开通或关断的信号。

④ 需要驱动电路:驱动电路是电力电子主电路与控制电路之间的接口,它放大来自控制电路的信号功率从而达到开通和关断功率器件的目的。

⑤ 功率损耗大:功率损耗通常远大于信息电子器件,它需要特别的封装导出内部的热量,并且一般都需要安装在散热器上,以便把器件壳体的热量散发出去。

电力电子器件的**功率损耗**主要包括:

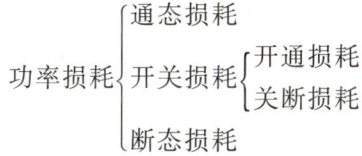

**通态损耗**:器件导通后会产生通态电压,通态电压乘以电流从而产生的损耗。

**开关损耗**:器件开通一次和关断一次所消耗的能量。

15

**断态损耗**：器件关断并承受反压时由于漏电流造成的损耗，一般很小。

## 2.1.2 电力电子器件的分类

电力电子器件通常按照控制信号控制的程度分为：

（1）不可控器件

不可控器件指不能用控制信号控制其通断的器件，器件的导通与关断由外电路决定，主要指功率二极管，它只有两个主电极。

（2）半控型器件

半控型器件指通过控制信号能控制其开通但不能控制其关断的器件，器件的关断完全是由其在主电路中承受的电压和电流决定，主要指晶闸管及其派生的器件，因为具有控制极，半控型器件是三端器件。

（3）全控型器件

全控型器件指通过控制信号既可以控制其开通也可以控制其关断的电力电子器件。目前最常用的有门极可关断晶闸管 GTO、电力晶体管 GTR、电力场效应管 Power MOSFET 和绝缘栅双极型晶体管 IGBT 等。全控型器件也是包括控制极和主电极的三端器件。

按照控制电路加在电力电子器件控制端和公共端之间信号的性质，全控型器件可分为电流型和电压型。电流型器件（如 GTR）通过从基极注入和抽取电流来实现器件的通断，因而电流型器件的主要局限性是其有限的电流增益值，使得大功率器件的开通需要较大的控制或驱动功率。电压型器件则是在控制极上施加正向控制电压或反向电压，通过电场来控制器件通断，因此，其平均控制功率或驱动功率较小，也可以称为场控器件，如 Power MOSFET 和 IGBT。

另外，根据器件内部导电的粒子性质，全控型器件又可以分为单极型、双极型和复合型三类。器件内部只有一种带电粒子导电的称为单极型器件，如 Power MOSFET，有时也称之为多子导电器件，多子导电具有速度快的特点；器件内部有电子和空穴两种带电粒子参与导电的称为双极型器件，如 GTR 和 GTO 等；由双极型和单极型器件复合成的器件称为复合型器件，如 IGBT 等。

## 2.1.3 电力电子器件基础

PN 结是电力电子器件的基础，对于 PN 结的深入了解将有助于理解各种器件的结构，本节将主要介绍 PN 结的基础知识以及电力电子器件的封装。

（1）PN 结的形成

完全纯净的、结构完整的半导体晶体称为本征半导体。在常温下，本征半导体可以激发出少量带负电的自由电子，并出现相应数量的带正电的空穴，通常叫作电子-空穴对，这两种带电粒子统称为载流子。

用适当的方法在本征半导体内掺入微量的杂质，会使半导体自由电子与空穴的数量不相等，同时导电能力发生显著地变化，这种半导体称为杂质半导体。因掺入杂质元素的不同，杂质半导体分为电子型（N 型，掺入磷等）半导体和空穴型（P 型，掺入硼等）半导体两类。N 型半导体内,因为掺杂增加大量自由电子及相同数量不能移动的杂质正离子,数量远远超过本征半导体激发的电子-空穴对,这样自由电子数量远超过空穴,称自由电子为**多数载流子**,激发的电子-空穴对中的空穴为**少数载流子**。反之,掺入某种杂质使得 P 型半导体中增加大量的空穴及相同数量不能移动的杂质负离子,数量远远超过激发的电子-空穴对,这样空穴数量远大于自由电子,则空穴为多数载流子,自由电子为少数载流子。图 2-1(a)表示的是 P 型半导体和 N 型半导体中不能移动的杂质正负离子和对应的多数载流子(多数载流子实际上是在做无规则热运动,为了直观,将离子和载流子成对画出),因为本征半导体激发的电子-空穴对数量很少,所以没有在图中画出,图 2-2~图 2-5 同上。可以总结,P 型或 N 型半导体中的多子来自两方面:一是因掺杂增加的,占多数;二是电子-空穴对中的空穴或电子,含量较少。而 P 型或 N 型半导体中的少子只来自电子-空穴对。

将 N 型半导体和 P 型半导体结合,N 型半导体空穴浓度低,电子浓度高,而 P 型半导体电子浓度低,空穴浓度高,因为无规则热运动,空穴从高浓度 P 区向低浓度 N 区运动的数量,必然多于从低浓度 N 区向高浓度 P 区运动的数量,总体上,空穴从高浓度的 P 区流向 N 区,同样电子要从 N 区流向 P 区,这种载流子因为热运动而从高浓度区向低浓度区的扩散称为**扩散运动**。扩散首先在界面(也称为冶金面)两侧的附近进行,当电子离开 N 区后,留下了不能移动的带正电荷的杂质离子,形成一层带正电荷的区域;同理,空穴离开 P 区后,留下不能移动的带负电荷的杂质离子,形成一层带负电荷的区域。因此 P 区和 N 区交界面附近形成**空间电荷区**,即 PN 结,如图 2-1(b)所示。按所强调的角度不同,PN 结也被称为**耗尽层**(该区域的载流子几乎消失)、**阻挡层**(该区域对扩散运动具有阻挡作用)或**势垒区**(该区域内电场形成电势差)。由于正负电荷的相互作用,在空间电荷区形成从带正电的 N 区指向带负电的 P 区的**内电场**。

因为运动方向与内电场方向相反,内电场对多子的扩散运动有阻挡作用,同时,内电场也会使得 P 区的少子电子向 N 区运动,N 区的少子空穴向 P 区运动,形成**漂移运动**。内电场的增强会削弱扩散运动,增强漂移运动,最终使得扩散运动和漂移运动达到动态平衡,正、负空间电荷量就达到稳定值。

图 2-1(b)表示了热平衡时的 PN 结,空间电荷区分布在区间 $[-x_p, x_n]$。假设 PN 结为突变结,则其空间电荷区的离子电荷密度 $\rho$ 是如图 2-1(c)所示的阶跃函数。由 Poisson 方程

$$\frac{\mathrm{d}E(x)}{\mathrm{d}x} = \begin{cases} \dfrac{-qN_a}{\varepsilon}, & -x_p \leq x \leq 0 \\ \dfrac{qN_d}{\varepsilon}, & 0 < x \leq x_n \end{cases} \tag{2-1}$$

式中,$E(x)$ 表示电场强度,$N_a$ 表示负离子的密度,$N_d$ 表示正离子的密度,$q$ 表示单个离子的电荷,$\varepsilon$ 表示真空电容率。将上式从 $-x_p$ 到 $x_n$ 积分,可得

$$E(x) = \begin{cases} \dfrac{-qN_a(x+x_p)}{\varepsilon}, & -x_p \leq x \leq 0 \\ \dfrac{qN_d(x-x_n)}{\varepsilon}, & 0 < x \leq x_n \end{cases} \tag{2-2}$$

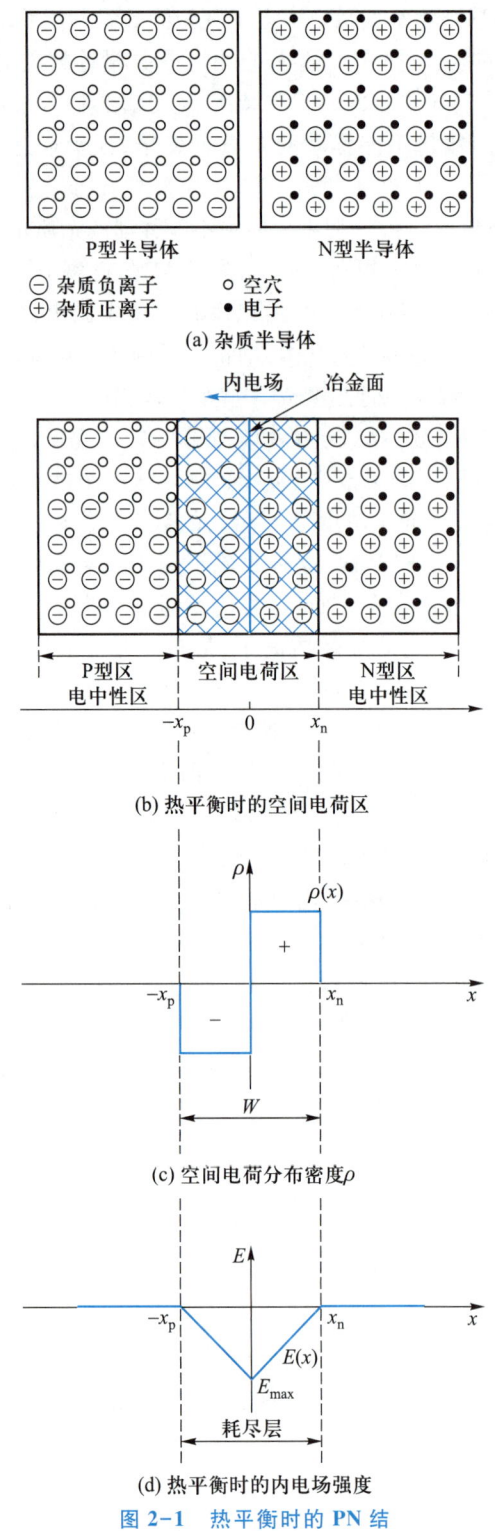

(a) 杂质半导体

(b) 热平衡时的空间电荷区

(c) 空间电荷分布密度ρ

(d) 热平衡时的内电场强度

图 2-1　热平衡时的 PN 结

式(2-2)即如图 2-1(d)所示。从图中可以看出,电场强度在空间电荷区的中间最强,然后向两边线性减弱。取为负数表示内电场方向与正偏时外电场方向相反。对式

(2-2)积分可得内电场电势差

$$U_c = -\int_{-x_p}^{x_n} E(x)\,\mathrm{d}x = \frac{qN_a x_p^2 + qN_d x_n^2}{2\varepsilon} \tag{2-3}$$

当为 Si 半导体材料,并在一定掺杂浓度下,内电场电势差 $U_c$ 通常是 0.7 V 左右。

(2) 偏置下的 PN 结

在 PN 结上外加电压称为 PN 结的偏置,P 区加正电压、N 区加负电压为 正向偏置,反之为 反向偏置。

图 2-2 表示正偏时的 PN 结。假设 PN 结初始态处于热平衡,图 2-2(a)表示正偏开始瞬间的空间电荷区,图 2-2(b)表示正偏开始一瞬间的电场分布,图 2-2(c)表示正偏达到稳态以后的空间电荷区,图 2-2(d)表示正偏达到稳态以后的电场分布。为了简化起见,假设外场的电场强度为常数 $E_o$,方向与内电场相反,在正向偏置开始的瞬间,空间电荷区宽度仍然和热平衡时一致,所以,内电场强度仍然是 $E(x)$,PN 结的总电场强度为 $E(x)+E_o$,相当于将 $E(x)$ 向上平移 $E_o$。因为内电场上移,电场强度靠近空间电荷区外侧部分变为正数,所以,空间电荷区中相应区域的电场方向反向,该区域在图 2-2(a)中用无阴影区域表示,即图 2-2(a)中无阴影区域表示空间电荷区中电场方向与内电场相反的区域。当然,随着时间推移,空间电荷区要发生变化,内电场变得更小,内电场上移的幅度会更大,无阴影区域也会扩大,也就是空间电荷区变窄。

① 正向电流的形成　正偏时,外加电场与内电场方向相反,内电场被削弱,所以,载流子漂移运动受到限制,同时,内电场对多数载流子扩散运动的阻挡减小,有更多的多子能够到达或穿越空间电荷区(能够穿越空间电荷区的多子数量与外电场强度成指数关系),因扩散运动而穿越的多数载流子在冶金面形成自 P 区流出而从 N 区流入的电流,称为正向电流,正向电流的大小与外电场电势差成指数关系。

② 空间电荷区宽度的变化　热平衡时空间电荷区的内电场强度如图 2-1(d)所示,施加外场后的一瞬间,空间电荷区的电场强度如图 2-2(b)所示,外电场将空间电荷区的电场强度向上平移[图 2-1(d)已经假设外电场为正,内电场为负],使得图 2-2(a)所示空间电荷区内无阴影区域的电场与外电场同向,而与内电场方向相反。所以,在无阴影区域外侧的多数载流子的扩散运动不再受到内电场的阻挡,多数载流子将迅速扩散注入无阴影区域,图 2-2(c)表示正偏稳态时的空间电荷区,显示多数载流子已经注入无阴影区域,无阴影区域由耗尽层变成电中性区,耗尽层变窄,空间电荷区两侧电场强度可以忽略,电场分布如图 2-2(d)所示。

③ 少数载流子存储　因为外电场作用,内电场对扩散运动的阻挡减弱,多数载流子在扩散进入无阴影区域后,部分将继续越过空间电荷区到达 PN 结另外一侧成为少数载流子,即空穴从 P 区扩散到空间电荷区的 N 区一侧,电子从 N 区扩散到空间电荷区的 P 区一侧,这些载流子在越过空间电荷区以后,部分会很快与多数载流子复合消失,少数来不及复合的过剩少子存储在空间电荷区外两侧[如图 2-2(e)阴影所示],这些越过空间电荷区的少子在继续扩散过程中,不断与多子复合,其浓度[电子为 $n_p(x)$,空穴为 $p_n(x)$]随着与空间电荷区的距离增长呈指数衰减,而浓度的峰值则与外电场的电势差呈指数关系,如图 2-2(e)所示。这种现象叫作 少子的存储。图 2-2(e)中热平衡时的少子全部来自本征半导体激发的电子-空穴对,数量较少。

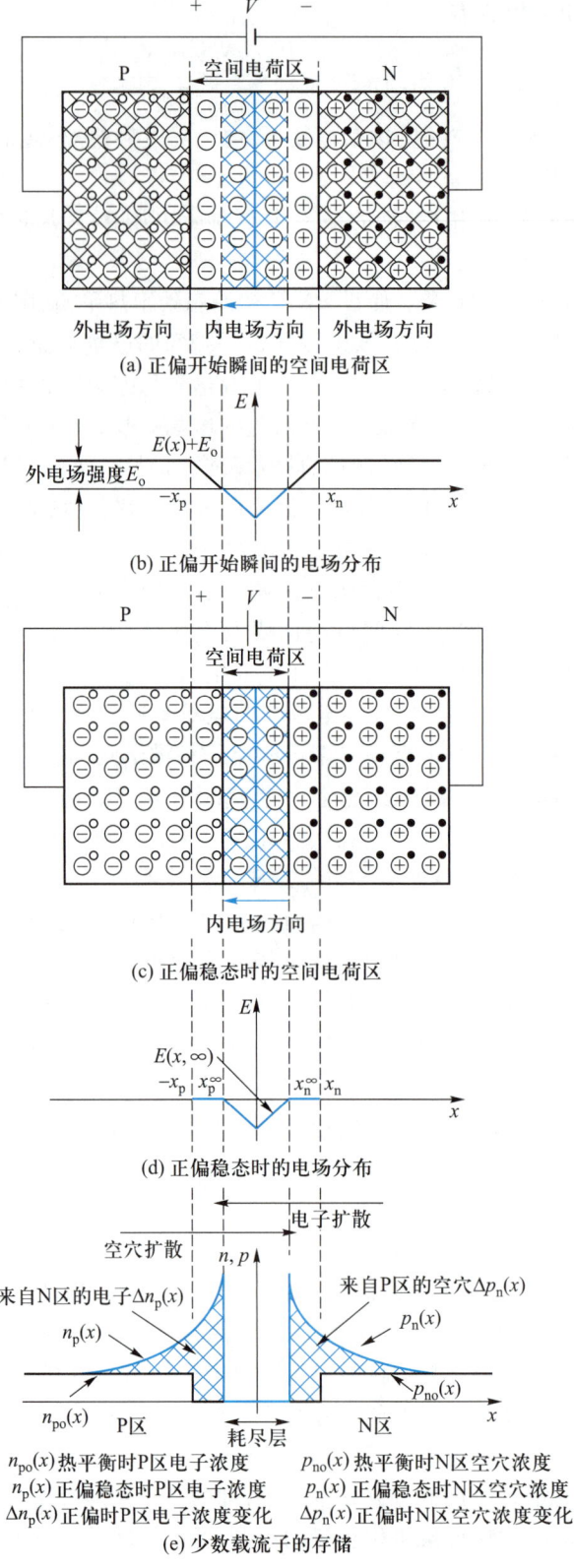

(a) 正偏开始瞬间的空间电荷区

(b) 正偏开始瞬间的电场分布

(c) 正偏稳态时的空间电荷区

(d) 正偏稳态时的电场分布

$n_{po}(x)$热平衡时P区电子浓度　　$p_{no}(x)$热平衡时N区空穴浓度
$n_p(x)$正偏稳态时P区电子浓度　　$p_n(x)$正偏稳态时N区空穴浓度
$\Delta n_p(x)$正偏时P区电子浓度变化　$\Delta p_n(x)$正偏时N区空穴浓度变化

(e) 少数载流子的存储

图 2-2　正偏时的 PN 结

　　这里有个有趣的问题,当空穴和电子相向扩散越过空间电荷区时,为什么没有在空间电荷区全部复合而消失?这是因为空穴和电子分别在不同的能带运动(具体而言,电子在导带,空穴在价带),可以想象为空穴在地上运动,而电子在天上运动,只有少数电子会掉落到地上与空穴复合。但是,当电子出现在较高的能态时,在停留一定时间后,会寻求能量较低的能态,因此当其越过空间电荷区以后,会逐步从导带进入价带与空穴复合,使得其浓度呈指数衰减,如图2-2(e)所示。被复合掉的空穴和电子会被外电路源源不断地补充(因为外电场的作用),从而维持空间电荷区外两侧的电中性。

　　当PN结反偏时,如图2-3所示。

　　① 反向漏电流的形成　　反偏时,外加电场与内电场方向相同,多数载流子扩散运动方向与外电场方向相反,而少数载流子的漂移运动方向与外电场方向相同,从而令漂移运动得以增强,而扩散运动被抑制,使得载流子的漂移运动大于扩散运动,少数载流子越过空间电荷区形成反向电流,但因受少数载流子浓度低的限制,反向电流一般很小,称为漏电流。

　　② 空间电荷区宽度的变化　　反偏时,多数载流子会离开图2-3(a)所示无阴影区域,空间电荷区变宽。图2-3(c)显示反偏达到稳态时的空间电荷区,可见无阴影区域的多数载流子已经被电场推走而成为空间电荷区,空间电荷区两侧的电场强度可以忽略。

　　③ 少子浓度的变化　　在外电场作用下,少数载流子会因为漂移运动而越过空间电荷区到达另外一侧成为多子,因为空间电荷区的内电场与外电场同向,电场强度被加强,所以,少子在空间电荷区加速运动,因而空间电荷区外两侧迁移的少子被抽取而来不及被补充,其密度接近于零。抽取的载流子的浓度图2-3(e)中的阴影部分所示,阴影部分的面积与反向偏置电压有关,电压越大,面积越大。对比图2-2(e)中的阴影部分,可以看出图2-3(e)中的阴影部分面积较小,所以,反偏对少数载流子的抽取作用较小,少数载流子的浓度变化更多受正偏影响。

　　在②、③的共同作用下,空间电荷区从图2-3(a)所示变化到图2-3(c)所示。

　　(3) PN结的反向击穿

　　PN结具有一定的反向耐压能力,但如果反向电压过大,达到反向击穿电压时,反向电流会急剧增加,破坏PN结反向偏置截止的工作状态,这种状态称为反向击穿,反向击穿有可能造成PN结损坏。

　　PN结反向击穿有雪崩击穿、齐纳击穿和热击穿三种形式。

　　① 雪崩击穿

　　当PN结反向电压增加时,空间电荷区中电场随之增强。通过空间电荷区的电子和空穴,在电场作用下获得的能量增大,在晶体中运动的电子和空穴,将不断地与晶体原子发生碰撞,通过这样的碰撞可使束缚在共价键中的价电子被碰撞出来,产生自由电子-空穴对。新产生的载流子在电场作用下又撞出其他价电子,产生大量自由电子-空穴对。而在反向电压下,电子和空穴沿相反方向运动从而分开形成击穿电流,如此连锁反应,使得空间电荷区中载流子的数量雪崩式地增加,流过PN结的电流急剧增大,从而击穿PN结,这种碰撞电离导致的击穿称为雪崩击穿,也称为电子雪崩现象。

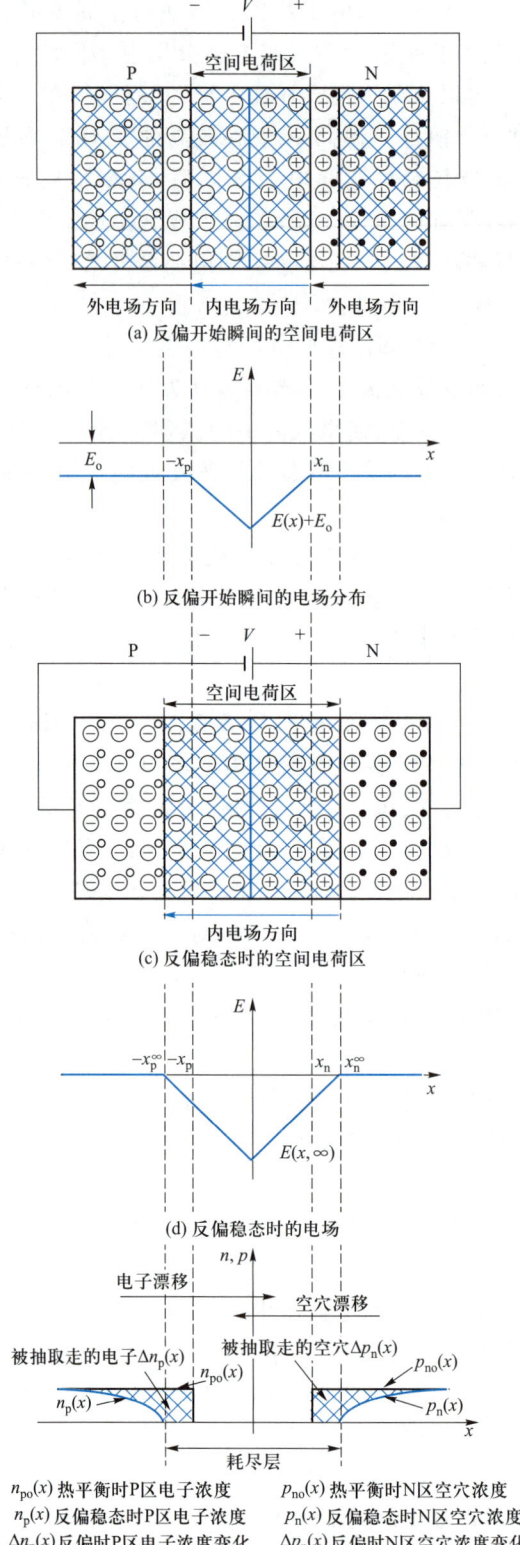

(a) 反偏开始瞬间的空间电荷区

(b) 反偏开始瞬间的电场分布

(c) 反偏稳态时的空间电荷区

(d) 反偏稳态时的电场

(e) 反偏时少子的抽取

$n_{po}(x)$ 热平衡时 P 区电子浓度　　$p_{no}(x)$ 热平衡时 N 区空穴浓度
$n_p(x)$ 反偏稳态时 P 区电子浓度　　$p_n(x)$ 反偏稳态时 N 区空穴浓度
$\Delta n_p(x)$ 反偏时 P 区电子浓度变化　　$\Delta p_n(x)$ 反偏时 N 区空穴浓度变化

**图 2-3　PN 结的反偏状态**

② 齐纳击穿

齐纳击穿也被称为隧道击穿,它与雪崩击穿的性质完全不同,它是在较低的反向电压下发生的击穿。在高掺杂浓度的 PN 结中电荷密度大,P 区和 N 区之间的空间电荷区较窄,再者反偏电压使得电场强度增加,能够破坏共价键,将束缚电子分离出来造成新载流子以及新的电子-空穴对,使得反向电流急剧增加,该现象称为齐纳击穿。

③ 热击穿

上述两种形式的击穿过程都是可逆的,若此时外电路能采取措施限制反向电流,当反向电压降低后,PN 结仍可恢复原来状态。若反向电压和反向电流乘积功率过大,超过PN 结容许的耗散功率,导致热量无法散发,PN 结温度上升直至过热而烧毁。这种现象称为热击穿,必须尽可能避免热击穿。

(4) PN 结的电容效应

PN 结的电容效应是指 PN 结中的电荷量随外加电压或电流变化而变化,称为**结电容**。频率越高,PN 结的电容效应越显著。在高速开关的状态下,结电容可能使二极管的单向导电性变差,甚至不能工作。例如工频的整流二极管就不能用在高频场合。所以,结电容决定了 PN 结可以工作的最高频率。

PN 结结电容按其产生机制和作用的不同分为势垒电容 $C_B$ 和扩散电容 $C_D$。

① 势垒电容

如前所述[图 2-2(a)和图 2-3(a)],PN 结正偏时,多数载流子注入空间电荷区无阴影部分,使得空间电荷区变窄;反偏时,多数载流子从空间电荷区两侧移出,使得空间电荷区变宽。外电压的变化使得空间电荷区宽度变化,从而使得空间电荷区未被中和的离子数量发生变化,产生电容效应,PN 结仿佛是电容的极板。图 2-4(d)显示了外电压变化时,多数载流子移入势垒区或者从靠近势垒区的中性区移出时的情形,如同把载流子存放在空间电荷区或者从空间电荷区取出一样,这种现象称为**载流子的存储效应**。

空间电荷区未被中和的离子数量的变化会造成势垒的变化,由此产生的电容效应叫作**势垒电容**,因为势垒电容效应与耗尽层变化有关,所以,也叫作**耗尽层电容**。势垒电容只在外加电压变化时才起作用,外加电压频率越高,势垒电容作用越明显。很明显,正向偏置和反向偏置都会造成**势垒**电容效应。

② 扩散电容

如图 2-2 所示,当 PN 结为正向偏置时,大量多数载流子因扩散运动而越过空间电荷区,由多数载流子变为空间电荷区另外一侧的少数载流子。在越过空间电荷区以后,部分载流子会因复合而消失,少数来不及复合而过剩的载流子,存储在空间电荷区外另一侧,图 2-2(e)所示阴影部分显示了存储的少数载流子的浓度。正偏压越大,阴影部分面积越大,存储的少子浓度越大,面积的变化意味着少子数量的变化,从而显示出电容效应。如图 2-3 所示,当 PN 结为反向偏置时,空间电荷区外两侧存储的少数载流子一部分因漂移运动被抽取到耗尽层另外一侧,一部分则因扩散复合而消失,图 2-3(e)中阴影部分表示被抽取的少数载流子的浓度,当反向电压变化时,阴影部分面积会发生变化,从而产生电容效应。少数载流子在空间电荷区外的两侧因外电压变化而发生的存储与抽取,产生电容效应,叫作**扩散电容**。

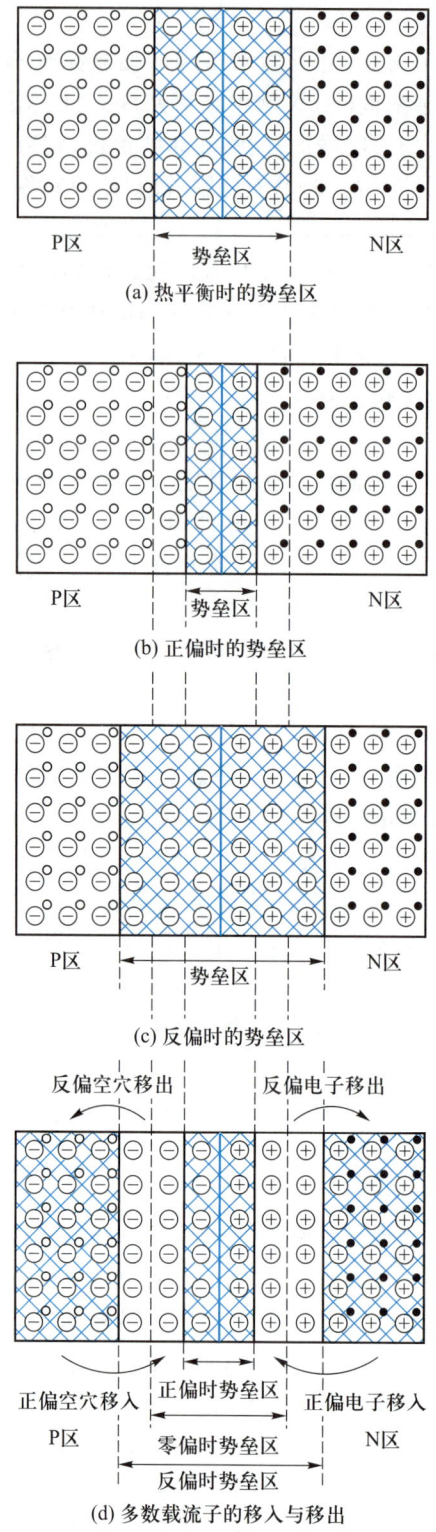

(a) 热平衡时的势垒区

(b) 正偏时的势垒区

(c) 反偏时的势垒区

(d) 多数载流子的移入与移出

图 2-4　势垒电容:外电压变化时势垒区宽度的变化

扩散电容的名称容易引人误解,似乎扩散电容是由多数载流子引起的,而实际上,从上述分析可以判断,正偏时多数载流子的扩散运动只是引起该电容效应的一个原因。以下用图 2-5 进一步分析。图 2-5 表示了外电压变化时耗尽层两侧少子浓度的变化。图 2-5(b)表示热平衡时少子浓度,图 2-5(c)表示正偏时少子浓度,可以看出正偏时少子浓度比热平衡时大大增加。图 2-5(d)表示反偏时少子浓度,可以看出反偏时少子浓度比热平衡时有所减小。因此,扩散电容与正偏、反偏均有关系,只是反偏时不明显。图 2-5(e)的阴影部分表示外电压变化时少子浓度的变化,其中蓝色阴影的面积远远大于黑色阴影,这说明扩散电容主要与正向偏压有关。由于扩散电容主要是由少数载流子存储引起,故其也被叫作**存储电容**。

PN 结势垒电容主要研究的是多数载流子,这些多数载流子注入或移出空间电荷区,相当于把载流子存储在空间电荷区,空间电荷区宽度变化导致多子数量的变化进而引起电容电荷的变化,**势垒**电容类似于平板电容,主要与正向或者反向电压变化有关。而扩散电容研究的是少数载流子,这些少数载流子来自空间电荷区另外一侧的多子。充放电的时候,它们要越过空间电荷区,所以,扩散电容的效应和通过 PN 结的电流大小相关。在正向偏置时,当正向电压较低时,结电容以势垒电容为主;正向电压较高时,扩散运动加剧,电流增加,扩散电容按指数规律上升,扩散电容成为结电容的主要成分。反向偏置时,扩散电容效应很小,结电容以**势垒**电容为主。势垒电容、扩散电容是后续理解功率器件的动态特性尤其是功率二极管的反向恢复过程的关键。

## 2.1.4　电力电子器件的封装和散热

电力电子器件种类繁多,但通常都按照统一的标准封装起来。

图 2-6 是几种常用的电力电子器件封装形式。以 TO-220 封装形式为例,TO 代表直插件,220 是封装定型号。对于 TO-220 封装 3 管脚器件而言,器件两相邻的管脚间距为 2.54 mm 或者 100 mil;而对于 TO-247 封装 3 管脚器件而言,相邻管脚间距为 5.08 mm 或者 200 mil。随着功率等级的提高,器件自身的散热面积也随之增大,如图 2-6 中的 SOT-227 和 Y 系列封装的功率器件。图 2-6 中的 TO-64 和 TO-209 封装的功率器件,采用螺栓结构,使得功率器件和外加散热器紧密接触,增加散热效果,这种封装一般用于较大功率等级器件,例如晶闸管。图 2-6 中 W 系列封装的功率器件则采用双面散热,即采用散热器将其器件夹紧,以进一步增大散热面积,可以用于比 TO 系列封装更大的功率。

值得一提的是,近年来功率器件拓扑化、模块化的研究和应用越来越多,图 2-7(a)是一个 IGBT 桥臂(2 个 IGBT 竖向连接)的封装,图 2-7(b)是三相逆变器共 6 个 IGBT 的模块封装结构,它通过陶瓷基板或者是铜基板散热,可以达到很高的功率密度。

半导体开关在工作时会产生功率损耗,这些损耗都以热量的形式产生于半导体芯片上,器件的运行必须保证这些热量能够传导到外界,并使器件芯片的温度控制在合理范围内。

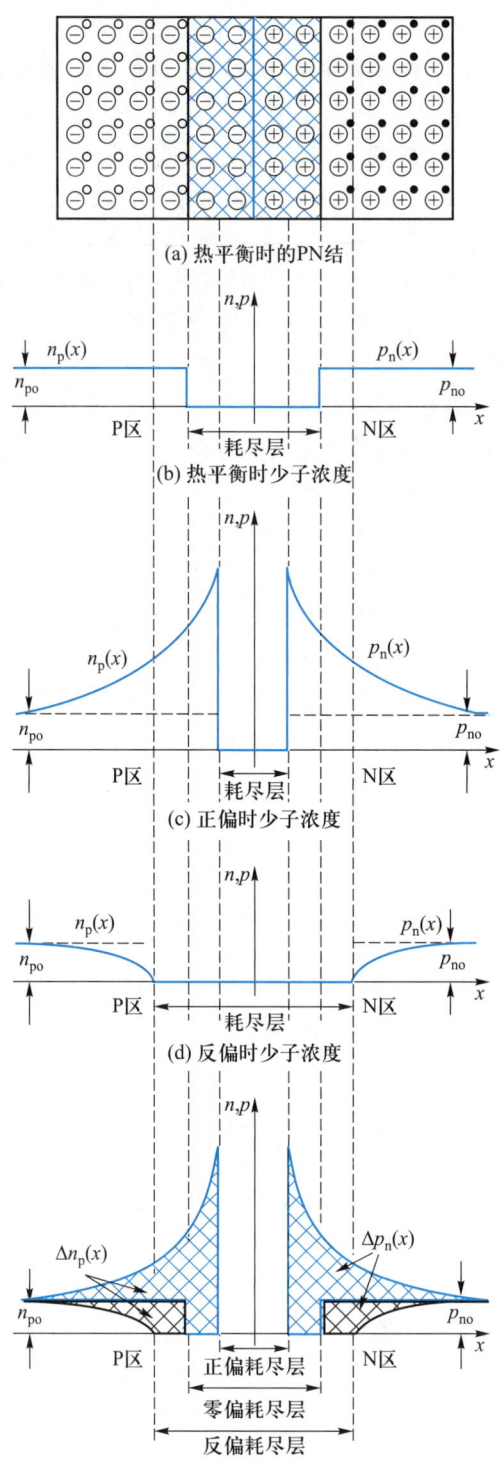

(a) 热平衡时的PN结

(b) 热平衡时少子浓度

(c) 正偏时少子浓度

(d) 反偏时少子浓度

(e) 外电压变化时少子浓度变化：蓝色阴影为正偏时少子浓度变化，
黑色阴影为反偏时少子浓度变化，可以看出，蓝色阴影面积远
大于黑色阴影面积，所以，正偏时扩散电容效应明显

**图 2-5　扩散电容**

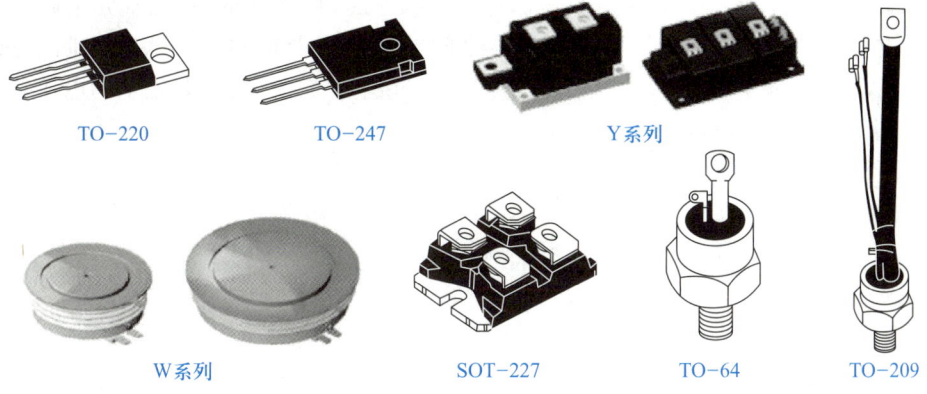

图 2-6　几种常用的电力电子器件封装形式

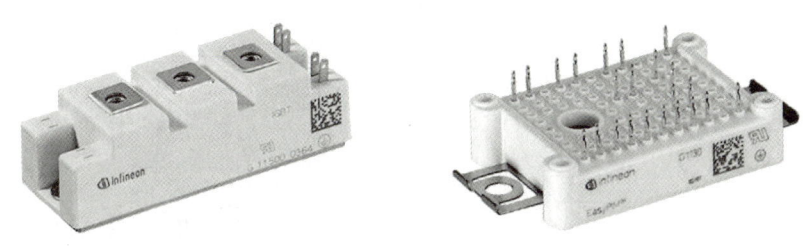

(a) IGBT桥臂模块　　　　　　(b) IGBT三相逆变器模块

图 2-7　电力电子器件的拓扑化、模块化

　　根据散热功率大小和功率密度,系统通常采用自然风冷、强制风冷以及水冷等几种形式。例如在 100 W 以下的开关电源小功率系统中,器件的散热功率只有几瓦,所以多采用自然风冷。如果采用如 TO-220 封装的器件,其热量由芯片产生后途经管壳金属基座、绝缘垫片、金属散热器再传递到空气中。而功率较大时,则采用风冷,即用风扇带走金属散热器上的热量。而大功率应用场合中,或者功率并不大但要求功率密度很大的时候,例如电动汽车中,则采用水冷方式,冷却水流过散热器,带走热量。

　　通常设计散热器的大小、风扇大小以及水冷功率时,需要建立系统的热模型。图 2-8 是风冷散热的电学等效模型,其中热阻反映了器件传热途径的温差与热流的关系(对应电阻)。在热量传递过程中,途经的每个部分所具有的热容量都起到了储热的作用(对应电容)。

　　热阻 $R_{th}$ 的单位为 °C/W 或 K/W,它的含义是 1 W 的热功率所引起的温升。

　　热容 $C_{th}$ 的单位是 J/K,它的含义是温度每升高 1 K 时的热量。

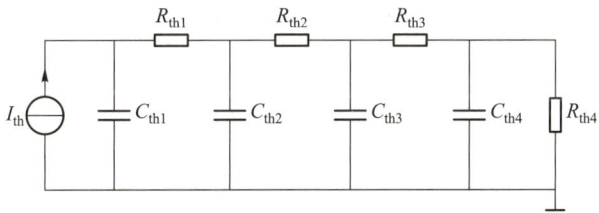

图 2-8　风冷散热的电学等效模型

图 2-8 中 $R_{th1}$、$R_{th2}$、$R_{th3}$、$R_{th4}$ 分别代表芯片与管壳基座之间的热阻、管壳金属基座与绝缘片之间的热阻、绝缘片与风冷散热器之间的热阻以及散热器与大气之间的热阻。$C_{th1}$、$C_{th2}$、$C_{th3}$、$C_{th4}$ 分别代表芯片、管壳、散热器、空气的热容。而每个热阻上的电压差就代表了不同部位之间的温度差。

# 2.2　不可控器件——功率二极管

功率二极管属于不可控器件,是 20 世纪最早获得应用的电力电子器件,在整流、逆变等几乎所有的电力电子电路都能找到功率二极管的应用。如图 2-9 所示,在电力电子电路中,功率二极管常被用来整流、续流和钳位。

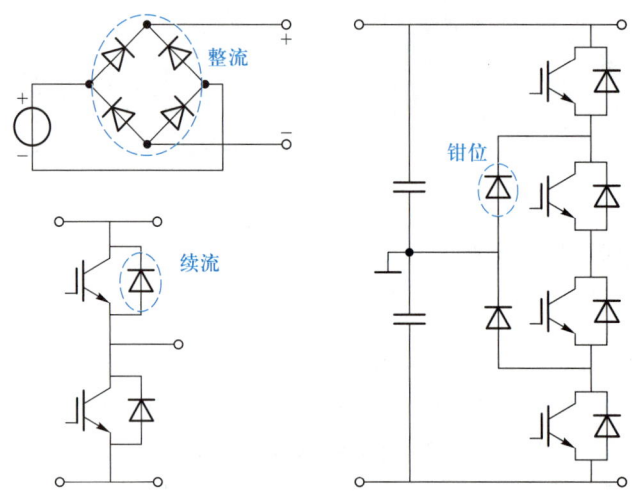

**图 2-9　功率二极管的典型应用**

基于导电机理和结构的不同,二极管可分为结型二极管和肖特基势垒二极管,目前还是以结型二极管为主,结型二极管本质上就是一个 PN 结。按照反向恢复时间,二极管又可以分为整流二极管、快恢复二极管和肖特基二极管。

## 2.2.1　结型功率二极管的基本结构和工作原理

与信息电路二极管一致,电力电子电路中的结型功率二极管也是指以 PN 结为基础的功率二极管,其基本结构是半导体 PN 结,具有单向导电性,正向偏置时表现为低阻态,形成正向电流,反向偏置时表现为高阻态,只有很小的漏电流。功率二极管实际是由一个面积比较大的 PN 结和两端引线以及封装组成的,图 2-10 表示了功率二极管外形、结构和符号。

电力电子电路中的结型功率二极管和信息电路中的二极管本质上并无区别,但是它能够承受高电压和大电流。这是什么原因呢?

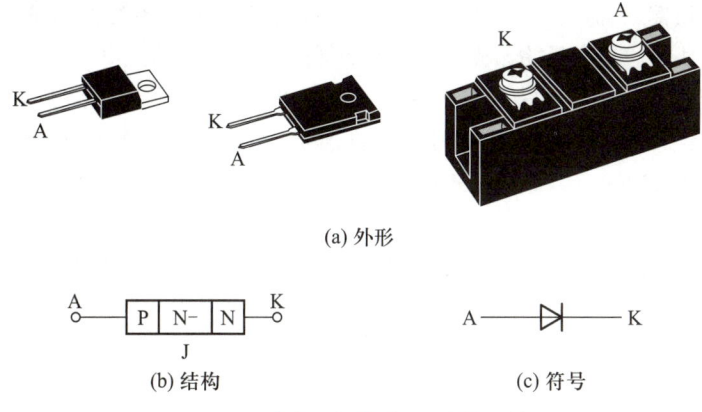

(a) 外形

(b) 结构

(c) 符号

**图 2-10　功率二极管外形、结构和符号**

图 2-11 是功率二极管的内部结构断面示意图,为了建立承受高电压和大电流的能力,功率二极管具有如下不同于信息电路二极管之处:

① 功率二极管体积更大,具有更多的 PN 结单元,以并联承担电流。

② 功率二极管大都是垂直导电结构,即电流在硅片内流动的总体方向是与硅片表面垂直的。垂直导电结构使得硅片中通过电流的有效面积增大,可以显著提高功率二极管的通流能力。

以上两点是功率二极管能流过大电流的主要原因。那么又是因何能够承受高电压呢?

③ 功率二极管在 P 区和 N 区之间多了一层低掺杂 N-区(在半导体物理中用 N-表示低掺杂 N 型半导体),该区也被称为漂移区。低掺杂 N-区由于掺杂浓度低而接近于无掺杂的纯半导体材料即本征半导体,因此功率二极管的结构也被称为 P-i-N 结构(i 是intrinsic 的首字母,意为"本征")。由于掺杂浓度低,低掺杂 N-区就可以承受很高的电压而不致被击穿,因此,低掺杂 N-区越厚,功率二极管能够承受的反向电压就越高。

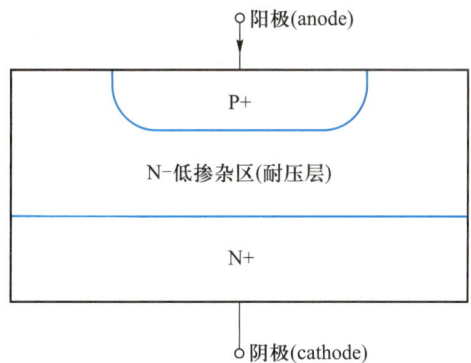

**图 2-11　功率二极管的内部结构断面示意图**

既然增加了低掺杂的 N-区,那么掺杂浓度低会不会导致功率二极管的电阻率过高,正向压降过大呢?事实上其正向压降并没有想象中那么大。这个矛盾在功率二极管技术中是通过电导调制效应来解决的。

PN 结处于正偏,当流过正向电流较小时,二极管的电阻主要是作为基片的低掺杂 N-区的欧姆电阻,其阻值较高且为常量,因而管压降随正向电流的上升而增加;当 PN 结上流过的正向电流较大时,由 P 区注入并积累在低掺杂 N-区的少子空穴浓度将很大,为了维持半导体的电中性条件,其多子浓度也将大幅度增加,使得电阻率明显下降,也就是 **电导率 (conductivity)** 大大增加。电导调制效应使得功率二极管在正向电流较大时压降并不会线性上升,仍然维持在一个较低水平,在 2 V 左右,所以,正向偏置的功率二极管表现为低阻态。故在图 2-12 中,当电流从零开始增加时,功率二极管正向压降线性增加,但是当电流增加到较大值时,其正向压降增长越来越慢,直到基本不变,这就是电导调制效应在发挥作用。

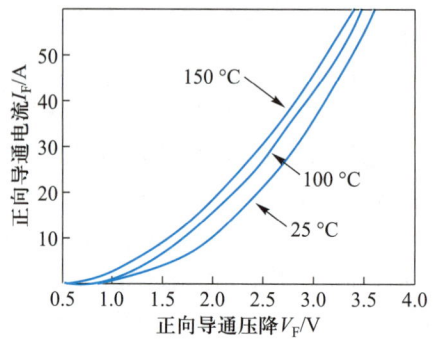

图 2-12 电导调制效应下的功率二极管正向导通压降与电流关系

### 2.2.2 结型功率二极管的基本特性

#### (1) 静态特性

图 2-13(b)是结型功率二极管的伏安特性曲线。当外加电压大于门槛电压 $V_{TO}$ 时,载流子的扩散运动显著,此时,电流开始迅速增加,二极管开始导通。若流过二极管的电流较小,二极管的电阻主要是低掺杂 N-区的欧姆电阻,阻值较高且为常数,因而其管压降随正向电流的上升而线性增加。当流过二极管的电流较大时,前述的电导调制效应开始主导伏安特性曲线,使得二极管的管压降基本不变,从图 2-13(b)可以看出,即使电流较大时,二极管的管压降 $V_F$ 也基本不变。当 $V_D < V_{BR}$ 时,二极管被反向击穿,$V_{BR}$ 为二极管的反向击穿电压,通常二极管的额定电压指的就是 $V_{BR}$。图 2-13(c)是忽略了正向压降、门槛电压,并将 $V_{BR}$ 视为无穷大时的理想特性。

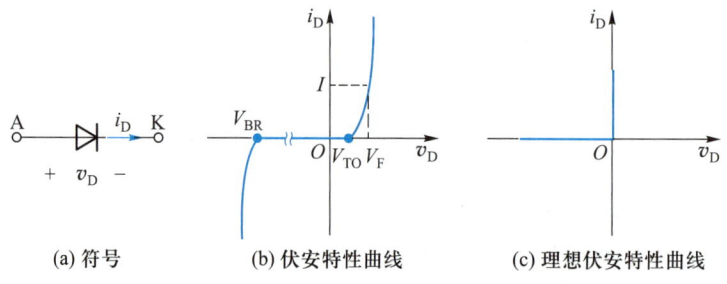

(a) 符号　　　(b) 伏安特性曲线　　　(c) 理想伏安特性曲线

图 2-13 功率二极管的静态特性

### （2）动态特性

结型功率二极管是双极型器件,具有载流子存储效应和电导调制效应,同时因为结电容的存在,电压、电流是随时间变化的,这就是功率二极管的动态特性。动态特性通常指通态与断态转换的开关特性。图 2-14(a)表示了功率二极管动态开关过程的电压电流波形,其中特别要注意开通过程中的电压过冲和关断过程中的电流下降率。下面通过分析开关过程中载流子的运动及浓度变化来阐述图 2-14(a)所示波形的形成机理。

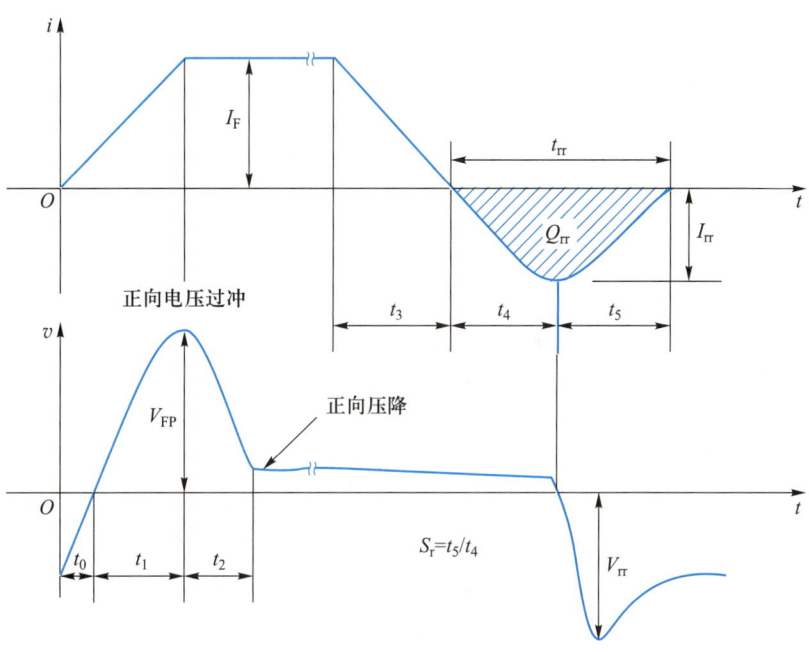

教学微视频
2-1
二极管正反
瞬态分析

(a) 功率二极管正反向瞬态波形

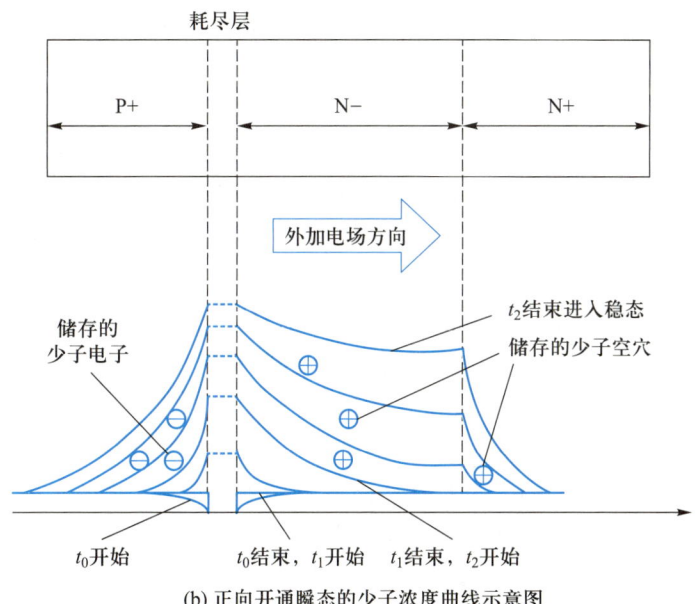

(b) 正向开通瞬态的少子浓度曲线示意图

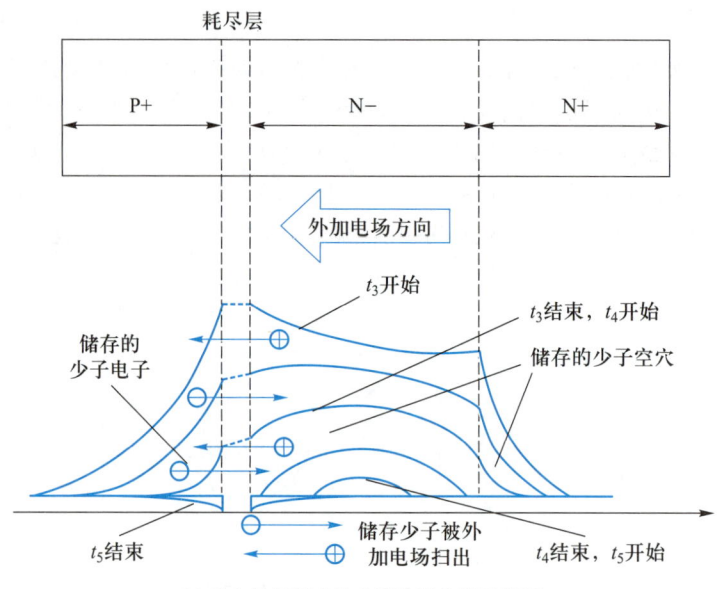

(c) 反向恢复瞬态的少子浓度曲线示意图

**图 2-14　功率二极管的动态过程波形**

在分析之前需要说明,图 2-2(e) 中正偏状态下的储存少子浓度曲线是针对常规的 PN 结,而对于功率二极管的 PiN 结构,在正偏状态下的储存少子浓度分布示意图如图 2-14(b) 中 $t_2$ 结束进入稳态的曲线所示,在 P+N- 和 N-N+ 两个界面之间的低掺杂 N- 层,少子的分布浓度较高,甚至超过了 N- 层的多子浓度,且近似为一根平滑的曲线。这与普通的 PN 结二极管有较大区别,也是理解功率二极管动态开关过程的关键。

① 由反向偏置转换为正向偏置

图 2-14(a) 中,$t_0 \sim t_2$ 时段给出了功率二极管由反向偏置转换为正向偏置时电压和电流的波形。

图 2-3(e) 显示,反偏的时候,耗尽层附近的载流子被抽取(被抽取的载流子用阴影表示)。图 2-5(d) 则描述了反偏时耗尽层附近少子的浓度。正向开通包含 $t_0 \sim t_2$ 三个物理过程,$t_0$ 时段,反偏时被抽取的载流子重新被注入并形成电流,$t_0$ 结束时,空间电荷区回到热平衡时的状态,此时电压为零。图 2-5(b) 描述了热平衡时耗尽层附近少子的浓度。这个过程类似于反向充电的电容器放电的过程。

$t_1$ 时段开始,在外加电场的作用下,P+N- 变正偏,P 区向 N- 漂移区注入少子空穴,N- 区向 P 区注入少子电子。部分少子会与多子复合,来不及复合的少子被储存在耗尽层两侧[如图 2-2(e) 和图 2-14(b) 所示]。同时,N+ 区向 N- 区注入电子,与注入 N- 区的空穴共同形成 $t_1$ 时段电流。$t_1$ 时段初期,注入 N- 区的空穴尚未到达 N-N+ 界面附近,还没有起到吸引 N+ 区电子的作用,可以认为电导调制效应尚未开始。这时候电压和电流的关系由 P 区与 N- 区的掺杂浓度决定,因 N- 区载流子浓度低而具有较大的欧姆电阻,再加上器件自身电感 $L$ 及电流变化率 $\mathrm{d}i/\mathrm{d}t$ 的作用,产生如图 2-14(a) 所示的电压过冲。当 P 区的空穴被大量注入 N- 区时,因为 N- 区的电子浓度较低而来不及复合,这些空穴会在 N- 区逐步积累。储存在 N- 区的空穴的浓度越来越高,甚至超过 N- 区多子电子的浓度,并到达 N-N+界面附近,从而吸引 N+区的电子越过 N-N+界面与其复合,以维持半导体电中性条件,也就是前述的电导调制效应。随着电导调制效应开始起作用,电压过冲速度逐渐变慢,最终达到 $V_{FP}$,$t_1$ 时段结束。

当 $t_2$ 时段开始,随着电导调制效应作用加强以及电流逐渐稳定在稳态值 $I_F$,二极管端电压下降。$t_2$ 时段结束时,N-区载流子浓度达到导通稳态时的值,端电压趋近稳态压降值(如 2 V),$t_2$ 时段的结束也标志着 N-区载流子增长结束。由以上分析,$t_1+t_2$ 可以定义为 N-区载流子填充时间,$t_0+t_1+t_2$ 的动态过程时间被称为**正向恢复时间 $t_{fr}$**。

　　② 由正向偏置转换为反向偏置

反偏后,功率二极管并不能立即关断,而是需经过一段短暂的时间才能重新获得反向阻断能力,进入截止状态。图 2-14(a)中 $t_3 \sim t_5$ 时段描述了由正向偏置转为反向偏置的过程中电压与电流的变化。

图 2-14(c)表示 $t_3 \sim t_4$ 时段储存的少子的变化过程。设 $t_3$ 开始时给功率二极管施加反向电压,在反向电压作用下,正向电流下降到零。$t_3$ 时段末期,虽然正向电流下降到零,但由于 N-区两端储存有大量少子,二极管仍然是正向偏置而并没有恢复反向阻断能力。

$t_4$ 时段开始电流变负,储存的少子因不断与多子复合以及被外加电场扫出而越来越少,但只要 N-区两端还有储存的少子,P+N-、N-N+两个界面将保持正偏,二极管的端电压改变很小,只有很小的压降。当 $t_4$ 时段结束时,靠近耗尽层两侧储存的少子被清除,N-区只有中间区域还有储存的少子。这期间会伴随两个现象:一是耗尽层恢复到热平衡状态,端电压降为零,并在外加电场作用下开始变为反向偏置;二是因离耗尽层较远的储存少子浓度偏低,被外加电场扫出产生的反向电流分量停止增加而达到最大值 $I_{rr}$。

$t_5$ 时段开始时,在外加电场作用下二极管已经变为反向偏置,外加电场开始抽取耗尽层两侧的少子[图 2-3(e)中阴影部分表示被抽取的少子],以及扫出 N-区中间残余的少子,构成反向电流,因为被抽取的少子数量远少于之前被扫出的储存少子,所以反向电流迅速下降,电流的下降在寄生电感作用下导致反向电压过冲。随着耗尽层两侧的少子逐步被抽取完,反向电流下降到接近零,电压过冲逐步消除,$t_5$ 时段结束。$t_5$ 时段结束后,耗尽层两侧少子的浓度分布如图 2-5(d)所示。

由图 2-14(a),定义几个重要参数。

**a. 延迟时间**:$t_d = t_4$

**b. 电流下降时间**:$t_f = t_5$

**c. 反向恢复时间**:$t_{rr} = t_d + t_f$

**d. 恢复特性的软度**:$t_f / t_d$,或称恢复系数,用 $S_r$ 表示。$S_r$ 越大,恢复性能越软。如图 2-15 所示,从左到右越来越软,恢复性能越软则尖峰、振荡越小。

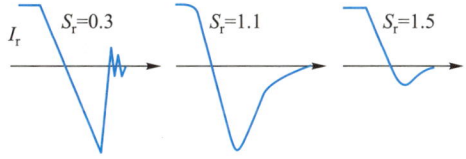

**图 2-15　功率二极管的恢复系数**

**例题 2-1**　图 2-14 中的功率二极管开通时正向电压过冲能到多大？稳态后其通态压降大概为多少？

**答**：功率二极管的稳态通态压降为 1~2 V，但根据电路条件不同，其瞬态正向电压过冲可能达到稳态电压的几十倍甚至上百倍。正向电压过冲过大可能会导致较大的损耗，需要从电路开关条件上优化以减少损耗和 EMI 干扰。

### 2.2.3　肖特基势垒二极管

**肖特基势垒二极管**，简称肖特基二极管，是利用金属与 N 型半导体表面接触形成势垒的非线性特性制成的二极管，需要注意的是，形成肖特基势垒需要金属的功函数大于半导体的功函数。由于 N 型半导体中存在着大量的电子，而金属中仅含有极少量的自由电子，当金属与 N 型半导体接触后，电子便从浓度高的 N 型半导体向金属扩散。随着电子不断从半导体扩散到金属，半导体表面的电子浓度不断降低，表面电中性被破坏，于是便形成势垒，其电场方向为半导体到金属，同时在该电场的作用下，金属中的电子也会产生从金属到半导体的漂移运动，从而削弱了由于扩散运动形成的电场。当建立起一定宽度的空间电荷区后，电子漂移和扩散达到平衡，并形成了肖特基势垒。

可见，肖特基二极管是多子导电的单极型器件，没有结型二极管中的少子存储现象，反向恢复时就没有了抽取少子的过程，因此理论上其反向恢复时间为零，但是因为电容效应（势垒电容），其恢复时间大概在 40 ns 以内，相比于普通功率二极管，其开关损耗很低，并且其导通压降（一般在 0.4~1 V），也就是导通损耗比普通功率二极管低（包括普通二极管和快恢复二极管，$V_F$ 一般在 1.5 V 左右）。

传统的肖特基二极管因为其反向势垒较薄，反向耐压一般在 200 V 以下，被认为适用于低压场合。然而，随着宽禁带器件的发展，这个认识早已经被打破了，例如 1 200 V 的 SiC 肖特基二极管已经实用化。当然，随着耐压的增高，其导通压降也在增长，以 CREE 公司的 SiC 肖特基二极管 C4D10120D（10 A，1 200 V）为例，其 $V_F$ 就达到了 1.4 V。

### 2.2.4　功率二极管的主要参数

反向恢复时间 $t_{rr}$ 和正向导通压降 $V_F$ 是二极管最关键的参数。总结一下，选用二极管时，要参考如下几个参数：

① 正向平均电流（maximum average forward current）$I_{F(AV)}$

指功率二极管长期运行时，在指定的管壳温度（简称壳温，用 $T_C$ 表示）和散热条件下，允许流过的最大工频正弦半波电流的平均值。

$I_{F(AV)}$ 是按照电流的发热效应来定义的，使用时应按有效值相等的原则来选取电流定额，并应留有一定的裕量。

② 正向压降（forward voltage）$V_F$

指功率二极管在指定温度下，流过某一指定的稳态正向电流时对应的正向压降。

③ 反向非重复峰值电压（non-repetitive peak reverse voltage）$V_{RSM}$

④ 反向重复峰值电压（repetitive peak reverse voltage）$V_{RRM}$

指对功率二极管所能重复施加的反向最高峰值电压。使用时,应当留有裕量。

⑤ 反向恢复时间(reverse recovery time)$t_{rr}$

⑥ 最高工作结温(maximum operating temperature)$T_{JM}$

结温是指管芯 PN 结的平均温度,用 $T_J$ 表示。最高工作结温是指在 PN 结不致损坏的前提下所能承受的最高平均温度,$T_{JM}$ 通常在 125 ℃ ~ 175 ℃ 范围之内。

⑦ 浪涌电流(peak forward surge current)$I_{FSM}$

指由于电路异常情况引起的并使结温超过额定结温的不重复性最大正向过载电流。

⑧ 反向漏电流(reverse leakage current)$I_{rs}$

### 2.2.5 功率二极管的主要类型

以上根据功率二极管的工作原理和结构,把它分成结型和肖特基两种,而在具体应用中,更关心它的反向恢复性能而不是材料、结构等。所以,通常会根据反向恢复时间的差别将二极管分为以下几种。

① 普通二极管(general purpose diode)

又称整流二极管(rectifier diode),多用于开关频率不高(1 kHz 以下)的整流电路中。其反向恢复时间较长,一般在 5 μs 以上。其正向电流定额和反向电压定额可以达到很高,正向压降小。

② 快恢复二极管(fast recovery diode,FRD)

恢复过程很短,特别是反向恢复过程很短(一般在 5 μs 以下),多用于 DC-DC 转换电路中。

③ 肖特基二极管(schottky barrier diode,SBD)

属于多子器件,反向恢复时间很短,几乎为零(10~40 ns),正向恢复过程中也不会有明显的电压过冲。

# 2.3 半控型器件——晶闸管

晶闸管是能承受高电压、大电流的半控型电力电子器件,也可称为可控硅整流管,由于其电流容量大、耐压高,已被广泛应用于可控整流和逆变、交流调压、直流变换等领域,尤其是应用于大功率、低开关频率场合。晶闸管一般包括普通晶闸管及其一系列派生产品,在无特别说明情况下,本书所说的晶闸管均为普通晶闸管。

### 2.3.1 晶闸管的结构与工作原理

图 2-16 是晶闸管的外形,晶闸管引出阳极 A、阴极 K 和门极(控制端)G 三个连接端。需要说明,晶闸管根据功率大小和应用场合具有多种封装结构,图 2-16 的螺栓式结构、TO-247、W 封装只是其中一部分。

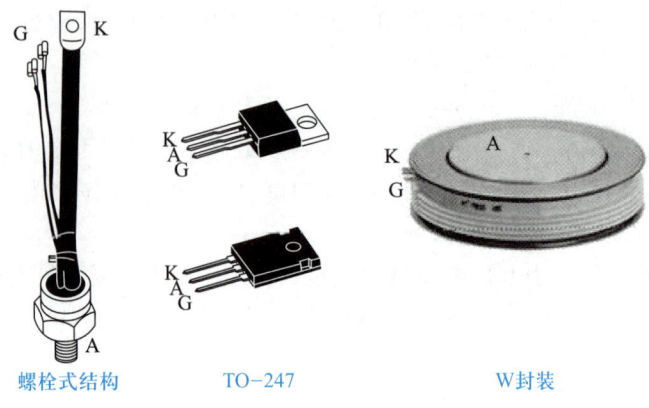

图 2-16　晶闸管的外形

如图 2-17 所示,晶闸管是三端四层结构,内部是 PNPN 四层半导体结构,分别命名为 $P_1$、$N_1$、$P_2$、$N_2$ 四个区。$P_1$ 区引出阳极 A,$N_2$ 区引出阴极 K,$P_2$ 区引出门极 G。四个区形成 $J_1$、$J_2$、$J_3$ 三个 PN 结。如果器件上加正向电压,则 $J_2$ 处于反向偏置状态,只能流过由少子形成的很小的漏电流,定义为反向饱和电流 $I_{CBO}$;如果器件上加反向电压,则 $J_1$ 和 $J_3$ 反偏,该器件处于阻断状态,也仅有极小的反向漏电流流过。

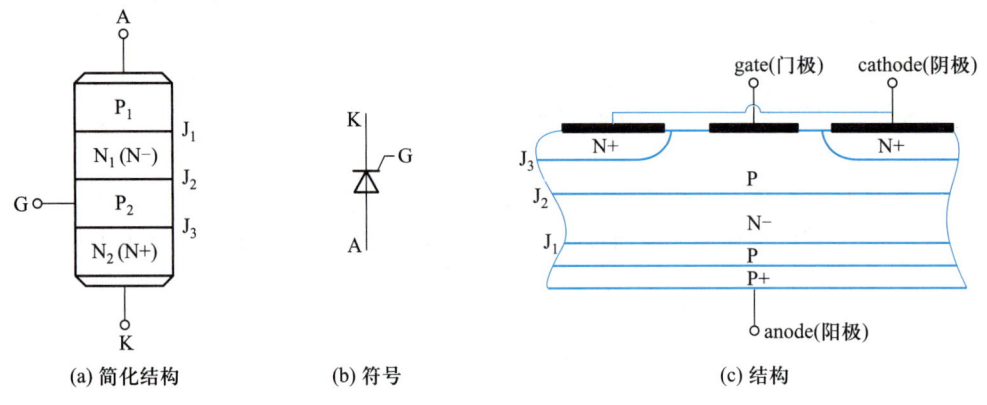

(a) 简化结构　　　　　　　(b) 符号　　　　　　　(c) 结构

图 2-17　晶闸管的简化结构、符号、实际结构图

如果在图 2-17(a)的三端四层结构中斜切一刀,则可以把晶闸管分成 NPN 和 PNP 复合双晶体管的互联结构,如图 2-18 所示。为后续计算和分析方便,此时把上述 AK 正偏时 $J_2$ 结上的反向饱和电流 $I_{CBO}$ 也一分为二,分别视为 $T_1$ 管和 $T_2$ 管的反向饱和电流 $I_{CBO1}$ 和 $I_{CBO2}$,也就是集电极漏电流。

晶闸管的开通原理可以用图 2-18 所示的 PNP+NPN 复合双晶体管模型解释。如果外电路向 $T_2$ 基极注入电流 $I_G$,也就是注入驱动电流,即产生集电极电流 $I_{C2}(\beta_2 I_G)$,它构成 PNP 晶体管 $T_1$ 的基极电流,放大成 $T_1$ 集电极电流 $I_{C1}=\beta_1 I_{C2}$,这时 $T_2$ 的基极电流由 $I_G$ 和 $I_{C1}$ 共同提供,从而使 $T_2$ 的基极电流增加,并通过晶体管的放大作用形成强烈的正反馈,使得 $T_1$ 和 $T_2$ 很快进入饱和导通。此时,即使将 $I_G$ 撤销,因为正反馈已经形成,晶闸管会继续导通,即门极 G 失去控制作用,之后的关断不受门极控制,所以,晶闸管是半控器件。

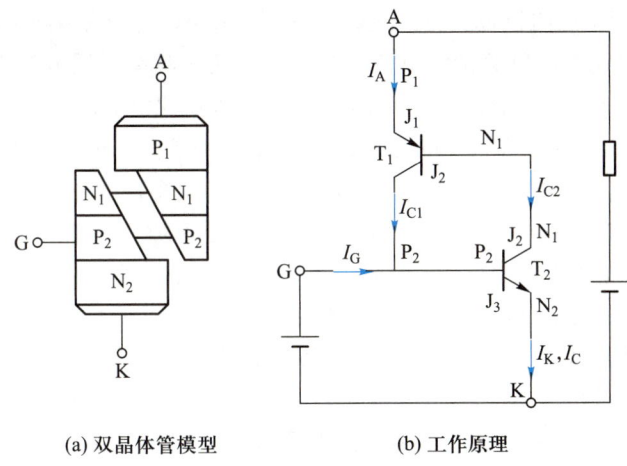

(a) 双晶体管模型　　　　　(b) 工作原理

图 2-18　晶闸管的双晶体管模型、工作原理

从上述可以总结晶闸管导通的两个条件是：① 正向偏置；② 施加门极触发电流。

按照图 2-18 所示的双晶体管模型，两个晶体管都相当于共基极接法。假定 $T_1$ 的共基极电流增益为 $\alpha_1$，则 $T_1$ 发射极电流的一部分 $\alpha_1 I_A$ 将穿过 $J_2$ 结，再考虑 $J_2$ 结反偏要流过的集电极漏电流 $I_{CBO1}$，则 $I_{C1}$、$I_{C2}$、$I_A$ 及 $I_K$ 可表达为

$$\begin{cases} I_{C1} = \alpha_1 I_A + I_{CBO1} \\ I_{C2} = \alpha_2 I_K + I_{CBO2} \\ I_K = I_A + I_G \\ I_A = I_{C1} + I_{C2} \end{cases} \quad (2\text{-}4)$$

式中，$\alpha_1$ 和 $\alpha_2$ 为晶体管 $T_1$ 和 $T_2$ 的共基极电流增益，也称为电流分配系数，$I_{CBO1}$ 和 $I_{CBO2}$ 分别是 $T_1$ 和 $T_2$ 的集电极漏电流。忽略 $I_{CBO1}$ 和 $I_{CBO2}$，可得 $\alpha_1 = I_{C1}/I_A$，$\alpha_2 = I_{C2}/I_K$。

由式（2-4）可得

$$I_A = \frac{\alpha_2 I_G + I_{CBO1} + I_{CBO2}}{1 - (\alpha_1 + \alpha_2)} \quad (2\text{-}5)$$

如图 2-19 所示，晶体管的特性是在低发射极电流下 $\alpha$ 很小，而当发射极电流建立起来之后，$\alpha$ 将迅速增大。

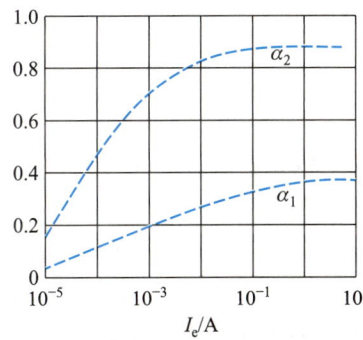

图 2-19　$T_1$、$T_2$ 共基极增益随着发射极电流变化的趋势

因此,在晶体管正向阻断状态也就是 $V_{AK}>0$ 而 $I_G=0$ 时,$(\alpha_1+\alpha_2)$ 是很小的。由式 (2-5)可看出,此时流过晶闸管的漏电流只是稍大于两个晶体管漏电流之和。

$V_{AK}>0$ 前提下,如果在门极注入触发电流,各个晶体管的发射极电流将增大,由图 2-19 可知,$\alpha_1$、$\alpha_2$ 也随之增大,由式(2-5)可知,当 $\alpha_1$、$\alpha_2$ 增大到 $(\alpha_1+\alpha_2)$ 非常接近于 1 时,晶闸管将饱和导通。根据式(2-5),$I_A$ 将非常大,但具体大小由外电路决定。此时即使撤除 $I_G$,晶闸管也会维持导通,因为其内部的正反馈已经形成。所以,可以把 $(\alpha_1+\alpha_2)\approx 1$(非常接近 1)作为饱和导通的边界条件。晶闸管导通后,因为已经不在线性区(放大区),式(2-5)将不再成立,$(\alpha_1+\alpha_2)$ 将继续增长到与 1 接近但略大于 1 的水平,通常为 $(\alpha_1+\alpha_2)\geqslant 1.15$(等于或接近 1.15)以得到较为理想的饱和压降。而晶闸管导通后,如果要关断它则要设法(例如撤除门极正压,或者加上反压)使流过晶闸管的电流降低到接近于零的某一数值以下(维持电流 $I_H$)。从电路原理上看即外电路条件变化使得 $(\alpha_1+\alpha_2)<1$ 则器件退出饱和而关断。晶闸管自身并不能自主实现 $(\alpha_1+\alpha_2)<1$,下节将要讨论的 GTO 则可以自主实现。

### 2.3.2　晶闸管的基本特性

#### (1) 静态特性

晶闸管阳极、阴极之间的电压 $V_{AK}$ 与阳极电流 $I_A$ 的关系,被称为晶闸管的伏安特性,如图 2-20 所示,伏安特性分为正向伏安特性和反向伏安特性。

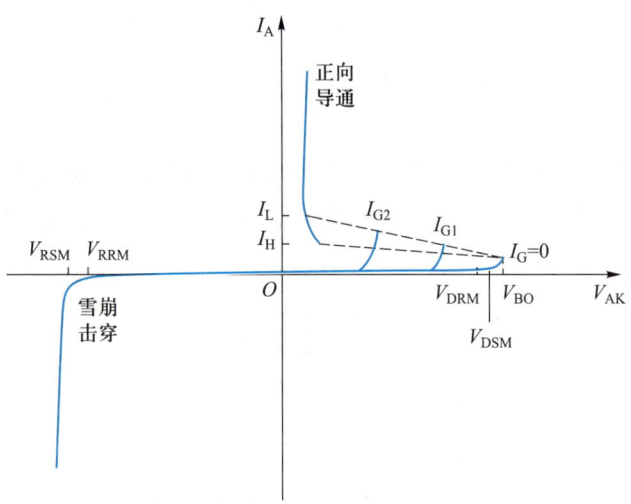

图 2-20　晶闸管的伏安特性($I_{G2}>I_{G1}>I_G$)

$V_{DRM}$、$V_{RRM}$ 分别为**正反向断态重复峰值电压**;$V_{DSM}$、$V_{RSM}$ 分别为**正反向断态不重复峰值电压**;$V_{BO}$ 为**正向转折电压**;$I_H$ 为**维持电流**。

晶闸管的正向伏安特性是一组随门极电流 $I_G$ 的增加而不同的曲线族。$I_G=0$ 时,逐渐增大阳极电压 $V_{AK}$,只有很小的正向漏电流,晶闸管正向阻断;随着阳极电压的增加,当达到正向转折电压 $V_{BO}$ 时,漏电流剧增,晶闸管由正向阻断突变为正向导通状态。这种在 $I_G=0$ 时,仅依靠增大阳极电压强迫晶闸管导通的方式称为"硬开通",这对晶闸管是不利的。图 2-20 中，随着门极电流 $I_G$ 的增加，晶闸管的正向转折电压 $V_{BO}$ 迅速下降，当 $I_G$ 足够大时，晶闸管的正向转折电压很小，其正向伏安特性可以看成与二极管的正向伏安特性相同。要注意，当晶闸管开通后即可撤除 $I_G$，晶闸管本身的压降很小，在 1 V 左右。

当晶闸管导通后，要使它恢复阻断，只有逐步减小阳极电流 $I_A$，使其下降到维持电流 $I_H$ 以下，当然此时 AK 间是零偏或者反偏才能减小 $I_A$。

晶闸管的反向伏安特性类似二极管的反向伏安特性。晶闸管处于反向阻断状态时，只有极小的反向漏电流通过。当反向电压超过一定限度到反向击穿电压后，外电路如无限制措施，则反向漏电流急剧增大，导致晶闸管发热损坏。

图 2-20 中 $I_H$ 称为**维持电流（holding current）**，维持电流是指使晶闸管维持导通（稳态）所必需的最小电流。另一个概念是**擎住电流（latching current）**，通常用 $I_L$ 表示，擎住电流是指晶闸管刚从断态转入通态并移除触发信号时能维持导通所需的最小电流，约为维持电流 $I_H$ 的 2~4 倍。

**（2）动态特性**

由于晶闸管内部的正反馈过程需要时间，再加上外电路电感的限制，晶闸管受到触发后，其阳极电流的增长不可能是瞬时的。

如图 2-21 所示，从门极电流阶跃时刻开始，到阳极电流上升到稳态值的 10%，这段时间称为**延迟时间 $t_d$（delay time）**，与此同时，晶闸管的正向压降也在减小。阳极电流从 10% 上升到稳态值的 90% 所需的时间称为**上升时间 $t_r$（rise time）**。**开通时间 $t_{on}$（turn on time）** 定义为两者之和，即

$$t_{on} = t_d + t_r \tag{2-6}$$

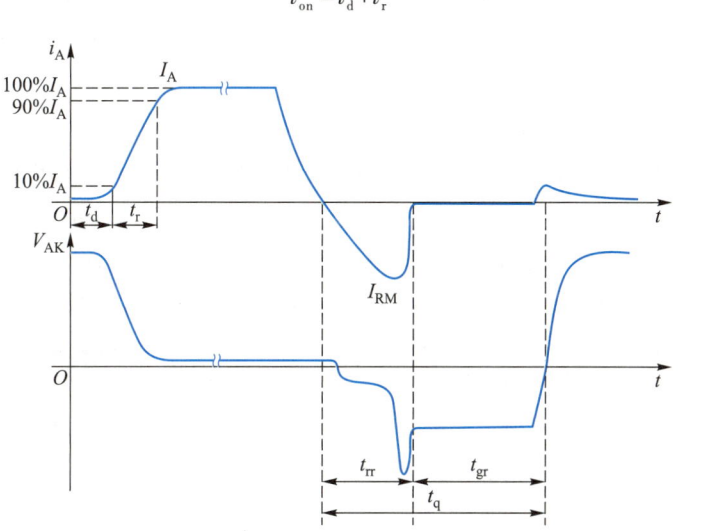

图 2-21 晶闸管的开通和关断过程波形

普通晶闸管延迟时间为 0.5~1.5 μs，上升时间为 0.5~3 μs。延迟时间随门极电流的增大而减小，上升时间除反映晶闸管本身特性外，还受到外电路电感的影响。提高阳极电压可以增大晶体管 $T_2$ 的电流增益 $\alpha_2$，从而使正反馈过程加速，延迟时间和上升时间都可显著缩短。

由于外电路电感的存在，当外加电压突然由正向变为反向时，原处于导通状态的晶

闸管阳极电流在衰减时必然也会经历过渡过程。阳极电流将逐步衰减到零,然后同功率二极管关断动态过程类似,在反方向会流过反向恢复电流,其过程与功率二极管的关断过程类似。经过最大值 $I_{RM}$ 后,再反方向衰减。同样,在恢复电流快速衰减时,在外电路电感的作用下,会在晶闸管两端引起反向的尖峰电压。最终反向恢复电流衰减至接近于零,晶闸管恢复其对反向电压的阻断能力。从正向电流降为零,到反向恢复电流衰减至接近于零的时间,就是晶闸管的**反向阻断恢复时间** $t_{rr}$。

反向恢复过程结束后,晶闸管恢复了对于反向电压的阻断能力,但由于载流子复合过程比较慢(主要是和门极相关的 PN 结的少子难以通过外电路抽取,只能通过自身来复合),所以晶闸管要恢复其对正向电压的阻断能力还需要一段时间,这段时间称作**正向阻断恢复时间** $t_{gr}$。晶闸管**关断时间** $t_{off}$ 定义为两者之和,也称为 $t_q$,即

$$t_{off} = t_q = t_{rr} + t_{gr} \tag{2-7}$$

注意,在正向阻断恢复时间内,如果重新对晶闸管施加正向电压,晶闸管会重新正向导通,而不是受门极电流控制导通。晶闸管的关断时间 $t_{off}$ 为几百微秒。

### 2.3.3  晶闸管的主要参数

① **正反向断态重复峰值电压** $V_{DRM}$、$V_{RRM}$:指在门极断路而结温为额定值时,允许重复加在器件上的正反向峰值电压。国标规定重复频率为 50 Hz,每次持续时间不超过 10 ms。

② **额定电压** $V_{TM}$:晶闸管铭牌标注的额定电压,通常取 $V_{DRM}$ 和 $V_{RRM}$ 中的较小值。在实际应用中会出现各种过电压,因此选用晶闸管的额定值应为实际正常最大工作电压的 2~3 倍。

③ **晶闸管的额定通态平均电压** $V_{T(AV)}$:在规定的环境温度下,晶闸管通以正弦半波额定电流时,阳极与阴极间电压降的平均值,也称为管压降,它代表器件的通态损耗。

④ **晶闸管的额定通态平均电流——额定电流** $I_{T(AV)}$:在环境温度为 40 ℃和标准冷却条件下,结温稳定且不超过额定结温时,晶闸管所允许的最大工频正弦半波电流的平均值,称为额定值。选用晶闸管时,额定电流通常要选到实际最大电流的 1.5~2 倍。

⑤ **维持电流** $I_H$ 和**擎住电流** $I_L$:在常温下,门极断开,晶闸管能维持导通状态的最小阳极电流称为维持电流;而当给晶闸管施加门极电流,晶闸管刚从阻断状态转为导通状态时就撤除门极电流,晶闸管仍能维持导通的最小电流称为擎住电流。可见,维持电流和擎住电流分别是从通态到断态和从断态到通态的两个量。擎住电流通常是维持电流的 2~4 倍。

⑥ **断态电压临界上升率** $\dfrac{dv}{dt}$:晶闸管在阻断状态下具有结电容,若突加正向阳极电压,过高的 $\dfrac{dv}{dt}$ 会产生触发电流,产生误导通。晶闸管直接从断态转换到通态的最大阳极电压上升率,称为断态电压临界上升率。

⑦ **通态电流上升率** $\dfrac{di}{dt}$:门极注入触发电流后,晶闸管的导通区域是从靠近门极的小

片逐渐扩大到 PN 结的全部,如果 $\dfrac{\mathrm{d}i}{\mathrm{d}t}$ 过大,会导致门极附近的 PN 结因电流密度过大而烧毁。所以,通态电流上升率 $\dfrac{\mathrm{d}i}{\mathrm{d}t}$ 就是晶闸管能承受的最大电流上升率。

### 2.3.4 晶闸管的派生器件

#### (1) 快速晶闸管(fast switching thyristor,FST)

晶闸管的开通延迟时间和电流上升时间相比于关断时间非常小,几乎可以忽略。普通晶闸管的关断时间较长,为数百微秒,同时允许的电压电流上升率较小,所以其工作频率受到限制。采用特殊工艺的快速晶闸管、高频晶闸管能够缩短开关时间,$\dfrac{\mathrm{d}v}{\mathrm{d}t}$ 和 $\dfrac{\mathrm{d}i}{\mathrm{d}t}$ 耐量都有了明显改善,分别可以应用于 400 Hz 和 10 kHz 以上的场合。从关断时间来看,快速晶闸管的关断时间为数十微秒,而高频晶闸管的关断时间大概在十微秒。当然,相比于普通晶闸管,快速晶闸管和高频晶闸管的电压电流定额都比较低,高频晶闸管一般用于小功率场合。

#### (2) 双向晶闸管(triode AC switch,TRIAC 或 bidirectional triode thyristor)

普通晶闸管是单向器件,用于交流电力控制时,必须采用两个普通晶闸管组成反并联结构,正反两个方向都需要用各自的门极控制。而双向晶闸管具有同一门极控制正反两个方向导通的特性,具有两个主电极和一个门极 G,其符号如图 2-22(a)所示。门极施加正负电压信号都能使器件在主电极的正反两方向触发导通,在第 I 和第 Ⅲ 象限有对称的伏安特性[如图 2-22(b)所示]。由于双向晶闸管通常用在如交流调压、固态继电器等交流电路中,因此不用平均值而采用有效值来表示其额定电流值。

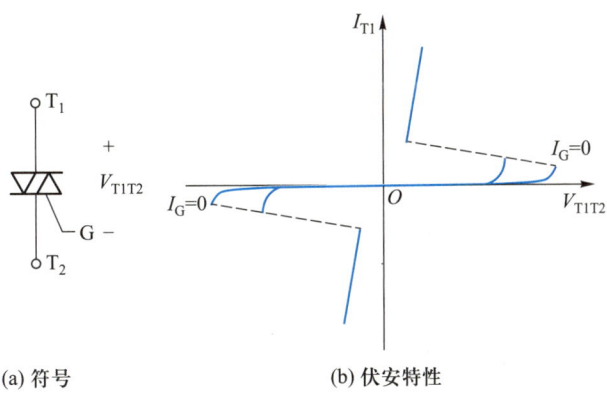

(a) 符号  (b) 伏安特性

图 2-22 双向晶闸管

#### (3) 逆导晶闸管(reverse conducting thyristor)

在逆变等电路中经常需要将晶闸管和二极管反向并联使用,逆导晶闸管就是根据这一要求将晶闸管和二极管集成在同一硅片上制造而成的。因为并联了二极管,所以它不具有承受反向电压的能力,可用于不需要阻断反向电压的电路中。它的符号如图 2-23所示,注意其与晶闸管符号的区别是横的末端有勾。

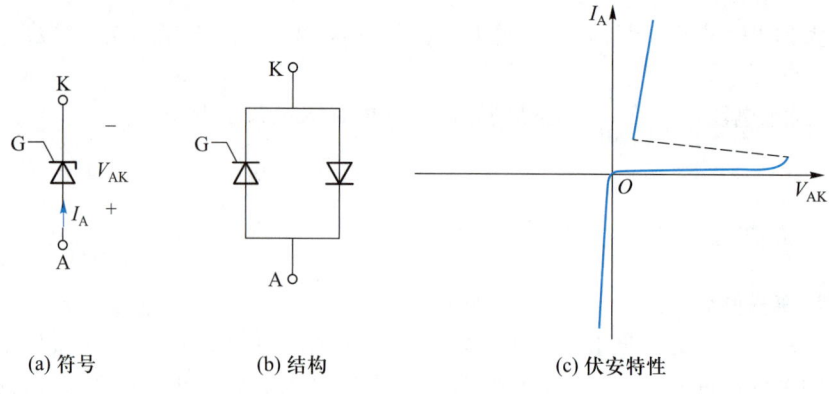

(a) 符号　　　　　(b) 结构　　　　　(c) 伏安特性

图 2-23　逆导晶闸管符号与伏安特性

（4）光控晶闸管（light triggered thyristor，LTT）

光控晶闸管在其门极区集成了一个光电二极管，在光的照射下，光电二极管的漏电流增加，从而触发晶闸管导通，如图 2-24 所示。光控晶闸管在高压直流输电等装置中得到了广泛的应用。

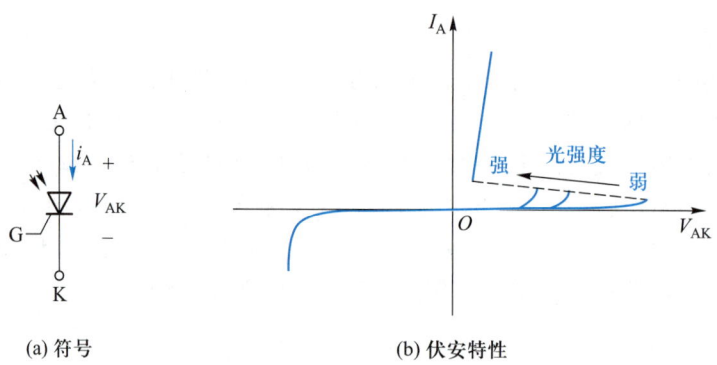

(a) 符号　　　　　　　　　　(b) 伏安特性

图 2-24　光控晶闸管符号与伏安特性

## 2.4　典型全控型器件

全控器件就是既能控制开通也能控制关断的器件，如 GTO、GTR、IGBT 等。它们都可以用图 2-25 所示的通用开关符号来表示。

根据电力电子电路的特点，一般来说，希望可控开关具有如下特征：

①　开关处于关断状态时流过的漏电流为零；

②　开关处于导通状态时的导通电压为零；

③　开关的关断状态和导通状态的切换时间为零；

④　驱动或触发功率小。

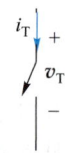

图 2-25　通用开关符号

　　实际电路是不可能达到上述目标的,下面通过一个实际电路来了解全控器件的开关过程和动态特性。测试电路如图 2-26(a)所示,测试波形如图 2-26(c)所示,通过后续的学习将会知道这是一个 Buck 降压电路。驱动电路通过 $R_G$ 控制 $T_1$ 的开关,当 $T_1$ 开通时,电流流经 $L$、$T_1$ 到达负极,当 $T_1$ 关断时,$L$ 通过与 $T_2$ 并联的二极管 D 续流。等效电路如图 2-26(b)所示,以下根据等效电路来分析实际的开通和关断波形。

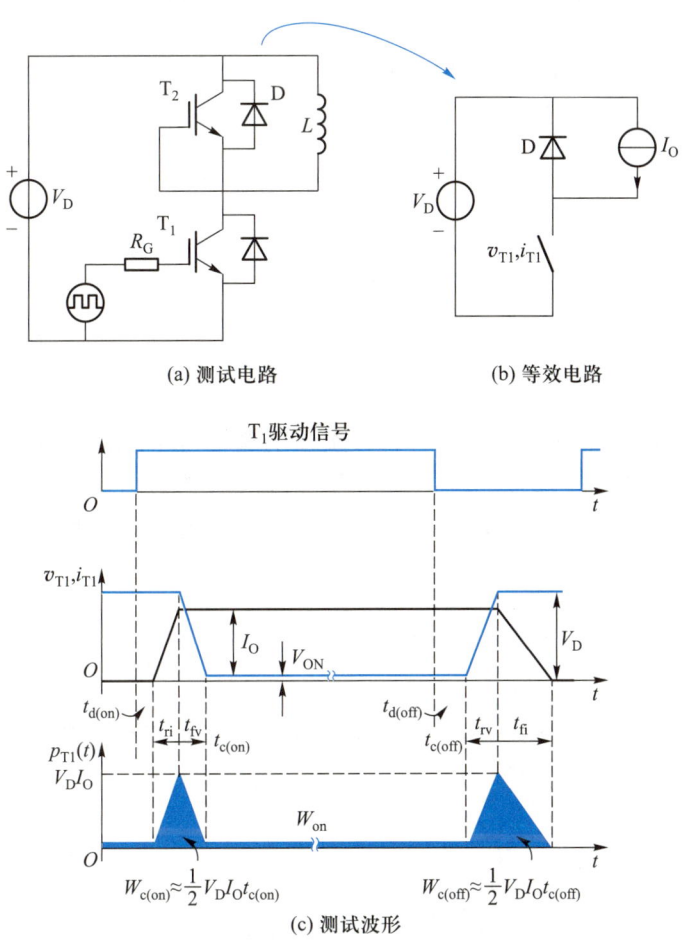

(a) 测试电路　　　　　　　　　(b) 等效电路

(c) 测试波形

**图 2-26　通用开关的开通和关断过程波形**

　　假设初始状态时开关 $T_1$ 处于断开状态,二极管 D 导通续流。此时给器件 $T_1$ 施加开通信号,从施加信号到电流开始上升这段时间称为延迟时间 $t_{d(on)}$(延迟时间是功率器件的普遍特征);经过延迟时间 $t_{d(on)}$ 后,二极管 D 和功率管 $T_1$ 开始换流,流过开关 $T_1$ 的电流开始上升直到 $I_0$,这段时间定义为 $t_{ri}$。而在电流未上升到 $I_0$ 之前,由于二极管 D 内仍有电流流过,导通的二极管 D 将 $T_1$ 两端电压钳位在电源电压 $V_D$;当电流上升到 $I_0$ 时,换流结束,流经 D 的电流降为零,D 截止,这时 D 不再钳位开关 $T_1$ 的端电压。之后,$T_1$ 端电压开始下降,电压下降到导通压降 $V_{ON}$ 的时间定义为 $t_{fv}$。之后 $T_1$ 将维持 $V_{ON}$ 一直到关断时刻。当驱动电压降为零或负值(此处为负值),则关断过程开始。从驱动信号变化到 $T_1$ 电压开始上升这段时间定义为关断延迟时间 $t_{d(off)}$。$T_1$ 电压开始上升一直到 $V_D$ 前的这段时间定义为电压上升时间 $t_{rv}$。在 $T_1$ 电压未到 $V_D$ 前,二极管 D 仍处于负压截止状态,流

过 $T_1$ 的电流仍将维持在 $I_0$ 不变。直到 $V_T = V_D$，二极管 D 导通，换流开始，$i_T$ 下降到零，完成整个关断过程，这段时间定义为电流下降时间 $t_{fi}$。

图 2-26(c)中，当 $T_1$ 开通和关断时，电压和电流产生了一个交叠区域，交叠的面积即代表了 $T_1$ 的开关损耗，即每开关一次需要的能量。

由图 2-26(c)可知，开通时的电流电压交叉时间为

$$t_{c(on)} = t_{ri} + t_{fv} \tag{2-8}$$

所以，开通损耗可以由图 2-26(c)得到

$$W_{c(on)} \approx \frac{1}{2} V_D I_0 t_{c(on)} \tag{2-9}$$

开通后的导通损耗为

$$W_{on} = V_{ON} I_0 t_{on} \tag{2-10}$$

类似地，可以得到关断交叉时间和关断损耗为

$$t_{c(off)} = t_{rv} + t_{fi} \tag{2-11}$$

$$W_{c(off)} \approx \frac{1}{2} V_D I_0 t_{c(off)} \tag{2-12}$$

式(2-9)、式(2-12)表示了一次开通和关断的能量损耗，相当于做功，单位为 J(焦耳)，一次开通或关断的能量大概几毫焦。而评估系统损耗或效率时通常考量单位时间内做功的大小，即功率，单位为 W(瓦特)。所以如果考虑开关频率为 $f_s$(周期 $T_s$)，则开关损耗为

$$P_s \approx \frac{1}{2} V_D I_0 f_s \left[ t_{c(on)} + t_{c(off)} \right] \tag{2-13}$$

导通损耗即为 $P_{on} = V_{ON} I_0 t_{on} / T_s$。

从开关损耗和导通损耗的计算可以看出，全控开关的以下特征将有助于减少损耗：

① 低漏电流；

② 低导通电压；

③ 开通、关断速度快；

④ 因为③，同时要求器件的 $\dfrac{dv}{dt}$ 和 $\dfrac{di}{dt}$ 承受能力强。

以下将具体介绍几种最常用的全控器件。

## 2.4.1　门极可关断晶闸管

**GTO**(gate turn off thyristor)是门极可关断晶闸管的简称，严格地讲，它也是晶闸管的一种派生器件。GTO 具有晶闸管全部的优点，但可以通过在门极施加负的脉冲电流使其关断，因而属于全控型器件。GTO 的关断时间在几十微秒以内，要远低于普通晶闸管。它的容量也接近晶闸管，适用于开关频率为数百至几千赫兹的大功率场合。GTO 在电力机车逆变器、大功率直流斩波调速中得到广泛应用。

(1) GTO 的结构和工作原理

如图 2-27 所示，GTO 和普通晶闸管一样，也是 PNPN 四层半导体结构，外部引出阳

极、阴极和门极。但和普通晶闸管不同的是,GTO 是一种多元的功率集成器件。虽然外部同样引出三个极,但内部则包含数十个甚至数百个共阳极的小 GTO 元,这些 GTO 元的阴极和门极在器件内部并联在一起。这种特殊结构使得门极和阴极间的距离大为缩短,$P_2$ 基区的横向电阻很小,便于从门极抽出较大的电流,从而便于实现门极控制关断。

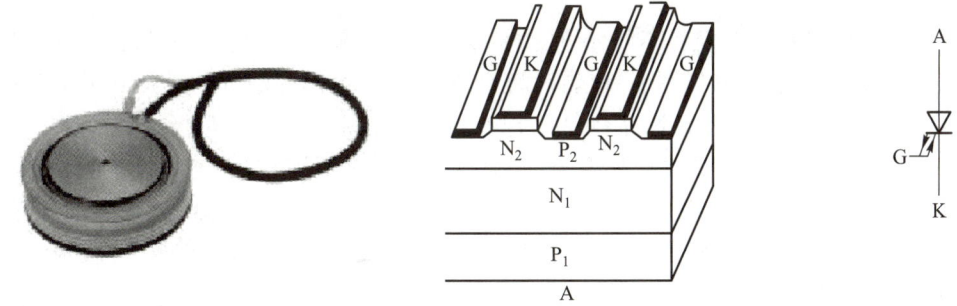

(a) 外形　　　(b) 并联单元结构断面示意图(各单元阴极、门极间隔排列)　　　(c) 符号

图 2-27　GTO 的外形、结构断面示意图和符号

与普通晶闸管一样,GTO 的工作原理仍然可以用如图 2-18 所示的双晶体管模型来分析。由 $P_1N_1P_2$ 和 $N_1P_2N_2$ 构成的两个晶体管 $T_1$、$T_2$ 分别具有共基极电流增益 $\alpha_1$、$\alpha_2$。由普通晶闸管的分析可以看出,$(\alpha_1+\alpha_2)\approx 1$(非常接近 1)是器件临界导通的条件。当 $(\alpha_1+\alpha_2)>1$ 时,两个等效晶体管过饱和而使器件导通;当电流下降使得 $(\alpha_1+\alpha_2)<1$ 时,两个等效晶体管不能维持饱和导通而关断。GTO 与普通晶闸管具有以下不同的特点,使得它能够自主关断。

① 设计 $\alpha_2$ 较大,使晶体管 $T_2$ 控制灵敏,易于 GTO 关断。

② 导通后 $(\alpha_1+\alpha_2)$ 更接近 1($\alpha_1+\alpha_2\approx 1.05$),而晶闸管设计为 $(\alpha_1+\alpha_2)\geqslant 1.15$,所以,GTO 导通时接近临界饱和,有利于门极控制关断,但同时也导致导通时管压降增大,为 2~3 V。

在图 2-18 中,根据式(2-5)可以推导出当门极电流为负时,关断增益为

$$\beta_{\text{off}}=\frac{I_A}{I_G}=\frac{\alpha_2+(I_{\text{CBO1}}+I_{\text{CBO2}})/I_G}{(\alpha_1+\alpha_2)-1} \tag{2-14}$$

如果 $(\alpha_1+\alpha_2)$ 接近 1,并且 $\alpha_2$ 较大,则根据公式(2-14)可以看出相比于晶闸管,GTO 的关断增益要大许多,所以,理论上可以用抽取门极电流的方法进行关断。当然,$\beta_{\text{off}}$ 的绝对值还是比较小的,一般只有 5 左右,这也是 GTO 自主关断的一个主要问题,一个 1000 A 的 GTO,关断时的门极负脉冲电流峰值要达到 200 A。

③ 前文提到的多元集成结构使每个 GTO 元阴极面积很小,门极和阴极间的距离大为缩短,因此 $P_2$ 基区横向电阻很小,使得从门极抽出较大电流成为可能。

GTO 关断时给门极加负脉冲,即可从门极抽出电流,$I_{b2}$ 减小,之后将引起 $I_K$、$I_{C2}$、$I_A$、$I_{C1}$ 减小,再回到 $I_{B2}$ 减小的正反馈,当 $I_A$、$I_K$ 的减小使得 $(\alpha_1+\alpha_2)<1$ 时,GTO 退出饱和而关断。可见,GTO 不仅在开通时会产生正反馈,在关断时也会产生正反馈。

GTO 虽然能自主关断,但缺点是需要精巧、复杂的门极控制电路和开通关断吸收电路。

（2）GTO 的动态特性

① 开通过程

如图 2-28 所示,与普通晶闸管类似,GTO 开通过程中需要经过延迟时间 $t_d$ 和电流上升时间 $t_r$。

② 关断过程

GTO 关断过程与晶闸管不同,呈现的是全控器件的特征。它需要经历抽取饱和导通时存储的大量载流子的时间——存储时间 $t_s$（类似于其他器件的延迟时间）,使等效晶体管退出饱和状态;而后是等效晶体管从饱和区边界退至放大区,阳极电流逐渐减小时间——下降时间 $t_f$,最后是残存载流子复合所需时间——尾部时间 $t_t$。

通常 $t_f$ 比 $t_s$ 小得多,而 $t_t$ 比 $t_s$ 要长,即 $t_f \ll t_s < t_t$。门极负脉冲电流幅值越大,门极电流前沿越陡,$t_s$ 就越短。使门极负脉冲的后沿缓慢衰减,在 $t_t$ 阶段仍能保持适当的负电压,则可以缩短尾部时间。

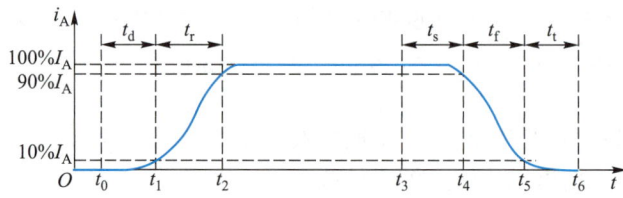

图 2-28　GTO 的开通和关断过程电流波形

## 2.4.2　电力晶体管 GTR（双极结型晶体管 BJT）

**电力晶体管（giant transistor,GTR）** 按英文直译为巨型晶体管,是一种耐高电压（包括反电压）、大电流的双极结型晶体管（bipolar junction transistor,BJT）,所以,英文有时候也称为 Power BJT。在电力电子技术的范围内,GTR 和 BJT 两个名称是等效的。

（1）GTR 的结构和工作原理

图 2-29 表示了 NPN 型 GTR 的内部结构断面示意图和符号。从图 2-29（a）可以看出,与信息电子晶体管相比,GTR 也是由三层半导体（分别引出集电极、基极和发射极）形成的两个 PN 结（集电结和发射结）构成,它与普通的双极结型晶体管结构、基本原理相同。GTR 能够承受比普通晶体管更高电压的关键原因是其在普通晶体管基础上增加了低掺杂 N-层。

与晶体管一样,GTR 也是电流驱动器件,且大功率 GTR 基极较宽,放大系数 $\beta$ 比信息电路晶体管更小,电流增益十分有限,在 5~10 倍范围内。因此,GTR 通常采用至少由两个晶体管按达林顿接法组成的单元结构,如图 2-29（c）所示,并采用集成电路工艺将许多这种单元并联而成,实际应用中,多采用共发射极接法。

（2）静态特性

GTR 输出特性和工作特点如图 2-30 所示。图 2-30（b）表示了 GTR 的静态工作特性,分为截止区、放大区、饱和区。与线性电路晶体管多工作于截止区和放大区不同,电力电子电路中的 GTR 工作在截止区或饱和区,呈现开关状态。当然 GTR 在截止区和饱

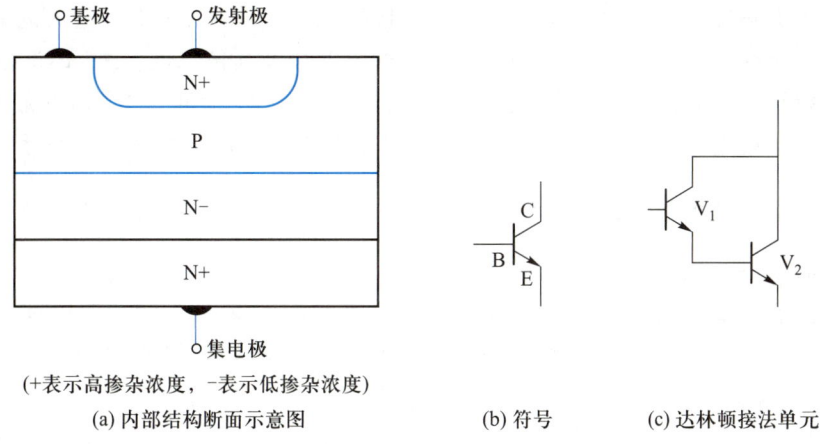

(+表示高掺杂浓度，−表示低掺杂浓度)

(a) 内部结构断面示意图　　　(b) 符号　　　(c) 达林顿接法单元

**图 2-29　NPN 型 GTR 的内部结构断面示意图和符号**

和区切换时需要经过放大区。当 $i_B = 0$ 或 $i_B < 0$ 时，GTR 承受高电压并截止，当 GTR 在开关过程中经过放大区时，满足 $i_C = \beta i_B$，而当 GTR 越过放大区到达饱和区后，即使 $i_B$ 增加，$i_C$ 也不再改变。其导通压降 $V_{CE}$ 一般较小，为 1~2 V，这也说明了其工作于饱和区的优势。

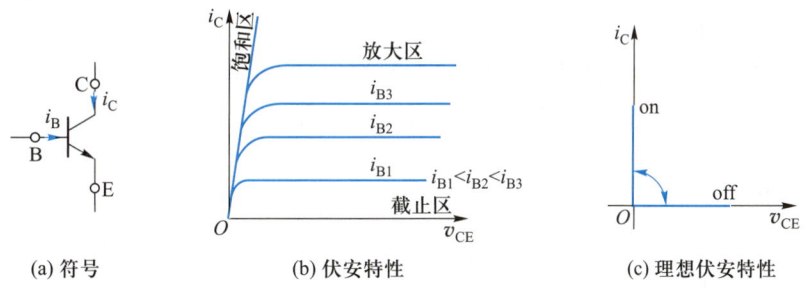

(a) 符号　　　　(b) 伏安特性　　　　(c) 理想伏安特性

**图 2-30　GTR 输出特性和工作特点**

### （3）动态特性

由以上静态特性的分析可知，GTR 的动态特性主要是分析其基极电流 $i_B$ 和集电极电流 $i_C$ 的关系，如图 2-31 所示。

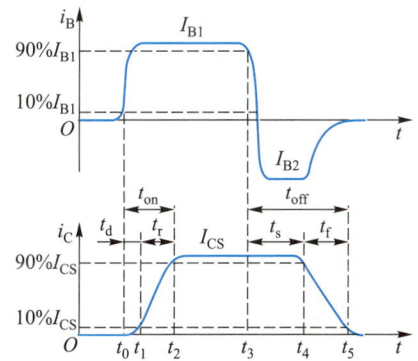

**图 2-31　GTR 的开通和关断过程中的电流波形**

GTR 的开通需要经过延迟时间 $t_d$ 和电流上升时间 $t_r$，二者之和为开通时间 $t_{on}$。$t_d$ 是指从基极电流稳态值 $I_{B1}$ 的 10% 开始到集电极电流上升到其稳态值 $I_{CS}$ 的 10% 的时间，主要是由发射结势垒电容和集电结势垒电容充电产生的，在图 2-30(b) 所示的静态曲线上对应的是越过截止区的时间。而上升时间 $t_r$ 是指集电极电流从稳态值 10% 上升到稳态值 90% 的时间。增大基极驱动电流 $i_B$ 的幅值并增大 $\dfrac{\mathrm{d}i_B}{\mathrm{d}t}$，可以缩短延迟时间，同时也可以缩短上升时间，从而加快开通过程。

关断过程需要经过存储时间 $t_s$ 和电流下降时间 $t_f$，二者之和为关断时间 $t_{off}$。从基极驱动电流下降到其稳态幅值的 90% 到集电极电流下降到其幅值的 90% 的时间定义为 $t_s$，$t_s$ 是关断时间的主要部分，用来除去饱和导通时存储在基区的载流子。在图 2-30(b) 所示的静态曲线上对应的是从饱和区的中间点被拉到饱和区、放大区边界的时间。所以，减小导通时的饱和深度可以减少储存的载流子，或者增大基极抽取负电流 $I_{B2}$ 的幅值和负偏压，可以缩短存储时间，从而加快关断速度。但减小饱和深度的同时，会增加导通压降，从而增加损耗。电流下降时间 $t_f$ 是从集电极电流稳态值的 90% 下降到 10% 的时间。GTR 的开关时间通常在几个微秒以内，比晶闸管和 GTO 都快很多。相比于 GTO，GTR 能够快速关断的主要原因是它没有残存的少数载流子复合时间，如晶闸管、GTO 中的 $t_{gr}$、$t_t$ 时间，这是因为 GTR 的 PN 结中的少数载流子可以通过外部电路进行抽取。

GTR 的开关速度虽然比晶闸管和 GTO 都快很多，但是负温度系数使它难以实现并联，现在大多被 MOSFET 和 IGBT 替换，后者的功率等级相比较于其发明初期，已经大幅度提高了。

（4）GTR 主要参数

① 最高工作电压 $V_{CEM}$：指 GTR 承受的集电极与发射极的最大电压。它不仅和晶体管本身特性有关，还与外电路的接法有关。所以，$V_{CEM}$ 还有一些在不同接法下的细分，因为过于繁杂，这里不再赘述。

② 集电极最大允许电流 $I_{CEM}$。

③ 最大集电极耗散功率 $P_{CM}$：指在规定工作温度下允许的最大耗散功率。

*（5）GTR 的二次击穿现象

GTR 是负温度系数器件，从而使得它有个显著的特点是二次击穿现象（图 2-32）。如图 2-32(a) 所示，假设 GTR 此时处于反偏，当 GTR 的集电极电压升高至击穿电压 A 点时，集电极电流迅速增大，这种首先出现的击穿是雪崩击穿，被称为一次击穿。发生一次击穿时如不有效地限制电流，$I_C$ 增大到某个临界点 B 点时会突然快速经过一个负阻区 BC，然后电流从 C 到 D 急剧上升，同时从 B 到 D 过程中伴随着电压的陡然下降，这种现象称为二次击穿，B 点称为二次击穿点。出现一次击穿后，GTR 一般不会损坏，而二次击穿常常立即导致器件的永久损坏，或者工作特性明显衰变，因而对 GTR 危害极大。需要强调的是，GTR 在正偏（正常导通）、零偏、反偏、基极开路等情况下都有可能出现二次击穿现象。它们的曲线形状类似，但是击穿电压 A 点会有区别，如图 2-32(c) 所示。例如在正偏时，A 点表示由于电流过大，导致 GTR 工作在放大区，$V_{CE}$ 越来越大，A 点大约十几伏。而基极开路、反偏时的击穿电压和 GTR 的耐压水平接近。

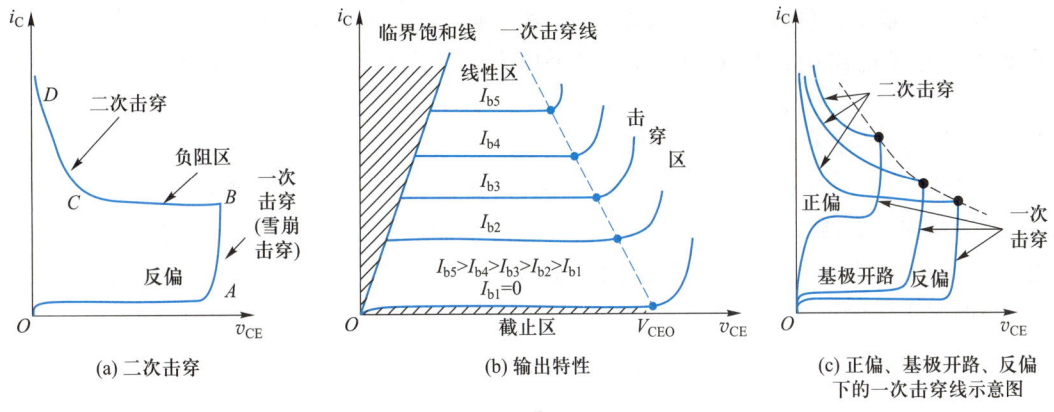

图 2-32 GTR 的二次击穿现象

如果把基极开路、正偏($I_B>0$，并分不同基极电流）、反偏($I_B<0$）等曲线的二次击穿 $B$ 点连接起来，就是二次击穿曲线。$B$ 点的功率 $P_{SB}$ 称为二次击穿功率，它和集电极最大耗散功率 $P_{CM}$、集电极最大耗散电流 $I_{CM}$ 以及最大击穿电压 $V_{CEM}$ 共同组成安全工作区（safety operating area，SOA），如图 2-33 所示。

### 2.4.3 电力场效应晶体管（Power FET）

#### （1）电力场效应晶体管的结构发展

与信息电路中的小功率场效应晶体管（field effect transistor）一样，**电力场效应晶体管 Power FET** 也分为结型（JFET）和绝缘栅型（insulated gate FET，IGFET，栅极与其他电极完全绝缘）两种。JFET 一般称作静电感应晶体管（static induction transistor，SIT）其简化结构如图 2-34 所示。

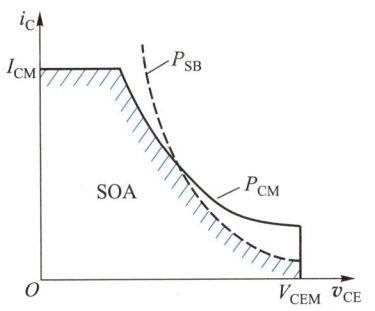

图 2-33 GTR 的安全工作区

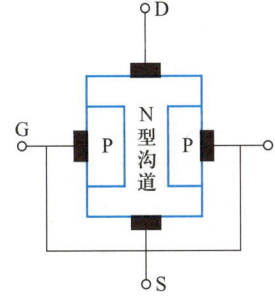

图 2-34 N 沟道 JFET 简化结构

通常电力电子电路中所说的电力场效应晶体管 Power FET 指的是 IGFET 中的 MOS 型（metal oxide semiconductor），所以称为 Power MOSFET。因其通过氧化物绝缘，端子为金属而得名，即以金属层（M）的栅极隔着氧化层（O）利用电场的效应来控制半导体（S）的场效应晶体管。JFET 和 Power MOSFET 都是多数载流子导电，是一种单极型全控器件，具有输入阻抗高、工作速度快、驱动功率小且电路简单、热稳定性好、不易发生二次击穿、安全工作区宽等特点。

JFET 一般是耗尽型器件,不易控制,且输入阻抗没有 Power MOSFET 高,因此在大多数的电力电子电路中都会采用 Power MOSFET。以下介绍从小功率 MOSFET 到 Power MOSFET 的发展。

在模拟电子技术中学习到的小功率 N 沟道 MOSFET 的简化结构如图 2-35 所示,小功率 MOSFET 是一次扩散形成的器件,其源极、漏极在同一侧,导电沟道平行于芯片表面,属于横向导电器件。其导通依赖于栅极下方 P 型区反型后形成的 N 型沟道,也可以想象为两个 N 型半导体之间存在一条沟,栅极电压的建立相当于在它们之间搭建一座桥梁,桥的大小由栅压大小来决定。

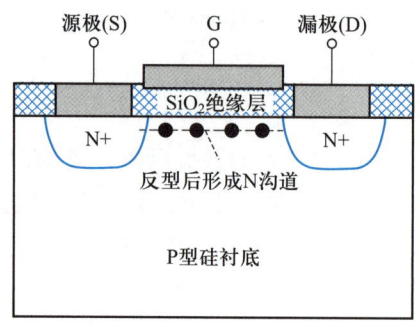

图 2-35　小功率 N 沟道 MOSFET 的简化结构

如图 2-36 所示,当 $V_{DS}=0$,且 $V_{GS}>0$ 时,由于 $SiO_2$ 的存在,栅极金属层将聚集正电荷,它们排斥 P 型半导体表面的空穴,使半导体表面剩下不能移动的负离子区,形成耗尽层。当 $V_{GS}$ 增大时,一方面耗尽层增宽,另一方面将衬底产生的电子-空穴对里的自由电子或者源、漏区的自由电子吸引到耗尽层和绝缘层之间,形成一个 N 型薄层,称为反型层。这个反型层就构成了漏源之间的导电沟道。使沟道刚刚形成的 $V_{GS}$ 称为开启电压。$V_{GS}$ 越大,反型层越厚,导电沟道电阻越小。

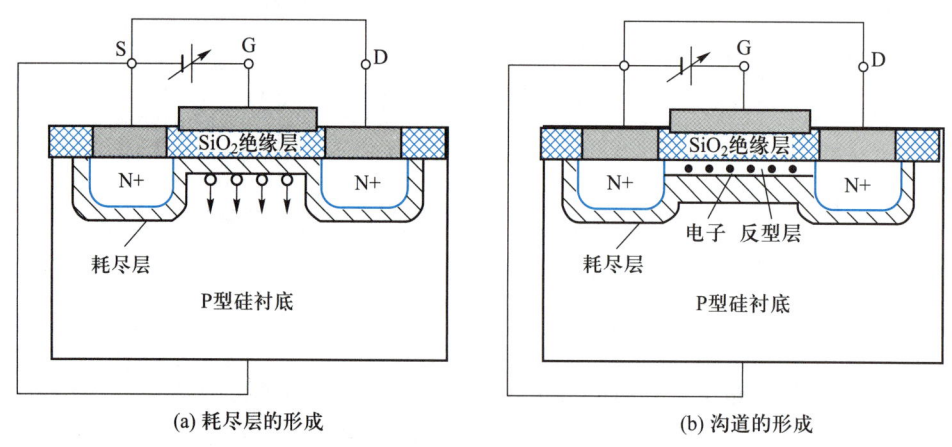

(a) 耗尽层的形成　　　　　　　　(b) 沟道的形成

图 2-36　$v_{DS}=0$ 时 $v_{GS}$ 对导电沟道的影响

如图 2-37 所示,当 $V_{GS}$ 是大于 $V_{GS(th)}$ 的一个确定值时,若在 D-S 之间加正向电压,则将产生一定的漏极电流。$V_{DS}$ 较小时,$V_{DS}$ 的增大使 $i_D$ 线性增大,沟道沿源-漏方向逐渐变窄(反型层中的电子被吸引到 D,越靠近 S,电场能量越小,吸引力越弱),空间电荷区变宽。一旦 $V_{DS}$ 增大到使 $V_{DS} = V_{GS} - V_{GS(th)}$ 时,沟道在漏极一侧出现夹断点,称为沟道夹断,如图 2-37(b)所示。之所以出现夹断,是因为在这个点,栅极对电子的吸引力被漏极取代。出现夹断点意味着 MOSFET 进入饱和区,电流很难继续随 $V_{DS}$ 增大。虽然沟道被夹断,但因为支撑夹断的是电压升高后更吸引电子的漏极及其空间电荷区,所以夹断点很薄弱,当很多高速电子冲入沟道尽头时,一部分高速电子挤过夹断区进入空间电荷区,受 $V_{DS}$ 影响而快速被漏极收集。如果 $V_{DS}$ 继续增大,夹断区随之延长,如图 2-37(c)所示造成电子越难穿越,因此饱和区电流不再随电压增大而线性增大。而且 $V_{DS}$ 的增大部分几乎全部用于克服夹断区对漏极电流的阻力。从外部看,$i_D$ 几乎不因 $V_{DS}$ 的增大而变化,这也是恒流区的特点,$i_D$ 几乎仅取决于 $V_{GS}$。

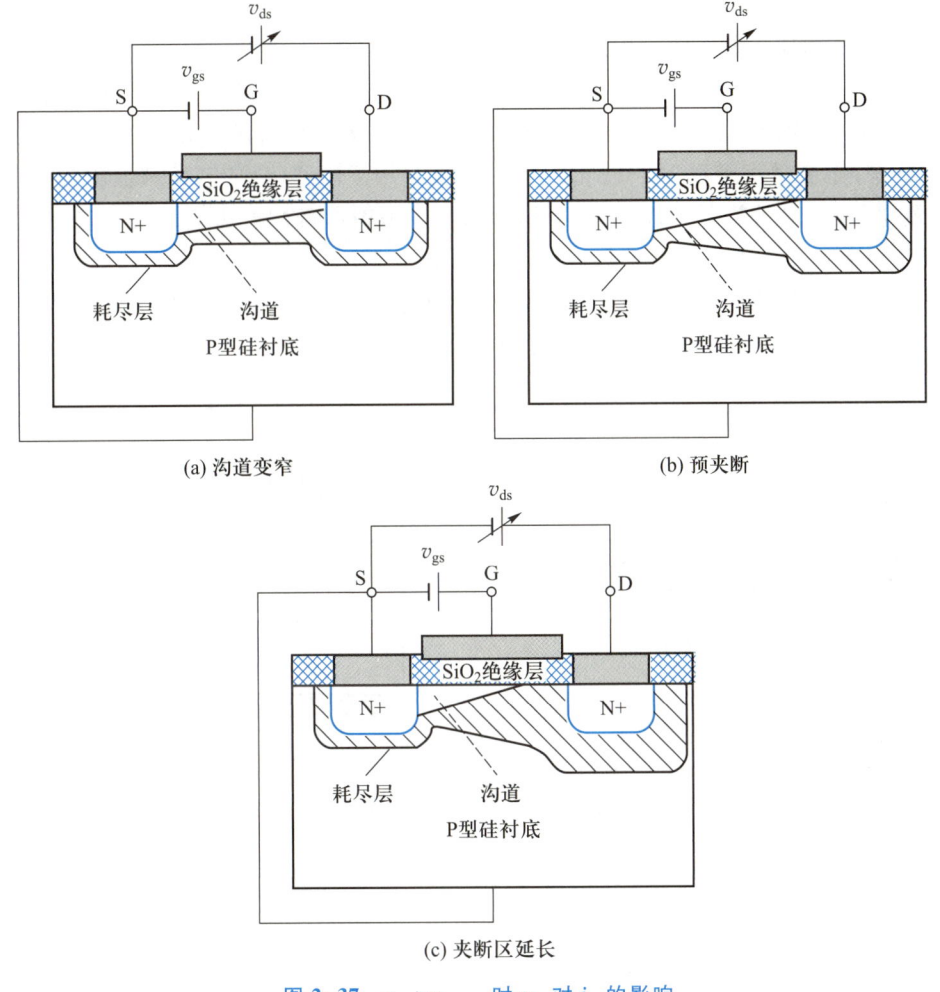

(a) 沟道变窄　　　　　　　　　　　　(b) 预夹断

(c) 夹断区延长

图 2-37　$v_{GS} > v_{GS(th)}$ 时 $v_{DS}$ 对 $i_D$ 的影响

　　小功率 N 沟道 MOSFET 关断时主要由漏极侧的 PN 结承受电压。但将这种结构用作功率器件时,在栅极下方的 P 区长度不够的情况下,MOSFET 无法承受较高的反向电压,很难满足高压应用的需求,而当 P 区长度过大时,沟道电阻会变大。为了缓解这个矛盾,在 P 区和漏极 N+区增加一个低掺杂 N-区作为漂移区,而 P 区和 N+区通过双扩散工艺实现,从而成为横向双扩散 MOSFET,即 LDMOS(laterally double-diffused MOS),其简化结构如图 2-38 所示。源极 N+型重掺杂和其下方的 P 型轻掺杂是通过两次扩散形成的。先注入剂量较大的砷(As),然后注入剂量较小的硼(B),由于 B 的扩散速度比 As 快,所以 B 会沿着栅垂直方向扩散得更远,这两次扩散的横向距离决定了沟道长度,这种工艺所制造的 MOS 的沟道长度是固定的,因此其开启电压也差不多。

为了提高耐压能力,需要增大 LDMOS N-漂移区长度,这将导致漂移区导通电阻增大,同时电流是在 LDMOS 表面从漏极到源极横向流动的,大部分衬底材料没有得到有效利用。

由 H. W. Collins 等人在 1979 年提出的 VDMOSFET(vertical double diffusion)保留和发挥了早期平面型功率 MOSFET 本身的优点。该结构利用多晶硅栅作自对准掩模进行 P 基区、N+源区两次扩散的横向扩散差形成沟道,沟道是横向的。

该结构一经提出就由于其高封装密度、低导通电阻特性得到了迅速发展。它将漏极移动到芯片的背面,与源极和栅极相对,成为垂直双扩散结构。如图 2-39 所示,在 VDMOS 中,电流垂直穿过 MOSFET,最大限度地利用了漂移区,使其横截面积最大、沟道宽度最宽,从而显著降低了漂移区的导通电阻。VDMOS 的阻断电压主要由漂移区的厚度决定,只需增大漂移区厚度就可以提高阻断电压,不会影响芯片面积。这种结构也产生了一个 DS 之间的寄生二极管。同时要注意到,两个 P+区间寄生 JFET 效应的存在限制了导通电阻的进一步降低和封装密度的提高。

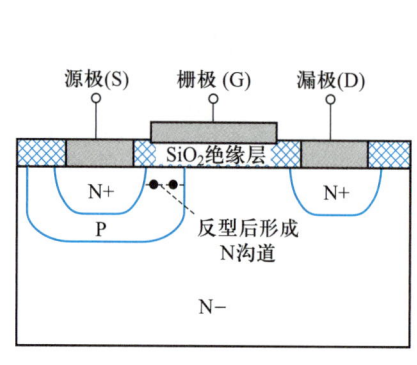

图 2-38　N 沟道功率 LDMOS 简化结构

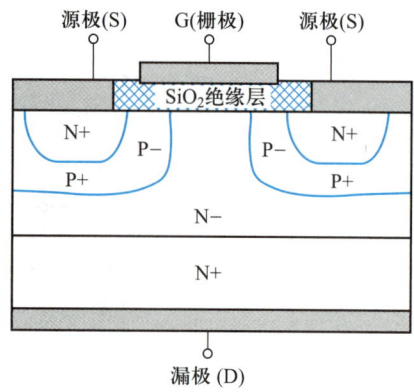

图 2-39　N 沟道功率 VDMOS 简化结构

垂直沟槽(trench)MOSFET 结构由 Ueda 等人 1985 年首次提出,但由于当时工艺条件的限制,直至 20 世纪 90 年代初才开始投入大量的人力、物力和财力对其进行研究,Trench MOSFET 中的 V 型槽结构 VVMOSFET 基本结构与 VDMOSFET 比较如图 2-40 所示。

VVMOSFET 结构首先在 N-外延层上扩散形成 P-基区,然后通过刻蚀技术形成深度超过 P-基区的沟槽,在沟槽壁上热氧化生成栅氧化层,再用多晶硅填充沟槽,利用自对准工艺形成 N+源区和 P+区,背面的 N+仍旧为漏区,在栅极加上一定正电压后,沟槽壁侧的 P-基区反型,形成垂直沟道。该结构消除了寄生 JFET 效应,与 VDMOS 相比可进一步

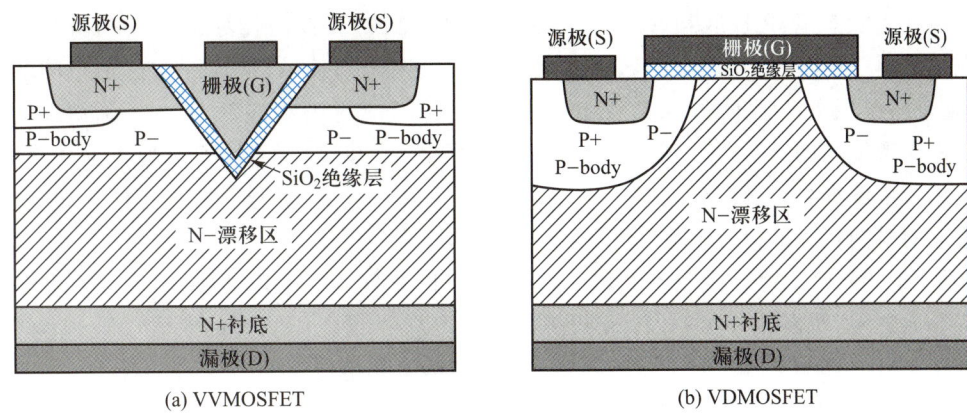

图 2-40  **VVMOSFET 基本结构与 VDMOSFET 比较**

降低导通电阻。但由于制造的稳定性问题和 V 型槽尖端的高电场,在 Si MOSFET 发展阶段,VVMOSFET 的发展受到限制,实际中应用更多的是 VDMOSFET。而在宽禁带 SiC MOSFET 器件发展中,VD 和 VV 结构都有所发展。以下所述的 Power MOSFET 主要以 VDMOSFET 为例进行讨论。

综上所述,Power MOSFET 与小功率 MOSFET 导电机理相同,但二者在结构上有较大区别。Power MOSFET 的垂直结构能大大提高器件的耐压和通流能力,所以,Power MOSFET 也称为 VMOSFET( vertical MOSFET),主要是指垂直双扩散结构 VDMOSFET。以下所述的 Power MOSFET 均指的 VDMOSFET。

SJ MOSFET 是由 VDMOSFET 结构与超级结( super junction )结构相结合而发展起来的一种新型功率 MOSFET,被称为功率 MOSFET 的里程碑。

如图 2-41 所示,相比于 VDMOSFET,SJ MOSFET 的 P 区向 N+衬底方向扩展,形成 P 柱区,在 N-区耐压层形成超级结,也就是 P 区和 N 区交替形成的结构。且 P 区和 N 区之间要满足电荷平衡条件,即 N 区和 P 区的浓度和宽度乘积必须相等。由于超级结最早是采用离子注入来形成,所以 SJ MOSFET 的 P 区和 N 区通常被称为 P 柱区和 N 柱区,以表示与 MOSFET 结构中原有的其他 N 区的区别。

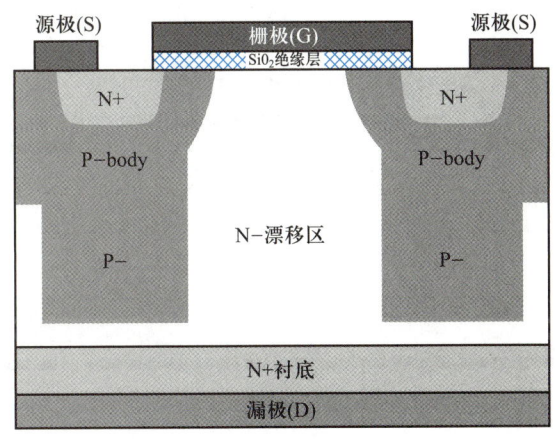

图 2-41  **SJ MOSFET 简易结构**

在截止状态下,P 柱区和 N-柱区形成横向 PN 结,产生横向耗尽,只要满足 PN 柱区的电荷平衡,就可以使空间电荷区横向展宽,将 N-区全部耗尽,形成一个近似矩阵的电场,整个耐压层近似于本征层,耐压能力得以提升。而在导通状态下,载流子从源极通过沟道进入超级结的 N-区,然后进入 N+衬底到达漏极。在这样的结构下,通过提高 N-柱区的掺杂浓度即可显著降低漂移区电阻,进而显著降低导通电阻。同时,P 柱区和 N-柱区形成的横向耗尽的 PN 结又不会导致耐压能力下降。

将 SJ MOSFET 用于功率 MOSFET 时,不仅可以改善器件的阻断特性,而且有利于降低其导通电阻,从而缓和功率 MOSFET 中击穿电压与导通电阻之间的矛盾。但本书的学习将以 VDMOSFET 为例展开,以下的 Power MOSFET 都是指 VDMOSFET。

（2）Power MOSFET( VDMOSFET)的工作原理

VDMOSFET 按导电沟道可分为 P 沟道和 N 沟道;按照栅极电压为零时是否形成导电沟道可以分为耗尽型和增强型。当栅极电压为零时漏源间存在导电沟道的称为耗尽型,对于 N(P)沟道器件,栅极电压大于(小于)零时才存在导电沟道的称为增强型。其中 N 沟道增强型应用较多。

Power MOSFET 具有正温度系数,易于并联,一个封装好的 Power MOSFET 是由很多个并联单元组成的,其引出的三个极分别是栅极 G、漏极 D 和源极 S。图 2-42 所示的是一个 N 沟道增强型 MOSFET 单个单元垂直四层结构剖面图( 与图 2-39 所示简化结构相同),P 沟道增强型 MOSFET 则具有相反的四层掺杂结构。这里要特别注意在栅极 G 和源极 S 下方的阴影部分是 $SiO_2$ 氧化物绝缘层。首先,氧化物使得栅极金属导体和源极或漏极只能通过电场发生联系,而不是和 GTR 等电流型器件一样,可以通过注入电流发生联系。其次,要注意到结构上源极 S 金属导体和 N+、P 两层半导体都有连接。

在图 2-42 所示的 N 沟道增强型 Power MOSFET 垂直剖面结构中,由分析可知,如果不给 MOSFET 门极驱动开通信号,而在漏源 DS 之间加正电压,那么 N-层和 P 层的 PN 结将处于反偏截止,MOSFET 不导通电流;但是当没有门极驱动开通信号,而在 DS 之间施加反压时,该 PN 结会正向导通,此时 MOSFET 相当于一个二极管,所以,通常认为 MOSFET 具有体内的寄生二极管,但该寄生二极管通常性能不佳,这与 IGBT 为避免承受反压或续流而特意植入的二极管是有本质区别的。

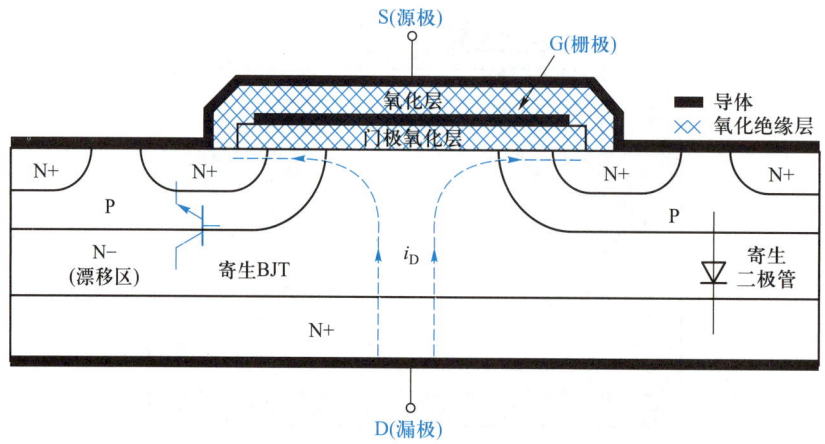

图 2-42　N 沟道增强型 Power MOSFET 单个单元垂直四层结构剖面图

图 2-43 为 Power MOSFET 的外形、N 沟道增强型简化结构、N 沟道与 P 沟道符号。以 N 沟道增强型 Power MOSFET 为例,与图 2-37 相同,若在栅源间加正电压 $V_{GS}$,因为栅极是绝缘的,所以不会有电流流过。但栅极金属层将聚集正电荷,它们排斥 P 半导体表面的空穴,使半导体表面剩下不能移动的负离子区,形成耗尽层。随着 $V_{GS}$ 增大,一方面耗尽层增宽,另一方面将衬底产生的电子-空穴对里的自由电子或者源、漏区的自由电子吸引到耗尽层与绝缘层之间,形成一个 N 型薄层,称为反型层。这个反型层就构成了漏源之间的导电沟道,而使沟道刚刚形成的 GS 电压称为开启电压 $V_{GS(th)}$。但与图 2-37 中 $V_{GS}$ 不变、$V_{DS}$ 增加不同的是,正常电路中通常 $V_{DS}$ 不变,$V_{GS}$ 在驱动电路给 MOSFET 结电容充电作用下不断增加。此时因 P 区与源极 S 有直接接触,因此随着 $V_{GS}$ 的增加,电子可从 S 补充至 P 区,直至 P 区全部被电子填满变为 N 区。

无论漏源间电压是正或负,只要满足 $V_{GS} > V_{GS(th)}$,也就是反型层形成后,电流都可以流通,因为此时漏源间已经是一个 N 型半导体,相当于一个电阻,电流既可以从 D 到 S,也可以从 S 到 D。

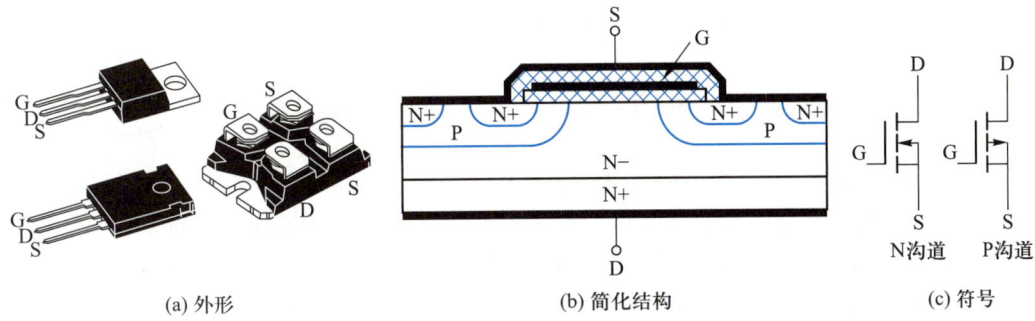

(a) 外形　　　　　　　(b) 简化结构　　　　　　　(c) 符号

图 2-43　Power MOSFET 的外形、N 沟道增强型简化结构、N 沟道与 P 沟道符号

从 MOSFET 的工作原理不难看出:第一,它是电压型器件,依靠电场来驱动开通,而不是如 GTO、GTR 等电流型器件通过基极注入电流,依靠晶体管的放大倍数来开通,所以,其输入阻抗极高,输入电流极小,驱动功率远小于电流型器件;第二,MOSFET 反型层一旦形成,便成了一块导体,完全是多子导电,由于没有了少数载流子抽取、复合的时间,故可以实现快速的开关。

同时可以总结 MOSFET 的几种工作状态如下。

① 截止($v_{DS} > 0$,$V_{GS} = 0$ 或开路)

P 基区与 N-漂移区之间形成的 PN 结反偏,漏源极之间无电流流过。

② 正向导通($v_{DS} > 0$,$V_{GS} > 0$)

当 $V_{GS} > V_{GS,th}$ 时,P 型半导体反型成 N 型半导体,该反型层形成 N 沟道而使 P 基区与 N-漂移区之间形成的 PN 结消失,漏极和源极导电。

③ 反向二极管导通($v_{DS} < 0$,$V_{GS} = 0$ 或开路)

通过 MOSFET 内部寄生二极管导电。

④ 反向导通($v_{DS} < 0$,$V_{GS} > 0$)——同步整流,电力 MOSFET 还有第四种状态,就是当 $v_{DS} < 0$、$V_{GS} > 0$ 时,此时因为 $V_{GS} > 0$,所以,反型层仍然能够形成,整个 MOSFET 会形成 N(P)沟道,电流将反向流过,从 S 到 D,这也就是同步整流的原理。

### （3）Power MOSFET(VDMOSFET)的静态输出特性和转移特性

#### ① 静态输出特性

Power MOSFET 的静态输出特性如图 2-44 所示，它描述了不同 $V_{GS}$ 下，漏极电流 $i_D$ 与漏源电压 $v_{DS}$ 的关系曲线。虽然它与晶体管静态特性看起来相似，事实上是有很大差别的，尤其是 Power MOSFET 的导通区被称为欧姆区或者电阻区，饱和区的定义和位置也是和晶体管不同的，MOSFET 的饱和区也可称为放大区。

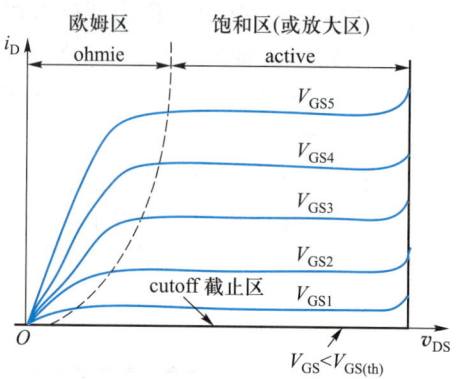

图 2-44　Power MOSFET 的静态输出特性

当 $V_{GS} < V_{GS(th)}$ 时（开启电压通常为 2～4 V），Power MOSFET 工作于截止区；当 $V_{GS} > V_{GS(th)}$ 时，MOSFET 开始工作于饱和区，$V_{GS}$ 尚不足以让 Power MOSFET 充分导通，还不能等效成一个电阻。由图 2-44 可见，此时即使 $v_{DS}$ 增大，$i_D$ 也几乎保持不变，这也是其被称为饱和区的原因，它与晶体管饱和区的含义是不同的。此时只有改变 $V_{GS}$ 才能使 $i_D$ 发生变化，如图中的 $V_{GS1}$、$V_{GS2}$、$V_{GS3}$ 所示，即在饱和区 MOSFET 的 $i_D$ 是由它和 $v_{GS}$ 之间的关系决定的。$I_D$ 和 $V_{GS}$ 之间的关系被定义为转移特性。

#### ② 转移特性

Power MOSFET 饱和区的转移特性如图 2-45 所示，转移特性曲线的斜率被定义为 **MOSFET 的跨导 $G_{fs}$**，即 $G_{fs} = \dfrac{di_D}{dv_{GS}}$，跨导越大，说明 $v_{GS}$ 对 $i_D$ 的控制能力越强，而当 $i_D$ 较大时，$i_D$ 与 $v_{GS}$ 的关系近似线性，这与 GTR 静态曲线中放大区 $i_B$ 对 $i_C$ 的控制是对应的，也与它们分别被称为电压和电流型器件对应，因此英文名称都是 active region。此处需注意，图 2-45 的转移特性仅仅描述的是饱和区的转移特性。

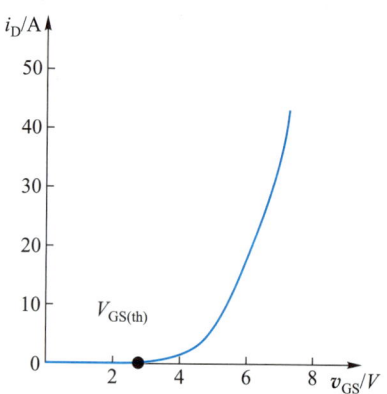

图 2-45　Power MOSFET 饱和区的转移特性

继续增大 $v_{GS}$ 达到 10 V 以上时，MOSFET 充分导通，进入欧姆区，$v_{DS}$ 和 $i_D$ 之间呈线性关系，MOSFET 可以等效为一个线性电阻，$v_{GS}$ 几乎不影响 $i_D$。正常工作时，随着 $v_{GS}$ 的变化，MOSFET 在截止区和正向电阻区之间切换，这与 GTR 等器件在饱和区和截止区之间切换类似。

### （4）Power MOSFET(VDMOSFET)的动态特性

要理解 MOSFET 的动态特性,首先需要理解结电容的概念。在 MOSFET 的 G、D、S 之间都存在着等效电容分别为 $C_{GS}$、$C_{GD}$、$C_{DS}$,如图 2-46 所示。

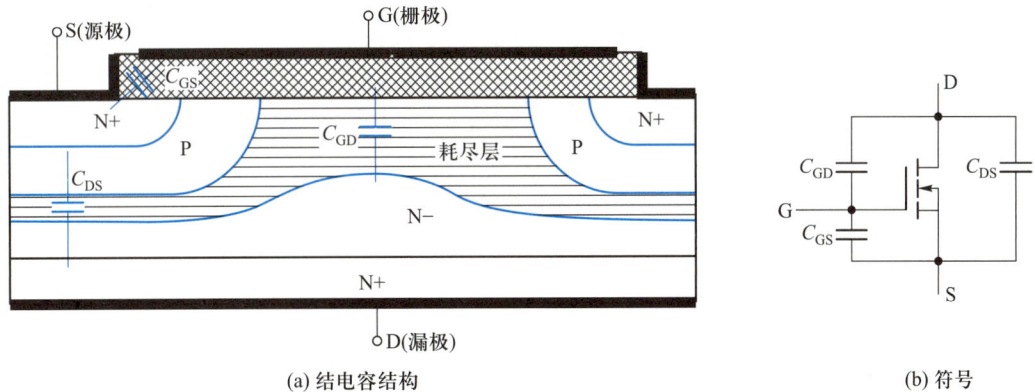

(a) 结电容结构      (b) 符号

**图 2-46 N 沟道增强型 MOSFET 的结电容结构和符号**

其次,学习 MOSFET 动态特性,需要从其静态特性上抽取各阶段的等效模型。从 MOSFET 的静态曲线和转移曲线上可以很容易得出 MOSFET 在截止区、饱和区、欧姆区的等效模型如图 2-47 所示。图 2-47(a) 为 MOSFET 在截止区和饱和区的等效模型。此时 $C_{DS}$ 由于不影响开关特性故不包括在内,但是在设计缓冲电路时需要考虑它。图 2-47(b) 为 MOSFET 在欧姆区的等效模型。图 2-47(c) 表示了 $C_{GD}$ 随 $v_{DS}$ 的变化关系曲线,可以看出随着 P 和 N-区 PN 结的反偏电压变小,即 $v_{DS}$ 减小,该 PN 结的空间电荷区变窄,所以势垒电容 $C_{GD}$ 变大。$C_{GD}$ 的动态变化对于开关过程影响较大,是后续理解米勒平台现象的基础。

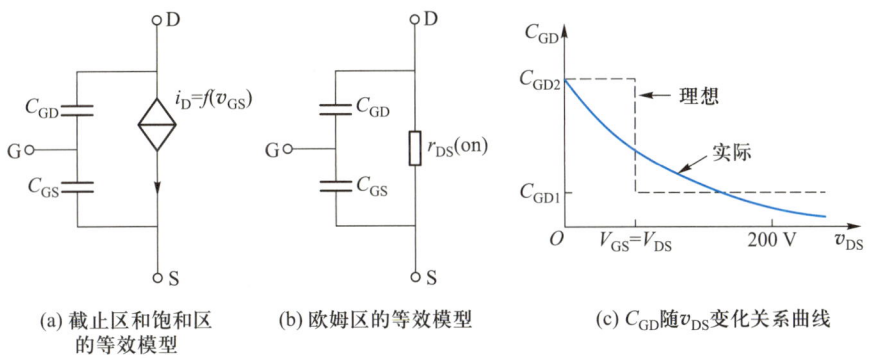

(a) 截止区和饱和区    (b) 欧姆区的等效模型    (c) $C_{GD}$ 随 $v_{DS}$ 变化关系曲线
的等效模型

**图 2-47 MOSFET 的等效模型分析图**

图 2-48 是 MOSFET 动态特性测试 Buck 电路。驱动信号通过驱动电阻 $R_G$ 控制 MOSFET 通断。

图 2-49 是根据 MOSFET 静态模型得到的开通过程的五阶段等效电路图,分别对应图 2-50 波形图中的延迟时间 $t_{d(on)}$、电流上升时间 $t_{ri}$、电压下降时间 $t_{fv1}$、电压下降时间 $t_{fv2}$、$v_{GS}$ 上升到稳态电压等五个阶段。

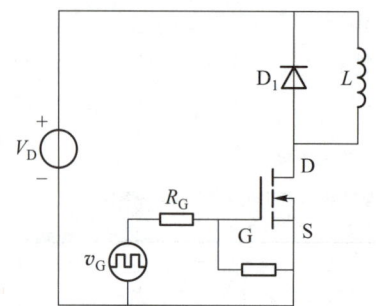

图 2-48 MOSFET 动态特性测试 Buck 电路

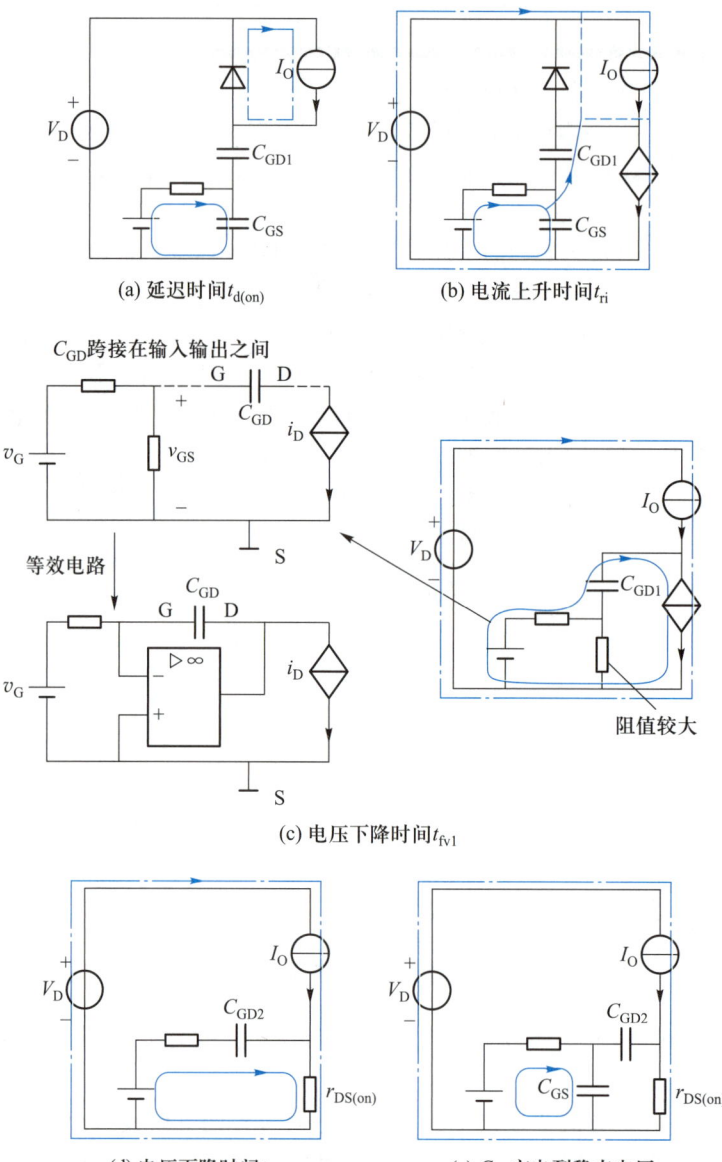

图 2-49 根据 MOSFET 静态模型得到的开通过程的五阶段等效电路图

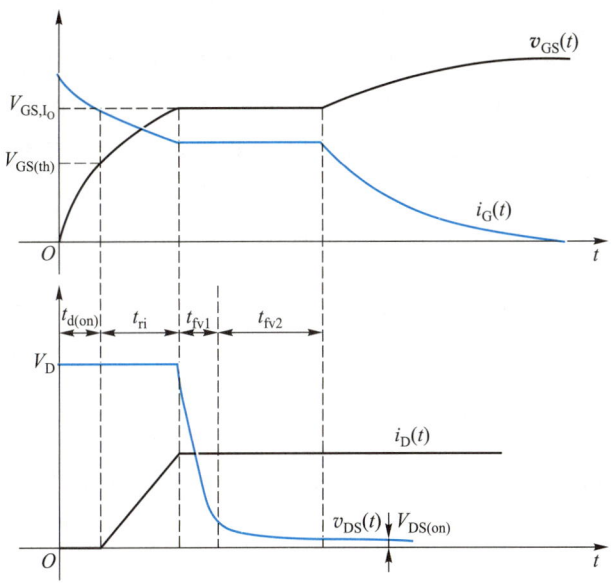

图 2-50　**MOSFET 开通过程五阶段波形图**

第一阶段,延迟时间 $t_{d(on)}$,图 2-49(a)表示第一阶段 $t_{d(on)}$ 时段的等效电路模型。此阶段对 $C_{GS}$ 充电。因为延迟时间段,图 2-48 测试电路中的二极管 $D_1$ 仍开通并导通全部电流,则 $v_{DS}$ 被钳位保持不变,所以,主要考虑对 $C_{GS}$ 的充电直至其达到开启电压 $V_{GS,th}$(2~4 V),从而结束该阶段。未达到开启电压前,$i_D$ 始终为零,$v_{DS}$ 保持不变,此阶段的充电时间常数为 $R_G C_{GS}$。

第二阶段,电流上升时间 $t_{ri}$,图 2-49(b)表示第二阶段 $t_{ri}$ 时段的等效电路模型,此阶段 MOSFET 处于饱和区。由于该阶段已经达到门极开启电压,$i_D$ 在此时段开始上升。从二极管到 MOSFET 的换流开始,由于换流结束前二极管仍然有电流,故 $v_{DS}$ 被钳位在直流电压,此时段直到 $i_D = I_0$ 时结束。此阶段依旧主要考虑对 $C_{GS}$ 的充电,因为此阶段虽然 $i_D$ 上升,但二极管仍然导通部分电流,$v_{DS}$ 不变,且因 $v_{DS}$ 较大,$C_{GD1}$ 较小。此阶段的充电时间常数仍然是 $R_G(C_{GS}+C_{GD1})$。$i_D$ 上升到额定值 $I_0$,该阶段结束。

第三阶段,电压下降时间 $t_{fv1}$,图 2-49(c)表示第三阶段 $t_{fv1}$ 时段的等效电路模型,该阶段仍然在饱和区,但与第二阶段不同的是,$v_{DS}$ 已经不再被钳位。第三阶段开始时,$i_D$ 刚达到满载电流,则二极管关断,不再钳位 $v_{DS}$。此时在门极驱动电路对 $C_{GD}$ 反向充电作用下,$v_{DS}$ 开始快速下降,而 $i_D$ 已经达到满载电流维持不变。此阶段测试电路可以<u>等效为一个共源组态放大电路</u>,$C_{GD}$ 跨接在输入输出之间,MOSFET 相当于带电流源负载的共源放大器。根据米勒效应,$C_{GD}$ 会被放大很多倍,从栅极看进去,$C_{GD}$ 相当于一个很大的电容,因而 $v_G$ 只对 $C_{GD}$ 充电,$v_{GS}$ 不变。也可以理解为在该时段,因为 $i_D$ 已经达到满载电流维持不变,受跨导曲线的约束,$V_{GS}$ 不变。另一方面,根据图 2-47(c),随着 $v_{DS}$ 快速下降,$C_{GD1}$ 也随之快速上升。综上两个原因,可以认为驱动电路几乎只对 $C_{GD}$ 充电,不对 $C_{GS}$ 充电,$V_{GS}$ 不变而形成一个平台,称为<u>米勒平台</u>,米勒平台的 $V_{GS}$ 值是由图 2-45 中的跨导曲线决定的。该值对于不同的产品略有区别,但通常在 6~8 V。此阶段的充电时间常数为 $R_G C_{GD1}$,对应到图 2-51 所示的静态曲线上就是工作点在一根曲线上横向移动。该阶段结束后,工作点移动到欧姆区的边界。

第四阶段,电压下降时间 $t_{fv2}$,图 2-49(d)表示第四阶段 $t_{fv2}$ 时段的等效电路模型。此阶段依旧是对 $C_{GD}$ 的充电过程,但是 MOSFET 已经进入欧姆区,此时源极和漏极之间等效为一个电阻,$v_{DS}$ 已经很小,$C_{GD1}$ 也变为了 $C_{GD2}$($C_{GD2}$ 数倍于 $C_{GD1}$)。虽然进入欧姆区后已经不能等效为共源放大电路,针对饱和区的转移特性曲线也不再成立了,但此时 $C_{GD}$ 变得很大,该阶段仍然可以忽略对于 $C_{GS}$ 的充电,驱动电路仍然主要对 $C_{GD}$ 充电,但此阶段充电时间常数 $R_G C_{GD2}$ 远大于 $t_{fv1}$ 阶段,$v_{DS}$ 的下降速度变慢。事实上,从图 2-50 可以看出 $t_{fv1}$ 阶段开始后,$v_{DS}$ 的下降速度一直在变慢,但在 $t_{fv1}$ 终点,这种变慢会有个清晰的转折点。这与图 2-47(c)中 $C_{GD}$ 随着 $v_{DS}$ 的变化关系曲线中的折点是对应的。可以总结,在($t_{fv1}+t_{fv2}$)时段,由于驱动电路几乎没有对 $C_{GS}$ 充电,$V_{GS}$ 一直不变,也就是米勒平台时间等于($t_{fv1}+t_{fv2}$)。

$t_{fv2}$ 结束后进入第五阶段,米勒电容 $C_{GD}$ 已充满电,$v_{DS}$ 已经稳定在通态压降 $V_{DS(on)}$(等于欧姆电阻 $r_{DS(on)}$ 乘以通过的电流 $i_D$)并接近于零,MOSFET 已经到达欧姆区工作点,驱动电路将给 $C_{GS}$ 充电,充电时间常数为 $R_G C_{GS}$,$V_{GS}$ 电压继续上升直到稳态电压大约为 15 V,进而完全导通。

需要强调,在充电过程中,之所以 $C_{GD}$ 分成 $C_{GD1}$ 和 $C_{GD2}$,而 $C_{GS}$ 始终认为不变,主要原因在于 $C_{GD}$ 承受的电压范围很宽。如图 2-47(c)所示,当 $v_{DS}$ 大范围变化时,由势垒电容的变化机理可知,随着正偏压大小变化,寄生电容 $C_{GD}$ 必然有很大变化。

以上五个阶段对应到 MOSFET 的静态曲线中的运动轨迹如图 2-51 所示。MOSFET 工作点在零轴上($t_{d(on)}$)、垂直上升($t_{ri}$)、横向移动到欧姆区边界($t_{fv1}$),以及大致在一根曲线上横向移动到欧姆区内部($t_{fv2}$),最后 $V_{GS}$ 上升到稳态电压。

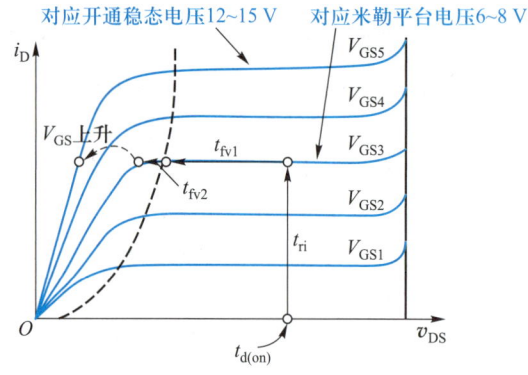

图 2-51　MOSFET 的五阶段静态曲线运动轨迹图

以上是开通过程的波形分析,而关断过程是开通过程的逆过程,关断时间由延迟时间 $t_{d(off)}$、电压上升时间 $t_{rv1}$、电压上升时间 $t_{rv2}$ 及电流下降时间 $t_{fi}$ 组成,其波形如图 2-52 所示。从左到右看是关断曲线,而从右向左看就是开通曲线,波形具有工整的对称性。$t=0$ 时,驱动脉冲下降沿到来,栅源电容 $C_{GS}$ 通过门极电阻 $R_G$ 放电,$v_{GS}$ 按指数规律下降,而栅漏电容 $C_{GD}$ 也通过 $R_G$ 被充电,此阶段 $v_{DS}$ 基本不变,对应开通的第五阶段。当 $v_{GS}$ 下降到 $V_{GS,I_o}$ 时,功率 MOSFET 的漏源电压 $v_{DS}$ 开始上升,$v_{GS}$ 下降到 $V_{GS,I_o}$ 的这段时间就是延迟时间 $t_{d(off)}$。$v_{DS}$ 电压上升时间也分为 $t_{rv1}$ 和 $t_{rv2}$ 两段,其中 $t_{rv1}$ 在欧姆区,而 $t_{rv2}$ 在放大区,分别对应开通第四和第三阶段。两段时间中,$v_{GS}$ 保持不变,也就是形成米勒平台,其原因与开

通过程中 $t_{fv1}$、$t_{fv2}$ 时间段 $v_{GS}$ 保持不变相同。$t_{rv1}$ 时段在欧姆区,栅漏电容 $C_{GD2}$ 相比于 $C_{GS}$ 很大,所以,门极关断的放电电流基本不经过 $C_{GS}$,$v_{GS}$ 不变。而 $t_{rv2}$ 时段处于饱和区,$v_{GS}$ 受米勒效应影响或跨导曲线约束,所以其值基本保持不变。当 $v_{DS}$ 上升到与 $V_D$ 相等时,续流二极管开始导通,换流开始,进入电流下降时间 $t_{fi}$。$t_{fi}$ 时间内,$v_{GS}$ 同步按指数规律下降,直到 $v_{GS}$ 小于 $V_{GS(th)}$ 时,沟道消失。

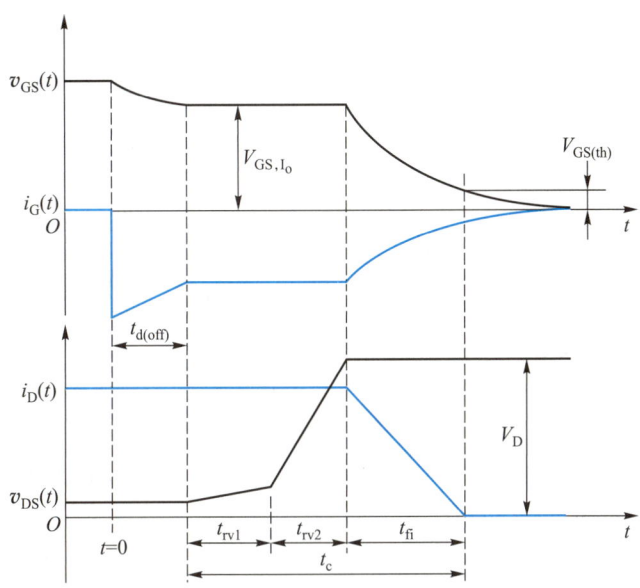

图 2-52 MOSFET 的关断过程波形

（5）Power MOSFET 的主要参数

① 跨导 $G_{fs}$、开启电压 $V_{GS(th)}$ 以及开关过程中的各时间参数。

② 漏源最大阻断电压 $BV_{DS}$,标称 Power MOSFET 的电压定额的参数。

③ 漏极直流电流 $I_D$ 和漏极脉冲电流幅值 $I_{DM}$,标称 Power MOSFET 电流定额的参数。

④ 栅源电压 $V_{GS}$,栅源之间的绝缘层很薄,$V_{GS} > 20$ V 将可能导致绝缘层击穿。

⑤ 极间电容,MOSFET 的三个电极之间分别存在极间电容 $C_{GS}$、$C_{GD}$ 和 $C_{DS}$。一般生产厂家提供的技术资料上通常给的是 $C_{iss}$、$C_{oss}$、$C_{rss}$,它们之间有如下换算关系。

$$\begin{cases} C_{iss} = C_{GS} + C_{GD} \\ C_{oss} = C_{DS} + C_{GD} \\ C_{rss} = C_{GD} \end{cases} \quad (2-15)$$

式中,$C_{iss}$:漏源极短路时的输入电容;$C_{oss}$:共源极输出电容;$C_{rss}$:反向转移电容。

MOSFET 具有正温度系数,没有二次击穿现象,所以漏源间的耐压、漏极最大允许电流和最大耗散功率（对应结温 $T_{j,max}$）决定了 Power MOSFET 的安全工作区。因为没有二次击穿现象,所以其安全工作区形状与 GTR 等器件不同,如图 2-53 所示。MOSFET 安全工作区的三个决定因素为:漏极脉冲电流幅值 $I_{DM}$、最大耗散功率 $P_{CM}$、击穿电压 $BV_{DS}$。如果 MOSFET 是以脉冲形式导通,如图 2-53 右边标注的数据所示,则脉宽越窄,其 $P_{CM}$ 范围越大。

（6）Power MOSFET（VDMOSFET）的主要特征总结

Power MOSFET 作为电压控制型多子导电器件,具有以下主要特征:

① MOSFET 的开关速度和输入电容的充放电有很大关系。

② 多子导电,开关速度快,同时,还可以通过降低栅极驱动电阻,从而减小栅极回路的充放电时间常数,加快开关速度。

③ 开关时间在 10 ~ 100 ns 之间,工作频率可达 100 kHz 以上,是主要电力电子器件中最高的。

④ 因为 MOSFET 是多子导电器件,没有如二极管、GTR 等的电导调制效应,故它在导通后等效成一个电阻,导通压降与电流呈线性关系。

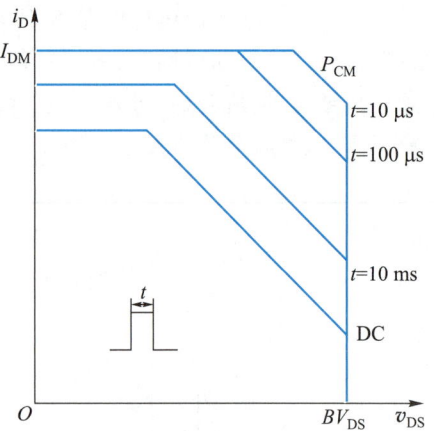

图 2-53　MOSFET 的安全工作区示意图

⑤ $r_{DS,on}$ 随着漏源最大阻断电压的上升会迅速上升,$r_{DS,on} = KBV_{DS}^{2.5 \sim 2.7}$（平方关系/指数关系）,所以,通常 MOSFET 应用在电压相对较低的场合。

⑥ 通态电阻具有正温度系数,对器件并联时的均流有利,也因此没有二次击穿现象。

**例题 2-2**　下述电路中 MOSFET 工作状态如何?

**答:** 图 2-54(a)中,给了 MOSFET 驱动信号后,电路正常导通。图 2-54(b)中,有了驱动信号后,MOSFET 反向导通。图 2-54(c)中,GS 短路,MOSFET 关断,但在反向电压作用下,通过内部的寄生二极管导通电流。

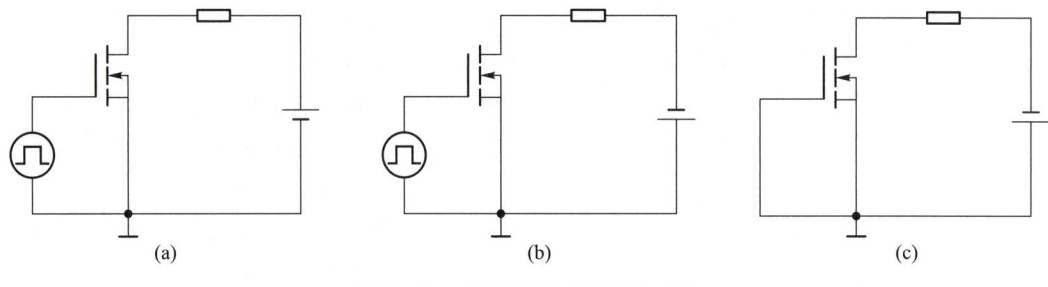

图 2-54　MOSFET 不同工作状态

### 2.4.4　绝缘栅双极晶体管(IGBT)

（1）IGBT 的结构和原理

GTR 和 GTO 是双极型(多子少子共同导电)电流驱动器件,由于具有电导调制效应,其通流能力很强,但开关速度较低,所需驱动功率大,驱动电路复杂。而 Power MOSFET 是单极型电压驱动器件,开关速度快、输入阻抗高、热稳定性好、所需驱动功率小且驱动电路简单,但是处理功率的能力相对较小。Power MOSFET 有个显著的缺点是随着耐压值的提高,其导通电阻呈平方数上升。绝缘栅双极晶体管(insulated-gate bipolar transistor,IGBT)IGBT 正是一种结合上述两种器件优点的器件。如图 2-55 所示,IGBT 的半导体本体结构与 MOSFET 很相似,可以认为它是在 MOSFET 的漏极侧增加了一个 P 衬底,额外引入了一个 PN 结,从而实现对低掺杂漂移区 N-电导率进行调制,也就是引入了电导调制效应,可以使得导通电阻几十倍地降低。相比于 MOSFET 的 N+PN-N+四层结构(以 N 沟道增强型为例),IGBT 可以理解为 N+PN-N+P 五层结构。

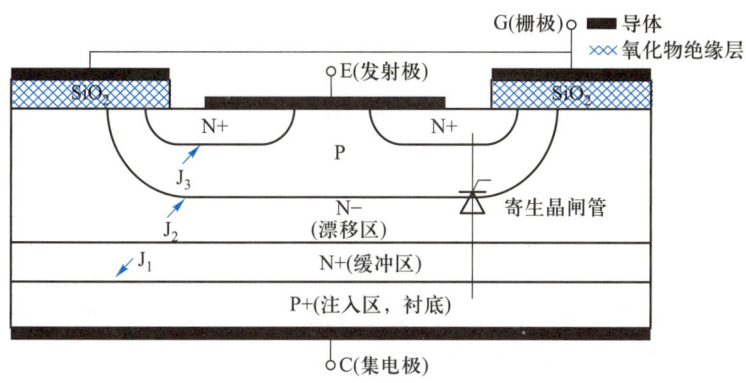

图 2-55　IGBT 的垂直剖面结构

由图 2-55 还可以看出,IGBT 的金属、端子、氧化物绝缘层等的排布、结构和 MOSFET 也略不同。正因为增加了 P+层,所以,在 IGBT 的内部结构中可以找到 MOSFET、PNP 晶体管(GTR),其中 PNP 晶体管连接集电极和发射极,承受高电压、大电流。同时 MOSFET 的寄生二极管也消失了。事实上,IGBT 可以看成是 MOSFET 控制的 GTR,它是由 GTR 与 MOSFET 组成的达林顿结构,相当于一个由 MOSFET 驱动的厚基区 PNP 晶体管,如图 2-56(b)的简化等效电路所示。

后续的动态过程分析可以看出,IGBT 的动态特性和 MOSFET 十分类似,而静态特性类似于 GTR。也因为 IGBT 是 MOSFET 控制的 GTR,所以,IGBT 的三端分别为 G、C、E,而不是 G、D、S。此外,从图 2-55 可看出,IGBT 内部还存在一个寄生的 NPN 晶体管。它和连接 CE 两端的 PNP 晶体管构成了与晶闸管双晶体管模型等效的电路结构。或者把图 2-55 的 N-N+看成 N-,则自下而上可以在 IGBT 内部找到寄生的晶闸管(PN-PN+四层)结构。当 IGBT 处于截止或正常导通状态时,图 2-56(d)中 $R_{b2}$ 压降很小。不足以产生 $T_2$ 的基极驱动电流,$T_2$ 不起作用;但如果集电极电流瞬时过大导致 $R_{b2}$ 上压降过大,则可能使 $T_2$ 导通,一旦 $T_2$ 导通,将进入双晶体管的正反馈过程,即使撤除 $V_{GE}$,IGBT 也仍会像晶闸管一样处于通态,此时栅极 G 将失去控制作用,这种现象称为擎住效应。为避免擎住效应,在 IGBT 制造中要尽可能降低体区电阻 $R_{b2}$。

N 沟道 MOSFET 与双极型晶体管组合而成的 IGBT 因为比 MOSFET 多一层 P+注入区,可以实现对漂移区电导率进行调制,克服了 MOSFET 没有电导调制效应的缺点,使得 IGBT 具有很强的通流能力,在大电流下其导通电压要比 MOSFET 小很多。注意,IGBT 在导通时不能和 MOSFET 一样等效成电阻,因为它的静态特性与 GTR 相同。但是 IGBT 的驱动原理、动态特性与 Power MOSFET 基本相同,是一种电压型场控器件,其开通和关断是由栅极和发射极间的电压 $v_{GE}$ 决定的。

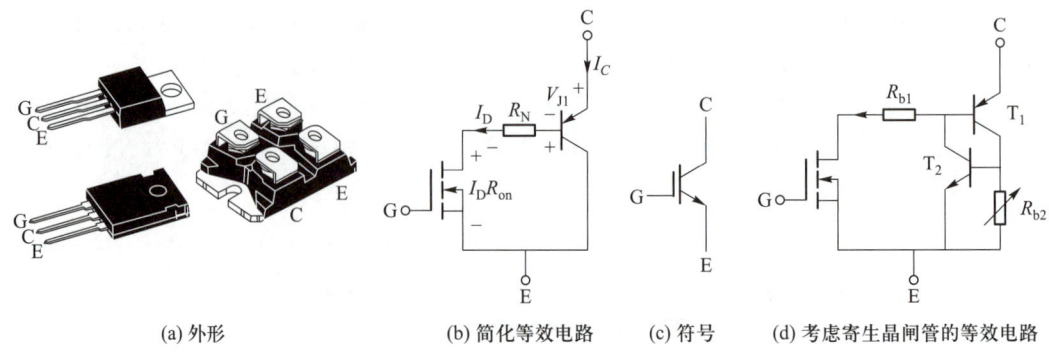

(a) 外形　　　　　(b) 简化等效电路　　(c) 符号　　(d) 考虑寄生晶闸管的等效电路

**图 2-56　IGBT 的外形、简化等效电路和符号**

① 当 $v_{GE}$ 为正且大于开启电压 $V_{GE(th)}$ 时，MOSFET 内形成沟道，并为晶体管提供基极电流进而使 IGBT 导通。

② 当栅极与发射极间施加反向电压或不加信号时，MOSFET 内的沟道消失，晶体管的基极电流被切断，使得 IGBT 关断。

**（2）静态特性**

静态特性指的主要是 IGBT 的输出特性，也称伏安特性，描述的是以栅射电压为参考变量时，稳态以后集电极电流 $i_C$ 与集射极电压 $v_{CE}$ 之间的关系，如图 2-57 所示。如前所述，IGBT 的静态特性主要表现为 GTR 的特性。与 GTR 一致，IGBT 的输出特性也分为截止区、有源区（放大区）和饱和区。IGBT 工作在开关状态时，是在截止区和饱和区之间来回切换。需要注意，IGBT 的开启电压 $V_{GE(th)}$ 要高于 MOSFET 的 2~4 V，为 4~5 V。

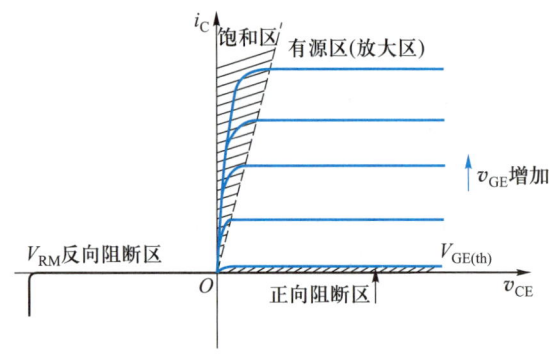

**图 2-57　IGBT 的输出特性**

如图 2-58 所示，由于 IGBT 是 MOSFET 控制的 GTR，所以，IGBT 在放大区也具有和图 2-45 类似的 MOSFET 转移特性曲线。这也是后续理解 IGBT 动态波形和米勒钳位效应的关键。

**（3）动态特性**

IGBT 动态特性表现为 MOSFET 特性。总的来说，IGBT 的开通关断过程和 MOSFET 十分相似。同样要把 IGBT 放到一个测试电路中去理解其动态波形，如

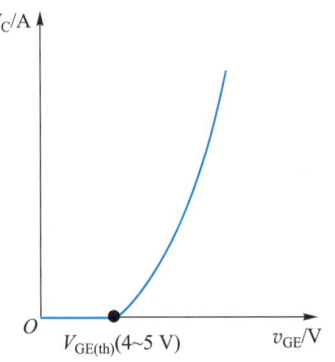

**图 2-58　IGBT 放大区的转移特性**

图 2-59 所示。

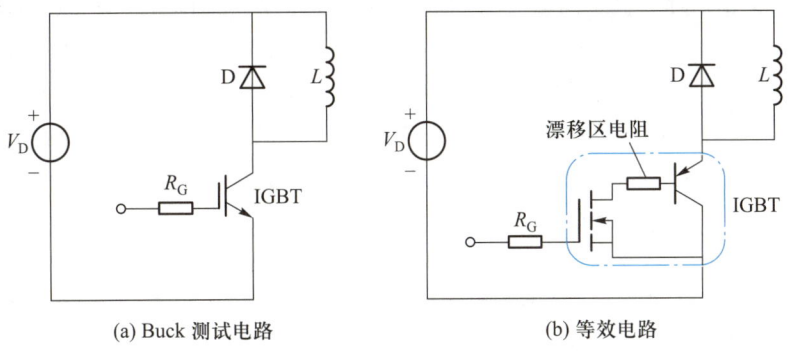

(a) Buck 测试电路　　　　(b) 等效电路

图 2-59　IGBT 动态特性测试 Buck 电路及其等效电路

IGBT 的开通关断波形曲线如图 2-60 所示,可以看出 IGBT 的开通关断波形与 MOS-FET 十分接近,但要注意其与 MOSFET 开关波形的细微差别,在开通和关断中都有一个关键地方与 MOSFET 不同,即其不再是一个工整的对称过程,而只是大致对称,原因是 IGBT 事实上是两个器件的正向串联结构。

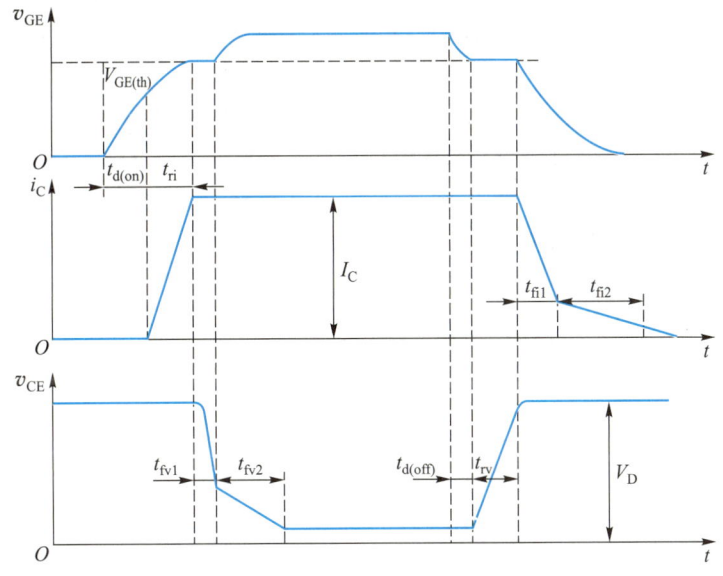

图 2-60　IGBT 的开通关断波形曲线

图 2-60 中,从驱动电压 $v_{GE}$ 上升沿开始,到集电极电流 $i_C$ 开始上升时刻止,这段时间定义为延迟时间 $t_{d(on)}$。经过延迟时间,$v_{GE}$ 达到了阈值电压 $V_{GE(th)}$,根据转移曲线,$i_C$ 开始上升,也就是续流二极管电流开始转移到 IGBT。$i_C$ 上升到 $I_C$ 的时间定义为电流上升时间 $t_{ri}$。而紧接着开通时集射电压 $v_{CE}$ 的下降过程分为 $t_{fv1}$ 和 $t_{fv2}$ 两个阶段。$t_{fv1}$ 阶段,MOSFET 和 GTR 均处于放大区,且 $C_{GD}$ 及充电时间常数增加不明显,故电压下降速度较快,同时,与 MOSFET 一样,IGBT 转移特性决定了栅极驱动电压 $v_{GE}$ 被钳位,也就是形成米勒平台。在 $t_{fv2}$ 时段,与 MOSFET 一致,$v_{CE}$ 下降速度变缓。主要原因是 MOSFET 栅漏电容

$C_{GD}$ 的增加,以及 IGBT 中的 PNP 晶体管速度较慢,工作点由放大区转移到饱和区需要较长时间。但与 MOSFET 不同的是,$t_{fv2}$ 时段 $v_{GE}$ 会继续上升,而不是继续停留在米勒平台。原因是在 IGBT 中,MOSFET 的栅漏电容 $C_{GD}$ 是和 GTR 的结电容串联的,充电时间常数由二者共同决定。而 MOSFET 中充电时间常数完全是由其自身的 $C_{GD}$ 决定的,$t_{fv2}$ 时段结束时,IGBT 完全进入饱和导通状态,工作点处于饱和区中间的某个点。开通时间 $t_{on}$ 为开通延迟时间 $t_{d(on)}$、电流上升时间 $t_{ri}$ 与电压下降时间 $t_{fv1}$、$t_{fv2}$ 之和。

IGBT 关断时,同样先经过关断延迟时间 $t_{d(off)}$,IGBT 工作点从饱和区移动到了饱和区、放大区的边界(忽略此时 $v_{CE}$ 的微小上升)。随后是集射电压 $v_{CE}$ 上升时间 $t_{rv}$,在 $v_{CE}$ 没有上升到 $V_D$ 前,图 2-59 所示的测试电路中的 D 仍然截止,$i_C$ 保持最大值。根据转移特性曲线,栅极电压 $v_{GE}$ 将维持在一个电压水平上,也就是关断时的米勒钳位。之后,$v_{CE}$ 上升到 $V_D$,$t_{rv}$ 结束,二极管 D 导通,电流开始从 IGBT 转移到二极管,$i_C$ 开始下降,这段时间为电流下降时间 $t_{fi}$。电流下降时间又分为 $t_{fi1}$ 和 $t_{fi2}$ 两段,而上节中 MOSFET 的电流下降时间只有一段,这是 IGBT 和 MOSFET 的另一个不同点。其中 $t_{fi1}$ 对应 IGBT 内部 MOSFET 和 GTR 一起关断,这段时间集电极电流 $i_C$ 下降较快。$t_{fi1}$ 时段结束,MOSFET 已经关断,开始 $t_{fi2}$。$t_{fi2}$ 时段对应 IGBT 内部 PNP 晶体管的关断过程,这段时间内因为 MOSFET 已经关断,PNP 晶体管无基区储存少子抽取通道(与 2.4.2 节 GTR 单独关断情况不同),所以,晶体管 N 基区内的少子复合缓慢,造成 $i_C$ 下降较慢,被称为 IGBT 的电流拖尾现象。此时 $v_{CE}$ 已处于高位,因此,由于拖尾电流造成的关断损耗会比较大。关断时间 $t_{off}$ 为关断延迟时间 $t_{d(off)}$、电压上升时间 $t_{rv}$ 与电流下降时间 $t_{fi1}$、$t_{fi2}$ 之和。

可以看出,IGBT 中双极型 PNP 晶体管的存在虽然可以增大器件的通流量,但也引入了少子储存现象和拖尾电流,因而 IGBT 的开关速度要低于功率 MOSFET。

图 2-60 中的主要时间参数如下。

开通过程:

① 开通延迟时间 $t_{d(on)}$;

② 电流上升时间 $t_{ri}$;

③ 电压下降时间 $t_{fv} = t_{fv1} + t_{fv2}$;

④ 开通时间 $t_{on} = t_{d(on)} + t_{ri} + t_{fv}$。

关断过程:

① 关断延迟时间 $t_{d(off)}$;

② 电压上升时间 $t_{rv}$;

③ 电流下降时间 $t_{fi} = t_{fi1} + t_{fi2}$;

④ 关断时间 $t_{off} = t_{d(off)} + t_{rv} + t_{fi1} + t_{fi2}$。

(4) IGBT 的主要参数(可以根据这几个参数画出 SOA 曲线)

① 最大集射极间电压 $V_{CES}$:由器件内部的 PNP 晶体管所能承受的击穿电压所确定。

② 最大集电极电流 $I_{CM}$ 以及最大脉冲集电极电流 $I_{CP}$(通常为 1 ms 脉宽电流),$I_{CP}$ 通常是 $I_{CM}$ 的几倍。

③ 最大集电极功耗 $P_{CM}$:在正常工作温度下允许的最大耗散功率。

和 MOSFET 类似,可以画出 IGBT 的安全工作区 SOA 示意图如图 2-61 所示。IGBT 开通时对应的安全工作区称为正向偏置安全工作区,它由集电极最大允许电流、集电极-

发射极击穿电压和最大耗散功率共同构成。与 MOSFET 相同,如果 IGBT 是以脉冲形式导通,则脉宽越窄,$P_{CM}$ 范围越大。

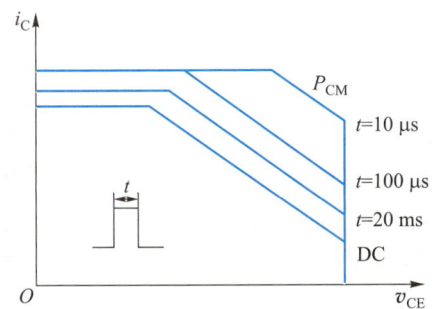

图 2-61 IGBT 的安全工作区 SOA 示意图

### (5) IGBT 的主要特征

IGBT 是双极型电压型驱动器件,具有高开关速度、高输入阻抗、低驱动功率、驱动回路简单、关断时候会有拖尾电流等特点。

IGBT 还具有两个有趣的特点:一是 IGBT 小电流时为负温度系数,而在大电流区间具有正温度系数;二是必须强调,IGBT 的制造工艺不允许它承受过高的反压,这会导致其内部被击穿损坏。正因为 IGBT 不能承受反压,应用时通常会反并联一个续流二极管,示意图如图 2-62 所示。

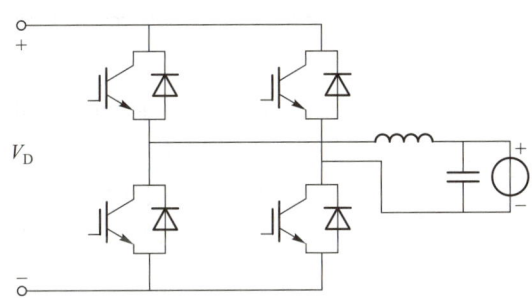

图 2-62 具有反并联二极管的 IGBT 应用电路

通过工艺的改进可以让 IGBT 实现承受反压,这就是 RB-IGBT(reverse blocking)。

近年来又出现了逆导型 IGBT(reverse conducting IGBT,RC-IGBT),RC-IGBT 的大部分结构与传统的 IGBT 结构相似。最大的区别在于,RC-IGBT 的集电极不是连续的 P+区,而是间断地引入一些 N+短路区。这样,RC-IGBT 的 P 基区、N-漂移区、N+缓冲层和 N+短路区就构成了一个 PiN 二极管。RC-IGBT 等效于在同一芯片上实现了一个 IGBT 与一个 PiN 二极管反并联。当 IGBT 在承受反压时,PiN 二极管导通,这也正是称其为 RC-IGBT 的原因。在关断期间,RC-IGBT 为漂移区过剩载流子提供了一条有效的抽走通道,大大缩短了 RC-IGBT 的关断时间。RC-IGBT 在某些对续流要求不高的情况下(如空调变频器等场合)应用较多。

**例题 2-3** 请找出 IGBT 和 MOSFET 在开通和关断过程中的不同点(各有一处)。

**答:**相于 MOSFET,IGBT 在开通时,$t_{fv2}$ 时段不对应米勒平台,$t_{fv2}$ 时段 $v_{GE}$ 会继续上

升,而不是继续停留在米勒平台。关断时,IGBT 的电流下降时间分为 $t_{fi1}$ 和 $t_{fi2}$ 两段,而 MOSFET 的电流下降时间只有一段,这是 IGBT 和 MOSFET 的一个显著不同。

### 2.4.5　Si 基可控器件小结

表 2-1 为主要可控器件性质对比。这些可控器件中应用较多的是 MOSFET 和 IGBT,IGBT 的耐压可达到大约 8 kV,电流通过模块内部单元并联的形式已经达到数千安培的等级。而 MOSFET 的发展不单纯着眼于提高它的电压和电流等级,而主要在于通过工艺、结构、掺杂等的改进,提高其开关速度、寄生二极管性能、降低等效导通电阻等。例如基于超级结的 CoolMOSFET 技术,能够有效降低 MOSFET 的开关损耗和导通电阻,从而有效提高 MOSFET 的开关速度,并降低导通损耗。

**表 2-1　主要可控器件性质对比**

| 器件 | 功率等级 | 开关速度 | 电压等级 |
| :---: | :---: | :---: | :---: |
| BJT/MD(monolithic darlington) | 中 | 中 | 中 |
| MOSFET | 低 | 快 | 低 |
| GTO | 高 | 慢 | 高 |
| IGBT | 中 | 中 | 高 |
| MCT | 中 | 中 | 中 |

**例题 2-4**　多子导电,单极型、双极型器件,电流型、电压型的器件的定义是什么?

**答:**多子导电、单极型器件是指参与导电的只有一种载流子,如 MOSFET、肖特基二极管。双极型器件则是指参与导电的有多子和少子两种载流子,如 IGBT、GTR 等。电流型器件主要指的 GTR、GTO 等通过门极注入或抽出电流实现导通、关断的器件,而电压型器件指的是 MOSFET、IGBT 这种门极绝缘、通过电场控制实现导通和关断的器件。

## 2.5　其他新型 Si 基电力电子器件

### 2.5.1　MOS 控制晶闸管 MCT

MCT(MOS controlled thyristor)是将 MOSFET 与晶闸管组合而成的复合型器件。MCT 将 MOSFET 的高输入阻抗、低驱动功率、快速的开关过程和晶闸管的高电压大电流、低导通压降的特点结合起来,也是 Bi-MOS 器件的一种。一个 MCT 器件由数以万计的 MCT 元组成,每个元的组成为:一个 PNPN 晶闸管,一个控制该晶闸管开通的 MOSFET 和一个控制该晶闸管关断的 MOSFET。

MCT 具有高电压、大电流、高载流密度、低通态压降的特点,但是其关键技术问题没有更大的突破,电压和电流容量都远未达到预期的数值,未能投入实际应用。

### 2.5.2 静电感应晶体管 SIT

SIT(static induction transistor)是一种结型场效应晶体管,就是前面提到的 JFET。它是一种多子导电的器件,其工作频率与 Power MOSFET 相当,甚至超过 Power MOSFET,而功率容量也比 Power MOSFET 大,因而适用于高频大功率场合。但是 SIT 在栅极不加任何信号时是导通的,栅极加负偏压时关断,这被称为正常导通型器件,使用起来不太方便;此外,SIT 通态电阻较大,使得通态损耗也大,因而 SIT 还未在大多数电力电子设备中得到广泛应用。

### 2.5.3 静电感应晶闸管 SITH

SITH(static induction thyristor)可以看作由 SIT 与 GTO 复合而成。其工作原理也与 SIT 类似,门极和阳极电压均能通过电场控制阳极电流,因此 SITH 又被称为场控晶闸管(field controlled thyristor,FCT)。由于比 SIT 多了一个具有少子注入功能的 PN 结,SITH 本质上是两种载流子导电的双极型器件,具有电导调制效应,通态压降低、通流能力强,其很多特性与 GTO 类似,但开关速度比 GTO 高得多,是大容量的快速器件。

SITH 一般也是正常导通型,但也有正常关断型,电流关断增益较小,因而其应用范围还有待拓展。

### 2.5.4 集成门极换流晶闸管 IGCT

IGCT(integrated gate-commutated thyristor)实质上是将一个平板型的 GTO 与由很多个并联的 Power MOSFET 器件和其他辅助元件组成的 GTO 门极驱动电路采用精心设计的互联结构和封装工艺集成在一起。IGCT 的容量与普通 GTO 相当,但开关速度比普通的 GTO 快 10 倍,可以简化普通 GTO 应用时庞大而复杂的缓冲电路,只不过其所需的驱动功率仍然很大。

目前 IGCT 正在与 IGBT 等新型器件激烈竞争,前景还很难预料。

## 2.6 基于宽禁带半导体材料的电力电子器件

### 2.6.1 宽禁带半导体材料与器件概述

现阶段功率半导体器件的主要材料是硅(Si),以上所述各种电力电子器件一般是由硅半导体材料制成的。硅基的金属氧化物半导体场效应晶体管 MOSFET 和绝缘栅双极型晶体管 IGBT 经过这么多年的发展和提高,已经成为当今电力电子设备中的核心。近年来出现了一些性能优良的新型化合物半导体材料,如砷化镓(GaAs)、碳化硅(SiC)、氮化镓

（GaN）。SiC 和 GaN 被称为宽禁带半导体材料,由它们作为基础材料制成的电力电子器件层出不穷。Si 材料经过 40 多年的开发,已经较为成熟且接近物理极限,而由碳化硅(SiC)、氮化镓(GaN)作为基础材料制成的宽禁带电力电子器件正不断涌现和大量应用。

半导体材料的禁带宽度是半导体中非常重要的物理量。宽禁带电力电子器件正是以禁带宽度与 Si 器件区分的。如图 2-63 所示,通常定义导带的最低能量为 $E_C$,即导带底部的能量;定义价带中的最高能量为 $E_V$,即价带顶部的能量,则禁带宽度($E_C-E_V$)为将电子从价带激发到导带所需要的最小能量。禁带也称为带隙、能隙,如表 2-2 所示,Si 材料的禁带宽度为 1.12eV,而 SiC 和 GaN 宽禁带材料的禁带宽度分别为 3.2eV 和 3.4eV。

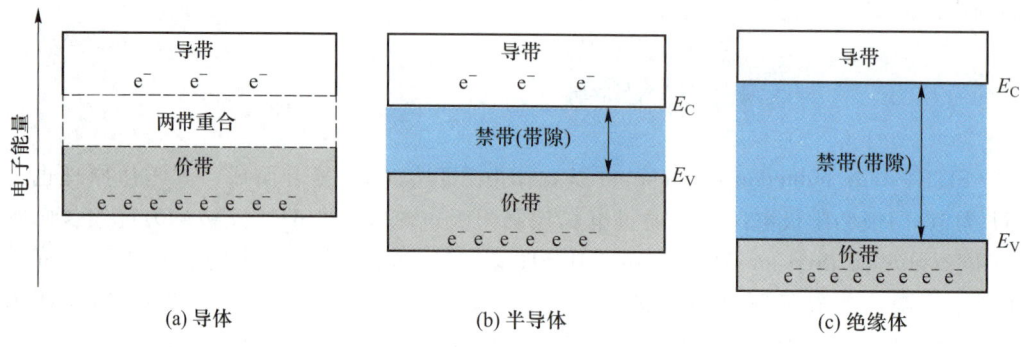

图 2-63　导体、半导体和绝缘体的能带示意图

宽禁带器件在名称上强调材料的能隙(禁带),但从半导体材料来看,以下特性对于器件的性能都很重要,如击穿场强、能隙(禁带)、热导率、熔点、电子迁移率。材料的特性与器件性能直接相关,其中场强决定了耐压,Si IGBT 到 8 kV 基本到了物理极限,而 SiC 材料 IGBT 耐压则可以高达 65 kV。相比于 Si MOSFET,SiC MOSFET 可以显著提高耐压等级,与 Si IGBT 相当,所以,通常 SiC MOSFET 的应用电压等级是和 IGBT 而不是和 MOSFET 对比。能隙决定了耐温能力,Si 材料耐温达到 175 ℃,而 SiC 耐温能达到 600 ℃。热导率决定了热阻、器件的散热能力,而器件工作频率则主要由饱和漂移速度决定。

图 2-64 及表 2-2 对比了 Si、GaN、SiC 等材料的性能。

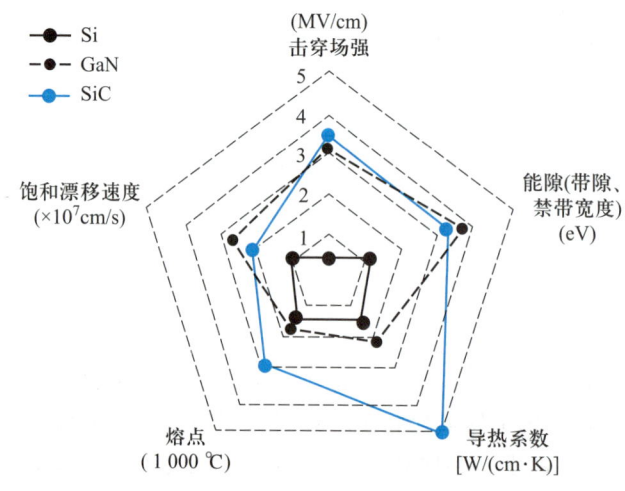

图 2-64　Si、GaN、SiC 三种材料性能对比

表 2-2　GaN、SiC、GaAs 及 Si 材料主要性能对比

| 主要参数 | GaN | SiC | GaAs | Si |
|---|---|---|---|---|
| 带隙能量/eV | 3.4 | 3.2 | 1.4 | 1.1 |
| 临界击穿电场/(MV/cm) | 3.3 | 3.5 | 0.4 | 0.3 |
| 电子迁移率/[cm²/(V·s)] | 2 000 | 650 | 8 500 | 1 500 |
| 饱和漂移速度/(×10⁷cm/s) | 2.5 | 2.0 | 2.0 | 1.0 |
| 导热率 | 2.2 | 4.9 | 0.54 | 1.5 |

宽禁带半导体器件被寄予厚望,工业界希望通过采用宽禁带半导体器件解决传统功率器件的工作频率受限、工作温度低、功率密度受限等问题。但宽禁带材料还在发展之中,还存在各种需要解决的问题。

**例题 2-5**　表 2-2 中哪些性能决定器件的绝缘能力、开关速度及导热性能?

**答**:带隙能量和临界击穿场强决定了器件的绝缘能力,导热率决定了器件的导热性能,而开关速度主要由饱和漂移速度和电子迁移率共同决定。

## 2.6.2　SiC 器件特性

早在 1824 年,瑞典科学家 J.J. Berzelius 就发现了 SiC 的存在,之后的研究进一步揭示出这种材料具有较好的性能,但由于当时 Si 技术的卓越成就和迅猛发展,转移了研究者的兴趣。直至 20 世纪 90 年代,Si 基电力电子装置出现了性能提升瓶颈,才再次激发了电力电子研究工作者对 SiC 材料的兴趣。

碳化硅在不同物理化学环境下能形成不同的晶体结构,这些成分相同,形态、构造和物理特性有差异的晶体被称为同质多象变体,目前已经发现的 SiC 多象变体有 200 多种。碳化硅按结晶类型可分为六方晶系(α-SiC)和立方晶系(β-SiC),六方晶系有 4 个指数(即四坐标轴),立方晶系有 3 个指数,用来表示晶向和晶面。六方晶系 α-SiC 的热稳定性比立方晶系 β-SiC 更好,2 127 ℃高温时,β-SiC 将转变成 α-SiC,α-SiC 在 2 400 ℃依然安稳。六方晶系 α-SiC 又因其结晶排列的周期性不同有六方晶胞 H 系列晶型(2H、4H、6H……H 代表六方体的首字母)和菱形晶胞 R 系列晶型(15R、21R、27R……R 代表菱形的首字母)。H、R 系列中的数字代表 SiC 中碳原子和硅原子的不同堆积方式。4H-α-SiC、6H-α-SiC 因为可以获得高质量的外延晶片和卓越的物理特性,比如高的击穿电场强度等,所以成为功率器件普遍的选择。由于 4H-SiC 有着比 6H-SiC 更高的载流子迁移率,故而成了 SiC 基电力电子器件的首选材料。图 2-65 是 4H-α-SiC 晶体结构示意图和六方晶系 α-SiC 4 个指数。其中空心圆代表 Si,实心圆代表 C,这种结构表现为六边形结构。

由于单极功率器件的通态电阻随其阻断电压的提高而迅速增大,故硅材料的 Power MOSFET 只在电压等级不超过 100 V 时才有开关较大电流的能力,具有较好的性价比。但如果用 SiC 制造单极性器件,在阻断电压高达 10 kV 的情况下,其通态压降仍然会比硅双极器件低,而单极器件在工作频率等方面相对于双极器件有很多明显的优势。对于 Si

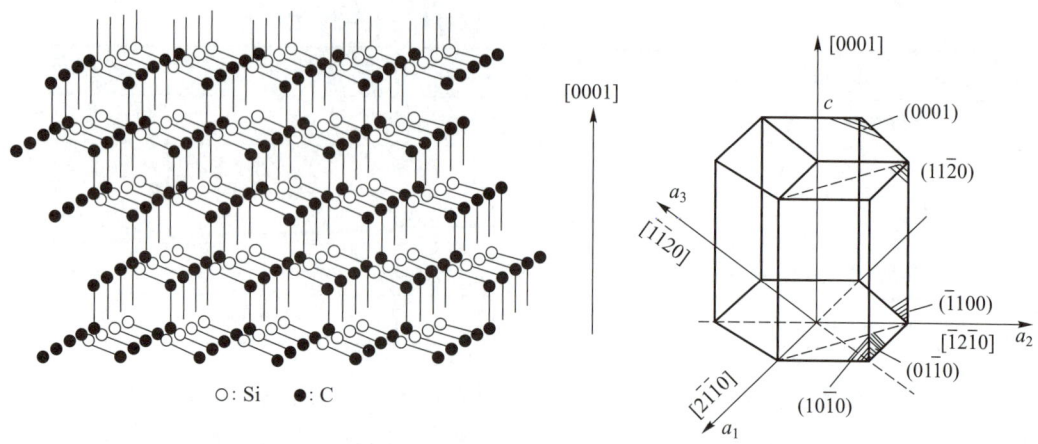

**图 2-65　4H-α-SiC 晶体结构示意图和六方晶系 α-SiC 4 个指数**

基功率器件,单极和双极器件的分界线在 300～600 V,在 SiC 功率器件中,这个边界向后移动了大约 10 倍的阻断电压,即几千伏。考虑到 300～600 V 区间超级结结构 MOSFET 仍有较大应用价值,故预计 SiC 将在 600～6 500 V 的阻断电压范围内替代 Si 的双极型器件,因此,对碳化硅电力电子器件的研究和开发,从一开始就比较集中于肖特基势垒二极管和 Power MOSFET 这些单极型器件,并首先从肖特基势垒二极管开始了碳化硅电力电子器件的商业应用。通过并联和模块封装等技术可以得到电流等级更高的 SiC 二极管模块以及 SiC MOSFET 模块,目前额定电流在数百安培的 SiC 功率模块都已经商用化,在功率密度要求较高的场合,如电动汽车中已经得到广泛应用。目前,电力电子技术领域的许多公司已在变频或逆变装置中使用这种器件替代硅快恢复二极管,取得了提高工作频率、大幅度降低开关损耗的明显效果,其总体效益远远超过碳化硅器件与硅器件之间的价格差异造成的成本升高。SiC 的双极型器件在 10 kV 以上的超高压应用中也逐渐显现出了优势。

　　虽然碳化硅材料和功率器件在机理、理论和制造工艺等方面还有大量问题有待解决,但理论分析表明,碳化硅功率器件非常接近理想的功率器件,碳化硅器件的研发将成为未来的一个主要趋势。

　　SiC 半导体材料的优异性能使得 SiC 基电力电子器件与 Si 基电力电子器件相比具有突出的性能优势。

　　① 具有更高的额定电压。图 2-66 为 Si 基和 SiC 基电力电子器件额定电压的比较,可以看出,无论是单极型还是双极型器件,SiC 基电力电子器件的额定电压均远高于 Si 基同类型器件。

　　② 具有更低的比导通电阻。图 2-67 是室温时 Si 基和 SiC 基单极性电力电子器件比导通电阻理论计算对比结果。在 1kV 电压等级,SiC 基单极型电力电子器件的比导通电阻约是 Si 基电力电子器件的 1/60。

　　③ 具有更高的开关频率。SiC 基电力电子器件的结电容更小,开关速度更快,开关损耗更低。图 2-68 为相同工作电压和电流下,当设定最大结温为 175 ℃时,Si 基和 SiC 基单极型电力电子器件最大开关频率理论计算对比结果。对于 10 kV SiC 基单极型高压器件,仍可实现 33 kHz 的最大开关频率。在中大功率应用场合,有望实现 Si 基电力电子器件难以达到的更高开关频率,显著减小电抗器件的体积和重量。

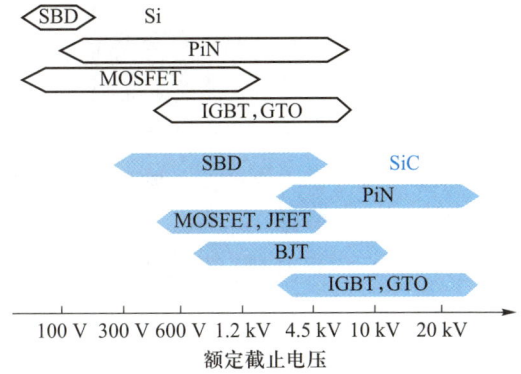

图 2-66 **Si** 基和 **SiC** 基电力电子器件额定电压的比较

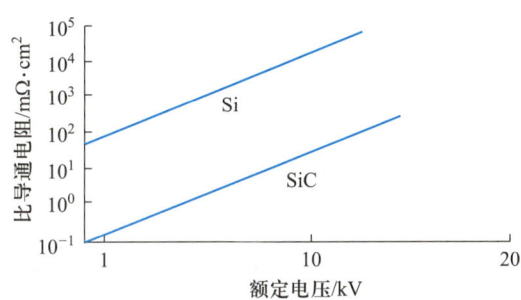

图 2-67 室温时 **Si** 基和 **SiC** 基单极性电力电子器件比导通电阻理论计算对比结果

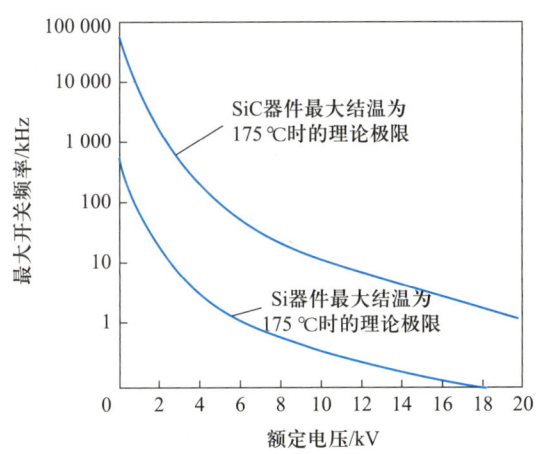

图 2-68 **Si** 基和 **SiC** 基单极性电力电子器件最大开关频率理论计算对比结果

④ 具有更低的结-壳热阻。由于 SiC 的热导率是 Si 的 3 倍以上,器件内部产生的热量更容易释放到外部。相同条件下,SiC 基电力电子器件可以采用更小尺寸的散热器。

⑤ 具有更高的结温。SiC 基电力电子器件的极限工作结温有望达到 600 ℃以上,远高于 Si 基电力电子器件。

⑥ 具有极强的抗辐射能力。辐射不会导致 SiC 基电力电子器件的电气性能出现明显的衰减,因而在航空航天等领域采用 SiC 基电力电子装置来减轻辐射屏蔽设备的重

量,提高系统性能。

### 2.6.3　SiC 基电力电子器件的现状与发展

目前已证实的是,几乎各种类型的电力电子器件都可以用 SiC 材料来制造。

英飞凌公司在 2001 年推出的首个商用化的 SiC 基肖特基二极管拉开了 SiC 电力电子器件商用化的序幕。图 2-69 表示了已有研究报道的 SiC 器件类型。本章重点介绍应用较多的 SiC 基功率二极管和 SiC MOSFET。

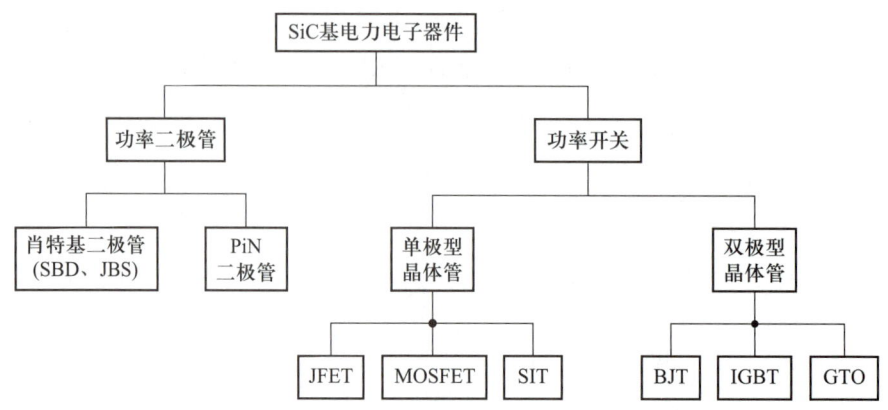

**图 2-69　已有研究报道的 SiC 器件类型**

#### （1）SiC 基功率二极管

目前,SiC 基功率二极管主要有三种类型:肖特基二极管(SBD)、PiN 二极管和结势垒肖特基二极管(JBS)。SBD 采用 4H-SiC 的衬底以及高阻保护环终端技术,并用势垒更高的 Ni 和 Ti 金属来改善电流密度,使其开关速度加快、导通电压降低,但其阻断电压偏低、漏电流较大,因此只适用于 0.6~1.5 kV 的范围;PiN 二极管的电导调制作用,使其导通电阻较低、阻断电压高、漏电流小,但反向恢复问题严重;JBS 二极管采用 PiN 和 SBD 并联的复合结构,其结合了 SBD 所拥有的出色开关特性和 PiN 二极管的高阻断电压、低漏电流特点。如图 2-70 所示,JBS 二极管同时存在 PN 结和肖特基二极管势垒,可以看作是 PiN 和 SBD 二极管的并联,兼具二者的优点。

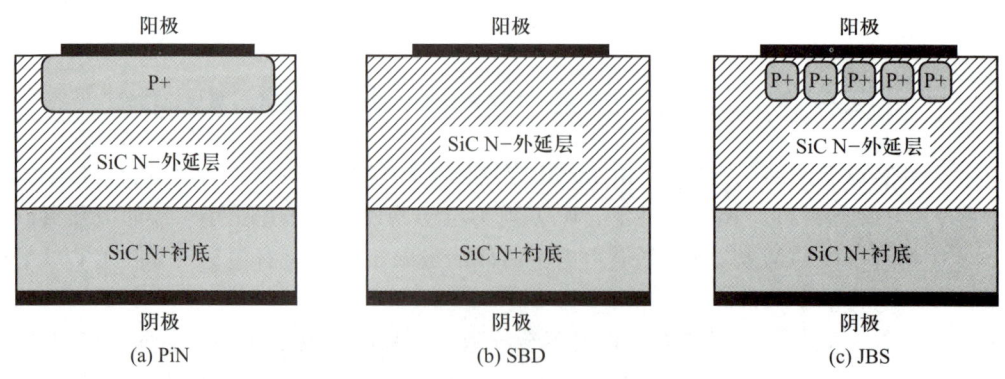

**图 2-70　SiC 基功率二极管三种类型**

目前商用化的 SiC 基功率二极管主要是 SBD,电压等级主要为 650 V、1 200 V 和 1 700 V。除分立封装的 SiC SBD 器件以外,SiC SBD 还被用作续流二极管来与 Si IGBT 和 Si MOSFET 进行集成封装制成 Si/SiC 混合功率模块。

对几百伏至几千伏电压等级,可用 SiC SBD 代替现有功率电路中的 Si 基 PiN 结快恢复二极管,因为 SiC SBD 的反向恢复问题大大改善,故可明显改善电路的性能。同时,SiC SBD 具有正温度系数,更方便实现扩容,从而其也更具应用优势。

对于更高的电压等级(>10 kV),Si 基功率二极管受材料限制,无法制作出如此高耐压的大功率器件,此时 SiC PiN 二极管的优势非常明显,目前已有 15 kV 的 SiC PiN 二极管产品,随着 SiC 器件技术的成熟,其电压和电流定额将会进一步提高。

### (2) SiC MOSFET

功率 MOSFET 具有理想的栅极绝缘特性、高开关速度、低导通电阻和高稳定性,在 Si 基电力电子器件中,功率 MOSFET 取得巨大成功。同样,SiC MOSFET 也是最受瞩目的 SiC 基电力电子器件之一。SiC MOSFET 在结构上与 Si MOSFET 基本相同。SiC MOSFET 主要有水平沟道和垂直沟道(或称为垂直沟道沟槽)两种结构。图 2-71 给出了水平沟道和垂直沟道双沟槽 SiC MOSFET 结构示意图。

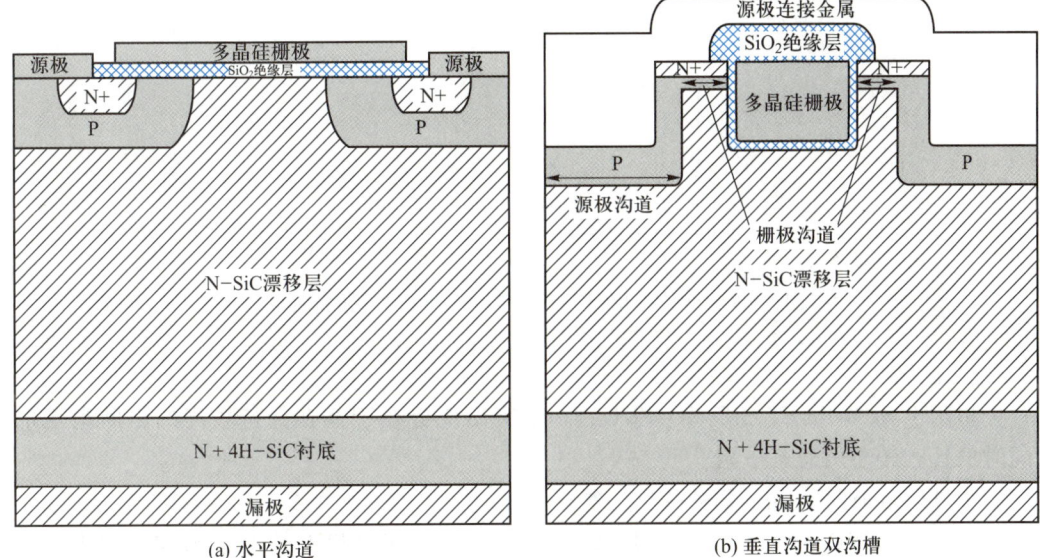

(a) 水平沟道      (b) 垂直沟道双沟槽

**图 2-71　水平沟道和垂直沟道双沟槽 SiC MOSFET 结构示意图**

SiC MOSFET 单管电流能力有限,为便于处理更大电流,多家公司推出了多种定额的 SiC MOSFET 功率模块。除了将多个 SiC MOSFET 并联封装扩大容量之外。还有为了改善 SiC MOSFET 寄生二极管性能,将 SiC SBD 作为反并联二极管与 SiC MOSFET 集成的结构,其通常被称为全 SiC 模块。

SiC MOSFET 因为耐压等级的提高,通常和 Si IGBT 处于相同的耐压等级,二者应用范围重叠,所以,下面将 SiC MOSFET 和 Si IGBT 进行对比。

SiC 器件漂移层的阻抗比 Si 器件的小,不需要进行电导调制就能实现高耐压和低阻抗,而且理论上 MOSFET 不会产生拖尾电流。所以当用 SiC MOSFET 代替 Si IGBT 时,能够明显降低开关损耗。另外,SiC MOSFET 能在 Si IGBT 不能工作的高频条件下工作。

目前已有电压定额为 900 V、1 000 V、1 200 V、1 700 V 的 SiC MOSFET 商业化产品上市,其中 1 200 V SiC MOSFET 相对成熟并已被广泛应用。

① SiC MOSEFT 的主要通态参数

a. 开启电压

开启电压也被称为阈值电压,是指功率 MOSFET 扩散沟道区反型使沟道导通所需的栅源极电压。随着栅源电压的增加,导电沟道逐渐变宽,故沟道电阻逐渐减小,电流逐渐增大。开启电压随着 MOSFET 的结温升高而降低,具有负温度系数。图 2-72 为 SiC MOSFET C2M0160120D 的转移特性曲线,常温时 SiC MOSFET 开启电压在 2.5 V 左右,而 Si CoolMOS 开启电压范围为 3 ~ 4 V,Si IGBT 开启电压范围为 4 ~ 5 V,这说明,SiC MOSFET 的开启电压更低,栅极更容易受到电压振铃的影响出现误开通。

b. 跨导

图 2-72 所示的 SiC MOSFET 转移特性曲线表明,相比于 Si MOSFET,SiC MOSFET 的跨导较小,这意味着要想达到相同的漏极电流,SiC MOSFET 需要更高的栅源极电压。

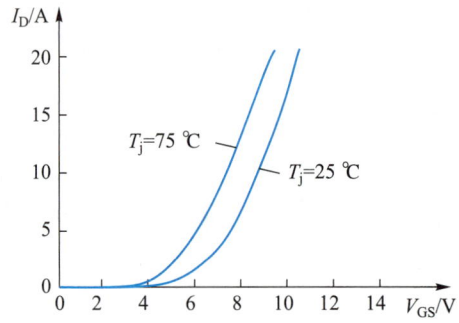

**图 2-72 SiC MOSFET C2M0160120D 的转移特性曲线**

c. 通态电阻

相比于 Si MOSFET,SiC MOSFET 的一个突出优势在于其在保持较高的阻断电压的同时仍具有较小的通态电阻。

② SiC MOSEFT 的开关特性及其参数

相比于 Si MOSFET,SiC MOSFET 结电容较小,SiC MOSFET 并不像 Si MOSFET 存在明显的米勒平台。同时,如果给 SiC MOSFET 模块的栅极长时间施加直流负偏压,SiC MOSFET 会发生栅源阈值电压降低的情况,所以,SiC MOSFET 通常有负的极限电压 -10 V,为了留有一定的裕量,驱动电路的负向驱动电压不宜低于-5 V。而其正向驱动电压通常比 Si MOSFET 要高,为 18 ~ 20 V。SiC MOSFET 和 Si CoolMOSFET 的典型输出特性曲线如图 2-73 所示。Si CoolMOSFET 在栅极电压较低时表现出明显的线性区和恒流区,而 SiC MOSFET 的输出特性不存在明显的线性区和恒流区。Si CoolMOSFET 中的特性曲线在栅极电压达到 10 V 左右时几乎保持不变,其已经充分开通,而 SiC MOSFET 由于跨导值较小且具有短沟道效应,故其特性曲线在栅极电压达到 18 V 时仍会有明显的变化,为了保证器件能充分导通,在驱动电路中要保证栅极电压足够大。Si MOSFET、Si CoolMOSFET 驱动高电压通常为 12 ~ 15 V,而 SiC MOSFET 要达到接近 20 V,略高于 IGBT

的 16~18 V。事实上 SiC MOSFET 的极限正向电压大概为 25 V。

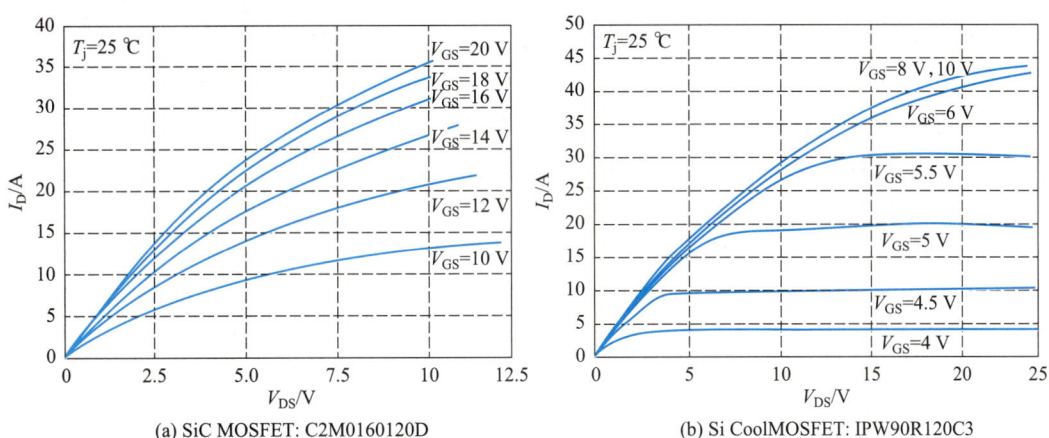

(a) SiC MOSFET: C2M0160120D  (b) Si CoolMOSFET: IPW90R120C3

**图 2-73  SiC MOSFET 和 Si CoolMOSFET 的典型输出特性曲线**

英飞凌公司主要针对沟槽结构的 SiC MOSFET 进行研究,其主推的 CoolSiC MOSFET 与其他公司的 SiC MOSFET 相比,具有栅氧层稳定性强、跨导高、栅极门槛电压高(典型值为 4 V)、短路承受能力强等特点,其在 15 V 驱动电压下即可使得沟道完全导通,从而可与 Si IGBT 等兼容。

此外,SiC 基功率器件还包括 SiC SIT、SiC BJT、SiC IGBT、SiC 晶闸管等。

随着 SiC 材料和制造工艺的日趋成熟,高压大功率 SiC 器件形成如图 2-74 所示的格局,SiC MOSFET 主要应用于 15 kV 以下,SiC IGBT 主要应用于 15~20 kV,SiC GTO 主要应用于 20 kV 以上。

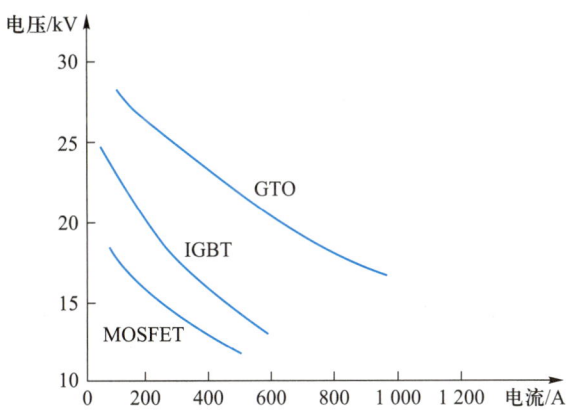

**图 2-74  高压大功率 SiC 器件电压和电流范围**

## 2.6.4  GaN 材料特性和结构

GaN 材料是 1928 年由 Johnson 等人采用氮和镓两种元素合成的一种Ⅲ-Ⅴ族化合物半导体材料。GaN 材料主要具有如下优点:

① 氮化镓材料独特的晶体结构使其具有很大的禁带宽度,是 Si 和 GaAs 材料的 2~3 倍;

② GaN 材料的击穿电场强度高达 3.3MV/cm,约为 Si 材料的 10 倍、GaAs 材料的 8 倍;

③ 在 GaN 层上生长 AlGaN(铝镓氮,也属于宽禁带材料)层后,异质结形成的二维电子气(2DEG)浓度较高($2×10^{13}$cm/s),可以实现高电流密度的目标;

④ GaN 材料的电子饱和漂移速度高,是 Si 材料的 2 倍;

⑤ GaN 材料的热导率高,约为 Si 材料的 1.5 倍、GaAs 材料的 4 倍。

由于 GaN 材料的优越特性,GaN 器件具有如下突出优势:

① 耐压能力高。GaN 材料的临界击穿电场强度高,相较于 Si 基半导体器件,GaN 器件理论上具有更高的耐压能力。但是从现阶段的器件发展水平来看,GaN 材料更适合用于制作 1 000 V 以下等级的功率器件。随着技术的不断发展,相信未来会有耐压等级更高的 GaN 器件出现。

② 导通电阻小。GaN 材料极高的带隙能量意味着 GaN 基功率器件具有较小的导通电阻。同时由于 GaN 材料的临界击穿强度较高,因此在相同阻断电压下,GaN 基功率器件具有比 Si 器件更低的导通电阻。

③ 开关速度快,开关频率高。GaN 材料的电子迁移率较高,因此在给定的电场作用下其电子迁移速度快,使得 GaN 基功率器件开关速度快,适合高频工作条件。同时由于 GaN 材料饱和漂移速度高,GaN 基功率器件能够承受的极限工作频率更高。

④ 结-壳热阻低。相对于 Si 材料来说,GaN 材料的热导率更高,因此 GaN 基功率器件的热阻更低,器件内部热量更容易释放到外部。

⑤ 具有更高的结温。相较于 Si 基电力电子器件,GaN 基电力电子器件可承受更高的结温而不发生退化现象。

GaN 可以生长在 Si、SiC 及蓝宝石上,而在价格低、工艺成熟、直径大的 Si 衬底上生长的 GaN 具有低成本、高性能的优势。

目前 GaN 基电力电子器件的研发工作主要采用两大技术路线:一是在 GaN 自支撑衬底上制作垂直导通型器件(纵向器件);另一个是在 Si 衬底上制作平面导通型器件(横向器件)。基于 GaN 自支撑衬底制备的 GaN 基垂直导通型器件相对平面导通型器件而言,更易于获得高击穿电压,可以减缓表面缺陷态引起的电流崩塌效应,更利于提高晶圆利用率和功率密度。图 2-75 给出了 GaN 基垂直导通型器件简化结构,GaN Top/AlGaN 界面和 AlGaN/GaN 界面形成二维电子气,即双异质结。

GaN Top/AlGaN 的极化效应致使 GaN Top/AlGaN/GaN 双异质结的导带被提升,进而导致纵向栅控沟道的电子浓度在栅源电压低于阈值电压时被耗尽,不能形成导电通路,源极电子不能穿过 AlGaN/GaN 界面流入 2DEG 沟道,源漏之间不会形成电流通道,故其为常关型器件。

图 2-75 所示 GaN 垂直导通器件的外延片采用同质外延的方式生长,为了降低 GaN 自支撑衬底昂贵的成本,在垂直导通型 GaN 器件基础上,也出现了采用 Si 晶圆作为衬底的 GaN-on-Si 结构垂直导通型器件,称为异质外延,它成了图 2-75 所示的垂直 GaN-on-GaN 器件的一种替代方案。

图 2-76 是 GaN-on-Si 晶圆上实现的纵向 GaN MOSFET 器件简化结构。

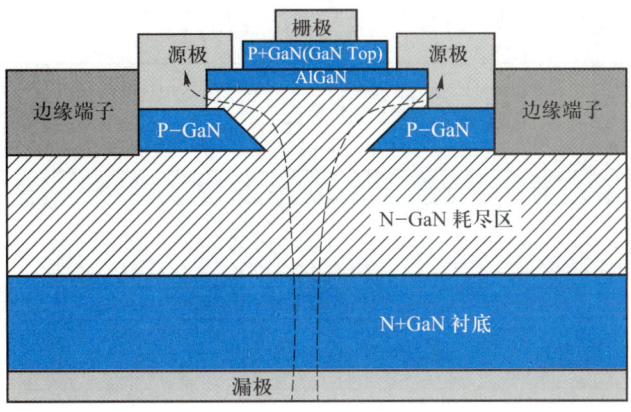

图 2-75　GaN 基垂直导通型器件简化结构

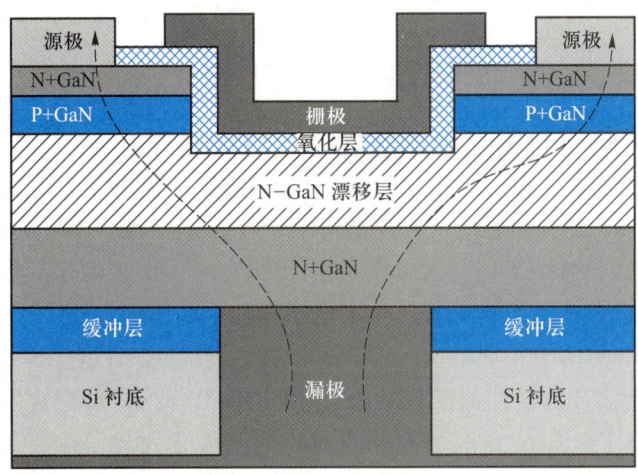

图 2-76　GaN-on-Si 晶圆上实现的纵向 GaN MOSFET 器件简化结构

　　GaN-on-Si 垂直导通型器件对于垂直 GaN-on-GaN 器件成本的优化仍然是有限的,同时纵向器件还面临着其他一些技术难点。因此尽管垂直导通型 GaN 器件具有上述优势,但相比于平面型器件,其发展速度缓慢,离产业化还有一定距离。而平面型 GaN 基器件是目前的主流解决方案,商用化的 GaN 器件大部分采用平面型结构,目前常用的 GaN 器件是横向结构的 HEMT,如 GaN Systems 公司以及 EPC 公司的 GaN 产品。

　　由图 2-77 所示的 GaN 基平面导通型器件结构可知,该结构的重要特征在于 AlGaN/GaN 异质结。由于 AlGaN/GaN 的禁带宽度不同,这两种材料构成的接触面即形成异质结,同时由于晶体极性的影响,在异质结接触面上形成了一层称为"二维电子气(2DEG)"的高迁移率电子,可以在异质结面的二维平面方向上高速移动,从而形成导电沟道。通过控制异质结 2DEG 的浓度,可以控制器件的导通和关断。事实上,GaN 器件的优良性能大部分与 2DEG 的高电导率相关。而衬底材料可以选择 Si、SiC 和蓝宝石。在光电器件方面,蓝宝石衬底应用最广泛。而在功率器件领域,Si 衬底因为 Si 材料热导率高、晶元尺寸大、成本低、制作工艺成熟且能和现有 CMOS 工艺兼容,所以成为实现商用 GaN 基电力电子器件的最佳衬底。Si 基衬底上 GaN 基平面导通型器件是目前的主流技术,其在几十到几百伏的中低压应用领域已得到一定程度的应用。

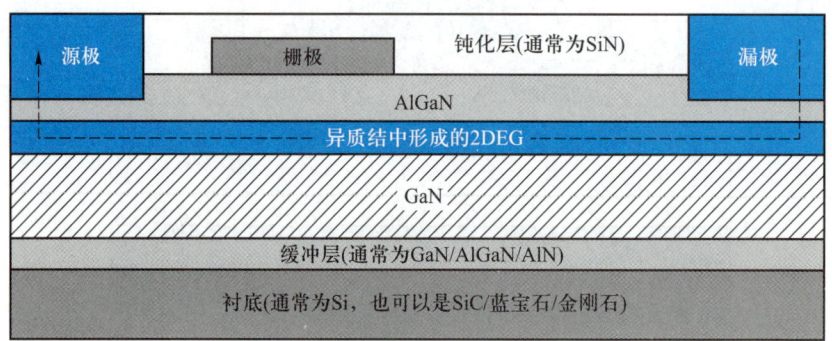

图 2-77　GaN 基平面导通型器件结构

### 2.6.5　GaN 高电子迁移率晶体管(HEMT)

目前已有研究报道的 GaN 器件主要为二极管和晶体管。GaN 基功率二极管主要有肖特基二极管和 PiN 二极管。而相比于 SiC 和 Si 低压二极管,GaN 的应用优势还不明显,所以,现阶段 GaN 器件的应用主要还是集中于 GaN 晶体管。GaN 晶体管以如图 2-77 所示的平面导通型、异质场效应晶体管为主,因为在异质结接触面上形成了一层 2DEG 高迁移率电子,所以该器件结构又被称为高电子迁移率晶体管 HEMT。

(1) 常通型 GaN HEMT

根据不加驱动信号时器件的工作状态,GaN HEMT 分为常通型和常断型,或称为耗尽型和增强型。由于 AlGaN/GaN 异质结具有很强的极化效应,普通异质结接触面处存在很高浓度的 2DEG,因此 GaN 基平面导通型器件本质上来说是常通型器件,器件阈值电压为负值。最早出现的 GaN HEMT 器件是常通型 GaN HEMT,其简化结构如图 2-78 所示,与常断型器件相比,常通型器件通常具有更低的导通电阻、更小的结电容。

常通型器件在电路应用中需要在器件栅极施加负压才能使器件关断,因此给电路设计增加了难度,且在电路中常通型器件容易受噪声信号影响,产生误开启等问题,从而使电路的安全性能降低。但宽禁带 GaN 器件又具有器件开关速率快、导通电流大、动态开启电阻低、频率特性好、临界击穿电场高、有利于减小芯片集成面积等优良特性,因此人们希望能在 GaN 材料上实现常断型功率器件,即增强型器件。

(2) 常断型(增强型)GaN HEMT

① P-Cap(P 型帽子)实现的常断型 GaN HEMT

在图 2-78 所示的常通型 GaN HEMT 基础上通过 P-Cap 技术实现增强型 GaN HEMT 器件的简化结构图如图 2-79 所示,和常规 AlGaN/GaN HEMT 器件结构相比,在栅极金属和 AlGaN 势垒层之间插入了一层 P-Cap 层,该 P-Cap 层可以是 P-GaN、P-AlGaN 或者其他类型 P 型掺杂的Ⅲ-Ⅴ族化合物。P-Cap 实现的常断型 GaN HEMT 也被称为 GaN GIT (gate injection transistor)。

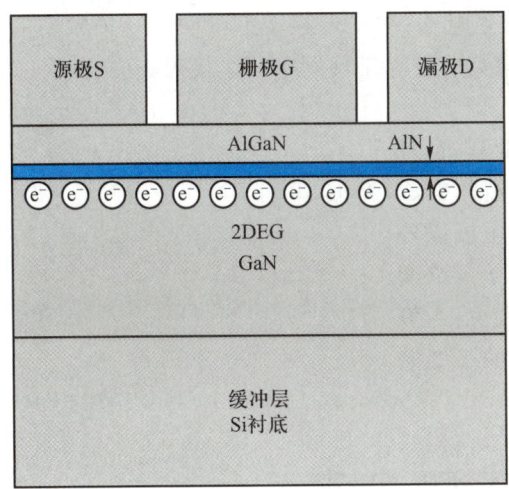

图 2-78 常通型 GaN HEMT 简化结构

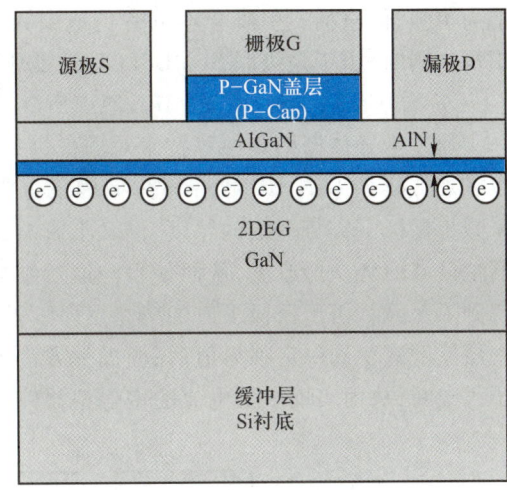

图 2-79 P-Cap 实现的常断型
GaN HEMT(GaN GIT)简化结构图

P 型掺杂的 Cap 层和下方的势垒层形成 PN 结,PN 结的内建电势使得栅极下方的 AlGaN 和 GaN 界面的能带抬高,栅极下方的沟道耗尽,从而实现了器件的常断特性。

② 氟离子注入实现的常断型 GaN HEMT

AlGaN/GaN HEMT 器件栅极下方的 AlGaN 势垒层进行 F⁻离子注入,耗尽栅极下方沟道二维电子气,也可以实现 AlGaN/GaN 增强型器件,其简化结构图如图 2-80 所示。

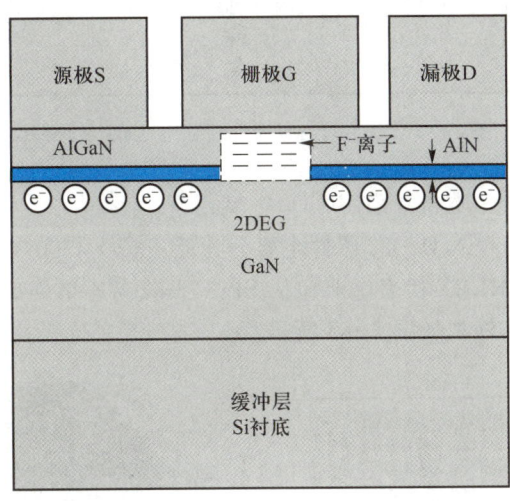

图 2-80 氟离子注入实现的常断型 GaN HEMT 简化结构图

③ 级联实现的常断型 Cascode GaN HEMT

常通型 GaN HEMT 与低压 Si MOSFET 级联的 Cascode GaN HEMT 也能够实现常断型 GaN HEMT,如图 2-81 所示。

目前提供 Cascode GaN HEMT 产品的公司主要是 Transphorm 公司,额定电压通常为 600 V 和 650 V,提供 TO-220 和 TO-247 两种典型直插式封装,相比于贴片封装,其散热能力更强,但直插式引脚会不可避免地引入寄生电感,在一定程度上限制了开关频率的提高。同时,由于是级联 Si MOSFET,故其驱动要求与传统 Si MOSFET 接近。

④ 栅槽刻蚀实现的增强型 GaN HEMT

通过半导体栅槽刻蚀等技术对栅极进行处理,也可以实现常断型 GaN HEMT。通过栅极下方挖槽的方法来减少栅极下方势垒层的厚度,但又不影响栅电极以外其他区域的势垒层厚度,从而使得沟道二维电子气浓度得到了保障。由于栅极下方的势垒层厚度被减少,当势垒层厚度减少到一定临界值后,栅极下方沟道的二维电子气夹断,从而实现了大电流的增强型器件。

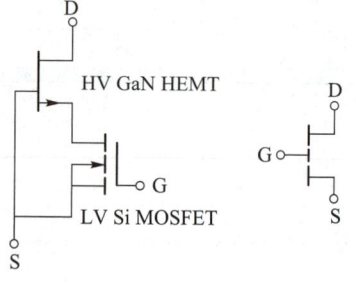

图 2-81　常断型 Cascode GaN HEMT

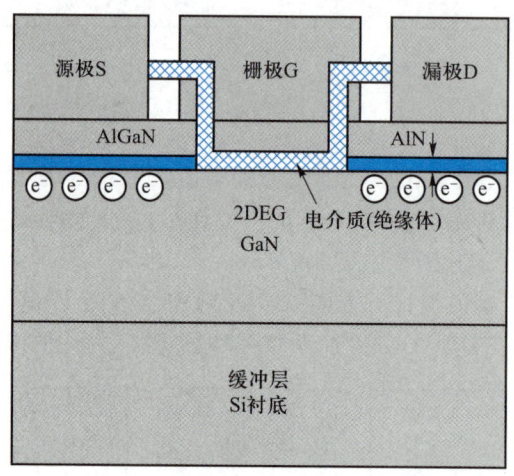

图 2-82　栅槽刻蚀实现的增强型 GaN HEMT

图 2-82 中,沟道电介质通常采用 $SiO_2$ 等氧化物。

目前商用的增强型 GaN HEMT 器件主要分为低压(30~300 V)和高压(650 V)两种类型,低压增强型 GaN HEMT 代表企业包括 EPC 公司,高压增强型 GaN HEMT 代表企业为 GaN Systems 公司,其外观如图 2-83 所示。

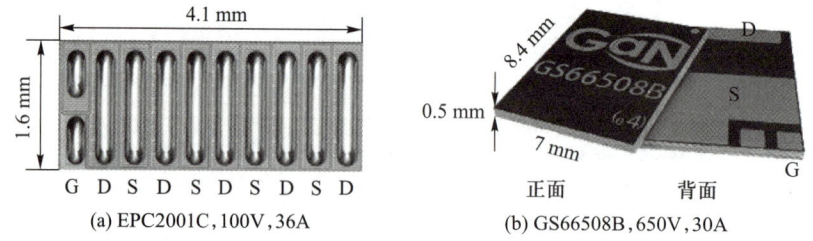

(a) EPC2001C,100V,36A　　　(b) GS66508B,650V,30A

图 2-83　低压(EPC2001C,100V,36A)、高压增强型(GS66508B,650V,30A)GaN HEMT

增强型 GaN HEMT 具有相对较宽的栅源电压范围和较低的栅极阈值电压。同时,增强型 GaN HEMT 器件内部均没有 PN 结,因此不存在体二极管,无反向恢复问题。

## 2.7 电力电子器件的发展历史

如图 2-84 所示,回望功率器件的发展历史,可以看到,每 20 年会经历一代器件的发展。

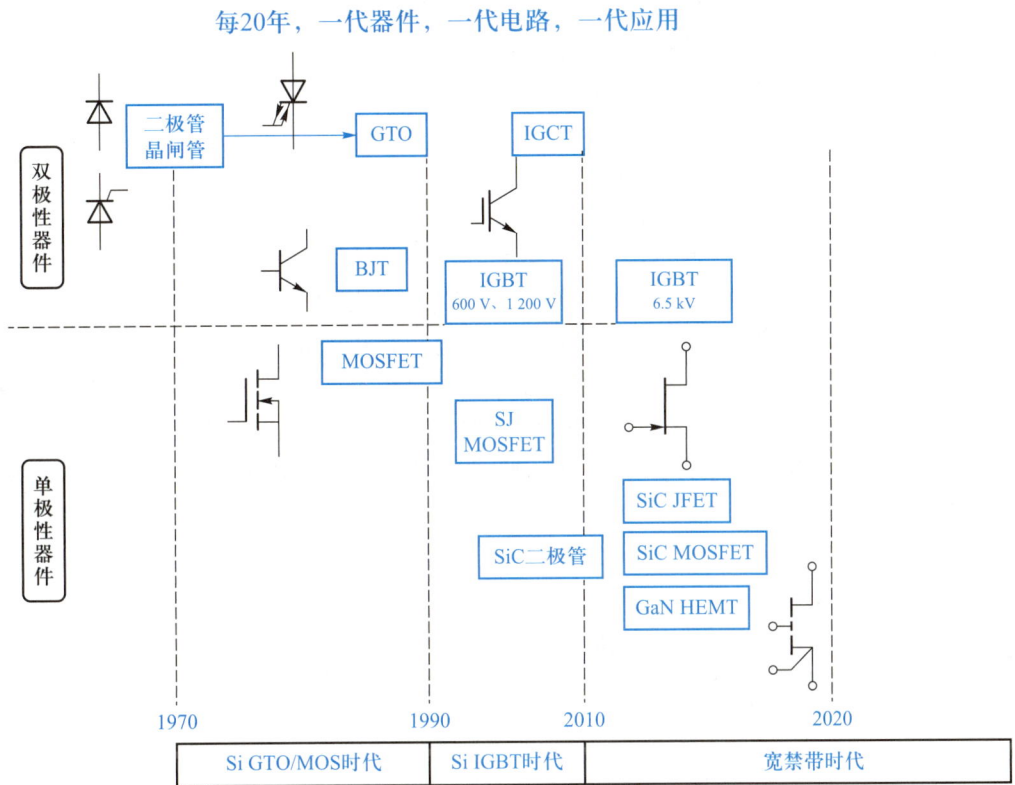

图 2-84 电力电子器件的发展历史

拓扑和控制技术向来都是器件带动的,例如软开关是在多年前的器件具有较大的开关损耗这一背景基础上发展的。

## 2.8 驱动电路与缓冲电路

### 2.8.1 电力电子器件的驱动

电力电子电路中,控制器件通断的信号通常是由 CPU 发出的信息电路的弱电信号,而要开通关断功率器件是需要一定功率的,驱动电路(drive circuit)正是电力电子主电路与控制电路之间的接口,它的主要功能包括驱动、隔离和保护。首先,放大控制电路的信号使其能够驱动功率器件。其次,提供控制电路和主电路之间的电气隔离,一般采用光隔离或磁隔离。光隔离一般采用光耦合器,光耦合器由发光二极管和光敏晶体管组成,封装在一个外壳内。磁隔离的元件通常是脉冲变压器。对电力电子或整个装置的一些保护措施往往就近设在驱动电路中。

按照驱动电路加在电力电子器件控制端和公共端之间信号的性质,可以将电力电子器件分为电流驱动型和电压驱动型两类。电流驱动型器件有晶闸管、GTO、GTR 等,GTO、GTR 逐渐被 IGBT 取代,本书仅以晶闸管为例讲解电流驱动型器件的驱动电路。电压驱动型器件如 MOSFET、IGBT 用得比较多,将作为重点讲述。

### （1）电流驱动型器件的驱动电路

晶闸管触发电路的作用是产生符合要求的门极触发脉冲,保证晶闸管在需要的时刻由阻断转为导通。它应满足以下要求:

① 脉冲的宽度应保证晶闸管可靠导通。

② 触发脉冲应有足够的幅度。

③ 不超过门极电压、电流和功率定额,且在可靠触发区域之内。

④ 有良好的抗干扰性能、温度稳定性及与主电路的电气隔离。

图 2-85 为常见的带强触发的晶闸管驱动电路及波形。当 $T_1$、$T_2$ 导通时,通过脉冲变压器向晶闸管的门极和阴极之间输出触发脉冲。$D_1$ 和 $R_3$ 是为 T 提供的能量释放回路。同时还需要添加附加电路获得触发脉冲波形中的强脉冲部分,从而在器件开通初期,加强驱动信号。

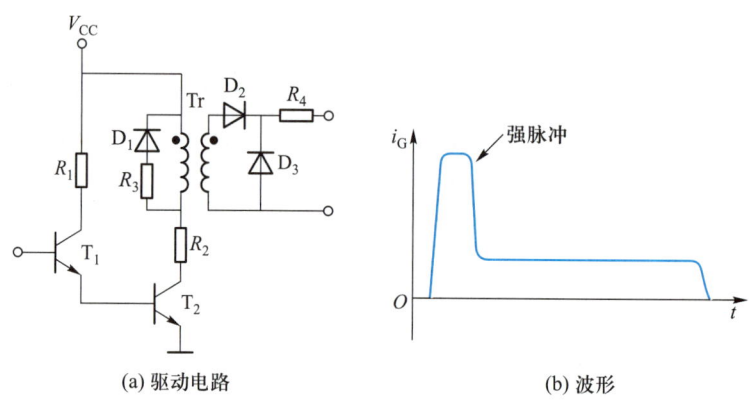

（a）驱动电路　　　　　　（b）波形

**图 2-85　常见的带强触发的晶闸管驱动电路及波形**

### （2）电压驱动型器件的驱动电路

Power MOSFET 和 IGBT 是电压驱动型器件,它们的驱动电路是通用的。使 Power MOSFET 开通的栅源极间驱动电压一般取 $10 \sim 15$ V,使 IGBT 开通的栅射极间驱动电压一般取 $15 \sim 20$ V。同样,关断时施加一定幅值的负驱动电压(一般取 $-5 \sim -15$ V)有利于减小关断时间和关断损耗,但在中小功率场合一般不使用负电压关断,仅使用零电平关断。在栅极串入一个低值电阻(数十欧以内)可以减小寄生振荡,该电阻阻值应随被驱动器件电流额定值的增大而减小。另一方面,为快速建立驱动电压,要求驱动电路具有较小的输出电阻。所以,这个驱动电阻是振荡阻尼、驱动速度和驱动损耗等各方面的折中。

图 2-86 给出了 Power MOSFET 的一种驱动电路,也包括电气隔离和晶体管放大电路两部分。当无输入信号时,高速放大器 A 输出负电平,$T_3$ 导通输出负驱动电压。当有输入信号时,A 输出正电平,$T_2$ 导通输出正驱动电压。该驱动电路被应用较多的是 AVAGO 公司的 FOD3120,其在中小功率电路中用得较多。

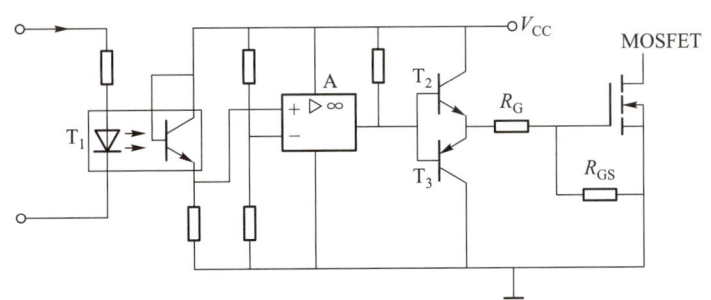

图 2-86 Power MOSFET 的一种驱动电路

教学微视频 2-3 IGBT、MOSFET 驱动电路与波形

### (3) SiC、GaN 器件驱动

SiC MOSFET、GaN FET 器件的驱动电路类似于 Si MOSFET 和 IGBT 的驱动电路,但是高低电平有所差异,SiC 器件的负压通常不超过 -8V,而 GaN 器件则更小(级联结构除外)。同时,由于频率远高于 Si 器件,一般不用光耦隔离,因为光耦隔离具有较大的时延和高频下较高的驱动损耗,而用延迟时间更短、共模电压抑制比更高的磁隔离或电容隔离,具体可以参考驱动芯片的详细技术资料。Si MOSFET 驱动芯片通常没有集成如 IGBT 驱动芯片常有的退饱和保护功能,而 SiC MOSFET 的驱动芯片却可以集成该功能。这是因为 IGBT 和 SiC MOSFET 的短路耐受能力要强于 Si MOSFET,这使得在短路发生时,可以留下较为充足的时间对驱动电路进行保护。最后,对于 SiC、GaN 器件,由于其开关频率更高,所以布板时寄生参数的控制、上下管串扰的抑制等问题尤其关键。

如图 2-87 所示,以常见的半桥电路为例,若上管处于关断状态,在下管开通过程中,上管的源极和栅极将经历从 $V_{DC}/2$ 到 0 的快速电压瞬态。此时,上管的米勒电容上将产生一个短暂的位移电流 $i_{gdH} = C_{gd}dv_{ds}/dt$。该位移电流将流过器件的栅-源电容,以及驱动回路,并在驱动电阻上产生电压降 $v_{gsH}$,当 $v_{gsH}$ 超过阈值电压时,上管可能发生误开启,从而出现短暂的上下管直通现象。以上半桥电路中器件开关过程给对侧器件造成的干扰称为半桥串扰。

## 2.8.2 缓冲电路

缓冲电路(snubber circuit)又被称为吸收电路,其作用是抑制电力电子器件的过电压、$\dfrac{dv}{dt}$ 或 $\dfrac{di}{dt}$,减小器件的开关损耗。缓冲电路又可以分为关断缓冲电路和开通缓冲电路。

关断缓冲电路,又称为 $\dfrac{dv}{dt}$ 抑制电路,用于吸收器件的关断过电压和换相过电压,抑制

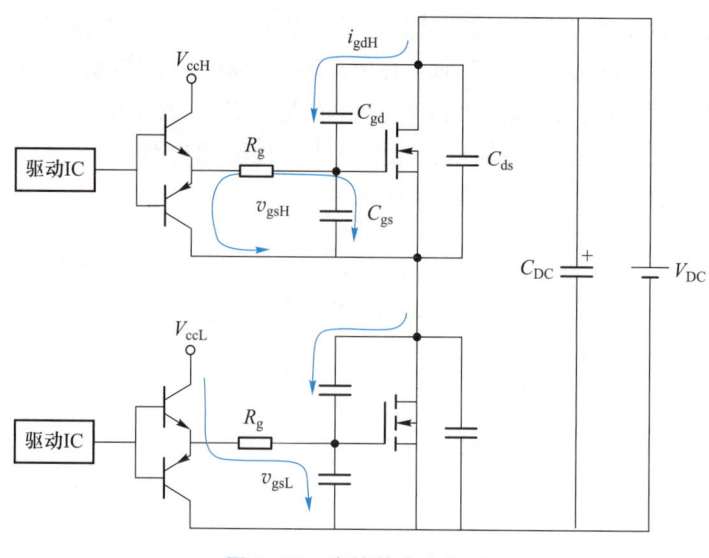

图 2-87　串扰的产生机理

$\dfrac{\mathrm{d}v}{\mathrm{d}t}$，减小器件关断损耗。开通缓冲电路，又称为 $\dfrac{\mathrm{d}i}{\mathrm{d}t}$ 抑制电路，用于抑制器件开通时的电流

过冲和 $\dfrac{\mathrm{d}i}{\mathrm{d}t}$，减小器件的开通损耗。如图 2-88 所示是一个半桥的上管 IGBT 的复合缓冲电

路及其波形、开关轨迹。

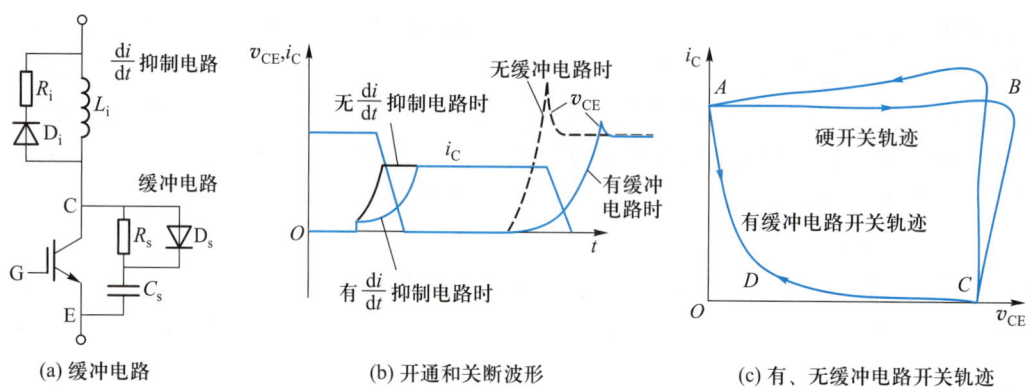

| (a) 缓冲电路 | (b) 开通和关断波形 | (c) 有、无缓冲电路开关轨迹 |

图 2-88　半桥的上管 IGBT 的复合缓冲电路及其波形、开关轨迹

　　无缓冲电路(硬关断)时，$v_{CE}$ 迅速上升，负载线从 $A$ 移动到 $B$，之后 $i_C$ 才下降到漏电流的大小，负载线随之移动到 $C$。而有缓冲电路时，由于 $C_s$ 的分流，$i_C$ 在 $v_{CE}$ 开始上升的同时就下降，因此负载线从 $A$ 开始，经过 $D$ 到达 $C$。无缓冲电路时，负载线在到达 $B$ 时很可能超出安全区，使器件受到损坏，而负载线 $ADC$ 是很安全的，且损耗小。但是要强调，RCD 缓冲电路并不减少系统的损耗，虽然器件的关断损耗小了，但是在开通的时候，储存在 $C_s$ 上的能量又通过 $R_s$ 放电造成损耗，所以是缓冲电路转移了器件的损耗，属于无源有损的吸收电路。图 2-88 所示的缓冲电路其实也是无源软开关电路。

同理,在开通时,$C_s$ 先通过开关管放电,使 $i_C$ 先上一个台阶,以后因为 $L_i$ 的作用,$i_C$ 的上升速度减慢,从而抑制了 $\dfrac{\mathrm{d}i}{\mathrm{d}t}$。因为 $L_i$ 作为线路电感,在开关管关断时要释放能量,所以设计了 $R_i$ 和 $D_i$ 作为释放回路,但仍然会增加开关管的过电压。$L_i$ 串联在电路中会增加功率损耗,所以一般开通缓冲电路很少用。需要注意的是,通常实际产品中为了可靠性、成本等各种因素,很少会采用完整的 RCD 缓冲电路,大多数场合仅仅采用一个简单的 RC 电路,其参数具有经验公式可循,但大多采用实验的方式来确定。

## 本章小结

本章介绍了功率二极管、晶闸管 SCR、可关断晶闸管 GTO、电力晶体管 GTR、功率场效应晶体管 Power MOSFET、绝缘栅双极晶体管 IGBT 等几种常用的半导体电力电子器件。

根据开关器件开通、关断可控性不同,可将器件分为不控、半控和全控三类。根据开通和关断所需驱动信号的不同要求,可控器件又可分为电流型和电压型,如 SCR、GTO、GTR 等属于电流型器件,而 Power MOSFET、IGBT 等属于电压型器件等。电流型器件具有导通压降小、通态损耗小的特点,但所需驱动功率大,驱动电路复杂,开关频率较低。电压型器件的特点是输入阻抗高,所需驱动功率小,驱动电路简单,工作频率高,但导通压降要大些。

如果按照器件内部电子和空穴两种载流子参与导电的情况,电力电子器件又可分为单极型器件、双极型器件和复合型器件。肖特基二极管和 Power MOSFET 只有一种载流子参与导电,故称为单极型器件,或称为多子导电;功率结型二极管、SCR、GTR 等器件中电子和空穴均参与导电,故称为双极型器件;IGBT 由 MOSFET 和晶体管复合而成,属于复合型器件。

同时本章还介绍了宽禁带功率器件的概念、原理和应用。最后介绍了功率器件的驱动电路和缓冲电路原理和结构。

## 习题

1. 晶闸管开通关断的条件是什么?
2. 与信息电路二极管相比,功率二极管为什么可以承受高电压、大电流?
3. 按照反向恢复时间,二极管可以分为几类?
4. 试分析二极管的反向恢复过程。
5. 为什么晶闸管有 $t_{gr}$ 时间,而二极管没有?
6. 晶闸管的维持电流和擎住电流是什么?
7. GTO 和晶闸管同为四层三端 PNPN 结构,为什么 GTO 能够自主关断?
8. 试分析 GTR 的二次击穿现象,MOSFET 为什么没有二次击穿现象?
9. IGBT 的拖尾电流是什么原因引起的?造成的结果是什么?

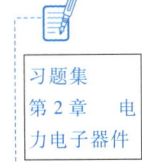

习题集
第 2 章　电
力电子器件

10. IGBT 引入电导调制效应后带来了什么优点？

11. 试分析 MOSFET、IGBT 器件的工作特点和适用场合。

12. 查阅 IGBT、MOSFET 的 datasheet，列举其关键参数，并理解其测试电路。

13. 查阅 IGBT、MOSFET 器件的驱动芯片 datasheet。

# 第3章 电力电子电路和磁路的基本概念和分析方法

## 3.1 概　　述

电力电子电路具有强非线性特性,因此,稳态、功率因数等概念的分析和计算方法,无源元件的工作模式等都与线性电路有所不同。电力电子电路非线性因素包括功率器件、开关工作模式、磁等方面。

学习本章的主要目的是初步掌握电力电子非线性电路的分析方法,为后续章节的学习做好准备。

本章重点概念:

① 电力电子电路稳态的概念。

② 非正弦周期波形的傅里叶分析。

③ 伏秒平衡和安秒平衡。

④ 电流、磁场强度、磁导率、磁密、磁通、磁势、电感、饱和磁密、剩磁、磁滞回线等概念。

⑤ 高频变压器的工作模式、磁心材料等和工频变压器的区别。

## 3.2 电力电子电路稳态的概念

图 3-1 是一个单相全桥逆变器主电路及输出电压波形。在电力电子电路中,功率器

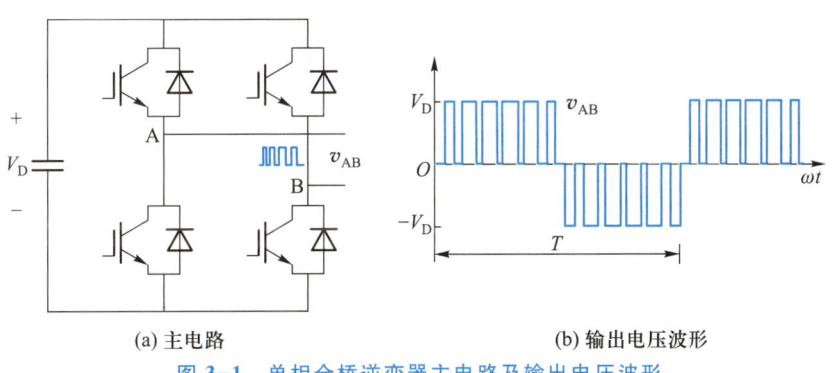

(a) 主电路　　　　　　　　　　　(b) 输出电压波形

**图 3-1　单相全桥逆变器主电路及输出电压波形**

件持续地切换它们的开关状态,相应的输出波形会在不同的值间跳变。那么,什么时候电路达到稳态呢? 虽然如图 3-1 所示的输出电压在不停地跳动,但它却以一个周期 $T$ 在重复,此时就认为电路达到了稳态。

## 3.3　非正弦稳态电路的数学分析

在电力电子电路中,输出波形都是由输入波形的片段合成得到的,例如图 3-2(a)为三相逆变器在电机调速中的等效电路及输出相电压波形,图 3-2(b)所示为单相不控整流器的主电路与输入电压电流波形,电流波形也不是一个正弦波。但在稳态下,这样的波形会以一个固定频率 $f = \omega/2\pi = 1/T$ 重复,这个重复频率称为**基波频率**。在图 3-2(b)中,除了基波以外,还存在着不希望得到的频率为基波频率整数倍的分量,称为**谐波**。那么怎么分析这些非正弦的波形呢? 这就要用到电力电子电路分析中非常重要的数学方法——傅里叶分析。

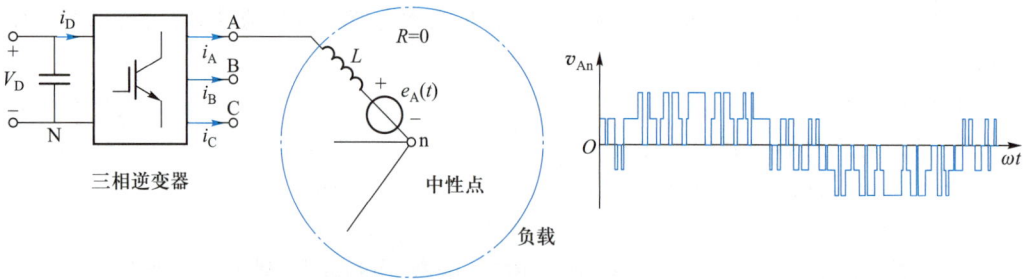

(a) 三相逆变器在电机调速中的等效电路及输出相电压波形

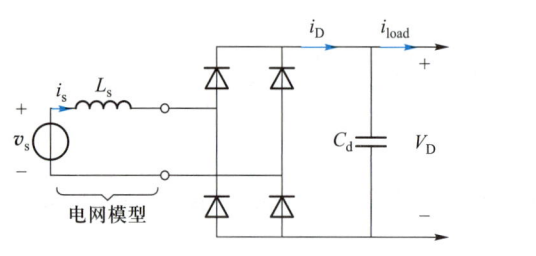
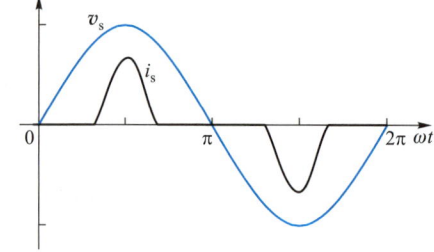

(b) 单相不控整流器的主电路与输入电压电流波形

**图 3-2　非正弦稳态电路波形**

### 3.3.1　非正弦周期波形的傅里叶分析

由傅里叶分析,一个以角频率 $\omega$ 周期性重复的非正弦波形 $f(t)$ 可以表示为

$$f(t) = F_0 + \sum_{h=1}^{\infty} f_h(t) = \frac{1}{2}a_0 + \sum_{h=1}^{\infty} \left[ a_h \cos(h\omega t) + b_h \sin(h\omega t) \right] \tag{3-1}$$

式中,$F_0 = \dfrac{1}{2}a_0$ 为平均值,

$$a_h = \frac{1}{\pi}\int_0^{2\pi} f(t)\cos(h\omega t)\,\mathrm{d}(\omega t) \quad h = 0,\cdots,\infty \tag{3-2}$$

$$b_h = \frac{1}{\pi}\int_0^{2\pi} f(t)\sin(h\omega t)\,\mathrm{d}(\omega t) \quad h = 1,\cdots,\infty \tag{3-3}$$

由式(3-1)、式(3-2)和式(3-3),可以得到 $f(t)$ 的平均值(注意 $\omega = 2\pi/T$)

$$F_0 = \frac{1}{2}a_0 = \frac{1}{2\pi}\int_0^{2\pi} f(t)\,\mathrm{d}(\omega t) = \frac{1}{T}\int_0^{T} f(t)\,\mathrm{d}t \tag{3-4}$$

在式(3-1)中,每个频率分量 $f_h(t) = a_h\cos(h\omega t) + b_h\sin(h\omega t)$ 可以用它的有效值表示为相量形式

$$\dot{F}_h = F_h \mathrm{e}^{\mathrm{j}\phi_h} \tag{3-5}$$

式中,有效值 $F_h$ 大小为

$$F_h = \frac{\sqrt{a_h^2 + b_h^2}}{\sqrt{2}} \tag{3-6}$$

相量角 $\phi_h$ 为

$$\phi_h = \arctan\left(\frac{-b_h}{a_h}\right) \tag{3-7}$$

函数 $f(t)$ 的有效值可以表示为如下所示的傅里叶级数分量的有效值

$$F = \left(F_0^2 + \sum_{h=1}^{\infty} F_h^2\right)^{1/2} \tag{3-8}$$

值得注意的是,大部分如图 3-2 所示的交流波形的平均值为 0(即 $F_0 = 0$,直流分量为零)。此外,通过波形的对称性,通常可以简化式(3-2)和式(3-3)中 $a_h$ 和 $b_h$ 的计算。表 3-1 概括了对称的各种类型、达到特定对称性所要求的条件和对应的 $a_h$ 和 $b_h$ 的表达式。电力电子的拓扑和控制的设计中通常利用输出波形的对称性达到消除谐波的目的,尤其利用半波奇对称可以消除偶次谐波。所以,绝大多数场合都可以用对称性来进行波形分析。

表 3-1　对称性在傅里叶分析中的应用

| 对称类型 | 条件 | $a_h, b_h$ |
|---|---|---|
| 偶对称 | $f(-t) = f(t)$ | $a_h = \dfrac{2}{\pi}\displaystyle\int_0^{\pi} f(t)\cos(h\omega t)\,\mathrm{d}(\omega t)$ <br> $b_h = 0$ |
| 奇对称 | $f(-t) = -f(t)$ | $a_h = 0$ <br> $b_h = \dfrac{2}{\pi}\displaystyle\int_0^{\pi} f(t)\sin(h\omega t)\,\mathrm{d}(\omega t)$ |
| 半波对称 | $f(t) = -f\left(t + \dfrac{T}{2}\right)$ | $a_h = b_h = 0, h$ 为偶数 <br> $a_h = \dfrac{2}{\pi}\displaystyle\int_0^{\pi} f(t)\cos(h\omega t)\,\mathrm{d}(\omega t), h$ 为奇数 <br> $b_h = \dfrac{2}{\pi}\displaystyle\int_0^{\pi} f(t)\sin(h\omega t)\,\mathrm{d}(\omega t), h$ 为奇数 |

续表

| 对称类型 | 条件 | $a_h , b_h$ |
|---|---|---|
| 偶对称及半波对称 | $f(-t)=f(t)$ <br> $f(t)=-f\left(t+\dfrac{T}{2}\right)$ | $b_h=0$ <br> $a_h=\begin{cases} a_h=0, h \text{ 为偶数} \\ a_h=\dfrac{4}{\pi}\displaystyle\int_0^{\frac{\pi}{2}} f(t)\cos(h\omega t)\,\mathrm{d}(\omega t), h \text{ 为奇数} \end{cases}$ |
| 奇对称及半波对称 | $f(-t)=-f(t)$ <br> $f(t)=-f\left(t+\dfrac{T}{2}\right)$ | $a_h=0$ <br> $b_h=\begin{cases} b_h=0, h \text{ 为偶数} \\ b_h=\dfrac{4}{\pi}\displaystyle\int_0^{\frac{\pi}{2}} f(t)\sin(h\omega t)\,\mathrm{d}(\omega t), h \text{ 为奇数} \end{cases}$ |

### 3.3.2　线电流畸变(line-current distortion)——典型非正弦周期波形的分析

有了傅里叶分析工具,可以分析图 3-2(b)中的波形。图 3-3 给出了单相整流器的进线端畸变电流。这个畸变的电流虽然也会导致输入电压的畸变,但通常畸变很小,所以,可以假设输入电压为正弦波来简化分析

$$v_s(t)=\sqrt{2}\,V_s\sin(\omega_1 t) \qquad (3-9)$$

在稳态下的输入电流是傅里叶(基波和谐波)分量的和(这里假设 $i_s$ 中不存在直流分量)

$$i_s(t)=i_{s1}(t)+\sum_{h\neq 1} i_{sh}(t) \qquad (3-10)$$

式中,$i_{s1}$ 为基波分量,$i_{sh}$ 为对应的 $h$ 次谐波分量。式(3-10)可以表示为

$$i_s(t)=\sqrt{2}\,I_{s1}\sin(\omega_1 t-\phi_1)+\sum_{h\neq 1}\sqrt{2}\,I_{sh}\sin(\omega_h t-\phi_h) \qquad (3-11)$$

$\phi_1$ 表示电流基波 $i_{s1}$ 和电压之间的相位差。

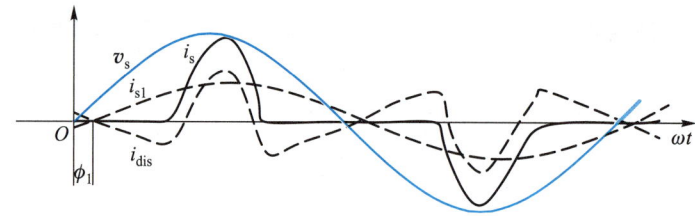

**图 3-3　单相二极管整流桥进线电流畸变**

通过上述分析可以得到如下几个有用的物理量。

**电流有效值**为

$$I_s=\sqrt{\frac{1}{T}\int_0^T i_s^2(t)\,\mathrm{d}t}=\sqrt{I_{s1}^2+\sum_{h\neq 1} I_{sh}^2} \qquad (3-12)$$

**畸变分量(the distortion component)**为

$$i_{\mathrm{dis}}=i_s(t)-i_{s1}(t)=\sum_{h\neq 1} i_{sh}(t) \qquad (3-13)$$

对应的畸变分量有效值为

$$I_{\mathrm{dis}} = \sqrt{I_{\mathrm{s}}^2 - I_{\mathrm{s}1}^2} = \sqrt{\sum_{h \neq 1} I_{sh}^2} \tag{3-14}$$

总谐波畸变率 $THD$（total harmonic distortion）为

$$THD_{\mathrm{i}} = \frac{I_{\mathrm{dis}}}{I_{\mathrm{s}1}} = \frac{\sqrt{I_{\mathrm{s}}^2 - I_{\mathrm{s}1}^2}}{I_{\mathrm{s}1}} = \sqrt{\sum_{h \neq 1} \left(\frac{I_{sh}}{I_{\mathrm{s}1}}\right)^2} \tag{3-15}$$

波峰系数 $CF$（crest factor）为

$$CF = I_{\mathrm{s,peak}} / I_{\mathrm{s}} \tag{3-16}$$

式中，$I_{\mathrm{s,peak}}$ 为 $I_{\mathrm{s}}$ 的峰值。

和 $THD$ 一样，波峰系数是衡量电能质量的一个重要标准，例如正弦波的波峰系数是 $\sqrt{2}$，而图 3-3 中的畸变电流的波峰系数则大于 $\sqrt{2}$。

平均功率为

$$P_{\mathrm{av}} = \frac{1}{T}\int_0^T v_{\mathrm{s}}(t) i_{\mathrm{s}}(t)\,\mathrm{d}t = \frac{1}{T}\int_0^T \sqrt{2} V_{\mathrm{s}} \sin \omega_1 t \cdot \sum_{h=1}^{\infty} \sqrt{2} I_{sh} \sin(\omega_h t - \phi_h)\,\mathrm{d}t$$

$$= \frac{1}{T}\int_0^T \sqrt{2} V_{\mathrm{s}} \sin \omega_1 t \cdot \sqrt{2} I_{\mathrm{s}1} \sin(\omega_1 t - \phi_1)\,\mathrm{d}t = V_{\mathrm{s}} I_{\mathrm{s}1} \cos \phi_1 \tag{3-17}$$

由上式可以看出，只有电压和电流的基波分量对平均有功功率有贡献。因为谐波频率是基波频率的整数倍，谐波电流与基波电压相乘即为不同频率的三角函数相乘，由三角函数的正交性可知，这一部分的结果是零，即基波电压和不同的谐波电流相乘得到的功率为零，有功功率表达式中的电流是电流的基波分量。

视在功率为

$$S = V_{\mathrm{s}} I_{\mathrm{s}} \tag{3-18}$$

按定义，功率因数 $PF$ 为

$$PF = \frac{P_{\mathrm{av}}}{S} = \frac{V_{\mathrm{s}} I_{\mathrm{s}1} \cos \phi_1}{V_{\mathrm{s}} I_{\mathrm{s}}} = \frac{I_{\mathrm{s}1}}{I_{\mathrm{s}}} \cos \phi_1 = k_{\mathrm{d}} \cos \phi_1 \tag{3-19}$$

式中，$k_{\mathrm{d}} = \dfrac{I_{\mathrm{s}1}}{I_{\mathrm{s}}}$ 表示畸变因数（distortion factor），而 $\cos \phi_1$ 为相移功率因数 $DPF$（displacement power factor），表示为

$$DPF = \cos \phi_1 \tag{3-20}$$

将式（3-15）、式（3-20）代入式（3-19）得到

$$PF = \frac{I_{\mathrm{s}1}}{I_{\mathrm{s}}} DPF = \frac{1}{\sqrt{1 + THD_{\mathrm{i}}^2}} DPF \tag{3-21}$$

可以总结，与正弦电路不同，非正弦电路的功率因数不仅仅由相角决定，同时还要受到畸变分量的影响。正弦与非正弦电路的平均功率都是 $P_{\mathrm{av}} = V_{\mathrm{s}} I_{\mathrm{s}} PF$，但是正弦电路中 $PF = \cos \phi$，而非正弦电路中 $PF = \dfrac{I_{\mathrm{s}1}}{I_{\mathrm{s}}} \cos \phi_1$，所以，非正弦电路的 $P_{\mathrm{av}} = V_{\mathrm{s}} I_{\mathrm{s}} PF = V_{\mathrm{s}} I_{\mathrm{s}1} \cos \phi_1$。

## 3.4　电感和电容的响应——伏秒平衡与安秒平衡

系统在周期性稳定状态下,在每个周期循环的末点都与周期循环的起始点相同,所以,整个系统进行周期性循环。以此为出发点来分析电感电压 $v_L$ 和电容电流 $i_C$ 平均值在周期性稳态下具有的伏秒平衡和安秒平衡特性。以后大家会注意到在 DC—DC、DC—AC 等变换器中的公式推导、纹波计算等诸多关键问题的出发点都是 $L$ 的伏秒平衡原理。当然,从安秒平衡出发可以得到相同的结果。

### 3.4.1　伏秒平衡

#### （1）概念定义

**伏秒平衡**的含义是处于稳定状态的电感,在一个周期 $T$ 内,其电压的平均值为零。

以图 3-4 所示的降压 Buck 电路为例(第 4 章还将详述其工作原理),并利用伏秒平衡原理推导其电压增益。图 3-4 中,对电感来说,开关导通时,$v_L = V_D - V_O$ 为正,电流 $i_L$ 上升,而在开关关断时,$v_L = -V_O$ 为负,$i_L$ 下降,$i_L$ 通过二极管续流。根据伏秒平衡,开关导通时间($i_L$ 上升段)的伏秒乘积与开关关断($i_L$ 下降段)时的伏秒乘积在数值上相等,符号相反,正伏秒乘积 $A$ = 负伏秒乘积 $B$,平均电压 $V_L$ 为零。

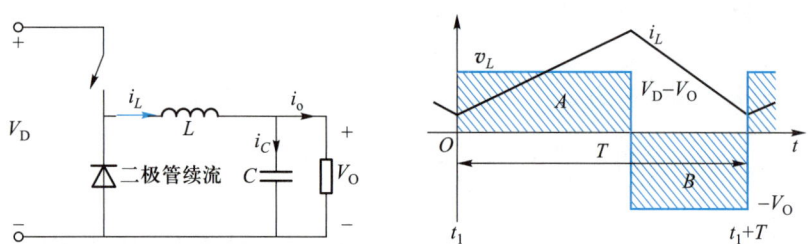

图 3-4　Buck 电路电感电压和电流波形

#### （2）原理分析

对于处于周期性稳态条件下的电感,在一个周期内,流过电感的电流变化量为零

$$i_L(t_1+T) = i_L(t_1) \tag{3-22}$$

由式（3-22）可以得到

$$\lambda_T = L \int_{t_1}^{t_1+T} \mathrm{d}i_L = \int_{t_1}^{t_1+T} L \frac{\mathrm{d}i_L}{\mathrm{d}t}\mathrm{d}t = \int_{t_1}^{t_1+T} v_L(t)\,\mathrm{d}t = 0 \tag{3-23}$$

或表示为

$$V_L = \frac{1}{T} \int_{t_1}^{t_1+T} v_L(t)\,\mathrm{d}t = 0 \tag{3-24}$$

上式的物理意义即为电感两端的平均电压值(直流分量)为 0,通常称为电感的**伏秒平衡原理**,还可以理解为电感在一个周期的净电流输入必须为零,也就是满足式（3-22）,或理

解为电感在一个周期中的磁链(磁通)变化为零,伏秒的单位也就是磁通的单位——韦伯。

### 3.4.2 安秒平衡

#### (1) 概念定义

**安秒平衡**的含义是处于稳定状态的电容,在一个周期内流过电容的电流平均值为零。图3-4所示Buck电路中,当电感电流 $i_L$ 大于负载电流 $i_0$ 时(此处假设 $C$ 很大,$i_0$ 为恒定等于 $I_0$),$i_c = i_L - I_0$ 为正;反之,当 $i_L$ 小于 $i_0$ 时,$i_c = i_L - I_0$ 为负,如图3-5所示。安秒平衡意味着图3-5中正的安秒与负的安秒数值相等,符号相反,即正安秒乘积 $A$ = 负安秒乘积 $B$,平均电流 $I_c$ 为零。

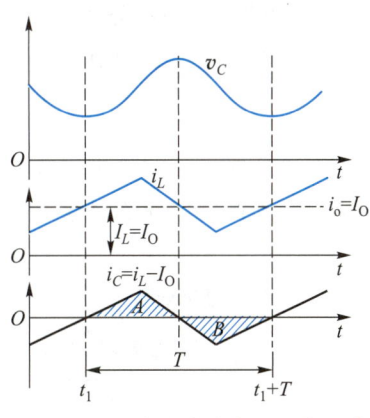

**图3-5 Buck电路电容电压和电流波形**

#### (2) 原理分析

对于处于周期性稳态条件下的电容,在一个周期内,其电压变化量为零

$$v_C(t_1 + T) = v_C(t_1) \tag{3-25}$$

由式(3-25)可得在一个周期内,流过电容的总电荷量为零,即

$$q_T = C \int_{t_1}^{t_1+T} \mathrm{d}v_C = \int_{t_1}^{t_1+T} C \frac{\mathrm{d}v_C}{\mathrm{d}t} \mathrm{d}t = \int_{t_1}^{t_1+T} i_c(t) \mathrm{d}t = 0 \tag{3-26}$$

或表示为

$$I_{av} = \frac{1}{T} \int_{t_1}^{t_1+T} i_c(t) \mathrm{d}t = 0 \tag{3-27}$$

上式的物理意义即为一个周期内流过电容的平均电流值必须为0,也称为电容的**安秒平衡原理**。

## 3.5 磁路基础知识

### 3.5.1 电力电子电路中的磁路、电磁基本定律

绝大多数电力电子电路都牵涉电磁转换,变压器、电感等是电力电子电路中常用的无源元件。在分析和计算磁场时,常用到两条基本定律:一条是安培环路定律,另一条是磁通连续性定律。把这两条定律用到磁路,可得磁路的欧姆定律、磁路的基尔霍夫第一定律和第二定律。

#### (1) 安培环路定律(又称全电流定律)

**安培环路定律**指出,在磁路中,沿任一闭合路径 $l$,磁场强度矢量 $H$ 的线积分,等于与

该闭合路径交链的电流的代数和,用公式表示即

$$\oint \boldsymbol{H} \cdot \mathrm{d}\boldsymbol{l} = \sum i \tag{3-28}$$

当电流方向与闭合路径的积分方向符合右手螺旋定则时,式(3-28)中的电流取"+"号,反之取"-"号。将安培环路定律用于图3-6所示的无分支磁路中时,取中心线即平均长度的磁力线回路为积分回路,由于中心线上各点的磁场强度矢量 $\boldsymbol{H}$ 的大小相同,其方向又与 $\mathrm{d}\boldsymbol{l}$ 的方向一致,故有

$$\oint \boldsymbol{H} \cdot \mathrm{d}\boldsymbol{l} = Hl \tag{3-29}$$

式中,$H$ 表示 $\boldsymbol{H}$ 的大小,$l$ 为积分路径 $\boldsymbol{l}$ 的长度。电流的代数和 $\sum i$ 则等于匝数 $N$ 与电流的乘积 $Ni$,因此安培环路定律可以写为

$$F = Hl = Ni \tag{3-30}$$

式中,$F$ 为磁路的总**磁动势**。

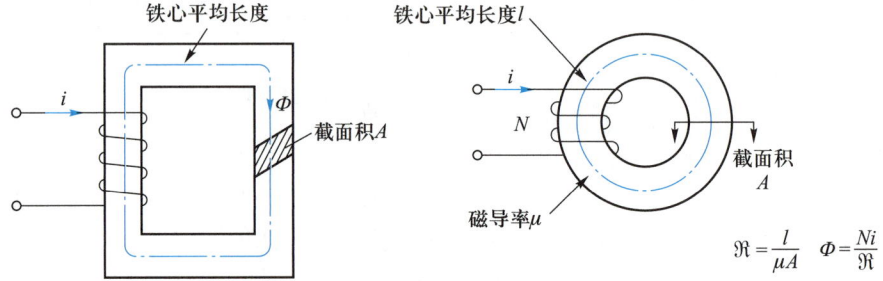

**图 3-6　无分支磁路**

### （2）磁路的欧姆定律

设磁通密度 $B$ 为均匀分布,且垂直于截面 $A$,则磁通 $\varPhi$ 等于磁通密度 $\boldsymbol{B}$ 的大小 $B$ 乘以截面 $A$ 的面积 $A$,即

$$\varPhi = \iint_A \boldsymbol{B} \cdot \mathrm{d}\boldsymbol{A} = BA \tag{3-31}$$

由上式可得

$$B = \frac{\varPhi}{A} \tag{3-32}$$

设介质磁导率为 $\mu$,根据式(3-32)以及磁场强度 $\boldsymbol{H}$ 与磁通密度 $\boldsymbol{B}$ 的关系式 $\boldsymbol{H} = \dfrac{\boldsymbol{B}}{\mu}$,安培环路定律式(3-30)可写为

$$F = Hl = \frac{B}{\mu}l = \frac{BA}{\mu A}l = \varPhi \frac{l}{\mu A} = \varPhi \mathfrak{R} = \frac{\varPhi}{\Lambda} \tag{3-33}$$

或

$$F = Ni = \varPhi \frac{l}{\mu A} = \varPhi \mathfrak{R} = \frac{\varPhi}{\Lambda} \tag{3-34}$$

式中,$\mathfrak{R} = \dfrac{l}{\mu A}$——磁路的磁阻,其值取决于磁路的尺寸和构成磁路所用材料的磁导率,单

位为 A/Wb;$\Lambda$——磁路的磁导,单位为 Wb/A,它是磁阻的倒数,即 $\Lambda = \dfrac{1}{\mathscr{R}}$。式(3-34)称为**磁路的欧姆定律**,它表明作用在磁路上的总磁动势 $F$ 等于磁路内的磁通量 $\varPhi$ 与磁阻$\mathscr{R}$的乘积。

(3) 磁通的连续性定律(continuity of flux lines)

穿出(或进入)任一闭合曲面的总磁通量恒等于零,或者说进入任一闭合曲面的磁通量恒等于穿出该闭合曲面的磁通量,这就是磁通连续性定律,其数学表达式为

$$\oint_A \boldsymbol{B} \cdot \mathrm{d}\boldsymbol{A} = 0 \tag{3-35}$$

(4) 磁路的基尔霍夫第一定律

如果铁心不是如图 3-6 所示的一个简单回路,而是如图 3-7 所示带有并联分支的分支磁路,从而形成磁路的节点(分支部位的闭合面,如图 3-7 中的虚线所示),则由磁通连续性定律,当忽略漏磁通时,在磁路的任何一个节点处,磁通的代数和恒等于零,即

$$\sum \varPhi = \varPhi_1 - \varPhi_2 - \varPhi_3 = B_1 A_1 + B_2 A_2 + B_3 A_3 = \oint_A \boldsymbol{B} \cdot \mathrm{d}\boldsymbol{A} = 0 \tag{3-36}$$

式中,$A$ 为闭曲面。式(3-36)与电路第一定律 $\sum i = 0$ 形式上相似,因此称为磁路**基尔霍夫第一定律,又称为磁路并联定律**。

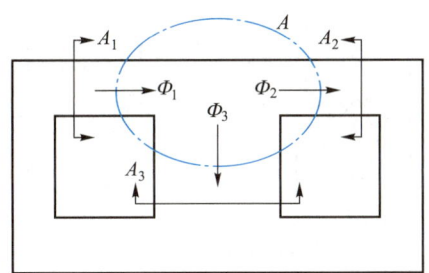

**图 3-7 磁路的基尔霍夫第一定律**

(5) 磁路的基尔霍夫第二定律(基尔霍夫磁压定律)

工程上遇到的闭合磁路并不一定都是用同一种磁材构成的,同时可能含有气隙,如反激变换器所用变压器多数含有气隙,磁心的各处截面积也可能不同。当闭合磁回路分为 $K$ 段,与 $M$ 路电流交链时,安培环路定律式(3-30)可写为

$$F = \sum_{m=1}^{M} N_m i_m = \sum_{k=1}^{K} H_k l_k \tag{3-37}$$

式中,$H_k$ 为第 $k$ 段磁路的磁场强度(A/m)的大小,$l_k$ 为第 $k$ 段磁路的平均长度(m),$H_k l_k$ 为第 $k$ 段磁路的磁位降(或称磁压降),$i_m$ 为第 $m$ 路与闭合磁路交链的电流,$N_m$ 为流过该电流的线圈的匝数。

设 $\mathscr{R}_k$ 为第 $k$ 段磁路的磁阻,磁阻定义为

$$\mathscr{R}_k = \frac{l_k}{\mu_k A_k} \tag{3-38}$$

设 $\varPhi_k$ 为第 $k$ 段磁路的磁通量(Wb),定义为

$$\varPhi_k = B_k A_k = H_k \mu_k A_k \tag{3-39}$$

式(3-38)和式(3-39)相乘并关于 $k$ 求和,再与式(3-37)联立可得

$$\sum_{k=1}^{K} \Phi_k \mathcal{R}_k = \sum_{k=1}^{K} H_k l_k = \sum_{m=1}^{M} N_m i_m = F \qquad (3-40)$$

式(3-40)表明,沿任何一条闭合磁路的总磁势恒等于该闭合磁路中各段磁位降的代数和。类比电路中的基尔霍夫第二定律(电压定律 $\sum E = \sum IR$),式(3-40)可称为磁路的**基尔霍夫第二定律,也称为磁路的串联定律**。

图 3-8 所示的闭合磁路的磁位降分别由三段磁路产生,其中磁路 1 和 2 为截面积分别为 $A_1$、$A_2$,长度分别为 $l_1$、$l_2$ 的相同铁心材料,磁路 3 为长度为 $\delta$ 的气隙,总的磁位降

$$\Phi_1 \mathcal{R}_1 + \Phi_2 \mathcal{R}_2 + \Phi_\delta \mathcal{R}_\delta = H_1 l_1 + H_2 l_2 + H_\delta \delta \qquad (3-41)$$

磁势则由两个匝数分别为 $N_1$、$N_2$,电流分别为 $i_1$、$i_2$ 的线圈产生,图中电流正方向由右手螺旋定则确定。总的磁势

$$F = F_1 + F_2 = N_1 i_1 + N_2 i_2 \qquad (3-42)$$

原则上,磁路分析与电路相似,但是,由于铁磁物质的磁化特性具有明显的非线性,铁磁材料的磁导率 $\mu$ 不是一个常数,因此磁路的计算比电路要困难得多。

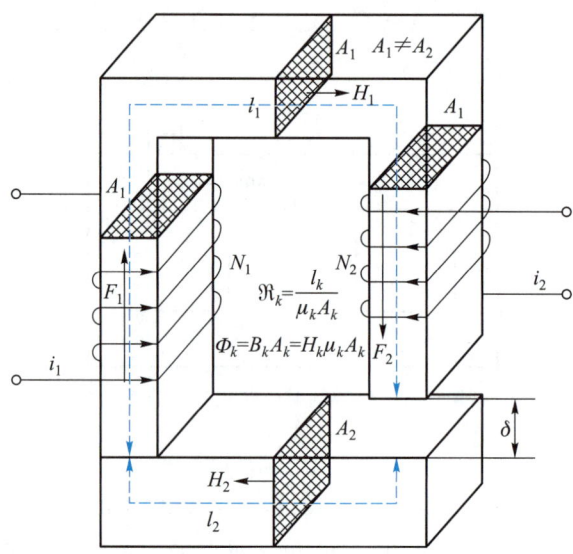

**图 3-8　磁路的基尔霍夫第二定律**

必须指出,磁路与电路之间的相似性仅是在数学形式上的相似,并非物理本质的相似。

**(6) 电磁感应定律(包括法拉第电磁感应定律和楞次定律)**

电磁感应定律是指因磁通量变化产生感应电动势的现象。将一个线圈置于磁场中,与线圈交链的磁通为 $\Phi$,则不论什么原因(如线圈与磁场发生相对运动或磁场本身发生变化等),只要 $\Phi$ 发生了变化,线圈内就会感应出电动势,这就是**法拉第定律**。法拉第定律规定了感应电动势与磁通变化率之间的关系,而**楞次定律**则阐明了变化磁通与感应电势方向的关系。根据楞次定律,磁通 $\Phi$ 的变化产生的电动势会在线圈内产生感应电流,而感应电流将产生磁通以阻止 $\Phi$ 的变化。

设图 3-9(a)中线圈匝数为 $N$,磁场方向如图所示,根据**法拉第电磁感应定律**,感应电动势

$$e = N \frac{\mathrm{d}\Phi}{\mathrm{d}t} \tag{3-43}$$

电磁感应定律中电动势的方向可以通过楞次定律或右手定则来确定。如图 3-9(b)所示,给线圈施加磁场方向如图所示的外部磁通 $\Phi_e$,如果 $\Phi_e$ 增加,根据法拉第定律将会感应出电压 $e$,如果开关闭合,则同时产生感应电流 $i$。根据楞次定律,感应电流 $i$ 所产生的磁通 $\Phi_i$ 将抵消外加磁通 $\Phi_e$ 的增加,所以, $\Phi_i$ 的方向如图 3-9(b)所示。再由 $\Phi_i$ 的方向,通过安培定则(即右手螺旋定则),产生 $\Phi_i$ 的感应电流 $i$ 的方向如图 3-9(b)所示。当 $\Phi_e$ 减小,则 $\Phi_i$ 的方向向上,感应电流 $i$ 反向。

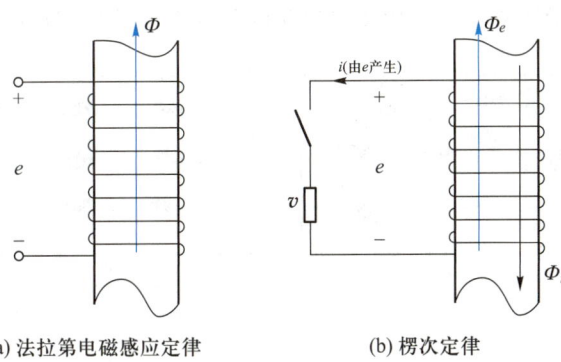

(a) 法拉第电磁感应定律          (b) 楞次定律

**图 3-9　电磁感应定律**

当铁心中的磁通为正弦变量,并用 $\Phi_{\mathrm{m}}$ 表示磁通的最大值时

$$\Phi = \Phi_{\mathrm{m}} \sin \omega t \tag{3-44}$$

由式(3-43)和式(3-44)

$$e = N \frac{\mathrm{d}\Phi}{\mathrm{d}t} = N\omega\Phi_{\mathrm{m}}\sin\left(\omega t + \frac{\pi}{2}\right) = v = \sqrt{2}\,V\sin\left(\omega t + \frac{\pi}{2}\right) \tag{3-45}$$

式中

$$V = \frac{2\pi f N \Phi_{\mathrm{m}}}{\sqrt{2}} = 4.44 f N \Phi_{\mathrm{m}} \tag{3-46}$$

上式说明,电压和磁通均为正弦规律变化,且电压超前磁通相位 $\frac{\pi}{2}$。但需要注意的是,电压和磁通为正弦规律变化并不说明线圈中的电流也为正弦规律变化。

以上磁路基本定律串联的各种变量可以用图 3-10 所示的磁性器件端口伏安特性来表示。

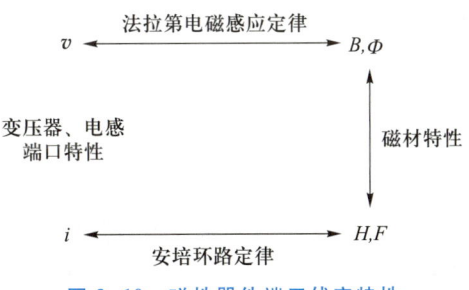

**图 3-10　磁性器件端口伏安特性**

### 3.5.2　铁磁材料特性

材料按是否导磁可分为铁磁材料和非铁磁材料,一般的有色金属不能被磁化,都是非铁磁材料。铁、钴、镍及其合金和铁氧体等具有良好导磁性,被称为铁磁材料。

铁磁材料内部存在很多微小的自然磁化区域,称为磁畴,磁畴具有很强的磁性。但除去永磁材料,在无外加磁场作用时,磁畴的排列是杂乱无章的,因而对外并不显示磁性。在外加磁场作用下,磁畴会像小磁针一样取向,从而加强了外磁场,这一过程称为磁化过程,图 3-11 表示了磁畴在磁化和未磁化两种状态下的排列情况。

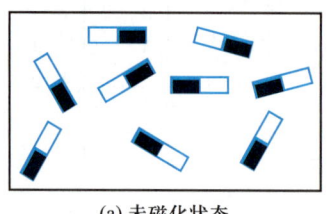
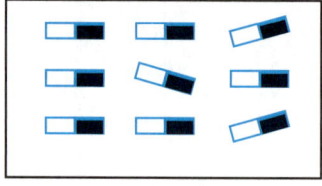

(a) 未磁化状态　　　　　　　　　　(b) 磁化状态

**图 3-11　磁畴排列示意图**

#### （1）起始磁化曲线

在非铁磁材料中,磁通密度 $B$ 与磁场强度 $H$ 成正比,即 $B = \mu_0 H$（$\mu_0$ 为真空磁导率,相对值为 1）,$B$ 与 $H$ 呈线性关系。而铁磁材料的磁通密度大小 $B$ 与磁场强度大小 $H$ 呈非线性关系,即 $B = f(H)$ 是一条曲线,称为**磁化曲线**。

相应地,由 $\mu = \dfrac{B}{H}$ 还可以描绘磁导率与磁场强度的关系特性曲线,记为 $\mu = f(H)$,叫作**磁导率特性曲线**。

铁磁材料的磁化曲线、磁导率特性曲线如图 3-12 所示,该曲线一般由材料生产厂家的型式实验结果提供。当铁磁材料未被磁化时,$H = B = 0$,当 $H$ 由零逐渐增大时,最初有一段因为外加磁场较弱,磁畴取向不多,$B$ 增加不快,如图 $oa$ 段,当 $H$ 继续增加时,磁畴开始大量顺外加磁场取向,此时 $B$ 增长很快,如图中 $ab$ 所示。$b$ 点之后,因为大部分磁畴取向已经结束,因此 $B$ 重新变得增长较慢。当 $H$ 值超过 $c$ 点时,$B$ 的增加十分缓慢,因为此时材料已经达到磁饱和。从材料的零磁化状态到饱和的磁化曲线通常称为**起始磁化曲线**。

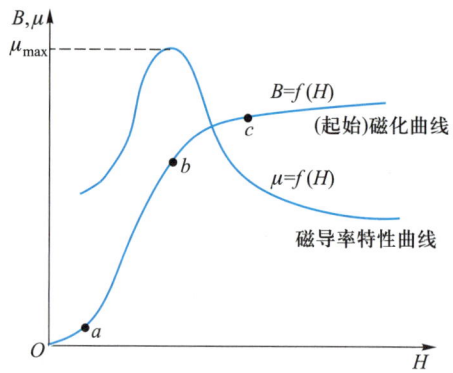

**图 3-12　铁磁材料的磁化曲线、磁导率特性曲线**

#### （2）磁滞与磁滞损耗

铁磁材料中 $B$ 的变化滞后于 $H$ 变化的现象被称为**磁滞 ( hysteresis )**。

铁磁材料磁滞现象由实验测定,如图 3-13 所示。测取过程为:$H$ 由 0 上升至最大值

$H_m$，$B$ 沿 $oa$ 上升至 $B_m$，称为饱和磁密；接下来 $H$ 由 $H_m$ 下降至 0，但 $B$ 不是沿 $ao$ 下降到 0，而是沿 $ab$ 下降到 $B_r$，原因是磁化后已经取向的磁畴并没有完全变得杂乱无章，$B_r$ 称为剩余磁感应强度，简称剩磁密度；要使 $B$ 进一步从 $B_r$ 下降至 0，就要求 $H$ 继续往反方向变化，直至 $-H_c$（曲线中的 $c$ 点），$H_c$ 称为矫顽力。而所谓的磁滞也就是形象表述这种 $B$ 滞后于 $H$ 过 0 的磁化过程；$H$ 继续反向增加至 $-H_m$，$B$ 沿 $cd$ 至 $-B_m$；然后，$H$ 再从 $-H_m$ 上升至 0，$B$ 沿 $de$ 变化至 $-B_r$，进而 $H$ 从 0 经 $H_c$ 到 $H_m$，$B$ 沿 $efa$ 从 $-B_r$ 经 0 到 $B_m$。当线圈中通以交流电流时，经过十几次反复磁化后的 $B$-$H$ 曲线基本上成为一个对称于原点的闭合曲线 $abcdefa$，称为磁滞回线。如果取不同的 $H_m$，将会得到不同的磁滞回线，将它们的顶点连成的曲线称为基本磁化曲线。基本磁化曲线略低于图 3-12 所示的起始磁化曲线，但二者相当接近。当磁滞回线很窄时，工程上常用基本磁化曲线近似代替磁滞回线，工程上给出的磁化曲线也都是指基本磁化曲线。然而，在电力电子电路中，通常磁滞回线都比较宽，绝大多数都不能用基本磁化曲线来代替，这与工频电路中的变压器、电感有明显区别。

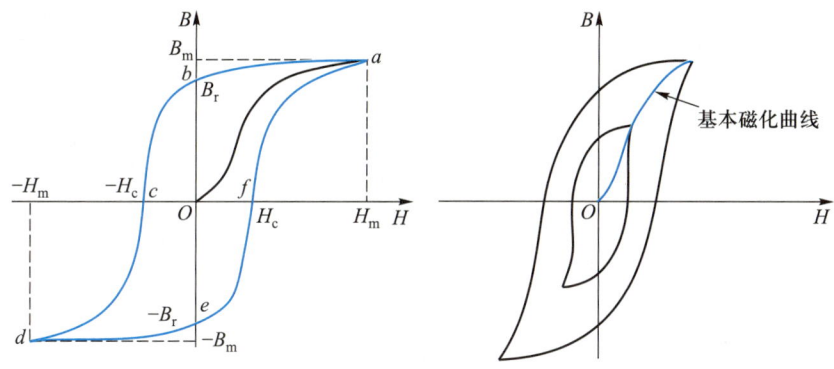

**图 3-13　铁磁材料的磁滞回线与基本磁化曲线**

铁磁材料在交变磁场作用下反复磁化时，磁滞现象会引起磁滞损耗。当磁场变化一个周期时，得到一个闭合的磁滞回线 $abcdefa$。其间，被磁场吸收的净能量也就是磁滞损耗可用磁滞回线 $abcdefa$ 所包含的面积来表示。实验表明，这部分能量在铁磁材料内被转化成热能损耗。由于硅钢片的磁滞回线面积较小，所以，电机的铁心常用硅钢片叠成。试验还表明，磁滞损耗与磁通的交变频率 $f$、铁心的体积 $V$ 和磁滞回线的面积成正比。通常，磁滞回线的面积与磁通密度的最大值 $B_m$ 的 $n$ 次方成正比。磁滞损耗可表示为

$$P_h = C_h f V B_m^n \tag{3-47}$$

式中，$C_h$ 为磁滞损耗系数。

磁滞现象表示了铁磁材料的一个重要特性，材料不同，其磁滞回线形状亦不同。按照铁磁材料磁化后去磁的难易程度，也就是矫顽力 $H_c$ 的大小，铁磁材料可分为软磁材料和硬磁材料。磁化后容易去掉磁性的物质叫软磁材料，不容易去磁的物质叫硬磁材料，也称为永磁材料。一般来讲，软磁材料剩磁较小，硬磁材料剩磁较大。硬磁材料，例如碳钢、钴钢等，适合制作永磁装置。而矫顽力较小的软磁材料如硅钢、软铁、铁硅系合金、铁硅铝系合金、坡莫合金、各种软磁铁氧体等适合应用在变压器等交流工作条件下，电力电子电路中的磁性器件如高频变压器、电感等都处于反复磁化过程，所以其多为软磁材料。

### （3）软磁材料分类

电力电子变换器中常用的软磁材料的分类如图 3-14 所示。

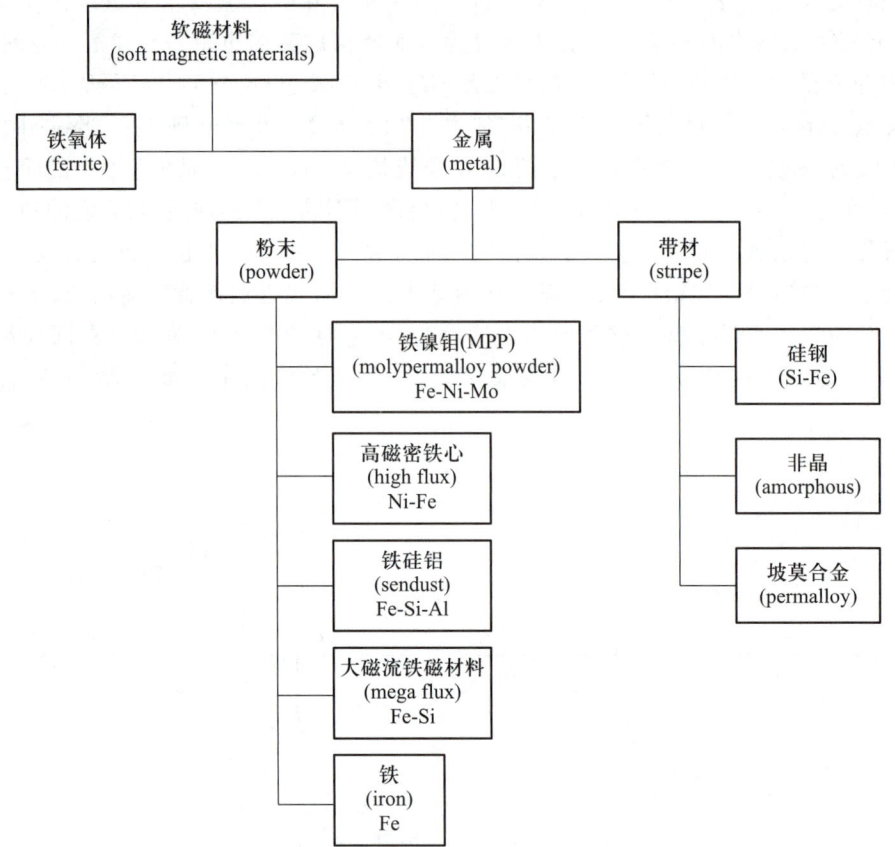

**图 3-14 电力电子变换器中常用的软磁材料的分类**

### 3.5.3　自感或电感 L

根据安培定则,如图 3-15(a)所示的线圈有电流流过时产生磁场,穿过线圈的磁通形成磁链。气隙磁路起主导作用时,磁链 $\psi$ 与流过线圈的电流 $i$ 之间成正比,比例系数 $L$ 称为**自感或电感**,它是反映导体电磁特性的参数,单位为亨(H),表征磁路产生磁链的能力,数学表达式为

$$\psi = Li \tag{3-48}$$

在铁磁材料中,$\psi = N\Phi$ 随着 $i$ 的变化而变化,如图 3-15(b)所示。这条曲线的斜率就等于线性化的电感 $L$,由磁路欧姆定律和安培环路定律,式(3-48)可化为

$$L = \frac{\psi}{i} = \frac{N\Phi}{i} = \frac{NF}{i\mathfrak{R}} = \frac{N \cdot Ni}{i\mathfrak{R}} = N^2 \frac{1}{\mathfrak{R}} = N^2 \Lambda = N^2 \frac{\mu A}{l} \tag{3-49}$$

可以看出,自感与线圈匝数的平方成正比,与磁场介质的磁导率成正比关系(与磁阻成反比),而与线圈所加的电压、电流或频率无关。图 3-15(b)中曲线斜率即 $L$ 是随着电流增大而减小的,这是因为随着电流增加,磁心发生了部分饱和,导致磁导率 $\mu$ 衰减,而造成了 $L$ 减小。

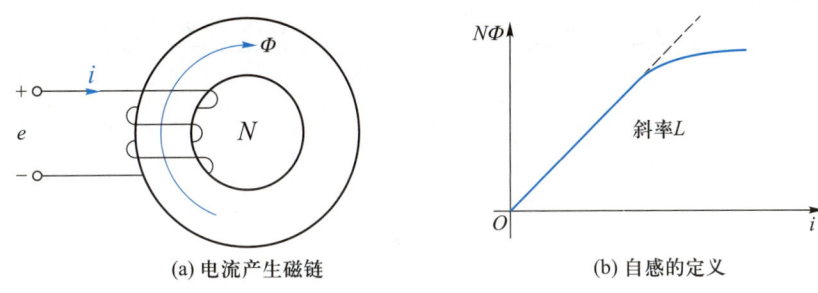

(a) 电流产生磁链  (b) 自感的定义

图 3-15　磁链的产生与自感 $L$

### 3.5.4　变压器

#### （1）忽略铁心损耗的变压器

变压器是一种在电力系统和电子线路中应用广泛的电气设备,由绕在同一个铁心上的两个或以上的绕组组成,如图 3-16(a)所示。忽略铁心磁滞损耗的变压器铁心磁滞回线如图 3-16(b)所示。

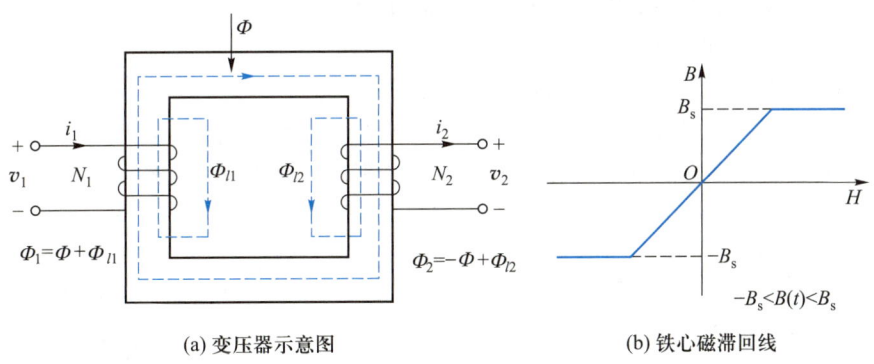

(a) 变压器示意图  (b) 铁心磁滞回线

图 3-16　变压器示意图及其铁心磁化曲线图

变压器磁通根据其路径不同分为两部分。一部分以铁心为其闭合路径,完全交链一、二次绕组,称为主磁通,以 $\Phi$ 表示。

由磁路基尔霍夫第二定律

$$\Phi = \frac{N_1 i_1 - N_2 i_2}{\mathcal{R}_m} = \frac{N_1 i_m}{\mathcal{R}_m} \tag{3-50}$$

式中,$\mathcal{R}_m$ 为主磁路磁阻,$i_m$ 为**励磁电流(magnetizing current)**

$$i_m = i_1 - \frac{N_2 i_2}{N_1} \tag{3-51}$$

另一部分主要通过非铁磁材料(如空气,油)闭合,仅与一个绕组相交链。其中由 $i_1$ 产生,仅与一次绕组相交链的,称为一次侧漏磁通,以 $\Phi_{l1}$ 表示。由 $i_2$ 产生,仅与二次绕组相交链的磁通,称为二次侧漏磁通,以 $\Phi_{l2}$ 表示。它们分别对应漏电感 $L_{l1}$ 和 $L_{l2}$。

相应的变压器等效电路如图 3-17 所示。

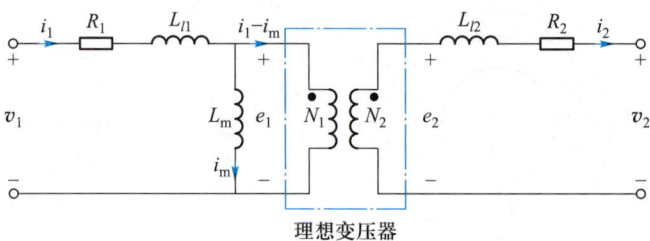

图 3-17　变压器等效电路

由图 3-16(a)、图 3-17、法拉第电磁感应定律以及楞次定律,可得

$$\begin{cases} v_1 = R_1 i_1 + N_1 \dfrac{\mathrm{d}\Phi_1}{\mathrm{d}t} = R_1 i_1 + L_{l1}\dfrac{\mathrm{d}i_1}{\mathrm{d}t} + L_m\dfrac{\mathrm{d}i_m}{\mathrm{d}t} = R_1 i_1 + L_{l1}\dfrac{\mathrm{d}i_1}{\mathrm{d}t} + e_1 \\[2mm] v_2 = -R_2 i_2 - N_2 \dfrac{\mathrm{d}\Phi_2}{\mathrm{d}t} = -R_2 i_2 - L_{l2}\dfrac{\mathrm{d}i_2}{\mathrm{d}t} + e_2 \end{cases} \tag{3-52}$$

式中,$L_{l1}$ 和 $L_{l2}$ 表示一、二次侧绕组的漏电感(leakage inductance);$L_m$ 表示主电感(magnetizing inductance);$R_1$ 和 $R_2$ 表示一、二次侧绕组的电阻(coil resistance)。

**(2) 理想变压器**

可以对等效电路中的变压器做如下的理想化处理。

$R_1 = R_2 = 0$:忽略铜耗(winding resistance)。

$\mathfrak{R}_m = 0$:忽略主磁路磁阻,即认为 $\mu = \infty$,因而 $L_m = \infty$。

$\mathfrak{R}_{l1} = \mathfrak{R}_{l2} = \infty$:认为漏磁路磁阻趋于无穷大,即 $L_{l1} = L_{l2} = 0$,$\Phi_{l1} = \Phi_{l2} = 0$。

基于上述理想化假设,得到如图 3-18 所示的理想变压器等效电路。

由图 3-18 及法拉第电磁感应定律,式(3-52)可化为

$$v_1 = e_1 = N_1 \frac{\mathrm{d}\Phi}{\mathrm{d}t}, \quad v_2 = e_2 = N_2 \frac{\mathrm{d}\Phi}{\mathrm{d}t} \tag{3-53}$$

这样理想变压器满足

$$\frac{v_1}{N_1} = \frac{v_2}{N_2} \tag{3-54}$$

由式(3-53),显然有

$$\frac{e_1}{N_1} = \frac{e_2}{N_2} \tag{3-55}$$

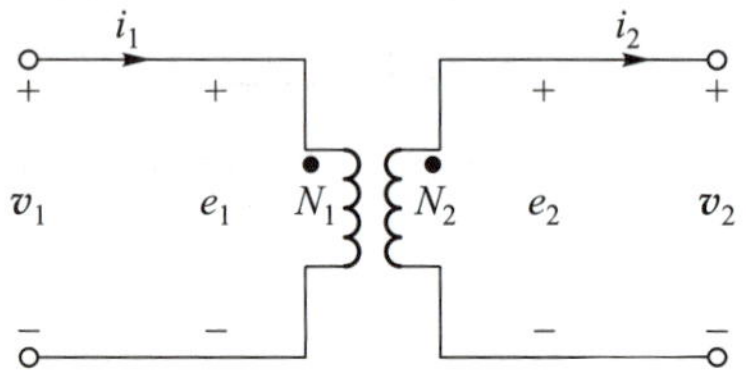

图 3-18　理想变压器等效电路图

当 $\mathfrak{R}_m = 0$ 时,式(3-50)可以重写为 $\mathfrak{R}_m \Phi = N_1 i_1 - N_2 i_2 = 0$,所以,电流满足

$$i_1 N_1 = i_2 N_2 \tag{3-56}$$

式(3-54)和式(3-56)是理想变压器满足的数学表达式。可以注意到,图 3-17 中的变压器等效电路中就包含了一个理想变压器。

由式(3-51)、式(3-52)和式(3-55)可知,图 3-17 中的变压器满足如下方程

$$\begin{cases} v_1 = R_1 i_1 + (L_{l1} + L_m)\dfrac{\mathrm{d}i_1}{\mathrm{d}t} - L_m \dfrac{N_2}{N_1}\dfrac{\mathrm{d}i_2}{\mathrm{d}t} \\[2mm] v_2 = -R_2 i_2 + L_m \dfrac{N_2}{N_1}\dfrac{\mathrm{d}i_1}{\mathrm{d}t} - \left[ L_{l2} + L_m \left(\dfrac{N_2}{N_1}\right)^2 \right]\dfrac{\mathrm{d}i_2}{\mathrm{d}t} \end{cases} \tag{3-57}$$

### （3）考虑铁心磁滞损耗的变压器

在电力电子电路中的变压器通常具有如图 3-13 所示的磁滞回线,时变的磁通会随之产生铁心损耗,那么应该如何在等效电路中表达出这一部分损耗呢? 根据式(3-50),励磁电流 $i_m$ 产生了铁心中的磁通,在图 3-17 所示的变压器等效电路中,$i_m$ 流过了电感 $L_m$。为了表述铁心损耗,一个简单的方法就是在 $L_m$ 两端并联或者串联一个电阻,在标准惯例中通常为在 $L_m$ 两端并联一个电阻 $R_m$,如图 3-19 所示,铁心损耗可以表示为 $e_1^2/R_m$。

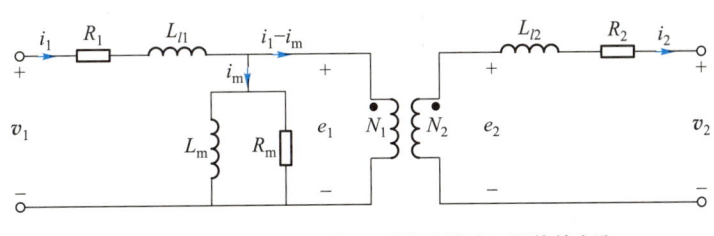

(a) 二次侧未折算并考虑铁心磁滞损耗的变压器等效电路

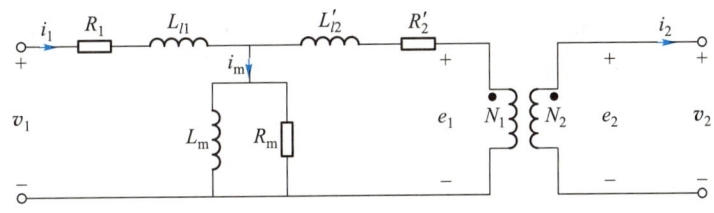

(b) 二次侧折算到一次侧并考虑铁心磁滞损耗的变压器等效电路

**图 3-19　考虑磁滞的变压器等效电路图**

### （4）高频变压器

电力电子电路中的变压器具有自己的磁滞回线特征,同样的磁心绕制成不同电路拓扑中的高频变压器,其工作状态也不同,如推挽、半桥、全桥等功率变换器的高频变压器磁心双向磁化,工作在第一象限和第三象限,如图 3-20(a)所示;而正激变换器的高频变压器磁心单向磁化,工作在第一象限,如图 3-20(b)所示。

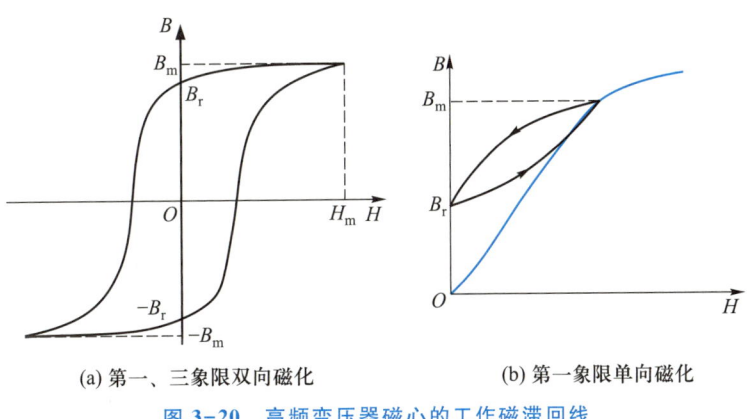

(a) 第一、三象限双向磁化　　(b) 第一象限单向磁化

**图 3-20　高频变压器磁心的工作磁滞回线**

教学微视频
3-4
高频变压器
外观和应用

## 本章小结

　　电力电子变换器中的电路、磁路分析方法具有自己的特征,本章在进入具体的变换器分析之前,针对电路和磁路进行一些概念、分析方法上的准备:主要有电力电子电路稳态的概念、电力电子电路非正弦波形的数学工具——傅里叶分析等,并从磁场的两个主要定律——安培环路定律和磁通连续性定律出发,得到磁路的欧姆定律、磁路的基尔霍夫第一、第二定律,而这些定律也是电力电子变换器分析的基础,因为绝大多数变换器都含有电感、变压器等磁性元件。

习题集
第 3 章　电力电子电路和磁路的基本概念和分析方法

## 习题

　　1. 简述伏秒平衡、安秒平衡的含义。

　　2. 简述磁路基尔霍夫第一、第二定律。

　　3. 自感与线圈所加的电压、电流或频率无关,为什么随着电流的增加,自感会减小?

　　4. 在电力电子电源中,为什么增加开关频率可以有效缩小体积?

　　5. 什么是软磁、硬磁材料,常用的软磁材料有哪些?

# 第4章
# DC—DC 变换器

第4章开始学习电力电子技术中的拓扑部分,其中应用最多的是 DC—DC 和 DC—AC 电路,本章从 DC—DC 变换器开始讨论。

教学 PPT
第4章
DC—DC
变换器

## 4.1 概　　述

直流—直流变换器(以下称 DC—DC 变换器)是指能将一定幅值的直流电变换为另一幅值直流电的变换器。典型应用有:开关电源、充电器、电机驱动器等。DC—DC 变换器按输入与输出间是否有电气隔离可分为非隔离型和隔离型。

### (1) 非隔离型 DC—DC 变换器

非隔离型 DC—DC 变换器按所用有源功率器件的个数,可分为单管、双管和四管三类。单管 DC—DC 变换器有六种,即降压式(Buck)变换器、升压式(Boost)变换器、Buck-Boost 变换器、Cuk 变换器、Zeta 变换器和 Sepic 变换器。在这六种单管变换器中,降压式和升压式变换器是基础,另外四种是派生出来的。半桥和全桥直流变换器可以作为非隔离或者隔离拓扑,是常用的双管、四管直流变换器。半桥和全桥变换器也是由降压式和升压式变换器演变和组合来的。半桥和全桥变换器也可作为下一章逆变器的拓扑。

### (2) 隔离型 DC—DC 变换器

有隔离的变换器可以实现输入与输出间的电气隔离,通常可采用变压器实现隔离。变压器的应用还便于实现多路不同电压或多路相同电压的输出。

隔离型 DC—DC 变换器也可按所用有源功率器件数量来分类。单管的有正激式(Forward)和反激式(Flyback)两种,双管有双管正激、双管反激、推挽和半桥四种,最常见的四管直流变换器就是全桥直流变换器。

无论是非隔离型或是隔离型,在功率开关管电压和电流定额相同时,变换器的输出功率通常与所用开关管的数量成正比,例如通常四管变换器的输出功率最大,而单管变换器的输出功率最小。

按能量传递来分,DC—DC 变换器可以分为单向和双向两种。双向 DC—DC 变换器能够实现电能的双向流动,例如直流电动机控制用的变换器就是双向的,电动机工作时将电能从电源传递到电动机,制动时将电机电能回馈给电源。

## 4.2　DC—DC 变换器的开关模式控制

DC—DC 变换器主要有两种开关控制方式：**脉冲频率调制（pulse frequency modulation，PFM）** 和 **脉冲宽度调制（pulse width modulation，PWM）**。

PFM 是通过固定开通或关断时间、调节脉冲频率的方法实现稳压输出的技术。PFM 技术中由于频率不固定，故使得无源器件如电感、电容的设计变得困难。因此实际应用更多的是 PWM 技术，PWM 固定频率，通过调节占空比来调节输出电压。

PWM 的概念和原理可以通过下面这个例子说明。如图 4-1 所示，对于给定的输入电压 $V_D$，固定开关周期，通过控制开关的开通时间来调节输出电压 $V_O$。

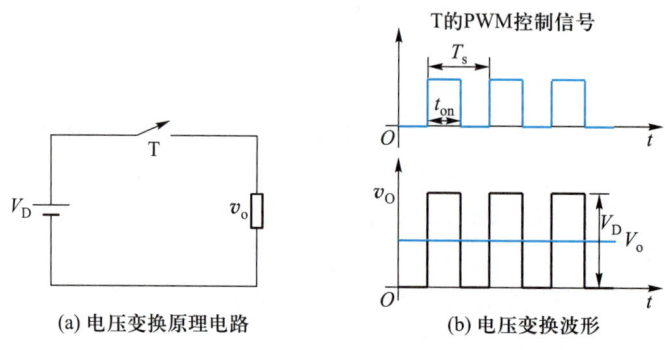

(a) 电压变换原理电路　　　　　　(b) 电压变换波形

图 4-1　开关模式的 DC—DC 变换器

定义开通时间和开关周期之比为 **占空比（duty cycle）**，用 $D$ 表示，即 $D = \dfrac{t_{on}}{T_s}$，$T_s$ 为开关周期。

$$V_O = \frac{1}{T_s} \int_0^{T_s} v_O(t)\,\mathrm{d}t = \frac{1}{T_s} \left( \int_0^{t_{on}} V_D\,\mathrm{d}t + \int_{t_{on}}^{T_s} 0\,\mathrm{d}t \right) = \frac{t_{on}}{T_s} V_D = D V_D \tag{4-1}$$

从式（4-1）可以看出，改变 $D$ 就可以调节输出电压平均值 $V_O$。

PWM 就是在保持恒定频率的前提下，通过调节开通和关断时间来控制输出电压的技术。采用 PWM 控制的电力电子电路，最后都是产生一个占空比函数来控制功率器件的通断。DC—DC 变换器中，这个占空比函数是一个直流量，而在 DC—AC 变换器中，占空比函数就是一个正弦量，从控制方式和系统稳定性来看，正弦量的控制要远比直流量控制复杂。

DC—DC 变换器具体是怎么得到占空比 $D$ 可调的 PWM 信号呢？如图 4-2 所示，期望输出电压和实际反馈电压经过误差放大器后得到控制电压 $v_{control}$，再用 $v_{control}$ 与锯齿波进行比较，当 $v_{control}$ 大于锯齿波信号时，开关导通，反之关断。这个过程称为调制，把 $v_{control}$ 称作 **调制波（modulation wave）**，把高频的锯齿波称为 **载波（carrier wave）**。从图 4-2 可知，载波的频率决定了开关频率，控制电压 $v_{control}$ 和锯齿波幅值 $\overline{V}_{ST}$ 的比值就是占空比 $D$，$D =$

$\dfrac{t_{\mathrm{on}}}{T_{\mathrm{s}}}=\dfrac{v_{\mathrm{control}}}{\overline{V}_{\mathrm{ST}}}$，载波幅值固定，调节控制电压 $v_{\mathrm{control}}$ 的幅值就可以调节占空比，从而调节式（4-1）中的输出电压。

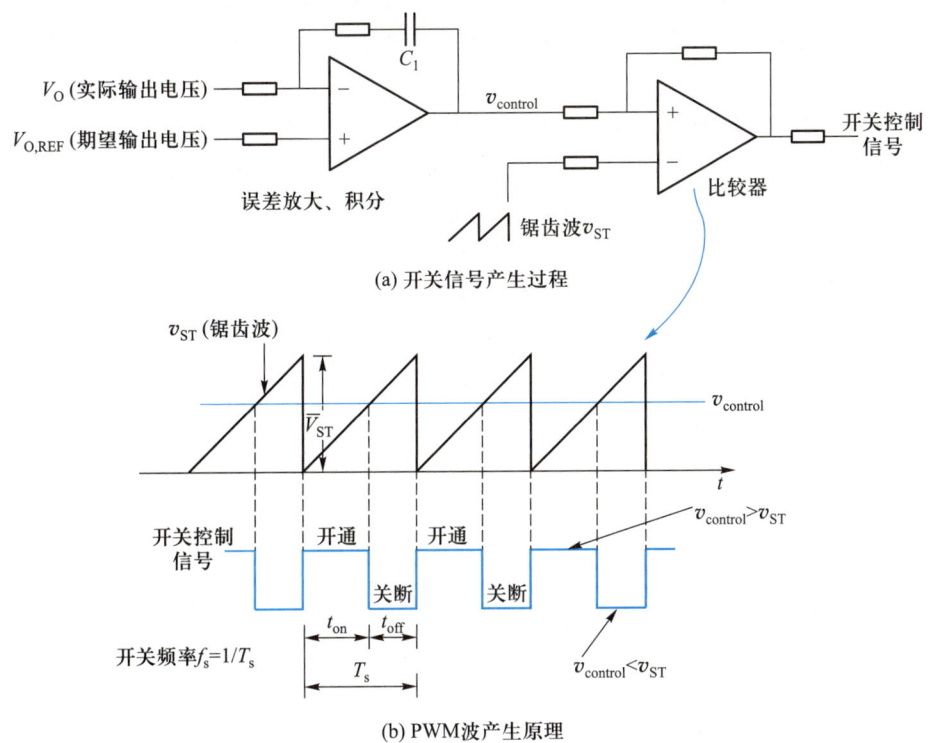

(a) 开关信号产生过程

(b) PWM波产生原理

图 4-2　DC—DC 变换器的 PWM 信号产生过程

## 4.3　降压式（Buck）变换器

### 4.3.1　Buck 变换器的组成及工作原理

**降压式变换器（step-down/Buck converter，以下称 Buck 变换器）**，顾名思义，就是一种输出电压等于或小于输入电压的直流变换器。Buck 变换器的功能是降低电压，因为 Buck down 有推落的意思，故得名 Buck 变换器。

从式（4-1）可以看出，图 4-1（a）所示电路能够实现降压，通过改变占空比 $D$，可以线性控制平均输出电压 $V_\mathrm{O}$，它就是一个 Buck 变换器。

然而，图 4-1（a）所示电路在实际应用中存在两个问题。首先，一般负载都是感性的，即便是纯电阻负载，导线上也存在一定的电感。当开关断开时，电感在开通时储存的能量将无处释放，会产生高电压，损坏开关。其次，负载通常要求稳定的直流电压，而图 4-1 中输出电压 $v_\mathrm{O}$ 在 0 和 $V_\mathrm{D}$ 之间跳变，含有丰富的谐波。为此，可以在输出侧设计

一个 $LC$ 低通滤波器滤除谐波成分,这样负载侧将得到稳定的直流电压。同时增加续流二极管,在开关关断时,提供电感和负载电流的续流通道,以避免高压的产生,从而保护开关。

所以,完整的 Buck 电路如图 4-3(a)所示,其主电路由开关、二极管、输出滤波电感 $L$、输出滤波电容 $C$ 4 个器件组成,后续会发现 Boost 电路、Buck-Boost 电路都是由 4 个器件组成的。

Buck 变换器 $LC$ 滤波电路输入电压 $v_{OI}(t)$ 波形和频谱分别如图 4-3(b)(c)所示,它由直流成分(平均电压) $V_O$ 和以开关频率 $f_s$ 以及开关频率的整数倍 $2f_s$、$3f_s$……的谐波成分组成。在经过 $LC$ 滤波器后得到输出电压 $v_O$,通常 $LC$ 滤波器的容值很大,可近似认为电感电流纹波成分全部通过电容,而不通过负载。通过后续 4.3.5 节的分析也会发现,由于容值很大,电流纹波所造成的电容电压纹波较小。因而在此假设下,可近似认为 $i_O = I_O$、$v_O = V_O$。假设纹波电流全部流过电容将为电路的分析带来便利。同样,后面在讨论 Boost 等电路时,也认为 $i_O = I_O$、$v_O = V_O$,但讨论输出电压纹波时除外。$LC$ 滤波器的波特图如图 4-3(d)所示,通常滤波器的转折频率 $f_c \ll f_s$。

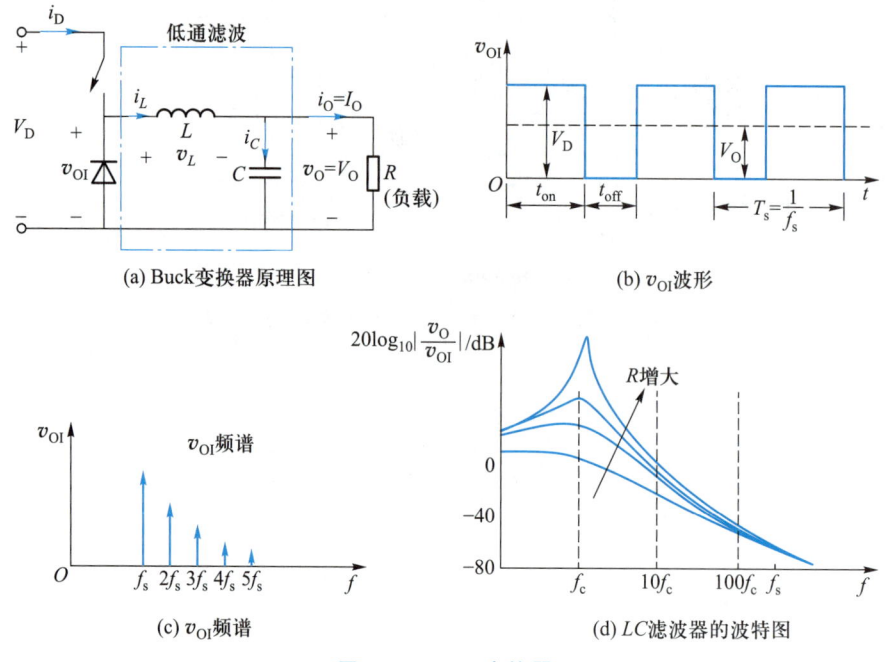

(a) Buck 变换器原理图　　(b) $v_{OI}$ 波形

(c) $v_{OI}$ 频谱　　(d) $LC$ 滤波器的波特图

图 4-3　Buck 变换器

Buck 变换器有两种基本工作方式,即连续导通模式(continuous conduction mode,CCM)和断续导通模式(discontinuous conduction mode,DCM)。连续导通模式是指输出滤波电感 $L$ 的电流总是大于零,断续导通模式是指在开关管关断期间有一段时间 $L$ 的电流为零。在这两种工作方式之间有一个边界,称为临界模式,即在开关管关断期结束时,$L$ 的电流刚好降为零。下面就这三种情况进行分析。在分析之前,先做如下假定:

① 所用电力电子器件理想,即开关和二极管的导通和关断时间为零,通态电压为零,

断态漏电流为零。

② 在一个开关周期中,输入电压 $V_D$、输出电压 $V_O$ 均保持不变。

③ 电感和电容均为无损耗的理想储能元件。

④ 不计线路阻抗。

### 4.3.2 Buck 变换器的 CCM 模式分析

（1）过程分析

CCM 模式下的 Buck 变换器等效电路及波形如图 4-4 所示。

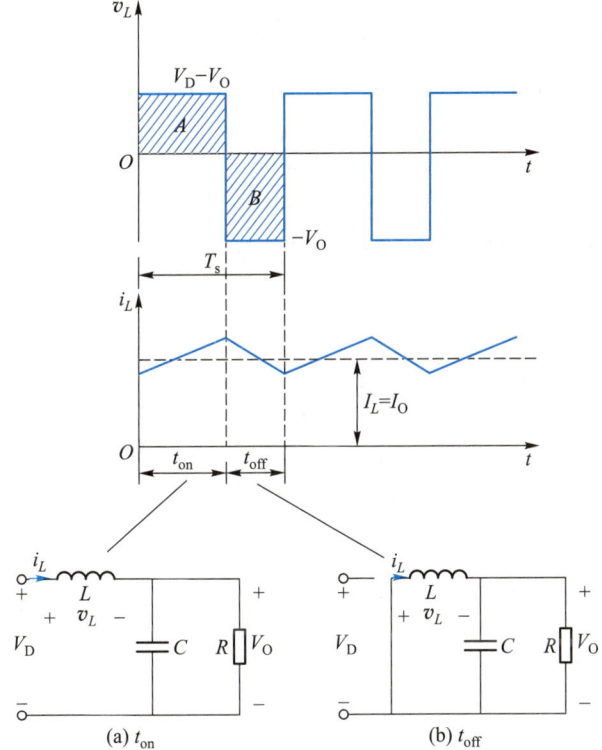

教学微视频
4 - 1
Buck 电路波
形

图 4-4 CCM 模式下的 Buck 变换器等效电路及波形

① $t_{on}$:开关开通,电感电流线性上升。

$$i_L = \frac{V_D - V_O}{L} t + i_L(0) \tag{4-2}$$

当 $t = t_{on}$ 时,电感电流达到最大值:

$$i_{L,peak} = i_L(t_{on}) = \frac{V_D - V_O}{L} t_{on} + i_L(0) \tag{4-3}$$

② $t_{off}$:开关关断,电感电流通过二极管续流,电感电流线性下降。

$$i_L = -\frac{V_O}{L}(t - t_{on}) + i_{L,peak} \tag{4-4}$$

当 $t = T_s$ 时,电感电流为最小值,等于 $i_L(0)$,同时又进入下一个开关周期。

（2）基本关系

由伏秒平衡可以得到

$$(V_D - V_O)t_{on} = V_O t_{off} \tag{4-5}$$

上式可化简为

$$\frac{V_O}{V_D} = \frac{t_{on}}{T_s} = D \tag{4-6}$$

**所以，在 CCM 模式下，电压增益只与占空比有关，与其他电路参数无关。**

在忽略功率损耗的前提下，输入功率 $P_D$ 与输出功率 $P_O$ 相等，即 $V_D I_D = V_O I_O$。所以，输入电流和输出电流的关系为

$$\frac{I_O}{I_D} = \frac{V_D}{V_O} = \frac{1}{D} \tag{4-7}$$

由上式可知，Buck 电路在实现降压的同时实现了升流。

### 4.3.3　Buck 变换器的临界模式分析

前面已经提到了，临界模式是指在开关管关断区间结束时，$L$ 的电流刚好降为零，如图 4-5 所示。

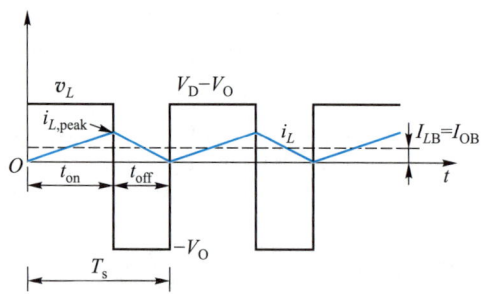

**图 4-5　Buck 电路临界模式波形分析**

从图 4-5 可以计算，临界电感电流平均值 $I_{LB}$ 为

$$I_{LB} = \frac{1}{2} i_{L,peak} = \frac{V_D - V_O}{2L} t_{on} = \frac{DT_s}{2L}(V_D - V_O) = I_{OB} \tag{4-8}$$

式中，B 表示<u>临界</u>。

由式（4-8），根据 Buck 电路的 $T_s$、$V_D$、$V_O$、$L$ 和 $D$，可以计算出临界电感平均电流 $I_{LB}$，如果实际的电感平均电流 $I_L$（或平均输出电流 $I_O$）大于 $I_{LB}$，则 $i_L$ 连续，此时，电路可以用 4.3.2 节的内容来分析；反之，$i_L$ 进入 DCM 模式，需要用下一节内容来分析。

更进一步，在讨论 Buck 电路的临界模式和 DCM 模式时，分为输入电压恒定（电机驱动、电池恒流充电）和输出电压恒定（开关电源）两种情况。对于这两种特殊情况，$I_{LB}$ 的计算可以进一步简化。注意，后续的 Boost 等电路只讨论输出电压恒定一种情况。

（1）输入电压恒定（$V_D =$ 常数）

在临界状态时，仍有 $V_O = DV_D$。由式（4-8）知，当 $V_D =$ 常数时

$$I_{LB} = \frac{T_s V_D}{2L} D(1-D) \tag{4-9}$$

显然,当 $D=0.5$ 时,$I_{LB}$ 有最大值

$$I_{LB,max} = \frac{T_s V_D}{8L} \tag{4-10}$$

所以,式(4-9)中 $I_{LB}$ 也可以表示为

$$I_{LB} = 4I_{LB,max} D(1-D) \tag{4-11}$$

$I_{LB}$ 与 $D$ 呈抛物线关系,如图 4-6 所示。

（2）输出电压恒定（$V_O$ = 常数）

同样,在临界状态时,仍有 $V_D = V_O/D$。当 $V_O$ = 常数时,联立式(4-8)可推出此时的 $I_{LB}$ 为

$$I_{LB} = \frac{T_s V_O}{2L}(1-D) \tag{4-12}$$

当 $D=0$ 时,$I_{LB}$ 有最大值

$$I_{LB,max} = \frac{T_s V_O}{2L} \tag{4-13}$$

所以,式(4-12)中 $I_{LB}$ 也可以表示为

$$I_{LB} = (1-D)I_{LB,max} \tag{4-14}$$

当 $V_O$ = 常数时,$I_{LB}$ 与 $D$ 呈线性关系,如图 4-7 所示。

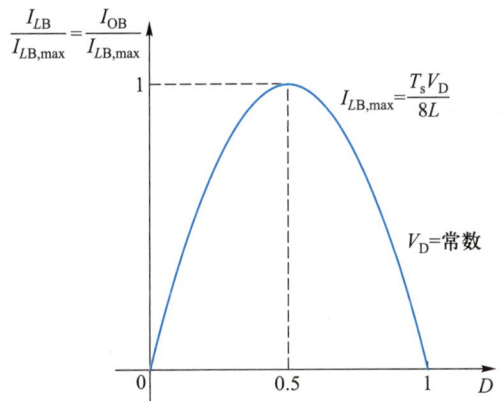

图 4-6 $V_D$ = 常数时,Buck 电路占空比
和临界电感电流的关系

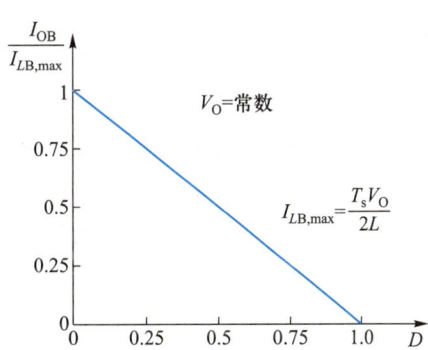

图 4-7 $V_O$ 恒定时,Buck 电路占空比
和临界电感电流的关系

**例题 4-1** 在理想 Buck 变换器中,通过改变占空比 $D$ 保持输出电压为 10 V 不变。设输入电压 $V_D$ 在 20～40 V 之间变化,输出功率 $P_O \geqslant 10$ W,开关频率 $f_s$ 为 50 kHz。在此条件下,计算能使该变换器工作在连续导通模式下的最小电感 $L$。

**答**:输出功率最小时容易断续,$P_{O,min} = 10$ W,因为 $V_O = 10$ V,所以 $I_O = 1$ A。

本题中,输出电压恒定,根据公式(4-12),有 $I_{LB} = I_{OB} = \frac{T_s V_O}{2L}(1-D)$。连续导通模式要求负载电流大于临界电流,也就是

$$I_O = 1 \text{ A} \geqslant I_{LB} = I_{OB} = \frac{T_s V_O}{2L}(1-D) \text{,即 } L \geqslant \frac{V_O(1-D)T_s}{2}$$

而占空比 $D$ 越大,越容易满足上式,所以只需要计算 $D$ 最小时满足上式的电感 $L$ 即可。在输入电压为 40 V 时得到占空比最小为 $D_{\min} = 0.25$。再将 $T_{\mathrm{s}} = \dfrac{1}{f_{\mathrm{s}}} = 20~\mu\mathrm{s}$ 代入,得到 $L \geqslant 75~\mu\mathrm{H}$,即保证连续模式的最小电感是 75 μH。

### *4.3.4　Buck 变换器的 DCM 模式分析

Buck 电路 DCM 模式下的等效电路如图 4-8 所示。这里要特别指出,DCM 模式下,电感电流会在开关关断区间降为零,但是负载电流仍然保持恒定,由电容供电,如图 4-8(c) 所示。

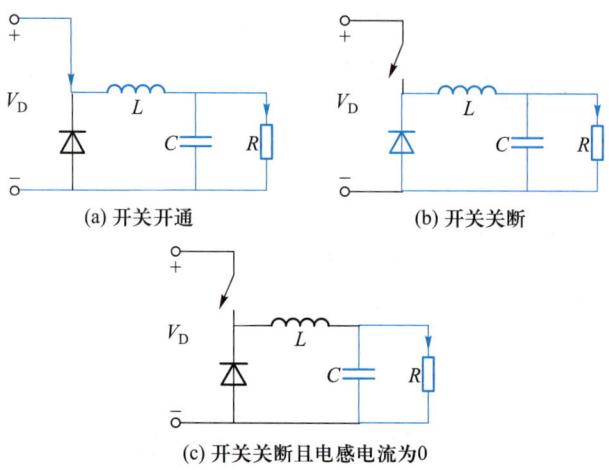

(a) 开关开通　　　(b) 开关关断

(c) 开关关断且电感电流为0

图 4-8　**Buck 电路 DCM 模式下的等效电路**

下面分析 DCM 模式的开通、关断过程,图 4-9 给出了电感电流断续工作时的电感电压与电感电流的波形。

在开关开通期间,电感电流从 0 开始线性增加。

$$i_L = \frac{V_{\mathrm{D}} - V_{\mathrm{O}}}{L} t \qquad (4\text{-}15)$$

当 $t = t_{\mathrm{on}} = DT_{\mathrm{s}}$ 时,电感电流达到最大值

$$i_{L,\mathrm{peak}} = \frac{V_{\mathrm{D}} - V_{\mathrm{O}}}{L} DT_{\mathrm{s}} \qquad (4\text{-}16)$$

在开关关断期间,电感电流先线性减少,并且在 $(D + \Delta_1) T_{\mathrm{s}}$ 时刻减少到 0,电流下降期间有

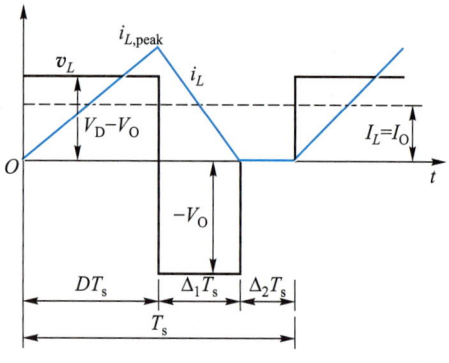

图 4-9　**Buck 电路 DCM 状态下的波形**

$$i_L = -\frac{V_{\mathrm{O}}}{L}(t - DT_{\mathrm{s}}) + i_{L,\mathrm{peak}} = \frac{V_{\mathrm{D}} DT_{\mathrm{s}}}{L} - \frac{V_{\mathrm{O}} t}{L} \qquad (4\text{-}17)$$

当 $t = T_{\mathrm{s}}$ 时,进入下一个开关周期。

如临界模式分析,Buck 电路具有输入电压恒定(电机驱动、电池恒流充电)和输出电压(开关电源)恒定两种情况。下面分别讨论这两种情况下各物理量之间的关系。

（1）输入电压恒定（$V_D$=常数）

① 基本关系

在电流持续期间,利用伏秒平衡可以得到

$$(V_D - V_O)DT_s = V_O \Delta_1 T_s \tag{4-18}$$

所以输入电压与输出电压之间的关系为

$$\frac{V_O}{V_D} = \frac{D}{D + \Delta_1} \tag{4-19}$$

式中,$D + \Delta_1 < 1$。$\Delta_1$ 是由 $I_O$ 决定的,因此要消掉 $\Delta_1$,必定要利用平均输出电流 $I_O$,而 $I_O$ 等于电感电流平均值 $I_L$

$$I_O = I_L = \frac{1}{T_s} \frac{(D+\Delta_1)T_s i_{L,\text{peak}}}{2} = \frac{(D+\Delta_1)i_{L,\text{peak}}}{2} \tag{4-20}$$

由电感电流下降过程可以得到 $i_{L,\text{peak}}$ 为

$$i_{L,\text{peak}} = \frac{V_O}{L} \Delta_1 T_s \tag{4-21}$$

将式(4-21)代入式(4-20)可以得到

$$I_O = I_L = \frac{\Delta_1 (D+\Delta_1) V_O T_s}{2L} \tag{4-22}$$

将式(4-19)中的 $V_O$ 代入式(4-22)得

$$\Delta_1 = \frac{2LI_O}{DV_D T_s} = \frac{I_O}{4I_{LB,\text{max}}D} \tag{4-23}$$

将式(4-23)代入式(4-19)得

$$I_O / I_{LB,\text{max}} = \frac{4(1-V_O/V_D)}{V_O/V_D}D^2 \tag{4-24}$$

或者

$$\frac{V_O}{V_D} = \frac{D^2}{D^2 + \frac{1}{4}(I_O/I_{LB,\text{max}})} \tag{4-25}$$

式(4-25)表明 DCM 时,当 $L$、$T_s$ 等电路参数确定后,电压增益不仅仅由占空比决定,同时还由负载轻重决定。

式(4-25)确定了 Buck 变换器的外特性曲线在电流连续区和断续区的规律,而式(4-11)确定了电流连续和断续的边界,可以此画出 Buck 电路在 $V_D$=常数时的标幺外特性曲线,如图 4-10 所示。

② 标幺外特性曲线分析

从图 4-10 可以看到,Buck 电路在 $V_D$=常数时的标幺外特性曲线以 $D$ 作为横坐标,以 $\dfrac{I_O}{I_{LB,\text{max}}}$（负载电流）作为纵坐标。图中黑色抛物线为电感电流临界连续的边界,黑线内部为电流断续区,外部为电流连续区。在电流连续区,电压增益与负载电流大小无关,仅由占空比 $D$ 确定。在电流断续区,电压增益不仅由占空比决定,还与负载电流有关,黑色

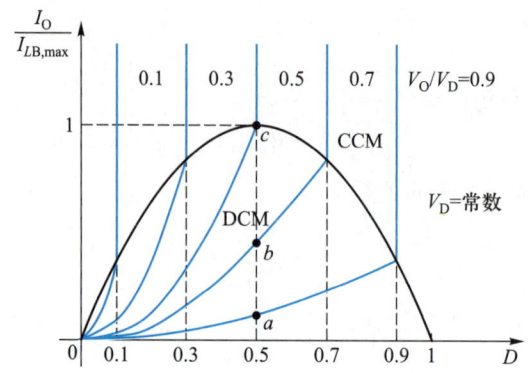

图 4-10　$V_{\mathrm{D}}$ = 常数时的 Buck 电路标幺外特性曲线

曲线内任意一点有 $\dfrac{V_{\mathrm{O}}}{V_{\mathrm{D}}} > D$。对比 DCM 区 $abc$ 三点的 $V_{\mathrm{O}}$ 值可以看出,当 $D$ 不变时,随着 $I_{\mathrm{O}}$ 的增加,输出电压 $V_{\mathrm{O}}$ 减小,可以形象地理解为:如果负载加重,而占空比不变,则输出电压被拉低,DCM 区整个外特性呈现非线性。

在其他条件不变的情况下,增加 $L$、$f_{\mathrm{s}}$,减小 $R$ 都有助于电路工作在电流连续模式下,但并不意味着 CCM 是更好的工作模式,实际上开关电源的工作区通常设计在 CCM 和 DCM 的边界,即轻载工作在 DCM,重载工作在 CCM,以达到效率、体积等的最优化。

（2）输出电压恒定（$V_{\mathrm{O}}$ = 常数）

① 基本关系

输出电压恒定不变的过程基本上与输入电压恒定的过程相同,式（4-19）仍成立。与 $V_{\mathrm{D}}$ = 常数时的推导类似,可推出 $D$ 和 $I_{\mathrm{O}}/I_{LB,\max}$ 的关系为

$$\frac{I_{\mathrm{O}}}{I_{LB,\max}} = \frac{1 - V_{\mathrm{O}}/V_{\mathrm{D}}}{\left(V_{\mathrm{O}}/V_{\mathrm{D}}\right)^{2}} D^{2} \tag{4-26}$$

图 4-11 给出了 $V_{\mathrm{O}}$ = 常数情况下的标幺外特性曲线。

② 标幺外特性曲线分析

图 4-11 中黑线表示边界,右上方为电感电流连续区域,左下方为电感电流断续区域。在其他条件不变的情况下,增加 $L$、$D$、$f_{\mathrm{s}}$,减小 $R$,有助于使电路工作在电流连续模式下。图 4-11 的横坐标和图 4-10 相同,都是占空比,但是纵坐标并不一样,图 4-10 中的 $I_{LB,\max}$ 由式（4-10）定义:$I_{LB,\max} = \dfrac{T_{\mathrm{s}} V_{\mathrm{D}}}{8L}$,而图 4-11 中的 $I_{LB,\max}$ 由式（4-13）定义:$I_{LB,\max} = \dfrac{T_{\mathrm{s}} V_{\mathrm{O}}}{2L}$。尽管

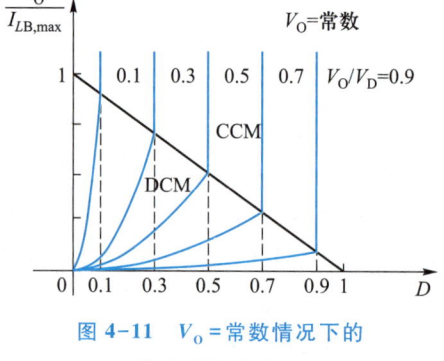

图 4-11　$V_{\mathrm{O}}$ = 常数情况下的标幺外特性曲线

图 4-10 和图 4-11 的临界曲线差别很大,但是当同时固定占空比、$V_{\mathrm{D}}$ 和 $V_{\mathrm{O}}$,改变负载电阻值大小,当电压增益相等时,图 4-10 和图 4-11 中 $I_{\mathrm{O}}$ 的临界值是相等的。

### 4.3.5 输出电压纹波脉动的分析

前面的分析假定输出滤波电容很大，认为 $i_0 = I_0$、$v_0 = V_0$，但实际上当电容值有限时，$i_0$、$v_0$ 都将含有纹波成分。为定量计算 $v_0$ 的纹波成分 $\Delta V_0$，需要假设负载电流恒定无波动为 $I_0$，在此假设下，电感电流的平均值等于 $I_0$。可以分析，当电感电流瞬时值大于 $I_0$ 时，多余的电流将给电容充电，反之电容将放电。因此，电容一直处于周期性的充放电状态，从而导致电容电压也就是输出电压存在波动，如图 4-12 所示，图中的阴影部分就是一个周期内的电容充电或者放电电荷，由此可以计算出电压脉动 $\Delta V_0$。

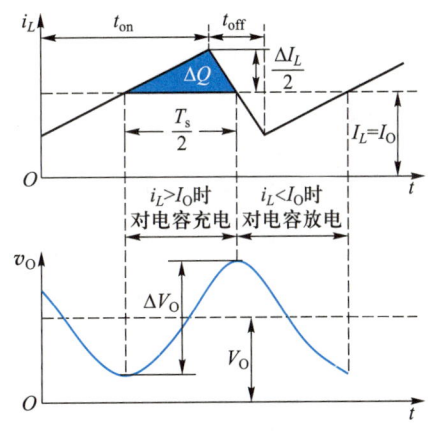

图 4-12　CCM 下输出电压脉动纹波

电容 $C$ 在一个开关周期内的充电电荷 $\Delta Q$ 为

$$\Delta Q = \frac{1}{2} \cdot \frac{\Delta I_L}{2} \cdot \frac{T_s}{2} = \frac{\Delta I_L T_s}{8} \tag{4-27}$$

从图 4-4 中 $t_{off}$ 区间可以看出 $\Delta I_L = \frac{V_0}{L}(1-D)T_s$（此处只讨论 CCM），则可计算纹波脉动电压为

$$\Delta V_0 = \frac{\Delta Q}{C} = \frac{T_s}{8C} \cdot \frac{V_0}{L}(1-D)T_s \tag{4-28}$$

比较 $\Delta V_0$ 与 $V_0$ 的大小也就是纹波率为

$$\frac{\Delta V_0}{V_0} = \frac{T_s^2}{8} \cdot \frac{1-D}{LC} = \frac{\pi^2}{2}(1-D)\left(\frac{f_c}{f_s}\right)^2 \tag{4-29}$$

式中，$f_c = \frac{1}{2\pi\sqrt{LC}}$。选定 Buck 的 $LC$ 低通滤波器的截止频率 $f_c \ll f_s$，所以纹波脉动 $\Delta V_0$ 远远小于输出电压 $V_0$，在分析中完全可以忽略纹波脉动。注意以上是在 CCM 前提下推导的公式，DCM 会让情况变得复杂，暂时不予讨论。

## 4.4　升压式（Boost）变换器

### 4.4.1　Boost 变换器的组成

**升压式变换器**（step-up/Boost converter，以下称 Boost 变换器），顾名思义，就是一种输出电压大于输入电压的直流变换器。Boost 变换器的功能是升压，因为 boost 有提升的意思，故得名 Boost 变换器。

图 4-1 所示的降压型 Buck 电路在实现电压降落的同时,也实现了电流的提升(输出电流大于输入电流)。由此想到,Boost 实现升压的同时,必然也会实现降流(分流)。而实现分流的最简单电路如图 4-13 所示,它和 Buck 电路是对偶的关系。

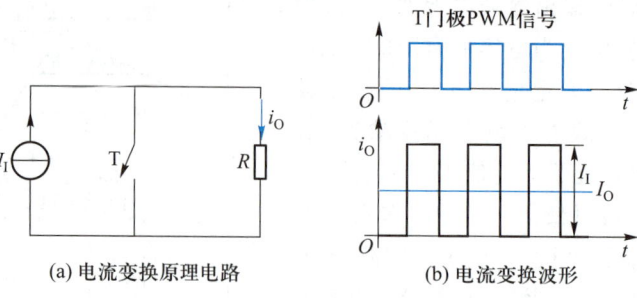

(a) 电流变换原理电路　　(b) 电流变换波形

**图 4-13　最简单的降流电路**

同理,图 4-13 也存在输出电流脉动的问题,而为了滤除电流脉动则需要设计电容滤波在输出侧与负载并联。在开关闭合后,为防止电容短路,还需要增加一个阻断二极管,所以,实际的 Boost 电路如图 4-14 所示,其中输入电压源和电感 $L$ 串联构成图 4-13 中的电源。

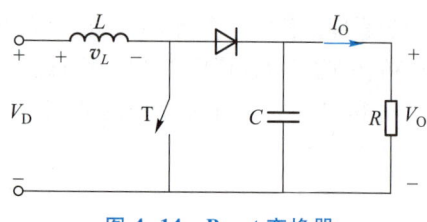

**图 4-14　Boost 变换器**

Boost 变换器所用的电力电子元件和 Buck 变换器的相同,仅电路结构不同,如图 4-14 所示。比较 Boost 电路和 Buck 电路,可以发现 Boost 变换器中电感 $L$ 在输入侧,一般称为升压电感。Buck 实现降压可能比较好理解,而 Boost 实现升压就不是非常直观了。要理解它能够升压,关键在于电感的位置,在 Buck 电路输出侧的 $L$,主要功能是实现滤波,开关关断后,$L$ 和负载侧电容、续流二极管构成续流通道。Boost 电路的 $L$ 则在输入侧,它的功能就是储存、传输能量,每次开关关断时,开通期间储存在电感中的能量就会送到输出端。而输出端如果没有负载或负载很轻,则输出侧电容能量没有释放通道或不足以释放,经过每个周期的累积,电压会自然上升。和 Buck 变换器一样,Boost 变换器也有 CCM 和 DCM 两种工作方式,下面来讨论这两种工作方式。相比 Buck 电路来讲,通常 Boost 电路的输出电压恒定,所以只讨论 Boost 电路输出电压恒定一种情况。

### 4.4.2　Boost 变换器的 CCM 模式

#### (1) 过程分析
CCM 模式下的 Boost 变换器等效电路和波形如图 4-15 所示。

① $t_{on}$:开关闭合,电源电压 $V_D$ 全部加在升压电感 $L$ 上,电感电流呈线性增长。

$$L \frac{di_L}{dt} = V_D \qquad (4-30)$$

当 $t = t_{on}$ 时,电感电流达到最大值

$$i_{L,peak} = \frac{V_D}{L} t_{on} + i_L(0) \qquad (4-31)$$

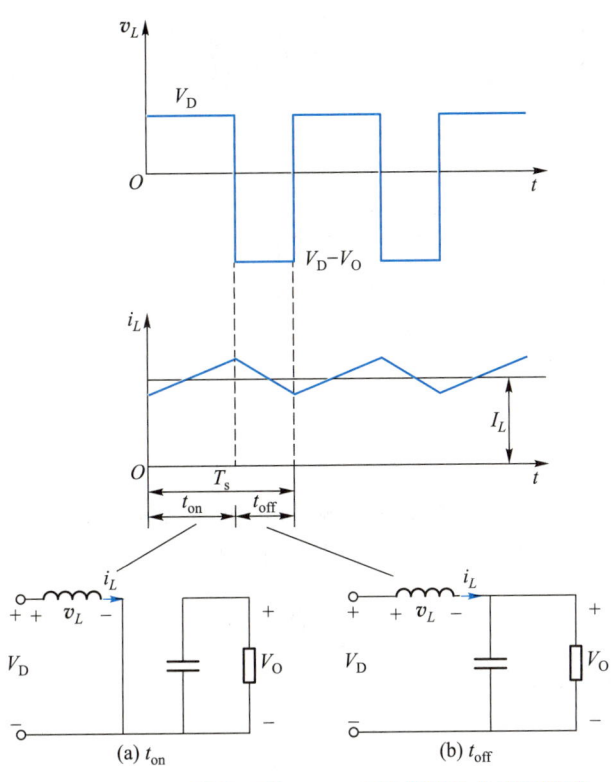

图 4-15 CCM 模式下的 Boost 变换器等效电路和波形

② $t_{off}$:开关关断,电感电流通过二极管向输出侧流动,电源功率和电感储能向负载和电容转移,给电容充电。此时加在 $L$ 上的电压为 $V_D - V_O$,因为 $V_D < V_O$,故电感电流线性减小

$$L \frac{\mathrm{d}i_L}{\mathrm{d}t} = V_D - V_O \tag{4-32}$$

当 $t = T_s$ 时,电感电流为最小值,等于 $i_L(0)$,同时又进入下一个开关周期,$i_L$ 波形如图 4-15 所示。

**(2) 基本关系**

由伏秒平衡可知

$$V_D t_{on} = (V_O - V_D) t_{off} = (V_O - V_D)(T_s - t_{on}) \tag{4-33}$$

上式可化简为

$$\frac{V_O}{V_D} = \frac{T_s}{T_s - t_{on}} = \frac{1}{1 - D} \tag{4-34}$$

在忽略功率损耗的前提下,输入功率 $P_D$ 与输出功率 $P_O$ 相等,即 $V_D I_D = V_O I_O$,所以输入电流和输出电流的关系为

$$\frac{I_O}{I_D} = \frac{V_D}{V_O} = 1 - D \tag{4-35}$$

### 4.4.3 临界模式分析

图 4-16 是临界模式下的 Boost 变换器电感电流波形。此时,根据图形可看出电感电

流的平均值为 $I_{LB}=\dfrac{1}{2}i_{L,\text{peak}}=\dfrac{V_D}{2L}t_{on}$，将式（4-35）代入可得

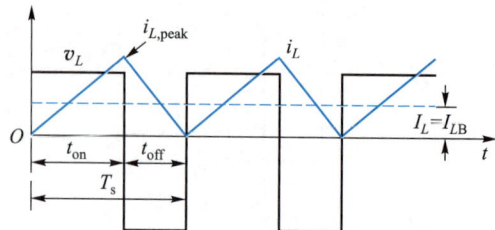

图 4-16　临界模式下的 Boost 变换器电感电流波形

$$I_{LB}=\frac{1}{2}i_{L,\text{peak}}=\frac{V_D}{2L}t_{on}=\frac{T_sV_O}{2L}D(1-D) \tag{4-36}$$

在 Boost 变换器中，因为电感在输入侧，所以电感电流 $I_L$ 和输入电流 $I_D$ 大小相同。由式（4-35）和式（4-36）可推知输出电流的平均值为

$$I_{OB}=\frac{T_sV_O}{2L}D(1-D)^2 \tag{4-37}$$

从式（4-36）可得，当 $D=0.5$ 时，$I_{LB}$ 有最大值

$$I_{LB,\text{max}}=\frac{T_sV_O}{8L} \tag{4-38}$$

此时，$I_{LB}$ 可以表示为

$$I_{LB}=4D(1-D)I_{LB,\text{max}} \tag{4-39}$$

同样，当 $D=\dfrac{1}{3}$ 时，$I_{OB}$ 有最大值

$$I_{OB,\text{max}}=\frac{2}{27}\cdot\frac{T_sV_O}{L} \tag{4-40}$$

则 $I_{OB}$ 可以表示为

$$I_{OB}=\frac{27}{4}D(1-D)^2I_{OB,\text{max}} \tag{4-41}$$

当 $V_O$ 恒定的时候，$I_{OB}$、$I_{LB}$ 与 $D$ 的关系如图 4-17 所示。

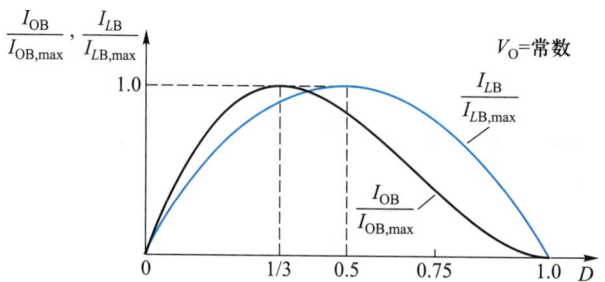

图 4-17　$V_O$ 恒定时 Boost 电路 $I_{OB}$、$I_{LB}$ 与 $D$ 的关系

对于给定的占空比 $D$，当输出电压 $V_O$ 恒定的时候，若输出电流小于 $I_{OB}$（这个时候电感电流也小于 $I_{LB}$），那么 Boost 变换器就进入了 DCM 模式。

**例题 4-2**    在理想 Boost 变换器中,输出电压保持为 24 V 不变。设输入电压 $V_D$ 在 8~16 V 之间变化,输出功率 $P_O \geqslant 10$ W,开关频率 $f_s$ 为 40 kHz,电容 $C$ 为 470 μF。在此条件下,计算能使该变换器工作在连续导通模式下的最小电感 $L$。

**答:** 临界电流可以计算为

$$I_{LB} = \frac{1}{2} i_{L,\text{peak}} = \frac{V_O T_s D(1-D)}{2L}$$

$$I_{OB} = (1-D) I_{LB} = \frac{V_O T_s D(1-D)^2}{2L}$$

负载最轻时输出电流为

$$I_O = \frac{P_O}{V_O} = \frac{10}{24}$$

连续模式要求 $I_{OB} \leqslant I_O$,则有 $\dfrac{V_O T_s D(1-D)^2}{2L} \leqslant \dfrac{10}{24}$,则 $L \geqslant \dfrac{V_O T_s D(1-D)^2 \times 24}{2 \times 10}$,当 $V_D =$ 8 V时,$D = \dfrac{2}{3}$,$L \geqslant 53.3$ μH;当 $V_D = 16$ V 时,$D = \dfrac{1}{3}$,$L \geqslant 106.7$ μH,所以,工作在连续模式下的最小电感为 106.7 μH。

## *4.4.4  Boost 变换器的 DCM 模式

图 4-18 是 Boost 变换器在 DCM 模式下的等效电路。下面分析 DCM 模式下的开通和关断过程。

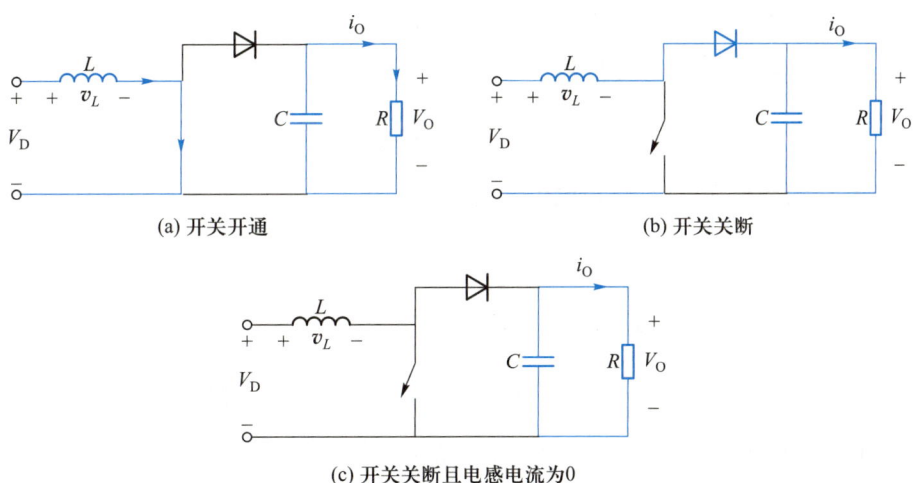

(a) 开关开通          (b) 开关关断

(c) 开关关断且电感电流为0

**图 4-18  Boost 变换器在 DCM 模式下的等效电路**

图 4-19 给出了 DCM 模式下的 Boost 变换器电感电压与电感电流的主要波形。

在开关开通期间,电感电流从 0 开始增加

$$i_L = \frac{V_D}{L} t \tag{4-42}$$

121

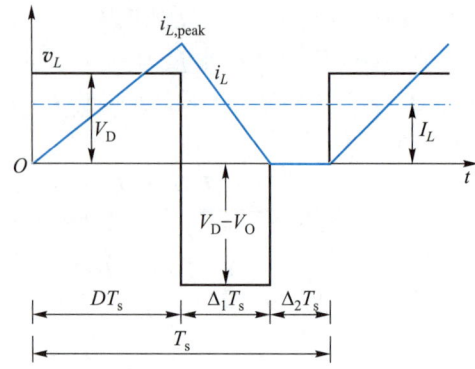

图 4-19　DCM 模式下的 Boost 变换器电感电压
与电感电流的主要波形

当 $t=t_\mathrm{on}=DT_\mathrm{s}$ 时,电感电流达到最大值

$$i_{L,\mathrm{peak}}=\frac{V_\mathrm{D}}{L}DT_\mathrm{s}\tag{4-43}$$

在开关关断期间,电感电流先线性下降,并且在 $(D+\Delta_1)T_\mathrm{s}$ 时刻减少到 0

$$i_L=\frac{V_\mathrm{D}-V_\mathrm{O}}{L}(t-DT_\mathrm{s})+i_{L,\mathrm{peak}}=\frac{V_\mathrm{O}DT_\mathrm{s}}{L}+\frac{V_\mathrm{D}-V_\mathrm{O}}{L}t\tag{4-44}$$

当 $t=T_\mathrm{s}$ 时,进入下一个开关周期。

前面提到,Boost 变换器通常用于 $V_\mathrm{O}=$ 常数的情况,所以下面的讨论将以此为前提。

由图 4-19 和电流持续期间的伏秒平衡可得

$$V_\mathrm{D}DT_\mathrm{s}+(V_\mathrm{D}-V_\mathrm{O})\Delta_1 T_\mathrm{s}=0\tag{4-45}$$

所以,输入电压与输出电压之间的关系为

$$\frac{V_\mathrm{O}}{V_\mathrm{D}}=\frac{D+\Delta_1}{\Delta_1}=1+\frac{D}{\Delta_1}\tag{4-46}$$

由 $V_\mathrm{D}I_\mathrm{D}=V_\mathrm{O}I_\mathrm{O}$ 得到输入电流、输出电流之间的关系为

$$\frac{I_\mathrm{O}}{I_\mathrm{D}}=\frac{\Delta_1}{D+\Delta_1}\tag{4-47}$$

从图 4-19 可以看出,平均电感电流或者说平均输入电流的大小为

$$I_\mathrm{D}=I_L=\frac{1}{2}i_{L,\mathrm{peak}}(D+\Delta_1)T_\mathrm{s}/T_\mathrm{s}=\frac{V_\mathrm{D}}{2L}DT_\mathrm{s}(D+\Delta_1)\tag{4-48}$$

由式(4-47)和式(4-48)可推知,平均输出电流为

$$I_\mathrm{O}=\left(\frac{T_\mathrm{s}V_\mathrm{D}}{2L}\right)D\Delta_1\tag{4-49}$$

解得

$$\Delta_1=\frac{2LI_\mathrm{O}}{T_\mathrm{s}V_\mathrm{D}D}\tag{4-50}$$

将 $\Delta_1$ 代入式(4-46)得到

$$\frac{V_O}{V_D} = 1 + \frac{D^2 T_s V_D}{2LI_O} = 1 + \frac{D^2 T_s V_O}{2LI_O} \cdot \frac{V_D}{V_O} \tag{4-51}$$

两边同乘以$\dfrac{V_O}{V_D}$,得到

$$\left(\frac{V_O}{V_D}\right)^2 = \frac{V_O}{V_D} + \frac{D^2 T_s V_O}{2LI_O} \tag{4-52}$$

再将式(4-40)中的$I_{OB,\max} = \dfrac{2}{27} \cdot \dfrac{T_s V_O}{L}$代入上式,可以推出外特性关系

$$\frac{I_O}{I_{OB,\max}} = \frac{27}{4V_O/V_D(V_O/V_D - 1)}D^2 \tag{4-53}$$

图 4-20 是 Boost 电路 $V_O$=常数情况下的标幺外特性曲线。图中的黑线表示边界,下方是电感电流断续区域,上方是电感电流连续区域。在电流连续区,输出电压与负载电流大小无关,仅由占空比 $D$ 确定。在电流断续区,电压增益不仅由 $D$ 决定,还由负载决定,并有$\dfrac{V_O}{V_D} > \dfrac{1}{1-D}$。

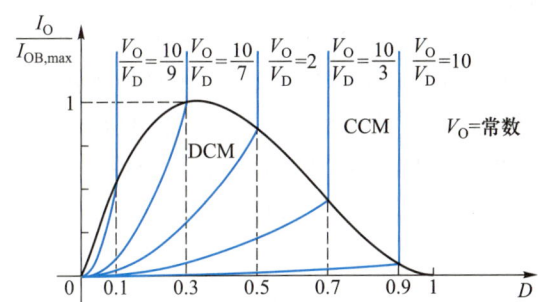

图 4-20　Boost 电路 $V_O$=常数情况下的标幺外特性曲线

与 4.3.4 节中 Buck 变换器标幺外特性分析类似,在其他条件不变的情况下,增加 $L$、$f_s$,减小 $R$(即增加负载)和改变 $D$ 都有助于电路工作在电流连续模式下。值得注意的是,在一个开关周期内,电感 $L$ 都有一个储能和能量通过二极管释放的过程,在 DCM 下,每一次有$\dfrac{L}{2}i_{L,\text{peak}}^2 = \dfrac{(V_D D T_s)^2}{2L}$的能量传输到电容和负载。因此,如果该变换器没有接负载,或者负载较小,则这部分能量不能被消耗掉,必会使 $V_O$ 不断升高,最后导致器件损坏。这是 Boost 变换器和 Buck 变换器的本质不同点。没有电压闭环调节的 Boost 变换器不能用于输出端开路工作的情况。

### *4.4.5　寄生参数对 Boost 变换器的影响

前面的分析中,默认电感、电容、二极管、开关都是理想元件,忽略了其中电阻、电感、电容等寄生参数的影响。

如图 4-21 所示,黑线为 Boost 变换器的理想电压增益曲线。由于寄生电阻等的损耗,

实际的电压增益曲线如图中蓝线所示,随着占空比 $D$ 接近于 1,电压增益 $V_0/V_D$ 甚至趋近于

0。当 $D$ 在 0.75 附近的时候,$V_0/V_D$ 有最大值。由于 $D$ 增大,寄生参数的消耗增大,为获得额定输出 $P_0 = V_0 I_0$,开关的电压电流应力 $V_T$、$I_T$ 都会增大(即开关耗散功率 $P_T = V_T I_T$ 增大),Boost 变换器的开关利用率 $P_0/P_T$ 显著降低。在实际应用中,一般会限制电压增益来保证较高的开关利用率。4.5 节将要讨论的 Buck-Boost 电路与 Boost 电路类似,实际应用中也要限制电压增益。

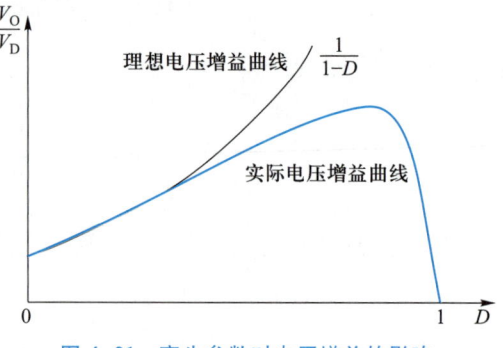

图 4-21  寄生参数对电压增益的影响

## 4.4.6  输出纹波电压脉动的分析

与 Buck 电路电感在输出侧不同,Boost 变换器的电感在输入侧,所以其输出侧的电流也就是二极管的电流脉动比较大,如图 4-22 所示。开关闭合时,输出侧二极管电流为零,此时负载电流由电容提供;而开关关断时,二极管电流突升到最大值,然后开始线性减小。假设二极管电流的纹波成分全部流过电容,而平均值流过负载电阻,则二极管电流如果大于负载电流,多余的电流会给电容充电,反之电容会放电补充。以上充放电过程将会导致电容电压也就是输出电压脉动,以 Boost 变换器的 CCM 模式为例来计算输出电压脉动(与 Buck 电路一样,DCM 模式会比较复杂)。

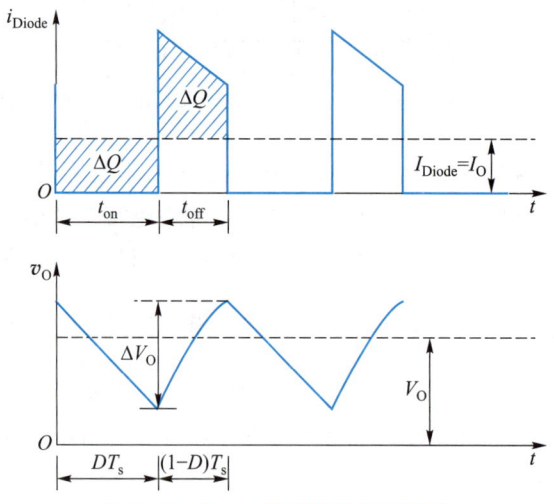

图 4-22  Boost 电路输出电压脉动

如图 4-22 所示,电容在一个周期内的充电电荷 $\Delta Q$ 为

$$\Delta Q = I_0 D T_s \tag{4-54}$$

由式(4-55)可以计算出纹波电压

$$\Delta V_0 = \frac{\Delta Q}{C} = \frac{I_0 D T_s}{C} = \frac{V_0 D T_s}{RC} \tag{4-55}$$

比较 $\Delta V_0$ 与 $V_0$ 的大小

$$\frac{\Delta V_0}{V_0} = \frac{DT_s}{RC} = \frac{DT_s}{\tau} \tag{4-56}$$

如果 $\tau = RC$ 很大，那么纹波电压远远小于输出电压，此时可以忽略纹波电压，实际情况也是如此。

需要注意，图 4-22 中为简单起见，默认 $t_{off}$ 末端 $i_{Diode}$ 仍然大于 $I_0$，故可以用式（4-54）来计算 $\Delta Q$，但通常需要先判断该条件是否成立，如果不成立，则计算过程会变得比较复杂，具体可参考习题 6。

# 4.5 升降压（Buck-Boost）变换器

## 4.5.1 Buck-Boost 变换器的组成

升降压变换器（Buck-Boost converter，以下称 Buck-Boost 变换器）是输出电压 $V_0$ 既可以低于也可高于输入电压 $V_D$ 的变换器。其主电路与 Buck 或 Boost 变换器元器件相同，也是由开关、二极管、电感和电容四个器件构成，如图 4-23 所示。与 Buck 和 Boost 不同的是，其输出电压与输入电压相反。

Buck-Boost 变换器实际上是由 Buck 电路串联 Boost 电路得到的。

如图 4-24 所示，首先用单刀双掷开关（single pole double throw，SPDT）来简化 Buck-Boost 变换器。设想电感连接一个单刀双掷开关，开关闭合时电感连接输入电源，定义为双掷位置 1，而开关断开时电感连接二极管，定义为双掷位置 2。

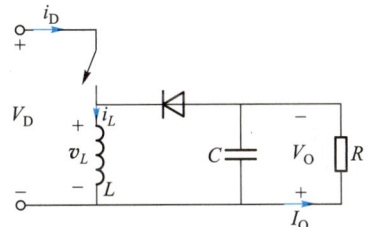

图 4-23 Buck-Boost 变换器电路图

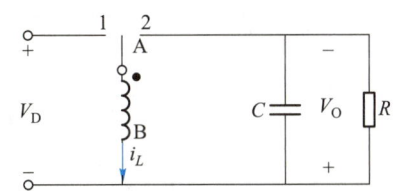

图 4-24 用 SPDT 简化的 Buck-Boost 电路

可以用同样的方法，用 SPDT 来简化 Buck 和 Boost 电路，如图 4-25 所示。

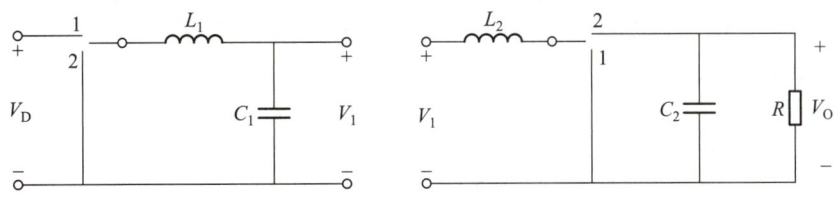

图 4-25 Buck 电路简化图（左）与 Boost 电路简化图（右）

位置 1 表示开关导通，电感连接输入电源，位置 2 表示开关关断，电感与二极管连接，然后将 Buck 电路和 Boost 电路顺向串联在一起，如图 4-26 所示。

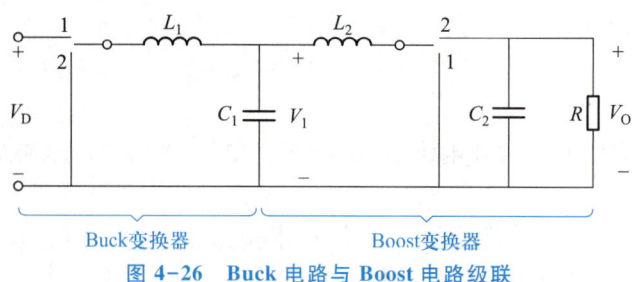

图 4-26　Buck 电路与 Boost 电路级联

$C_1$ 从 Buck 电路的输出端变到了中间侧,在电路达到稳态后,$C_1$ 输入电流平均值为零,故 $C_1$ 可以去掉,之后把电感 $L_1$ 和 $L_2$ 合并成一个电感 $L$,如图 4-27 所示。

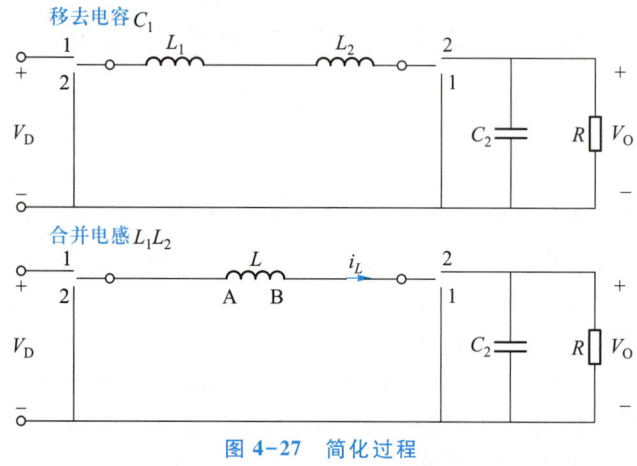

图 4-27　简化过程

显然,当开关置于 1 时,图 4-27 的等效电路如图 4-28(a)所示,当开关置于 2 时,等效电路如图 4-28(b)所示。置 1 或置 2 时,电流均从 A 流入,B 流出。

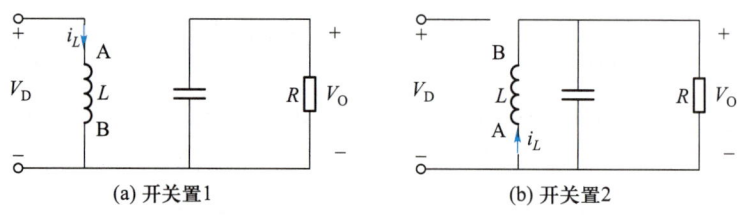

(a) 开关置1　　　　　　　　　(b) 开关置2

图 4-28　开关置于 1、2 位置时的等效电路图

为了让两种状态下的 AB 端处于同一位置,从而与 Buck-Boost 电路的等效电路对等,可将图 4-28(b)的电路倒置,得到图 4-29(b)所示电路,这也是 Buck-Boost 电路输出电压极性与输入相反的原因。

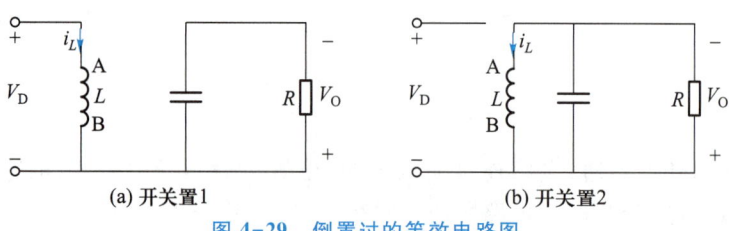

(a) 开关置1　　　　　　　　　(b) 开关置2

图 4-29　倒置过的等效电路图

图 4-29 所示电路表示合成后的电路在开关导通时,电感连接输入,而开关断开时,电感连接输出,这与图 4-24 所示的 Buck-Boost 电路的 SPDT 简化电路完全一致,所以,Buck 电路顺向串联 Boost 电路即可得到 Buck-Boost 电路。

由级联的特性可知,级联后的电压增益 $M$ 等于两个电路电压增益的乘积,即 $M = M_1 M_2$。在 CCM 模式下,Buck 电路的电压增益 $M_1 = D$,Boost 电路的电压增益 $M_2 = \dfrac{1}{1-D}$。故而可得 CCM 模式下 Buck-Boost 电路的电压增益 $M = \dfrac{D}{1-D}$。当然,通过伏秒或安秒平衡也可以很容易推导出 Buck-Boost 电路的电压增益。

### 4.5.2 Buck-Boost 变换器的 CCM 模式

#### (1) 过程分析

CCM 模式下的 Buck-Boost 变换器等效电路和波形如图 4-30 所示。

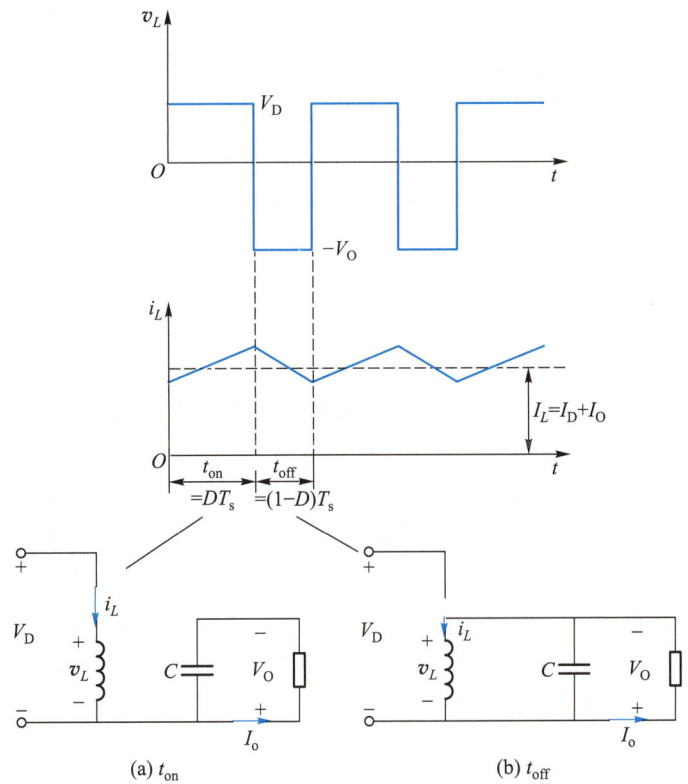

图 4-30 CCM 模式下的 Buck-Boost 变换器等效电路和波形

① $t_{on}$:开关闭合,电源电压 $V_D$ 全部加在升压电感 $L$ 上,电感电流呈线性增长。

$$L \frac{\mathrm{d}i_L}{\mathrm{d}t} = V_D \tag{4-57}$$

127

当 $t=t_{on}$ 时，电感电流达到最大值

$$i_{L,peak}=\frac{V_D}{L}t_{on}+i_L(0) \tag{4-58}$$

② $t_{off}$：开关关断，电感电流通过二极管续流，电感储能向负载和电容转移。此时加在 $L$ 上的电压为 $-V_O$，电感电流线性减小

$$L\frac{di_L}{dt}=-V_O \tag{4-59}$$

当 $t=T_s$ 时，电感电流为最小值，等于 $i_L(0)$，同时又进入下一个开关周期，$i_L$ 波形如图 4-31 所示。

（2）基本关系

由伏秒平衡可知

$$V_D DT_s+(-V_O)(1-D)T_s=0 \tag{4-60}$$

上式可化简为

$$\frac{V_O}{V_D}=\frac{D}{1-D} \tag{4-61}$$

结果与 4.5.1 节中推出的结果相同。

在忽略功率损耗的前提下，输入功率 $P_D$ 与输出功率 $P_O$ 相等，即 $V_D I_D=V_O I_O$，所以，输入电流和输出电流的关系为

$$\frac{I_O}{I_D}=\frac{V_D}{V_O}=\frac{1-D}{D} \tag{4-62}$$

从 Buck-Boost 变换器的基本工作原理来看，它更接近于 Boost 变换器。与 Boost 变换器输入电源和电感同时给负载供电的状态不同的是，Buck-Boost 输入输出的能量传递完全依靠中间电感。

Buck-Boost 变换器的电感位于中间，所以对于输入输出的电流脉动和输出纹波电压均无法起到抑制作用，这是 Buck-Boost 变换器的主要缺点，下节将学习到的 Cuk 变换器正是为了解决 Buck-Boost 变换器的这个缺点而提出的。反观 Buck 变换器，其电感在输出侧，电感电流就是负载电流，因此 $i_L$ 脉动较小，输出电压 $V_O$ 脉动也比较小，如图 4-12、式（4-29）所示。Boost 变换器的电感在输入侧，输入电流脉动较小，但如图 4-22 所示，输出电流也就是二极管电流却脉动很大。如式（4-55）所示，Boost 电路电感对于输出电压纹波没有抑制作用，而 Buck-Boost 变换器的电感在中间，所以输入输出电流的脉动都很大，同时对于输出电压脉动无抑制作用。

### 4.5.3　临界模式分析

图 4-31 是 Buck-Boost 变换器临界模式时的电感电流波形。

临界模式时，电感电流的平均值为

$$I_{LB}=\frac{1}{2}i_{L,peak}=\frac{V_D}{2L}t_{on}=\frac{T_s V_D}{2L}D=\frac{V_O}{2L}t_{off}=\frac{T_s V_O}{2L}(1-D) \tag{4-63}$$

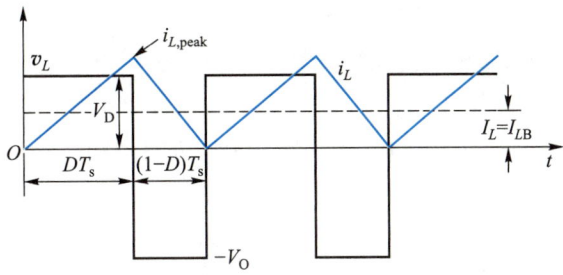

图 4-31 Buck-Boost 变换器临界模式时的电感电流波形

由图 4-23 可知,在 Buck-Boost 变换器中,电感电流、输入电流和输出电流有如下关系

$$I_O = I_L - I_D \qquad (4-64)$$

将式(4-62)代入式(4-64)可以得到

$$I_O = (1-D)I_L \qquad (4-65)$$

由式(4-63)与式(4-65),可以得到用 $V_O$ 表示的临界模式下平均输出电流

$$I_{OB} = \frac{T_s V_O}{2L}(1-D)^2 \qquad (4-66)$$

由式(4-63)、式(4-66)可得,当 $D=0$ 时,$I_{LB}$、$I_{OB}$ 同时取得最大值

$$I_{LB,max} = \frac{T_s V_O}{2L} \qquad (4-67)$$

$$I_{OB,max} = \frac{T_s V_O}{2L} \qquad (4-68)$$

此时,$I_{LB}$、$I_{OB}$ 可以分别表示为

$$I_{LB} = I_{LB,max}(1-D) \qquad (4-69)$$

$$I_{OB} = I_{OB,max}(1-D)^2 \qquad (4-70)$$

当输出电压 $V_O$ 恒定的时候,对于给定的占空比 $D$,若输出电流小于 $I_{OB}$(这个时候电感电流也小于 $I_{LB}$),那么 Buck-Boost 变换器进入 DCM 模式。

当 $V_O$ 恒定的时候,$I_{OB}$、$I_{LB}$ 与 $D$ 的关系如图 4-32 所示。

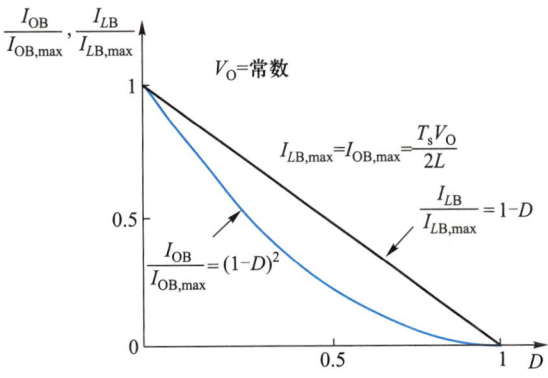

图 4-32 $V_O$ 恒定,临界模式时 $I_{OB}$、$I_{LB}$ 与 $D$ 的关系

### *4.5.4  Buck−Boost 变换器的 DCM 模式

图 4-33 是 Buck−Boost 变换器在 DCM 模式下的等效电路。

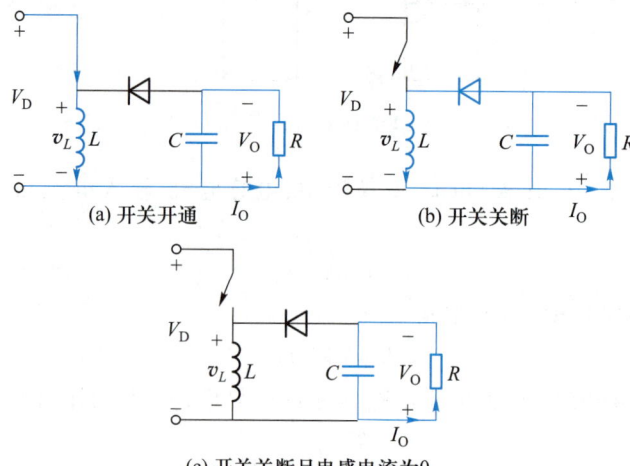

图 4-33  DCM 模式的等效电路图

下面分析 DCM 模式下的开通和关断过程。

图 4-34 给出了 DCM 模式下的 Buck−Boost 变换器电感电压与电感电流的波形。

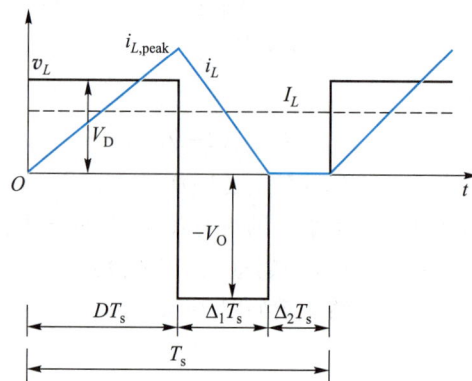

图 4-34  DCM 模式下的 Buck−Boost 变换器电感电压与电感电流的波形

在开关开通期间,电感电流从 0 开始增加

$$i_L = \frac{V_D}{L} t \tag{4-71}$$

当 $t = t_{on} = DT_s$ 时,电感电流达到最大值

$$i_{L,peak} = \frac{V_D}{L} DT_s \tag{4-72}$$

在开关关断期间,电感电流先线性下降,并且在 $(D+\Delta_1)T_s$ 时刻减少到 0。

$$i_L = \frac{-V_O}{L}(t - DT_s) + i_{L,peak} = \frac{V_O + V_D}{L} DT_s - \frac{V_O}{L} t \tag{4-73}$$

当 $t=T_s$ 时,进入下一个开关周期。

Buck-Boost 变换器通常用于 $V_O$ =常数的情况,下面的讨论将以此为前提。

电流持续期间,由伏秒平衡可以得到

$$(-V_O)\Delta_1 T_s + V_D D T_s = 0 \tag{4-74}$$

那么,输入电压与输出电压之间的关系为

$$\frac{V_O}{V_D} = \frac{D}{\Delta_1} \tag{4-75}$$

由 $V_D I_D = V_O I_O$ 得到输入电流、输出电流之间的关系

$$\frac{I_O}{I_D} = \frac{\Delta_1}{D} \tag{4-76}$$

从图 4-34 可以看出,平均电感电流的大小为

$$I_L = \frac{V_D T_s}{2L} D(D+\Delta_1) \tag{4-77}$$

又有 $I_O = I_L - I_D$,可以结合式(4-76)、式(4-77)得到

$$I_O = \frac{V_D T_s}{2L} D\Delta_1 \Rightarrow \Delta_1 = \frac{2L I_O}{D V_D T_s} \tag{4-78}$$

把上式中的 $\Delta_1$ 代入式(4-75),得到

$$D = \sqrt{\frac{V_O}{V_D} I_O \frac{2L}{T_s V_D}} = \sqrt{\frac{V_O}{V_D} I_O \frac{2L}{T_s V_O} \frac{V_O}{V_D}} = \frac{V_O}{V_D} \sqrt{I_O \frac{2L}{T_s V_O}} \tag{4-79}$$

再将式(4-68)的 $I_{OB,max} = \dfrac{T_s V_O}{2L}$ 代入上式,推出外特性关系

$$\frac{I_O}{I_{OB,max}} = \left(\frac{V_D}{V_O}\right)^2 D^2 \tag{4-80}$$

图 4-35 是当 $V_O$ =常数时的标幺外特性曲线。图中的黑线表示边界,左半边是电感电流断续区域,右边是电感电流连续区域。在电流连续区,输出电压与负载电流大小无

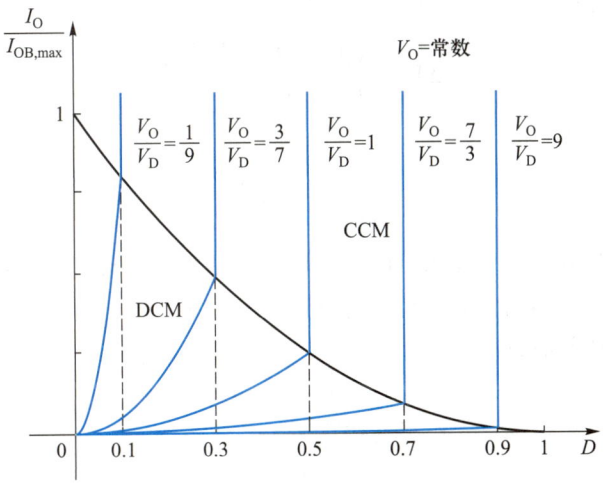

图 4-35 当 $V_O$ =常数时的标幺外特性曲线

131

关,仅由占空比 $D$ 确定;而在电流断续区,电压增益不仅仅由占空比 $D$ 决定,同时受到负载影响,并有 $\dfrac{V_\mathrm{O}}{V_\mathrm{D}} > \dfrac{D}{1-D}$。

与前两种变换器类似,在其他条件不变的情况下,增加 $L$、$f_\mathrm{s}$、$D$,减小 $R$(增加负载)都有助于电路工作在电流连续模式下。

### *4.5.5  输出纹波电压脉动的分析

以 Buck-Boost 变换器的 CCM 模式为例来计算输出电压脉动。如图 4-36 所示,假定二极管电流 $i_\mathrm{D}$ 的纹波成分流经电容,而其平均电流流经负载。

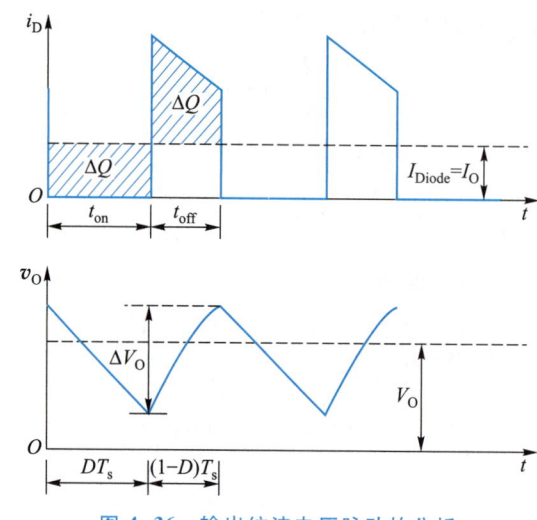

图 4-36  输出纹波电压脉动的分析

图 4-36 中的阴影部分就是电容在一个周期内的充放电电荷。

$$\Delta Q = I_\mathrm{O} D T_\mathrm{s} \tag{4-81}$$

由上式计算出纹波电压

$$\Delta V_\mathrm{O} = \frac{\Delta Q}{C} = \frac{I_\mathrm{O} D T_\mathrm{s}}{C} = \frac{V_\mathrm{O} D T_\mathrm{s}}{RC} \tag{4-82}$$

比较 $\Delta V_\mathrm{O}$ 与 $V_\mathrm{O}$ 的大小

$$\frac{\Delta V_\mathrm{O}}{V_\mathrm{O}} = \frac{D T_\mathrm{s}}{RC} = \frac{D T_\mathrm{s}}{\tau} \tag{4-83}$$

结果与 Boost 电路相同,$L$ 因为在中间,所以对于纹波没有影响,只能通过增加 $RC$ 时间常数来减小纹波电压。如果 $\tau = RC$ 很大,那么纹波电压远远小于输出电压,此时可以忽略纹波电压,实际情况也是如此。

### 4.5.6  三种变换器拓扑的比较

至此为止,已经学习了 DC—DC 变换器中三种最为经典的拓扑,如图 4-37 所示,其中 Buck 和 Boost 是最基本的，其他所有 DC—DC 拓扑，甚至是下章将要学习的 DC—AC 拓扑都可以从这两种拓扑派生和演化出来。下面来比较分析这三种拓扑的异同。

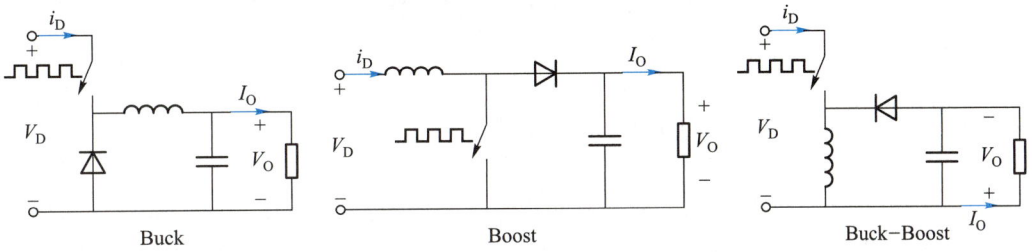

图 4-37  **Buck、Boost 和 Buck-Boost 变换器的电路图**

其实能实现升降压的电路远不止上述三种，当调换二极管、电感或者开关的位置时，可以演化出很多 DC—DC 拓扑，例如图 4-38 所示，它们同样能实现 Buck-Boost 电路功能。同理，可以演化出众多和 Buck、Boost 电路具有相同功能的电路，但是为什么上述三种电路能成为经典的 DC—DC 电路呢？原因在于，上述三个电路的输入输出侧具有公共的电压参考点，而类似于图 4-38 电路，虽然也能实现相同的功能，但却不具备公共的电压参考点。

如果输入输出具备了公共参考点，且电容必须放在输出侧，那么 Buck、Boost、Buck-Boost 电路的电感、功率管、二极管就只有输入、输出、中间三个位置可以摆放。因而，可以方便地通过电感的位置来判断三种拓扑。当电感在中间与公共端相连，则是 Buck-Boost 变换器电路；当电感在输入侧与电压源相连，则是

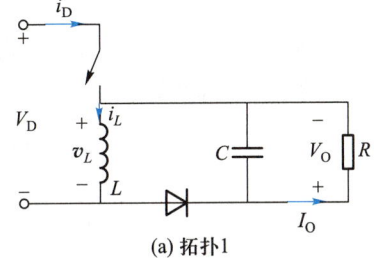

(a) 拓扑1

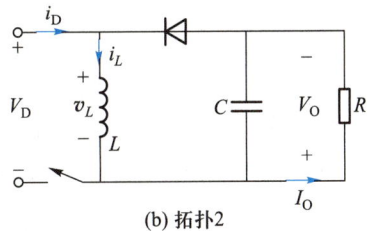

(b) 拓扑2

图 4-38  **无公共参考点的 Buck-Boost 功能变换器拓扑**

Boost 变换器电路；当电感在输出侧与输出端相连，则是 Buck 变换器电路，如图 4-39 所示。

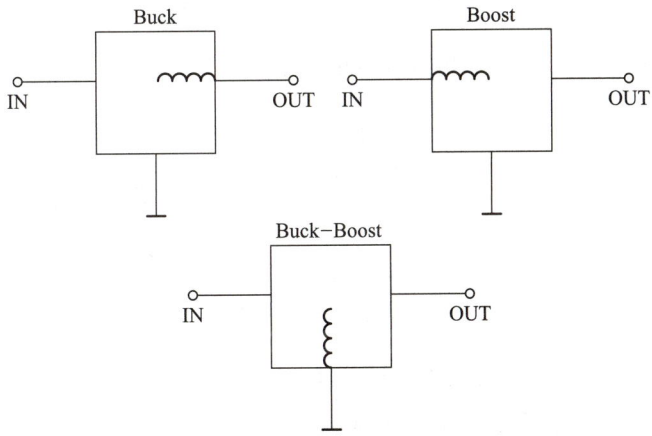

图 4-39  **电感位置、连接方式与电路拓扑结构**

# 4.6　Cuk 变换器

### 4.6.1　Cuk 变换器的组成与对偶性

Buck-Boost 变换器既可以实现升压也可以实现降压,但是由于 Buck-Boost 变换器的电感在中间,故输入和输出电流的脉动都很大。针对 Buck-Boost 变换器的这个缺点,美国加州理工学院 Slobodan Cuk 教授提出了 Cuk 变换器。Cuk 变换器最初的想法是在输入输出侧都设计电感以抑制两侧的电流纹波。显然,能量在两个电感之间传递是不合理的,所以,Cuk 变换器在输入输出电感之间又设计了一个直流电容进行能量传递。图 4-40 所示是 Cuk 变换器的雏形。

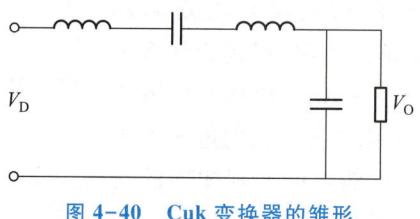

图 4-40　Cuk 变换器的雏形

再把开关和二极管放入电路则得到如图 4-41 所示完整的 Cuk 变换器。与 Buck-Boost 变换器相同,Cuk 变换器的输出电压 $V_O$ 极性和输入电压 $V_D$ 也是相反的。

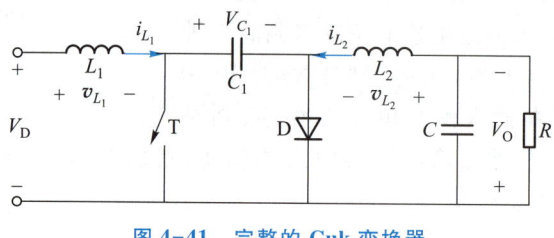

图 4-41　完整的 Cuk 变换器

如果用 SPDT 则可以把 Cuk 变换器简化为图 4-42 所示电路。

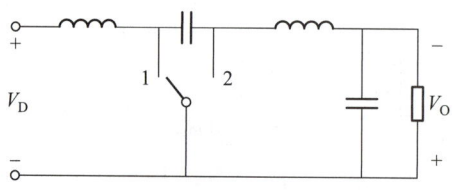

图 4-42　Cuk 变换器的 SPDT 简化电路

图 4-42 表明 Cuk 变换器依靠中间电容进行能量传递,而 Buck-Boost 变换器依靠中间电感进行能量传递,由此想到 Cuk 变换器和 Buck-Boost 变换器存在着对偶关系。

图 4-43 是 Buck-Boost、Cuk 变换器的简化电路。图中将电感用电流源、电容用电压

源代替后,很容易理解它们的对偶关系。Cuk 变换器输入输出为电流源,中间是电压源,而 Buck-Boost 电路则相反,输入输出为电压源,中间是电流源。

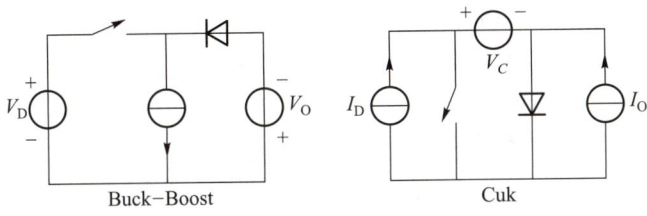

图 4-43 等效后的 Buck-Boost 和 Cuk 变换器

实际上,对偶在 DC—DC 变换器中很常见。将电容等效成电压源,电感等效成电流源,电容和电感是一对对偶元件,正如电压源与电流源是一对对偶元件。这样,可以得到 Buck、Boost、Buck-Boost 和 Cuk 变换器的等效电路,如图 4-44 所示。可以很清楚地看到 Buck 和 Boost 变换器对偶,Buck-Boost 和 Cuk 变换器对偶。这种对偶关系在电力电子技术中是很常见且有趣的,例如同一个全桥逆变器既可以实现逆变模式也可以实现整流模式,这两种模式可以分别等效为 Buck 变换器和 Boost 变换器,所以这两种工作模式也是对偶的。从图 4-44 中还可以分析出另外一个结论:无论是哪种变换器,能量一般是在电压源和电流源之间传递。

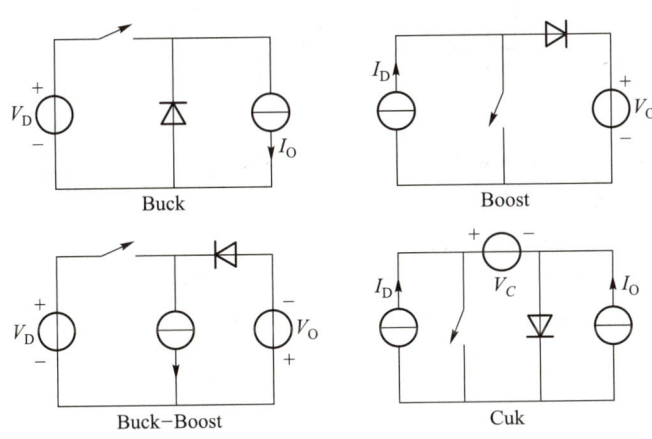

图 4-44 DC—DC 中的对偶关系

### 4.6.2 Cuk 变换器的工作原理

（1）过程分析

Cuk 变换器在不同开关状态下的等效电路和波形如图 4-45 所示。在分析之前,先给出一个假设,电容 $C_1$ 的容量很大,变换器在稳态工作时,$C_1$ 的电压基本保持稳定。

① $t_{off}$:开关断开,二极管续流,Cuk 变换器以二极管为界分为左右两个回路,两侧回路电感电流 $i_{L_1}$、$i_{L_2}$,均流过 D。左侧回路中的电源电压 $V_D$ 和 $L_1$ 串接,通过 D 一起给 $C_1$ 充电。因 $V_{C_1}>V_D$,而使 $i_{L_1}$ 下降。右边回路电感 $L_2$ 也通过 D 放电供给负载,所以 $i_{L_2}$ 也下降。

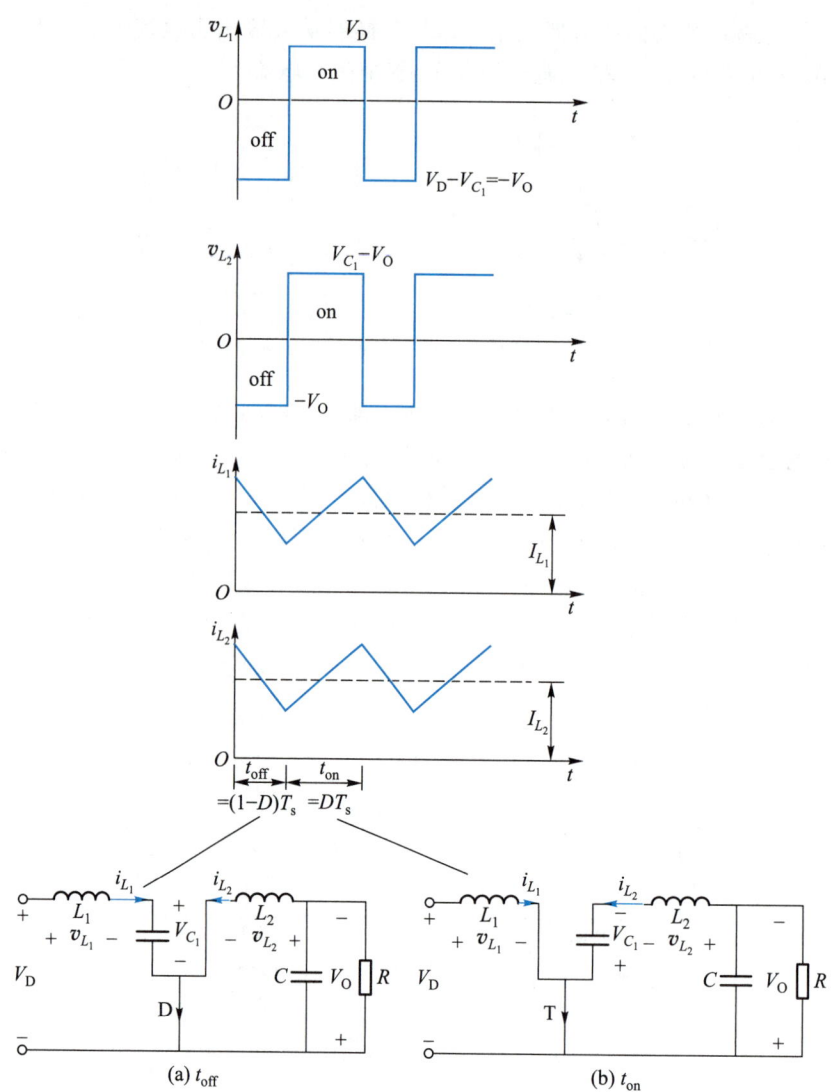

图 4-45　Cuk 变换器在不同开关状态下的等效电路与波形

② $t_{\mathrm{on}}$：开关导通，Cuk 变换器以开关为界分为左右两个回路。二极管在电容电压 $V_{C_1}$ 作用下反偏截止，两侧回路电感电流 $i_{L_1}$、$i_{L_2}$ 同时流经开关。在左侧回路中电源电压 $V_{\mathrm{D}}$ 全部加到电感 $L_1$ 上充磁，所以 $i_{L_1}$ 线性增加。右侧回路则是电容 $C_1$ 经负载和电感 $L_2$ 放电，因为 $V_{C_1} > V_{\mathrm{O}}$，$i_{L_2}$ 线性增加。

（2）基本关系

由图 4-41 所示 Cuk 变换器的结构可知，在稳态条件下，能得到电容 $C_1$ 的电压 $V_{C_1}$ 和输入输出电压之间的关系为

$$V_{C_1} = V_{\mathrm{D}} + V_{\mathrm{O}} \tag{4-84}$$

对于 $L_1$，由伏秒平衡

$$(V_{\mathrm{D}} - V_{C_1})(1-D)T_{\mathrm{s}} + V_{\mathrm{D}} D T_{\mathrm{s}} = 0 \tag{4-85}$$

上式化简得

$$V_{C_1} = \frac{V_D}{1-D} \tag{4-86}$$

类似考虑 $L_2$，由伏秒平衡

$$(-V_O)(1-D)T_s + (V_{C_1} - V_O)DT_s = 0 \tag{4-87}$$

上式化简得

$$V_{C_1} = \frac{V_O}{D} \tag{4-88}$$

结合式(4-86)和式(4-88)得到电压增益

$$\frac{V_O}{V_D} = \frac{D}{1-D} \tag{4-89}$$

可以看到，Cuk 变换器 CCM 模式下的电压增益与 Buck-Boost 变换器在 CCM 模式下的电压增益相同。也可以由电压增益得到输入输出电流的关系

$$\frac{I_O}{I_D} = \frac{1-D}{D} \tag{4-90}$$

注意，对于 Cuk 变换器，输入电流 $I_D$ 与电感电流 $I_{L_1}$ 相等，输出电流 $I_O$ 与电感电流 $I_{L_2}$ 相等，即

$$I_D = I_{L_1}, \quad I_O = I_{L_2} \tag{4-91}$$

还有另外一种解法来求解电压增益。假定电感电流 $i_{L_1}$ 和电感电流 $i_{L_2}$ 是没有脉动的，即 $i_{L_1} = I_{L_1}$，$i_{L_2} = I_{L_2}$。当开关断开的时候，电感电流 $i_{L_1}$ 向电容 $C_1$ 充电，充的电荷量为 $I_{L_1}(1-D)T_s$；当开关开通时，电容经右边回路放电，放电电流为 $i_{L_2}$，放电的电荷量为 $I_{L_2}DT_s$。在稳态下，一个周期内电容的充放电电荷量相等，可以得到

$$I_{L_1}(1-D)T_s = I_{L_2}DT_s \tag{4-92}$$

结合式(4-91)化简就能得到式(4-90)。由输入输出功率近似相等就可以推出式(4-89)。

通过上述分析可以看出 Cuk 变换器的优点是减小了输入和输出电流的脉动。它的缺点是由于中间电容 $C_1$ 担负能量传递的任务，故需要很大的纹波电流耐受能力。

## 4.7 Sepic 变换器和 Zeta 变换器

图 4-46 分别给出了 Sepic 变换器和 Zeta 变换器的原理图。

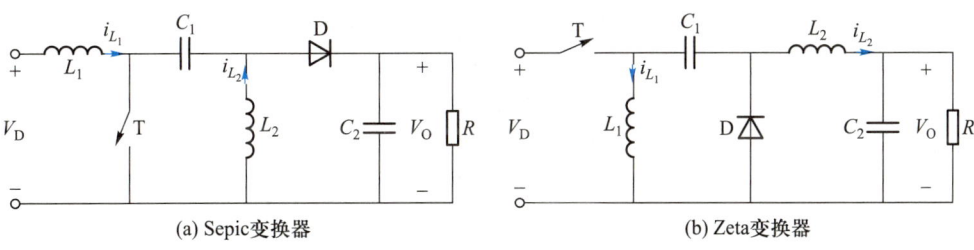

(a) Sepic变换器　　　　　　　(b) Zeta变换器

**图 4-46　Sepic 变换器和 Zeta 变换器的原理图**

从结构上看,Sepic 变换器相当于 Cuk 变换器中调换输出侧的电感和二极管位置。Sepic 变换器的基本原理是当 T 处于通态时,$V_D$—$L_1$—T 回路和 $C_1$—T—$L_2$ 回路同时导通,$C_1$ 储存的能量向 $L_2$ 转移,$L_1$ 和 $L_2$ 储能。T 处于断态时,$V_D$—$L_1$—$C_1$—D—$R$ 回路及 $L_2$—D—$R$ 回路同时导通,此时,$L_2$ 向负载供电,$V_D$ 和 $L_1$ 既向负载供电,同时也向 $C_1$ 充电。从无源元件的角度看,T 处于通态时,电容放电,两个电感储能,T 处于断态时,电容充电,两个电感释放能量。

从结构上看,Zeta 变换器相当于 Cuk 变换器中调换输入侧的开关和电感位置。Zeta 变换器中,T 处于通态时,电源 $V_D$ 经开关 T 向电感 $L_1$ 储能,同时 $V_D$ 和 $C_1$ 共同经 $L_2$ 向负载供电。T 关断后,$L_1$ 经 D 向 $C_1$ 充电,其储存的能量转移至 $C_1$。同时 $L_2$ 的电流则经 D 续流。同样,从无源元件的角度看,T 处于通态时,电容放电,两个电感储能,T 处于断态时,电容充电,两个电感释放能量。

将 Sepic 变换器和 Zeta 变换器从结构上对比可知,二者相当于在输入侧的电感和开关、输出侧的电感和二极管互相对调位置。与 Buck-Boost、Cuk 变换器互为对偶一样,Sepic、Zeta 变换器也是对偶关系,且 Sepic、Zeta 变换器输出电压均为正极性。

通过伏秒平衡可以得到 Sepic 变换器和 Zeta 变换器在连续模式下的电压增益都是

$$\frac{V_O}{V_D} = \frac{D}{1-D}。$$

## 4.8　常用 DC—DC 变换器效率与占空比关系

前述各种变换器均在输入输出电压接近时效率趋向于更高。Buck 变换器的占空比越高、Boost 变换器的占空比越低都会得到更高的效率。当然还要考虑寄生参数等,从而使占空比在合理的范围内。对于 Buck-Boost 和 Cuk 变换器来说,当占空比 $D = 0.5$ 时有最佳的效率,但都低于 Buck 变换器和 Boost 变换器的最佳效率,定性地来分析,原因如下。

在 DC—DC 变换器中存在两种能量变换形式,一种是从电能到电能,另外一种则是先从电能转化成磁能储存于电感中,之后再从磁能转化成电能。显然电能直接转化为电能的效率比电能先转化为磁能,再转化为电能的效率高。所以,在 Buck 变换器中,当开关导通时,输入功率直接传输到输出,同时为电感储能;当开关断开时,储存在电感里的能量传输到输出。当占空比增加时,输出功率中由输入功率直接传输的部分增多,所以效率提高。Boost 电路同理。而 Buck-Boost 电路是由 Buck 和 Boost 级联而得,它没有电能到电能的直接转换通道,必须通过电感来进行传输,所以其开关利用率很低,效率偏低。在 $D = 0.5$ 时,Buck 和 Boost 变换器的效率达到一个最佳的折中,此时 Buck-Boost 电路也达到最佳,所以其开关利用率和效率呈现先增后减的趋势。

# 4.9 双管非隔离型 DC—DC 变换器——半桥变换器

教学微视频
4－3
双管及四管
非隔离型
DC—DC
变换器

半桥变换器负载可以是电阻、电感和电动机三类,本书以电动机负载为例,说明用半桥电路和全桥电路实现电动机的两象限和四象限运行。当负载为电动机时,负载可以等效成如图 4-47(a)所示的反电动势负载。其中 $L$、$R$、$E$ 分别为直流电动机的等效电感、电阻和电枢反电动势,通常 $L$(电枢绕组电感+平波电感)较大,而 $R$ 较小。

如图 4-47(b)所示,当 $T_2$ 截止、$T_1$ 周期性通断时,$T_1$、$D_2$ 构成 Buck 电路,电感电流 $i_L$ 从左向右流动,能量从电源流向电动机,电动机正向转动,改变占空比即可改变输出电压和电流的大小,调节电动机转速和转矩。如图 4-47(c)所示,当 $T_1$ 截止、$T_2$ 周期性通断时,$T_2$ 和 $D_1$ 形成了从 $E$ 到 $V_D$ 的 Boost 升压电路,电感电流 $i_L$ 从右向左流动,此时电动机正转但电磁转矩为负,形成制动力矩,电动机处于回馈制动状态,变换器将机械能变为电能送回电源 $V_D$。

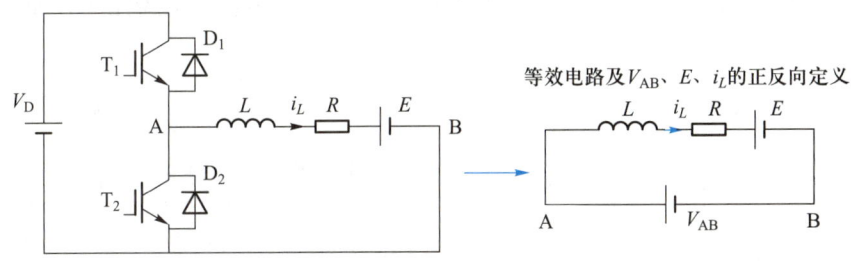

(a) 两象限半桥DC—DC电路

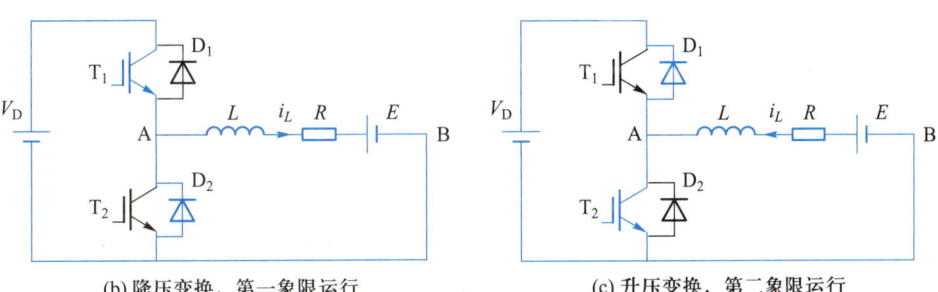

(b) 降压变换,第一象限运行       (c) 升压变换,第二象限运行

**图 4-47** 半桥变换器及其在两象限运行的等效电路

无论能量流动方向如何,稳态情况下均有

$$E = V_{AB} - RI_L \tag{4-93}$$

$$I_L = \frac{V_{AB} - E}{R} \tag{4-94}$$

$$E = k_E \Phi n \tag{4-95}$$

$$n = \frac{E}{k_E \Phi} = \frac{V_{AB} - RI_L}{k_E \Phi} \approx \frac{V_{AB}}{k_E \Phi} \tag{4-96}$$

$$T_e = k_T \Phi I_L \tag{4-97}$$

由式(4-93)~式(4-97)可知,对于半桥电路,当工作于 Buck 模式时,$V_{AB} = DV_D > E >$
0,有 $I_L > 0$,转速 $n > 0$,电磁转矩 $T_e > 0$,电动机工作于第一象限。当工作于 Boost 模式时,
$0 < V_{AB} < E$,有 $I_L < 0$,$n > 0$,$T_e < 0$,电动机工作于第二象限。因此通过半桥电路对开关管 $T_1$、
$T_2$ 进行控制即可改变 $V_{AB}$ 的大小、$i_L$ 的大小和方向,从而控制电动机正向旋转时的转速以
及电磁转矩的大小和方向。但半桥电路输出电压 $V_{AB}$ 极性不能改变,所以,转速 $n$ 始终大
于零。采用两个半桥构成一个全桥电路则可以控制 $V_{AB} < 0$ 以及 $n < 0$,从而控制电动机反
向旋转时的转速和电磁转矩,实现电动机的四象限运行。

# 4.10　四管非隔离型 DC—DC 变换器——全桥变换器

有刷直流电机凭借成本低、控制简单、定位准确的特点,在家用电器、工业伺服、电动
工具等领域被广泛使用。本书将以基于全桥变换器的有刷直流电机驱动系统为例来说
明全桥变换器的工作原理。电机转子电枢绕组接至全桥变换器的输出端,如图 4-48
所示。

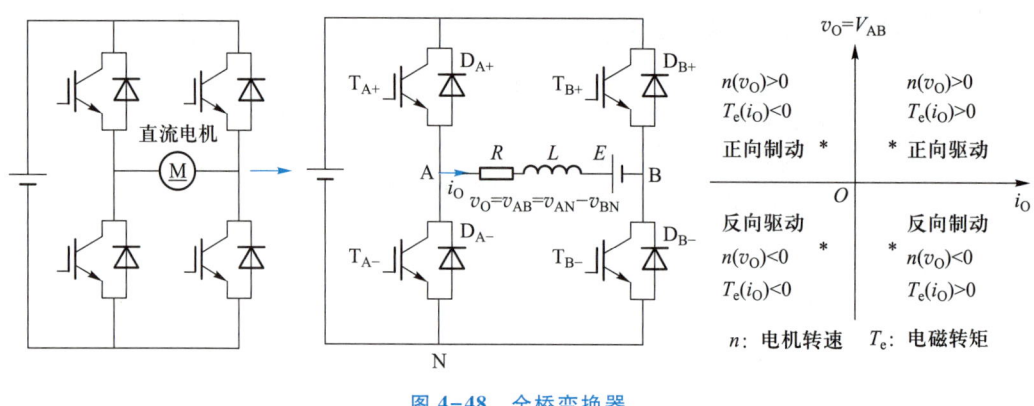

图 4-48　全桥变换器

① 第一象限:通过 PWM 控制使得 $V_{AB} > E > 0$,故 $i_O > 0$ 从左向右,$n > 0$,电磁转矩 $T_e > 0$,
此时电机接受变换器输出电能并转化为机械能,即电机正转并作电动机运行。

② 第二象限:通过 PWM 控制使得 $E > V_{AB} > 0$,故 $i_O < 0$ 从右向左,$n > 0$,电磁转矩 $T_e < 0$,
为制动性质,因此变换器将电机的机械能转换为电能回馈至电源,即电机正转并做回馈
制动运行。

③ 第三象限:通过 PWM 控制使得 $V_{AB} < 0$,且通过控制使得 $|V_{AB}| > |E|$,故 $i_O < 0$ 从右
向左,电磁转矩 $T_e < 0$,根据上述式(4-93)~式(4-97)可知,此时电机为反向电动状态,$n <$
$0$,$E < 0$,电磁转矩为反向驱动。此时电机接受变换器输出电能并转化为机械能,即电机反
转并作电动机运行。

④ 第四象限:通过 PWM 控制使得 $V_{AB} < 0$,但通过 PWM 控制使得 $|V_{AB}| < |E|$,则 $i_O > 0$
从左向右,电磁转矩 $T_e > 0$,根据上述式(4-93)~式(4-97)可知,电机为反转,电磁转矩为

制动性质，$n<0，E<0$。变换器将电机的机械能转换为电能回馈至电源，即电机反转并做回馈制动运行。

为了实现电压和极性均可改变，进而实现四象限运行，全桥变换器可以采用双极性和单极性控制方式。

（1）双极性控制方式

如图 4-48 所示的全桥变换器采用双极性调制方式时，其 PWM 控制信号调制过程和输出电压、电流信号波形如图 4-49 所示。

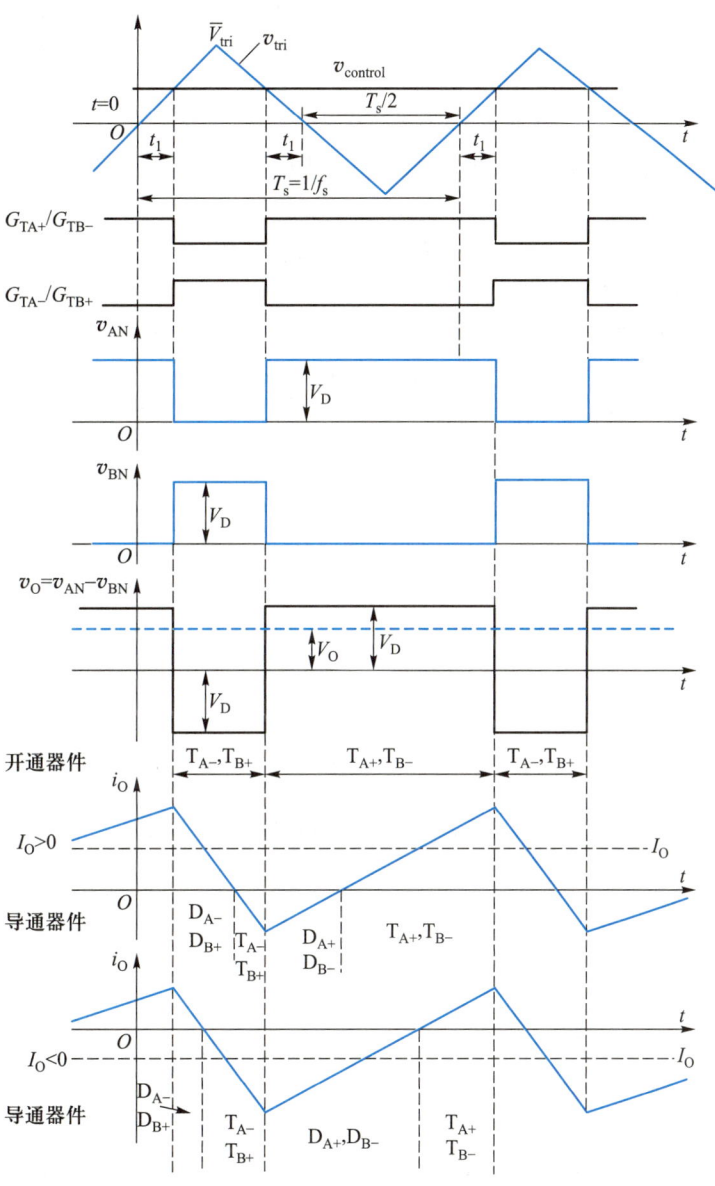

图 4-49 双极性控制方式 PWM 控制信号调制过程
和输出电压、电流信号波形

在图 4-49 中，当 $v_{control} > v_{tri}$ 时，$T_{A+}$、$T_{B-}$ 开通，反之，$T_{A-}$、$T_{B+}$ 开通。当 $T_{A+}$、$T_{B-}$ 开通时，A 点连接正母线，而 B 点连接负母线，此时 $v_O = V_D$，输出电流 $i_O$ 在正向电压的作用下增加；当 $T_{A-}$、$T_{B+}$ 开通时，A 点连接负母线，而 B 点连接正母线，$v_O = -V_D$，输出电流 $i_O$ 在反向电压作用下减小。输出电压 $v_O$ 在一个开关周期内有 $\pm V_D$ 两种极性，故称为双极性调制。

很关键的一点是，$(T_{A+}$、$T_{B-})$ 或者 $(T_{A-}$、$T_{B+})$ 开通，并不意味着电流一定会经过它们，是否有电流流过，还取决于电流的方向。图 4-49 表示了开通信号和实际导通的功率管或者二极管，从中可以得到两个基本结论：① 输出电流的方向不受输出电压的约束；② 实际导通电流的功率管由电流方向和开通信号共同决定。所以，这里强调一个概念：开关开通不等于开关导通 (on-state $\neq$ conduction)。

下面定量地分析输入输出电压的关系。

在图 4-49 中，对 $v_{AN}$ 和 $v_{BN}$ 进行简单的积分即可得到

$$V_{AN} = D_1 V_D \tag{4-98}$$

$$V_{BN} = D_2 V_D = (1 - D_1) V_D \tag{4-99}$$

$D_1$ 是 $v_{AN}$ 的占空比，$D_2$ 是 $v_{BN}$ 的占空比。

由 $V_O$ 与 $V_{AN}$、$V_{BN}$ 的定量关系

$$V_O = V_{AN} - V_{BN} \tag{4-100}$$

可以得到输出电压与输入电压的关系

$$V_O = (2D_1 - 1) V_D \tag{4-101}$$

从图 4-49 中可看出

$$D_1 = \frac{t_{on}}{T_s} = \frac{2t_1 + T_s/2}{T_s} \tag{4-102}$$

并在图 4-49 中根据相似三角形原理得

$$\frac{t_1}{T_s/4} = \frac{v_{control}}{\overline{V}_{tri}} \tag{4-103}$$

由式 (4-102)、式 (4-103) 得到

$$D_1 = \frac{t_{on}}{T_s} = \frac{2t_1 + T_s/2}{T_s} = \frac{1}{2}\left(1 + \frac{v_{control}}{\overline{V}_{tri}}\right) \tag{4-104}$$

将式 (4-104) 代入式 (4-101) 可以得出

$$V_O = (2D_1 - 1) V_D = \frac{v_{control}}{\overline{V}_{tri}} V_D = m V_D \tag{4-105}$$

其中，将 $m = v_{control}/\overline{V}_{tri}$ 定义为调制比 (modulation ratio)，可见，要调节输出电压大小和极性，只要调节 $v_{control}$ 的大小和极性即可。

(2) 单极性控制方式

图 4-50 是单极性控制方式 PWM 控制信号调制过程和输出电压、电流信号波形。与双极性控制方式不同的是，单极性控制方式有两个控制电压：$v_{control}$ 与 $-v_{control}$，分别用来调制第一和第二桥臂。$v_{control}$ 用来调制第一桥臂，而 $-v_{control}$ 用来调制第二桥臂。当 $v_{control} > v_{tri}$ 时，$T_{A+}$ 开通，反之 $T_{A-}$ 开通；而当 $-v_{control} > v_{tri}$ 时，$T_{B+}$ 开通，反之 $T_{B-}$ 开通，如图 4-50 所示。此

时输出电压 $v_O$ 在一个开关周期内只有一种极性,故称为单极性调制。

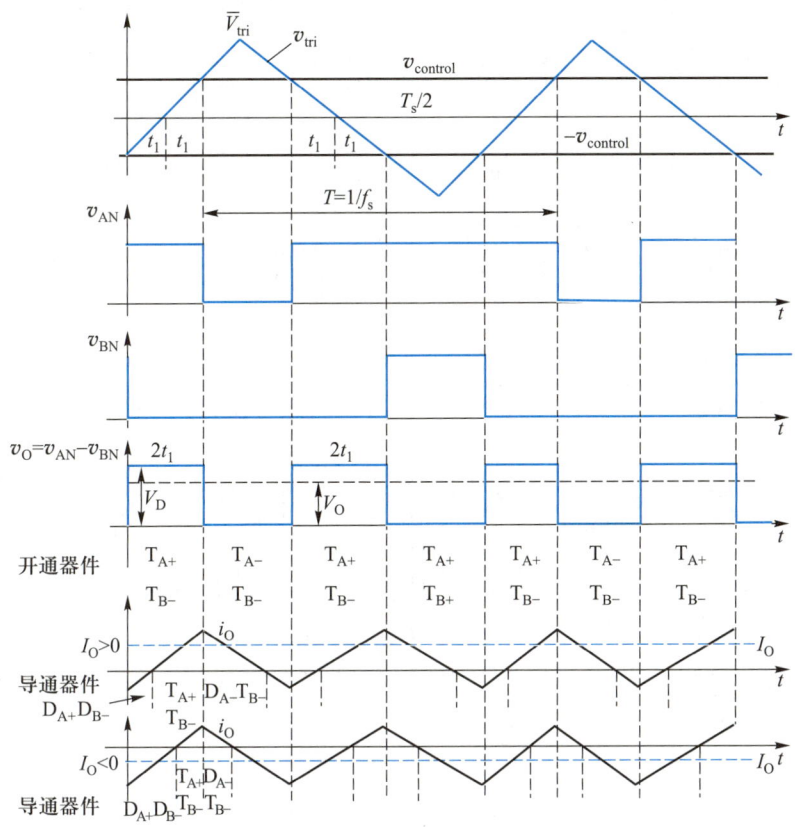

图 4-50 单极性控制方式 PWM 控制信号调制过程和
输出电压、电流信号波形

同双极性调制一样,要调节输出电压的大小和极性,只要同时调节 $v_{control}$ 与 $-v_{control}$ 的大小和极性即可。

由图 4-50 可以看出,开关 $T_{A+}$ 的占空比 $D_1$ 与开关 $T_{B+}$ 的占空比 $D_2$ 仍然满足

$$D_2 = 1 - D_1 \tag{4-106}$$

且 $D_1$ 同样满足式(4-104)。所以,单极性控制方式的输入输出电压关系同样满足式(4-105)。

$$V_O = (2D_1 - 1)V_D = \frac{v_{control}}{\overline{V}_{tri}} V_D = mV_D \tag{4-107}$$

上述单极性控制方式中,输出电压的脉冲频率是三角载波频率的 2 倍,实际上有倍频的效果。此外,也有其他的单极性控制方式。如图 4-51 所示,在一、二象限,$T_{B-}$ 长通,$T_{A+}$、$T_{A-}$ 高频通断;在三、四象限,$T_{A-}$ 长通,$T_{B+}$、$T_{B-}$ 高频通断。此时,输出电压瞬时值也为单极性。

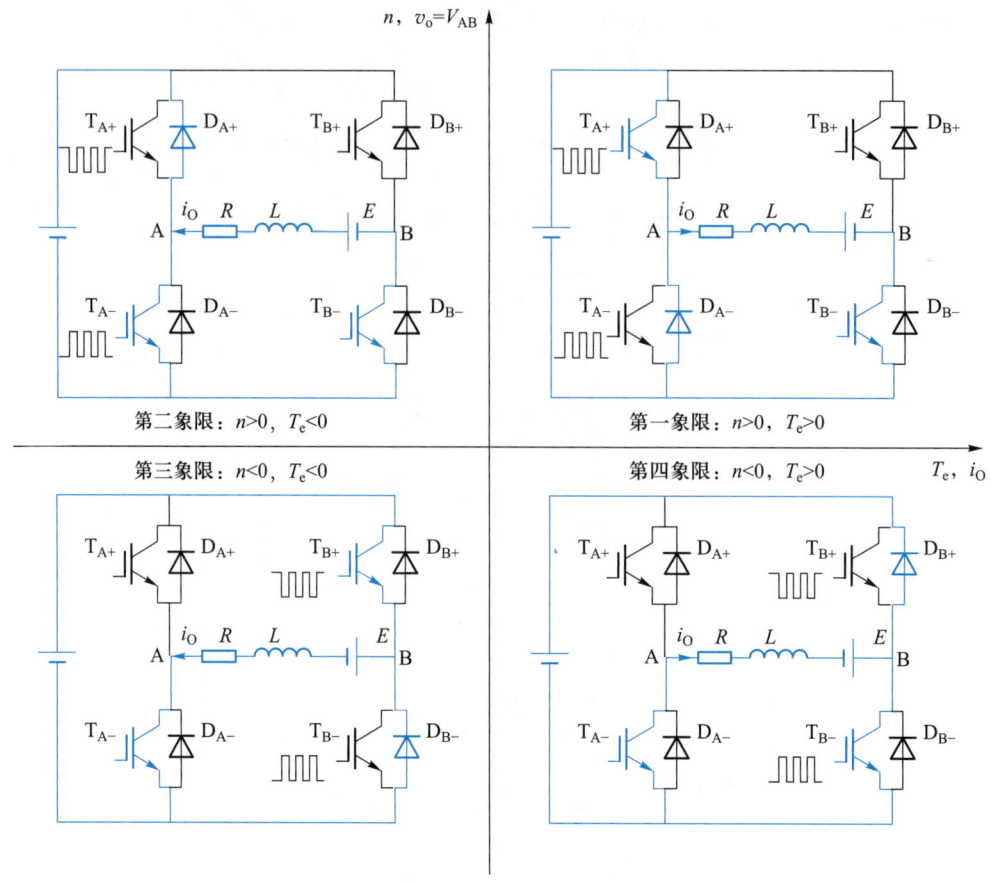

图 4-51　其他单极性控制方式

## 4.11　隔离型 DC—DC 概述

　　非隔离型 DC—DC 变换器控制简单,效率高,但是具有明显的缺点,例如不仅因为元件和电路寄生参数的关系,变比受到限制,还有非隔离结构带来的安全问题,更有在很多场合需要 DC—DC 变换器有多路输出的能力,但非隔离型 DC—DC 变换器没有。所以,实际中使用更多的是隔离型 DC—DC 变换器。

　　隔离型 DC—DC 变换器都可以由非隔离型 DC—DC 变换器演化而来,它们具有相同的工作原理,例如正激变换器就是 Buck 电路插入高频隔离变压器得到的。然而,正是高频隔离变压器的应用给隔离型 DC—DC 变换器带来了比非隔离型 DC—DC 变换器丰富得多的话题,例如磁心材质的选择、尺寸的计算、励磁电感大小的设计等。

　　因为存在高频变压器,变压器一二次侧的电压一定是交流电压,才能满足伏秒平衡原则,所以隔离型 DC—DC 变换器中间必须增加交流电压环节,如图 4-52 所示,它实质上是一个直—交—直变换电路。这点与非隔离型 DC—DC 变换器的直流电压到直流电压的直接变换不同。

图 4-52 隔离型的 DC—DC 变换器电路结构

# 4.12 单管隔离型 DC—DC——单端正激（Forward）变换器

## 4.12.1 Forward 变换器的组成

Forward 变换器主电路实际上是在 Buck 变换器的续流二极管之前插入隔离变压器，再加一个整流二极管组成的，如图 4-53 所示。另外，正激变换器必须要有磁复位（demagnetization）电路，图中的 $N_3$ 绕组串联二极管 $D_3$ 构成了一种最常见的磁复位绕组形式，另外还有 RCD 钳位复位、有源钳位复位等多种形式。磁复位电路是正激变换器的鲜明特点，后续将分析磁复位的必要性。

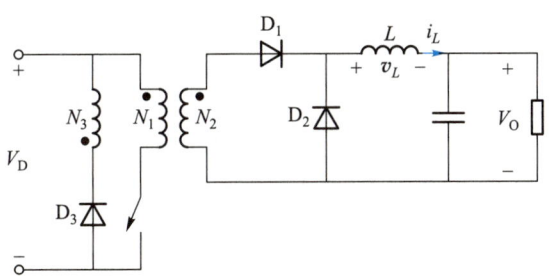

图 4-53 Forward 变换器主电路与磁复位电路

## 4.12.2 电流连续时的 Forward 变换器工作过程分析

### （1）过程分析

图 4-54 是 Forward 变换器电流连续时的分阶段等效电路及波形。

如图 4-54 所示的单端正激变换器隔离变压器铁心上有三个绕组：一次绕组 $N_1$、二次绕组 $N_2$ 和磁通复位绕组 $N_3$。● 表示三个绕组感应电动势的同名端。对开关管周期性通断控制，在导通 $T_{on}$ 期间，电源电压 $V_D$ 加在 $N_1$ 上，电流 $i_1$ 线性上升，铁心磁通 $\Phi$ 线性增加，$N_1$ 的感应电动势 $e_{AO} = N_1 d\Phi/dt = V_D$，$N_2$ 的感应电动势 $e_{DF} = N_2(d\Phi/dt) = (N_2/N_1)V_D > 0$，则 $D_1$ 导通、$D_2$ 截止，电感电流向负载供电。同时 $N_3$ 的感应电动势 $e_{BA} = N_3(d\Phi/dt) > 0$，使 $D_3$ 截止。

① $t_{on}$：开关导通，输入电压 $V_D$ 加在一次侧绕组上，铁心被磁化，铁心磁通 $\Phi$ 呈线性增长

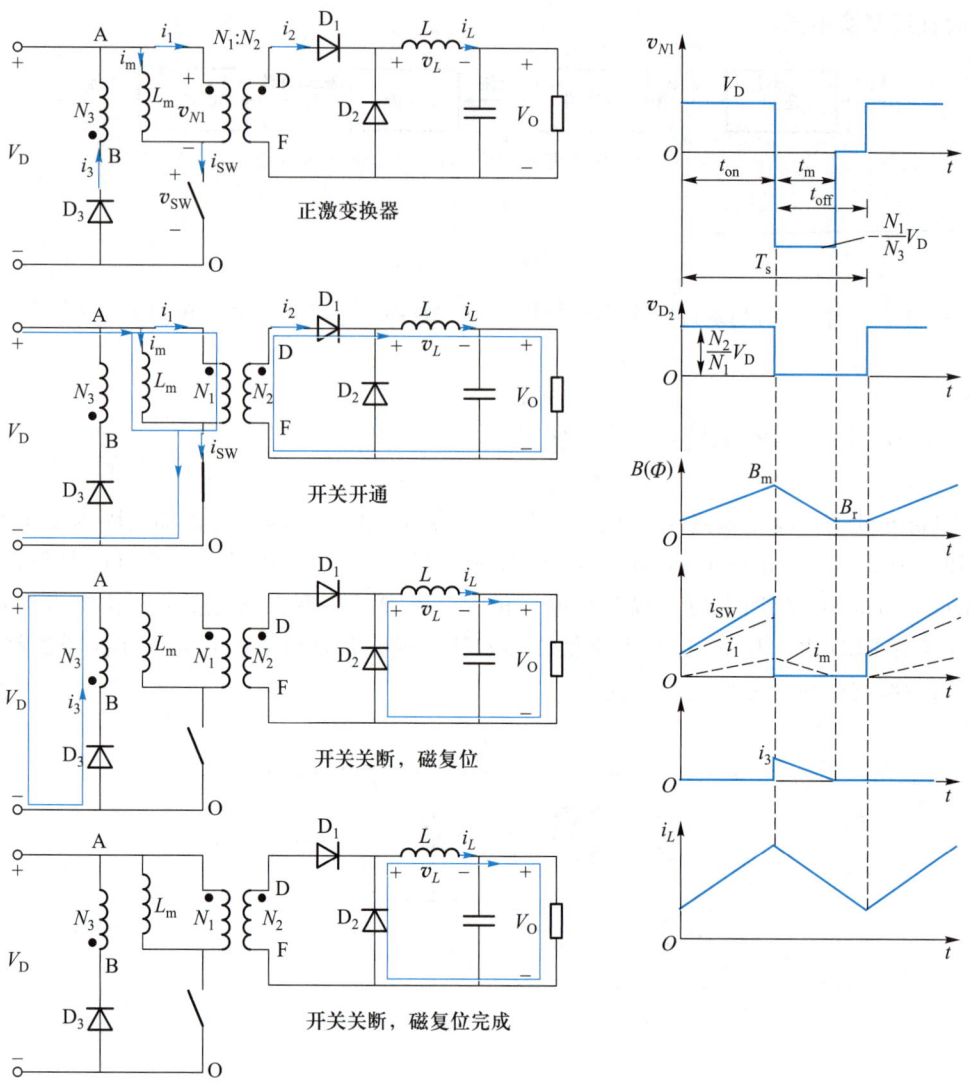

图 4-54　Forward 变换器电流连续时的分阶段等效电路及波形

$$N_1 \frac{\mathrm{d}\Phi}{\mathrm{d}t} = V_D \qquad (4\text{-}108)$$

此时铁心磁通的增长量为

$$\Delta \Phi_{(+)} = \frac{V_D}{N_1} t_{on} = \frac{V_D}{N_1} D T_s \qquad (4\text{-}109)$$

磁通增量 $\Delta \Phi_{(+)}$ 与占空比成正比。

变压器励磁电流 $i_m$ 从 0 开始线性增加

$$i_m = \frac{V_D}{L_m} t \qquad (4\text{-}110)$$

一次侧、二次侧绕组上的电压为

$$V_{N1} = V_D, \qquad V_{N2} = \frac{N_2}{N_1} V_D \qquad (4\text{-}111)$$

此时 $D_1$ 导通,$D_2$ 截止,二次侧电感电流开始线性增加,这与 Buck 变换器类似

$$\frac{di_L}{dt} = \frac{\frac{N_2}{N_1}V_D - V_O}{L} \qquad (4\text{-}112)$$

流过开关的电流 $i_{SW}$ 等于变压器二次侧折算过来的电流和励磁电流 $i_m$ 之和,即

$$i_{SW} = i_m + i_1 = i_m + \frac{N_2}{N_1}i_L = i_m + \frac{N_2}{N_1}i_2 \qquad (4\text{-}113)$$

② $t_{off}$,磁复位时间:开关断开,$i_1 = 0$,磁通 $\Phi$ 减小,这时三个感应电动势全部反向。$N_2$ 的感应电动势 $e_{DF} = N_2(d\Phi/dt) < 0$,使 $D_1$ 截止,$i_L$ 经 $D_2$ 续流,$D_2$ 导通;$N_3$ 的感应电动势 $e_{BA} < 0$,$e_{AB} > 0$ 使 $D_3$ 导电,从而使得 $e_{AB} = V_D = -N_3(d\Phi/dt) > 0$,$i_3$ 将变压器激磁电流对应的磁能回送给电源 $V_D$,$i_3$ 减小,磁通 $\Phi$ 减小。

在 $t_{off}$ 期间,假设 $i_3$ 并未衰减到零,即在 $t_{off}$ 期间 $D_3$ 一直导通,$N_3$ 两端电压恒为 $V_D$,则磁通的减少量有最大值

$$\Delta\Phi_{(-),max} = \frac{V_D}{N_3}t_{off} = \frac{V_D}{N_3}(1-D)T_s \qquad (4\text{-}114)$$

从式(4-109)可以看出,$V_D$ 为常数,因此当电路参数确定后,$\Delta\Phi_{(+)}$ 就固定了,从第一个周期开始,磁通将在剩磁 $B_r$ 的基础上增加 $\Delta\Phi_{(+)}$,如果 $i_3$ 在周期结束时未衰减到零,则磁通回不到 $B_r$。这意味着在每个周期结束时,铁心磁通都将增加 $\Delta\Phi_{(+)} - \Delta\Phi_{(-),max}$,铁心将很快饱和而不能工作。所以,在正常工作情况下,必须使 $i_3$ 在周期结束前或周期结束时衰减到零,从式(4-114)判断,可以通过绕组匝比和占空比的设计使 $t_{off}$ 期间磁通减少量等于 $t_{on}$ 期间的磁通增加量,这些将在后文具体计算。$i_3$ 衰减到零的这段时间即为磁复位期间。

磁复位期间,因为输入电压 $-V_D$ 加于复位绕组 3,故折合到绕组 1、2 的电压如下

$$V_1 = -\frac{N_1}{N_3}V_D \qquad (4\text{-}115)$$

$$V_2 = -\frac{N_2}{N_3}V_D \qquad (4\text{-}116)$$

加于励磁电感的电压为 $-\frac{N_1}{N_3}V_D$,此负电压使励磁电流线性下降,铁心去磁,铁心磁通减少

$$N_3\frac{d\Phi}{dt} = -V_D \qquad (4\text{-}117)$$

减少量为

$$\Delta\Phi_{(-)} = \frac{V_D}{N_3}t_m = \frac{V_D}{N_3}\Delta_1 T_s \qquad (4\text{-}118)$$

式中,$t_m = \Delta_1 T_s$ 是变压器的去磁时间,且需要 $\Delta_1 \leqslant 1-D$ 才能在周期结束前完成复位。

$i_m$ 下降到零,磁复位完成。需要注意,励磁电流 $i_m$ 虽然降到零,但是如图 4-54 所示,$\Phi(B)$ 并不会降到零,而是有一个剩余磁通 $\Phi_r$,这是由软磁材料的性质决定的,也与图 4-55 所示磁滞回线中的剩余磁密 $B_r$ 相对应。

在此状态中,加在开关上的电压为

$$V_{SW} = V_D + \frac{N_1}{N_3} V_D = \left(1 + \frac{N_1}{N_3}\right) V_D \tag{4-119}$$

③ $t_{off}$,且磁复位完成后:当励磁电流 $i_m$ 降至零时,$D_3$ 反偏,所有绕组中均没有电流,电压均为零,开关管上的电压为 $V_D$,二次侧滤波电感电流经过 $D_2$ 续流。

最后根据开关开通和关断期间的磁通变化可以得到如图 4-55 所示的正激变换器变压器磁心工作状态示意图。正激变换器被称为单端正激变换器,下节将要介绍的单端反激变换器之所以也被称为单端变换器,正是因为如图 4-55 所示,其磁心工作于单个象限,变压器电流、磁通只在单象限变化,以后介绍的半桥、全桥、推挽等变换器工作在双象限,故被称为双端变换器。

(2)基本关系与磁复位必要性分析

由前面的分析可知,Forward 变换器实际上是一个隔离的 Buck 变换器。其二次侧滤波电感波形如图 4-56 所示。

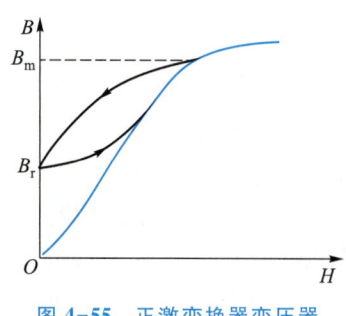

图 4-55　正激变换器变压器
磁心工作状态示意图

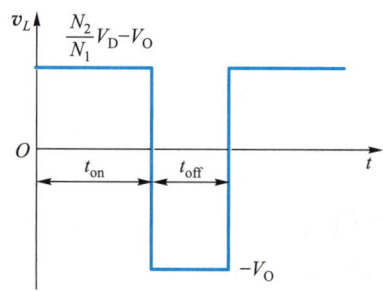

图 4-56　Forward 变换器
二次侧滤波电感波形

与 Buck 变压器一样,由 Forward 变换器二次侧电感的伏秒平衡可以得到输入电压与输出电压的关系

$$\frac{V_O}{V_D} = \frac{N_2}{N_1} D \tag{4-120}$$

前面提到 Forward 变换器必须要复位。从磁通的角度来看,当开关导通时,磁心的磁通增加量 $\Delta\Phi_{(+)}$ 应该等于开关关断时的磁通减小量 $\Delta\Phi_{(-)}$。如果磁通不能复位,$\Delta\Phi_{(+)} > \Delta\Phi_{(-)}$,则到下一个开关周期,输入电压继续为铁心输送能量,最后会导致磁心饱和。从励磁电流角度来看,开关开通后,变压器的励磁电流由零开始线性增长,直到开关关断。开关关断后到下一次再开通前,必须设法使励磁电流降回零,否则下一个周期中,励磁电流将在本周期结束时的剩余值基础上叠加,并在以后的周期中依次累积起来,变得越来越大,从而导致变压器的励磁电感饱和。无论是从伏秒平衡、磁通或者励磁电流等不同角度来解释复位的必要性,其本质上都是相同的。在图 4-53 中,给正激变换器加入复位绕组 $N_3$,以起到去磁复位的作用,从而使得磁通增加量 $\Delta\Phi_{(+)}$ = 磁通减小量 $\Delta\Phi_{(-)}$,或者说让励磁电流降回零,磁通也得到复位。另外,为了防止输入电压在开关开通时为复位绕组输送能量,还要加一个与复位绕组串联的反电势钳位(back EMF clamping)二极管 $D_3$。

磁复位意味着铁心磁通的增加量要等于减少量，由式（4-109）和式（4-118）得到

$$\Delta_1 = \frac{N_3}{N_1}D \qquad (4-121)$$

式中，$\Delta_1 = \frac{t_m}{T_s}$，根据式（4-121）有

$$\frac{\Delta_1}{D} = \frac{N_3}{N_1} \qquad (4-122)$$

要留下充足的复位时间，也就是使得上式中的 $\Delta_1 \leqslant 1-D$，则有

$$D \leqslant \frac{N_1}{N_1+N_3} = \frac{1}{1+N_3/N_1} \qquad (4-123)$$

如果去磁复位时间不足，则磁通和励磁电流就得不到完全复位，磁通和励磁电流将在每个周期结束时的剩余值基础上叠加、累积，变得越来越大，最后导致变压器的励磁电感饱和。以励磁电流为例，如图 4-57 所示，在复位时间充足时，励磁电流分为上升、下降、等于零三个阶段，第三个阶段也可以是一个点。而当复位时间不足时，就没有第三个等于零的阶段了，励磁电流将会逐渐累积，直到励磁电感饱和。

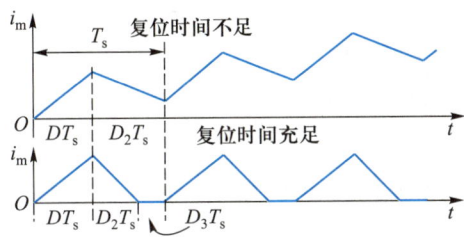

**图 4-57　正激变换器励磁电流波形**

由式（4-123）可以看出：如果 $N_1 > N_3$，那么 $D$ 可以大于 0.5，但在磁复位期间，器件电压应力 $V_{sw} = V_D + \frac{N_1}{N_3}V_D$ 高于 $2V_D$，$N_1/N_3$ 越大，$D$ 越大，而 $V_{sw}$ 越高；如果 $N_1 < N_3$，则 $D$ 小于 0.5，而 $V_{sw}$ 低于 $2V_D$，如果 $N_1/N_3$ 越小，则 $D$ 越小，$V_{sw}$ 越小。为了充分提高 $D$ 而又减小 $V_{sw}$，一般折中选择 $N_1 = N_3$，此时 $D = 0.5$，$V_{sw} = 2V_D$。

### 4.12.3　电流断续时的 Forward 变换器工作过程分析

与 Buck 电路一样，Forward 变换器在磁复位完成后，电感电流经过续流二极管续流。如果二次侧电感电流降到零，下个周期还没开始，则 Forward 变换器也进入断续模式，此时负载电流由电容提供。其断续模式完全不牵涉一次侧电路，二次侧结构以及断续的分析和 Buck 变换器完全一致。此时输出电压将高于式（4-120）的计算值，并随负载减小而升高，在负载为零的极限情况下 $V_O = \frac{N_2}{N_1}V_D$。

## 4.13　单管隔离型 DC—DC——单端反激(Flyback)变换器

### 4.13.1　Flyback 变换器的组成

Flyback 变换器也由开关、整流二极管、电容和变压器构成,如图 4-58 所示。需要注意,变压器两个绕组的同名端不在同一侧。Flyback 变换器由于电路简洁,所用元器件少,非常适合用于多路输出的场合,Flyback 变换器常见的一个应用就是笔记本电脑的电源适配器。

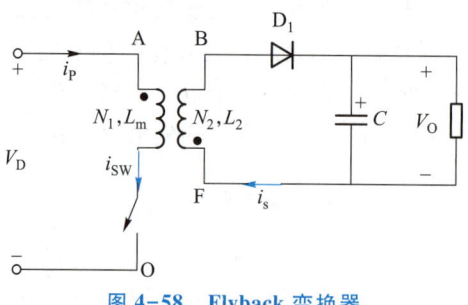

图 4-58　Flyback 变换器

Flyback 变换器同样是由基本的 Buck 变换器和 Boost 变换器演化出来的,事实上,它的工作原理和 Buck-Boost 变换器完全一致,它是由 Buck-Boost 变换器插入变压器演化而来的,演化步骤如图 4-59 所示。

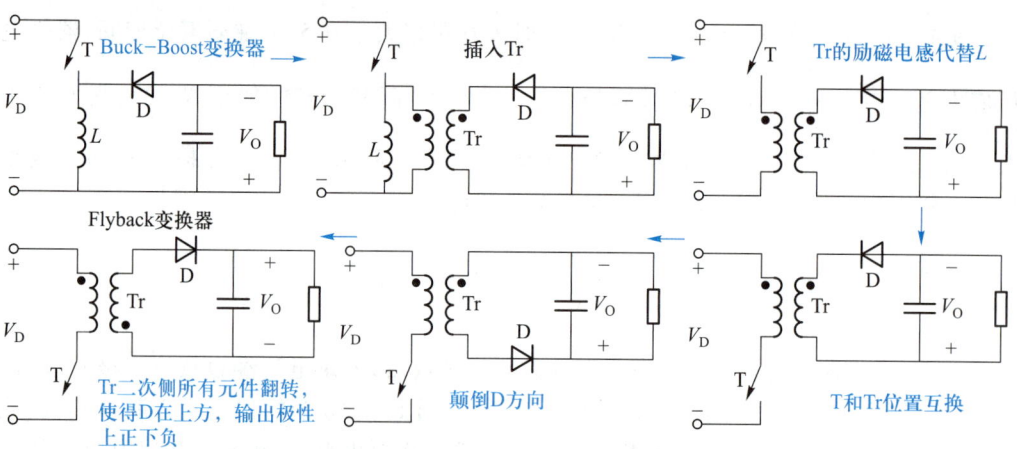

图 4-59　Buck-Boost 变换器到 Flyback 变换器的演化步骤

### 4.13.2　Flyback 变换器工作原理

和 Buck、Boost 变换器相同,Flyback 变换器同样也有电流连续和断续两种模式,但是它和正激变换器又不同,因为它没有输出电感以供判断是否连续。而 Flyback 的变压器实质上起到电感的作用,可称为耦合电感。因为变压器在开关关断后,一次侧绕组的电流 $i_P$ 必然为零,所以对 Flyback 来说,电流连续是指铁心磁通 $\Phi$ 在一个开关周期内均大于 $B_r$ 对应的剩磁通,也就是一次侧 $i_P$ 和二次侧 $i_S$ 的总电流不为零,而电流断续是指铁心磁通在开关关断期间有一段时间降到剩余磁通,或者以励磁电流 $i_m$ 为零与否来判断。注意,反激变换器的励磁电流复位不要求 $i_m$ 回到零,只要复位到起始值即可,这与正激变换器不同,在后文分析中可以看出其主要原因是开关关断期间,磁通减少量表达式中,正激变换器均为固定参数和不变的输入电压 $V_D$,而反激变换器中为固定的参数和可变的输出电压 $V_O$,而可变的 $V_O$ 将使得电路具有自动调节伏秒平衡使之平衡的作用。

图 4-60 给出了反激变换器在不同开关模态时的等效电路。当电流连续时,它有两种开关模态,如图 4-60(a)(b)所示;而当电流断续时,它有三种开关模态,如图 4-60(a)(b)(c)所示。

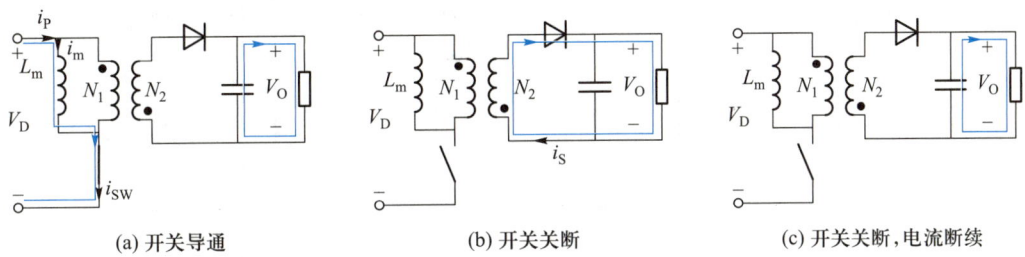

(a) 开关导通          (b) 开关关断          (c) 开关关断,电流断续

**图 4-60  反激变换器在不同开关模态时的等效电路**

反激变换器在电流连续和电流断续时的波形如图 4-61 所示。

### 4.13.3  Flyback 变换器 CCM 工作原理和基本关系

图 4-58 所示的单端反激变换器中,变压器两个绕组的电感分别为 $L_m$、$L_2$,开关管按 PWM 周期性地通断转换。在 $t_{on}$ 期间,电源电压加到 $N_1$ 绕组,电流直线上升、磁通增加,电感 $L_m$ 储能增加,二次侧绕组 $N_2$ 的感应电动势 $e_{BF}<0$,二极管 D 截止,负载电流由电容 C 提供,C 放电;在开关管关断的 $t_{off}$ 期间,$N_1$ 绕组的电流转移到 $N_2$,电源停止对变压器供电,二次侧绕组电流 $i_S$ 和磁通 $\Phi$ 从最大值减小,感应电动势 $e_{BF}>0$,使 D 导通,将 $i_S$ 所代表的变压器电感的磁能变为电能向负载供电并使电容 C 充电。该变换器在开关管导通时并未将电源能量直送负载,而是在开关阻断期间才将变压器磁能变为电能送至负载,故称为反激变换器,此外,变压器磁通也只在单象限变化,故该电路被称为单端反激变换器。

(1) CCM 过程分析

① $t_{on}$ 区间:开关导通,电源电压 $V_D$ 全部加在一次侧绕组 $N_1$ 上,二次侧绕组的感应电压为

$$V_2 = \frac{N_2}{N_1} V_D \tag{4-124}$$

因其极性为同名端为正,所以二次侧二极管截止,负载电流由电容提供。此时变压器的

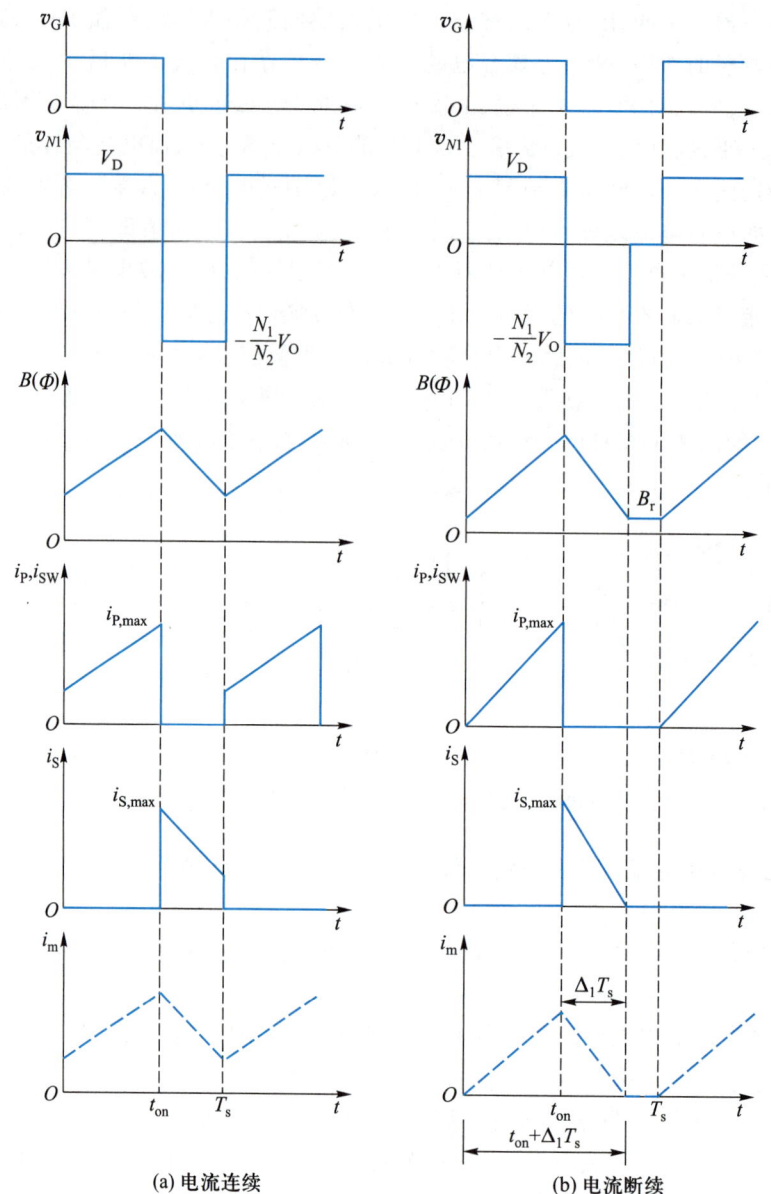

(a) 电流连续　　　　　　　　　　　　(b) 电流断续

图 4-61　反激变换器在电流连续和电流断续时的波形

二次侧绕组无电流通过，$i_S = 0$，电流 $i_P$ 等于励磁电感电流 $i_m$，并等于开关电流 $i_{SW}$，能量储存在 $L_m$ 中。这个阶段，电源电压为励磁电感 $L_m$ 充电，励磁电流上升，有

$$\frac{\mathrm{d}i_P}{\mathrm{d}t} = \frac{\mathrm{d}i_m}{\mathrm{d}t} = \frac{V_D}{L_m} \tag{4-125}$$

当 $t = t_{on}$ 时，励磁电流达到最大值

$$i_{m,max} = \frac{V_D}{L_m} t_{on} + i_m(0) \tag{4-126}$$

由电感定义 $L_m = \dfrac{N_1 \Phi}{i_m}$ 可知，磁通 $\Phi$ 也在线性增加，磁通的增加量为

$$\Delta\Phi_{(+)} = \frac{V_D}{N_1}t_{on} = \frac{V_D}{N_1}DT_s \qquad (4-127)$$

② $t_{off}$ 区间:开关关断,一次侧绕组开路,$i_P = i_{SW} = 0$,但磁场储能不能突变,因此 $N_1$ 绕组的磁能 $L_m i_{P,max}^2/2$ 转为 $N_2$ 绕组的磁能 $L_2 i_{S,max}^2/2$,$i_{S,max}$ 为 $N_2$ 绕组的电流初值。由于 $L_m/L_2 = N_1^2/N_2^2$,且 $L_m i_{P,max}^2/2 = L_2 i_{S,max}^2/2$,故得到 $i_{P,max}N_1 = i_{S,max}N_2$,即 $N_1$ 绕组电感 $L_m$ 电流 $i_{P,max}$ 转到 $N_2$ 绕组电感 $L_2$ 电流 $i_{S,max}$ 的突变前后安匝相等。

$N_2$ 绕组感应电势反向,使得二次侧二极管导通,储存在铁心中的能量经由二极管释放,给负载供电。二次侧绕组电压反向,$V_{N2} = -V_O$,同名端电压极性为负,同时由二次侧绕组感应(反射)到一次侧绕组的电压 $V_{N1} = -\frac{N_1}{N_2}V_O$,因此,励磁电流 $i_m$ 在电压 $V_{N1} = -\frac{N_1}{N_2}V_O$ 的作用下线性减小

$$L_m \frac{di_m}{dt} = -\frac{N_1}{N_2}V_O \qquad (4-128)$$

在此过程中,变压器磁心被去磁,其磁通 $\Phi$ 线性减少,磁通的减少量为

$$\Delta\Phi_{(-)} = \frac{V_O}{N_2}(T_s - t_{on}) = \frac{V_O}{N_2}(1-D)T_s \qquad (4-129)$$

当 $t = T_s$ 时,二次侧电流达到最小值,同时又进入下一个开关周期。

(2)基本关系

对励磁电感电压(图 4-61 中的 $v_{N1}$)应用伏秒平衡或根据 $\Delta\Phi_{(+)} = \Delta\Phi_{(-)}$ 可知

$$\frac{V_D}{N_1}DT_s = \frac{V_O}{N_2}(1-D)T_s \qquad (4-130)$$

式(4-130)可化简为

$$\frac{V_O}{V_D} = \frac{N_2}{N_1}\frac{D}{1-D} \qquad (4-131)$$

可以分析,若 $\frac{N_2}{N_1} = 1$,则电压增益的表达式与 Buck-Boost、Cuk 变换器相同。可见 Flyback 变换器具有这类变换器的特性,但比它们有更多的灵活性,因为式(4-131)中多了 $\frac{N_2}{N_1}$ 这一项。

另外,Cuk 等变换器也有自己对应的隔离型变换器。

### 4.13.4 临界模式分析

若在临界模式工作,式(4-131)仍然成立。此时,一次侧电流 $i_P$ 在 $t_{on}$ 区间从 0 开始增加到最大值 $i_{P,max}$,二次侧电流 $i_S$ 在 $t_{off}$ 区间则由最大值 $i_{S,max}$ 减少到 0,而且这两个电流存在关系

$$\frac{i_{P,max}}{i_{S,max}} = \frac{N_2}{N_1} \qquad (4-132)$$

由式(4-126)知,一次侧电流最大值为

$$i_{\mathrm{P,max}} = \frac{V_{\mathrm{D}}}{L_{\mathrm{m}}} D T_{\mathrm{s}} \tag{4-133}$$

由式(4-132)、式(4-133)知,二次侧电流最大值为

$$i_{\mathrm{S,max}} = \frac{N_1}{N_2} \frac{V_{\mathrm{D}}}{L_{\mathrm{m}}} D T_{\mathrm{s}} \tag{4-134}$$

所以,临界模式下的负载电流为

$$I_{\mathrm{OB}} = \frac{1}{2} i_{\mathrm{S,max}} (1-D) = \frac{N_1}{N_2} \frac{V_{\mathrm{D}}}{2L_{\mathrm{m}}} (1-D) D T_{\mathrm{s}} \tag{4-135}$$

当 $D = 0.5$ 时,$I_{\mathrm{OB}}$ 达到最大值

$$I_{\mathrm{OB,max}} = \frac{N_1}{N_2} \frac{V_{\mathrm{D}}}{8L_{\mathrm{m}}} T_{\mathrm{s}} \tag{4-136}$$

所以,式(4-135)可写成

$$I_{\mathrm{OB}} = 4 I_{\mathrm{OB,max}} (1-D) D \tag{4-137}$$

### 4.13.5　Flyback 变换器的 DCM 模式

图 4-61(b)是 Flyback 变换器在 DCM 模式下的波形图。设 $\Delta_1 T_{\mathrm{s}}$ 为 DCM 时的磁通减少时间,那么此时磁通的减少量为

$$\Delta \Phi_{(-)} = \frac{V_{\mathrm{O}}}{N_2} \Delta_1 T_{\mathrm{s}} \tag{4-138}$$

因为一个开关周期内的磁心磁通增加和减少量相等,由式(4-127)和式(4-138)得

$$\frac{V_{\mathrm{O}}}{V_{\mathrm{D}}} = \frac{N_2}{N_1} \frac{D}{\Delta_1} \tag{4-139}$$

为了消去 $\Delta_1$,需要引入输出电流平均值 $I_{\mathrm{O}}$

$$I_{\mathrm{O}} = \frac{1}{2} i_{\mathrm{S,max}} \Delta_1 \tag{4-140}$$

从图 4-61(b)又可以得到 $i_{\mathrm{S,max}}$ 的表达式

$$i_{\mathrm{S,max}} = \frac{V_{\mathrm{O}}}{L_2} \Delta_1 T_{\mathrm{s}} \tag{4-141}$$

式中,$L_2$ 为二次侧绕组电感,可以由一次侧励磁电感折算过来,$L_2 = L_{\mathrm{m}} \left( \dfrac{N_2}{N_1} \right)^2$。把式(4-139)中的 $\Delta_1$、式(4-141)中的 $i_{\mathrm{S,max}}$ 一起代入式(4-140),可以得到

$$V_{\mathrm{O}} = \left( \frac{N_2}{N_1} \right)^2 \frac{D^2}{2 I_{\mathrm{O}} L_2} T_{\mathrm{s}} V_{\mathrm{D}}^2 = \frac{V_{\mathrm{D}}^2 D^2}{2 L_{\mathrm{m}} f_{\mathrm{s}} I_{\mathrm{O}}} \tag{4-142}$$

式中,$L_{\mathrm{m}} = \left( \dfrac{N_1}{N_2} \right)^2 L_2$,$f_{\mathrm{s}} = \dfrac{1}{T_{\mathrm{s}}}$。

式(4-142)表明,DCM 模式时的输出电压不仅与占空比 $D$ 有关,还与负载电流 $I_{\mathrm{O}}$ 有

关。$D$ 一定时,减小 $I_O$,则输出电压升高。结合式(4-136)和式(4-142)可得

$$\frac{I_O}{I_{OB,max}} = \left(\frac{N_2}{N_1}\right)\frac{4D^2 V_D}{V_O} \tag{4-143}$$

由式(4-137)和式(4-143)可知,Flyback 变换器的外特性曲线如图 4-62 所示。

根据以上关于 CCM 和 DCM 的分析,可以画出 Flyback 变换器磁心的工作状态如图 4-63 所示。

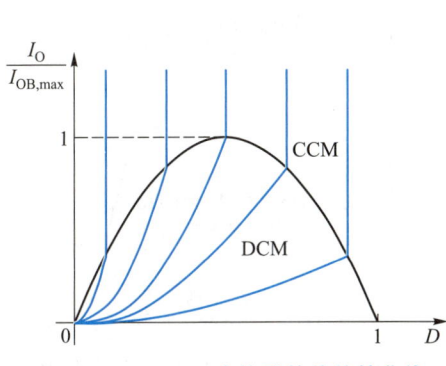

图 4-62  Flyback 变换器的外特性曲线

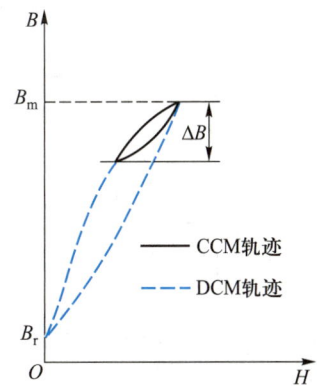

图 4-63  Flyback 变换器磁心的工作状态

事实上,Flyback 变换器的变压器磁心工作状态和 Buck、Boost 电路电感、正激变换器的输出滤波电感磁心工作状态类似。CCM 模式下,相当于磁心中一个交变磁通分量叠加在一个直流偏磁上,磁心工作在很大直流偏置的局部磁化曲线上。由于含有较大的直流分量,磁心中会产生很大的磁场强度 $H$,为了不使磁心饱和,磁心的磁导率不应太高。如 Buck 等变换器的滤波电感通常采用磁粉心类材质。但对于 Flyback 变换器,需要采用铁氧体类的高磁导率磁心来增加一二次侧的耦合,因此需要在磁路中添加气隙减少有效磁导率,以防止磁心饱和。

虽然 DCM 时,直流偏置相对较小,但如果 Flyback 变换器 DCM 模式时的输出电流与 CCM 模式时相同,则功率开关和二极管的峰值电流将成倍增加,功率开关的关断损耗将大大增加,电流纹波加大。相应的,磁心和线圈及输出滤波电容的损耗也将显著增加,因此,DCM 仅用于小功率范围。

### 4.13.6  寄生参数对 Flyback 变换器的影响

在上述讨论中,Flyback 变换器的高频变压器等效模型忽略了变压器漏感、绕线电阻铜损等的影响,并把功率器件当成理想开关。实际上,在设计和调试实际的 Flyback 变换器时,必须考虑上述因素,尤其是变压器漏感、功率器件的等效结电容等对于主电路工作的影响。由于变压器漏电感 $L_{ik}$、开关管结电容 $C_{ds}$ 和二极管结电容 $C_j$ 等寄生参数的影响,实际的 Flyback 变换器等效电路和波形如图 4-64 所示。在开关断开时,$i_{sw}$ 会对 $C_{ds}$ 充电。当 $C_{ds}$ 两端电压 $V_{DS}$ 超过 $V_D + nV_O$ 时,二次侧二极管导通,一次侧绕组电压被钳位在 $nV_O$,$L_{ik}$ 与 $C_{ds}$ 开始谐振。$L_{ik}$ 中的能量将会在谐振过程中转移到开关管的 $C_{ds}$ 和电路中的其他

杂散电容中,所以可以观察到图 4-64 中 $v_{DS}$ 的振荡,由振荡产生的 $v_{DS}$ 过电压可能会损坏开关管。另一方面,从图 4-64 中也可以观察到,如果处于 CCM,在一次侧开关导通时,二次侧整流二极管还会有反向恢复电流的产生,该电流也会传导到一次侧,使得 $i_{SW}$ 产生过冲。

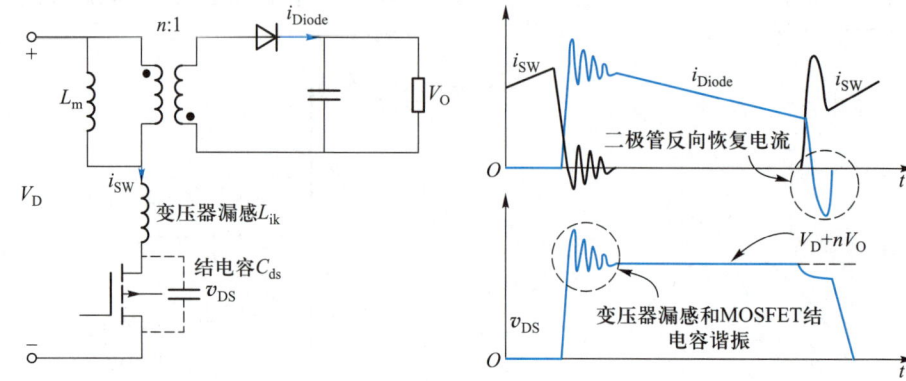

图 4-64　考虑寄生参数时的 Flyback 变换器等效电路及波形

为了减少开关关断时 $v_{DS}$ 过电压对开关的影响,通常会在一次侧电感两端并联一个 RCD 缓冲电路,如图 4-65 所示。若加上 RCD 缓冲电路,$L_{ik}$ 中的大部分能量将在开关管关断瞬间转移到缓冲电路的电容 $C_{sn}$ 上,然后这部分能量被电阻 $R_{sn}$ 消耗。这样就大大减少了开关管的损耗,有利于开关管的保护。

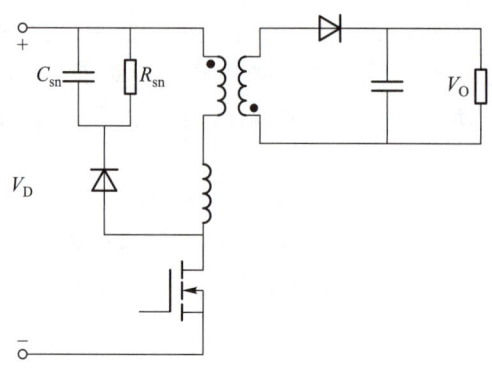

图 4-65　反激变换器的 RCD 缓冲电路

## 4.14　两种隔离型变换器的比较

从正激和反激变换器工作过程可以看出,二者的变压器电流都是单向变化,这也是它们被称为单端变换器的原因。正激电源一二次侧同名端相同,反激电源则相反。所以,正激变换器在激磁期间同时向二次侧传送能量,在截止期间需要通过复位绕组向电源回馈能量来实现磁复位;反激变换器在激磁期间只通过励磁电感存储能量而不向二次侧传递能量,在截止期间向二次侧传递能量并同时实现磁复位。这便是它们被命名为正激和反激的原因。

从元件数量来说,正激变换器需要在保留 Buck 变换器滤波电感、续流二极管的基础上外加变压器和一个整流二极管,而 Buck-Boost 变换器在演化成反激变换器时,原有二极管即可作为整流二极管,且没有续流二极管,并且加入的隔离变压器除了隔离作用外,同时作为储能电感使用。

一般来说,Flyback 变换器的功率与效率均比 Forward 变换器要低,我们可以通过它们的结构来理解:Forward 变换器的变压器线圈需要紧密耦合,以减少漏磁,而 Flyback 变换器的变压器实际上是耦合电感,为了保证在负载电流最大的时候铁心不饱和,用普通导磁材料铁心时一般有气隙(具体可参考 4.13.5 节中的解释)。然而有了气隙,变压器的漏磁就多了,变压器的损耗也会变大。并且由于 Flyback 变换器的工作过程是先将能量储存在铁心里再将能量传递到输出端,Forward 变换器是直接将能量从输入端传递到输出端,所以 Flyback 变换器的效率比 Forward 变换器低。故一般 Flyback 变换器的功率都不高。

Flyback 变换器被广泛使用最主要的原因是 Flyback 变换器的电路简单并且使用的元器件数量比 Forward 变换器少,成本低,故特别适合用于小功率、多路输出的场合。

## 4.15 双管隔离型 DC—DC 变换器

### 4.15.1 双管正激变换器

在如图 4-53 所示的单管正激变换器中,开关管承受电压如式(4-119)所示,$N_1 = N_3$ 时,电压应力为 $2V_D$,而 $N_1/N_3$ 的匝数比越大,电压应力越高。为了降低开关管电压应力,可以用两个开关管串联起来做一个管子用,同时采用两个二极管与变压器一次侧一起构成开关关断时的磁复位回路。从而得到如图 4-66 所示的双管正激变换器。$T_1$、$T_2$ 开通时,二次侧整流二极管 $D_3$ 导通,能量向变压器二次侧传递,当 $T_1$、$T_2$ 关断时,$D_3$ 关断,一次侧钳位二极管 $D_1$、$D_2$ 导通将变压器励磁能量向电源反馈同时起到复位作用。$T_1$、$T_2$ 关断期间,由于 $D_1$、$D_2$ 的钳位作用,$T_1$、$T_2$ 关断时所受的电压均为 $V_D$。

### 4.15.2 双管反激变换器

图 4-67 为双管反激变换器,分别示出了它的拓扑、控制信号和等效电路,$T_1$ 和 $T_2$ 同时导通时,变压器励磁电感充磁,二次侧整流二极管截止;$T_1$ 和 $T_2$ 同时关断后的瞬间,$D_1$ 和 $D_2$ 导通,将漏感能量回馈给输入,与此同时二次侧整流二极管导通,励磁电感中的能量向负载传递,在电流连续模式下,该过程将持续到下一次 $T_1$ 和 $T_2$ 导通。

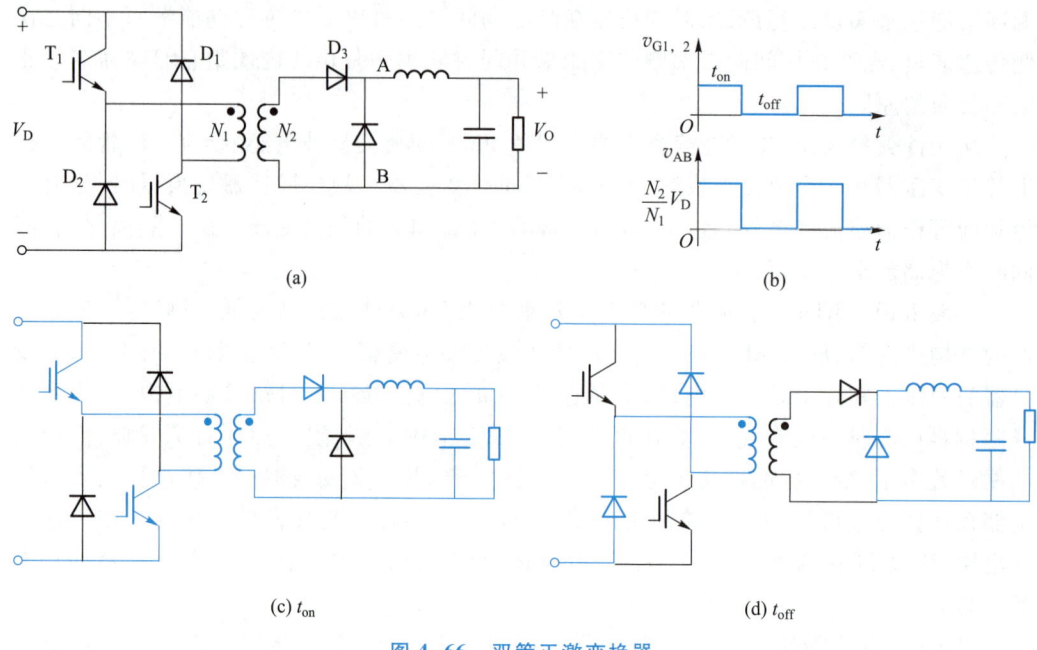

图 4-66　双管正激变换器

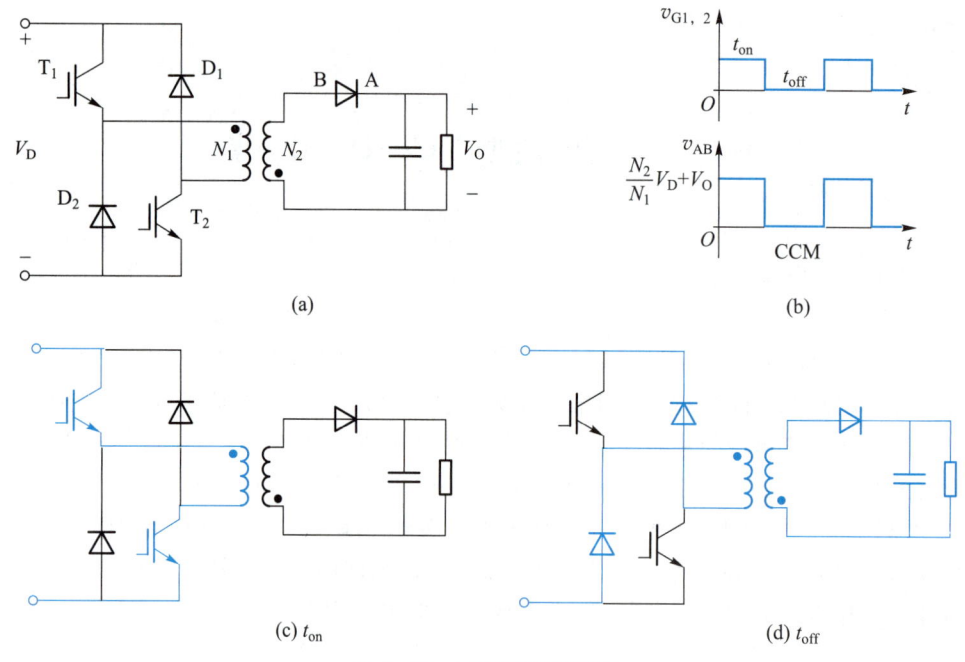

图 4-67　双管反激变换器

相对于单管反激变换器,该拓扑省去了一次侧开关管的 RCD 钳位电路,因为漏感导致的一次侧开关管电压尖峰可以通过新增的两个二极管来钳位,并把漏感能量反馈给输入电源而不是消耗在 RCD 吸收回路。钳位二极管不仅将开关管的最大承受电压钳位在 $V_D$,同时把变压器一次侧绕组电压也钳位在 $V_D$。双管反激变换器磁心工作模式和单管反激变换器完全相同。

### 4.15.3　推挽(Push-Pull)变换器

推挽电路拓扑如图 4-68 所示,其主要波形如图 4-69 所示。变换器由具有中心抽头的变压器,两只开关管 $T_1$、$T_2$ 以及两只二极管 $D_1$、$D_2$ 构成的对称结构组成。因为是中心抽头变压器,故两个一次侧绕组匝数相等,$N_{11} = N_{12} = N_1$;两个二次侧绕组匝数也相等,$N_{21} = N_{22} = N_2$。同时,$T_1$、$T_2$ 共发射极,所以可以采用一组驱动电源。

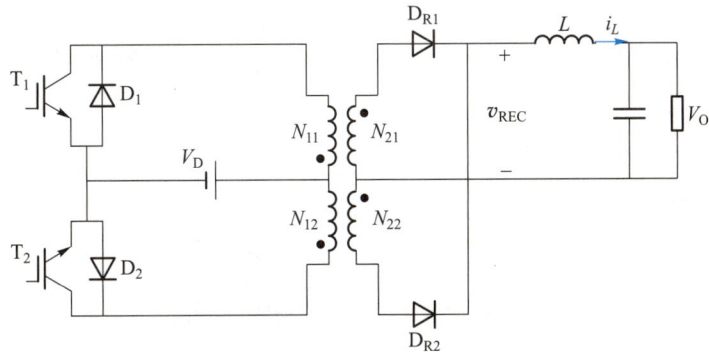

图 4-68　推挽变换器拓扑

推挽变换器可以看成两个正激变换器的并联,两个变压器一次侧同名端相反,共用一副磁心。两个正激变换器交错工作,即驱动信号相差半个开关周期 $T_s/2$。当 $T_1$ 导通时,磁心被正向磁化;当 $T_2$ 导通时,磁心被反向磁化。依靠 $T_1$ 与 $T_2$ 开关管在同周期内的交替导通,可实现变压器的双向磁化,因此推挽电路不需要额外设计复位电路。开关管关断时,变压器漏感的原因会导致异名端产生高压,所以 IGBT 上要反并联二极管 $D_1$ 与 $D_2$,用于钳位变压器漏感引起的尖峰电压,避免开关管过压击穿。

图 4-69 给出了电感电流连续时的推挽变换器主要波形。在一个开关周期中,推挽变换器有四种开关模态。

**开关模态 1$[t_0,t_1]$——能量传输阶段。**等效电路如图 4-70(a)所示,$T_1$ 导通,电源电压加在 $N_{11}$ 上,在 $N_{11}$ 上感应出与 $V_D$ 相等的电势,同名端为正。变压器磁心被磁化,励磁电流从负的最大值开始线性增加。二

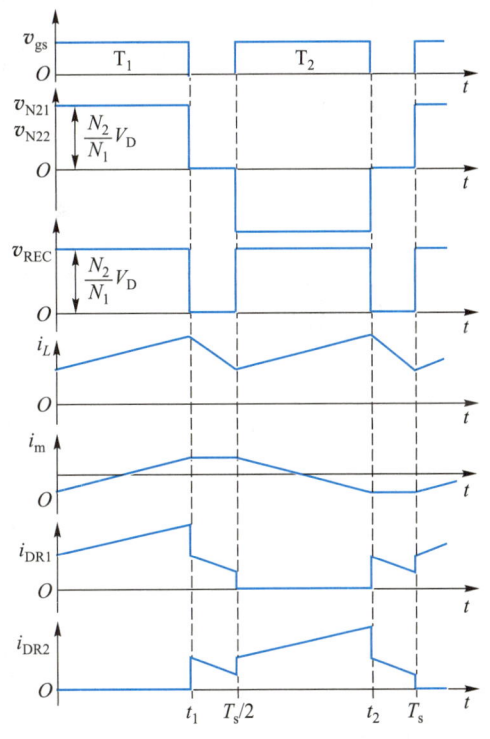

图 4-69　推挽变换器主要波形
（有续流二极管）

次侧整流二极管 $D_{R1}$ 导通,$D_{R2}$ 截止,滤波电感上的电流线性增加。一次侧绕组上的电流为折算到一次侧的滤波电感电流和励磁电流之和。此开关模态结束时,滤波电感电流和

159

励磁电流均达到最大值。此阶段 $T_2$ 上承受电压为 $2V_D$。

　　**开关模态 2$[t_1, T_s/2]$——续流阶段**。等效电路如图 4-70(b) 所示，当 $T_1$ 导通时间结束而关断时，$T_2$ 仍然处于关断状态，$N_{21}$ 上电压消失，滤波电感续流，使得 $D_{R1}$、$D_{R2}$ 同时导通，两个二极管流过的电流等于电感电流 $i_L$。此时变压器二次侧绕组均被短路，因此变压器励磁电流 $i_m$ 保持不变，且在 $D_{R1}$、$N_{21}$、$N_{22}$、$D_{R2}$ 之间形成环流；该阶段 $T_1$ 和 $T_2$ 承受的电压均为 $V_D$。

　　**开关模态 3、4** 的等效电路如图 4-70(c)(d) 所示，其工作情况与开关模态 1、2 类似。

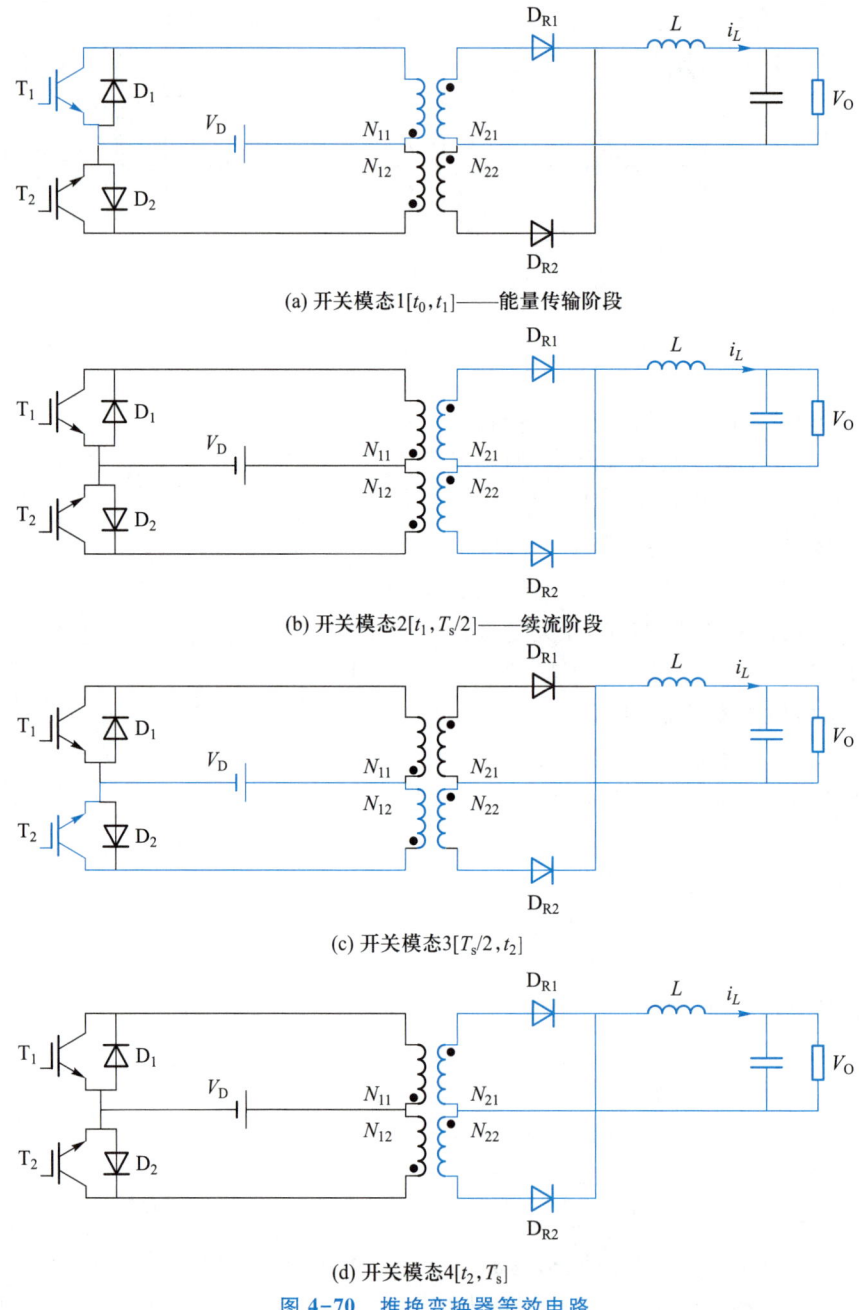

(a) 开关模态1$[t_0, t_1]$——能量传输阶段

(b) 开关模态2$[t_1, T_s/2]$——续流阶段

(c) 开关模态3$[T_s/2, t_2]$

(d) 开关模态4$[t_2, T_s]$

**图 4-70　推挽变换器等效电路**

根据图 4-69，连续导通模式（输出电感电流连续）下，可以通过伏秒平衡得到输入输出电压增益为

$$\frac{V_O}{V_D} = 2\frac{N_2}{N_1}\frac{t_{on}}{T_s}$$

(4-144)

推挽变换器的优点在于导通时只有一个开关产生压降，而缺点是 $T_1$、$T_2$ 承受的峰值电压均为输入电压的两倍。所以其通常被用在输入电压比较低而电流又相对较大的场合。同时，推挽拓扑也是低压输入、高压输出的逆变器常选用的拓扑，例如常用于 12 V、24 V 直流输入，220 V 交流输出的车载逆变器。

### 4.15.4　半桥变换器

在低功率变换器中常采用半桥变换器拓扑，如图 4-71 所示，开关管采用互补驱动信号。假设变压器为理想变压器，并假设 $C_1 = C_2$。变换器一个开关周期分为 4 个工作阶段，$t_0$ 之前，开关管 $T_1$、$T_2$ 处于断态，负载电流经二极管 $D_1$、$D_2$ 续流。工作过程分析如下。

教学微视频
4 - 6
双管及四管
隔离型 DC—
DC 变换器

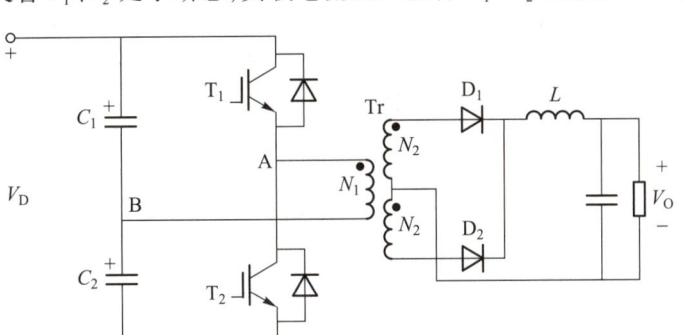

图 4-71　半桥变换器

**开关模态 1** $[t_0, t_1]$——**能量传输阶段**。$t_0$ 时刻给 $T_1$ 开通信号，一次侧电流线性上升，同时，二次侧的整流二极管 $D_1$ 导通，$D_2$ 关断，电流上升速率由滤波电感 $L$ 确定，示意图如图 4-72(a) 所示。

**开关模态 2** $[t_1, t_2]$——**续流阶段**。$T_1$、$T_2$ 关断，电感电流通过变压器二次侧和二极管 $D_1$、$D_2$ 续流。这时，$T_1$、$T_2$ 均承受 $V_D/2$ 电压，示意图如图 4-72(b) 所示。$t_2$ 时刻，给 $T_2$ 加驱动信号，电路进入下半周期，下半周期的工作过程和前半周期类似。

半桥变换器主要波形如图 4-73 所示。

为了避免发生直通，上下开关的占空比不能超过 50%，并应留有裕量。电感电流连续（连续导通模式）时，可以通过伏秒平衡得到输入输出电压增益为

$$\frac{V_O}{V_D} = \frac{N_2}{N_1}\frac{t_{on}}{T}$$

(4-145)

如果输出电感电流不连续，增益将高于式（4-145），并随负载减小而升高，在负载为零的极限情况下，$V_O = \frac{N_2}{N_1}\frac{V_D}{2}$。类似于 Buck 变换器在断续模式时的电压增益公式（4-25），负载为 0 即输出电流为零。

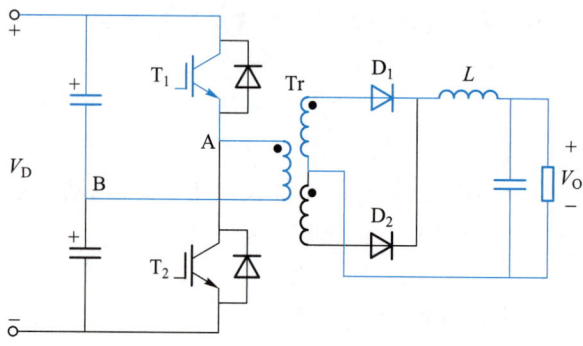

(a) $T_1$ 开通，$T_2$ 关断

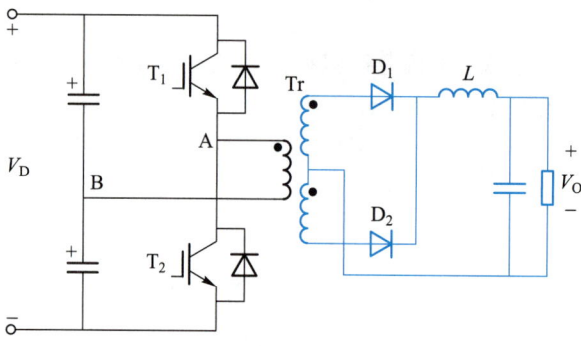

(b) $T_1$ 和 $T_2$ 关断

图 4-72　半桥变换器在不同模态下的等效电路

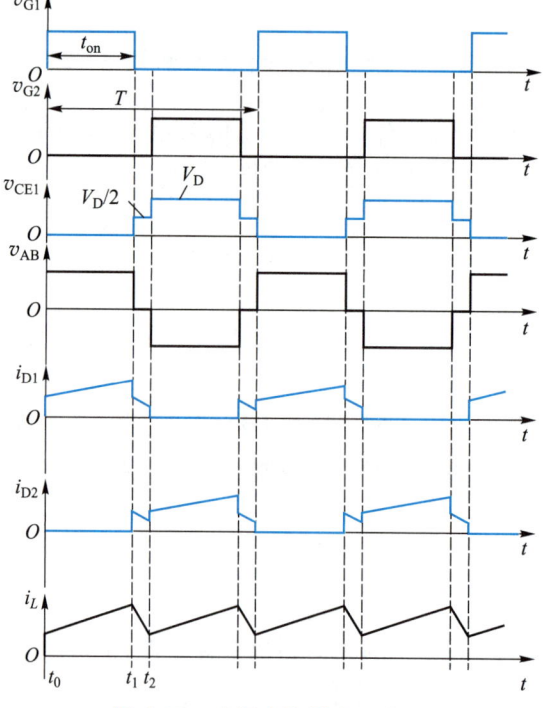

图 4-73　半桥变换器主要波形

图 4-71 所示半桥变换器中电容连接点 B 的电势会随着 $T_1$、$T_2$ 导通情况而浮动,这种浮动对由于两个开关导通时间不对称造成的变压器一次电压的直流分量有自动平衡作用。具体来说,假设上管 $T_1$ 关断比 $T_2$ 慢,则 $T_1$ 导通时间更长,对应的变压器一次侧电感伏秒值增加,如果是这样的不平衡波形去驱动变压器,将会发生偏磁现象,从而使铁心饱和。但此时 $C_1$ 放电时间更长,B 点相对于正母线电位会上升,$v_{C1}$ 变小,正的伏秒值又会相应减小,从而达到平衡伏秒的作用,因此半桥电路不容易发生变压器的偏磁和直流磁饱和,也就是电容具有一定的隔直作用。但实际隔直效果受到电容参数、开关器件参数对称性以及负载轻重等多方面因素影响,当上述的 B 点电势浮动能力不够时,仍然会导致偏磁,从而使铁心饱和并产生过大的电流,降低变换器效率,开关管失控,甚至烧毁。此时,可以通过串联耦合电容的方法提高 B 点电势浮动的能力,从而改善偏磁,如图 4-74 所示的 $C_3$。

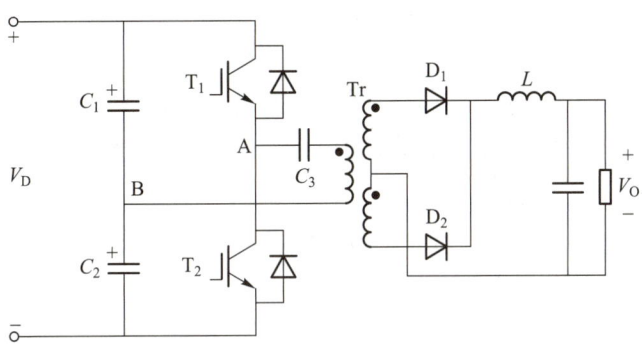

**图 4-74  带串联耦合电容的半桥变换器**

$C_3$ 串入 AB 连线间时的等效电路和波形如图 4-75 所示。由于电容通交阻直的特性,$v_{AB}$ 或 $v_1$ 的直流偏置电压量将会存储在电容 $C_3$ 中。如图 4-75 所示,图中 $v_1$ 的蓝色阴影表示 $T_1$ 相较于 $T_2$ 延迟关断带来的伏秒乘积,这部分正压偏置量将会被 $C_3$ 吸收,而 $v_2 = v_1 - v_{C3}$,从而使 $v_1$ 向下偏移,保证变压器两端电压 $v_2$ 伏秒积平衡。也就是与不平衡的伏秒值成正比的直流偏压将被此电容滤掉,起到了隔直的效果。

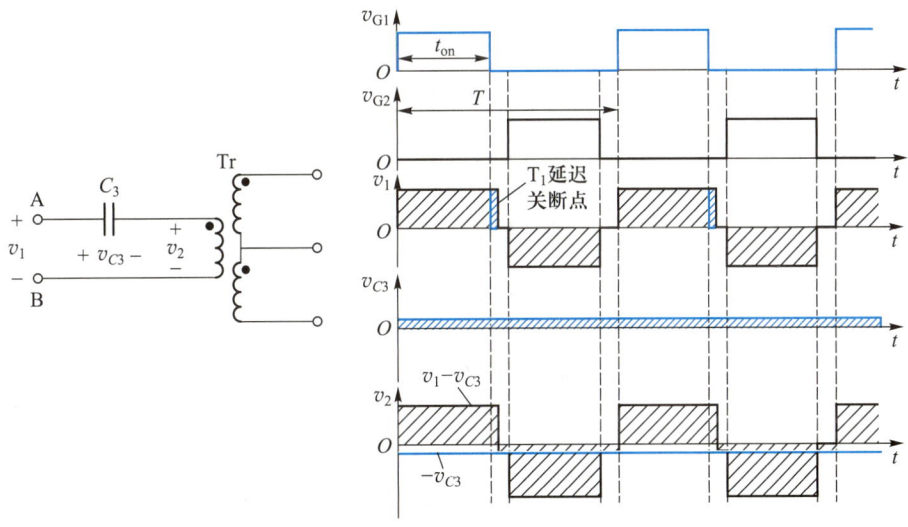

**图 4-75  带隔直电容时的半桥变换器等效电路和工作波形**

## 4.16　四管隔离型 DC—DC——全桥变换器

四管隔离全桥变换器主电路拓扑如图 4-76(a)所示,通常采用的对称式控制主要波形如图 4-76(b)所示。

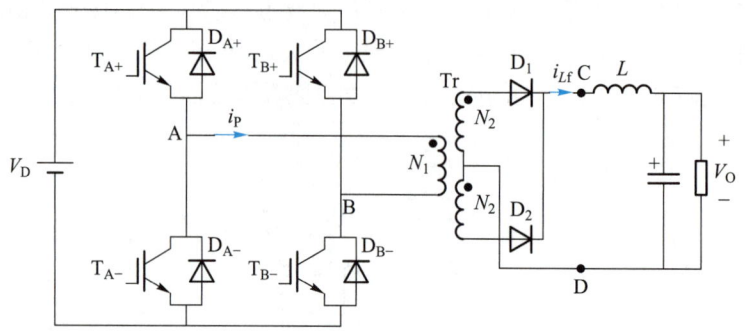

(a) 四管隔离全桥变换器主电路拓扑

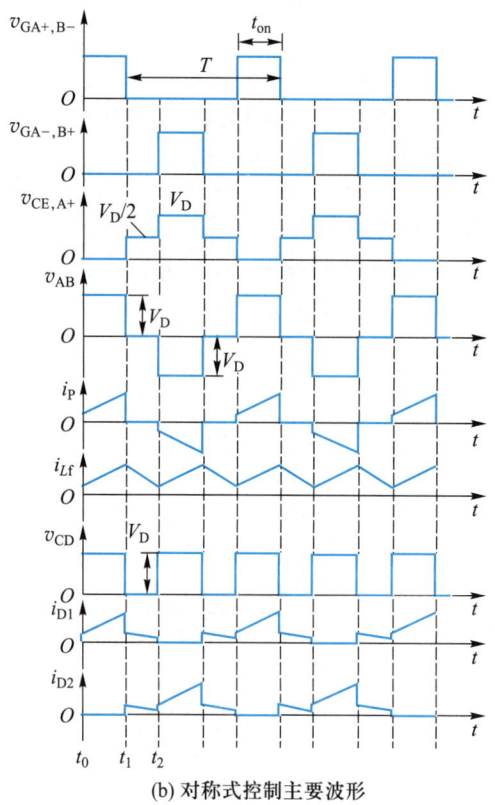

(b) 对称式控制主要波形

**图 4-76　直流电源全桥变换器**

**开关模态 1[$t_0$,$t_1$]——能量传输阶段。**$t_0$ 时刻,给 $T_{A+}$、$T_{B-}$ 开通信号,一次侧电流线性上升,同时,二次侧的整流二极管 $D_1$ 导通,$D_2$ 关断,电流上升速率由滤波电感确定,示意图如图 4-77(a)所示。

**开关模态 2** $[t_1, t_2]$**——续流阶段**。$t_1$ 时刻,所有开关管关断,电感电流通过变压器二次侧和二极管 $D_1$、$D_2$ 续流,示意图如图 4-77(b)所示。这时,$T_{A+}$、$T_{A-}$、$T_{B+}$、$T_{B-}$ 均承受 $V_D/2$ 电压。$t_2$ 时刻,给 $T_{B+}$、$T_{A-}$ 加驱动信号,电路进入下半周期,下半周期的工作过程和前半周期类似。

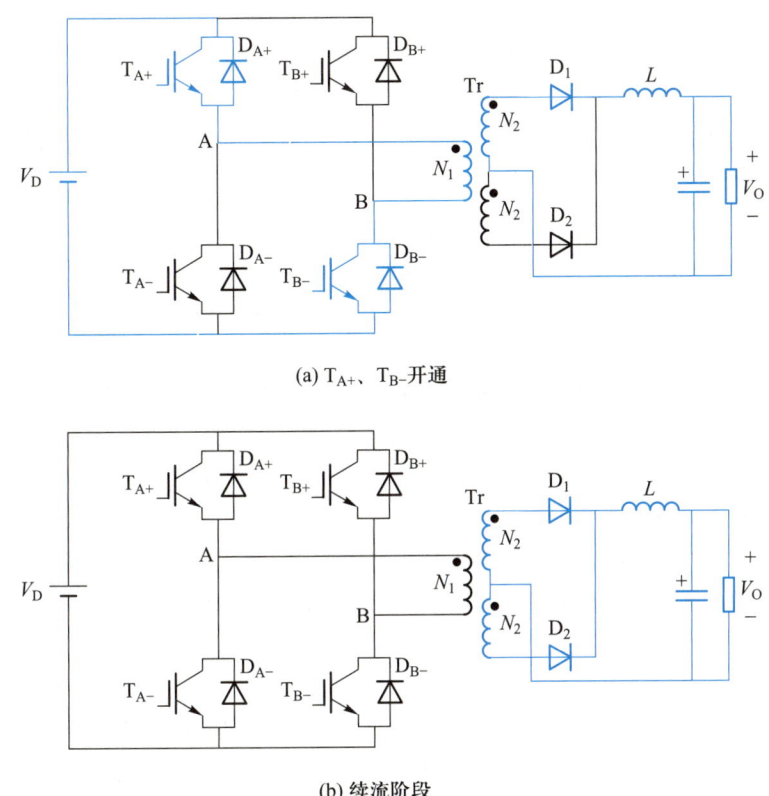

(a) $T_{A+}$、$T_{B-}$ 开通

(b) 续流阶段

图 4-77　全桥变换器在不同模态下的等效电路

需要说明的是,在续流阶段,如果考虑开关管的结电容和变压器一次侧漏感,则会在此区间发生谐振,导致 $v_{AB}$ 出现电压毛刺。第九章将要介绍的软开关移相控制全桥将保证在大部分区间内有两个开关导通,且任意时刻至少有一个开关导通,从而在实现软开关的同时,改善 $v_{AB}$ 电压波形。

如果 $T_{A+}$、$T_{B-}$ 与 $T_{B+}$、$T_{A-}$ 的导通时间不对称,变压器一次侧电压将含有直流分量,从而造成磁路饱和。可以在一次侧回路串联一个电容,以阻断直流电流,其隔直原理与半桥拓扑一致。由于全桥电路输入侧只有一个电容,没有像半桥电路一样将两电容之间的中点引入回路,相比半桥电路在拓扑上缺少了两电容之间的伏秒平衡作用,更容易发生变压器的偏磁和直流饱和现象。因此,隔直电容在全桥电路中作用更大。

与半桥电路类似,上下开关的占空比不能超过 50%。电感电流连续(连续导通模式)时,可以通过伏秒平衡得到输入输出电压增益为

$$\frac{V_O}{V_D} = \frac{N_2}{N_1}\frac{2t_{on}}{T} \tag{4-146}$$

如果输出电感电流不连续,增益将高于式(4-146),并随负载减小而升高,在负载为零的极限情况下,$V_0 = \dfrac{N_2}{N_1}V_D$。

## 本章小结

本章对基本直流变换器电路拓扑和工作原理进行了讨论,为以后的学习研究打下了基础。

在这些变换器中,最基本的变换器是 Buck 变换器和 Boost 变换器,其他变换器都是由这两种变换器派生出来的:

① Buck-Boost 变换器由 Buck 变换器和 Boost 变换器串联演化而成。

② Cuk 变换器是 Buck-Boost 变换器的对偶结构,也可以由 Boost 变换器和 Buck 变换器串联演化而来。因此它的输入部分与 Boost 变换器类似,输出部分类似于 Buck 变换器。

事实上,其他 DC—DC 拓扑如 Sepic、Zeta 也都可以通过 Buck 和 Boost 变换器来演化得到。

③ 半桥变换器由一个 Buck 变换器和 Boost 变换器叠加而成,Full-Bridge 变换器是由两个 Half-Bridge 变换器叠加而成的。

Buck 变换器和 Boost 变换器是最基本的变换器,掌握这两种变换器的工作原理与特性,就可举一反三,分析其他电路。同时,连续工作模式是重点,断续工作模式的分析对于加深电路理解是非常有益的,但只要求本科生能理解其原理,而不要求掌握具体的推导。

隔离型变换器来源于非隔离型直流变换器,掌握中间插入的变压器的工作情况,有利于对这种变换器进行研究。隔离型变换器中最基本的是正激和反激变换器,双管正激、双管反激、推挽变换器都可以由正激、反激变换器得到。而半桥、全桥变换器既可以是非隔离型变换器,也可以是隔离型变换器。

## 习题

习题集
第 4 章
DC—DC 变换器

1. 试着解释什么是 PFM 和 PWM 控制。

2. 推导 Buck 和 Boost 变换器的连续模式电压增益。

3. Buck 变换器和 Boost 变换器中的二极管主要功能是什么?

4. 在理想 Buck 变换器中,假设输出电压 $V_0$ 为 5 V,开关频率为 40 kHz,电感 $L$ 为 1 mH,电容 $C$ 为 470 μF。计算当输入电压 $V_D$ 为 12 V,输出电流 $I_0$ 为 200 mA 时的输出电压脉动峰峰值 $\Delta V_0$。

5. 在理想 Boost 变换器中,假设输出电压 $V_0$ 为 24 V,开关频率为 50 kHz,电感 $L$ 为 150 μH,电容 $C$ 为 470 μF。计算当输入电压 $V_D$ 为 12 V,输出电流 $I_0$ 为 1.5 A 时的输出电压脉动峰峰值 $\Delta V_0$。

6. 在理想 Boost 变换器中,假设输出电压 $V_0$ 为 24 V,开关频率为 20 kHz,电感 $L$ 为

150 μH，电容 $C$ 为 470 μF。计算当输入电压 $V_D$ 为 12 V，输出电流 $I_0$ 为 0.5 A 时的输出电压脉动峰峰值 $\Delta V_0$。

7. 试着从 Buck-Boost 变换器推导演化出反激变换器。

8. 反激变换器和正激变换器分别是从哪个非隔离型单管 DC—DC 变换器演化来的？

9. 相比于正激变换器，反激变换器的优点是什么？

10. 为什么通常反激变换器的磁心需要加入气隙？

11. 为什么正激变换器需要磁复位绕组或磁复位电路而反激变换器不需要？

12. 推导全桥变换器的输入输出电压增益。

13. Boost 变换器为什么不宜在占空比接近 1 的条件下工作？

14. 四象限 DC—DC 变换器指的是什么？用在电机驱动场合有何意义？

15. 如何理解 Cuk 变换器中间直流电容电压 $V_{C1}$ 等于电源电压 $V_D$ 与输出电压 $V_0$ 之和？

## 5.1 概　述

**逆变器（或者称 DC—AC 变换器、直流交流变换器，inverter）**是一种将直流电转化为交流电的变换器。广泛应用的 PWM 电压型逆变器的框图和输出波形如图 5-1 所示。

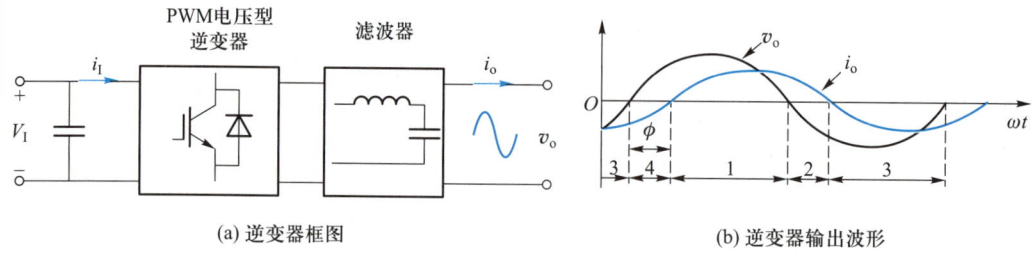

(a) 逆变器框图　　　　　　　　　(b) 逆变器输出波形

**图 5-1　广泛应用的 PWM 电压型逆变器的框图和输出波形**

PWM 电压型逆变器常应用于交流电机变频器和不间断交流电源 UPS 等。图 5-2 为变频器系统框图，市电经过二极管不控整流、电容滤波后得到直流电压，再通过逆变器逆变成频率、幅值可变的交流电压后驱动电机。

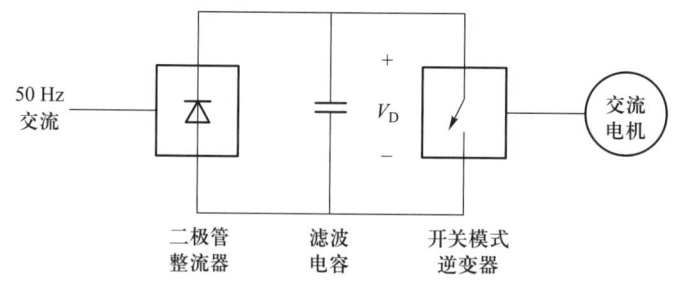

**图 5-2　变频器系统框图**

需要强调的是，通常逆变器的输出功率因数小于 1。如图 5-1(b) 中的 1、3 区间电流电压同极性，瞬时功率为正，电能从直流到交流流动，为逆变模式运行；而 2、4 区间电流电压极性相反，则瞬时功率为负，电能从交流到直流流动，为整流模式运行。图 5-1 所示系统被定义为逆变器，其平均功率为正，电能从直流侧到交流侧流动。另外需要注意，逆变器本身不能直接输出正弦波,它只能输出一系列幅值相等的脉冲,然后通过一个无源低通滤波器后得到正弦波。所以,图5-1(a)中直流交流变换部分实际包含逆变器和滤波器两部分,滤波器可有 $L$、$LC$ 等多种形式。

本章首先介绍 PWM 电压型逆变器的理论基础——冲量等效原理和一些关键概念,如载波比、调制比、同步、异步调制等。然后,按照单相逆变器、三相逆变器的线索进行讲解,包含调制方法、谐波分布特征、输入输出侧纹波分析等,之后介绍 PWM 整流器的控制和相量分析,最后介绍逆变器的拓扑知识。

## 5.2 逆变器的分类

逆变器的分类标准有很多,图5-3为逆变器的主要分类。

最常用的分类是按照直流侧储能形式将逆变器分为**电压型逆变器**(voltage source inverter,VSI)和**电流型逆变器**(current source inverter,CSI),如图5-4所示。直流侧并联大电容的为 VSI,而直流侧串联大电感的为 CSI。以单相全控型逆变器为例,图5-4(a)中的电容 $C$ 很大,使得逆变器输入侧呈现低阻抗,供电近似具有电压源特性,逆变器将输入的直流电压逆变为交流电压输出,故称为电压型逆变器。图5-4(b)中的输入电感 $L_i$ 很大,使逆变器供电近似具有电流源特性,逆变器将输入的直流电流逆变为交流电流输出,因此称为电流型逆变器。

实际应用中绝大多数逆变器都是电压型,特别是用于中小功率场合的逆变器,原因是电容的储能密度远远大于电感,所以同样容量的电压型逆变器体积、重量比电流型小。

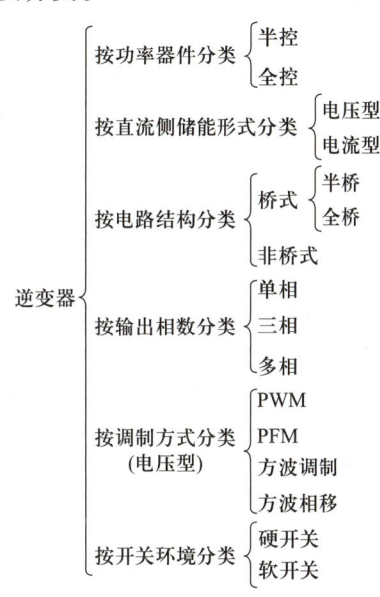

图5-3 逆变器的主要分类

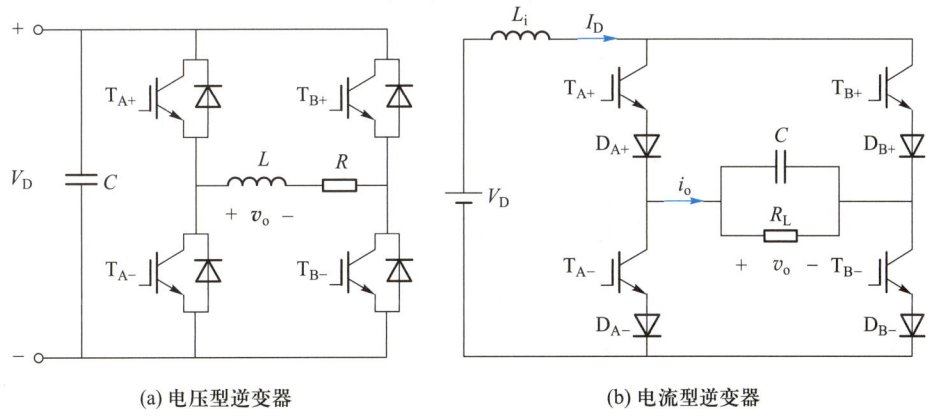

(a) 电压型逆变器    (b) 电流型逆变器

图5-4 逆变器按储能形式分类

VSI 是本章的重点,而为了表述方便,除非特殊指明,以下提到的逆变器都指 VSI,包括 5.1 节概述中描述的对象也是 PWM 控制 VSI。VSI 按照控制方式分类如图 5-5 所示。

对于 VSI,如果按照调制方式,又可细分为 PWM 逆变器(包含 SPWM 调制:sine wave pulse width modulation,SVPWM 调制:space vector pulse width modulation,不适用于单相)、方波逆变器和方波相移控制逆变器(只用于单相逆变器)。方波逆变器可以看成 PWM 逆变器的特殊形式,也称为单周期 PWM 控制逆变器,而相移控制逆变器是指单相逆变器的两个桥臂按照方波控制并错相叠加。所以它们都可以理解为 PWM 逆变器的特殊形式。

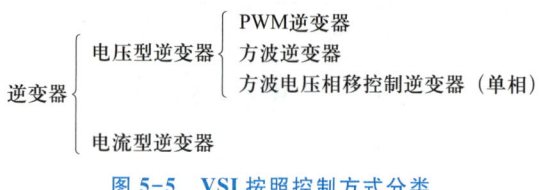

图 5-5　VSI 按照控制方式分类

## 5.3　SPWM 原理与实现

图 5-1 是用一个电压型逆变器框图来说明逆变器的原理,其具体电路如图 5-6 所示。逆变器通过开关的通断输出一系列等幅不等宽的脉冲,而脉宽按照正弦规律变化,这一系列脉冲经过 LC 滤波器变成正弦波后加在负载 R 上。所以,如果把 LC 滤波器和 R 统一看成负载,那么逆变器其实是用一系列脉宽按照正弦规律变化的脉冲来代替正弦波加在负载上,这一系列脉冲称为 **SPWM** 波。SPWM 波加在负载上得到的响应和正弦波几乎相同。要理解这点,需要从最基本的面积等效原理开始阐述,它是 SPWM 逆变器的理论基础。

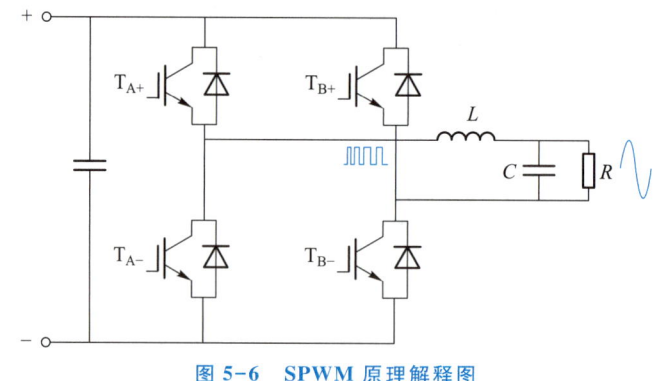

图 5-6　SPWM 原理解释图

### 5.3.1　面积等效原理(冲量等效原理)

面积等效原理的含义是,当面积相等而形状不同的窄脉冲作用于同一个惯性环节时,其响应基本相同,尤其适用于低频段。因为需要的逆变器输出是低频基波,所以可以用一系列和正弦波面积相等的高频窄脉冲来代替正弦波,再用 *LC* 滤波器滤除其与正弦波在高频段的差异。由于窄脉冲的面积又称为冲量,所以这个原理又可称为冲量等效原理。

在逆变电路中,惯性环节一般指 *RC*、*RL* 这种包含一个储能元件和一个耗能元件的电路,所以当输入量发生突变时,惯性环节输出量不能突变,只能按指数规律逐渐变化。

图 5-7 分别为四个等面积窄脉冲 $v(t)$,上述信号激励下的 *RL* 惯性电路及其响应如图 5-8 所示。

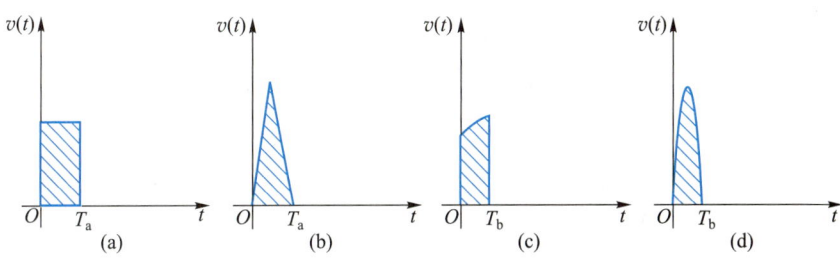

图 5-7　形状不同而面积相同的窄脉冲

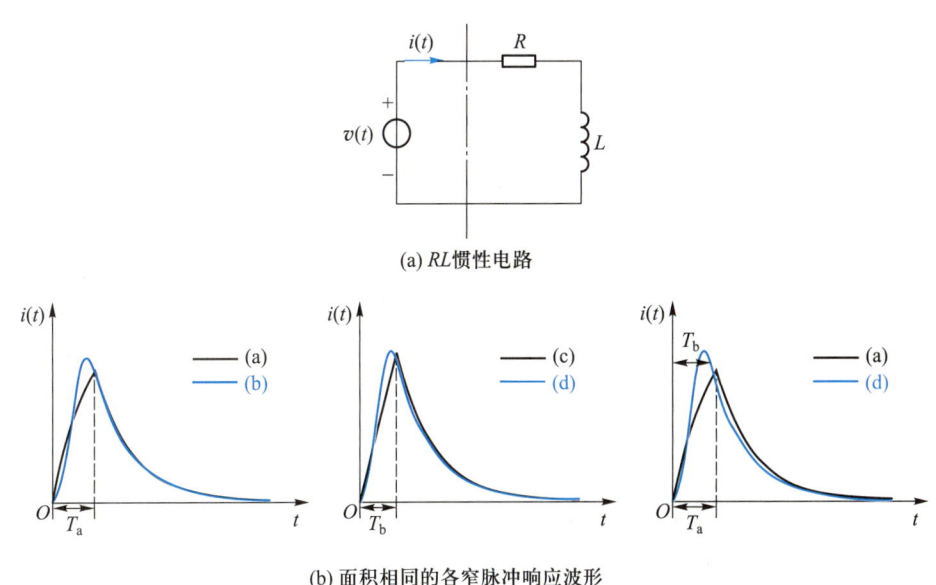

(a) *RL* 惯性电路

(b) 面积相同的各窄脉冲响应波形

图 5-8　等冲量电压脉冲激励电路及其响应

面积等效原理是用 PWM 逆变器输出一系列等幅不等宽的脉冲来代替直接输出正弦波的理论基础。

下一个问题是如何把正弦波分解、划分成等效的一系列等幅不等宽的脉冲。

首先,把正弦波平均分成 $N$ 等份,每一部分的宽度相同,脉冲包络线为正弦,如图 5-9(a) 所示。之后,根据面积等效原理,可以把这些等宽不等幅的脉冲等效成如图 5-9(b)所示的幅值相同而宽度呈正弦规律变化的脉冲,采用同样的方法可以得到负半周的波形,从而可以得到整个周期按照正弦规律变化的脉冲序列。

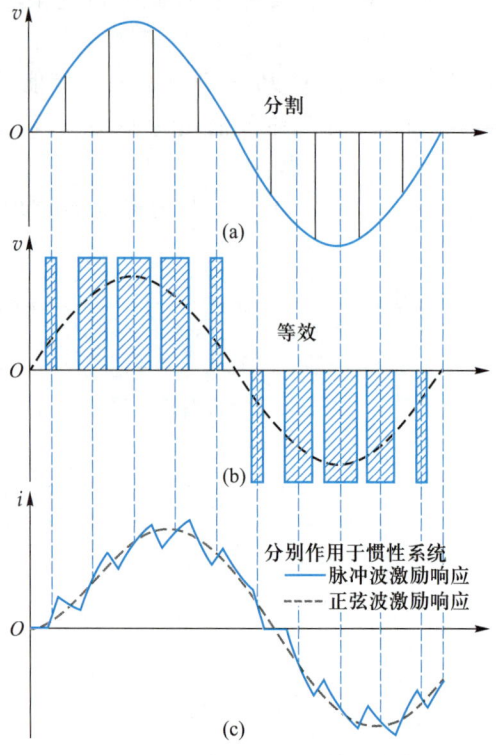

图 5-9　正弦波向 SPWM 波形的等效

如果将图 5-9(b)所示的正弦波脉冲和等效的矩形波脉冲序列作用于如图 5-8(a)所示的惯性系统,则其电流响应如图 5-9(c)所示。如果给惯性系统正弦波激励,其响应只有基波成分,而与之相比,图 5-9(c)所示的脉冲波响应除了基波成分之外,还有高频成分。而滤除高频成分也是后文将要介绍的 *LC* 滤波器的意义。同时与图 5-8(b)对比也可以看出,脉冲序列作用于惯性系统时要比单脉冲响应更加接近正弦波激励的响应。

### 5.3.2　SPWM 的工作原理

本小节将详述在具体电路上实现图 5-9 的过程,也就是如何实现正弦脉宽调制 SPWM。用图 5-10 所示的单桥臂逆变器来说明 SPWM 的工作原理和调制过程,因为它的开关组合与输出电压最容易理解。图 5-10 中,逆变器输出电压为 $v_{AO}$,输出电流为 $i_o$。需要说明,在同一桥臂中,上下管从不"同开"或"同关"。因为"同开"会导致短路,而正常情况下"同关"没有意义。

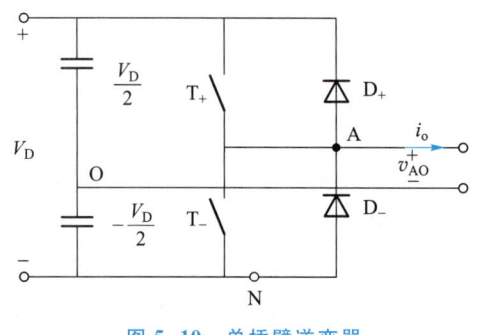

图 5-10　单桥臂逆变器

在上一章全桥 DC—DC 中,用一个直流电压控制信号和三角波比较得到开关控制信号,如果控制信号不变,则占空比不变,也就是脉冲的宽度不变。而在逆变器的调制中,采用正弦控制信号和三角波进行比较,产生如图 5-11 所示的脉冲序列。在图 5-11 中,当正弦调制波大于三角载波时,开通上管 $T_+$,A 点连接正母线,输出 $\dfrac{V_D}{2}$,反之开通下管 $T_-$,A 点连接负母线,输出 $-\dfrac{V_D}{2}$,所以,脉冲的宽度也是根据正弦规律变化的,也就是 SPWM 波。同时,因为输出电压脉冲在一个开关周期内的电压极性有正有负,所以又被定义为双极性调制。需要强调的是,单桥臂逆变器输出非正即负,只能实现双极性一种调制方式,后续的全桥电路可以实现第三个电平——零电平。在一个开关周期内,输出电压可以有两种极性,也可以只有一种极性,在正和零电平或者负和零电平之间变化,称为单极性调制。

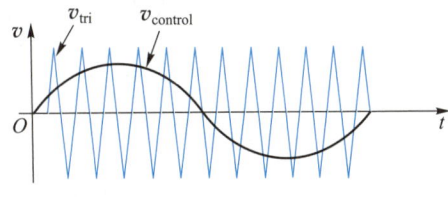

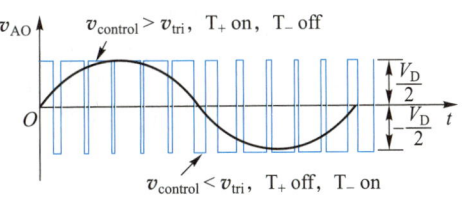

图 5-11　SPWM 调制过程

在图 5-11 所示的 SPWM 调制过程中,先定义两个重要的物理量:调制比(amplitude modulation ratio)$m_a$ 以及载波比(frequency modulation ratio)$m_f$。

$$m_a = \frac{\overline{V}_{control}}{\overline{V}_{tri}} \tag{5-1}$$

式中,$\overline{V}_{control}$ 是调制波 $v_{control}$ 的幅值,$\overline{V}_{tri}$ 是载波 $v_{tri}$ 的幅值。

$$m_f = \frac{f_s}{f_1} \tag{5-2}$$

式中,$f_s$ 为三角波频率,它规定了逆变器的开关频率,$f_1$ 为调制波频率,也就是期望输出的正弦波频率。

和 DC—DC 分析一致,逆变器分析中的关键问题也是工作原理、电压增益推导、输入输出纹波等,前文已经介绍了工作原理,下面推导单桥臂逆变器的电压增益。

事实上,可以借用全桥 DC—DC 的方法得到单桥臂逆变器的电压增益。如图 5-12 所示,因为通常三角载波的频率远高于正弦调制波,所以在几个开关(载波)周期内,可以认为正弦调制波的值是恒定的。如图中虚线圆所示,此时它的推导和全桥 DC—DC 中电压增益的推导完全一致,也是采用相似三角形的原理。

取几个开关周期的时间 $\Delta t$,在 $\Delta t$ 时间中,正弦调制波近似可以看作恒定电压。图 5-12 的局部放大图与第四章全桥 DC—DC 中图 4-49 一致,同时根据单桥臂逆变器结构还有

$$V_{AO} = V_{AN} - \frac{V_D}{2} \tag{5-3}$$

而由第四章 4.10 节中全桥 DC—DC 的电压增益推导可知在虚线圆内

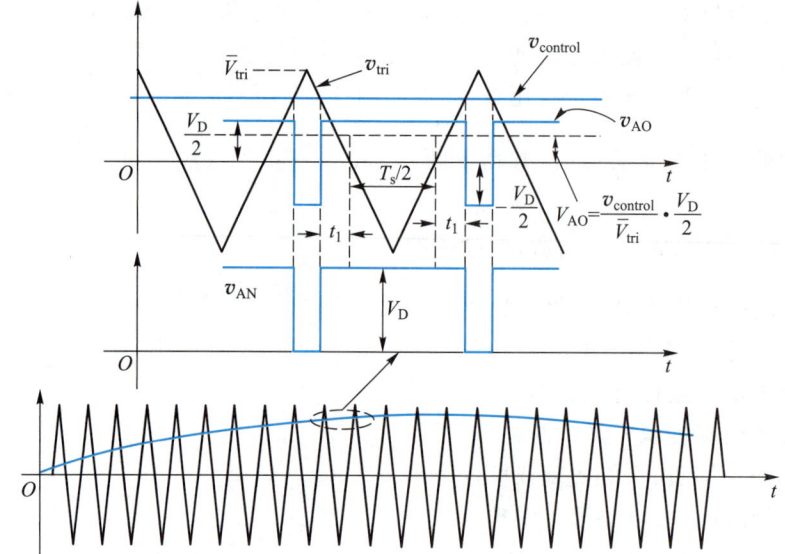

图 5-12　SPWM 局部计算等效图

$$V_{AN} = D_1 V_D = \frac{1}{2}\left(1 + \frac{4t_1}{T_s}\right)V_D = \frac{1}{2}\left(1 + \frac{v_{control}}{\overline{V}_{tri}}\right)V_D = \frac{1}{2}(1+m_a)V_D \tag{5-4}$$

式中，$D_1$、$t_1$、$m_a$ 等变量的定义与图 4-49 中一致。将式(5-4)代入式(5-3)得到

$$V_{AO} = \frac{v_{control}}{\overline{V}_{tri}}\frac{V_D}{2} \tag{5-5}$$

如果设调制波的频率为 $f_1 = \omega_1/2\pi$，调制波表示为 $v_{control} = \overline{V}_{control}\sin\omega_1 t$，那么，可以将式(5-5)的变量关系从图 5-12 中的局部放大图推广到整个调制波周期，从而得到输出电压的基波成分为

$$(v_{AO})_1 = \frac{V_{control}}{\overline{V}_{tri}}\sin(\omega_1 t)\frac{V_D}{2} = m_a\sin(\omega_1 t)\frac{V_D}{2}, m_a \leqslant 1 \tag{5-6}$$

基波幅值为 $(\overline{V}_{AO})_1 = m_a\dfrac{V_D}{2}$。可以看到，在 SPWM 中，输出电压的基波幅值与 $m_a$ 呈线性关系($m_a \leqslant 1$)，所以，称 $m_a \leqslant 1$ 的调制为**线性调制(linear modulation)**。后面将介绍，如果 $m_a > 1$，则进入过调制，上式不再成立，输出和 $m_a$ 之间不再是线性关系。而当 $m_a \gg 1$ 时，调制波和载波只有在调制波过零点才会有交点，此时进入方波调制模式，输出电压固定。所以，本文把方波调制当成 PWM 调制的一种特殊形式。方波调制也称为单脉冲调制 SPM(single pulse modulation)，可用下文的图 5-17 表示，即在图 5-11 中，把正弦调制波替换成一个频率与正弦调制波相同，但幅值大于等于三角载波幅值的方波。这样的调制方式下，每半个周期自然只有一个 PWM 脉冲，输出电压为方波。

### 5.3.3　单桥臂逆变器谐波分析

以载波频率 $\omega_c$ 为基准并采用双重傅里叶级数谐波分析法，可以推导出电压型单桥

臂逆变器在双极性调制下的输出电压谐波方程

$$v_{AO} = m_a \frac{V_D}{2} \cos(\omega t - \phi) + \frac{2V_D}{\pi} \sum_{j=1,3,5,\cdots}^{\infty} \frac{J_0(jm_a\pi/2)}{j} \sin\frac{j\pi}{2} \cos(jm_f\omega t)$$

$$+ \frac{2V_D}{\pi} \sum_{j=1,2,\cdots}^{\infty} \sum_{k=\pm1,\pm2,\cdots}^{\pm\infty} \frac{J_k(jm_a\pi/2)}{j} \sin\left(\frac{j+k}{2}\pi\right) \cos\left[(jm_f+k)\omega t - k\phi\right] \quad (5-7)$$

教学微视频
5 – 2
输出电压谐波的双重傅里叶变换推导

式中,$V_D$ 为直流电压,$\phi$ 为基波初始相角,$j$ 为相对于载波的谐波次数,$k$ 为相对于调制波的谐波次数,$J_k$ 为第一类贝塞尔函数。

式(5-7)右边三项分别为基波、开关次及其倍数次谐波、开关次及其倍数次边频带谐波。它清晰地说明单桥臂逆变器在双极性调制下,谐波分布特征如下。

① $h = jm_f$ 次谐波:开关次及其倍数次谐波,对应式(5-7)的第二项,谐波频率为

$$f_h = (jm_f)f_1 \quad (5-8)$$

显然,从式(5-7)第二项中的 $\sin\frac{j\pi}{2}$ 判断,如果 $j$ 是偶数时,则第二项计算出的谐波为零,而 $j$ 是奇数时,谐波不为零。也就是第二项得到的开关次及其倍数次频率的谐波分布在 $1,3,5\cdots$ 奇数倍开关频率处。如果 $m_f$ 取奇数,式(5-8)中奇数×奇数 = 奇数,表示第二项不会出现偶数次谐波。

② $h = jm_f \pm k$ 次谐波:开关次及其倍数次频率为中心的边频带谐波,即围绕在 $m_f$、$2m_f\cdots$ 附近,对应式(5-7)的第三项,谐波频率为

$$f_h = (jm_f \pm k)f_1 \quad (5-9)$$

从第三项中的 $\sin\frac{(j+k)\pi}{2}$ 判断,当 $j$、$k$ 同奇同偶时,该项计算出的谐波也为零。这意味着按照式(5-7)第三项计算出的谐波结果中,$j$ 和 $k$ 不会同奇同偶。也就是计算结果中,当 $j$ 为奇数时,$k$ 为偶数,反之亦然。所以,在双极性调制中如果控制 $m_f$ **为奇数**,则从式(5-9)中看出,输出的第三项中无论是奇数×奇数+偶数,还是偶数×奇数+奇数,最终第三项均只含有奇次谐波而不含有偶次谐波。结合式(5-7)所示第二项的结论,可以总结当选择 $m_f$ **为奇数**,可以达到消除偶次谐波的目的。

图 5-13 是根据式(5-7)计算的当 $m_a = 0.8$,$m_f = 15$ 时的 $v_{AO}$ 频谱。

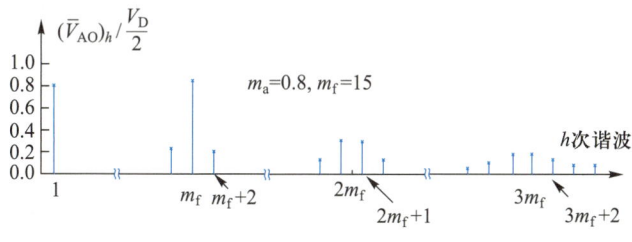

图 5-13　$m_a = 0.8$,$m_f = 15$ 的 $v_{AO}$ 频谱

表 5-1 定量计算了不同 $m_a$ 时候的谐波分量,与图 5-13 对应。可以看出在调制波小于载波幅值时,输出基波与调制比呈线性关系。另外值得注意的是,输出在开关频率处的谐波幅值比较大,当 $m_a < 0.6$ 时甚至超过基波幅值,而在开关次的偶数次倍频处谐波为零。

表 5-1　$(\overline{V}_{AO})_h \dfrac{V_D}{2} = (\overline{V}_{AN})_h \dfrac{V_D}{2}$ 输出电压幅值在不同 $m_a$ 时候的含量

| $h$ | $m_a$ | | | | |
|---|---|---|---|---|---|
| | 0.20 | 0.40 | 0.60 | 0.80 | 1.00 |
| 基波 | 0.20 | 0.40 | 0.60 | 0.80 | 1.00 |
| $m_f$ | 1.24 | 1.15 | 1.00 | 0.82 | 0.60 |
| $m_f \pm 2$ | 0.02 | 0.06 | 0.13 | 0.22 | 0.32 |
| $m_f \pm 4$ | | | | | 0.02 |
| $2m_f \pm 1$ | 0.19 | 0.33 | 0.37 | 0.31 | 0.18 |
| $2m_f \pm 3$ | | 0.02 | 0.07 | 0.14 | 0.21 |
| $2m_f \pm 5$ | | | | 0.01 | 0.03 |
| $3m_f$ | 0.34 | 0.12 | 0.08 | 0.17 | 0.11 |
| $3m_f \pm 2$ | 0.04 | 0.14 | 0.20 | 0.18 | 0.06 |
| $3m_f \pm 4$ | | 0.01 | 0.05 | 0.10 | 0.16 |
| $4m_f \pm 1$ | 0.16 | 0.16 | 0.01 | 0.11 | 0.07 |
| $4m_f \pm 3$ | 0.01 | 0.07 | 0.13 | 0.12 | 0.01 |
| $4m_f \pm 5$ | | | 0.03 | 0.08 | 0.12 |

在如图 5-10 所示单桥臂逆变器中,有如下关系

$$v_{AN} = v_{AO} + \frac{V_D}{2} \tag{5-10}$$

所以,$v_{AN}$ 与 $v_{AO}$ 的谐波分量是一致的

$$(\overline{V}_{AN})_h = (\overline{V}_{AO})_h \tag{5-11}$$

由以上分析可知,当 $m_f$ 越大时,谐波频率离基波频率越远,越容易滤去谐波;但对应的开关损耗(开关次数增加)也会增多,因而需要根据实际情况折中选择 $m_f$。另外,如果在 $m_f$ 比较大时,上述 $m_f$ 为奇数的要求也变得不再重要。一般称小于 21 的 $m_f$ 为低载波比,高于 21 的为高载波比。随着器件技术的发展,大多数逆变器的开关频率都满足高载波比要求,只在功率特别大或是基波频率比较高的场合才会用到低载波比。

**例题 5-1**　对于单桥臂(半桥)VSI,采用图 5-11 所示的 SPWM 算法,如果期望降低输出电压的基波含量和提高开关频率,应该如何改变调制比 $m_a$ 和载波比 $m_f$?

**答**:降低调制比 $m_a$ 可以降低输出电压基波含量,而开关频率是由载波频率决定的,所以,需要提高载波比 $m_f$ 来提高开关频率。

### 5.3.4　同步调制与异步调制

对于 $m_f$ 比较小的情况,一般要求采用同步调制的方式。**同步调制(synchronous PWM)** 是指当调制波频率变化时,载波频率相应地变化,从而保持载波比 $m_f$ 为一个常整

数,如图 5-14(a)所示。对应的**异步调制(asynchronous PWM)**是指当调制波频率变化时,载波频率仍然保持恒定,如图 5-14(b)所示。根据式(5-2),如果 $f_1$ 变化而 $f_s$ 不变时,$m_f$ 就不一定再是一个整数,根据式(5-8)、式(5-9)可以看出,此时会产生非整数次的间谐波。采用同步调制的原因正是因为它可以有效地抑制间谐波的产生,而异步调制则会产生间谐波,间谐波在低载波比的场合是需要避免的。当 $m_f$ 比较大的时候,由异步调制产生的间谐波相对较小,所以并不在意是否为同步调制。同时,同步调制也存在缺点,即当逆变器输出频率较低时,同步调制的载波频率也需要很低,以维持载波比恒定。而当逆变器频率较高时,载波频率又会太高,使开关器件难以承受。为了克服以上缺点,可以采用分段同步调制,即把逆变器的输出频率划分成几个频段,仅保持各个频段内的载波比 $m_f$ 恒定,而不追求整个频率范围内 $m_f$ 恒定。在输出频率高时,$m_f$ 较低,反之 $m_f$ 较高。分段同步调制如图 5-14(c)所示。同时为了防止载波频率在切换频率点上的振荡,可在各频率切换点切换时,依据调制波频率的不同变化方向加入切换滞环,如图 5-14(d)所示。

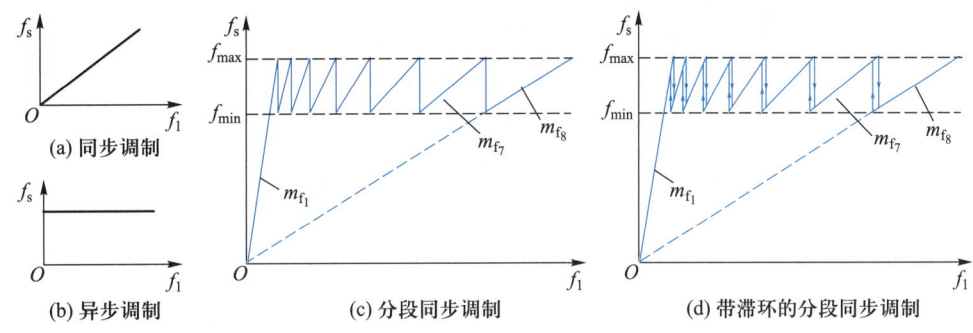

图 5-14　同步、异步、分段同步调制示意图

需要再次强调,$m_f = 21$ 的分界线是 20 世纪七八十年代的分法,因为当时的器件以晶闸管、GTR 等为主,且大多用在大功率场合,所以开关频率普遍较低,而经过多年的发展,如今的电力电子器件和系统,开关频率大多高于几千赫兹,即使是在大功率系统,例如 2 MW 以上的全功率风电变流器、1 MW 的光伏逆变器等,多采用大功率 IGBT 器件,其开关频率约在 3 kHz 以上,更不用说中小功率系统。例如 10 kW 的 UPS 或者电机驱动器、光伏逆变器,其开关频率均在 10 kHz 以上,也就是 $m_f$ 远大于 21,所以通常并不会根据输出频率去实时动态改变载波频率以维持 $m_f$ 为整数,这将给控制带来很大困难,故而大多采用异步调制方法,也不关心 $m_f$ 取奇数还是偶数,但对于不同调制方式下谐波分布特点的分析还是很有必要的。当然,有些特殊场合的变频器应用中,其基波频率有几千赫兹,此时即使开关频率较高,$m_f$ 也可能是个位数的。此时也要重点考虑异步调制带来的问题。

## 5.3.5　过调制与方波调制

根据前文分析不难发现,线性调制产生的谐波位于高频区,也就是开关频率及其倍数次频率附近,很小的滤波器就可以将其滤除。而线性调制的缺点在于其输出基波电压最大值小于直流电压。如果要得到更高的电压利用率,可以让 $m_a > 1$,也就是**过调制(over modulation)**,此时 $\overline{V}_{control} > \overline{V}_{tri}$,如图 5-15 所示。相比于线性调制,过调制产生的边频带更宽,其频谱中谐波含量变多,谐波特征也不像在线性调制中呈现明显的某些次谐波含量明显的特征,而是更加均匀。图 5-16 展示了 $m_a = 2.5$、$m_f = 15$ 时候的输出电压频谱。更加显著的特点是过调制输出的基波幅值与调制比不再呈线性关系。随着 $m_a$ 的增加,输出电压的基波幅值也随之增加,但增加的速度越来越慢。过调制一般用在电机驱动中,而不用于类似不间断电源这种对于过调制产生的谐波和畸变更加敏感的系统。

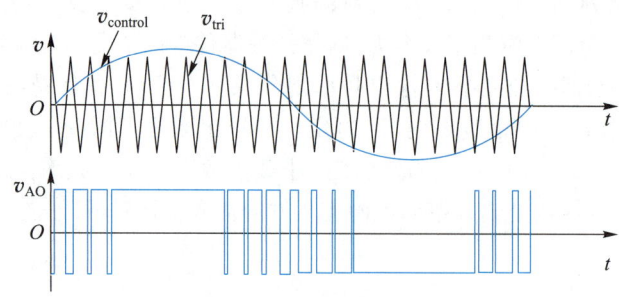

图 5-15　过调制波形

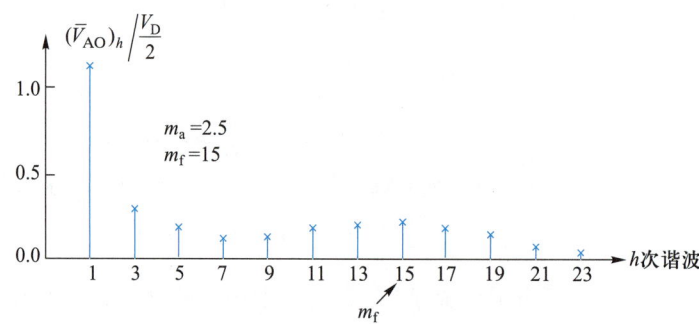

图 5-16　$m_a = 2.5, m_f = 15$ 的输出电压频谱

图 5-15 中,如果 $\overline{V}_{control} \gg \overline{V}_{tri}$,也就是 $m_a$ 非常大时,此时输出电压将从一系列脉冲退化成方波,上下管各导通半周即 180°。因为此时输出电压为方波,所以称这种调制方式为**方波调制**,可以把方波调制理解为 SPWM 调制在 $m_a$ 非常大时的特殊情况。也可以理解为如图 5-17 所示的调制波为方波的情况。如前文所述,也可以把方波调制称为单脉冲调制 SPM,表示每半个周期只有一个 PWM 脉冲。

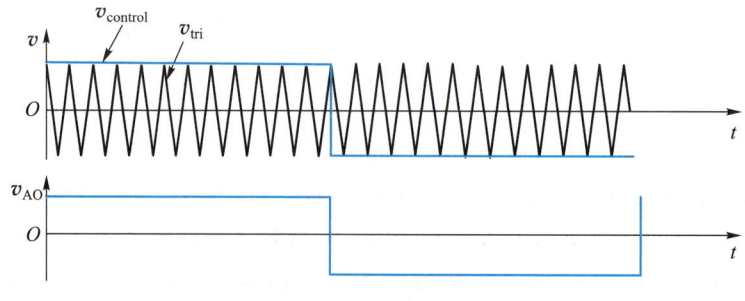

图 5-17　方波调制波形

方波调制输出电压频谱如图 5-18 所示。

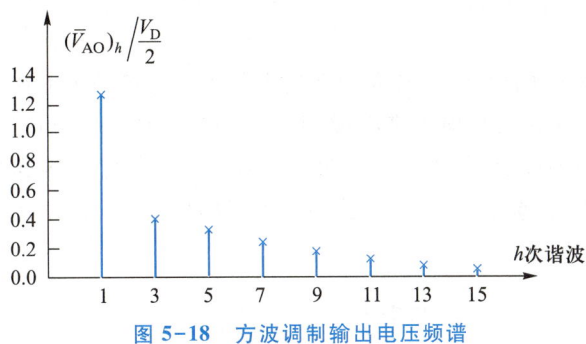

图 5-18　方波调制输出电压频谱

由傅里叶分析可知,输出电压有效值 $V_{AO}$、瞬时值 $v_{AO}$ 分别为

$$V_{AO} = \left[ \frac{2}{T_s} \int_0^{T_s/2} \left( \frac{V_D}{2} \right)^2 dt \right]^{1/2} = \frac{V_D}{2} \qquad (5-12)$$

$$v_{AO}(t) = \sum_{n=1,3,5\cdots}^{\infty} \frac{2V_D}{n\pi} \sin n\omega t \qquad (5-13)$$

显然,输出基波电压有效值 $V_{AO1}$ 和幅值 $(\overline{V}_{AO})_1$ 是固定的

$$V_{AO1} = \frac{2V_D}{\sqrt{2}\,\pi} = 0.45 V_D \qquad (5-14)$$

$$(\overline{V}_{AO})_1 = \frac{4}{\pi} \frac{V_D}{2} \approx 1.273 \left( \frac{V_D}{2} \right) \qquad (5-15)$$

所以,方波逆变器只能通过调整输入电压来调整输出,或者是通过移相调节输出。改变方波信号的周期即可改变输出频率。

谐波也具有如下关系

$$(\overline{V}_{AO})_h = \frac{(\overline{V}_{AO})_1}{h} \qquad (5-16)$$

式中,$h$ 为谐波阶数且为奇数。

相比于过调制,方波调制的输出谐波含量更大,但它的优势在于开关频率低,开关损耗小,适合应用在大功率场合。

可以总结,在 $m_a$ 逐渐增大的过程中,逆变器经历了线性调制、过调制和方波调制三个阶段,其输出电压基波幅值的变化如图 5-19 所示。由图中可以看出,过调制的调节范围为

$$\frac{V_D}{2} < (\overline{V}_{AO})_1 < \frac{4}{\pi} \frac{V_D}{2} \qquad (5-17)$$

通过计算可知,从过调制到方波调制过渡点的调制比临界值也会因为载波比不同而改变。

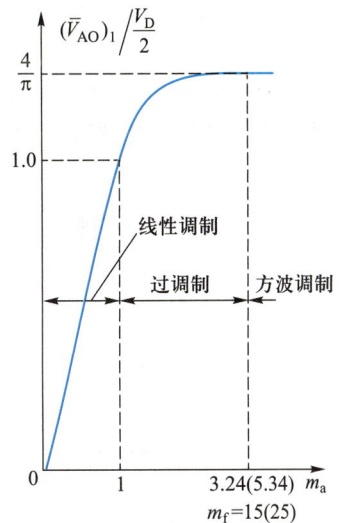

图 5-19　$m_a$ 变化时输出电压基波幅值的变化

教学微视频 5-3 过调制、方波调制输出示意

179

### 5.3.6　SPWM 的具体实现

以上介绍了 SPWM 的原理,本节介绍如何在具体电路里实现上述的调制过程。

最简单的方法是采用模拟电路来实现 SPWM 调制,如图 5-20 所示,模拟电路产生的正弦参考信号作为调制波,它包含了输出频率、幅值信息,将它和同样是模拟电路产生的三角载波信号进行比较,载波信号包含了开关频率的信息,从而在比较器的输出端产生驱动信号。

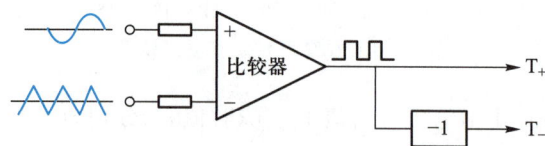

**图 5-20　产生控制信号的模拟电路**

图 5-20 所示的调制过程需要用到三角波和正弦波发生器,如果需要改变载波比、载波频率等参数则会比较困难。所以,在现在的电力电子电路中,以上过程大都采用数字芯片来完成,而相比于模拟控制,数字控制更加灵活。

在数字控制中,可以按照模拟电路的比较方法,在正弦波与三角波的交点时刻,改变开关通断状态。这种生成 SPWM 波形的方法称为自然采样法(natural sampling),图 5-21 为自然采样法说明图。这种方法得到的 SPWM 波形很接近正弦波。经过简单的计算得到自然采样法的脉冲宽度为

$$t_2 = t_2' + t_2'' = \frac{T_c}{2}\left[1 + \frac{m_a}{2}(\sin \omega t_a + \sin \omega t_b)\right] \qquad (5-18)$$

上式中,当调制波频率发生波动时,$t_a$、$t_b$ 的时间不定,所以这种方法需要解复杂的超越方程,数字控制难以实现,并且其结果也十分复杂,所以其一般不应用于工程实践中。

因为自然采样法存在上述缺点,故在工程上一般使用规则采样法(uniform sampling)。规则采样法的具体实现方法很多,下面以图 5-22 为例说明。在图 5-22 中,从三角载波

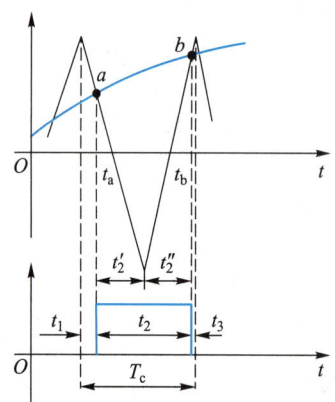

**图 5-21　自然采样法说明图**

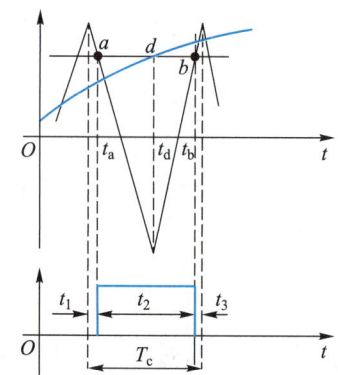

**图 5-22　规则采样法说明图**

的负峰值点向上做一条直线与调制波交于 $d$ 点,然后做经过 $d$ 点的直线与三角载波交于 $a$、$b$ 点,而 $t_a$、$t_b$ 之间的时间 $t_2$ 就是需要的脉冲宽度,这样会使计算大为简化。

虽然规则采样中 $t_2$ 与自然采样得到的实际的脉宽有一定误差,但是其左侧和右侧的误差一正一负起到了抵消的作用,又因为载波频率较高,所以其误差很小。通过相似三角形的计算,容易得到规则采样法脉冲宽度为

$$t_2 = \frac{T_c}{2}(1 + m_a \sin \omega t_d) \tag{5-19}$$

上式中,因为 $t_d$ 的时间固定,所以式(5-19)计算简单,这同时也是规则采样名称的由来。

## 5.4　单相逆变器

通过单桥臂逆变器了解逆变器的 SPWM 原理和具体实现后,以下将分别讲解 SPWM 在单相逆变器和三相逆变器的具体应用。重点讨论工作原理、电压增益、输出电压谐波频谱、输入输出纹波等问题。

### 5.4.1　单相半桥逆变器

图 5-23 是一个半桥逆变器,它其实就是上面讨论的单桥臂逆变器,其调制和谐波分布特征等可以参考 5.3 节。

### 5.4.2　单相全桥逆变器的调制方式

如图 5-24 所示,全桥逆变器由两个桥臂组成,两个桥臂的中点作为输出,其不像半桥逆变器一样,需要直流侧电容的中点作为输出点。全桥逆变器输出电压脉冲幅值等于输入电压,而在半

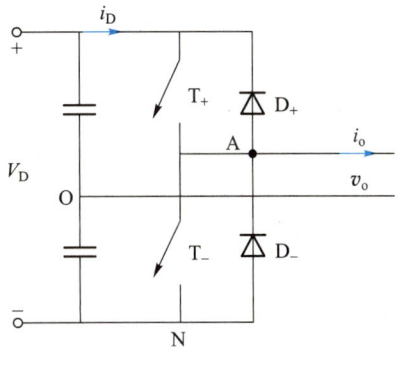

图 5-23　半桥逆变器

桥逆变器中输出电压脉冲幅值等于输入电压的一半,要获得同样的输出电压,半桥逆变器的输入电压需要 2 倍于全桥。这意味着同等功率、相同输入电压条件下,半桥输出电流将是全桥的 2 倍,所以全桥通常用于功率更大的场合。同时,因为全桥具有两个桥臂、4 个开关,同样遵循上下管一个导通,一个关断的原则,所以它能实现 4 种开关组合,即:$T_{A+}$、$T_{B-}$ 导通;$T_{A+}$、$T_{B+}$ 导通;$T_{A-}$、$T_{B+}$ 导通;$T_{A-}$、$T_{B-}$ 导通。与半桥只能实现一种调制方式、两种开关组合相比,全桥通过选择不同的开关组合能实现更多的调制方式。这些方法中,同样根据输出电压脉冲在一个开关周期内的电压极性分为单极性和双极性两类。而在不同的调制类型下,其开关损耗、输出电压谐波频谱、直交流侧纹波等特性也有区别。

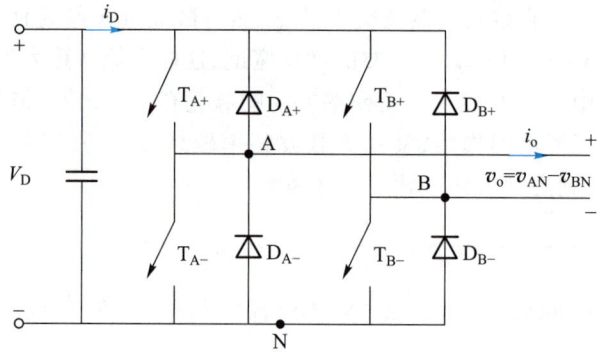

图 5-24　全桥逆变器

（1）双极性调制

图 5-25 说明了单相全桥逆变器的双极性调制。当 $v_{control} > v_{tri}$ 时，$T_{A+}$、$T_{B-}$ 导通，反之，$T_{A-}$、$T_{B+}$ 导通，也就是双极性调制利用了 4 种开关组合中的两种。当 $T_{A+}$、$T_{B-}$ 导通时，$v_o = V_D$；当 $T_{A-}$、$T_{B+}$ 导通时，$v_o = -V_D$，所以输出电压的幅值在 $V_D$ 与 $-V_D$ 之间跳动，且脉冲宽度呈正弦变化。同时，在一个开关周期内，输出电压的极性有正负两种极性，这就是双极性调制命名的由来。

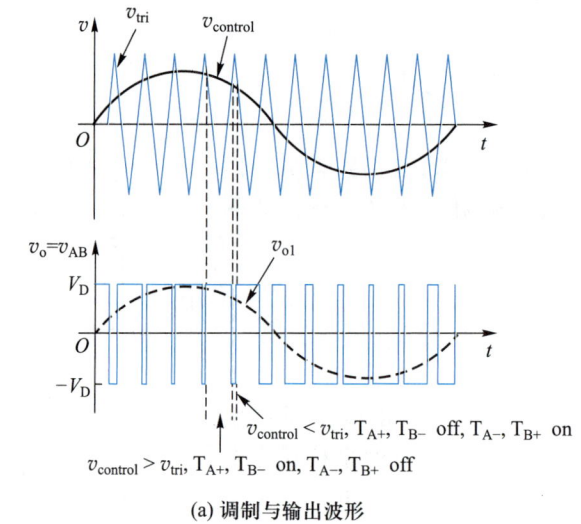

(a) 调制与输出波形

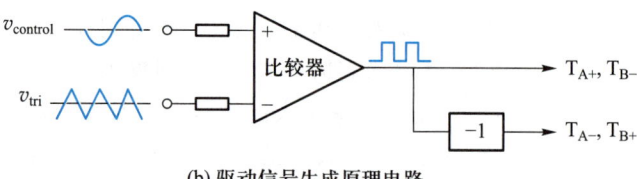

(b) 驱动信号生成原理电路

图 5-25　单相全桥逆变器的双极性调制

类似于 5.3.2 节的分析，可以得到双极性调制下的全桥逆变器的定量关系，其中基波幅值为

$$(\bar{V}_o)_1 = m_a V_D, \quad m_a \le 1 \tag{5-20}$$

$$V_D < (\bar{V}_o)_1 < \frac{4}{\pi} V_D, \quad m_a > 1 \tag{5-21}$$

至于谐波分布,图 5-25 所示的双极性调制的谐波分布特征与图 5-10 所示的单桥臂逆变器完全相同,因为它们的输出脉冲序列是相同的,只是幅值不同。如果假定图 5-24 中的直流侧电容具有和图 5-10 中单桥臂逆变器一样的中点 O,那么下述的式(5-22)、式(5-23)清楚表明,在全桥逆变器中双极性调制的输出 $v_o$ 是单桥臂逆变器双极性调制输出 $v_{AO}$ 的 2 倍,其谐波幅值也是 2 倍

$$v_{AO} = -v_{BO} \tag{5-22}$$

$$v_o = v_{AO} - v_{BO} = 2v_{AO} \tag{5-23}$$

而式(5-24)的定量分析也证明了上述结论。

$$v_{AB} = m_a V_D \cos(\omega t - \phi) + \frac{4V_D}{\pi} \sum_{j=1,3,5,\cdots}^{\infty} \frac{J_0(jm_a\pi/2)}{j} \sin\left(\frac{j\pi}{2}\right) \cos(jm_f\omega t)$$

$$+ \frac{4V_D}{\pi} \sum_{j=1,2,\cdots}^{\infty} \sum_{k=\pm1,\pm2,\cdots}^{\pm\infty} \frac{J_k(jm_a\pi/2)}{j} \sin\left(\frac{j+k}{2}\pi\right) \cos\left[(jm_f+k)\omega t - k\phi\right] \tag{5-24}$$

所以,与 5.3.3 节中单桥臂逆变器谐波分析一致,在全桥逆变器双极性调制中也要求控制 $m_f$ 为奇数,则输出只含有奇次谐波而不含有偶次谐波。

**(2) 单极性倍频调制**

全桥 DC—AC 变换器的单极性倍频调制采用两个极性相反的正弦调制波 $v_{control}$、$-v_{control}$ 与三角载波比较,分别用于第一个桥臂和第二个桥臂的调制。也就是说两个桥臂可以看成两个半桥逆变器的独立调制,它们之间的联系是 $v_{control}$ 与 $-v_{control}$ 之间相差 180°。同时,也可以采用两个极性相反的三角载波和同一个正弦调制波 $v_{control}$ 比较,本书以前者为例进行讲解,具体过程如图 5-26 所示。

对于左桥臂,当 $v_{control} > v_{tri}$ 时,$T_{A+}$ 导通,$v_{AN} = V_D$;当 $v_{control} < v_{tri}$ 时,$T_{A-}$ 导通,$v_{AN} = 0$。对于右桥臂,当 $-v_{control} > v_{tri}$ 时,$T_{B+}$ 导通,$v_{BN} = V_D$;当 $-v_{control} < v_{tri}$ 时,$T_{B-}$ 导通,$v_{BN} = 0$。如图 5-26 所示,输出电压 $v_o = v_{AN} - v_{BN}$。在这种调制模式下,在一个开关周期内只有一种极性,故这种调制方式称为单极性调制。经过类似于双极性调制的计算,发现单极性调制同样满足

$$(\bar{V}_o)_1 = m_a V_D, \quad m_a \le 1 \tag{5-25}$$

$$V_D < (\bar{V}_o)_1 < \frac{4}{\pi} V_D, \quad m_a > 1 \tag{5-26}$$

单极性倍频调制谐波特征的定量分析也很直白。式(5-24)定量分析全桥双极性谐波特征时,已经指出其谐波幅值是单桥臂双极性调制的 2 倍,因为其输出波形和单桥臂完全相同,只是脉冲电压幅值为单桥臂的 2 倍。而对于本节的全桥单极性倍频调制,全桥的每个桥臂输出谐波特征完全等同于式(5-7)所示的单桥臂双极性调制谐波特征。考虑调制波 $v_{control}$、$-v_{control}$ 之间相位差为 $\pi$,将两个桥臂在双极性调制下的谐波表达式进行相减就可以得到单极性倍频调制输出电压的表达式

$$v_{AB} = m_a V_D \cos(\omega t - \phi) + \frac{2V_D}{\pi} \sum_{j=1,2,\cdots}^{\infty} \sum_{k=\pm1,\pm2,\cdots}^{\pm\infty} \frac{J_k(jm_a\pi/2)}{j} \times$$

$$\sin\left(\frac{j+k}{2}\pi\right) \left[1 - \cos(k\pi)\right] \cos\left[(jm_f+k)\omega t - k\phi\right] \tag{5-27}$$

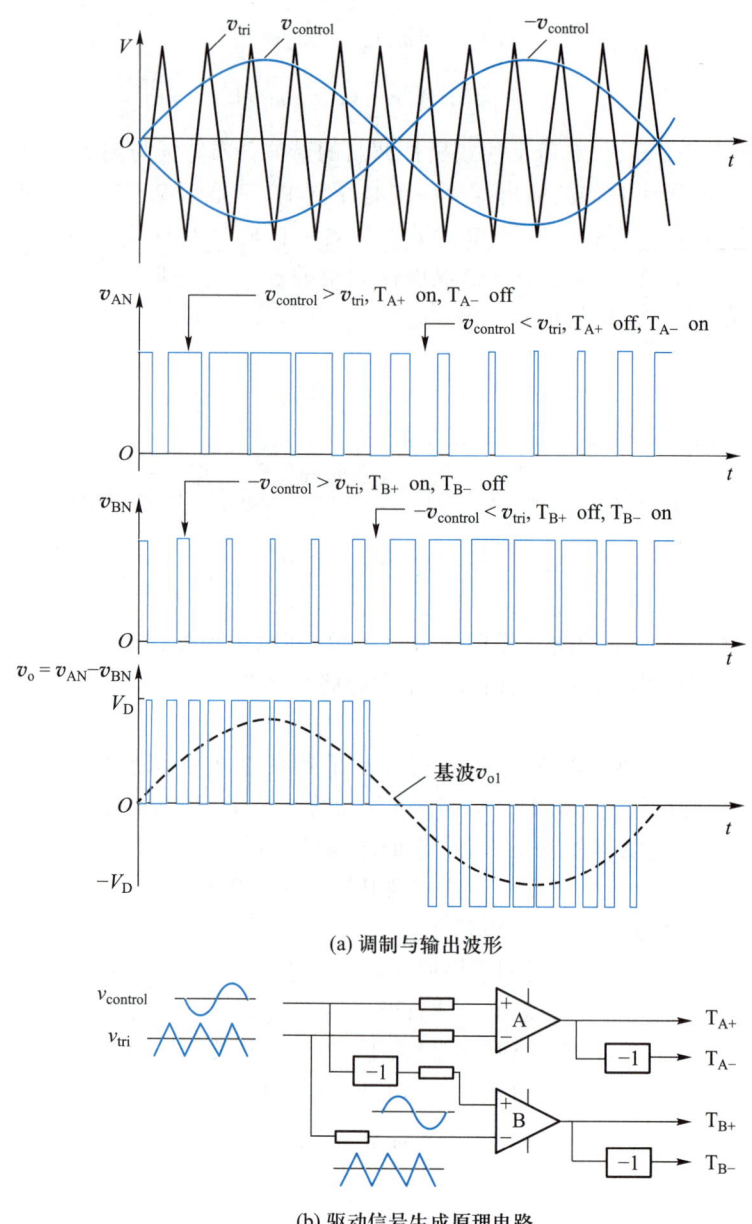

(a) 调制与输出波形

(b) 驱动信号生成原理电路

图 5-26　单相全桥逆变器的单极性倍频调制波形与驱动信号生成原理电路

与式(5-7)、式(5-24)相比,式(5-27)中不包含第二项,也就是开关次及其倍数次谐波为 0。这是由于式(5-7)与式(5-24)的第二项中不包含调制波 $v_{control}$、$-v_{control}$ 相位的信息,因而 $v_{AN}$ 与 $v_{BN}$ 相减的时候,$v_o = v_{AN} - v_{BN}$ 在开关频率 $jm_f f_1(j=1,2,3\cdots)$ 处的谐波被对消。而对于第三项,以开关次及其倍数次频率为中心的边频带谐波,由于含有 $[1-\cos(k\pi)]$ 这一项,当 $k$ 为偶数时,输出为 0。也就是 $k$ 为偶数时边频带谐波被对消,其数学原因就是调制波之间的相位差为 $\pi$。又由于 $\sin\left(\dfrac{j+k}{2}\pi\right)$ 项的存在,$j$ 与 $k$ 同奇偶时,谐波输出也为 0。综上,最终输出结果中 $j$ 为偶数,$k$ 为奇数,因而根据第三项中的

谐波频率表达式 $\cos[(jm_f+k)\omega t-k\phi]$，$k=\pm1$，$\pm3\cdots$ 可以判断，无论 $m_f$ 取为偶数或是奇数，偶×奇+奇，偶×偶+奇，输出都不存在偶次谐波。图 5-27 为 $m_a=0.8$，$m_f=12$ 时的输出电压频谱分析。

根据图 5-27，最低次谐波存在于 2 倍开关频率 $2m_f$ 次附近（不包括 $2m_f$ 次频率），而不是双极性中的开关频率 $m_f$ 次附近（包括 $m_f$ 次）。相当于开关频率提高了一倍，所以称为单极性倍频调制。其实，倍频同样可以从图 5-26 中看出，图中，$v_{AN}$、$v_{BN}$ 的脉冲频率与载波相等，但是经过 $v_o=v_{AN}-v_{BN}$ 的叠加后，$v_o$ 的脉冲频率变成了载波的两倍，相当于其等效开关频率加倍，所以最低次谐波也被推到 $2m_f$ 次边频带处。与双极性调制相比，采用单极性倍频调制，一方面，在一定的输出谐波条件下，可以用更低的开关频率实现；另一方面，如果采用与双极性调制一样的开关频率或载波比，则单极性倍频调制可以有效地减少输出谐波含量。

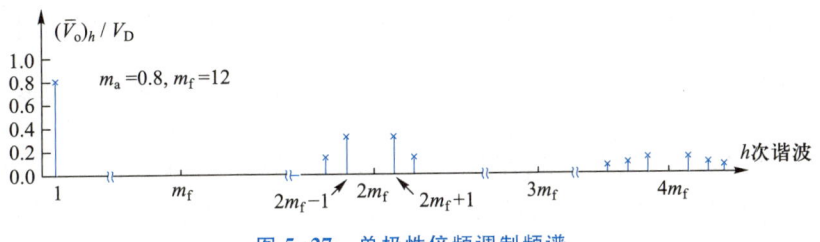

图 5-27　单极性倍频调制频谱

### （3）单极性调制

倍频式单极性调制虽然具有倍频的效果，但是在载波比相同时，其开关次数也就是开关损耗和双极性相当。从减少开关损耗的角度出发，应用更广泛的是如图 5-28 所示的单极性（非倍频）调制策略。在载波比相同时，单极性调制的开关次数只有倍频单极性或双极性调制的一半，但单极性如果要获得与倍频单极性同样的输出谐波条件，也需要采用更高的开关频率来达到。在这种调制策略下，对于第二桥臂（也可以是第一桥臂），正半周 $T_{B-}$ 一直导通，负半周 $T_{B+}$ 一直导通，所以称为低频臂，也可以称为控制臂；而调制

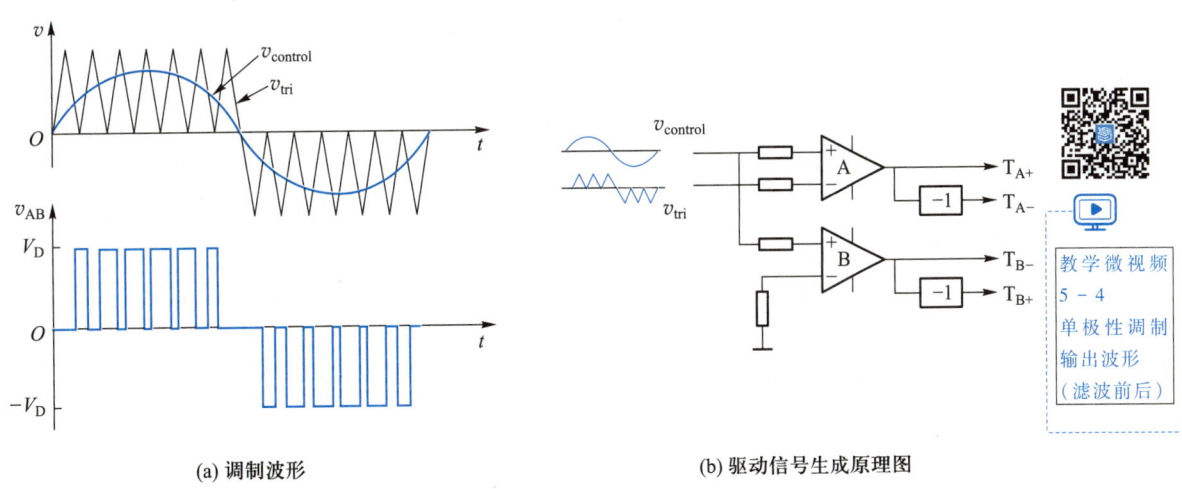

(a) 调制波形　　　　　　　　　　　　　(b) 驱动信号生成原理图

教学微视频
5-4
单极性调制
输出波形
（滤波前后）

图 5-28　含低频臂的单极性调制波形与驱动信号生成原理图

波和三角载波比较的结果决定第一桥臂也就是高频臂或称为调制臂的通断。具体来说，正半周时，$T_{B-}$ 一直导通，$T_{B+}$ 一直关断，而当 $v_{control} > v_{tri}$ 时，$T_{A+}$ 导通，$v_{AB} = V_D$；当 $v_{control} < v_{tri}$ 时，$T_{A-}$ 导通，$v_{AB} = 0$。同理可分析负半周，将得到 $v_{AB} = -V_D$、$v_{AB} = 0$ 两种极性。

图 5-28 所示的单极性调制，其输出谐波分布可以计算为

$$v_{AB} = m_a V_D \cos(\omega t - \phi) + \frac{2V_D}{\pi} \sum_{j=1,2\cdots}^{\infty} \sum_{k=\pm1,\pm3\cdots}^{\pm\infty} \sin\left(\frac{k\pi}{2}\right) \frac{J_k(jm_a\pi)}{j} \sin\left[(jm_f + k)\omega t - k\phi\right]$$

$$(5-28)$$

与双极性调制下的谐波分布式(5-7)、式(5-24)对比分析，上式中也不包含载波倍数次频率谐波，也就是第二项，这点与单极性倍频调制一致。只存在式(5-7)、式(5-24)中的第三项，但没有了 $\sin\frac{(j+k)\pi}{2}$ 项，所以第三项输出的计算结果中，$j$、$k$ 分布与式(5-7)、式(5-24)不同，没有互为奇偶的特征。但是由于式(5-28)中第三项含有 $\sin\left(\frac{k\pi}{2}\right)$ 项，因此当 $k$ 为偶数时第三项为 0。$k$ 只能取奇数，因此，载波倍数次频率边频带谐波满足

$$f_h = (jm_f \pm k)f_1 \quad j>0, k=1,3\cdots \tag{5-29}$$

因为式(5-29)中 $k$ 只有奇数，而 $j$ 可奇可偶，所以单极性调制中 $m_f$ 要取偶数，以使得 $jm_f \pm k$ 为奇数，也就是不存在偶数次谐波。可以总结，本书介绍的双极性调制下，取 $m_f$ 为奇数，单极性调制下，取 $m_f$ 为偶数，以消除输出偶次谐波。而单极性倍频调制时，无论 $m_f$ 为偶数或是奇数，输出都不存在偶次谐波。

由式(5-28)、式(5-29)可以绘出当 $m_a = 0.8$，$m_f = 16$ 时，单极性调制下的频谱分布特征，如图 5-29 所示。

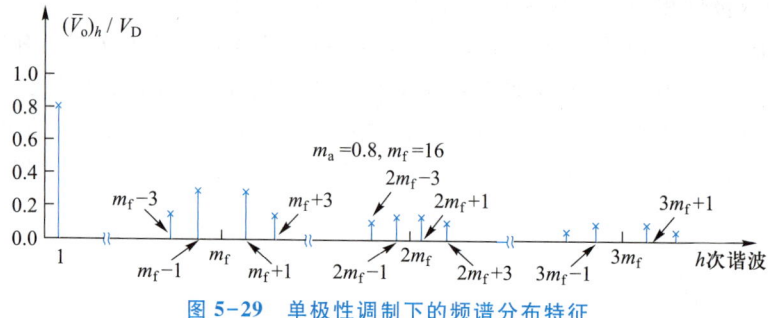

图 5-29　单极性调制下的频谱分布特征

从图 5-29 可以看出，就基波性能而言，单极性和双极性完全一致，而它在线性调制下的高次谐波性能明显优于双极性调制。首先，开关次整数倍谐波全部消除，其次，其边频带谐波幅值明显小于双极性调制，所以其滤波器可以更小。

需要指出，实现单极性调制的方法很多，图 5-28 只是常用的一种，还有很多其他方式(如图 5-30 所示)，它们在实际应用中各有优缺点。

全桥逆变器同样也可以采用过调制和方波调制，其输出电压和谐波特征与半桥逆变器采用过调制、方波调制时完全一致，方波调制时的输出电压基波幅值为

$$(\overline{V}_o)_1 = \frac{4}{\pi} V_D \tag{5-30}$$

另外全桥方波可以通过移相调节输出电压，这将在 5.4.4 节进一步解释。

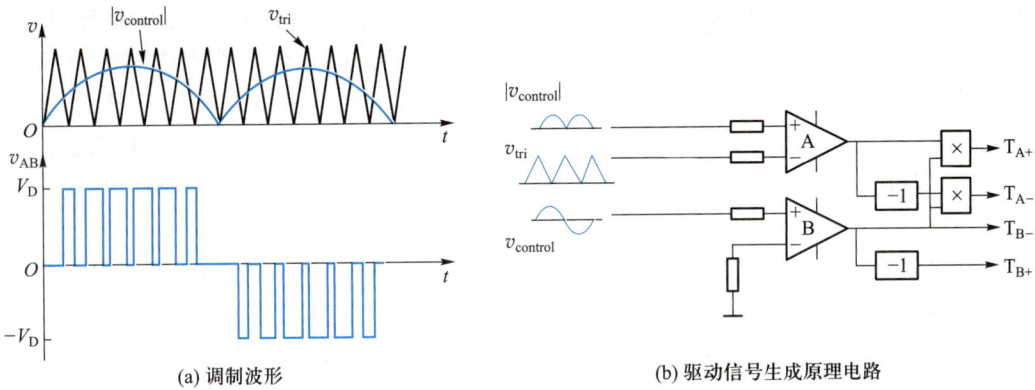

(a) 调制波形　　　　　　　　　　(b) 驱动信号生成原理电路

图 5-30　单极性调制的另一种实现方式

**例题 5-2**　单相全桥 SPWM 逆变器,调制波频率为 50 Hz,载波比为 200,则载波频率为多少? 在双极性、单极性倍频、单极性三种调制方式下,输出电压的一个周期中有多少个脉冲?

**答**:载波频率为 10 kHz,在双极性、单极性倍频、单极性三种调制方式下输出电压的一个周期中分别有 200、400、200 个脉冲。

### 5.4.3　单相全桥逆变器直流侧纹波分析

了解逆变器的工作原理和调制方法后,将讨论逆变器的输入输出侧电流纹波。首先从直流侧电流开始。以图 5-31 所示的全桥逆变器为例,通常会在直流侧设计用来储能的电容 $C_1$(单相以电解电容为主),以及高频特性较好的滤波电容 $C_2$。为什么要设计两种特性不同的电容以及如何设计它们的参数? 要回答这个问题,就要分析清楚逆变器直流侧的电流纹波,可以 $C_2$ 为界定义直流侧电流,左侧为 $i_D^*$,而右侧为 $i_D$。

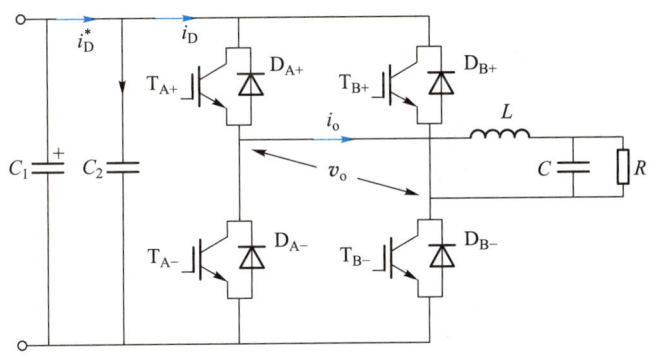

图 5-31　直流侧电容前后电流示意图

实际上,逆变器直流侧的电流 $i_D$ 并不是我们想象的直流,而是如图 5-32 所示包含直流、高频交流、低频交流等成分的波形。首先,作为直流侧电流,$i_D$ 自然含有直流成分,但还含有输出电压 $v_o$ 基波频率 2 倍的谐波成分,此外还含有和开关频率关联的高频成分。高频成分比较容易理解,在图 5-31 中,假设 $T_{A+}$、$T_{B-}$ 导通,$i_o$、$i_D$ 向右,下一个状态,$T_{A+}$、

$T_{B-}$关断,$T_{A-}$、$T_{B+}$导通,此时由于电感的作用,电流 $i_o$ 仍然向右,将由 $D_{A-}$、$D_{B+}$ 续流,则 $i_D$ 将在切换瞬间改变方向,并且 $i_D$ 将在每个开关周期切换方向。至此可以理解图 5-32 的高频成分,也就理解了为什么要设计高频滤波电容 $C_2$。$i_D$ 的高频成分被 $C_2$ 旁路后,还剩下直流成分 $I_D$ 和输出基波频率的 2 倍频率交流成分 $i_{d2}$,也就是 $i_D^* = i_{d2} + I_D$。那么如何理解图 5-32 中 $i_D$ 含有输出电压 $v_o$ 基波频率 2 倍的谐波成分 $i_{d2}$ 呢?下面来分析二次谐波的产生。

定性地说,如图 5-33 所示,由于交流侧的电压和电流都是基波正弦,所以输出端的功率 $p_o$ 频率是基波的 2 倍,而直流侧的输入功率 $P_{in}$ 又是常值。所以输入输出的瞬时功率是不平衡的,那么输入端就需要并联一个储能元件——电容以提供或者吸收功率来平衡输入输出的瞬时功率失配,这就是为什么要设计如图 5-31 所示靠近输入端的储能电容。当 $p_o > P_{in}$ 时,电容放电补充能量给输出,反之电容被充电,所以,$i_D$ 和电容电压 $v_C$(也就是直流侧电压)的波形中就会出现和输出功率 $p_o$ 同频的波动,这就是直流侧电流二次纹波的由来。

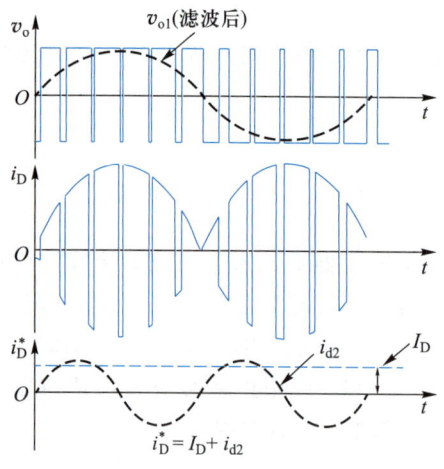

图 5-32　单相全桥逆变器双极性调制下的波形

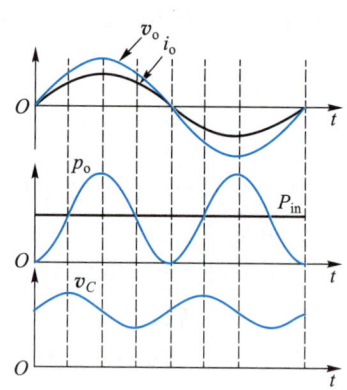

图 5-33　二次谐波定性说明图

下面根据图 5-34 定量地分析二次电流的产生,其中 $L$、$C$ 是输出滤波器,而 $C_1$、$C_2$ 是直流侧的稳压电解电容和高频滤波电容。

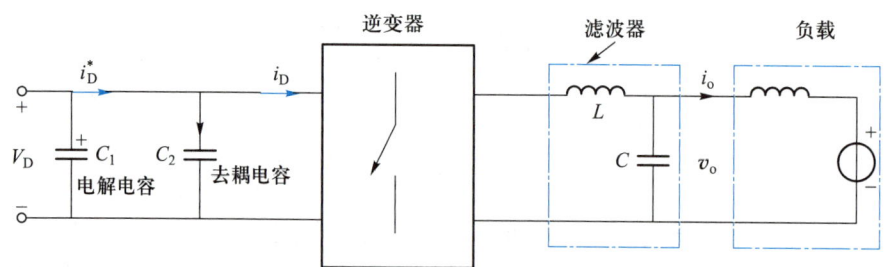

图 5-34　逆变器侧二次谐波说明图

设输出端电压为理想正弦波

$$v_o = v_{o1} = \sqrt{2} \, V_o \sin \omega_1 t \tag{5-31}$$

设电流滞后于电压 $\phi$ 角,那么输出电流的表达式为

$$i_o = \sqrt{2} \, I_o \sin(\omega_1 t - \phi) \tag{5-32}$$

如果不考虑逆变器的微小损耗,假设没有能量存储在电容 $C_1$ 中,则由功率平衡可得

$$V_D i_D^* = v_o i_o = \sqrt{2} \, V_o \sin \omega_1 t \sqrt{2} \, I_o \sin(\omega_1 t - \phi) \tag{5-33}$$

化简上式

$$i_D^* = \frac{V_o I_o}{V_D} \cos \phi - \frac{V_o I_o}{V_D} \cos(2\omega_1 t - \phi) = I_D + i_{d2} \tag{5-34}$$

其中,直流分量 $I_D$ 为

$$I_D = \frac{V_o I_o}{V_D} \cos \phi \tag{5-35}$$

二次分量有效值为

$$I_{d2} = \frac{1}{\sqrt{2}} \frac{V_o I_o}{V_D} \tag{5-36}$$

式(5-34)解释了直流侧存在电流的二次纹波,而电流的纹波会进一步导致电容电压产生二次纹波。

单极性调制时的直流侧电流 $i_D$ 纹波如图 5-35 所示。它同样含有二次和高频成分。同时高频成分也满足单极性特征,因为它用到了全部 4 种开关组合,而双极性只用了 2 种,这两种开关组合给直流侧电流提供非正即负两个通道。

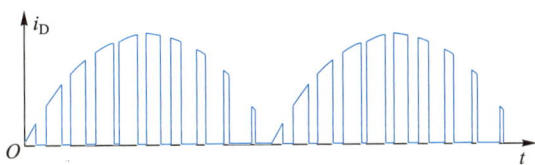

图 5-35  单极性调制时的直流侧电流 $i_D$ 纹波

### 5.4.4 单相逆变器输出电压电流纹波

注意到在图 5-1 以及图 5-31 中,逆变器的输出侧还设计了 $LC$ 滤波器,要理解滤波器的意义以及参数设计方法,就必须分析清楚逆变器的输出纹波。图 5-36(a)表示了一个单相逆变器驱动交流电动机电路,用它来分析单相逆变器的输出纹波。图 5-36(a)中逆变器的负载是一个电动机负载,呈感性,其等效电路可以由一个电感和一个反向的电动势来表示。输出电压纹波指瞬时电压与其基波成分之差。先来区分下纹波与谐波这两个概念,纹波是所有谐波之和,通常在时域描述,而谐波是对纹波进行傅里叶级数分解所得到的基波频率整数倍的各次分量,谐波可以用频域的频谱图表示。

如果假定电动机电动势的 $e_o(t)$ 为正弦波,那么只有输出电压电流的基波成分才会产

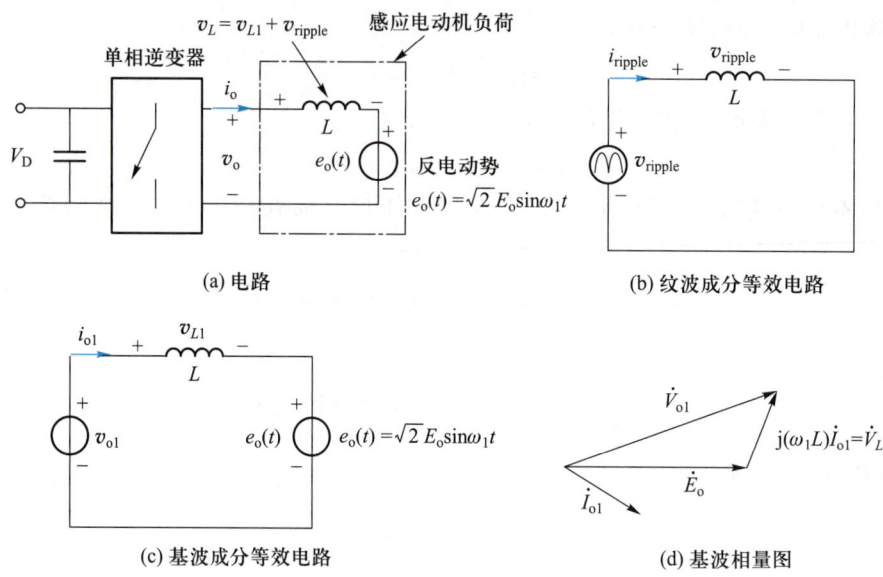

(a) 电路

(b) 纹波成分等效电路

(c) 基波成分等效电路

(d) 基波相量图

图 5-36　输出纹波与相量分析

生有功功率传递到负载,而纹波不会。据此,首先利用叠加定理,把输出电压和电流分解成基波和纹波成分,即

$$v_o = v_{o1} + v_{ripple} \tag{5-37}$$

$$i_o = i_{o1} + i_{ripple} \tag{5-38}$$

因此,纹波和基波成分等效电路如图 5-36(b)(c)所示。图 5-36(d)则给出了基波等效电路中各物理量的相量关系

$$\dot{V}_{o1} = \dot{E}_o + \dot{V}_{L1} = \dot{E}_o + j\omega_1 L\dot{I}_{o1} \tag{5-39}$$

而从纹波成分等效电路中可以计算出输出纹波电流为

$$i_{ripple} = \frac{1}{L} \int_0^t v_{ripple}(\xi)\,\mathrm{d}\xi \tag{5-40}$$

其中,$v_{ripple}$ 可以由式(5-37)得到。

图 5-37 给出了双极性调制时的纹波电压和电流。在双极性调制中,对于纹波电流,可以直观地理解,当 $T_{A+}$、$T_{B-}$ 导通时,电感电压为正,电流上升,而当 $T_{A-}$、$T_{B+}$ 导通时,电感电压为负,电流开始下降,这种上升下降即为电流纹波,上升下降的时间受到频率和占空比的影响,同时这种纹波电流的变化又受到 $L$ 的限制。所以,纹波电流是由电感、频率和占空比共同确定的。对于纹波电压,图 5-37 中虚线所示的正弦基波与电压脉冲幅值差值越大,对应的纹波电压越大,所以在过零点差值最大,纹波电压也就最大;对于纹波电流,根据式(5-40),在过零点附近的伏秒积分值最

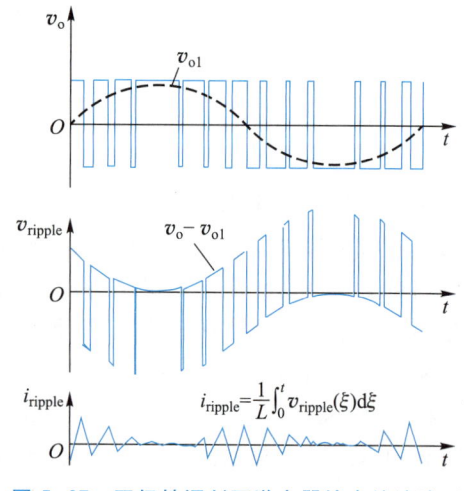

图 5-37　双极性调制下逆变器输出纹波波形

大,纹波电流最大。电压型逆变器 VSI 的输出 $LC$ 滤波器正是为了抑制输出电压电流纹波而设计的。但在图 5-36 所示的电动机负载中,因为电动机绕组本身相当于大电感,它可以对电流起到滤波作用,所以一般不设计 $LC$ 滤波器。正常的 VSI 需要设计 $LC$ 来衰减输出电压电流波形中的高频成分。

此外,第 4 章中讨论的推挽变换器一样可以作为单相逆变器的拓扑,只是调制方式与 DC—DC 不同。

**例题 5-3** 在如图 5-38 所示单相全桥逆变器中,假设输出基波有效值 $V_{o1} = 220$ V,$f = 50$ Hz,$L = 100$ mH,$m_f = 21$,$m_a = 0.8$,采用双极性调制,计算输出电流纹波的峰峰值。

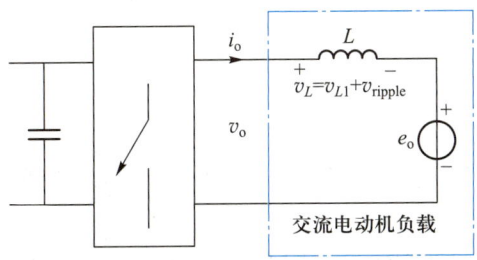

图 5-38 单相全桥逆变器带交流电动机负载

**答**:要求 $\Delta i$,先求 $\Delta v$,也就是输出电压脉冲瞬时值和正弦基波之间的差值(图 5-39 中阴影部分所示正弦基波差值)。可以利用伏秒平衡原理通过面积 $A$、$B$ 相等来求。求 $A$、$B$ 面积时可以假设基波 $v_{o1}$ 值恒定(因为 $m_f$ 很大,故假设合理),也就是如果求出 $t_H$ 和 $t_L$ 即可求出 $A$、$B$ 矩形面积。

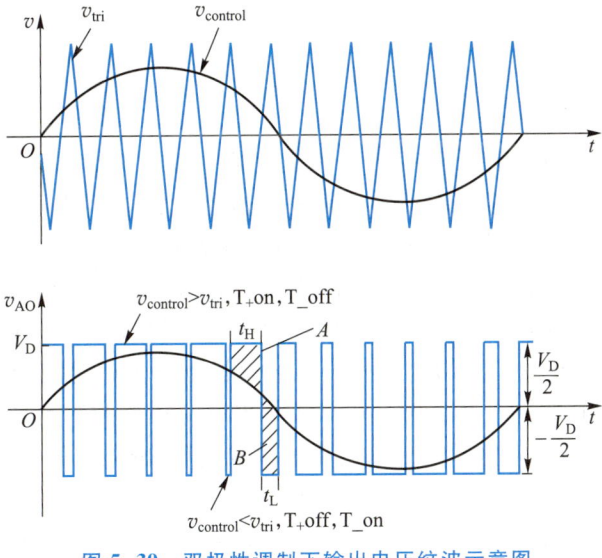

图 5-39 双极性调制下输出电压纹波示意图

$$\begin{cases} A = t_H (V_D - m_a V_D \sin \omega t) \\ B = t_L (V_D + m_a V_D \sin \omega t) \end{cases}$$

求出 $t_H$、$t_L$ 即可求出 $A$、$B$。而 $t_H$、$t_L$ 的计算可以参考第四章图 4-49，可以得到

$$\begin{cases} t_H = 2t_1 + T_s/2 \\ t_L = T_s - 2t_1 - T_s/2 = T_s/2 - 2t_1 = \dfrac{T_s}{2}\left(1 - \dfrac{t_1}{T_s/4}\right) \end{cases}$$

图 4-49 中，$\dfrac{t_1}{T_s/4} = \dfrac{v_{control}}{\overline{V}_{tri}}$，所以

$$\begin{cases} t_L = \dfrac{T_s}{2}\left(1 - \dfrac{t_1}{T_s/4}\right) = \dfrac{T_s}{2}\left(1 - \dfrac{\overline{V}_{control}}{\overline{V}_{tri}}\right) = \dfrac{T_s}{2}(1 - m_a \sin \omega t) \\ t_H = T_s - t_L = \dfrac{T_s}{2}(1 + m_a \sin \omega t) \end{cases}$$

$$\begin{cases} A = \dfrac{T_s}{2}(1 + m_a \sin \omega t)\left[V_D(1 - m_a \sin \omega t)\right] = \dfrac{V_D}{2f_s}(1 - m_a^2 \sin^2 \omega t) \\ B = \dfrac{T_s}{2}(1 - m_a \sin \omega t)\left[V_D(1 + m_a \sin \omega t)\right] = \dfrac{V_D}{2f_s}(1 - m_a^2 \sin^2 \omega t) \end{cases}$$

从上式很容易看出，在过零点 $t = 0$ 时纹波最大，因为此时电压差值最大，那么纹波最大值计算为 $\Delta i = \dfrac{A(t=0)}{L} = \dfrac{B(t=0)}{L} = \dfrac{V_D}{2f_s L} = 1.85\ \text{A}$，所以纹波峰值为 1.85 A，同样，大家可以试着去求单极性调制时候的纹波峰值。

## 5.5　三相逆变器

在 UPS、交流电机等场合需要用到三相逆变器。最简单的方案是用三个单相逆变器，让它们的输出相差 120°。采用这种方案的三相逆变器，在某些场合例如三相不平衡时有其优越性，但是需要用到 12 个功率管，且如 5.4.3 节所述，由于输入输出瞬时功率不平衡，所以每个单相逆变器需要用到很大的直流电容，且某些场合未必有中性线可以利用。所以，通常在给三相负载供电时，采用如图 5-40 所示的三相三线逆变器，图中的电容中点 O 是为分析方便而虚拟的。三相三线逆变器由三个桥臂组成，只有 6 个功率器件，简单的计算表明它的输入直流功率和三相输出瞬时功率的和是平衡的，所以直流侧电流不会产生与输入输出功率失配造成的低频纹波，直流侧电容可以很小。三相三线拓扑因为具有器件少、不存在中点电压平衡问题、只有两个变量需要控制等优势，所以是三相逆变器广泛采用的结构。除此之外，三相逆变器还可以采用三桥臂分裂电容或四桥臂等四线制结构，本书将以三相三线逆变器为主讲解三相逆变器的调制、输入输出纹波分析等，并将在 5.8 节讲解不同拓扑间的关系和优缺点。

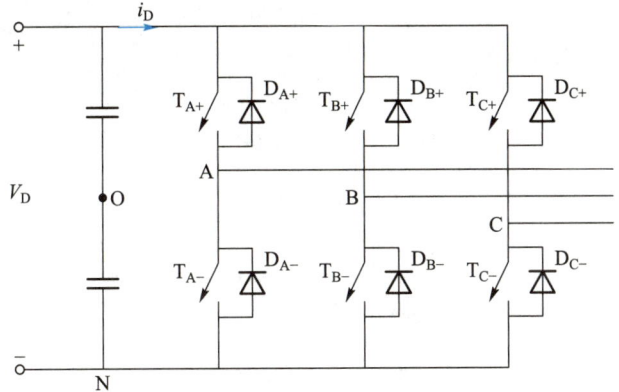

图 5-40　三相三线逆变器

### 5.5.1　三相逆变器的数学模型

为建立三相逆变器数学模型,将三相电压型逆变器及与负载连接的系统结构用图 5-41 表示。负载可以理解为三相交流电机,$e_A$、$e_B$、$e_C$ 为电动机反电势,$L$ 为电动机电感。负载也可以理解为电网,$e_A$、$e_B$、$e_C$ 为三相电网电压,$L$ 为逆变器输出滤波器。以下根据其拓扑结构在三相静止坐标系$(A,B,C)$中利用电路定律建立其数学模型。

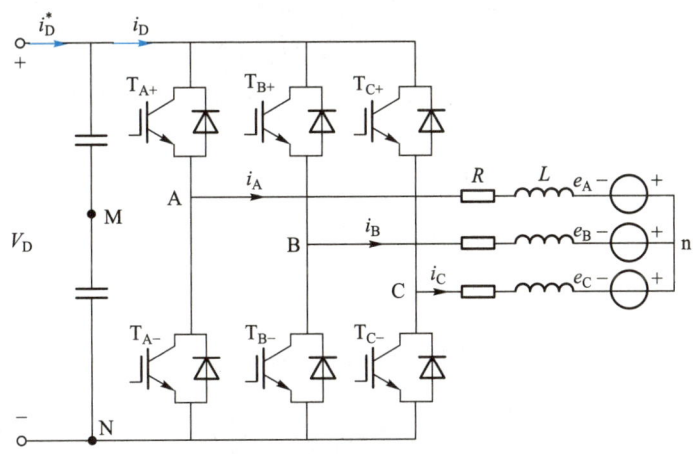

图 5-41　三相电压型逆变器

根据基尔霍夫电压定律,输出端滤波电感满足

$$\begin{cases} L\dfrac{di_A}{dt}+Ri_A=v_{An}-e_A \\[2mm] L\dfrac{di_B}{dt}+Ri_B=v_{Bn}-e_B \\[2mm] L\dfrac{di_C}{dt}+Ri_C=v_{Cn}-e_C \end{cases} \qquad (5\text{-}41)$$

由基尔霍夫电流定律,有

$$i_A + i_B + i_C = 0 \tag{5-42}$$

仅考虑三相对称系统，则有

$$e_A + e_B + e_C = 0 \tag{5-43}$$

将式（5-41）中的三个等式相加，根据式（5-42）和式（5-43），得

$$v_{An} + v_{Bn} + v_{Cn} = 0 \tag{5-44}$$

由图 5-41，显然有

$$v_{An} = v_{AN} + v_{Nn}, v_{Bn} = v_{BN} + v_{Nn}, v_{Cn} = v_{CN} + v_{Nn} \tag{5-45}$$

将上述三个等式相加，考虑到式（5-44），有

$$v_{Nn} = -\frac{1}{3}(v_{AN} + v_{BN} + v_{CN}) \tag{5-46}$$

当上桥臂开通、下桥臂关断的时候，$v_{AN} = V_D$，当上桥臂关闭、下桥臂开通的时候，$v_{AN} = 0$。定义单极性二值逻辑开关函数 $s_k (k = A, B, C)$：

$$s_k = \begin{cases} 1 & k \text{ 相上桥臂开通，下桥臂关断} \\ 0 & k \text{ 相上桥臂关断，下桥臂开通} \end{cases} (k = A, B, C) \tag{5-47}$$

则有

$$v_{AN} = s_A \cdot V_D, v_{BN} = s_B \cdot V_D, v_{CN} = s_C \cdot V_D \tag{5-48}$$

根据开关函数及基尔霍夫电流定律有

$$\begin{aligned} i_D &= i_A s_A + i_B s_B + i_C s_C = i_A s_A (s_B + \overline{s_B})(s_C + \overline{s_C}) + i_B s_B (s_A + \overline{s_A})(s_C + \overline{s_C}) + i_C s_C (s_A + \overline{s_A})(s_B + \overline{s_B}) \\ &= i_A s_A \overline{s_B} \overline{s_C} + i_B s_B \overline{s_C} \overline{s_A} + i_C s_C \overline{s_B} \overline{s_A} + (i_A + i_B) s_A s_B \overline{s_C} + \\ &\quad (i_A + i_C) s_A s_C \overline{s_B} + (i_B + i_C) s_B s_C \overline{s_A} + (i_A + i_B + i_C) s_A s_B s_C \end{aligned} \tag{5-49}$$

式中，$\overline{s_k}$ 表示开关函数 $s_k$ 取非，$s_A + \overline{s_A} = s_B + \overline{s_B} = s_C + \overline{s_C} = 1$，上式也说明三相逆变器直流侧与交流侧瞬时功率是平衡的。

将式（5-48）代入式（5-46），可得

$$v_{Nn} = -\frac{1}{3}(s_A + s_B + s_C) V_D \tag{5-50}$$

将式（5-48）和式（5-50）代入式（5-45），得

$$\begin{cases} v_{An} = \left[ s_A - \dfrac{1}{3}(s_A + s_B + s_C) \right] V_D \\ v_{Bn} = \left[ s_B - \dfrac{1}{3}(s_A + s_B + s_C) \right] V_D \\ v_{Cn} = \left[ s_C - \dfrac{1}{3}(s_A + s_B + s_C) \right] V_D \end{cases} \tag{5-51}$$

将上式代入式（5-41），得

$$\begin{cases} L \dfrac{di_A}{dt} + Ri_A = \left[ s_A - \dfrac{1}{3}(s_A + s_B + s_C) \right] V_D - e_A \\ L \dfrac{di_B}{dt} + Ri_B = \left[ s_B - \dfrac{1}{3}(s_A + s_B + s_C) \right] V_D - e_B \\ L \dfrac{di_C}{dt} + Ri_C = \left[ s_C - \dfrac{1}{3}(s_A + s_B + s_C) \right] V_D - e_C \end{cases} \tag{5-52}$$

**例题 5-4** 本节中推导出来的式(5-49)、式(5-51)在逆变器控制中有哪些应用?

**答:** 在新能源车的主驱逆变器中,通常采用式(5-49)实现直流侧电流无传感器保护,不需要在直流侧额外安装传感器,只需要利用交流测电流信号计算即可。在逆变器控制中,有时候需要将输出相电压作为算法的输入,例如无位置传感器控制电机驱动系统,此时可以利用式(5-51)来计算逆变器输出电压,而不需要用传感器或者采样电路。

### 5.5.2 三相逆变器的 SPWM 控制

如果把三个桥臂当成三个半桥逆变器,其调制方法和半桥逆变器完全相同,如图 5-42 所示,使用三个正弦调制波分别和三角载波进行比较得到三个桥臂的上下管驱动信号。从而得到 $v_{AN}$、$v_{BN}$、$v_{CN}$ 输出脉冲,进而得到输出线电压 $v_{AB}$、$v_{AC}$、$v_{BC}$,以及三相输出相电压 $v_{An}$、$v_{Bn}$、$v_{Cn}$ 波形(n 点是三相负载的中点,参考图 5-41)。三个桥臂之间的关联只是调制波之间互差了 120° 相位,从而输出波形的基波成分之间也互差了 120°。

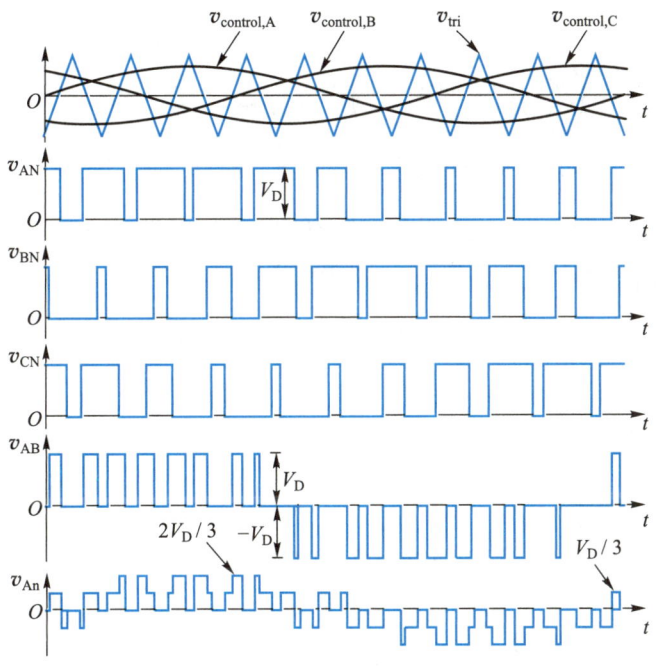

**图 5-42 三相逆变器 SPWM 调制过程**

以 A 相为例,因为每个桥臂都可以看作是一个单桥臂(半桥)逆变器,从 5.3.2 节的计算可以得到图 5-41 中每个桥臂输出电压的基波幅值为

$$(\overline{V}_{AN})_1 = m_a \frac{V_D}{2} \tag{5-53}$$

但是,由于三相中的两个桥臂的调制波相差了 120°,而不是如单相逆变器倍频单极性调制中互差 180°,所以,输出线电压基波幅值和有效值相比于单相,分别降低了约 15%,为

$$\begin{cases} (\bar{V}_{\mathrm{LL}})_1 = \dfrac{\sqrt{3}}{2} m_{\mathrm{a}} V_{\mathrm{D}} \approx 0.866 m_{\mathrm{a}} V_{\mathrm{D}} \\[3mm] (V_{\mathrm{LL}})_1 = \dfrac{\sqrt{3}}{2\sqrt{2}} m_{\mathrm{a}} V_{\mathrm{D}} \approx 0.612 m_{\mathrm{a}} V_{\mathrm{D}} \end{cases} \tag{5-54}$$

以上公式只适用于线性调制的情况，即 $m_{\mathrm{a}} \leqslant 1$ 的情况。三相逆变器的电压利用率（定义为三相输出线电压幅值与直流电压之比）只有 0.866，这也是在 5.5.5 节、5.5.6 节中使用三次谐波注入和 SVPWM 提高电压利用率的原因。

三相逆变器每个桥臂的输出电压 $v_{\mathrm{AN}}$ 的谐波特征和图 5-10 所示的单桥臂逆变器或半桥逆变器 $v_{\mathrm{AO}}$ 是完全一样的（除去 $v_{\mathrm{AN}}$ 的直流成分），即如果取 $m_{\mathrm{f}}$ 为奇数，则输出 $v_{\mathrm{AN}}$ 只含有奇次谐波并分布在开关频率、开关频率倍数次频率及其边频带。但在三相三线逆变器中，输出电流由线电压决定，所以更关心的是线电压的谐波。图 5-42 中的单载波调制方式中，以载波角频率为基准并采用双重傅里叶级数谐波分析法得到 $v_{\mathrm{AB}}$ 的表达式为

$$v_{\mathrm{AB}} = \frac{\sqrt{3}}{2} m_{\mathrm{a}} V_{\mathrm{D}} \cos\left(\omega t + \frac{\pi}{6} - \phi\right) + \frac{4V_{\mathrm{D}}}{\pi} \sum_{j=1,2\cdots}^{\infty} \sum_{k=\pm 1, \pm 2\cdots}^{\pm\infty} \frac{\mathrm{J}_k\left(\dfrac{jm_{\mathrm{a}}\pi}{2}\right)}{j} \times$$
$$\sin\left(\frac{j+k}{2}\pi\right)\sin\left(\frac{k\pi}{3}\right)\cos\left[(jm_{\mathrm{f}}+k)\omega t - k\left(\phi + \frac{\pi}{3}\right) + \frac{\pi}{2}\right] \tag{5-55}$$

式(5-55)说明，三相逆变器输出线电压中没有双极性调制的单相逆变器谐波表达式(5-7)、式(5-24)中的第二项，也就是开关次及其倍数次频率的谐波全部消失。同时根据式(5-55)中的 $\sin\left(\dfrac{k\pi}{3}\right)$ 可知，当 $k$ 为 3 的倍数时，边频带谐波也会消失。又根据 $\sin\left(\dfrac{j+k}{2}\pi\right)$ 可知，输出成分中 $j$、$k$ 不会同奇偶。最终式(5-55)中剩余的边频带谐波满足 $f_h = (jm_{\mathrm{f}} \pm k)f_1$，$j$、$k$ 不同奇偶，且 $k \neq 3$ 的倍数。因而，只要取 $m_{\mathrm{f}}$ 为奇数，则输出将实现只含有奇次谐波。在此基础上如果再取 $m_{\mathrm{f}}$ 为 3 的倍数，则输出中就不会含有 3 的倍数次谐波（因为此时 $jm_{\mathrm{f}}$ 为 3 的倍数，但 $k$ 又不能是 3 的倍数，则 $jm_{\mathrm{f}} \pm k$ 就肯定不是 3 的倍数）。根据式(5-55)，图 5-43 表示了三相三线逆变器 $m_{\mathrm{f}} = 15$ 时候的输出线电压的频谱。

和单相逆变器类似，对于三相三线逆变器，如果 $m_{\mathrm{f}}$ 足够大，则并不需在意其是否为同步调制，以及是奇数或偶数。

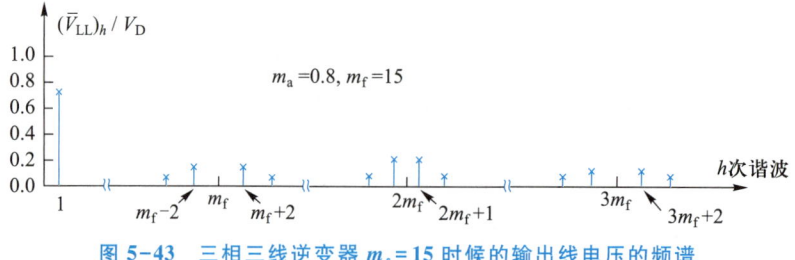

图 5-43　三相三线逆变器 $m_{\mathrm{f}} = 15$ 时候的输出线电压的频谱

表 5-2 定量地给出了在不同的 $m_{\mathrm{a}}$ 下，逆变器输出线电压中各成分含量的有效值。

表 5-2 $(V_{LL})_h/V_D$ 线电压有效值在不同 $m_a$ 时候的含量

| $h$ | $m_a$ | | | | |
|---|---|---|---|---|---|
| | 0.20 | 0.40 | 0.60 | 0.80 | 1.00 |
| 基波 | 0.12 | 0.26 | 0.37 | 0.49 | 0.61 |
| $m_f \pm 2$ | 0.01 | 0.04 | 0.08 | 0.14 | 0.20 |
| $m_f \pm 4$ | | | | 0.01 | 0.01 |
| $2m_f \pm 1$ | 0.12 | 0.20 | 0.23 | 0.19 | 0.11 |
| $2m_f \pm 5$ | | | | 0.01 | 0.02 |
| $3m_f \pm 2$ | 0.03 | 0.09 | 0.12 | 0.11 | 0.04 |
| $3m_f \pm 4$ | | 0.01 | 0.03 | 0.06 | 0.10 |
| $4m_f \pm 1$ | 0.10 | 0.09 | 0.01 | 0.06 | 0.04 |
| $4m_f \pm 5$ | | 0.21 | | 0.05 | 0.07 |
| $4m_f \pm 7$ | | | | 0.01 | 0.03 |

到目前为止,已经分析了单相逆变器双极性调制、单极性调制等不同调制方式,以及三相逆变器的谐波分布特征。需要强调的是,上述分析都是在理想条件下进行的,在实际电路中,由于采样时刻的误差以及为避免桥臂直通而设置的死区的影响,谐波的分布情况十分复杂。实际电路中的谐波含量比理想条件下要多一些,还会出现少量的低次谐波,甚至是偶次谐波。

如图 5-44 所示,当 $m_a > 1$ 时,$(\overline{V}_{LL})_1$ 与 $m_a$ 不再呈线性关系。

当 $m_a$ 很大时,SPWM 退化为方波调制。每个桥臂的上下管各导通 180°,桥臂之间相差为 120°,此时 $v_{kN}(k=A,B,C)$ 波形形状与开关函数 $s_k$ 相同,如图 5-45(a)所示。由线电压的定义,得到图 5-45(b)。由式(5-50)$v_{Nn} = -1/3(s_A + s_B + s_C)V_D$ 得到图 5-45(c)。由 $v_{Mn} = v_{Nn} + V_D/2$ 得到图 5-45(d),由式(5-51)得图 5-45(e)。

和 SPWM 不同,方波调制无法改变输出电压,也不能像单相逆变器一样通过移相来改变输出电压,此时要改变输出电压幅值只有改变输入电压 $V_D$。与半桥逆变器方波调制式(5-12)~式(5-15)相似,通过傅里叶分析很容易推知三相方波调制时的线电压基波有效值、幅值为

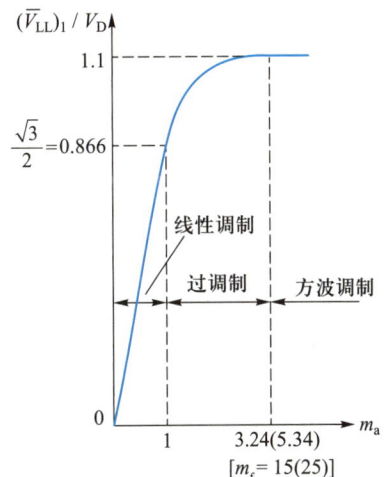

图 5-44 $m_a$ 变化时的线电压有效值

$$(V_{LL})_1 = \frac{\sqrt{3}}{\sqrt{2}} \frac{4}{\pi} \frac{V_D}{2} = \frac{\sqrt{6}}{\pi} V_D \approx 0.78 V_D \tag{5-56}$$

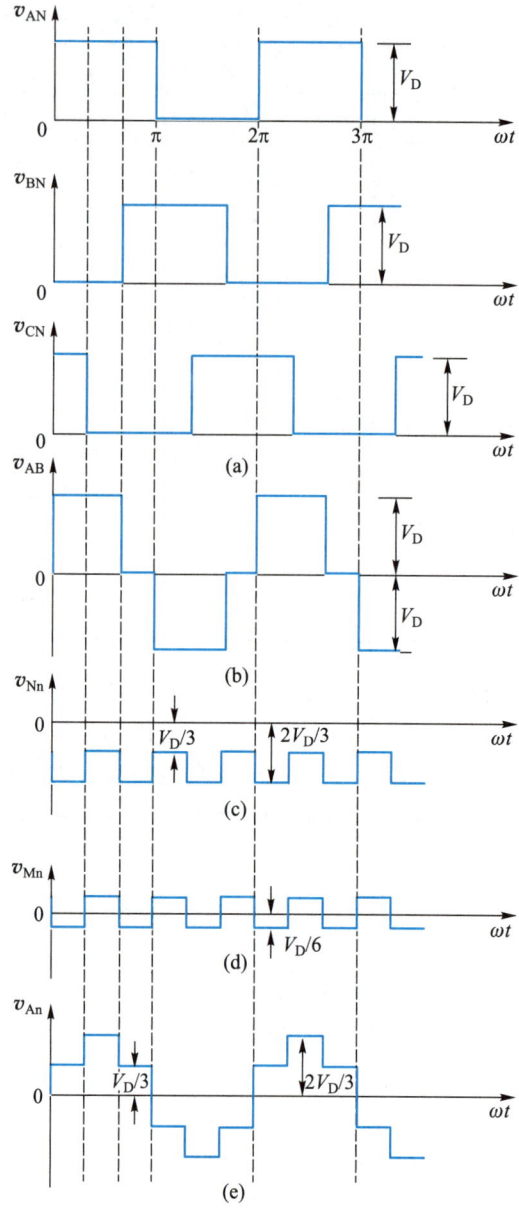

图 5-45　三相逆变器的方波调制

$$( \overline{V}_{\mathrm{LL}} )_1 = \sqrt{2} \frac{\sqrt{3}}{\sqrt{2}} \frac{4}{\pi} \frac{V_{\mathrm{D}}}{2} \approx 1.1 V_{\mathrm{D}} \tag{5-57}$$

比较式(5-56)与式(5-57),可知方波调制把线性调制的线电压利用率从 0.866 提高到了 1.1。

三相逆变器方波调制输出电压的谐波如图 5-46 所示,其 $h$ 次谐波(与负载无关)有效值为

$$( V_{\mathrm{LL}} )_h = \frac{\sqrt{6}}{\pi h} V_{\mathrm{D}} \approx \frac{0.78 V_{\mathrm{D}}}{h} \tag{5-58}$$

式中，$h=6n\pm1\,(n=1,2\cdots)$。需要强调，三相逆变器还存在一种调制方式是 $120°$ 导电型，即上下管不是互补关系，而是各导通 $120°$，中间有 $60°$ 全部关断的时间，相比于 $180°$ 导通型，它不存在同一桥臂的上下管之间换流（称为臂内或桥臂换流），换流发生在两个桥臂间同上同下的两个功率管间，可以称为臂间换流。对此，本书不再论述，有兴趣的同学可以查阅相关书籍。

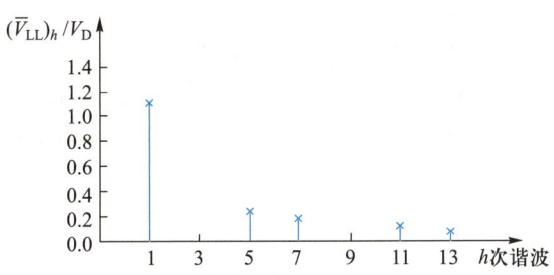

**图 5-46　三相逆变器方波调制输出电压的谐波**

### 5.5.3　直流侧纹波分析

图 5-47 是三相逆变器中 $i_D$ 的波形图，可以看出 $i_D$ 包含直流成分和高频成分，高频成分的产生原理与单相逆变器完全相同，同样需要在输入侧设置高频特性好的电容来滤除此高频成分。

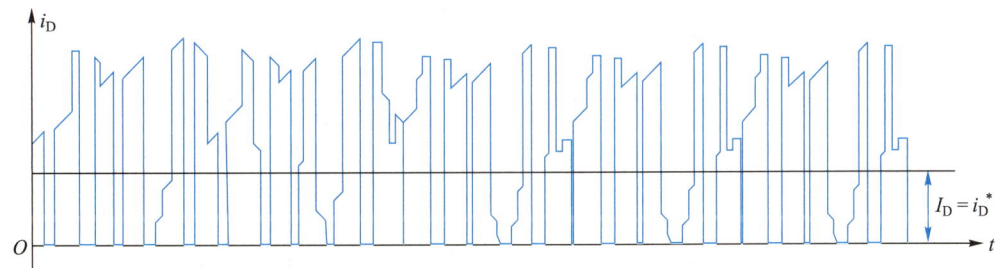

**图 5-47　三相逆变器中 $i_D$ 的波形图**

与单相逆变器分析类似，可以定量地分析高频电容滤波后的输入侧电流 $i_D^*$，也就是图 5-47 中去除高频成分后的电流。由功率平衡可得

$$V_D i_D^* = v_{An1}(t)i_A(t) + v_{Bn1}(t)i_B(t) + v_{Cn1}(t)i_C(t) \tag{5-59}$$

设电流滞后于电压 $\phi$ 角，则解出 $i_D^*$ 为

$$i_D^* = \frac{2V_o I_o}{V_D}\big[\cos\omega_1 t\cos(\omega_1 t-\phi) + \cos(\omega_1 t-120°)\cos(\omega_1 t-120°-\phi) +$$

$$\cos(\omega_1 t+120°)\cos(\omega_1 t+120°-\phi)\big] = \frac{3V_o I_o}{V_D}\cos\phi = I_D \tag{5-60}$$

式中，$V_o$、$I_o$ 为输出相电压、相电流有效值，$V_D$ 为直流侧电压。式（5-60）说明，与单相逆变器不同，$i_D^*$ 为恒定量，不含二次或三次交流电流成分，也说明三相输出瞬时功率与输入直流瞬时功率是相等的。所以理论上，三相逆变器不需要设置直流侧储能电容来调节交

流波动。但是,即便是这样,三相逆变器直流侧仍需并联一个大电容,因为:① 以上计算基于三相对称系统,而负载可能是三相不对称负载;② 输出功率因数一般不等于 1,大电容起着无功补偿的作用;③ 直流输入的功率可能有波动,不可能是恒定值等。

### 5.5.4　输出电流纹波分析

从图 5-39 可以看到,在单相全桥逆变器讲到输出电压纹波时,用输出电压脉冲也就是用瞬时值减去基波得到电压纹波成分。在三相三线制中,同样用输出脉冲减去基波成分得到电压纹波,但是三相三线制 PWM 控制里面相电压输出脉冲就不再是等幅的了,而是形状如图 5-48 中的 $v_{An}$。

将式(5-48)代入式(5-45),有

$$v_{An} = v_{AN} - \frac{(v_{AN} + v_{BN} + v_{CN})}{3} \qquad (5-61)$$

由式(5-61)可得到 SPWM 时的相电压波形如图 5-48 所示,其纹波电压可以表示为

$$v_{ripple} = v_{An} - v_{An1} \qquad (5-62)$$

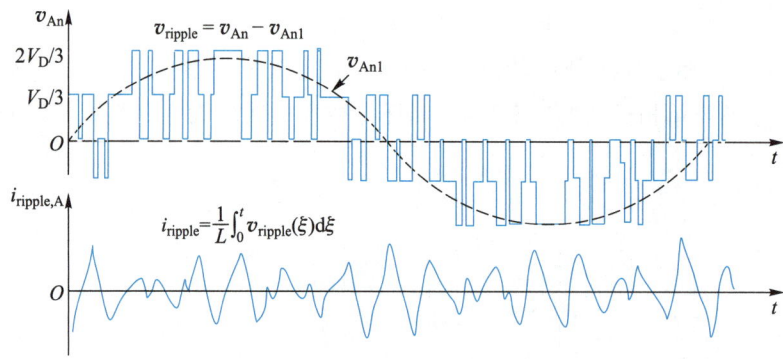

图 5-48　方波调制和 SPWM 调制的纹波电流波形图

与单相类似,只有输出相电压、相电流的基波成分才产生有功功率传递到负载。以 A 相为例画出三相逆变器的单相基波相量图,如图 5-49 所示。

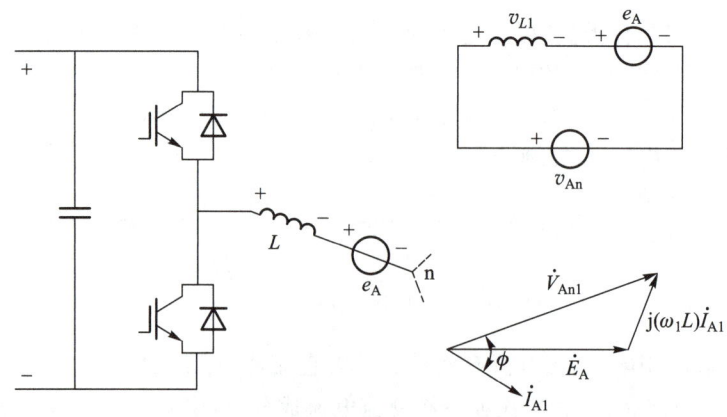

图 5-49　A 相输出回路基波相量图

$$\dot{V}_{An1} = \dot{E}_A + \dot{V}_{L1} = \dot{E}_A + j\omega_1 L \dot{I}_{A1} \tag{5-63}$$

### 5.5.5 三次谐波注入调制

由式(5-54)可知,三相三线逆变器的 SPWM 调制,当 $m_a = 1$ 时的线电压利用率也只有 0.866,考虑到实际实现时,器件导通关断需要一定时间,死区也占去一定时间,$m_a$ 最大只能到 0.9 左右,所以,三相逆变器 SPWM 调制的电压利用率不可能到 0.866,这是其主要缺点。通过过调制增大 $m_a$ 来提高电压利用率,输出谐波又会增加,所以并不可取。那么如何做到在不增加输出谐波的同时,有效地提高电压利用率呢?下面介绍两种常用的方法:**三次谐波注入调制(3rd order harmonic adding modulation)**和**空间矢量调制(space vector PWM,SVPWM)**。

实际上,对于三相对称无中线输出的电压型逆变器,可以在每相相电压中引入零序电压,也就是在每个桥臂的正弦调制信号中引入零序分量。此时,调制波信号将发生畸变,利用这个畸变的调制波信号进行调制,其结果并不会影响线电压。因为三相零序电压的瞬时值相等,经过相间矢量合成抵消后,零序分量的信息就不会在线电压上体现了。通俗地说,就是相电压含有三次谐波,而在线电压中被对消了,零序电压的引入不会改变输出线电压波形。

三次谐波注入调制如图 5-50 所示。可以看到,注入三次谐波后的调制波形状像马鞍形,故这种调制方法又称为马鞍形调制。计算表明,若合成后的鞍形调制波临界过调制,也就是鞍形波的峰值等于三角载波的峰值,如图 5-50 所示,那么相应的其基波成分正弦调制波将取得最大的过调制。以此鞍形调制波对三相电压型逆变器进行调制时,将取得最大的电压利用率,可以使输出电压提高 15% 左右,三相线电压利用率由原来的 0.866(线性调制)提高到 1。三次谐波注入调制波后,相电压中必然包含这个零序分量,但经过相间矢量合成抵消后,零序分量的信息就不会在线电压上体现,也就是相电压含有三次谐波,而在线电压中被对消了。

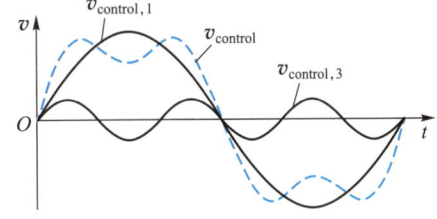

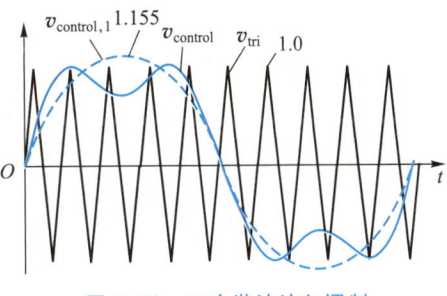

图 5-50 三次谐波注入调制

### 5.5.6 空间矢量调制 SVPWM

SPWM 的三相调制可以看成三个调制波和载波调制的独立过程,而**空间矢量脉宽调制(space vector pulse width modulation,SVPWM)**是一个统一的过程。相比于 SPWM,SVPWM 能够减少谐波,改善波形质量,提高电压利用率等。

(1)坐标变换与空间矢量定义

考虑三相对称正弦系统。

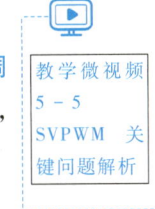

教学微视频
5-5
SVPWM 关
键问题解析

$$v_{An} + v_{Bn} + v_{Cn} = 0 \tag{5-64}$$

$$\begin{cases} v_{An} = \sqrt{2}\,V_p \cos \omega t = V_m \cos \omega t \\[2mm] v_{Bn} = \sqrt{2}\,V_p \cos\left(\omega t - \dfrac{2}{3}\pi\right) = V_m \cos\left(\omega t - \dfrac{2}{3}\pi\right) \\[2mm] v_{Cn} = \sqrt{2}\,V_p \cos\left(\omega t + \dfrac{2}{3}\pi\right) = V_m \cos\left(\omega t + \dfrac{2}{3}\pi\right) \end{cases} \tag{5-65}$$

$V_p$、$V_m$ 分别为相电压有效值和幅值，式（5-64）表明三相对称系统存在两个独立变量，则经过 Clark 变换可以将三相 $ABC$ 坐标系变量变换到两相 $\alpha\beta$ 坐标系，$\alpha$ 轴与复平面实轴及 $A$ 轴重合。值得注意的是，在 Clark 变换矩阵前需乘以幅值变换系数 $\dfrac{2}{3}$，该系数保证了 $\alpha\beta$ 坐标系变量与 $ABC$ 坐标系变量幅值相等，且由 $\alpha\beta$ 坐标系变量或 $ABC$ 坐标系变量合成的空间矢量幅值等于相电压幅值，所以其被称为等量变换。

$$\begin{pmatrix} v_\alpha \\ v_\beta \end{pmatrix} = \frac{2}{3}\begin{pmatrix} 1 & -\dfrac{1}{2} & -\dfrac{1}{2} \\[2mm] 0 & \dfrac{\sqrt{3}}{2} & -\dfrac{\sqrt{3}}{2} \end{pmatrix}\begin{pmatrix} v_{An} \\ v_{Bn} \\ v_{Cn} \end{pmatrix} \tag{5-66}$$

可以得到

$$\begin{cases} v_\alpha = \dfrac{2}{3}\left[ v_{An} - \dfrac{1}{2}(v_{Bn} + v_{Cn}) \right] \\[3mm] v_\beta = \dfrac{2}{3}\left[ \dfrac{\sqrt{3}}{2}(v_{Bn} - v_{Cn}) \right] \end{cases} \tag{5-67}$$

由式（5-67）、式（5-65）可得到

$$\begin{cases} v_\alpha = V_m \cos \omega t \\ v_\beta = V_m \sin \omega t \end{cases} \tag{5-68}$$

因为 $\alpha$ 轴和 $\beta$ 轴分别与复平面的实轴和虚轴重合，用 $\alpha\beta$ 坐标系表达复平面空间矢量比用 $ABC$ 坐标系表达更容易理解。因此，用 $v_\alpha$、$v_\beta$ 表达复平面空间矢量为

$$\boldsymbol{V} = v_\alpha + j v_\beta \tag{5-69}$$

经过简单的计算得到用 $ABC$ 坐标系变量来表达的空间矢量 $\boldsymbol{V}$ 为

$$\begin{aligned} \boldsymbol{V} = v_\alpha + j v_\beta &= \frac{2}{3}\left( v_{An} - \frac{1}{2}v_{Bn} - \frac{1}{2}v_{Cn} + j\frac{\sqrt{3}}{2}v_{Bn} - j\frac{\sqrt{3}}{2}v_{Cn} \right) \\ &= \frac{2}{3}\left[ v_{An} + \left( -\frac{1}{2} + j\frac{\sqrt{3}}{2} \right)v_{Bn} + \left( -\frac{1}{2} - j\frac{\sqrt{3}}{2} \right)v_{Cn} \right] \\ &= \frac{2}{3}\left( v_{An}e^{j0} + v_{Bn}e^{j\frac{2\pi}{3}} + v_{Cn}e^{j\frac{4\pi}{3}} \right) \end{aligned} \tag{5-70}$$

式（5-70）中 $\dfrac{2}{3}v_{An}e^{j0}$、$\dfrac{2}{3}v_{Bn}e^{j\frac{2\pi}{3}}$、$\dfrac{2}{3}v_{Cn}e^{j\frac{4\pi}{3}}$ 可以看成三个相角不变、幅值按照正弦规律变化的相量，即 $ABC$ 坐标系变量。三个相量合成得到空间矢量 $\boldsymbol{V}$，如图 5-51 所示。

如果用式（5-65）所示相电压的表达式代入式（5-70）可得到

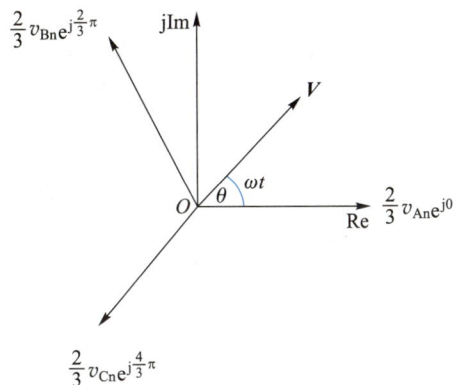

**图 5-51　用 ABC 坐标变量合成空间矢量 V**

$$
\begin{aligned}
\boldsymbol{V} &= \frac{2}{3}\left(v_{\mathrm{An}}\mathrm{e}^{\mathrm{j}0}+v_{\mathrm{Bn}}\mathrm{e}^{\mathrm{j}\frac{2\pi}{3}}+v_{\mathrm{Cn}}\mathrm{e}^{\mathrm{j}\frac{4\pi}{3}}\right) \\
&= \frac{2}{3}\left[\sqrt{2}\,V_{\mathrm{p}}\cos\omega t\,\mathrm{e}^{\mathrm{j}0}+\sqrt{2}\,V_{\mathrm{p}}\cos\left(\omega t-\frac{2\pi}{3}\right)\mathrm{e}^{\mathrm{j}\frac{2\pi}{3}}+\sqrt{2}\,V_{\mathrm{p}}\cos\left(\omega t+\frac{2\pi}{3}\right)\mathrm{e}^{\mathrm{j}\frac{4\pi}{3}}\right] \\
&= \frac{2}{3}\sqrt{2}\,V_{\mathrm{p}}\left[\frac{\mathrm{e}^{\mathrm{j}\omega t}+\mathrm{e}^{-\mathrm{j}\omega t}}{2}\mathrm{e}^{\mathrm{j}0}+\frac{\mathrm{e}^{\mathrm{j}\left(\omega t-\frac{2\pi}{3}\right)}+\mathrm{e}^{-\mathrm{j}\left(\omega t-\frac{2\pi}{3}\right)}}{2}\mathrm{e}^{\mathrm{j}\frac{2\pi}{3}}+\frac{\mathrm{e}^{\mathrm{j}\left(\omega t+\frac{2\pi}{3}\right)}+\mathrm{e}^{-\mathrm{j}\left(\omega t+\frac{2\pi}{3}\right)}}{2}\mathrm{e}^{\mathrm{j}\frac{4\pi}{3}}\right] \\
&= \sqrt{2}\,V_{\mathrm{p}}\mathrm{e}^{\mathrm{j}\omega t} \\
&= V_{\mathrm{m}}\mathrm{e}^{\mathrm{j}\omega t}
\end{aligned}
\tag{5-71}
$$

式(5-71)表明用 ABC 坐标系三个相电压相量相加得到的是以原点为圆心、按照角频率 $\omega$ 逆时针旋转、半径为相电压幅值 $\sqrt{2}\,V_{\mathrm{p}}$ 的空间矢量 $\boldsymbol{V}$。而如果能通过逆变器的控制得到上述特征的空间旋转电压矢量 $\boldsymbol{V}$，则 $\boldsymbol{V}$ 反过来可以分解到 $\alpha\beta$ 两相静止坐标系或 ABC 三相静止坐标系，分解到 ABC 坐标系的变量即为逆变器三相相电压。要想通过逆变器控制得到空间旋转电压矢量 $\boldsymbol{V}$，首先要分析三相电压型逆变器不同开关组合下的空间电压矢量分布。

定义调制系数 $m$ 如式(5-72)所示，作为后续矢量合成计算使用（请与 SPWM 的调制比 $m_{\mathrm{a}}=\dfrac{\overline{V}_{\mathrm{control}}}{\overline{V}_{\mathrm{tri}}}$，DC—DC 调制比 $m=\dfrac{v_{\mathrm{control}}}{V_{\mathrm{tri}}}$ 区分）

$$
m=\sqrt{3}\,\frac{|\boldsymbol{V}|}{V_{\mathrm{D}}}
\tag{5-72}
$$

**例题 5-5**　$\boldsymbol{V}=\dfrac{2}{3}\left(v_{\mathrm{An}}\mathrm{e}^{\mathrm{j}0}+v_{\mathrm{Bn}}\mathrm{e}^{\mathrm{j}\frac{2\pi}{3}}+v_{\mathrm{Cn}}\mathrm{e}^{\mathrm{j}\frac{4\pi}{3}}\right)=\sqrt{\dfrac{2}{3}}\,V_{\mathrm{LL}}\mathrm{e}^{\mathrm{j}\omega t}=\sqrt{2}\,V_{\mathrm{p}}\mathrm{e}^{\mathrm{j}\omega t}$ 中，不同的资料中，系数出现过 $1$、$\dfrac{2}{3}$ 和 $\sqrt{\dfrac{2}{3}}$，试着解释它们的异同点。

**答：** 空间矢量的定义式中乘以系数 $\dfrac{2}{3}$，保证了 $\alpha\beta$ 坐标系变量与 ABC 坐标系变量幅值相等，进而它们合成的空间矢量的长度等于相电压峰值 $\sqrt{2}\,V_{\mathrm{p}}$，所以称其为等量变换。而

乘以 $\sqrt{\dfrac{2}{3}}$ 的目的是使得用电压空间矢量与电流空间矢量做内积等于三相逆变器输出的视在功率。所以一个是从幅值相等角度来定义，另外一个是从功率相等的角度来定义。证明如下

$$\begin{cases} v_{An} = V_m \cos(\omega t) \\ v_{Bn} = V_m \cos(\omega t - 2\pi/3) \\ v_{Cn} = V_m \cos(\omega t - 4\pi/3) \end{cases} \qquad \begin{cases} i_{An} = I_m \cos(\omega t - \varphi) \\ i_{Bn} = I_m \cos(\omega t - \varphi - 2\pi/3) \\ i_{Cn} = I_m \cos(\omega t - \varphi - 4\pi/3) \end{cases}$$

$v_{An}$、$v_{Bn}$、$v_{Cn}$ 是 ABC 三相相电压，按空间矢量定义：

$$\boldsymbol{V} = k\left( v_{An}e^{j0} + v_{Bn}e^{j\frac{2\pi}{3}} + v_{Cn}e^{j\frac{4\pi}{3}} \right)$$

$$\boldsymbol{I} = k\left( i_{An}e^{j0} + i_{Bn}e^{j\frac{2\pi}{3}} + i_{Cn}e^{j\frac{4\pi}{3}} \right)$$

$$\begin{cases} v_\alpha = k\left( v_{An} - \dfrac{1}{2}v_{Bn} - \dfrac{1}{2}v_{Cn} \right) = k\dfrac{3}{2}V_m \cos \omega t \\ v_\beta = k\dfrac{\sqrt{3}}{2}(v_{Bn} - v_{Cn}) = k\dfrac{3}{2}V_m \sin \omega t \end{cases}$$

$$\begin{cases} i_\alpha = k\left( i_{An} - \dfrac{1}{2}i_{Bn} - \dfrac{1}{2}i_{Cn} \right) = k\dfrac{3}{2}I_m \cos(\omega t - \varphi) \\ i_\beta = k\dfrac{\sqrt{3}}{2}(i_{Bn} - i_{Cn}) = k\dfrac{3}{2}I_m \sin(\omega t - \varphi) \end{cases}$$

$$\boldsymbol{V} = v_\alpha + jv_\beta = k\dfrac{3}{2}V_m(\cos \omega t + j \sin \omega t)$$

$$\boldsymbol{I} = i_\alpha + ji_\beta = k\dfrac{3}{2}I_m[\cos(\omega t - \varphi) + j \sin(\omega t - \varphi)]$$

$$|\boldsymbol{V}| = k\dfrac{3}{2}V_m$$

为了保持电压幅值一致，要求 $k = \dfrac{2}{3}$

$$S = \boldsymbol{V}\boldsymbol{I}^* = k^2\dfrac{9}{4}V_m I_m(\cos \varphi + j \sin \varphi)$$

$$P = 3\dfrac{V_m}{\sqrt{2}}\dfrac{I_m}{\sqrt{2}}\cos \varphi = \dfrac{3}{2}V_m I_m \cos \varphi$$

$$Q = 3\dfrac{V_m}{\sqrt{2}}\dfrac{I_m}{\sqrt{2}}\sin \varphi = \dfrac{3}{2}V_m I_m \sin\varphi$$

为了保持功率平衡，要求 $k^2 = \dfrac{2}{3} \Rightarrow k = \sqrt{\dfrac{2}{3}}$。

### （2）三相电压型逆变器空间电压矢量分布

将三相逆变器的 8 种开关组合代入到式（5-51）中，得到输出电压的瞬时值 $v_{An}$、$v_{Bn}$、$v_{Cn}$，并将 $v_{An}$、$v_{Bn}$、$v_{Cn}$ 代入到式（5-70），可以得到对应的 8 个静止矢量 $\boldsymbol{V}_k(k = 0\sim7)$ 及其

模。表 5-3 表示了不同开关组合时的输出电压值和该开关组合对应的矢量 $\boldsymbol{V}_k$。通过图 5-52 所示的电阻负载三相逆变器简化电路,得到在不同开关组合下的等效电路。

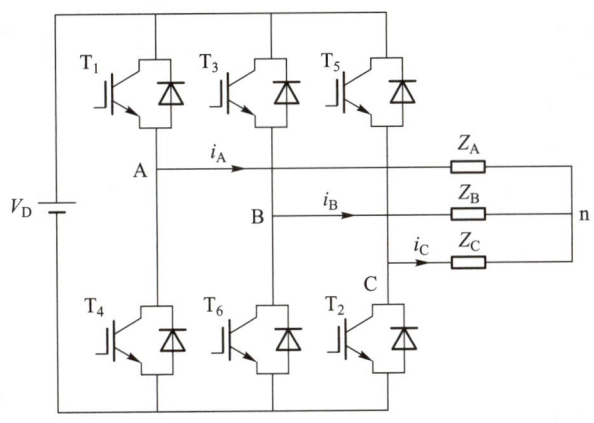

图 5-52 电阻负载三相逆变器简化电路

表 5-3 不同开关组合时的输出电压值和该开关组合对应的矢量 $V_k$

| $s_A s_B s_C$ | 等效电路 | 相电压 | | | 矢量 | 幅值 | 相角 |
|---|---|---|---|---|---|---|---|
| | | $v_{An}$ | $v_{Bn}$ | $v_{Cn}$ | | | |
| 000 | | 0 | 0 | 0 | $\boldsymbol{V}_0$ | 0 | 0 |
| 100 | | $\dfrac{2V_D}{3}$ | $\dfrac{-V_D}{3}$ | $\dfrac{-V_D}{3}$ | $\boldsymbol{V}_1$ | $\dfrac{2}{3}V_D$ | 0 |

| $s_A\,s_B\,s_C$ | 等效电路 | 相电压 | | | 矢量 | 幅值 | 相角 |
|---|---|---|---|---|---|---|---|
| | | $v_{An}$ | $v_{Bn}$ | $v_{Cn}$ | | | |
| 110 | | $\dfrac{V_D}{3}$ | $\dfrac{V_D}{3}$ | $\dfrac{-2V_D}{3}$ | $\boldsymbol{V}_2$ | $\dfrac{2}{3}V_D$ | $\dfrac{\pi}{3}$ |
| 010 | | $\dfrac{-V_D}{3}$ | $\dfrac{2V_D}{3}$ | $\dfrac{-V_D}{3}$ | $\boldsymbol{V}_3$ | $\dfrac{2}{3}V_D$ | $\dfrac{2\pi}{3}$ |
| 011 | | $\dfrac{-2V_D}{3}$ | $\dfrac{V_D}{3}$ | $\dfrac{V_D}{3}$ | $\boldsymbol{V}_4$ | $\dfrac{2}{3}V_D$ | $\pi$ |
| 001 | | $\dfrac{-V_D}{3}$ | $\dfrac{-V_D}{3}$ | $\dfrac{2V_D}{3}$ | $\boldsymbol{V}_5$ | $\dfrac{2}{3}V_D$ | $\dfrac{4\pi}{3}$ |

续表

| $s_A\,s_B\,s_C$ | 等效电路 | 相电压 | | | 矢量 | 幅值 | 相角 |
|---|---|---|---|---|---|---|---|
| | | $v_{An}$ | $v_{Bn}$ | $v_{Cn}$ | | | |
| 101 | | $\dfrac{V_D}{3}$ | $\dfrac{-2V_D}{3}$ | $\dfrac{V_D}{3}$ | $\boldsymbol{V}_6$ | $\dfrac{2}{3}V_D$ | $\dfrac{5\pi}{3}$ |
| 111 | | 0 | 0 | 0 | $\boldsymbol{V}_7$ | 0 | 0 |

如图 5-53 所示，$\boldsymbol{V}_1 \sim \boldsymbol{V}_6$ 的模长均为 $\dfrac{2}{3}V_D$，空间上依次相差 60°，称为基本电压矢量。$\boldsymbol{V}_0$、$\boldsymbol{V}_7$ 模长为零，位于原点，称为零矢量。6 个基本电压矢量将复平面均分成如图 5-53 所示的 6 个 60° 的扇区。

三相三线电压型逆变器 6 个基本空间矢量 $\boldsymbol{V}_k$ 及零矢量可以定义为

$$\begin{cases} \boldsymbol{V}_k = \dfrac{2}{3}V_D e^{\frac{j(k-1)\pi}{3}}, k=1,2,3,4,5,6 \\ \boldsymbol{V}_{0,7} = 0 \end{cases} \quad (5\text{-}73)$$

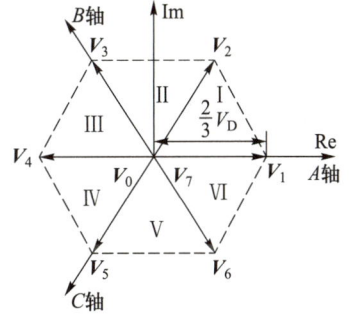

图 5-53　6 个基本矢量构成的正六边形

如果 60° 区间内只用一个基本矢量，这个扇区内没有开关管开通和关断，那么电压合成矢量将是跳动的，这相当于空间矢量调制的方波调制。

### （3）空间电压矢量的合成

如前所述，如果 60° 区间内仅用 1 个基本矢量则等同于方波控制，如果要得到正弦波输出，需要控制空间矢量以高频匀速旋转，形成一个矢量圆。

对于任意一个空间电压矢量，均可由 8 个基本矢量合成，而合成的矢量越多，就越逼近一个矢量圆。这样的矢量圆实际上有无数个，如图 5-54(a)所示，不同的矢量圆的半径就代表了式(5-72)定义的调制系数 $m$。

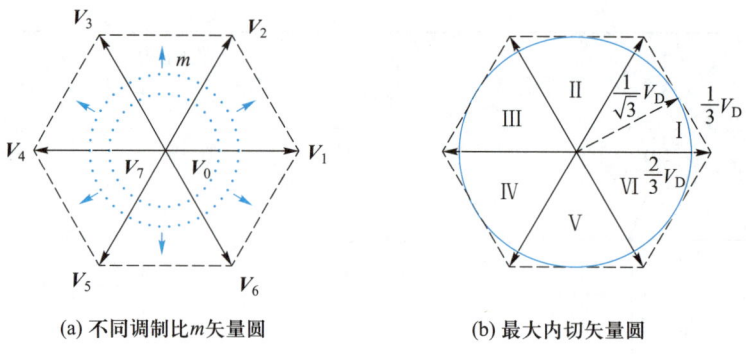

(a) 不同调制比 $m$ 矢量圆　　　　　(b) 最大内切矢量圆

**图 5-54　$V$ 矢量圆**

当矢量圆与正六边形内切时,如图 5-54(b)所示,旋转矢量的模为 $\dfrac{1}{\sqrt{3}}V_D$,旋转矢量在 $ABC$ 轴上的投影就是三相正弦基波。

由图 5-54(b)可知,内切时 $|V|=\dfrac{1}{\sqrt{3}}V_D$,可得调制系数 $m=\sqrt{3}\,\dfrac{|V|}{V_D}=1$。采用空间矢量调制时,相电压由基波加三次谐波构成,按式(5-71)生成空间矢量的时候,三次谐波被抵消,对空间矢量大小方向没有影响,所以只需考虑相电压的基波。设 $V_P$ 是相电压基波有效值,由式(5-71)和图 5-54(b)可知,相电压的基波峰值为 $\sqrt{2}\,V_P=|V|=\dfrac{1}{\sqrt{3}}V_D=0.577V_D$,所以,线电压峰值为 $V_D$。而在 SPWM 调制中,相电压峰值为 $|V|=\dfrac{1}{2}V_D$,线电压峰值为 $\dfrac{\sqrt{3}}{2}V_D$,所以,SVPWM 比传统 SPWM 三相逆变器线性调制时的相电压利用率提高了 15.47%,从 0.5 提高到了 0.577,线电压利用率从 0.866 提高到了 1。若将此时的 SVPWM 折算到 SPWM,那么相当于 SPWM 的调制比 $m_a$ 从 1 变成了 1.15。

### *(4) 空间矢量合成的冲量等效原理

三相正弦交流电等效的连续空间矢量函数 $V(t)$ 在 $\alpha\beta$ 平面内可以表示为以开关周期 $T_s$ 逆时针旋转的矢量 $V^*$,即连续空间矢量函数 $V(t)$ 可以用分段的空间矢量 $V^*$,$V^{*+1}$… 逼近。根据矢量合成法则和冲量等效定理,$V^*$ 可以用基本空间矢量 $V_i$,$V_j$ 合成,如图 5-55(a)所示,并且在一个开关周期 $T_s$ 内满足

$$T_s V^* = T_i V_i + T_j V_j \tag{5-74}$$

由图 5-55(b)得

$$\frac{T_j}{T_s}|V_j| = \left|\frac{T_j}{T_s}V_j\right| \leqslant |\overline{ab}| = |\overline{bc}| = |V_i| - \left|\frac{T_i}{T_s}V_i\right| = |V_i| - \frac{T_i}{T_s}|V_i| \tag{5-75}$$

而基本矢量的长度可以表示为

$$|V_j| = |V_i| = \frac{2}{3}V_D \tag{5-76}$$

式(5-75)两边同除以 $|V_j|$,易得 $T_i + T_j \leqslant T_s$。且当矢量位于正六边形每边的中点,如图中的 a 点时,$T_i + T_j = T_s$。

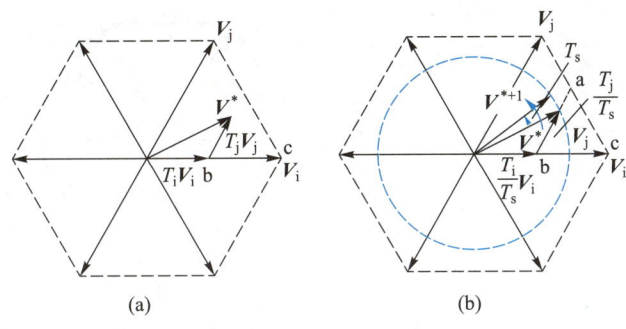

图 5-55 空间矢量冲量等效

因为基本矢量正六边形内的最大圆是其内切圆,所以,基本空间矢量能够合成的最大三相正弦波的空间矢量 $V(t)$ 的长度等于基本矢量正六边形内切圆半径 $\frac{1}{\sqrt{3}}V_D$,此时 $V(t)$ 对应的三相正弦交流电相电压峰值等于其长度 $\frac{1}{\sqrt{3}}V_D$,从而其线电压峰值为 $V_D$,直流母线电压利用率等于 1,比 SPWM 调制提高了大约 15.4%。

下面证明,当参考矢量 $V^*$ 超出基本矢量正六边形时,如图 5-56,合成参考矢量 $V^*$ 所需要的时间将超过一个开关周期。

对于基本矢量正六边形外的任意空间矢量 $V^*$,按照矢量合成法则,存在非零基本空间矢量 $V_i$、$V_j$ 及正数 $T_i$、$T_j$,满足 $V^* = \dfrac{T_i}{T_s}V_i + \dfrac{T_j}{T_s}V_j$,又因为

$$\frac{T_j}{T_s}\left|V_j\right| = \left|\frac{T_j}{T_s}V_j\right| \geqslant \left|\overline{ab}\right| = \left|\overline{bc}\right| = \left|V_i\right| - \left|\frac{T_i}{T_s}V_i\right| = \left|V_i\right| - \frac{T_i}{T_s}\left|V_i\right| \tag{5-77}$$

上式两边同除以 $\left|V_j\right|$,易得 $T_i + T_j \geqslant T_s$。

根据图 5-56 及上述推导可知,当参考矢量 $V^*$ 超出基本矢量正六边形,如图 5-57(a),合成参考矢量 $V^*$ 所需要的时间将超过一个开关周期,这显然是不能实现的。此时在一个开关周期内,只能合成出参考矢量与正六边形交点处的矢量 $V^{**}$,所以只能用 $V^{**}$ 来代替 $V^*$。类似于 SPWM 过调制,此时 SVPWM 也进入了过调制状态。图5-57(b)表示了当参考空间矢量圆半径超过基本矢量正六边形内切圆半径时的过调制情况,其中黑色实线圆表示希望得到的参考空间矢量圆,而蓝色虚线曲线表示

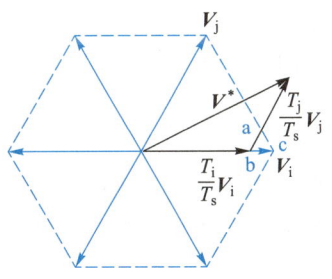

图 5-56 当参考矢量超过基本矢量正六边形时的矢量合成

通过过调制实现的空间矢量函数曲线,它已经不是一个圆,而只是部分与黑色实线圆重合的轨迹了。而当参考空间矢量圆的半径继续增加到大于正六边形外接圆时,逆变器输出的空间矢量函数就是基本矢量正六边形,相当于是方波调制。

综上,为了得到圆形的磁链轨迹,需要限制最大调制比,使得参考矢量 $V^*$ 不超出基本矢量正六边形。也就是参考空间矢量圆最大为基本矢量正六边形内切圆,从而形成圆形的磁链轨迹。

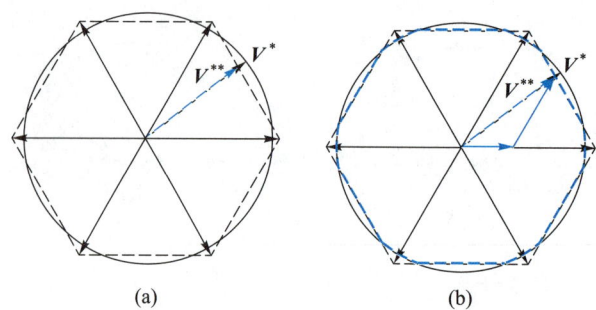

(a)　　　　　　　　　　　　(b)

**图 5-57　当矢量圆半径超过基本矢量正六边形内切圆半径时的过调制 $V^*$**

### (5) 电压矢量合成过程与谐波分析

上面了解了 SVPWM 的原理,下面讨论如何具体实现算法。

图 5-53 平面中任意一个电压矢量 $V$ 一定落在某一个扇区,所以可以用该扇区的两个基本矢量和零矢量来合成,例如若合成的 $V$ 在 Ⅰ 区,则 $V$ 由 $V_1$、$V_2$、$V_0$ 和 $V_7$ 合成,如图 5-58(a)所示。

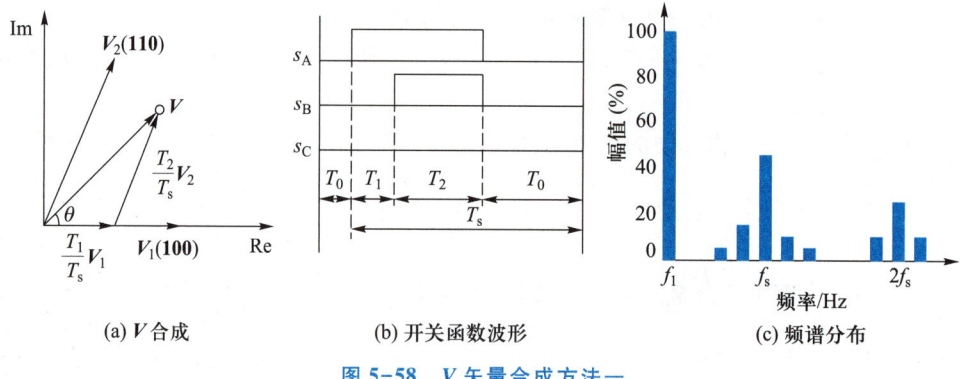

(a) $V$ 合成　　　　　　(b) 开关函数波形　　　　　　(c) 频谱分布

**图 5-58　$V$ 矢量合成方法一**

图 5-58(a)中,由平行四边形法则得

$$\frac{T_1}{T_s}V_1+\frac{T_2}{T_s}V_2=V \tag{5-78}$$

式中,$T_1$、$T_2$、$T_s$ 分别为矢量 $V_1$、$V_2$ 在一个开关周期内的持续时间以及 PWM 开关周期。因为 $T_1+T_2<T_s$,所以剩余的时间将由 $V_0$ 和 $V_7$ 补齐,如式(5-79)所示。

$$T_1+T_2+T_0+T_7=T_s \tag{5-79}$$

也就是

$$\frac{T_1}{T_s}V_1+\frac{T_2}{T_s}V_2+\frac{T_0}{T_s}V_0+\frac{T_7}{T_s}V_7=V \tag{5-80}$$

由正弦定律得

$$\frac{|V|}{\sin\dfrac{2\pi}{3}}=\frac{\left|\dfrac{T_2}{T_s}V_2\right|}{\sin\theta}=\frac{\left|\dfrac{T_1}{T_s}V_1\right|}{\sin\left(\dfrac{\pi}{3}-\theta\right)} \tag{5-81}$$

由定义，$m=\sqrt{3}\dfrac{|\boldsymbol{V}|}{V_{\mathrm{D}}}$，再将 $|\boldsymbol{V}_1|=|\boldsymbol{V}_2|=\dfrac{2}{3}V_{\mathrm{D}}$ 代入式（5-81）得到

$$
\begin{cases}
T_1 = mT_{\mathrm{s}}\sin\left(\dfrac{\pi}{3}-\theta\right)\\[2mm]
T_2 = mT_{\mathrm{s}}\sin\theta\\[2mm]
T_0+T_7 = T_{\mathrm{s}}-T_1-T_2
\end{cases}
\tag{5-82}
$$

实际上，式（5-82）可以通过式（5-80）实部虚部相等的方法解得，即

$$
T_1\left(\dfrac{2}{3}V_{\mathrm{D}}\right)+T_2\left(\dfrac{1}{2}+\mathrm{j}\dfrac{\sqrt{3}}{2}\right)\left(\dfrac{2}{3}V_{\mathrm{D}}\right)+T_0\times 0+T_7\times 0
$$

$$
= T_{\mathrm{s}}|\boldsymbol{V}|\mathrm{e}^{\mathrm{j}\theta}=mV_{\mathrm{D}}(\cos\theta+\mathrm{j}\sin\theta)T_{\mathrm{s}}/\sqrt{3}
\tag{5-83}
$$

通常称 $T_0+T_7$ 为零矢量补足时间，其补足的形式也很自由，一般会从减少损耗、谐波等角度考虑。图 5-58 中只用到 $\boldsymbol{V}_0$，因为这样可以使得开关次数最少，上下桥臂开关管各有 4 次开关。上述合成方法只是最基本、最简单的方法，只是用来说明实现的过程，从而使大家更容易理解，事实上，因为图 5-58 中矢量分布不对称，会增加输出波形的谐波，所以这种方法很少使用。

和单相逆变器的 SPWM 调制一样，SVPWM 也有不同的实现方式，而其主要着眼点是输出电压的高频谐波分布特性。上述图 5-58 所示的方法是最简单直白的，它将零矢量分布在 $\boldsymbol{V}$ 矢量的起点、终点上，然后依次由 $\boldsymbol{V}_1$、$\boldsymbol{V}_2$ 按三角形方法合成。同时可以发现由于开关函数波形不对称，所以这种方法的 PWM 谐波主要集中在开关频率 $f_{\mathrm{s}}$、$2f_{\mathrm{s}}$ 上，其开关函数波形和频谱如图 5-58（b）（c）所示。

为了改善开关次谐波，可以采用图 5-59 所示的 7 段调制方法，使零矢量和有效矢量对称分布。在一个周期中，使逆变器桥臂开关管共开关 6 次且波形对称，其 PWM 谐波虽然也主要分布在开关频率整数次频率附近，但 $f_{\mathrm{s}}$ 附近处的谐波幅值降低明显。当然，带来的缺点是每个 PWM 周期都多了 2 次开关。

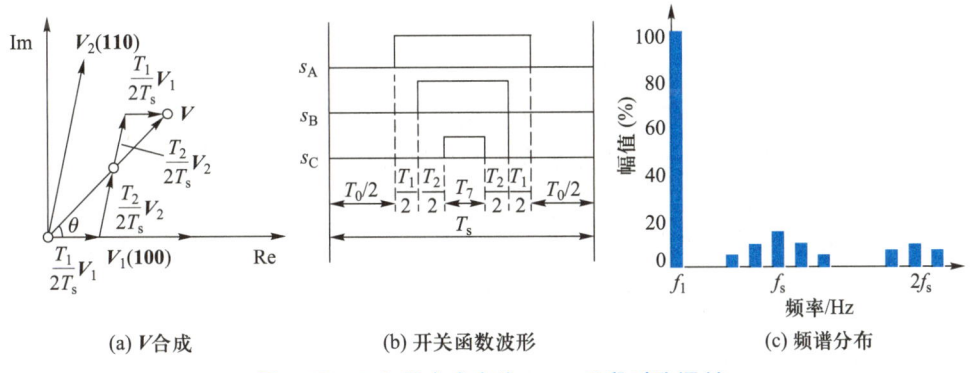

(a) $\boldsymbol{V}$ 合成　　　　　　(b) 开关函数波形　　　　　(c) 频谱分布

图 5-59　$\boldsymbol{V}$ 矢量合成方法二——7 段对称调制

对于以上两种方法采取的折中方法为 5 段调制法，如图 5-60 所示。虽然其对称度不如 7 段调制法，谐波略大些，但仍然是对称调制。同时，5 段调制法的开关次数相比 7 段调制法降低了 2 次，与 $\boldsymbol{V}$ 矢量合成方法一次数一样，同时实现了对称调制。

综上所述，矢量合成方法可以总结为以下四步：首先判断旋转矢量当前落在哪个扇

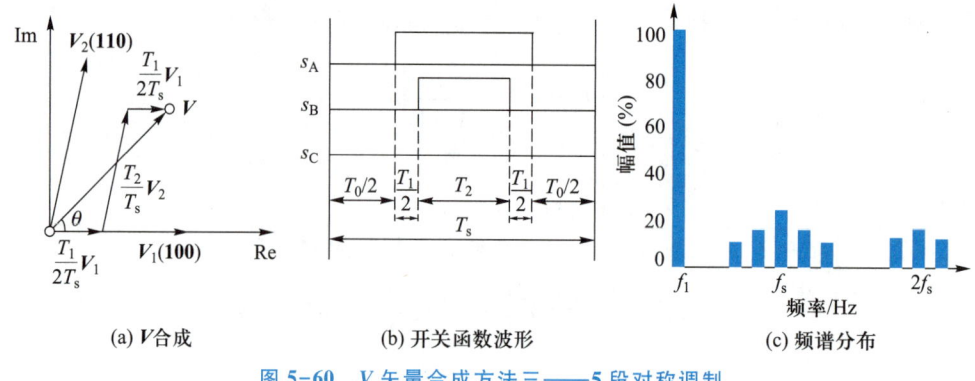

(a) V 合成　　　　　　　(b) 开关函数波形　　　　　　(c) 频谱分布

**图 5-60　V 矢量合成方法三——5 段对称调制**

区,然后确定需要使用的基本矢量,接下来计算矢量作用时间,最后确定矢量的切换序列。具体实现时,通常会通过 Clark 变换将三相静止坐标系的三相电压转换到两相静止坐标系后进行判断,采用最近矢量原则确定基本矢量(采用矢量的方法很多),根据冲量等效原理计算矢量作用时间,按照谐波含量最小的 7 段对称调制确定矢量切换序列。

## 5.6　其他逆变开关模式介绍

上面所提到的 PWM 逆变技术都是属于调制法的范畴。除此之外,逆变技术还包括计算法和跟踪法。比较典型的计算法控制技术是选择性谐波消除控制;典型的跟踪法则是滞环电流控制,下面将分别介绍。

### 5.6.1　选择性谐波消除控制

**选择性谐波消除控制(selected harmonic elimination)**可以这么理解,在方波逆变器中,输出谐波含量较大,且为低频谐波。在方波逆变器的输出波形上引入一些波形美容技术——"陷波"(notch),通过 FFT 分析发现它可以有效减少这些低频谐波的含量,使得输出波形更加接近正弦波。图 5-61 就是为了消除单桥臂逆变器输出电压 $V_{AO}$ 的 5、7 次谐波而加入"陷波"以后的输出电压波形。至于要在方波的什么位置引入"陷波"可以达到减少特定次谐波的目的,则需要通过傅里叶计算预先得到如图 5-61 所示的开关角 $\alpha_1$、$\alpha_2$、$\alpha_3$…

在图 5-61 中,要消除在逆变器中占统治地位的 5 次与 7 次谐波,由于输出波形是半波奇对称和四分之一周期对称,所以其傅里叶分解后的系数只需对四分之一周期的波形积分,可得

$$a_n = 0, b_n = \frac{4}{\pi} \int_0^{\pi/2} f(t) \sin(n\omega t) \, d(\omega t) \quad n = 奇数 \tag{5-84}$$

所以,输出电压 $v_{AO}$ 可以表示为

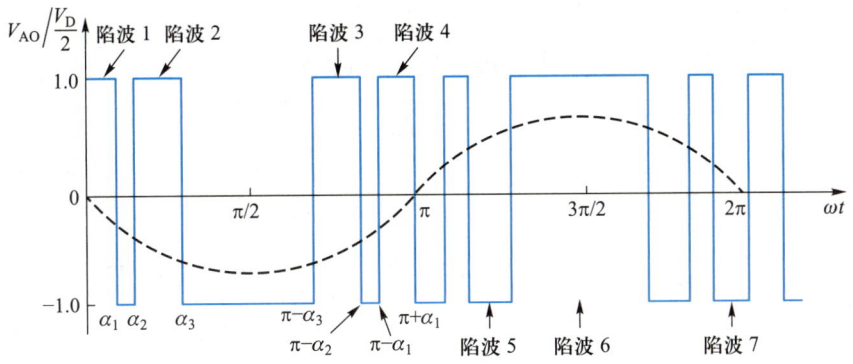

图 5-61 选择性谐波消除控制的输出波形(消除 5 次、7 次谐波)

$$v_{AO} = \sum_{n=1,3,5\cdots}^{\infty} b_n \sin n\omega t \qquad (5-85)$$

可以计算出 $b_n$ 为

$$
\begin{aligned}
b_n &= \frac{4}{\pi} \int_0^{\pi/2} f(t) \sin(n\omega t) \, \mathrm{d}(\omega t) \\
&= \frac{4}{\pi} \Bigg[ \int_0^{\alpha_1} \frac{V_D}{2} \sin(n\omega t) \, \mathrm{d}(\omega t) + \int_{\alpha_1}^{\alpha_2} \left( -\frac{V_D}{2} \right) \sin(n\omega t) \, \mathrm{d}(\omega t) + \\
&\quad \int_{\alpha_2}^{\alpha_3} \frac{V_D}{2} \sin(n\omega t) \, \mathrm{d}(\omega t) + \int_{\alpha_3}^{\pi/2} \left( -\frac{V_D}{2} \right) \sin(n\omega t) \, \mathrm{d}(\omega t) \Bigg] \\
&= \frac{2V_D}{n\pi} (1 - 2\cos n\alpha_1 + 2\cos n\alpha_2 - 2\cos n\alpha_3) \qquad (5-86)
\end{aligned}
$$

要消除 5 次谐波和 7 次谐波,就需使 $b_5$、$b_7 = 0$ 并且保证 $b_1 \neq 0$:

$$b_1 = \frac{2V_D}{\pi} (1 - 2\cos \alpha_1 + 2\cos \alpha_2 - 2\cos \alpha_3) = V_m \qquad (5-87)$$

$$b_5 = \frac{2V_D}{5\pi} (1 - 2\cos 5\alpha_1 + 2\cos 5\alpha_2 - 2\cos 5\alpha_3) = 0 \qquad (5-88)$$

$$b_7 = \frac{2V_D}{7\pi} (1 - 2\cos 7\alpha_1 + 2\cos 7\alpha_2 - 2\cos 7\alpha_3) = 0 \qquad (5-89)$$

根据需要确定基波幅值 $b_1$ 的值 $V_m$,对于一个给定的 $b_1$,求解方程式(5-87)~式(5-89)即可得到一组 $\alpha_1$、$\alpha_2$、$\alpha_3$。

可以看出,选择性谐波消除控制的计算很复杂,需要使用计算机协助完成。这种控制方式一般适用于大功率、低开关频率的场合。

### 5.6.2 滞环电流控制

**滞环电流控制**(current-regulated control/tolerance band control)的原理如图 5-62 所示。滞环电流控制是利用一个误差滞环比较器比较实际电流 $i_A$ 与参考电流 $i_A^*$ 之间的误差,输出一个开关控制信号。如图 5-62 所示,当实际电流即将超过上限时,$T_{A+}$ 关断,

$T_{A-}$导通；当实际电流即将超过下限时，$T_{A-}$关断，$T_{A+}$导通。

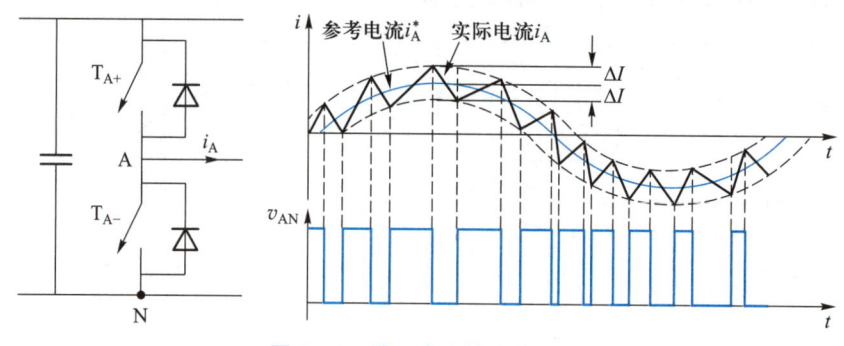

图 5-62　滞环电流控制的原理

滞环电流控制器如图 5-63 所示，参考电流和实际电流的误差作为滞环比较器的输入，比较器的输出直接控制逆变器开关的导通和关断。

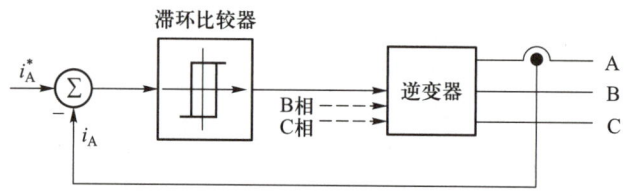

图 5-63　滞环电流控制器

滞环电流控制的动态响应非常迅速，然而，它的开关频率取决于从上限到下限或者从下限到上限的时间，所以开关频率不固定，这对 $LC$ 滤波器等无源器件的设计是一个极大的挑战。

# 5.7　PWM 整流器

## 5.7.1　逆变器、整流器双向功率流动分析

从硬件电路来看，PWM 整流和逆变的拓扑结构、开关组合是完全一致的，也就是同一个变换器既可以工作于逆变器模式也可以工作于整流器模式。当然，整流器模式中交流侧需要像电网、交流电机一样具有持续能量输出能力，直流侧则可以是不具备能量输出能力的电阻等。而如果同一个变换器既要通过逆变也要通过整流，实现稳定的双向功率流动，则需要直流侧和交流侧均具有能量源。以一个典型的并网蓄电池双向储能逆变系统为例，如图 5-64（a）所示，交流侧为电网，直流侧为储能电池。等效电路如图 5-64（c）所示，将系统等效为一个逆变器与电网电压通过滤波电感、电阻连接。

电网电压相量、变换器输出基波电压相量、电感电压相量、电阻电压相量以及电感电流相量分别记为 $\dot{V}_s$、$\dot{V}_{AB}$、$\dot{V}_L$、$\dot{V}_R$ 和 $\dot{I}_s$，各相量正方向如图 5-64（c）所示，根据 KVL 可以

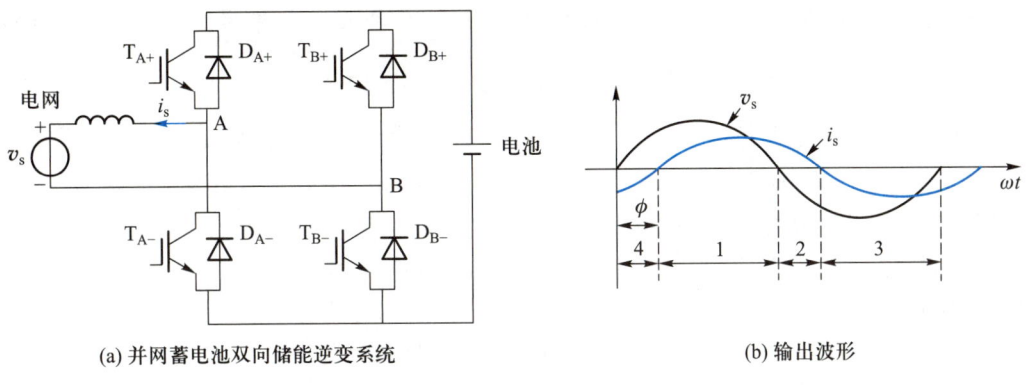

(a) 并网蓄电池双向储能逆变系统      (b) 输出波形

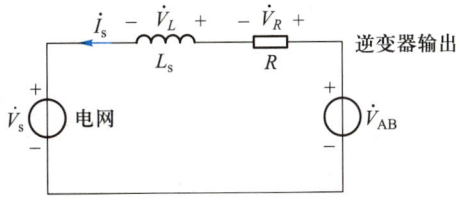

(c) 系统等效电路与相量关系

图 5-64 整流、逆变双向储能变换器

列出

$$\dot{V}_s = \dot{V}_{AB} - \dot{V}_L - \dot{V}_R = \dot{V}_{AB} - (R + j\omega L)\dot{I}_s \tag{5-90}$$

假设 $\dot{V}_{AB}$ 滞后 $\dot{V}_s$，其相角差记为 $\delta$，通常称为功角；$\dot{I}_s$ 滞后 $\dot{V}_s$，相角差记为 $\phi$，通常称为网侧功率因数角，后续分析中，$\delta>0$、$\phi>0$ 表示 $\dot{V}_{AB}$、$\dot{I}_s$ 滞后 $\dot{V}_s$，反之 $\delta<0$、$\phi<0$ 表示 $\dot{V}_{AB}$、$\dot{I}_s$ 超前 $\dot{V}_s$。

交流电源电压 $v_s$、变换器输出基波电压 $v_{AB}$、电感电流 $i_s$ 表示为

$$\begin{cases} v_s = \sqrt{2}\,V_s \sin \omega t \\ v_{AB} = \sqrt{2}\,V_{AB} \sin(\omega t - \delta) \\ i_s = \sqrt{2}\,I_s \sin(\omega t - \phi) \end{cases} \tag{5-91}$$

上述相量可以表示为

$$\begin{cases} \dot{V}_s = V_s\,\underline{/0^\circ} \\ \dot{V}_{AB} = V_{AB}\,\underline{/-\delta} \\ \dot{I}_s = I_s\,\underline{/-\phi} \\ \dot{V}_L = I_s \omega L\,\underline{/90^\circ - \phi} \\ \dot{V}_R = I_s R\,\underline{/-\phi} \end{cases} \tag{5-92}$$

通过电压和电流乘积计算有功和无功功率，具体有两种表示方法：一种是基于功率因数角 $\phi$ 表示，另一种是基于功角 $\delta$ 表示，两者是等价的。首先基于功率因数角 $\phi$ 表示有功和无功功率，电网吸收的复功率为电压相量与电流共轭相量的乘积。

$$\bar{S} = \dot{V}_s \dot{I}_s^* = V_s e^{j0°} I_s e^{j\phi} = V_s I_s e^{j\phi} = \underbrace{V_s I_s \cos \phi}_{\text{电网吸收的有功} P} + j \underbrace{V_s I_s \sin \phi}_{\text{电网吸收的无功} Q} \tag{5-93}$$

利用图 5-65 所示的单相全桥变换器相量图来进行分析。

如果 $\phi \in [0°, 180°]$，说明电流 $\dot{I}_s$ 滞后电压 $\dot{V}_s$，根据上式可以得到电网吸收的无功功率 $Q$ 为正，即电网吸收滞后的无功功率。如果 $\phi \in [-180°, 0°]$，说明电流 $\dot{I}_s$ 超前电压 $\dot{V}_s$，电网吸收的无功功率 $Q$ 为负，即电网吸收超前的无功功率。如果 $\phi \in [-90°, 90°]$，说明电网吸收的有功功率为正，即电网吸收有功功率。如果 $\phi \in [-180°, -90°] \cup [90°, 180°]$，说明电网吸收的有功功率为负，即电网发出有功功率。

另一方面，基于功角 $\delta$ 表示有功和无功功率，推导过程如下，$S$ 表示电网侧的视在功率，实部和虚部分别对应有功功率和无功功率。

$$\bar{S} = \dot{V}_s \dot{I}_s^* = V_s e^{j0°} \left( \frac{V_{AB} e^{-j\delta} - V_s e^{j0°}}{R + jX} \right)^* = \frac{V_{AB} V_s e^{j\delta} - V_s V_s}{R - jX} \tag{5-94}$$

$$P + jQ = \frac{V_{AB} V_s (R \cos \delta - X \sin \delta) - V_s^2 R}{R^2 + X^2} + j \frac{V_{AB} V_s (R \sin \delta + X \cos \delta) - V_s^2 X}{R^2 + X^2} \tag{5-95}$$

考虑到滤波电感寄生电阻较小，为简化分析，认为 $R \approx 0$，有功和无功功率表达式简化为

$$\begin{cases} P = \dfrac{-V_{AB} V_s \sin \delta}{X} \\ Q = \dfrac{V_{AB} V_s \cos \delta - V_s^2}{X} \end{cases} \tag{5-96}$$

假设稳态运行时电感电流 $i_s$ 的有效值 $I_s$ 保持不变，即电感电流相量长度 $|\dot{I}_s|$ 保持不变，则电感电压相量长度 $|\dot{V}_L| = \omega L |\dot{I}_s|$ 也保持不变，因此变换器输出基波电压相量末端的运动轨迹构成了一个以 $|\dot{V}_L|$ 为半径的圆。

由式（5-96）可知，$\delta < 0$ 时，电网吸收的有功功率 $P$ 为正，即电网吸收有功功率。如果 $V_{AB} \cos \delta < V_s$，电网吸收的无功功率 $Q$ 为负，此时功率因数角 $\phi \in [-90°, 0°]$，电流 $\dot{I}_s$ 超前电压 $\dot{V}_s$，即电网吸收超前的无功功率（容性无功功率），变换器输出基波电压相量 $\dot{V}_{AB}$ 末端在圆弧 $\overparen{DE}$ 上移动；如果 $V_{AB} \cos \delta > V_s$，电网吸收的无功功率 $Q$ 为正，$\phi \in [0°, 90°]$，电流 $\dot{I}_s$ 滞后电压 $\dot{V}_s$，即电网吸收滞后的无功功率（感性无功功率），变换器输出基波电压相量末端在圆弧 $\overparen{EF}$ 上移动。

$\delta > 0$ 时，电网吸收的有功功率 $P$ 为负，即电网发出有功功率。进一步地，如果 $V_{AB} \cos \delta > V_s$，电网吸收的无功功率 $Q$ 为正，对应的功率因数角变化范围 $\phi \in [90°, 180°]$，说明电流 $\dot{I}_s$ 滞后电压 $\dot{V}_s$，即电网吸收滞后的无功功率（感性无功功率），变换器输出基波电压相量末端在圆弧 $\overparen{FG}$ 上移动；如果 $V_{AB} \cos \delta < V_s$，电网吸收的无功功率 $Q$ 为负，对应的功率因数角变化范围 $\phi \in [-180°, -90°]$，电流 $\dot{I}_s$ 超前电压 $\dot{V}_s$，即电网吸收超前的无功功率（容性无功功率），变换器输出基波电压相量末端在圆弧 $\overparen{GD}$ 上移动。

相量图中，$D$ 点对应电网吸收纯容性无功功率；$F$ 点对应电网吸收纯感性无功功率；

$E$ 点对应电网吸收纯有功功率；$G$ 点对应电网发出纯有功功率。$\overset{\frown}{DEF}$ 对应电网吸收有功功率，变换器工作在逆变模式，$\overset{\frown}{FGD}$ 对应电网发出有功功率，变换器工作在整流模式。$\overset{\frown}{GDE}$ 对应电网吸收容性功率，$\overset{\frown}{EFG}$ 对应电网吸收感性无功功率。

　　为了便于初学者深入理解感性无功功率和容性无功功率，特此总结和说明：如果电网吸收的无功功率 $Q$ 为负，那么电网吸收容性无功功率、电网发出感性无功功率、变换器吸收感性无功功率、变换器发出容性无功功率这四种说法是等价的；同理，如果电网吸收的无功功率 $Q$ 为正，那么电网吸收感性无功功率、电网发出容性无功功率、变换器吸收容性无功功率、变换器发出感性无功功率这四种说法是等价的。

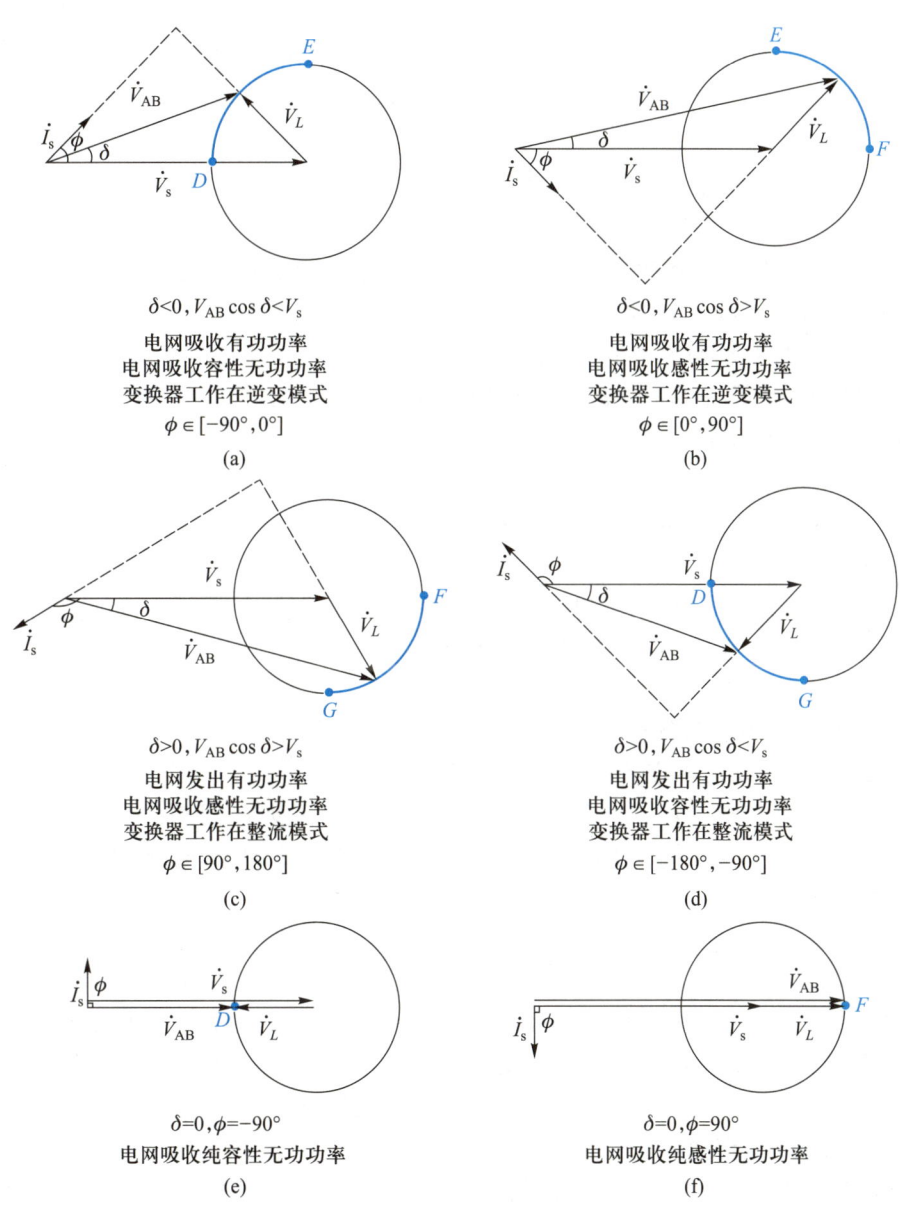

217

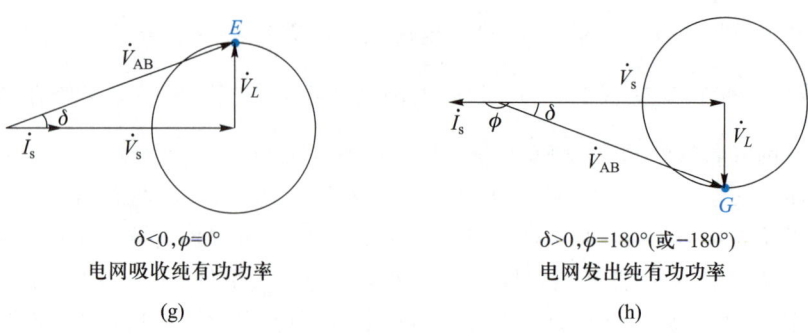

$\delta<0,\phi=0°$
电网吸收纯有功功率
(g)

$\delta>0,\phi=180°$（或 $-180°$）
电网发出纯有功功率
(h)

**图 5-65　单相全桥变换器相量图**

通过前述的双极性、单极性调制改变调制波的相位，即可让 $\dot{V}_{AB}$ 沿着上述轨迹圆运动，从而控制 $\delta$、$\phi$，实现任意的有功功率和无功功率控制。

### 5.7.2　PWM 整流器电路分析

在分析单相 PWM 整流电路运行方式之前，首先明确电感和电容储能元件的电压方向、电流流向、储存能量以及释放能量的对应关系。流经电感的电流与电感两端电压方向如图 5-66(a)(b)所示，图 5-66(a)表示电感储存能量，图 5-66(b)表示电感释放能量。流经电容的电流与电容两端电压方向如图 5-66(c)(d)所示，图 5-66(c)表示电容储存能量，图 5-66(d)表示电容释放能量。

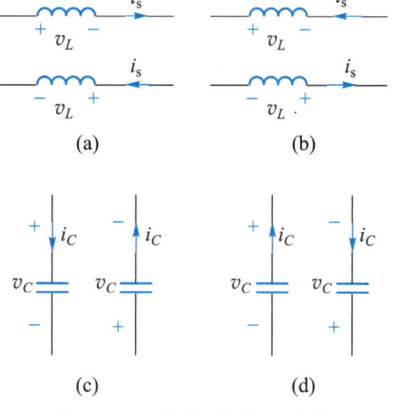

**图 5-66　储能、放能示意图**

下面以图 5-67 所示的典型的 $RC$ 整流器负载为例来说明单相全桥 PWM 整流器中 4 种开关组合以及具体工作过程。

以 $v_s$ 处于正半周为例分析 4 种开关组合，$i_s$ 有正负两个方向，以流向交流电源为正。根据 $i_s$ 的方向，每种开关组合各对应整流和逆变两种工作状态，因此工作模式共有 8 种。$i_s$ 从交流电源流向桥臂时，交流侧输出能量，$i_s$ 从桥臂流向交流电源时，交流侧吸收能量。

**分析如下。**

**开关组合 10**（左桥臂 1，右桥臂 0，下同）：电流为负、向右时，$D_{A+}$、$D_{B-}$ 导通，电路等效为开关断开状态的 Boost 变换器，电网输出能量，直流侧电容吸收能量，电感两端电压等于交流电源电压与电容电压之差，流经电感的电流与电感两端电压方向与图 5-66(b)一致，电感释放能量；反之电流为正、向左时，$T_{A+}$、$T_{B-}$ 导通，电路等效为开关闭合时的 Buck 电路。电网吸收能量，流经电感的电流与电感两端电压方向与图 5-66(a)一致，电感储存能量，直流侧电容释放能量。

**开关组合 01**：电流为负、向右时，$T_{A-}$、$T_{B+}$ 导通，电网和负载都输出能量，电感两端电压等于交流电源电压与电容电压之和，电感 $L$ 储能；反之电流为正、向左时，$D_{A-}$、$D_{B+}$ 导

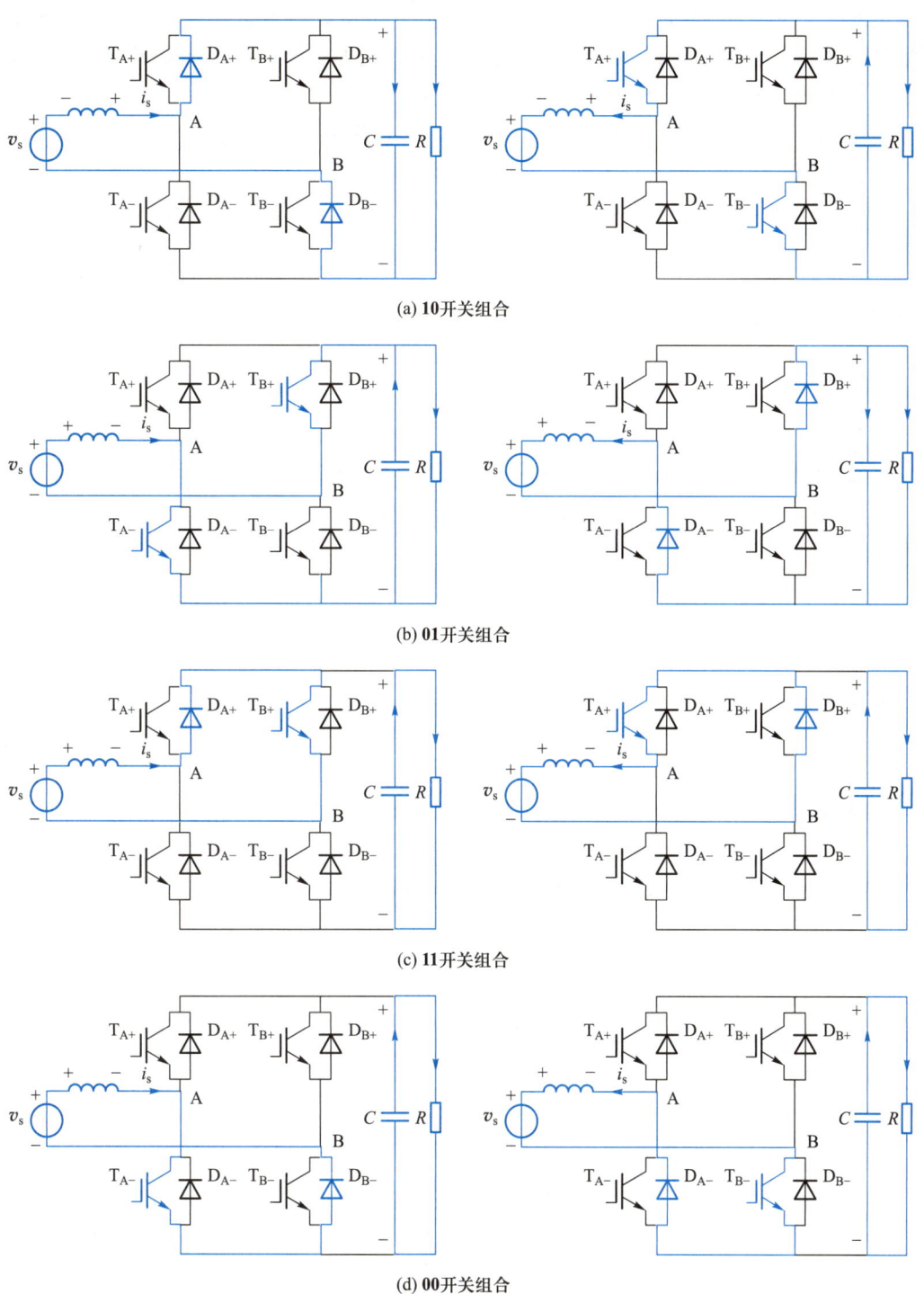

(a) **10开关组合**

(b) **01开关组合**

(c) **11开关组合**

(d) **00开关组合**

**图 5-67 单相全桥 PWM 整流器 8 种工作模式**

通,电网和直流侧电容都吸收能量,$L$ 释放能量。

**开关组合 11**:电路等效为开关闭合状态的 Boost 变换器,交流侧是短路状态,交、直流侧无能量交换。电流为负、向右时，$D_{A+}$、$T_{B+}$ 导通，交流电源输出能量，直流侧电容释放能量，$L$ 储能，相当于开关闭合的 Boost 电路；电流为正、向左时，$T_{A+}$、$D_{B+}$ 导通，交流电源吸收能量，电容释放能量，$L$ 释放能量。

　　**开关组合 00**：电路等效为开关闭合状态的 Boost 变换器，交流侧是短路状态，交直流侧无能量交换。电流为负、向右时，$T_{A-}$、$D_{B-}$ 导通，交流电源输出能量，直流电容释放能量，$L$ 储能；电流为正向左时，$D_{A-}$、$T_{B-}$ 导通，交流电源吸收能量，直流电容释放能量，$L$ 释放能量。

　　注意，图 5-67 中 $RC$ 是一种典型负载的示意图，$R$ 永远都是吸收能量，这里负载吸收、释放能量，指的是直流侧电容被充电或者放电。

　　在开关组合 **11** 和 **00** 时，交流电源通过开关管与电感串联形成回路，依靠电感限制电流，而在开关组合 **10** 和 **01** 时，交流侧与直流侧进行双向能量交换。正如上文所述，只要控制不同开关组合以及它们的工作时间间隔，就可以改变目标电流的相位、幅值等，这个过程是和逆变器一样的调制。通过正弦波调制，产生全桥变换器的输出电压 $v_{AB}$，再与电网的正弦电压 $v_s$ 共同作用于输入电感上，产生正弦输入电流 $i_s$。$v_s$ 一定时，$i_s$ 的幅值和相位仅由 $v_{AB}$ 及其与 $v_s$ 的幅值、相位差决定。通过控制整流器输出电压 $v_{AB}$ 的幅值和相位，就可以获得所需大小和相位的输入电流 $i_s$，达到控制功率流动方向、大小、网侧单位功率因数等目的。

　　三相电压型桥式 PWM 整流电路有 8 种开关组合，三相电流的方向组合又有 6 种（三相电流不能同向），所以它有多达 48 种运行方式，远比单相复杂。下面以 $i_A<0$、$i_B>0$、$i_C<0$ 对应的 8 种开关运行方式进行分析，等效电路如图 5-68 所示。

　　**开关组合 100**（从左到右，下同）：$D_{A+}$、$D_{B-}$、$T_{C-}$ 导通，电网通过 $D_{A+}$、$D_{B-}$ 给负载供电，B、C 两相经过输入电感 $L_B$、$L_C$ 短路并流过内部环流，$v_{BC}=0$。

　　**开关组合 010**：$T_{A-}$、$T_{B+}$、$T_{C-}$ 导通，直流侧电容通过 $T_{A-}$、$T_{B+}$、$T_{C-}$ 向电网输出能量。

　　**开关组合 110**：$D_{A+}$、$T_{B+}$、$T_{C-}$ 导通，直流侧电容通过 $T_{B+}$、$T_{C-}$ 向电网输出能量，A、B 两相经过输入电感 $L_A$、$L_B$ 短路并流过内部环流，$v_{AB}=0$。

　　**开关组合 001**：$T_{A-}$、$D_{B-}$、$D_{C+}$ 导通，电网通过 $D_{B-}$、$D_{C+}$ 向负载供电，A、B 两相经过输入电感 $L_A$、$L_B$ 短路并流过内部环流，$v_{AB}=0$。

　　**开关组合 101**：$D_{A+}$、$D_{B-}$、$D_{C+}$ 导通，电网通过 $D_{A+}$、$D_{B-}$、$D_{C+}$ 向负载供电。

　　**开关组合 011**：$T_{A-}$、$T_{B+}$、$D_{C+}$ 导通，直流侧电容通过 $T_{A-}$、$T_{B+}$ 向电网输出能量，B、C 两相经过输入电感 $L_B$、$L_C$ 短路并流过内部环流，$v_{BC}=0$。

　　**开关组合 111**：$D_{A+}$、$T_{B+}$、$D_{C+}$ 导通，各相电网电压经输入电感通过每相上桥臂短路，$v_{AB}=v_{BC}=v_{CA}=0$，整流桥与负载脱离，负载电流由电容放电维持。

　　**开关组合 000**：$T_{A-}$、$D_{B-}$、$T_{C-}$ 导通，各相电网电压经输入电感通过每相下桥臂短路，$v_{AB}=v_{BC}=v_{CA}=0$，整流桥与负载脱离，负载电流由电容放电维持。

　　和单相 PWM 整流一样，$v_s(s=A,B,C)$ 一定时，$i_s(s=A,B,C)$ 的幅值和相位仅由 $v_{Kn}(K=A,B,C)$ 及其与 $v_s$ 的幅值和相位差决定，通过控制整流器输出电压 $v_{Kn}$ 的幅值和相位，就可以获得所需大小和相位的输入电流 $i_s$，达到控制功率流动方向、大小、网侧功率因数等目的。

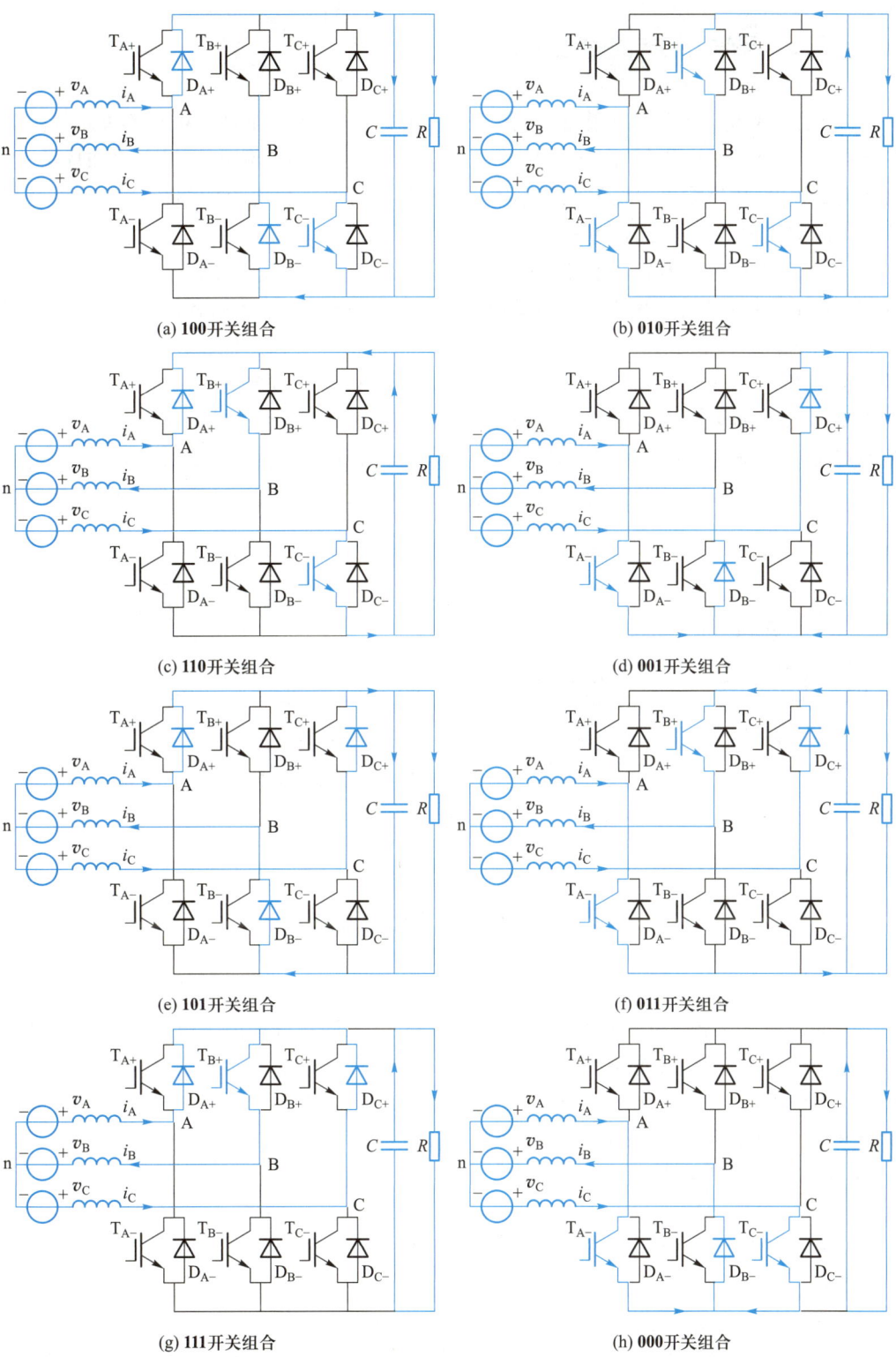

(a) 100开关组合　　(b) 010开关组合

(c) 110开关组合　　(d) 001开关组合

(e) 101开关组合　　(f) 011开关组合

(g) 111开关组合　　(h) 000开关组合

图 5-68　三相电压型桥式 PWM 整流电路运行方式 $i_A<0$、$i_B>0$、$i_C<0$

### 5.7.3　PWM 整流器的控制器设计

以上是 PWM 整流器的工作原理,图 5-69 则表示了一个三相 PWM 整流电路双闭环控制器结构,外环是电压环,内环是电流环。$V_D^*$、$V_D$ 分别是直流侧电压给定值和反馈值,直流电压控制 PI 环输出为直流电流信号 $i_D$,等效为网侧三相电流的幅值。$i_D$ 乘以三相输入电流的相位信息 $\sin(\omega t - 2k\pi/3)$,$k = 0,1,2$ 后,作为电流环指令 $i_{ABC}^*$ 和三相电流反馈 $i_{ABC}$ 差值经过电流控制器后产生控制函数 $v_{control}$,再得到调制函数 $m$,最后,经过 SPWM 或者 SVPWM 调制后产生 PWM 脉冲驱动信号。此处的 SPWM 或者 SVPWM 与之前逆变器部分介绍的调制方法完全一致,只是调制函数携带的信息不同。电压稳态时,$V_D^* = V_D$,PI 调节器输入为零,其输出 $i_D$ 保持稳定,交流输入功率和直流输出功率保持平衡。负载电流增大时,交流输入功率将小于直流输出功率,直流侧电容放电而使 $V_D$ 降低,$V_D^* - V_D$ 正差值变大,使得输出 $i_D$ 增大,进而使得交流输入电流增大,又使得 $V_D$ 上升,达到一个新的稳态。负载电流减小时,调节过程相反。这与逆变器双环控制过程并无本质区别。

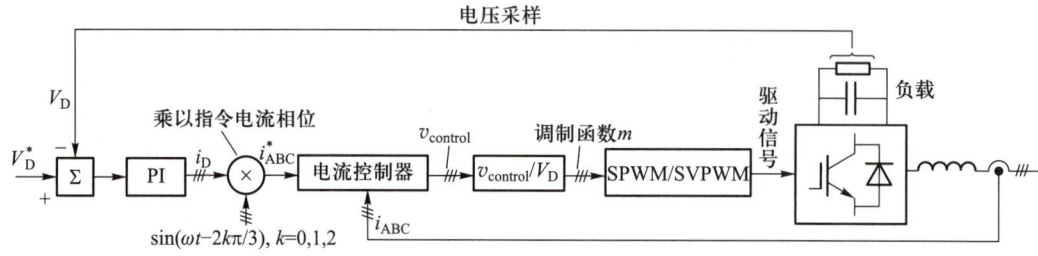

**图 5-69　三相 PWM 整流电路双闭环控制器结构**

# 5.8　逆变器拓扑概述

逆变器的拓扑是一个非常宽泛的概念,凡是有所不同且合理的主电路结构都可以称为一种新的拓扑。因此,逆变器的拓扑是非常丰富的,很难在有限的篇幅内进行归纳和总结。然而类似于 DC—DC 变换器,虽然拓扑众多,但是基本上所有的拓扑都是从最基本的 Buck 变换器和 Boost 变换器演化而来的。故而本章只介绍那些已经得到广泛商用化、最基本的逆变器拓扑,且以三相为主。

### 5.8.1　三相三线制逆变器

前文介绍的三相三线制逆变器是最常用的逆变器主电路拓扑,它的等效电路如图 5-70 所示,图中的 O 可以理解为逆变器直流侧电容的假想中点,但是它并不实际连出来,逆变器并不提供中点。

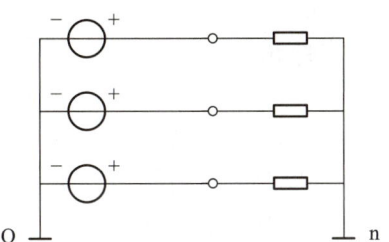

图 5-70 三相三线制逆变器等效电路

三相三线制逆变器电机驱动系统的结构如图 5-71 所示。

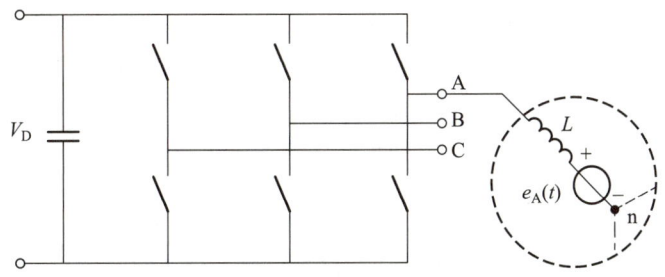

图 5-71 三相三线制逆变器电机驱动系统的结构

然而,如果给不对称负载供电,或者负载需要中性线时,需要通过一个 Δ-Y 变压器连接负载,利用二次侧中点接地,如图 5-72 所示。

三相三线制逆变器的优点是在逆变器侧只有两个独立的维度,A、B、C 坐标系可以转化成 α、β 静止坐标系,而没有零轴电流的通道,使得系统相对来说容易控制,但是它的缺点是需要增加变压器。

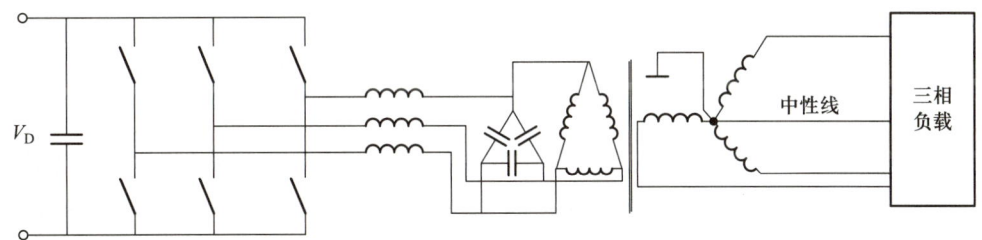

图 5-72 三相三线制逆变器通过 Δ-Y 变压器连接负载

更进一步,在某些场合,三相逆变器自身就需要零轴电流通道,此时可以选择电容中点拓扑和四桥臂拓扑。

### 5.8.2 三相四线制逆变器——电容中点结构和四桥臂结构

三相四线制和三相三线制的区别在于,三线四线制的直流侧电位中点和负载中性点是相连的,它的等效电路如图 5-73 所示。在这种情况下,若三相电压对称,当三相负载不对称时,三相电流一定不对称;此时,On 支路不仅为不平衡电流提供了一条支路,也保

证了 $V_{On} = 0$,使得三相桥臂间相互独立,互不影响,在三相负载不对称的情况下输出三相对称电压。

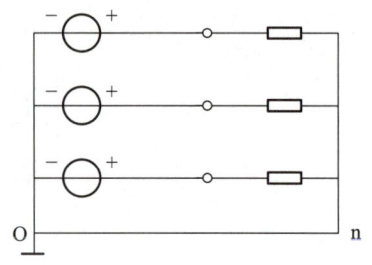

图 5-73　三相四线制逆变器等效电路

图 5-74、图 5-75 是电容中点和三相四桥臂拓扑,它们都能提供三个电流维度以及三相解耦控制,能更好地适应三相负载、电压不对称的问题。而三相四桥臂拓扑通过第四个桥臂提供第三个控制维度,从而避免了三桥臂中分裂电容带来的中点平衡控制问题。

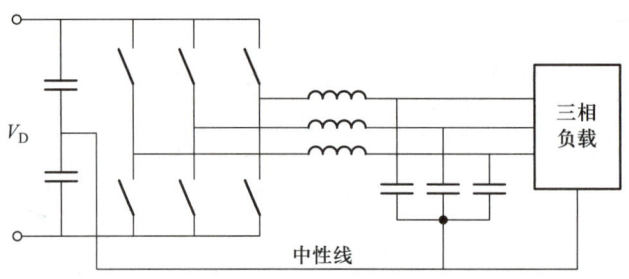

图 5-74　电容中点三相四线制逆变器

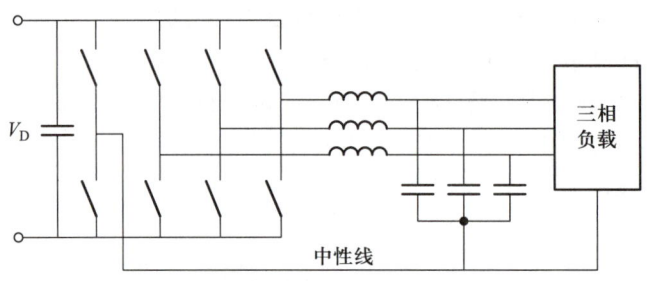

图 5-75　四桥臂三相四线制逆变器

　　需要强调,在 5.5.1 节中建立的三相逆变器的数学模型以及 SVPWM 控制理论均是以三相三线制逆变器为对象的,它并不适用于图 5-74、图 5-75 所示的四线制逆变器。三相四线制逆变器因为具有三个独立的变量或者维度,而不是如三线制中的两个变量或维度,所以空间矢量调制将从二维推广到三维,具体方法可以参考三维 SVPWM 的相关文献。

　　再提一个有趣的话题,图 5-74、图 5-75 中,直流电容的中点也可以和交流滤波电容的中点相连,但不与负载中性线连接,构成一种新的结构,在不需要中性线的场合应用。此时其数学模型有别于图 5-71 所示的三线和图 5-74 所示的四线拓扑,而对数学模型进行分析可以发现这种结构有助于改进逆变器输出交流滤波器性能,以及在多个逆变器并联时减小逆变器间环流。

### 5.8.3　多电平逆变电路

先来回顾图 5-40 所示的三相逆变器。以直流侧中点 O 为参考点,对于 A 相来说,当 $T_{A+}$ 导通时,$v_{AO} = V_D/2$;当 $T_{A-}$ 导通时,$v_{AO} = -V_D/2$。电路的输出电压 $v_{AO}$ 有 $V_D/2$ 和 $-V_D/2$ 两种电平,所以这个电路也可称为两电平逆变电路。多电平电路指的是相对于 O 点,可以输出三个或以上电平的逆变器。例如三电平,输出电压 $v_{AO}$ 除了输出 $V_D/2$ 和 $-V_D/2$ 之外,还可以输出零电平,也就是输出连接到直流侧中点 O。

常用的多电平逆变电路有二极管中点钳位型(neutral point clamped)逆变器、单元串联(级联)多电平逆变器以及目前研究很热的模块化多电平逆变器,如图 5-76～图 5-79 所示。

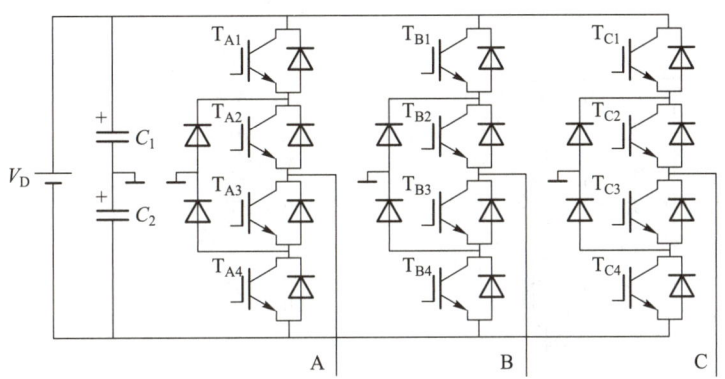

教学微视频
5 - 6
三电平逆变
器输出波形

**图 5-76　二极管中点钳位型三电平逆变器**

因为二极管中点钳位型三电平逆变器应用最为广泛,故将重点介绍。

二极管中点钳位型三电平逆变器又称为 NPC 三电平逆变器,是最早提出的一种多电平逆变器拓扑结构,图 5-76 所示电路结构就是二极管钳位型三电平的逆变器电路。如图 5-40 所示的两电平逆变器的输出线电压共有 $\pm V_D$ 和 0 三种电平,而三电平逆变器输出线电压则有 $\pm V_D$、$\dfrac{V_D}{2}$、0 五种电平。因此,三电平逆变器电路输出电压谐波可大大少于两电平逆变器。中点钳位型三电平逆变器还有一个突出的优点就是每个开关器件关断状态所承受的电压为直流侧电压的一半,因而,它比两电平电路更适合高压大容量场合。再有,由于三电平逆变器降低了器件承受的电压应力,因而减小了器件的开关损耗,且降低了电路运行中的 $dv/dt$、$di/dt$ 等。目前,三电平变换器已经在高压大功率变频调速系统、电力系统有源滤波和动态无功补偿等领域得到了广泛的研究与应用。

从电路结构中可以看出,NPC 三电平逆变器直流侧电压通过两个串联的分压电容 $C_1$、$C_2$,将电压分为上下两个电压源;两个电容串联的中点即为参考点 O。$T_{A1} \sim T_{A4}$ 可以直观地理解为单相全桥逆变器的两个桥臂由并联结构变为了串联结构,所以每个功率管的耐压减半。同时,串联结构增加的连接点与中点连接,以增加输出电压的电平数。三电平结构每个桥臂在每一个主状态下有两个功率管导通,所以每个桥臂具有 4 种可能的开关组合。这 4 种组合中,$T_{A1}$、$T_{A4}$ 同时导通显然是没有意义、不合理的,合理的开关组合是

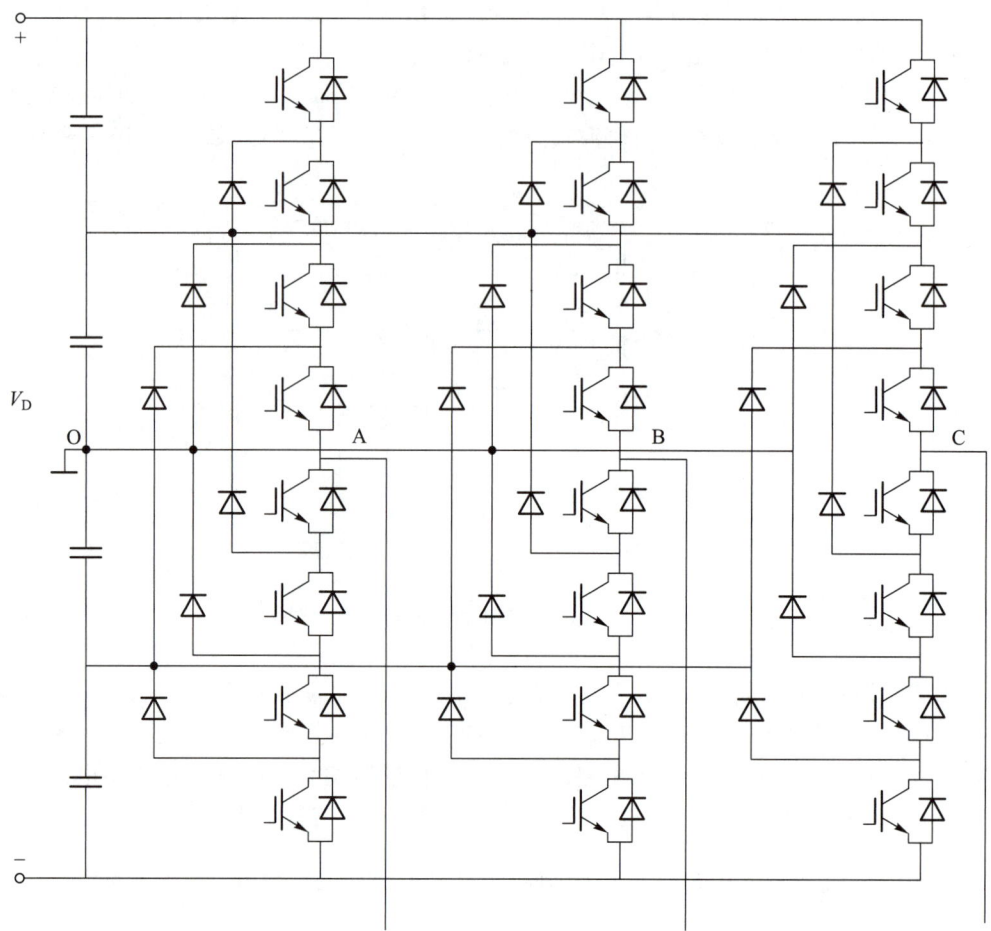

图 5-77　二极管中点钳位型五电平逆变器

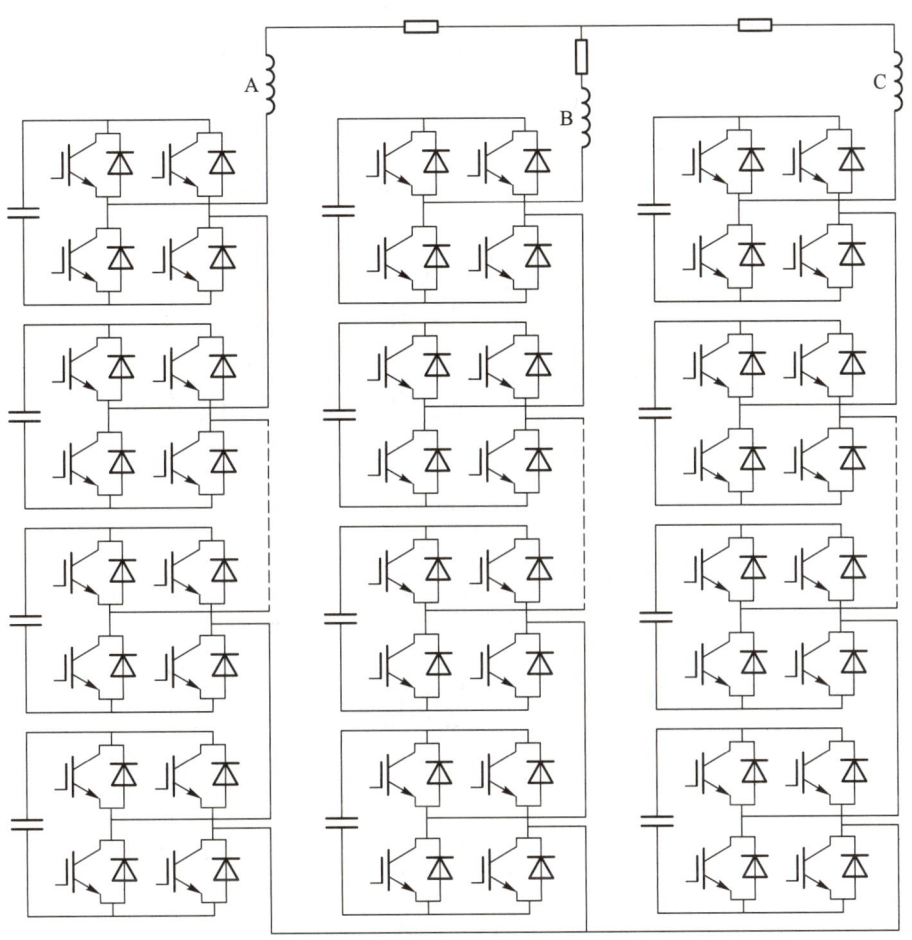

图 5-78 级联型多电平逆变器

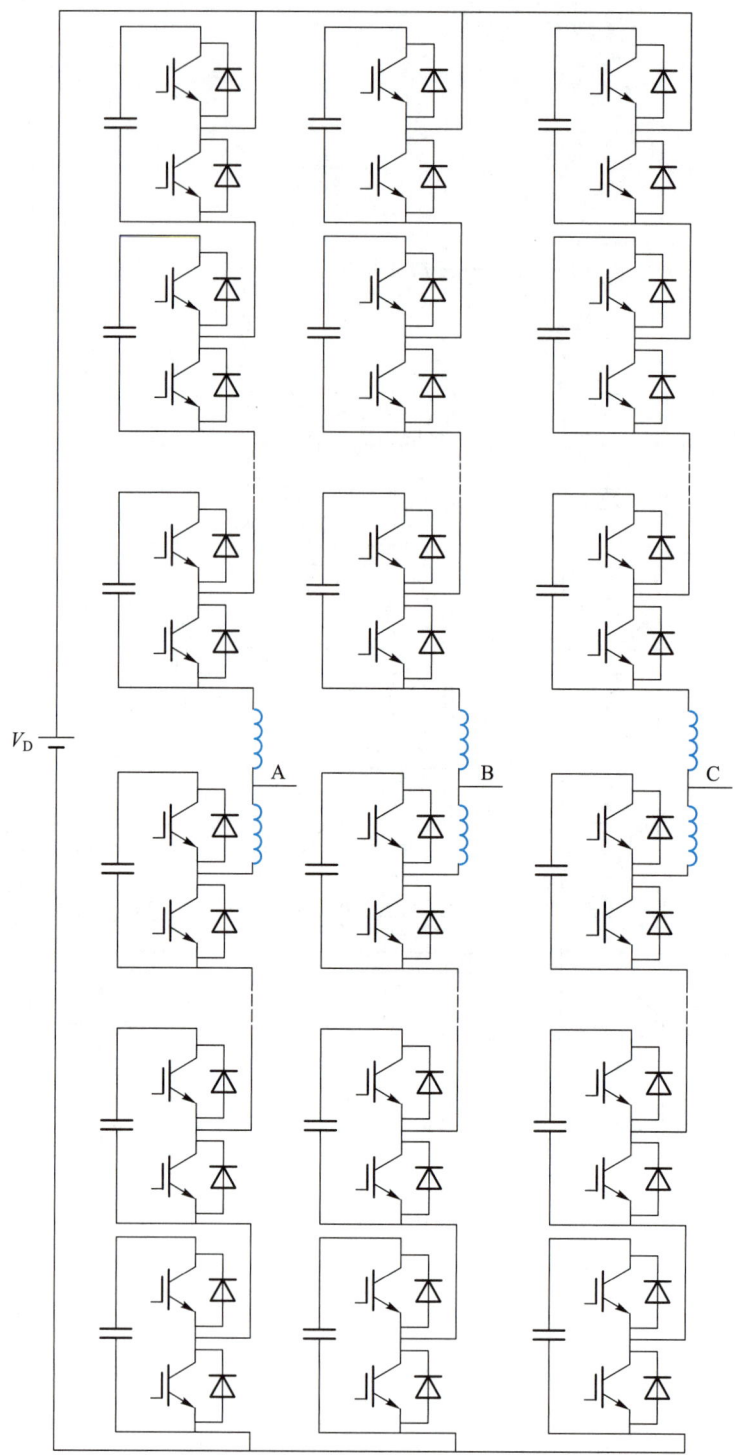

图 5-79　模块化多电平逆变器（modular multilevel converter）

$T_{A1}$、$T_{A2}$开通,$T_{A2}$、$T_{A3}$开通,$T_{A3}$、$T_{A4}$开通三种,如图 5-80 所示。钳位二极管能在中间两个功率开关管导通时把电平钳在零电位并提供零电平的电流通道。

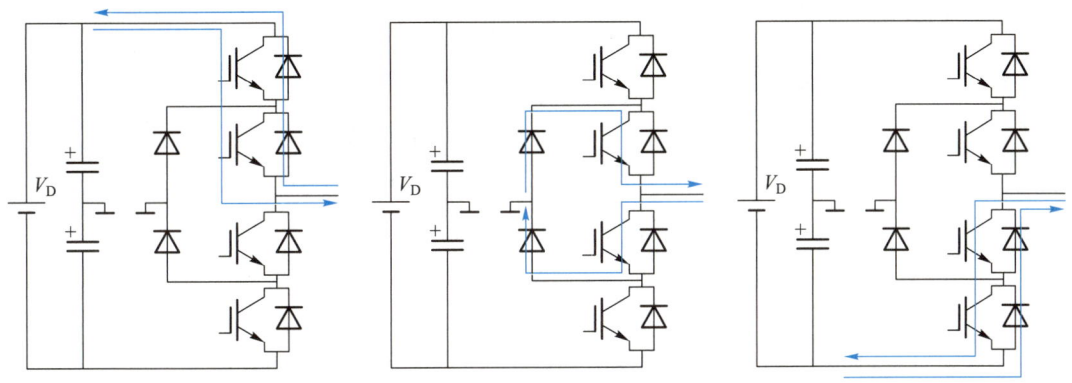

**图 5-80　三电平逆变器桥臂的三种合理开关组合**

不同的调制策略其实就是合理选择和组合三个桥臂的开关状态,共 27 种开关组合,以达到减少和消除谐波、减少开关损耗、减少共模干扰等不同目的。也正因为三电平逆变器具有 27 种开关组合,其 SPWM 调制策略中每个桥臂需要采用两个载波和调制波比较,或者两个调制波和一个载波比较,从而 SVPWM 也具有了 27 个矢量,6 个大扇区又被分成 36 个小扇区(也有其他分法)。

另外,值得注意的是,三电平逆变器具有天然的中点 O,根据需要,O 点可以与星形联结的 $LC$ 单元中点连接再连接中性线(对应三相四线),或者直接让 O 点及 $LC$ 单元中点悬空(对应三相三线)。也就是说,三电平逆变器既可以被当作三相三线制逆变器也可以被当作三相四线制逆变器。甚至 $LC$ 单元的中点也可以连接 O 点而不连接负载中性线,构成第三种结构,其原因在 5.8.2 节有过描述。最后需要说明,三相三线制逆变器中 $LC$ 单元也可以选择三角形联结,O 点悬空。

## 5.9　逆变器控制和滤波器的设计

以上学习了逆变器的拓扑、调制原理等,理解了逆变器的工作原理,但是要去设计实现一个完整的逆变器,还需要进一步了解逆变器的闭环控制器结构以及滤波器的设计。本节将以一个单相电压型逆变器为例来介绍逆变器的闭环控制结构以及滤波器的设计原则。

### 5.9.1　逆变器的闭环控制结构

#### (1) 单电压环 SPWM 反馈控制模式

这种控制模式如图 5-81 所示,系统采样输出电压和标准正弦形状的基准电压相减,得到输出电压误差,对此误差进行比例积分控制后得到控制函数 $v_{control}$,再除以输入直流电压 $V_D$ 则得到调制函数 $m$,$m$ 作为正弦调制波与三角载波进行比较后得到 PWM 脉冲,再由驱动电路放大隔离后驱动功率管。

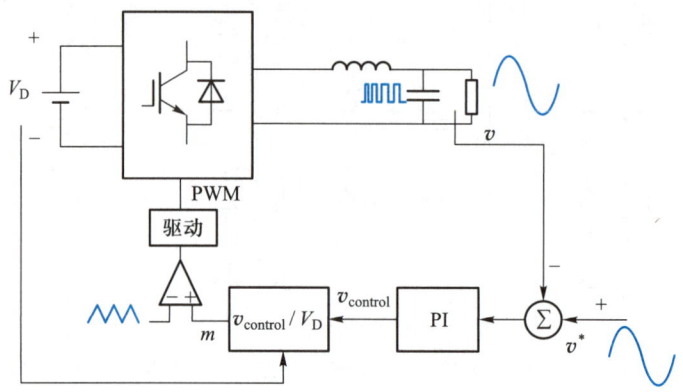

**图 5-81　单电压环 SPWM 反馈控制模式**

### （2）单电流环 SPWM 反馈控制模式

电压源逆变器不仅可以呈现电压源特性输出,也可以呈现电流源特性输出。在某些负载下,希望输出电流可控,例如光伏并网逆变器,它实际是向电网中注入与电网电压同频同相的电流,在这种情况下就需要对输出电流进行控制,故可以选择单电流环 SPWM 反馈控制模式,如图 5-82 所示。它检测电感电流而不是电压作为控制变量,电流环能够实现对于输出电流的快速动态响应。

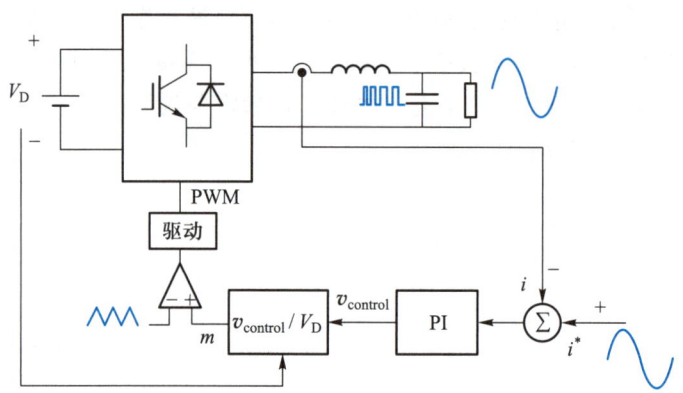

**图 5-82　单电流环 SPWM 反馈控制模式**

### （3）电压电流双闭环控制

电压电流双闭环控制器能够结合电压环和电流环的优点,其控制模式如图 5-83 所示。先实时检测出输出电压,将其与给定的正弦波输出电压比较得到的误差经过 PI 调节器,PI 调节器的输出作为电流环的指令信号与电感电流瞬时值相减,误差作为电流环 PI 调节器输入,输出作为正弦调制波除以直流侧电压 $V_D$ 再与三角载波比较,获得的 PWM 脉冲经过驱动电路隔离放大后驱动功率管。

需要强调的是,不同于 DC—DC 变换器对于直流量的跟踪,通常 PI 控制器不能满足

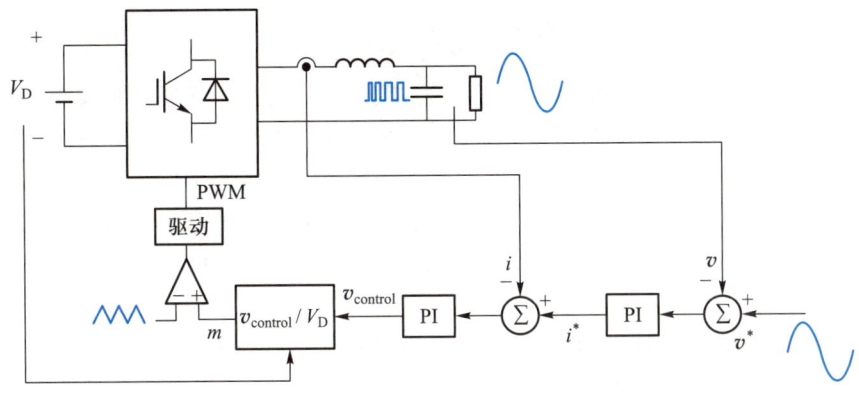

图 5-83 电压电流双闭环控制模式

对于交流输出量的无静差、无相位差跟踪,需要结合其他控制器使用。同时上述控制环路中以普遍采用的 SPWM 为例说明,但正如 5.6 节所述,除了调制法外,仍然有其他方法如计算法、跟踪法等。

## 5.9.2  逆变器的输出滤波器设计

逆变器的输出是一系列占空比按照正弦波规律变化的脉冲,虽然根据冲量等效原理,它的作用效果在低频段与正弦波相同,但在高频段却与正弦波有很大差别,SPWM 脉冲含有较大的谐波成分。滤波器的作用正是消除多余的高次谐波成分。大部分的高频开关工作的逆变器都使用滤波器来获得接近基准正弦波的理想输出。逆变器对于滤波器的要求呈低通特性,尽可能不影响需要的基波成分幅值和相位,而对于其他不需要的谐波成分尽可能地衰减,且尽可能少地消耗能量和减少输出电压的损失。

同时,滤波器的设计还关系到系统的零极点分布和稳定性等,所以滤波器的设计是逆变器的一个关键步骤。满足以上要求的滤波器结构可以有很多种,最典型的是 $LC$ 滤波器和 $LCL$ 滤波器。本节以 $LC$ 二阶低通滤波器为例说明其设计过程,如图 5-84 所示。

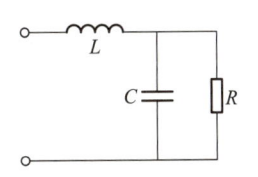

图 5-84  $LC$ 二阶低通滤波器

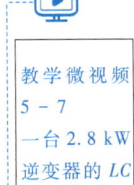

教学微视频
5 - 7
一台 2.8 kW
逆变器的 $LC$
滤波器设计
实例与实物

滤波器的特征阻抗为

$$Z = \sqrt{\frac{L}{C}} \tag{5-97}$$

谐振角频率、谐振频率为

$$\omega_c = \frac{1}{\sqrt{LC}} \quad f_c = \frac{1}{2\pi\sqrt{LC}} \tag{5-98}$$

品质因数定义为

$$Q = \frac{R}{Z} \tag{5-99}$$

滤波器与电阻负载的传递函数为

$$H(s) = \frac{\omega_{\mathrm{c}}^2}{s^2 + (1/RC)s + \omega_{\mathrm{c}}^2} \tag{5-100}$$

　　$LC$ 滤波器的设计原则是其转折频率（截止频率）远大于 SPWM 波的基波成分，但远小于开关频率，因为需要滤除的谐波频率是开关次及其倍数次频率。从图 5-85 可以分析 $LC$ 滤波器的幅频和相频特性，如果设计转折频率约为开关频率的 1/10，那么对于角频率远小于转折频率的输入信号，也就是逆变器输出 SPWM 波的基波成分，滤波器对其幅度的增益为 0 dB，既不衰减也不放大，滤波后相移几乎为零。对于频率远高于转折频率的开关及其倍数次频率谐波成分，滤波器按照 −40 dB 每 10 倍频（相对于转折频率）衰减，并且相移约 180°。同时，从波特图上可以分析出，系统在重载下更容易稳定，而在轻载时容易发生谐振，稳定裕度也会减小。

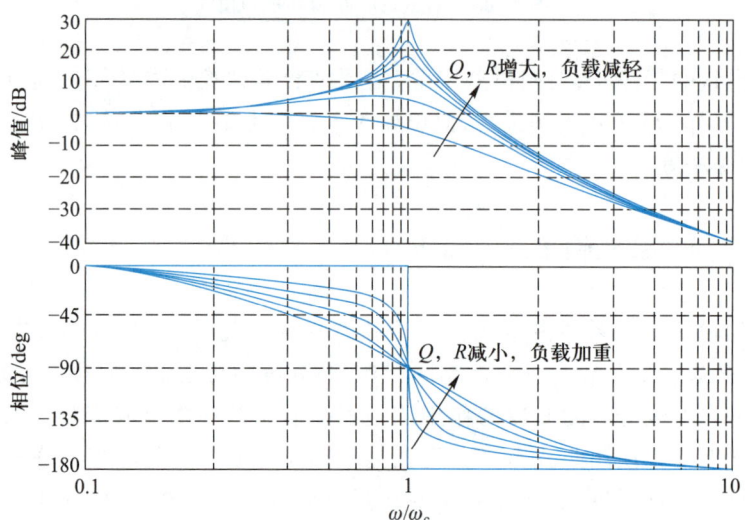

图 5-85　$LC$ 二阶低通滤波器幅频相频特性

## 5.10　电流型逆变器

　　以全控器件构成的单相和三相电流型逆变器如图 5-86 所示。

　　从图中可以看出，电流型逆变器的直流侧以电感为能量缓冲元件，从而使其直流侧呈现出电流源特性。电流型逆变器有以下特点：

　　① 直流侧有足够大的储能电感元件，从而使其直流侧呈现出电流源特性，即稳态时的直流侧电流恒定不变；

　　② 逆变器输出的电流波形为方波或方波序列脉冲，并且该电流波形与负载无关；

　　③ 逆变器输出的电压波形取决于负载，且输出电压的相位随负载功率因数的变化而变化；

　　④ 交流侧滤波器通常为 $C$、$CL$、$CLC$ 等形式，在全控型器件组成的电流型逆变器中通

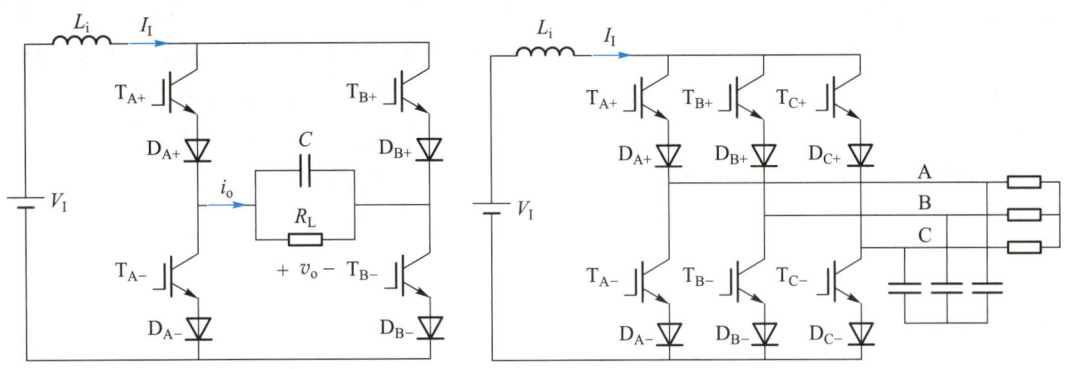

图 5-86 以全控器件构成的单相和三相电流型逆变器(整流器)

常是为了减小因为开关动作造成的输出电流谐波。同时,当换流时,$C$ 可以吸收负载电感所储存的能量,而在晶闸管组成的半控电流型逆变器中,还有实现负载换流的功能;

⑤ 采用全控器件时,为防止开关管在切换时出现过电压,需要在输出侧设置电容;

⑥ 当电流型逆变器的开关管采用常规全控型器件时,每个开关管需要串联一个二极管,它主要具有两个功能。首先,可控器件关断时,串联二极管可以承受反向电压,从而保护抗反压能力较弱的全控器件如 IGBT、MOSFET 等(具有反向阻断能力的开关管除外,如晶闸管、逆阻型 IGBT 等)。另外一方面,串联二极管可以防止向直流侧电流方向倒送电流。

以上特点也说明了电流型逆变器和电压型逆变器在结构上的对偶性。

依据控制方式和结构的不同,电流型逆变器可以分为方波型和正弦波型(PWM 型)两类,下文将主要围绕这两类电流型逆变器展开描述。

### 5.10.1 电流型方波逆变器

电流型方波逆变器可以分为单相全桥电流型方波逆变器以及三相桥式电流型方波逆变器两类;按照采用的开关管的不同可以分为半控型和全控型两类。由于电流型方波逆变器尤其是大功率电流型方波逆变器仍有不少采用基于晶闸管的半控型结构,因此,除全控型结构外,以下还将讨论半控型电流型逆变器。

(1)单相全桥电流型方波逆变器

① 半控型单相全桥电流型方波逆变器

半控型单相全桥电流型方波逆变器的开关管为晶闸管,其换流可采用强迫换流和负载换流两种方式。当晶闸管逆变器采用强迫换流时,一般需增加强迫换流电路,从而使其结构复杂化。而晶闸管逆变器采用负载换流时,换流电压需要负载提供,即要求负载电流的相位超前负载电压的相位。显然,此处要求负载为容性负载。

采用负载换流的晶闸管单相全桥电流型方波逆变器主电路如图 5-87(a)所示。图 5-87(a)所示电路实际负载为电磁感应线圈,用来加热置于线圈内的钢料。其中 $R$ 和 $L$ 串联为感应线圈的等效电路。电容 $C$ 和 $L$、$R$ 构成并联谐振电路。补偿电容 $C$ 的选取使得负载过补偿,负载总体上工作在容性小失谐状态,以达到负载换流的目的。如前文所述,输出电流波形与负载无关,为方波序列脉冲;而负载电压的波形取决于负载。为了使输出电压波形近似为正弦波,因此将逆变器输出电路设计成并联谐振电路,当并联谐振电路的谐振频率接近输出电流的基波频率时,负载将对输出基波电流呈现高阻抗,而对输出谐波电流呈现低阻抗,这样就使得基波电流在负载电路中产生较大的压降,而谐波电流在负载电路中产生较小的压降,因此输出电压波形近似为正弦波。

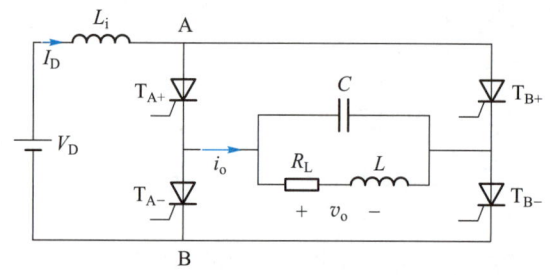

(a) 采用负载换流的晶闸管单相全桥电流型方波逆变器主电路

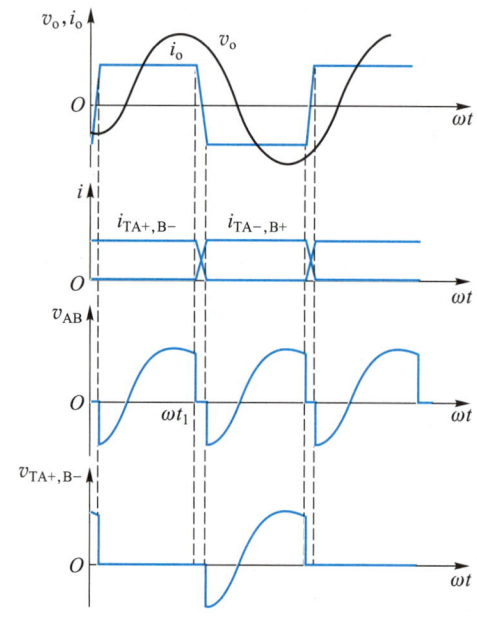

(b) 相关换流波形(考虑换流时间)

图 5-87　晶闸管单相全桥电流型方波逆变器及其换流波形

图 5-87(b)中 $v_{AB}$ 的脉动频率为交流输出电压频率的两倍,在 $v_{AB}$ 为负的部分,逆变电路从直流电源吸收的能量为负,即补偿电容 $C$ 的能量向直流电源反馈。这实际上反映了当负载功率因数不为零时,负载和直流电源之间无功能量的交换,而在直流侧,$L_i$ 起到缓冲这种无功能量的作用。

另一方面,为了实现晶闸管逆变器的负载换流,要求负载为容性负载,因此其输出电路中的补偿电容设计应使负载电路工作在容性小失谐状态。采用负载换流的单相全桥电流型方波逆变器的换流波形如图 5-87(b)所示。设 $t_1$ 时刻前晶闸管 $T_{A+}$、$T_{B-}$ 导通,$T_{A-}$、$T_{B+}$ 关断,此时逆变器的输出电压 $v_o$ 输出电流 $i_o$ 均为正,故此时的晶闸管 $T_{A-}$、$T_{B+}$ 承

受正向电压 $v_o$。若在 $\omega t_1$ 时刻触发晶闸管 $T_{A-}$、$T_{B+}$ 使其导通,则负载电压 $v_o$ 通过 $T_{A-}$、$T_{B+}$ 使 $T_{A+}$、$T_{B-}$ 关断,从而使电流从 $T_{A+}$、$T_{B-}$ 转移到 $T_{A-}$、$T_{B+}$,需要指出的是,为了使 $T_{A+}$、$T_{B-}$ 彻底关断并使其顺利换流,触发 $T_{A-}$、$T_{B+}$ 的时刻 $t_1$ 必须在 $v_o$ 过零前,并留有足够的时间裕量。

② 全控型单相全桥电流型方波逆变器

全控型单相全桥电流型方波逆变器主电路如图 5-88(a) 所示。从图 5-88(a) 可以看出,为了使全控型开关管具有足够的反向电压阻断能力,通常在每个开关管上正向串联一个二极管。

当开关管 $T_{A+}(D_{A+})$、$T_{B-}(D_{B-})$ 导通时,电流型逆变器的输出电流为正向方波电流;当开关管 $T_{A-}(D_{A-})$、$T_{B+}(D_{B+})$ 导通时,电流型逆变器的输出电流为负向方波电流。

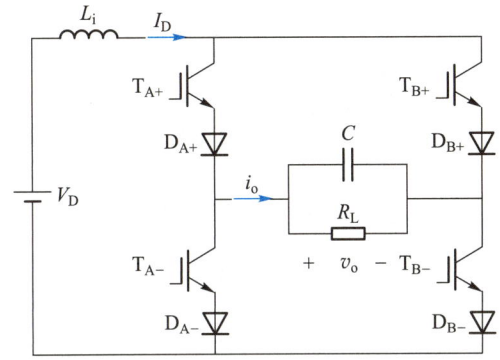

(a) 全控型单相全桥电流型方波逆变器主电路

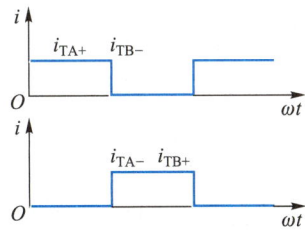

(b) 各桥臂电流波形(忽略换流时间)

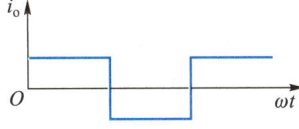

(c) 输出电流波形(忽略换流时间)

图 5-88 全控型单相全桥电流型方波逆变器主电路及其输出电流波形

值得注意的是,对于全控型电流型逆变器而言,由于采用的是强迫换流,当开关管通断切换存在如电压型逆变器那样的死区时,可能会出现电流断续的情况。当桥臂开关管通断时,要使直流侧电流连续,则需要使一相的上下桥臂有一段直通时间,以克服开关管通断切换时间延迟的影响。这与前述的半控电路不同,因为半控电路采用的是负载换流,电流会在不同桥臂之间切换,换流没有完成时,原先处于导通状态的晶闸管不会关断,不会出现断续的情况。

### （2）三相桥式电流型方波逆变器

#### ① 半控型三相桥式电流型方波逆变器

基于晶闸管的半控型三相桥式（串联二极管式亦可）电流型方波逆变器的电路结构如图 5-89 所示。

图 5-89 所示电路采用了强迫换流方式，其中 $C_1 \sim C_6$ 为换流电容，$D_{A(+,-)}$、$D_{B(+,-)}$、$D_{C(+,-)}$ 为串联二极管。请注意，由于晶闸管本身具有反向阻断能力，因此，图 5-89 所示电路中的串联二极管的主要作用是为了阻断换流电容间相互放电，该电路通常被称为串联二极管式晶闸管逆变器。基于晶闸管的半控型三相桥式电流型方波逆变器仍采用 120° 导电方式，以下讨论该电路的强迫换流过程。

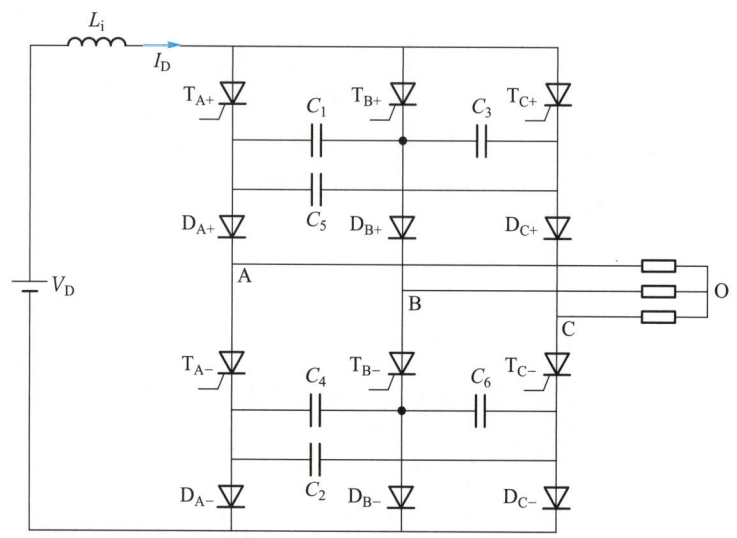

**图 5-89　基于晶闸管的半控型三相桥式（串联二极管式）电流型方波逆变器的电路结构**

假设换流前的逆变器已经进入稳态，并且换流电容已经完成充电，为简化起见，只讨论逆变器 A 相上桥臂到 B 相上桥臂的换流过程。换流过程的等效电路如图 5-90 所示，图中的换流电容 $C_{13}$ 为 $C_3$ 和 $C_5$ 串联后再与 $C_1$ 并联后的等效电容。具体换流过程分析如下：

a. $0 \sim t_1$ 时段，初始恒流供电阶段。上桥臂 $T_{A+}$、$D_{A+}$ 和下桥臂 $T_{C-}$、$D_{C-}$ 导通，直流电流 $I_D$ 通过 $T_{A+}$、$D_{A+}$ 和 $T_{C-}$、$D_{C-}$ 向 A 相和 C 相负载恒流供电，如图 5-90（a）所示。此时，$T_{B+}$ 承受正压。

b. $t_1 \sim t_2$ 时段，换流电容恒流放电阶段。在 $t_1$ 时刻触发 $T_{B+}$，由于此时的 $T_{B+}$ 承受正向电压，因此 $T_{B+}$ 导通，此时，换流电容 $C_{13}$ 通过 $T_{B+}$ 使 $T_{A+}$ 承受反压而关断。此时，直流电流 $i_D$ 通过 $T_{A+}$ 换流到 $T_{B+}$，并通过 $T_{B+}$、$T_{A+}$ 和 $T_{C-}$、$D_{C-}$ 使 $C_{13}$ 向 A 相和 C 相负载恒流放电，如图 5-90（b）所示。在换流电容电压 $v_{C13}$ 下降到零以前，$T_{A+}$ 一直承受反向电压，只要反压时间大于晶闸管的关断时间，就能确保 $T_{A+}$ 可靠关断。

c. $t_2 \sim t_3$ 时段，二极管换流阶段。假设逆变器负载为阻感性负载，若 $t_2$ 时刻换流电容电压 $v_{C13}$ 下降到零，此时在 A 相负载电感的作用下，开始向 $C_{13}$ 反向充电，若忽略负载压降，当 $v_{C13} = 0$ 之后，$D_{B+}$ 正偏导通并流过电流 $i_C$，此时 $D_{A+}$ 和 $D_{B+}$ 同时导通并进入二极管换流过程，如图 5-90（c）所示。二极管换流过程中，$D_{A+}$ 的电流 $i_A = I_D - i_C$。显然，随着 $i_C$ 的逐渐增大，$i_A$ 将随之减小，若设 $t_3$ 时刻 $i_A = 0$，则 $i_C = I_D$，从而使 $D_{A+}$ 承受反压而关断，二极管换流过程结束。

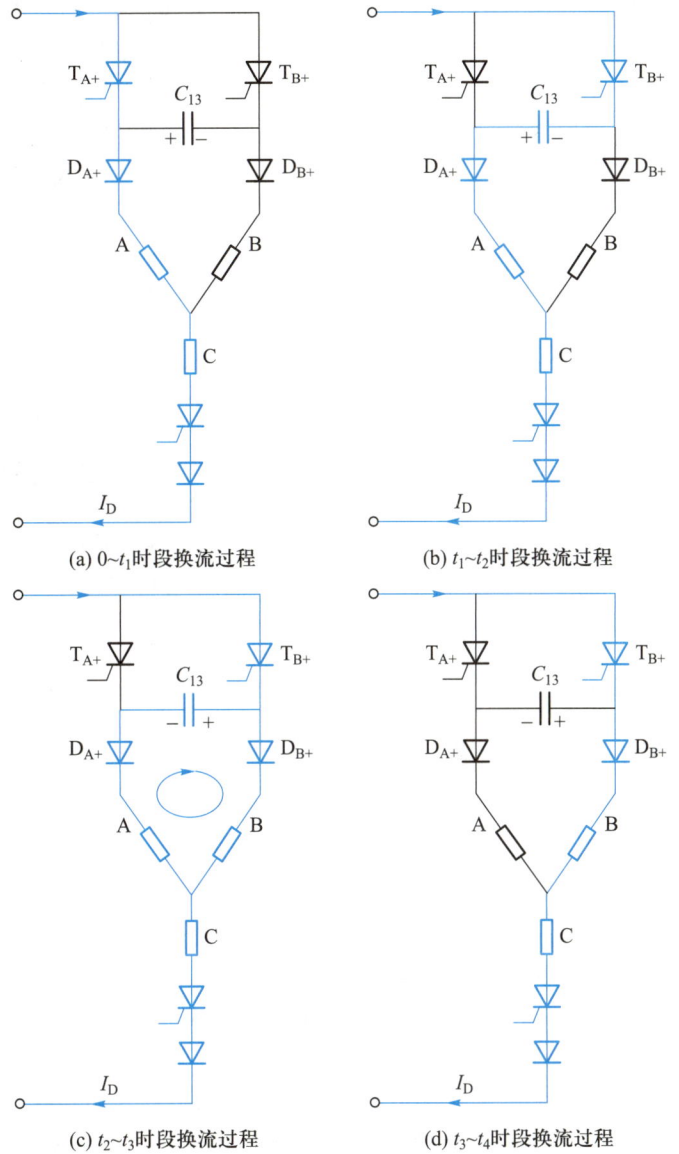

(a) $0 \sim t_1$ 时段换流过程

(b) $t_1 \sim t_2$ 时段换流过程

(c) $t_2 \sim t_3$ 时段换流过程

(d) $t_3 \sim t_4$ 时段换流过程

图 5-90　晶闸管三相桥式（串联二极管式）电流型方波逆变器的换流过程

　　d. $t_3 \sim t_4$ 时段，换流后恒流供电阶段。$t_3$ 时刻以后，换流电容 $C_{13}$ 反向充电过程结束，并为提供下一次换流电压做好了准备。此时 $T_{B+}$、$D_{B+}$ 稳定导通，换流过程结束。直流电流 $I_D$ 通过 $T_{B+}$、$D_{B+}$ 和 $D_{C-}$、$T_{C-}$ 向 B 相和 C 相负载恒流供电，如图 5-90(d) 所示。

　　② 全控型三相桥式电流型方波逆变器

　　全控型三相桥式电流型方波逆变器主电路如图 5-91(a) 所示。从图 5-91(a) 可以看出，与全控型单相全桥电流型方波逆变器的电路结构一样，电路中的每个开关管上正向串联一个反向阻断二极管，输出侧设置电容。

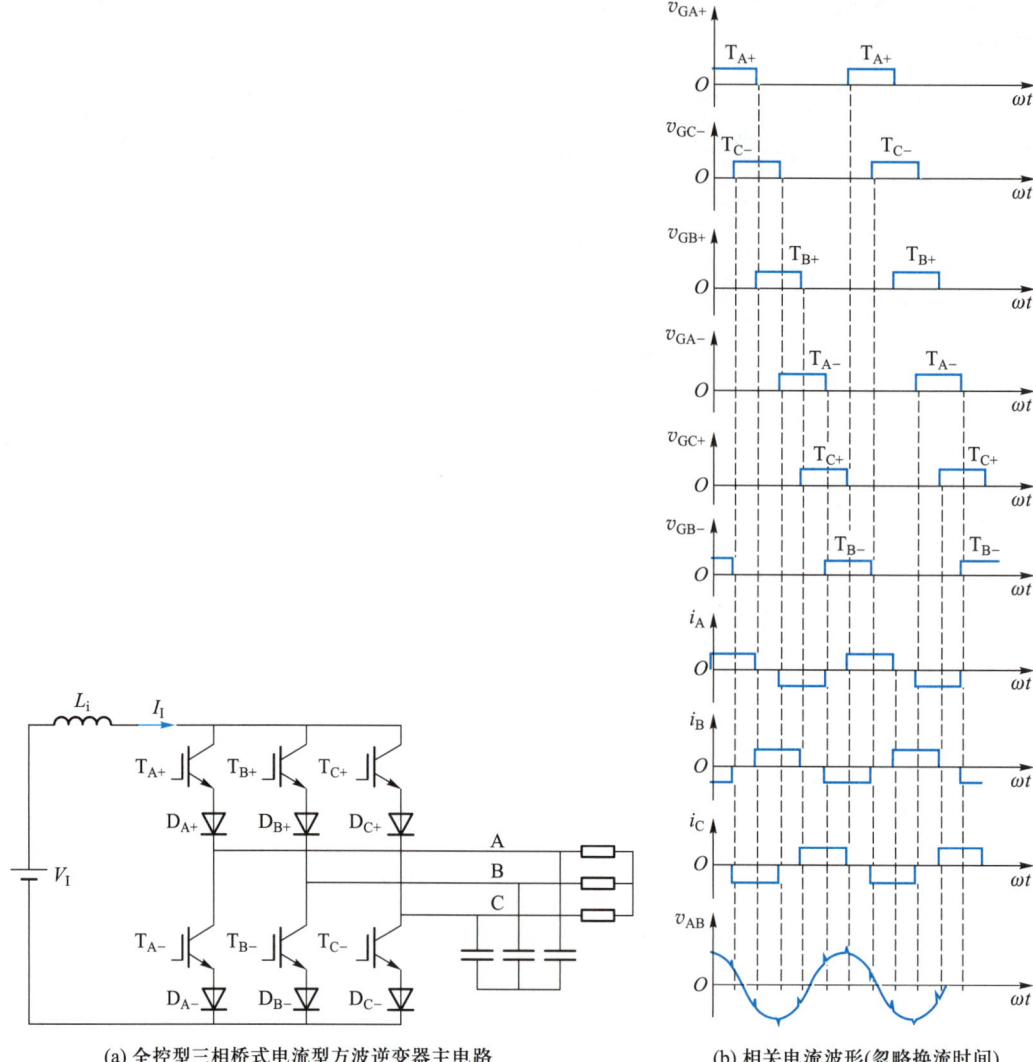

(a) 全控型三相桥式电流型方波逆变器主电路　　　　(b) 相关电流波形(忽略换流时间)

**图 5-91　全控型三相桥式电流型方波逆变器主电路结构及其相关波形**

对于三相桥式电压型方波逆变器而言,开关管的控制可以采用 180°导电方式或 120° 导电方式。然而,三相桥式电流型方波逆变器一般不采用 180°导电方式,而只采用 120° 导电方式,这是由于:若采用 180°导电方式,则任何瞬间三相全桥电流型逆变器有且只有 三个桥臂导电(如一个上桥臂、两个下桥臂或两个上桥臂、一个下桥臂),此时三相桥式电 流型变流器的三相输出均有电流,这必然导致三相输出电流的幅值不一致。但采用 120° 导电方式时,任何瞬间三相桥式电流型逆变器有且只有两个桥臂导电(一个上桥臂、一个 下桥臂),此时三相全桥电流型逆变器的三相输出只有两相输出电流,而两相输出电流幅 值必然一致。三相桥式电流型逆变器 120°导电方式时的相关波形如图 5-91(b)所示。 当负载为 Y 形联结时,负载的相电流波形为 120°交流方波(电流幅值为 $\pm I_{\mathrm{I}}$、0)。

## 5.10.2 电流型 PWM 逆变器

除了电流型方波逆变器以外,电流型逆变器还包括电流型 PWM 逆变器,通常采用全控器件及 SPWM 技术。与电压型逆变器不同,电流型逆变器为了维持直流侧电感电流的恒定,必须包含储能和馈能两个阶段。在储能阶段,向直流侧电感充电,此时电流型逆变器的上下桥臂直通,直流侧电感电流上升;在馈能阶段,直流侧电感放电,此时直流侧向交流侧负载馈送能量,直流侧电感电流下降。因此,电流型逆变器的 SPWM 调制技术与电压型逆变器不同。值得注意的是,对于电流型逆变器,在理想状态下,电流可以近似认为是恒定的,但是在实际情况中,直流侧电流存在一定的纹波。在储能状态,电感电流上升,而在馈能阶段,电感电流下降。

单相全桥电流型 PWM 逆变器的拓扑结构与单相全桥电流型方波逆变器一致,如图 5-88(a) 所示。与电压型逆变器不同的是,单相全桥电流型 PWM 逆变器在调制信号的正半周期使 $T_{A+}$ 常通,$T_{A-}$ 和 $T_{B-}$ 交替导通;在调制信号的负半周期使 $T_{B+}$ 常通,$T_{A-}$ 和 $T_{B-}$ 交替导通。而交替导通的信号来自于三角载波和输出电流 $i_o$ 的比较结果。

相比于三相电压型逆变器桥臂具有 2 个开关状态,三相电流型逆变器桥臂具有 3 个开关状态,所以它的 SPWM 调制技术是在电压型逆变器的二值逻辑调制技术的基础上,通过一定的矩阵运算转化为三值逻辑 PWM 波形,这种三值逻辑信号也充分体现了调制波的信息,并且在高频和低频的情况下都是解耦的,可以用其来控制主电路开关的导通与关断,从而达到控制交流侧电流的目的。

对于三相电压型逆变器,每相桥臂的开关函数 $S_j(j=a,b,c)$ 只有两种状态,+1 表示上管开通,−1 表示下管开通,将电压型并网逆变器的这种开关函数称为二值逻辑信号,$S_j$ 可如下表示

$$S_j(j=a,b,c)=\begin{cases} +1 & \text{上管开通} \\ -1 & \text{下管开通} \end{cases} \tag{5-101}$$

对于三相电流型逆变器,每相桥臂的开关函数 $X_j(j=a,b,c)$ 包含三种状态,将电流型逆变器的这种开关函数称为三值逻辑信号,$X_j$ 可如下表示

$$X_j(j=a,b,c)=\begin{cases} 1 & (\text{上桥臂导通}) \\ 0 & (\text{桥臂全通或关断}) \\ -1 & (\text{下桥臂导通}) \end{cases} \tag{5-102}$$

可以证明,二值逻辑信号通过下面变换可以构造出满足电流型逆变器要求的三值逻辑信号,转换关系如下所示

$$\begin{bmatrix} X_a \\ X_b \\ X_c \end{bmatrix} = \frac{1}{2} \begin{bmatrix} 1 & -1 & 0 \\ 0 & 1 & -1 \\ -1 & 0 & 1 \end{bmatrix} \begin{bmatrix} S_a \\ S_b \\ S_c \end{bmatrix} \tag{5-103}$$

经过二值逻辑信号到三值逻辑的变换后,并网逆变器交流侧电流的基波分量在相位上滞后于调制波信号 30°,这将失去二值逻辑调制的传输线性。这种由于调制本身带来的非线性常常给反馈控制的引入带来困难。为此可以采用解耦预处理的方法,其控制框图如图 5-92 所示。

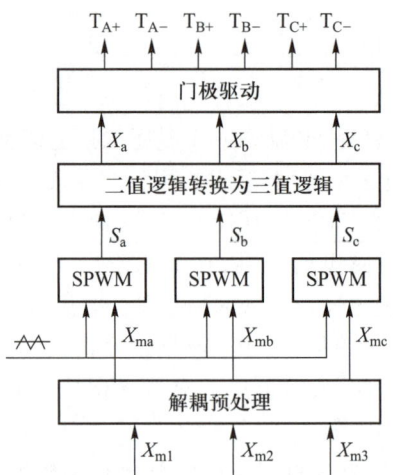

图 5-92  电流型逆变器三值逻辑 PWM 控制框图

图 5-92 中,从三相调制波信号 $(X_{m1}, X_{m2}, X_{m3})$ 到 $(X_{ma}, X_{mb}, X_{mc})$ 的解耦预处理变换矩阵为

$$
\begin{bmatrix} X_{ma} \\ X_{mb} \\ X_{mc} \end{bmatrix} = \frac{1}{3} \begin{bmatrix} 1 & 0 & -1 \\ -1 & 1 & 0 \\ 0 & -1 & 1 \end{bmatrix} \begin{bmatrix} X_{m1} \\ X_{m2} \\ X_{m3} \end{bmatrix} \tag{5-104}
$$

式(5-104)相当于将 $(X_{m1}, X_{m2}, X_{m3})$ 超前 30° 再送给二值逻辑信号到三值逻辑的变换。从而最终使得逆变器交流侧电流的基波分量在相位上与调制波信号一致。

可以证明,逆变器输出电流 $(i_{sa}, i_{sb}, i_{sc})$ 与调制波信号 $(X_{ma}, X_{mb}, X_{mc})$ 的数学关系满足

$$
\begin{bmatrix} i_{sa} \\ i_{sb} \\ i_{sc} \end{bmatrix} = \frac{I_{DC}}{2} \begin{bmatrix} 1 & -1 & 0 \\ 0 & 1 & -1 \\ -1 & 0 & 1 \end{bmatrix} \begin{bmatrix} X_{ma} \\ X_{mb} \\ X_{mc} \end{bmatrix} \tag{5-105}
$$

将式(5-104)代入式(5-105),并根据 $X_{m1} + X_{m2} + X_{m3} = 0$ 可得逆变器输出电流 $(i_{sa}, i_{sb}, i_{sc})$ 与调制波信号 $(X_{m1}, X_{m2}, X_{m3})$ 的数学关系如下

$$
\begin{bmatrix} i_{sa} \\ i_{sb} \\ i_{sc} \end{bmatrix} = \frac{I_{DC}}{2} \begin{bmatrix} 1 & 0 & 0 \\ 0 & 1 & 0 \\ 0 & 0 & 1 \end{bmatrix} \begin{bmatrix} X_{m1} \\ X_{m2} \\ X_{m3} \end{bmatrix} \tag{5-106}
$$

由上述分析可知,当调制信号为交流信号时,其对应的交流侧电流为与调制信号相位相同、幅值 $I_{DC}/2$ 倍的交流信号。

值得注意的是,电流型逆变器通常都用在大功率低频应用场合,因此以方波控制为主。

# 本章小结

本章重点阐述了电压型 DC—AC 变换器(逆变器)的基本拓扑结构和基本工作原理。

重点分析了单相、三相电压型逆变器的 SPWM 原理,并讨论了其输出电压谐波分布特征、输入输出侧电流纹波等。介绍了三次谐波注入调制和空间矢量调制。本章还简单讨论了除调制外的其他逆变开关模式,介绍了逆变器的整流模式和相量分析方法,简单介绍了逆变器的拓扑知识和控制器结构。最后重点介绍了电流型逆变器(整流器)包括方波和 PWM 波电流型逆变器的拓扑和工作原理。

## 习题

习题集
第 5 章
DC—AC 变换
器(PWM 逆
变与整流)

1. 什么是面积等效原理(冲量等效原理)?

2. 画图说明单相全桥逆变器的单极性调制和双极性调制原理和过程,并推导电压增益。

3. SPWM 中为什么用三角波作为载波而不是用更为简单的锯齿波?

4. 单相全桥电压型逆变器输出电压为 50 Hz,那么其直流侧电流和电压除直流成分外还有哪些成分? 为什么?

5. 如何提高 SPWM 逆变电路的直流电压利用率?

6. 电压型逆变器中反并联二极管的作用是什么? 为什么电流型逆变器中的二极管是与开关串联的?

7. 什么是异步调制? 什么是同步调制? 分段同步调制有什么优点?

8. 相比于 SPWM,SVPWM 可以提高多少电压利用率?

9. 单相全桥逆变器可以实现几种开关组合?

10. 三相逆变器可以实现几种开关组合?

11. 什么是电压型逆变器? 什么是电流型逆变器? 各有什么特点?

12. 仿真实现单相全桥、三相三线逆变器的 SPWM。

13. 试分析 VSI 输出谐波和哪些因素相关? (不局限于高频谐波)

14. 设计单相光伏并网逆变器,设计功率为 3 kW,其系统框图如图 5-93 所示。PV 电池板输出直流电压范围为 100~300 V,电网电压为 220 V 交流,请分析和设计以下内容:

(1) 设计图中空白部分①和②,包括元件、参数等,并分析原因。

(2) 画出 DC—DC 和 DC—AC 的拓扑(无标准答案,合理即可)。

(3) DC—DC 和 DC—AC 的开关频率拟选择多少? 为什么?

(4) 简要介绍两级变换器的工作原理。

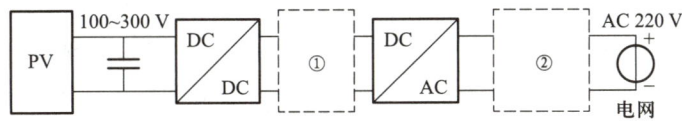

图 5-93 单相光伏并网逆变器系统框图

# 第6章
# AC—DC 变换器
# （二极管整流）

## 6.1 概　述

凡能将交流电能转换为直流电能的电路统称为**整流电路**，简称为 AC—DC。交流电是我们日常生活和工作中的主要电能来源，但很多电气和电子设备不能直接使用交流电源，如直流电动机需要直流供电并调压，各类电子元件需要+3.3 V、+5 V 等各种电平的直流电源。为满足这部分设备对电源的要求，可通过整流电路将交流电转换成直流电，再按要求对整流后的直流电进行处理。

整流电路是出现最早的电力电子电路，整流电路的应用十分广泛，例如直流电动机、电镀电源、电解电源、同步发电机励磁电源、通信系统电源等。

整流电路有多种分类方法。例如，按交流电源输入相数可分为单相、三相或多相整流电路。按电路结构可分为半波、全波和桥式整流电路。按整流电路中使用的电力电子器件可分为不控（由不可控二极管组成，输出电压不能主动调节）、半控（由可控元件和二极管混合组成，输出电压可调，但极性不能改变）、全控整流电路（所有的整流元件都是可控的，如晶闸管、GTR、IGBT 等，输出电压极性和大小均可调节）。其中，由二极管组成的**不控整流电路**的实际电路如图 6-1 所示；由半控型器件晶闸管组成的全控整流电路也称为相控整流电路，是半导体变流电路中历史最长、技术最成熟的整流电路，将在第七章具体展开。需要指出的是，二极管整流电路的实际负载通常都是如图 6-1(b)所示的 RC 负载（图中所示半波、全波电路波形为纯阻负载，不考虑输出电容），而相控整流电路的实际负载通常等效为阻感负载。此外，实际负载还要考虑进线端的等效阻抗，所以，直接分析实际负载会比较复杂，尤其是二极管整流电路。这两章的分析思路是从最简单、最简化的电路开始一步步逼近实际负载，它们的分析思路十分相似，只是负载类型不同。由全控器件组成的全控整流电路，由于性能优良而越来越受到工程领域的重视，但其属于 PWM 斩控而非相控范畴，并且和逆变器的电路结构、调制方式完全相同，所以通常把它和逆变器放在一起，作为同一电路的逆变模式运行和整流模式运行来分析。

半波电路变压器一、二次侧电流中含有较大的直流分量，输出电压脉动较大，全波电路要求变压器具有中间抽头，这给变压器的制作带来了困难，如果抽头两侧参数不对称，也会产生直流分量，且二极管的电压应力是半波和桥式电路的 2 倍。实际中，半波和全波整流应用较少，多在小功率、低压输出时应用，如开关电源的输出整流。应用较多的是

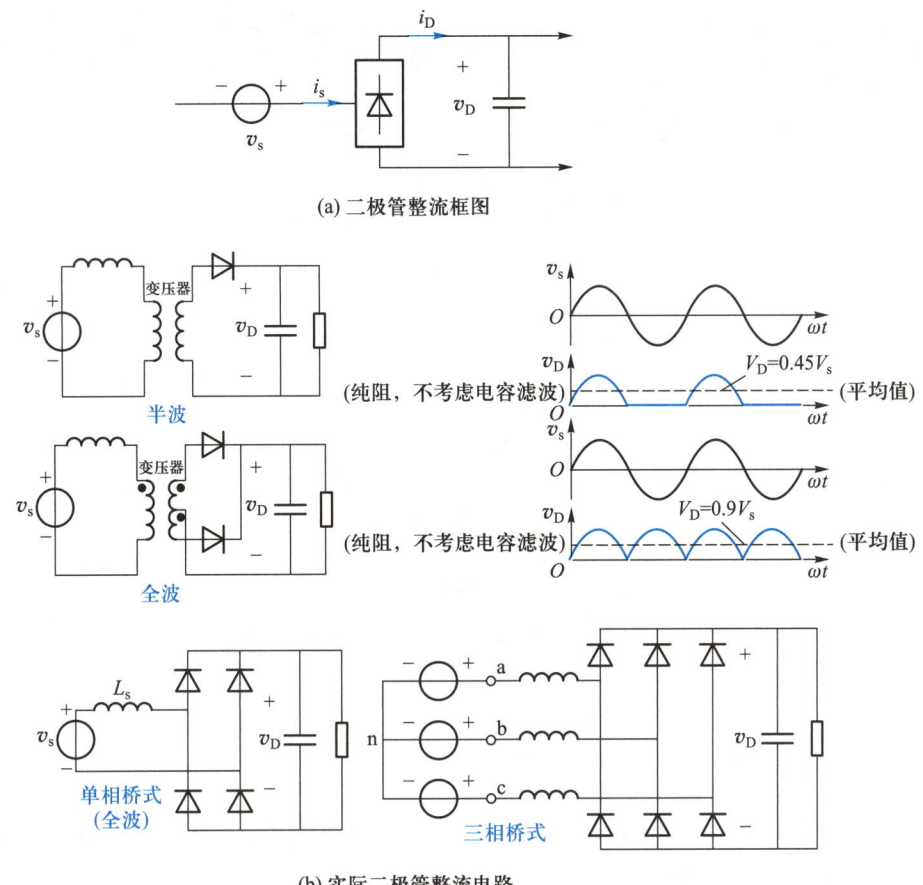

(a) 二极管整流框图

(b) 实际二极管整流电路

图 6-1　二极管整流框图及实际二极管整流电路

桥式整流电路,包括单相和三相桥式电路,本章也将以单相桥式和三相桥式为例进行讲解。其实际波形和分析方法适用于半波和全波整流。

# 6.2　单相桥式二极管整流电路

实际单相桥式二极管整流器的电路及波形如图 6-2 所示。从图中可以看到,有一个大电容 $C_d$ 并联在直流侧,而市电则被等效为一个正弦的电压源输入,并与一个等效电感(在图中表示为 $L_s$)串联。为了提升线电压的波形质量,通常还会在交流侧串联一个电感,在电路中体现为增大 $L_s$ 的数值。

本章的目标就是把负载等效为一个和 $C_d$ 并联的电阻,并对这个电路的工作情况进行分析。尽管这个电路看起来简单,但是后续分析将证明其定量分析却很困难。因此本章将从简化的、假想的电路开始分析,一步步逼近图 6-2 中的电路。

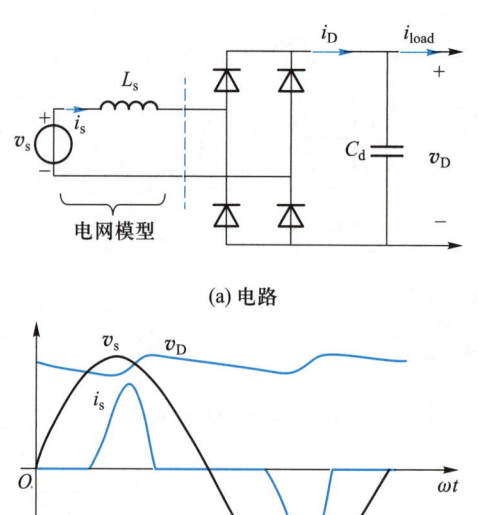

(a) 电路

(b) 波形

**图 6-2 实际单相桥式二极管整流器的电路及波形**

## 6.2.1 电阻负载或电流源负载($L_s = 0$)

对图 6-2 简化的第一步,就是不考虑输入电感的影响,假设 $L_s = 0$,即假设换流将在瞬间完成,并将整流器直流侧 $RC$ 用一个电阻 $R$ 或用电流源 $I_D$ 代替,其电路分别如图 6-3 (a) 和 (b) 所示。

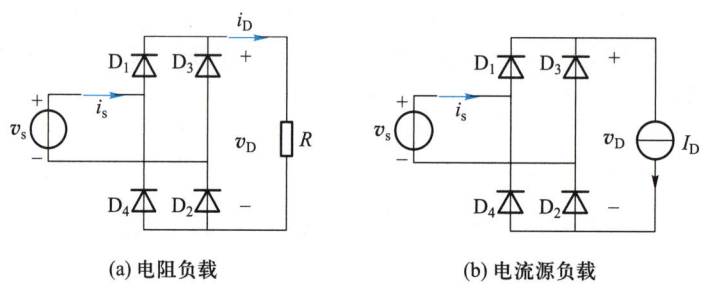

(a) 电阻负载                         (b) 电流源负载

**图 6-3 电阻负载或电流源负载在 $L_s = 0$ 时的单相桥式二极管整流器**

从图 6-3 中可以看出,在单相桥式二极管整流电路中,$D_1$ 和 $D_2$ 组成一对桥臂,$D_3$ 和 $D_4$ 组成另一对桥臂(注意 $D_1$、$D_2$、$D_3$、$D_4$ 的编号并不是按照顺时针或逆时针的顺序)。当 $L_s = 0$ 时,可以很容易地得到两组二极管的工作状态。二极管 $D_1$、$D_2$ 和 $D_3$、$D_4$ 轮流导通。图 6-3(a)(b)对应的电压和电流的波形如图 6-4、图 6-5 所示。下面对电路进行具体分析。

电阻负载电路工作过程分析如下:

① 初始状态 4 个二极管均不导通,$i_D = 0$,$v_D = 0$;

② 在 $v_s$ 正半周，$D_1$ 和 $D_2$ 导通，电流从电源正端经 $D_1$、$R$、$D_2$ 回到电源负端；

③ 当 $v_s$ 过零时，流经二极管的电流也降到零，$D_1$ 和 $D_2$ 关断；

④ 在 $v_s$ 负半周，$D_3$ 和 $D_4$ 导通，电流从电源负端流出，经 $D_3$、$R$、$D_4$ 回到电源正端。

对于电流源负载，其工作过程与上述电阻负载相同，只是输入电流 $i_s$ 为交流方波。值得注意的是，如果是电流源负载，则在过零时，因为 $L_s = 0$，$D_1$、$D_2$ 到 $D_3$、$D_4$ 的换流是瞬时完成的。

与全波整流电路一样，由于在交流电源的正负半周都有整流输出的电流流过负载，故该电路输出为全波波形，但图 6-3 所示电路属于全桥结构。

电阻负载或电流源负载时的输出电压波形相同，故二者输出电压相等。

在任意时刻，二极管整流器的输出电压可以表示为

$$v_D(t) = |v_s| \tag{6-1}$$

输出电压平均值 $V_{DO}$（下标 O 表示 $L_s = 0$）为

$$V_{DO} = \frac{1}{T/2} \int_0^{T/2} \sqrt{2} V_s \sin(\omega t) \, dt = \frac{1}{\omega T/2} \sqrt{2} V_s \cos(\omega t) \Big|_{T/2}^{0} = \frac{2}{\pi} \sqrt{2} V_s \tag{6-2}$$

因此

$$V_{DO} = \frac{2}{\pi} \sqrt{2} V_s = 0.9 V_s \tag{6-3}$$

式中，$V_s$ 为输入电压 $v_s$ 的有效值。

在电流源负载时

$$i_s = \begin{cases} I_D & v_s > 0 \\ -I_D & v_s < 0 \end{cases} \tag{6-4}$$

$v_s$ 和 $i_s$ 的波形如图 6-5 所示。

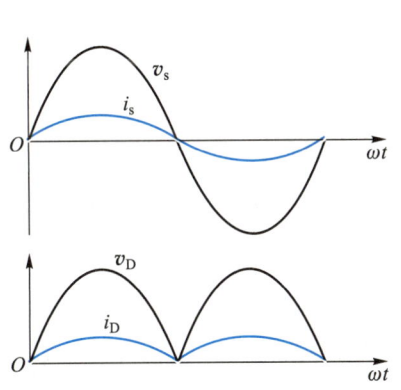

图 6-4　单相桥式整流电路电阻负载波形

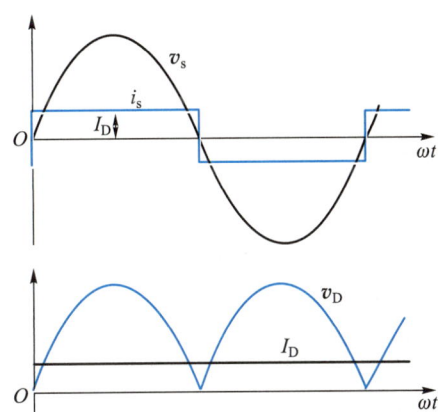

图 6-5　单相桥式整流电路电流源负载波形

在这种理想条件下，利用电流有效值的基本定义（交流方波有效值等于幅值）可以得到输入电流有效值 $I_s$

$$I_s = I_D \tag{6-5}$$

对 $i_s$ 作傅里叶分析或根据 $P_s = P_D$、$V_s I_{s1} = V_{DO} I_D$ 可以得到输入电流基波及各次谐波有

效值为

$$I_{s1} = \frac{2}{\pi}\sqrt{2}\,I_D = 0.9 I_D \tag{6-6}$$

$$I_{sh} = \begin{cases} 0 & \text{偶次谐波} \\ I_{s1}/h & \text{奇次谐波} \end{cases} \tag{6-7}$$

输入电流 $i_s$ 波形如图 6-6(a)所示, $i_s$ 中的谐波次数为 $2n\pm1$ 次($n$ 为正整数),各次谐波分量如图 6-6(b)所示。

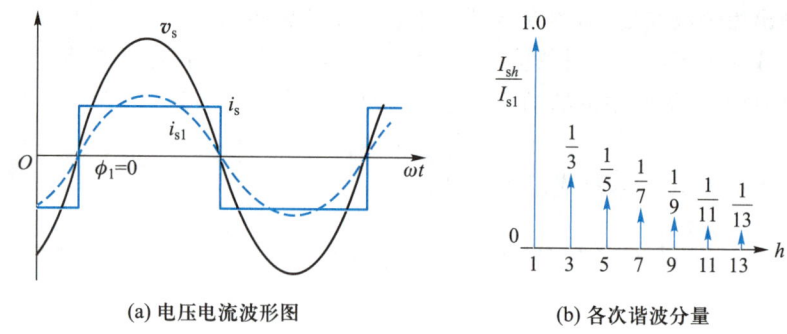

(a) 电压电流波形图　　　　　(b) 各次谐波分量

图 6-6　理想条件下的输入电流 $i_s$ 及其频谱

由式(6-5)、式(6-6)以及第三章 $THD$ 公式可以计算得到总谐波畸变率为

$$THD = \frac{\sqrt{I_s^2 - I_{s1}^2}}{I_{s1}} = \frac{\sqrt{I_D^2 - (0.9 I_D)^2}}{0.9 I_D} \approx 48.43\% \tag{6-8}$$

根据图 6-6 中的波形,易知 $i_{s1}$ 与 $v_s$ 同相,因此

$$DPF = 1.0 \tag{6-9}$$

并且有

$$PF = DPF\,\frac{I_{s1}}{I_s} = 0.9 \tag{6-10}$$

### 6.2.2　电流源负载($L_s \neq 0$)

在前面分析整流电路时,未考虑交流侧电感的影响,认为换流是瞬时完成的,但实际上输入侧总会有电感,这个电感可用 $L_s$ 表示,如图 6-7 所示。由于电感对电流的变化起阻碍作用,电感电流不能突变,因此,换流过程不能瞬时完成,而是会持续一段时间。接下来,将利用电流源负载单相整流电路来分析交流侧电感 $L_s$ 对电路工作的影响。

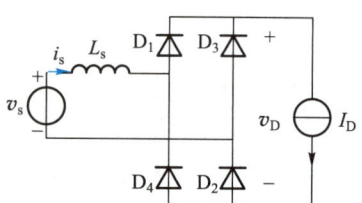

图 6-7　考虑 $L_s$ 的单相整流器

如图 6-7 所示的考虑 $L_s$ 时电流源负载单相二极管整流器对应的工作波形如图 6-8 所示。

电路分析:

① 在 $\omega t = 0$ 时刻之前, $v_s$ 为负, $I_D$ 通过 $D_3$、$D_4$ 流通,此时 $i_s = -I_D$。

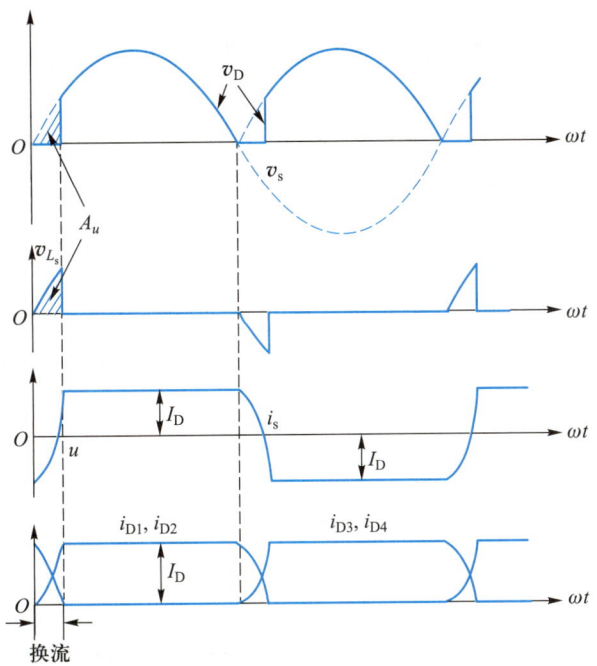

**图 6-8 考虑 $L_s$ 时的电流源负载单相二极管整流器对应的工作波形**

② $0 < \omega t < u$ 时，$v_s$ 变正，$D_1$、$D_2$ 正向导通，$D_3$、$D_4$ 开始向 $D_1$、$D_2$ 换流，4 个二极管全部导通，换流过程可以通过如图 6-9 所示的等效电路得到。图 6-9 中，具有 $b = 6$ 条支路，$n = 4$ 个节点，所以，它具有 $m = b - n + 1 = 3$ 个独立的网孔。选择图 6-9 所示的三个网孔电流 $i_{u1}$、$i_{u2}$、$I_D$ 进行分析，此时 $D_1$ 和 $D_2$ 分别只流过网孔电流 $i_{u1}$、$i_{u2}$。换流过程中，因为 $D_1$、$D_2$、$D_3$、$D_4$ 同时导通，所以 $v_D = 0$，$i_{D_1} = i_{D_2}$ 从零开始上升到 $I_D$，$i_{D_3} = i_{D_4}$ 从 $I_D$ 开始下降到零。

③ $\omega t = u$ 时，$i_s$ 由 $-I_D$ 增大到 $I_D$，且有 $i_{D_1} = i_{D_2} = I_D$，$i_{D_3} = i_{D_4} = 0$，换流过程结束，导通的二极管由 $D_3$、$D_4$ 变为 $D_1$、$D_2$。

同样的，也可以对上述换流过程做定量分析。

$D_1$ 和 $D_2$ 分别只流过网孔电流 $i_{u1}$、$i_{u2}$，故有 $i_{D_1} = i_{u1}$，$i_{D_2} = -i_{u2}$。同时，理想情况下可以认为 $D_1$ 和 $D_2$ 同时导通、关断，所以有 $i_{D_1} = i_{D_2}$。也就是可以得到 $i_{u1} = -i_{u2}$，并令 $i_{u1} = -i_{u2} = i_u$，则由上述分析易知在换流过程中有

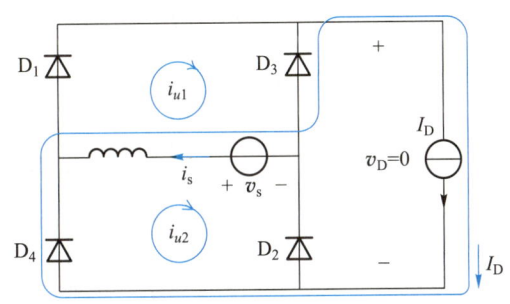

**图 6-9 电路的换流过程等效电路**

$$i_{D1} = i_{D2} = i_u, \quad i_{D3} = i_{D4} = I_D - i_u \tag{6-11}$$

且有

$$i_s = i_{D1} - i_{D4} = -I_D + 2i_u \tag{6-12}$$

换流时，4 个二极管全部导通，显然有 $v_s = \sqrt{2}\,V_s\sin(\omega t) = v_{L_s} = L_s\dfrac{\mathrm{d}i_s}{\mathrm{d}t}$，两边同乘以 $\mathrm{d}(\omega t)$ 并对换流区间进行积分，可以得到换流造成的电压损失 $A_u$

$$A_u = \int_0^u \sqrt{2}\,V_s \sin(\omega t)\,\mathrm{d}(\omega t) = \int_0^u v_{L_s}\mathrm{d}(\omega t) = \int_{-I_D}^{I_D} L_s\frac{\mathrm{d}i_s}{\mathrm{d}t}\mathrm{d}(\omega t) \tag{6-13}$$

因此

$$A_u = \sqrt{2}\,V_s(1-\cos u) = 2\omega L_s I_D \tag{6-14}$$

从而可以计算出换流重叠角为

$$\cos u = 1 - \frac{2\omega L_s}{\sqrt{2}\,V_s}I_D \tag{6-15}$$

之后在 $i_s$ 由 $I_D$ 变为 $-I_D$ 时有同样的换流过程,在此不予赘述。与不考虑 $L_s$ 时的输出电压式(6-3)相比,每次换流 $v_D$ 波形均少了阴影标出的一块 $A_u$,导致 $v_D$ 的平均值降低,可得**单相全桥二极管整流器的输出电压有效值为**

$$V_D = V_{DO} - \frac{A_u}{\pi} = 0.9V_s - \frac{2\omega L_s I_D}{\pi} \tag{6-16}$$

### 6.2.3　直流侧电压恒定负载

接下来,考虑如图 6-10(a)左侧所示的直流侧电压恒定负载电路,这里认为直流侧的输出电压值恒定。该电路可以认为是输出电容无限大的情况,它已经非常接近实际的整流电路。此外,假设在 $v_s$ 过零前 $i_s$ 已经为零,也就是电流处于断续模式,事实上,该类负载的电流通常都是断续的。根据以上假设,可以得到其等效电路如图 6-10(b)所示,其波形如图 6-10(c)所示。

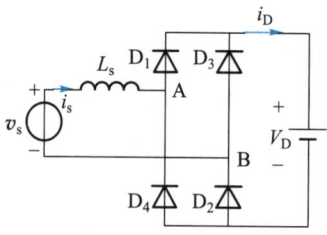

(a) 直流侧电压恒定负载整流电路

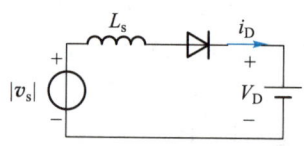

(b) 直流侧电压恒定负载整流等效电路

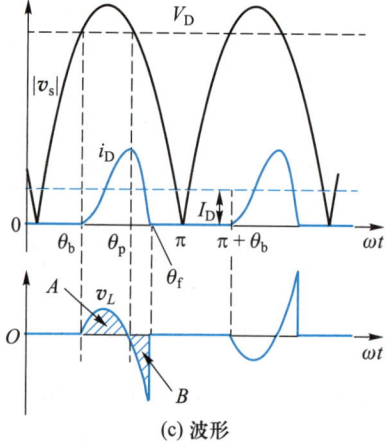

(c) 波形

**图 6-10　直流侧电压恒定时的等效电路及其波形**

电路分析：

① 在 $\theta_b$ 时刻，$v_s = V_D$，$D_1$、$D_2$ 正向导通；

② 在 $\theta_p$ 时刻，$v_L = |v_s| - V_D = 0$，$i_D$ 达到最大值，之后 $v_L$ 的值变负，$i_D$ 开始下降；

③ $i_D$ 在 $\theta_f$ 时刻变为 0，且在 $\pi + \theta_b$ 时刻前始终为零。由伏秒平衡可知阴影部分 $A$ 和阴影部分 $B$ 面积相等。

在给定 $V_D$ 的条件下，可以通过计算得到平均输出电流 $I_D$，步骤如下。

① 可以由下式计算得到 $\theta_b$

$$V_D = \sqrt{2}\, V_s \sin \theta_b \tag{6-17}$$

如图 6-10（c）所示，电感电压由 $\theta_b$ 时刻开始由零增大，在 $\theta_p$ 时刻之后变负，并由图 6-10（c）中 $|v_s|$ 与 $V_D$ 交点两侧的对称性可得

$$\theta_p = \pi - \theta_b \tag{6-18}$$

② 电感两端的电压 $v_L$ 为

$$v_L = L_s \frac{\mathrm{d}i_D}{\mathrm{d}t} = \sqrt{2}\, V_s \sin(\omega t) - V_D \tag{6-19}$$

上式两边对横轴 $\omega t$ 积分得到

$$\omega L_s \int_{\theta_b}^{\theta} \mathrm{d}i_D = \int_{\theta_b}^{\theta} \left[ \sqrt{2}\, V_s \sin(\omega t) - V_D \right] \mathrm{d}(\omega t) \tag{6-20}$$

式中，$\theta > \theta_b$。注意到 $i_D$ 在 $\theta_b$ 时刻为零，则式（6-20）变为

$$i_D(\theta) = \frac{1}{\omega L_s} \int_{\theta_b}^{\theta} \left[ \sqrt{2}\, V_s \sin(\omega t) - V_D \right] \mathrm{d}(\omega t) \tag{6-21}$$

③ 由式（6-21）可以得到 $\theta_f$

$$i_D(\theta_f) = \frac{1}{\omega L_s} \int_{\theta_b}^{\theta_f} \left[ \sqrt{2}\, V_s \sin(\omega t) - V_D \right] \mathrm{d}(\omega t) = 0 \tag{6-22}$$

④ 有了 $\theta_b$ 及 $\theta_f$，代入式（6-21），通过对 $i_D(\theta)$ 积分，得到**平均输出电流 $I_D$** 为

$$I_D = \frac{\displaystyle\int_{\theta_b}^{\theta_f} i_D(\theta)\, \mathrm{d}\theta}{\pi} \tag{6-23}$$

从上述推导可以直观地看出，$I_D$ 的值由 $V_D$ 的值决定。为了更好地表述两者之间的关系，用 $I_{\text{short-circuit}}$ 和 $V_{DO}$（纯阻负载或电流源负载且 $L_s = 0$ 时输出电压平均值）对两者进行标幺化处理，得到的关系曲线如图 6-11（a）所示。可以看出，$V_D$ 逼近峰值时，也就是输入交流电压的峰值时，$I_D$ 趋近零，而随着 $V_D$ 减小，$I_D$ 逐渐增加。

$$I_{\text{short-circuit}} = \frac{V_s}{\omega L_s} \tag{6-24}$$

图 6-11（b）表示了直流侧电压恒定时的单相整流器的特性曲线。可以看出，在 $I_D$ 给定的条件下，增大 $L_s$ 相当于增加了电感对于输入电流的滤波作用，可以降低 $THD$，提升功率因数，同时降低峰值因数，从而提高 $i_s$ 的波形质量。另外一方面，提高 $I_D$ 也具有同样的效果，因为 $I_D$ 增大后，$L_s$ 的分压增加，相当于 $L_s$ 增加了。

在实际 $RC$ 负载整流器中，如果 $RC$ 时间常数比输入电流的周期要大得多，则 $v_D$ 的纹波会非常小。因此，把 $RC$ 负载等效成一个恒定的直流电压的近似是合理的，这样的近似

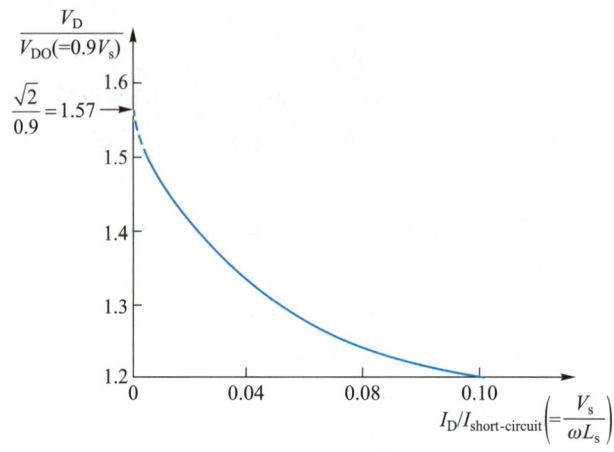

(a) 直流侧电压恒定负载$I_D$与$V_D$标幺化后的关系曲线

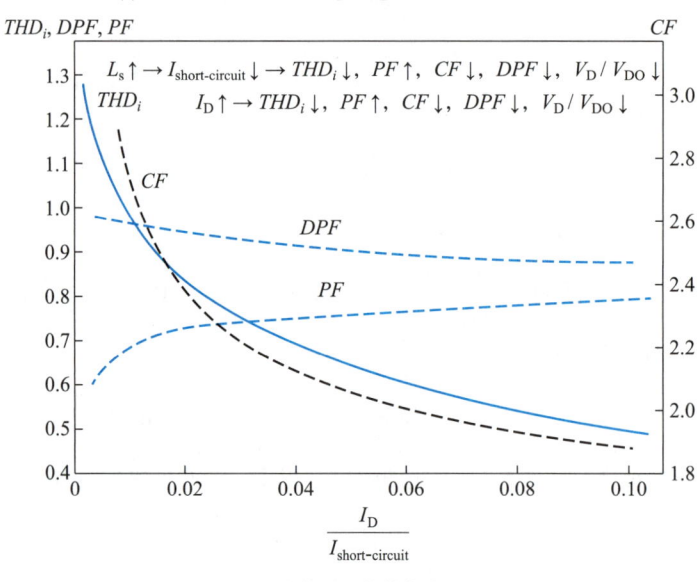

(b) 电能质量特性曲线

**图 6-11　直流侧电压恒定负载单相全桥二极管整流器特性曲线**

使得实际整流器的定量、定性分析变得简单。

### 6.2.4　实际 RC 负载单相整流桥

　　图 6-12 所示为实际 RC 负载单相桥式二极管整流电路及其等效电路,绝大部分负载条件下,该电路都工作于电流断续状态,其相应的波形如图 6-13 所示,下文的分析也仅限于断续状态。假设该电路已工作于稳态,同时由于实际作为负载的后级电路在稳态时消耗的直流平均电流是一定的,所以,分析中以电阻 $R$ 作为负载。

　　当图 6-12 中电感非常小或 $L_s = 0$ 时,电路波形如图 6-13 所示。在 $v_s$ 正半周过零点到 $\omega t_1$ 期间,$v_s < v_D$,二极管不导通,电容放电提供负载电流,$v_D$ 按指数规律下降。$\omega t_1$ 后,

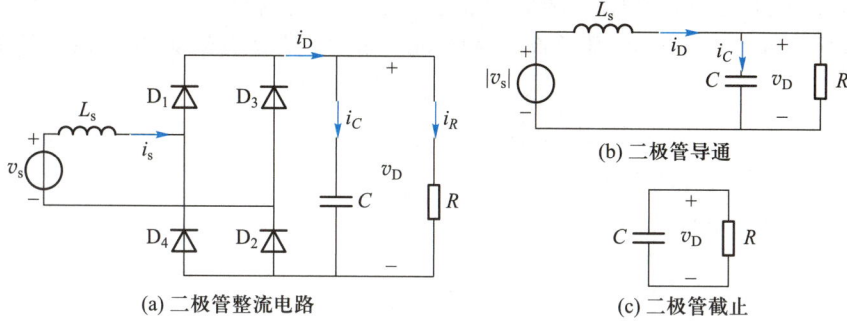

**图 6-12　实际 *RC* 负载单相桥式二极管整流电路及其等效电路**

$v_s > v_D$，$D_1$ 和 $D_2$ 导通，交流电源给电容充电，同时向负载供电，若忽略电感压降，可以认为 $v_s = v_D$。$\omega t_2$ 时，$v_s$、$v_D$ 达到峰值，之后 $v_s$ 开始下降，$v_D$ 随之下降，但 $v_D$ 的下降速度也就是电容放电速度由负载决定。$\omega t_3$ 时，由于负载 *RC* 时间常数较大，$v_D$ 的变化速度将低于 $v_s$ 的变化速度，使得 $D_1$ 和 $D_2$ 承受反压关断，之后 $v_D$ 按指数规律下降。直到负半周与 $\omega t_1$ 对称的 $\omega t_4$ 点时，另一对二极管 $D_3$ 和 $D_4$ 导通。

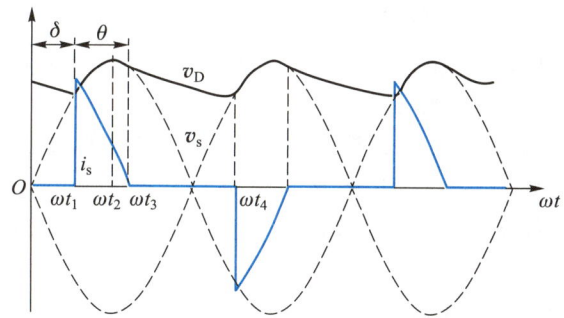

**图 6-13　$L_s = 0$ 时的实际 *RC* 负载单相二极管整流电路波形**

$D_1$ 和 $D_2$ 开通期间，因为不考虑 $L_s$，有 $v_D = v_s$，所以

$$i_C = C \frac{\mathrm{d}v_D}{\mathrm{d}t} = \sqrt{2}\,\omega C V_s \cos \omega t \tag{6-25}$$

负载电流为

$$i_R = \frac{v_D}{R} = \frac{v_s}{R} = \frac{\sqrt{2}\,V_s}{R}\sin \omega t \tag{6-26}$$

于是

$$i_D = i_C + i_R = \sqrt{2}\,\omega C V_s \cos \omega t + \frac{\sqrt{2}\,V_s}{R}\sin \omega t \tag{6-27}$$

设 $D_1$ 和 $D_2$ 的导通角为 $\theta$，在 $\omega t_3$ 时关断。将 $i_D(t_3) = 0$ 代入上式得

$$\tan(\theta + \delta) = -\omega RC \tag{6-28}$$

$\omega t_3$ 时，$v_D(t_3) = v_s(t_3) = \sqrt{2}\,V_s \sin(\theta + \delta)$，$D_1$ 和 $D_2$ 关断。电容开始以指数规律放电

$$v_D(t) = v_D(t_3)\,\mathrm{e}^{-(t-t_3)/(RC)} \tag{6-29}$$

$\omega t_4$ 时,即放电经过 $\pi-\theta$ 角时,$v_D$ 降至开始充电时的初始值,与 $v_s$ 重新相等,则另一对二极管 $D_3$ 和 $D_4$ 导通,重复正半周过程。显然 $\omega t_1$、$\omega t_4$ 既是放电结束点也是开始充电点,$v_D(t_1) = v_D(t_4)$。

$$\sqrt{2}V_s\sin\delta = \sqrt{2}V_s\sin(\delta+\theta)\,e^{-(t_4-t_3)/(RC)} \tag{6-30}$$

下面求导通点 $\delta$ 和导通角 $\theta$。

由式(6-28)得到

$$\pi-\theta = \delta+\arctan(\omega RC) \tag{6-31}$$

$$\sin(\theta+\delta) = \frac{\omega RC}{\sqrt{(\omega RC)^2+1}} \tag{6-32}$$

又有

$$e^{-(t_4-t_3)/RC} = e^{-(\omega t_4-\omega t_3)/\omega RC} = e^{-(\pi-\theta)/\omega RC} \tag{6-33}$$

将式(6-31)带入式(6-33)有

$$e^{-(t_4-t_3)/RC} = e^{-(\delta+\arctan\omega RC)/\omega RC} \tag{6-34}$$

将式(6-32)和式(6-34)带入式(6-30),可得

$$\frac{\omega RC}{\sqrt{(\omega RC)^2+1}}e^{\frac{-\delta-\arctan(\omega RC)}{\omega RC}} = \sin\delta \tag{6-35}$$

通常 $\omega RC$ 参数已知,则可以根据式(6-35)求出 $\delta$,进而根据式(6-31)求出 $\theta$。也就是可以用这个方法计算导通点和导通角。

另一方面也可先用较为简单的方法求出 $\theta$,再由式(6-31)求出 $\delta$。$D_1$ 和 $D_2$ 的关断时刻 $\omega t_3$ 实际上就是两个电压的下降速度相等的时刻。一个是输入电压下降速度 $|dv_s/dt|$,另一个则是假设在电容电压峰值 $\omega t_2$ 处,强行关断 $D_1$ 和 $D_2$,$RC$ 按指数放电的速度 $|dv_D/dt|$。

大多数情况下,交流输入电感 $L_s$ 是不能忽略的,甚至在直流侧还需要加入一个电感 $L_d$ 来起到滤波和抑制电流冲击的作用。另外从能量传递的角度来说,如果 $L_s$ 趋近于零,能量将在电压源和电压源之间转换,也是不合理的。所以,认为 $L_s$ 很小,并忽略其压降,得到图 6-13 所示波形只是为了分析方便的一种理想化情况,因为此时只有一个储能元件 $C$ 和一个微分变量 $dv_D$,可以简化电路分析。但绝大多数情况下,需要考虑 $L_s$ 或 $L_d$ 的影响,此时,电路波形如图 6-14 所示。

下面利用图 6-15 对该电路的基本工作过程进行分析。

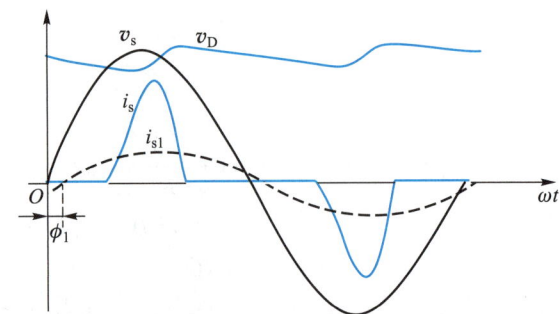

**图 6-14　$L_s \neq 0$ 时的单相桥式二极管整流电路工作波形**

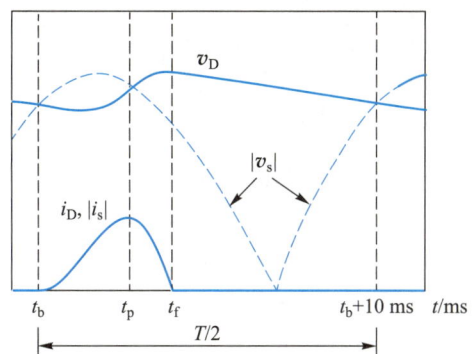

**图 6-15　$L_s \neq 0$ 时的单相桥式二极管整流电路工作波形(放大)**

对电源电压正半周电路进行分析:

① $t_b$ 之前,$0 < v_s < v_D$ 时,二极管均不导通,此阶段电容 $C$ 向 $R$ 放电,提供负载所需电流,同时 $v_D$ 下降。

② $t_b$ 后,$v_s > v_D$,$D_1$、$D_2$ 正向导通,电感电压为正,交流电源向电容 $C$ 充电,同时向负载 $R$ 供电,输入电流 $i_s$ 上升;$t_p$ 时,电容充电使 $v_D$ 再次与 $v_s$ 相等,电感电压为零,$i_s$ 达到最大值;之后电感电压变负,输入电流 $i_s$ 开始下降直到零,$D_1$、$D_2$ 截止,也就是 $t_f$ 点。

③ $D_1$、$D_2$ 截止后,电容 $C$ 向 $R$ 放电,$v_D$ 以指数规律下降。

当 $v_D = -v_s$ 时,另一对二极管 $D_3$、$D_4$ 导通,此后 $v_s$ 又向 $C$ 充电,与 $v_s$ 正半周的情况相同。

接下来,对图 6-12、图 6-14、图 6-15 所示的电容滤波的过程做定量分析。

$t_b < t < t_f$ 时,$t_b$ 是电流导通的起始时间,$t_f$ 是导通的终止时间,式(6-36)和式(6-37)为导通期间的电路方程

$$|v_s| = L_s \frac{\mathrm{d}i_D}{\mathrm{d}t} + v_D \, (\mathrm{KVL}) \tag{6-36}$$

$$i_D = i_C + i_R = C \frac{\mathrm{d}v_D}{\mathrm{d}t} + \frac{v_D}{R} \, (\mathrm{KCL}) \tag{6-37}$$

可见与忽略 $L_s$ 时的方程相比,此时有了两个微分变量 $\mathrm{d}v_D$ 和 $\mathrm{d}i_D$。选取电容电压 $v_D$ 和图 6-12 所示等效电路中的电感电流 $i_D$ 作为状态变量,然后,将上述两个式子用矩阵表示,得到 $t_b < t < t_f$ 阶段的电路方程

$$\begin{pmatrix} \dfrac{\mathrm{d}i_D}{\mathrm{d}t} \\ \dfrac{\mathrm{d}v_D}{\mathrm{d}t} \end{pmatrix} = \begin{pmatrix} 0 & -\dfrac{1}{L_s} \\ \dfrac{1}{C} & -\dfrac{1}{RC} \end{pmatrix} \begin{pmatrix} i_D \\ v_D \end{pmatrix} + \begin{pmatrix} \dfrac{1}{L_s} \\ 0 \end{pmatrix} |v_s| \tag{6-38}$$

由此可得状态方程

$$\frac{\mathrm{d}\boldsymbol{x}(t)}{\mathrm{d}t} = \boldsymbol{A}\boldsymbol{x}(t) + \boldsymbol{b}g(t) \tag{6-39}$$

其中状态 $\boldsymbol{x}(t)$ 和输入 $g(t)$ 分别为

$$\boldsymbol{x} = \begin{pmatrix} i_D \\ v_D \end{pmatrix}, \quad g = |v_s|$$

状态矩阵 $A$ 为

$$A = \begin{pmatrix} 0 & -\dfrac{1}{L_{s}} \\ \dfrac{1}{C} & -\dfrac{1}{RC} \end{pmatrix} \tag{6-40}$$

输入矩阵 $b$ 为

$$b = \begin{pmatrix} \dfrac{1}{L_{s}} \\ 0 \end{pmatrix} \tag{6-41}$$

式(6-39)在时刻 $t$ 的解可以用时刻 $t-\Delta t$ 的解来表示

$$x(t) = x(t-\Delta t) + \int_{t-\Delta t}^{t} \left[ Ax(\xi) + bg(\xi) \right] \mathrm{d}\xi \tag{6-42}$$

如图 6-16 所示,当 $\Delta t$ 足够小时,上述积分可以用梯形面积近似

$$x(t) = x(t-\Delta t) + \frac{1}{2}\Delta t\left\{ \left[ Ax(t-\Delta t) + bg(t-\Delta t) \right] + \left[ Ax(t) + bg(t) \right] \right\} \tag{6-43}$$

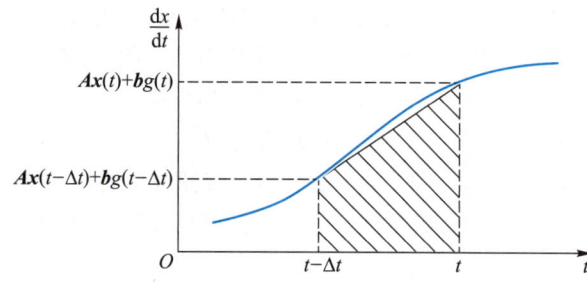

图 6-16　状态方程梯形法求解

上式为代数方程,合并同类项

$$\left[ I - \frac{1}{2}\Delta tA \right] x(t) = \left[ I + \frac{\Delta t}{2}A \right] x(t-\Delta t) + \frac{\Delta t}{2}b \left[ g(t-\Delta t) + g(t) \right] \tag{6-44}$$

容易解出 $x(t)$

$$x(t) = Mx(t-\Delta t) + N \left[ \left| v_{s}(t) \right| + \left| v_{s}(t-\Delta t) \right| \right] \tag{6-45}$$

式中

$$M = \left( I - \frac{\Delta t}{2}A \right)^{-1} \cdot \left( I + \frac{\Delta t}{2}A \right)$$

$$N = \left( I - \frac{\Delta t}{2}A \right)^{-1} \frac{\Delta t}{2}b \tag{6-46}$$

当 $t_{f} < t < t_{b} + \dfrac{1}{2}T$ 时:二极管不导通,即

$$i_{D} = 0 \tag{6-47}$$

且有

$$\frac{\mathrm{d}v_{D}}{\mathrm{d}t} = -\frac{1}{RC}v_{D} \tag{6-48}$$

上式的解可表示为

$$v_D(t) = v_D(t_f) e^{-(t-t_f)/(RC)} \tag{6-49}$$

事实上求解式(6-45)和式(6-49)是比较复杂的,通常不会直接求解,而是通过仿真得到$v_D$、$i_D$的波形。实际电路中,更关心输出电压电流的平均值,而不是瞬时值。从平均值来看,二者具有如图6-17所示的关系。理论上,空载输出电压可以达到输入电压的峰值,但随着$R$减小,负载加重,电容放电速度加快,输出平均电压将减小。如果电容放电速度随着$R$减小持续加快,直到几乎失去储能作用,$v_D$将趋近于$0.9V_s$,也就是纯电阻负载时的输出电压。通常在设计时会根据负载情况选择$C$,使得$RC > (2 \sim 3)T_s$,$T_s$为电网周期,此时输出平均电压为$V_D \approx 1.2V_s$。

实际的单相不可控整流电路带电容滤波时,电网侧模型一定有等效电感,直流侧通常也会串联电感抑制冲击电流,效果上和交流侧电感是等效的,其典型波形如图6-14所示。前述将电容电压、电感电流作为状态变量进行了时域分析,可以看出其过程较为复杂。同时,对该电流、电压波形进行傅里叶分解在频域进行谐波的定量分析也是十分复杂的,因此本书只定性地给出如下结论。

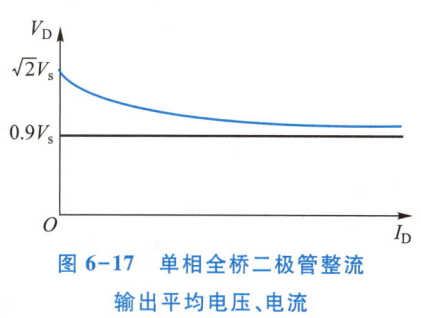

图6-17　单相全桥二极管整流
输出平均电压、电流

① 输入电流谐波次数为$2n \pm 1$次,谐波次数越高,谐波幅值越小;
② 输出电流、电压谐波次数为$2n$次,谐波次数越高,谐波幅值越小;
③ 电感越大,峰值因数CF越小,$THD_i$越小,功率因数越高。

# 6.3　三相桥式二极管整流电路

如果三相电源可用,通常会倾向于采用三相整流器,因为它具有更小的纹波和更高的功率处理能力。三相整流电路中,应用最广泛的有三相桥式整流电路、双反星形整流电路、十二脉波整流电路等,后两种均可在三相桥式的基础上进行分析。图6-18所示的是常见的三相桥式二极管整流器,在整流器的直流侧有一个滤波电容。

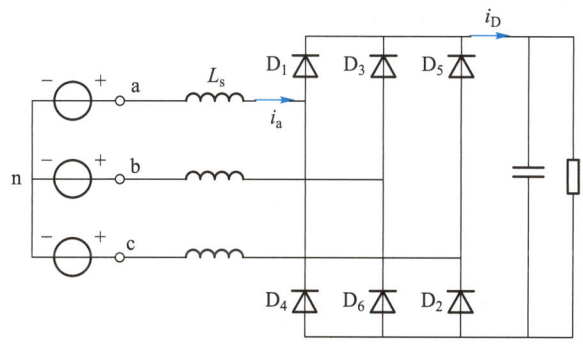

图6-18　三相桥式二极管整流器

三相不控整流器仍然以 $RC$ 为典型负载,与单相桥式整流器的分析类似,在分析图 6-18 所示的电路之前,先对它的简化电路进行分析讨论。

### 6.3.1　电流源负载(且 $L_s=0$)

如图 6-19(a)所示,假设交流侧电感 $L_s=0$,并将整流器直流侧的负载用恒流源 $I_D$ 表示。

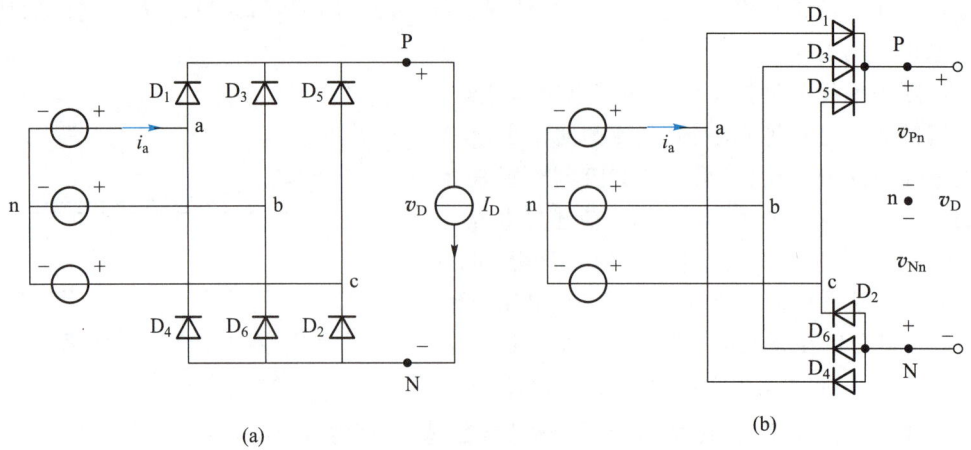

(a)　　　　　　　　　　　　　　　　　(b)

**图 6-19　负载用恒定电流源 $I_D$ 表示的三相整流器**

注意到 $D_1$、$D_3$、$D_5$ 为共阴极并连接正母线,而 $D_2$、$D_4$、$D_6$ 为共阳极并连接负母线,所以,图 6-19(a)所示的电路可以画成如图 6-19(b)所示电路以便分析。在同一时刻,共阴极上组和共阳极下组各有一个二极管导通(此相电压绝对值最大),形成向负载供电的回路,并注意到 6 个二极管的编号并不是按位置顺序,而是按照导通的顺序,也就是 $D_1$、$D_2 \rightarrow D_2$、$D_3 \rightarrow D_3$、$D_4 \rightarrow D_4$、$D_5 \rightarrow D_5$、$D_6 \rightarrow D_6$、$D_1$ 共计 6 个状态,上组和下组分别输出 $v_{Pn}$、$v_{Nn}$,而输出电压 $v_D=v_{Pn}-v_{Nn}$。在这里引入自然换相点的概念,在相电压的交点处,相电压之间的大小发生变化,所以会出现二极管换相,称这些相电压交点为自然换相点,显然每个工频周期具有 6 个自然换相点,每 60° 一个。在三相桥式整流电路中,各个相电压交点也是线电压的交点(线电压交点每 30° 一个,共 12 个)。

图 6-19 所示电路对应的电压和电流的波形如图 6-20 所示,可以看出,$v_{Pn}$、$v_{Nn}$ 波形分别为三个相电压在正负半周的包络线,而 $v_{Pn}$ 与 $v_{Nn}$ 相减后得到的 $v_D$ 波形则是一个 6 脉波,它由输入线电压拼合而成。

下面对电路过程进行具体分析。

① $-\dfrac{\pi}{6}<\omega t<\dfrac{\pi}{6}$ 时,a 相电压最高,而 b 相负的电压最高,$D_1$ 和 $D_6$ 导通,并且有 $v_D=v_{an}-v_{bn}=v_{ab}$;

② $\dfrac{\pi}{6}<\omega t<\dfrac{\pi}{2}$ 时,由于 $|v_c|>|v_b|$,共阳极组中 $D_2$ 导通,而 $D_6$ 承受反压截止,因此,有 $v_D=v_{an}-v_{cn}=v_{ac}$;

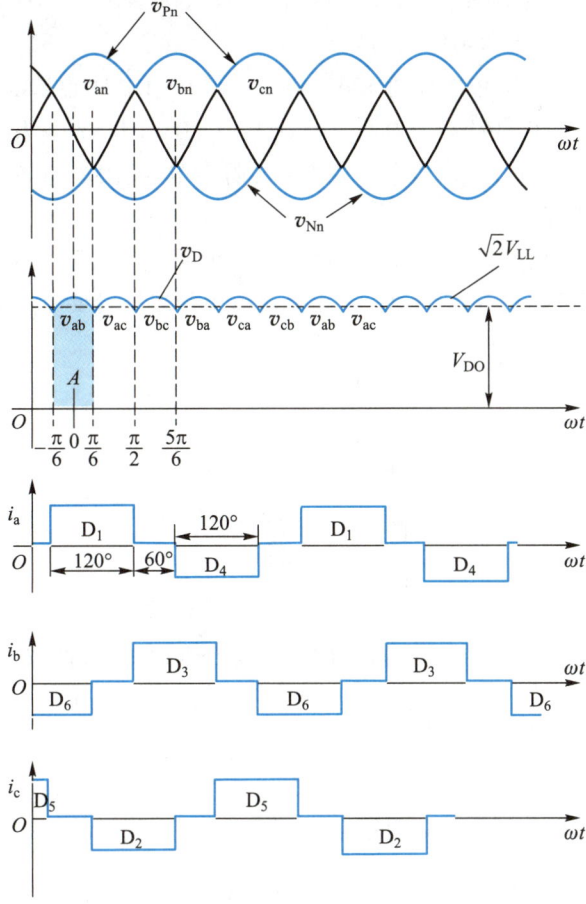

图 6-20　图 6-19 所示电路对应的电压和电流波形

③ $\dfrac{\pi}{2}<\omega t<\dfrac{5\pi}{6}$ 时，由于 $v_b>v_a$，共阴极组中的 $D_3$ 导通，而 $D_1$ 承受反压截止，因此，有 $v_D=v_{bn}-v_{cn}=v_{bc}$。

由此不难看出，整流输出电压 $v_D$ 取线电压中最大的一个，$v_D$ 一周期脉动 6 次，每次脉动的波形都一样，故该电路为 6 脉波整流电路。这种电路的直流输出比单相桥式整流电路更平滑，因而更容易滤波。

将负载电压 $v_D$ 波形中的一个周期分为 6 段，每段 60°，每段导通的二极管及输出整流电压的情况如表 6-1 所示，对应图 6-20。

表 6-1　三相桥式整流电路各区间工作情况

| 时段 | 1 | 2 | 3 | 4 | 5 | 6 |
|---|---|---|---|---|---|---|
| 共阴极组 | $D_1$ | $D_1$ | $D_3$ | $D_3$ | $D_5$ | $D_5$ |
| 共阳极组 | $D_6$ | $D_2$ | $D_2$ | $D_4$ | $D_4$ | $D_6$ |
| 输出电压 | $v_{an}-v_{bn}=v_{ab}$ | $v_{an}-v_{cn}=v_{ac}$ | $v_{bn}-v_{cn}=v_{bc}$ | $v_{bn}-v_{an}=v_{ba}$ | $v_{cn}-v_{an}=v_{ca}$ | $v_{cn}-v_{bn}=v_{cb}$ |

由表 6-1 和图 6-20 可得到以下几个结论：

　　① 6 个二极管的导通顺序为 $D_1$、$D_2 \rightarrow D_2$、$D_3 \rightarrow D_3$、$D_4 \rightarrow D_4$、$D_5 \rightarrow D_5$、$D_6 \rightarrow D_6$、$D_1$,相位依次差 60°,这也是 $D_1 \sim D_6$ 命名的原因。

　　② 共阴极组 $D_1$、$D_3$、$D_5$ 依次导通 120°,共阳极组 $D_2$、$D_4$、$D_6$ 也依次导通 120°。

　　③ 同一相的上下两个桥臂,即 $D_1$ 与 $D_4$,$D_3$ 与 $D_6$,$D_5$ 与 $D_2$,脉冲相差 180°。

　　④ 每相电流均为双向,通过两个二极管(共阴极组、共阳极组各一个)与输出相连,且正反电流平均值相等。

　　需要注意的是,三相整流器中每只二极管都要承受交流电源的线电压,所以,比起单相电路中只承受相电压的二极管来说,三相整流器中的二极管要有更高的耐压值。

　　下面对波形做定量分析。

　　对图 6-19 所示三相整流器应用 KVL,得到直流侧电压为

$$v_D = v_{Pn} - v_{Nn} \tag{6-50}$$

根据上述分析可以得到 a 相电流的表达式为

$$i_a = \begin{cases} I_D & D_1 导通 \\ -I_D & D_4 导通 \\ 0 & D_1、D_4 均不导通 \end{cases} \tag{6-51}$$

　　如图 6-20 所示,选择线电压 $v_{ab}$ 最大值的点为 $t = 0$ 时刻,因此有

$$v_D = v_{ab} = \sqrt{2} V_{LL} \cos(\omega t) \qquad -\frac{1}{6}\pi < \omega t < \frac{1}{6}\pi \tag{6-52}$$

式中,$V_{LL}$ 为线电压的有效值。

　　通过对 $v_{ab}$ 进行积分,可以得到阴影 $A$ 的面积为

$$A = \int_{-\pi/6}^{\pi/6} \sqrt{2} V_{LL} \cos(\omega t) \, \mathrm{d}(\omega t) = \sqrt{2} V_{LL} \tag{6-53}$$

将 $A$ 除以 $\pi/3$ 的周期,得到输出电压平均值

$$V_{DO} = \frac{3}{\pi} \sqrt{2} V_{LL} = 1.35 V_{LL} = 2.34 V_s \tag{6-54}$$

式中,$V_{DO}$ 的 O 表示 $L_s = 0$,相电压和相应的相电流(用 $v_s$、$i_s$ 表示)的波形如图 6-21(a)所示。在这种理想条件下,利用对输入电流有效值的基本定义可以得到

$$I_s = \sqrt{\frac{2}{3}} I_D = 0.816 I_D \tag{6-55}$$

　　对 $i_s$ 作傅里叶分析可以得到

$$I_{s1} = \frac{1}{\pi} \sqrt{6} I_D = 0.78 I_D \tag{6-56}$$

$$I_{sh} = \frac{I_{s1}}{h} \tag{6-57}$$

式中,$h = 5, 7, 11, 13 \cdots i_s$ 中的偶数次和三的倍数次谐波分量均为零,如图 6-21(b)所示。

　　因为基波与电网电压同相位,可以得到

$$DPF = 1.0 \tag{6-58}$$

因此,可以得到功率因数为

$$PF = \frac{I_{s1}}{I_s} DPF = \frac{3}{\pi} \approx 0.955 \qquad (6\text{-}59)$$

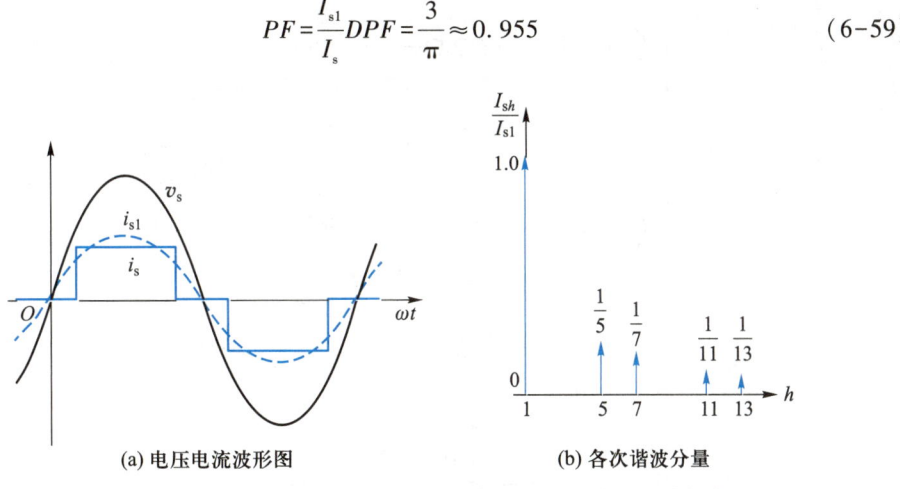

(a) 电压电流波形图　　　　　　(b) 各次谐波分量

**图 6-21　在 $L_s = 0$ 直流侧电流恒定的理想条件下三相整流器的相电流**

### 6.3.2　电流源负载(且 $L_s \neq 0$)

接下来,将就图 6-18 中交流侧电感 $L_s$ 对电路工作的影响进行讨论。考虑 $L_s$ 时直流侧电流恒定的三相整流器如图 6-22 所示。由于电感电流不能突变,因此上节提到的 6 个状态之间的转换、换流过程不能瞬时完成,而是会持续一段时间。假设在换流之前,$i_D$ 流经 $D_5$ 和 $D_6$,也就是说,要分析的是从 $D_5$、$D_6$ 到 $D_6$、$D_1$ 换流,即 $D_5$ 到 $D_1$ 的换流过程,该换流过程中 $D_1$、$D_5$、$D_6$ 全部导通。

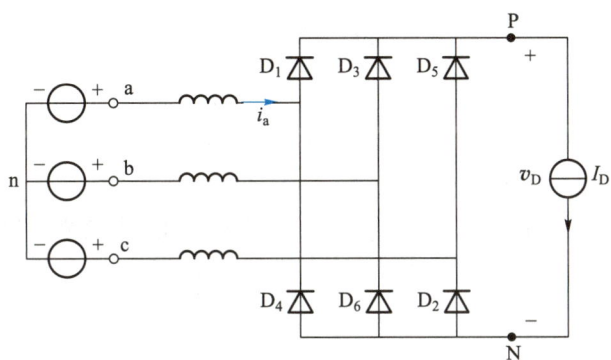

**图 6-22　考虑 $L_s$ 时直流侧电流恒定的三相整流器**

在换流持续过程中,$D_1$、$D_5$、$D_6$ 全部导通,所以,其等效电路如图 6-23(a)所示。在图 6-23(a)中,一共有 3 条支路,2 个节点,所以,有 $m = b - n + 1 = 2$ 个网孔电流,分别定义为 $i_u$ 和 $I_D$。$i_u$ 也可以理解为 a、c 两相瞬时电位 $v_a$、$v_c$ 之差产生的一个假想的短路环流。c 相换流到 a 相情况下,$i_a = i_u$ 逐渐增大到 $I_D$,$i_c = I_D - i_u$ 逐渐减小到零。

因为是 $D_5$ 到 $D_1$ 的换流,所以,换流过程仅与 a、c 两相有关,相应的换流电压为 $v_{comm} = v_{an} - v_{cn}$。在图 6-23(a)中标注了两个网孔电流 $i_u$ 和 $I_D$,将相电流用网孔电流表示

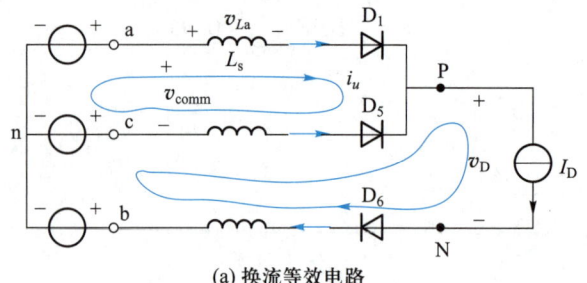

(a) 换流等效电路

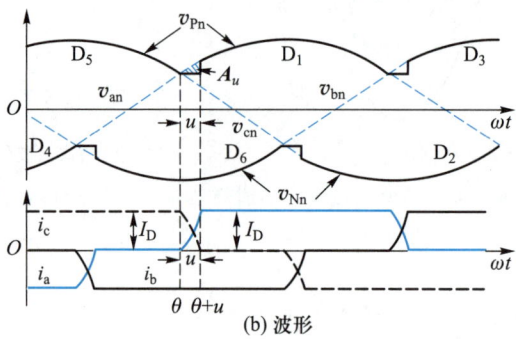

(b) 波形

图 6-23　$D_1$、$D_5$、$D_6$ 换流过程

$$i_a = i_u$$
$$i_c = I_D - i_u \tag{6-60}$$

相应的波形如图 6-23(b)所示,其中,在换流过程中,$i_a$ 由零开始增加到 $I_D$,而 $i_c$ 由 $I_D$ 减小到 0。在图 6-23(a)中

$$v_{La} = L_s \frac{di_a}{dt} = L_s \frac{di_u}{dt}$$
$$v_{Lc} = L_s \frac{di_c}{dt} = -L_s \frac{di_u}{dt} \tag{6-61}$$

注意到 $i_c = I_D - i_u$,因此 $di_c/dt = d(I_D - i_u)/dt = -di_u/dt$。

如果没有输入电感的影响,则 $v_{Pn}$ 等于 $v_{an}$,而考虑 $L_s$ 时,在换流过程中

$$v_{Pn} = v_{an} - v_{La} = v_{an} - L_s \frac{di_u}{dt} \tag{6-62}$$

$$v_{Pn} = v_{cn} - v_{Lc} = v_{cn} + L_s \frac{di_u}{dt} \tag{6-63}$$

故
$$2v_{Pn} = v_{an} + v_{cn} \Rightarrow v_{Pn} = (v_{an} + v_{cn})/2 \tag{6-64}$$

所以,电压损失瞬时值为

$$v_{drop} = v_{an} - (v_{an} + v_{cn})/2 = (v_{an} - v_{cn})/2 = \frac{v_{LL}}{2} \tag{6-65}$$

电压损失面积为

$$A_u = \int_{\theta}^{\theta+u} v_{drop} d(\omega t) = \int_{\theta}^{\theta+u} \frac{v_{LL}}{2} d(\omega t) = \frac{\sqrt{2} V_{LL}(1 - \cos u)}{2} \tag{6-66}$$

同时,电压损失也等于电感压降的积分

$$A_u = \int_{\theta}^{\theta+u} L_s \frac{\mathrm{d}i_u}{\mathrm{d}t}\mathrm{d}(\omega t) = \omega L_s I_D \tag{6-67}$$

根据 $A_u$,可求得实际输出平均电压为

$$V_D = V_{DO} - \frac{A_u}{(\pi/3)} = 1.35 V_{LL} - \frac{A_u}{(\pi/3)} = 1.35 V_{LL} - \frac{\omega L_s I_D}{(\pi/3)} \tag{6-68}$$

同时,联立式(6-66)和式(6-67)得到

$$\omega L_s I_D = \frac{\sqrt{2} V_{LL}(1-\cos u)}{2} \tag{6-69}$$

从而得到

$$\cos u = 1 - \frac{2\omega L_s I_D}{\sqrt{2} V_{LL}} \tag{6-70}$$

可见,在电压、电流、频率确定后,换流角度和时间取决于电感大小。

图 6-23 给出了 $v_{Pn}$、$v_{Nn}$ 与输入电流的波形,而图 6-24 给出了 $v_D = v_{Pn} - v_{Nn}$ 与输入电流的波形。

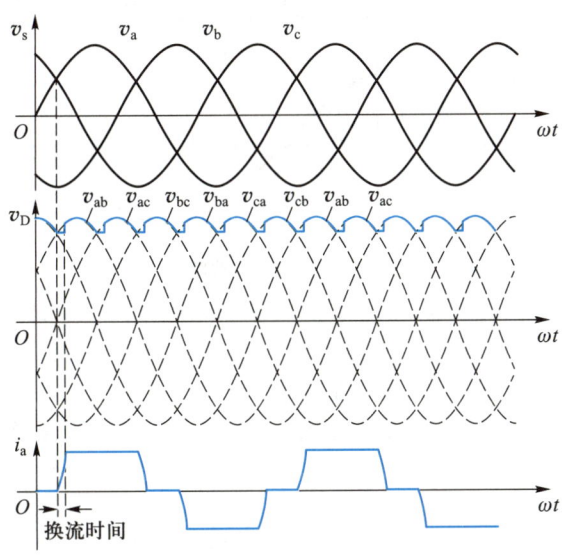

图 6-24　考虑输入电感时的三相电流源负载整流器波形

### 6.3.3　直流侧电压恒定负载

接下来,考虑如图 6-25(a)所示的电路,这里直流侧的输出电压值恒定,它可以作为直流侧电容无穷大的一个近似。为了简化分析,假设整流器直流侧电流 $i_D$ 不连续,则电流不为零区间的任意时刻有且仅有共阴极组的和共阳极组的各 1 个二极管同时导通(没有换流发生),形成向负载供电的回路。基于上述假设,得到了如图 6-25(b)所示的等效电路,共阴极组的二极管用 $D_P$ 表示,共阳极组的二极管用 $D_N$ 表示。与 6.2.3 节对单相

电路的分析类似,可以得到如图 6-25(c)所示的相应工作波形,其中输入电流由不连续的片段构成。

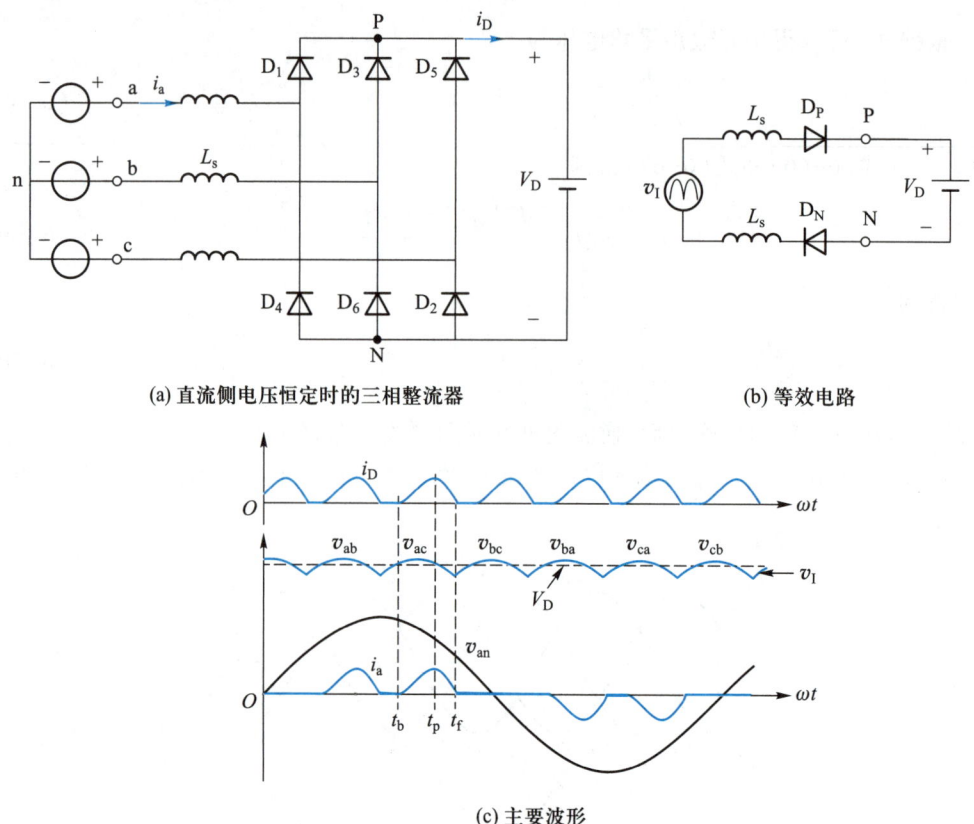

(a) 直流侧电压恒定时的三相整流器　　　　(b) 等效电路

(c) 主要波形

**图 6-25　直流侧电压恒定时的三相整流器工作原理**

直流侧电流 $I_D$ 可以用每相的短路电流 $I_{\text{short-circuit}}$ 来标幺化,$I_{\text{short-circuit}}$ 可用交流侧电压表示为

$$I_{\text{short-circuit}} = \frac{V_{LL}/\sqrt{3}}{\omega L_s} \qquad (6\text{-}71)$$

图 6-26 给出了直流侧电压恒定时三相整流器的 $THD_i$、$DPF$、$PF$ 以及峰值因数 $CF$ 等关于 $I_D$(标幺化后)的特性曲线。和单相整流电路类似,$L_s$ 或 $I_D$ 增大后,系统的各项电能质量指标都得到了改善。同时,也很容易看出,三相整流器的各项电能质量指标要优于单相整流器。

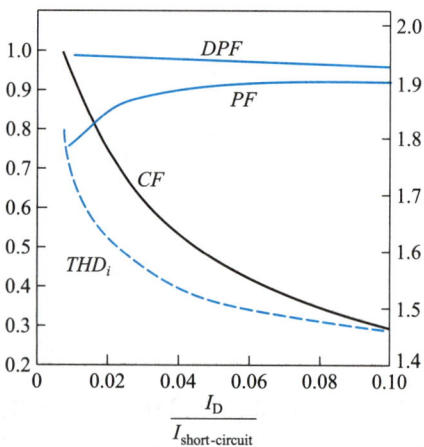

**图 6-26　直流侧电压恒定时整流器的**
**$THD_i$、$DPF$、$PF$ 以及 $CF$ 等特性曲线**

### 6.3.4 实际三相二极管整流器

如图 6-18 所示,与单相整流器一样,三相整流器的负载也通常是 $RC$ 负载。假设图 6-18 中的 $L_s$ 可以忽略且轻载时,其工作波形如图 6-27 所示。

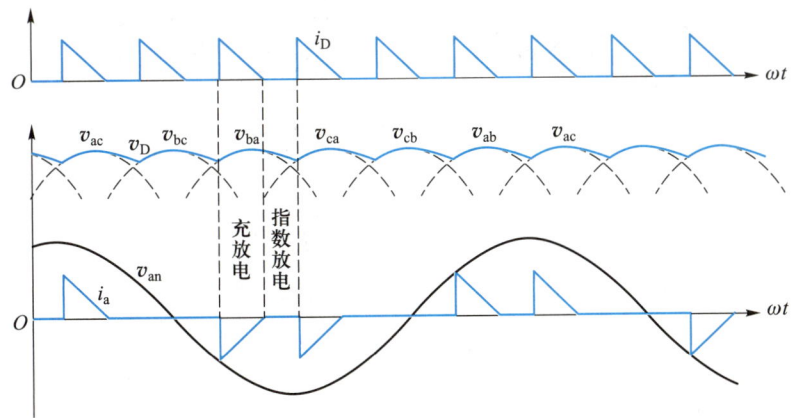

图 6-27 $L_s$ 可以忽略且轻载时实际三相二极管整流器波形(断续)

此时如果增大负载,也就是减小负载电阻时,负载电流会从断续变到连续。连续后,输出波形如图 6-28 所示。单相中负载电流很难连续,所以,6.2.4 节单相整流中没有讨论连续工况,但三相整流中,即使很小的输入电感或者增大负载都很容易使得三相整流进入连续模式,这也是三相整流与单相整流的主要区别。当负载电流连续时,输出电压 $v_D$ 与带电流源负载且不考虑 $L_s$ 时的 $v_D$ 完全相同。

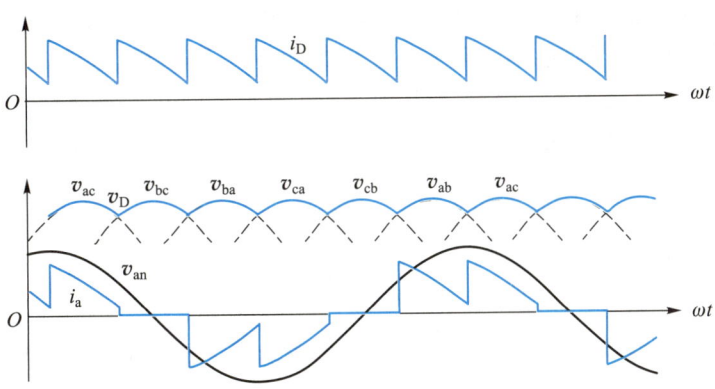

图 6-28 $L_s$ 可以忽略且轻载时实际三相二极管整流器波形(连续)

同样,绝大多数场合下,需要考虑电网模型中的等效感抗。此外,为防止冲击电流常常在直流侧串联电感。此时,电路波形如图 6-29、图 6-30 所示。图 6-29 中电流断续时,和图 6-27 一样,$v_D$ 也有随 $v_s$ 充电、二极管关断后电容按指数放电的过程。而在图 6-30 中,因为电流连续,所以 $v_D$ 没有指数放电的过程。此外,因为电流连续,所以同样会发生如图 6-23 所示的换流过程,也会对输出电压产生影响。但不同的是,实际整流器负载为具有较大时间常数的 $RC$ 负载,所以输出电压不会出现如图 6-23 中明显的 $v_{drop}$。

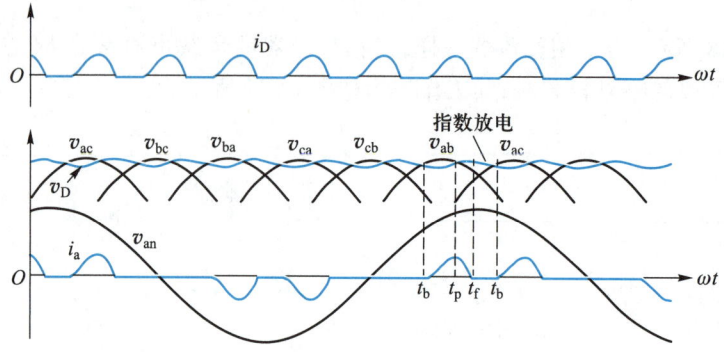

图 6-29　$L_s$ 较小时实际三相二极管整流器波形(断续)

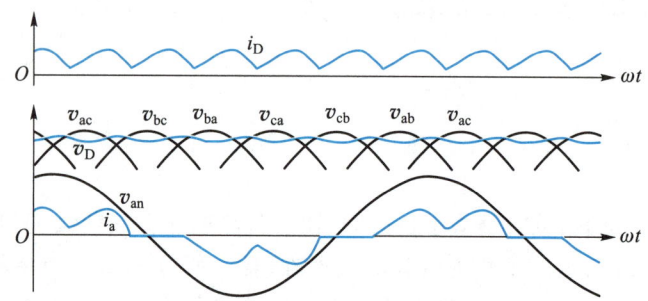

图 6-30　$L_s$ 较大时实际三相二极管整流器波形(连续)

实际三相整流器定量分析思路和 6.2.4 节中实际单相整流器类似,通过选取状态变量,按照不同导通状态下的等效电路来建立状态方程,但是与实际的单相二极管整流器工作在断续模式不同,即使很小的输入电感 $L_s$ 也能使得输出直流电流 $i_D$ 连续,此时在自然换相点就会发生换流瞬态,其结果很难用 6.2.4 节那样的分段微分方程进行求解和分析,所以三相二极管整流电路一般用定性的方法和仿真进行分析,这也是我们用了很多假设电路进行分析的主要原因。

### 6.3.5　单相整流器和三相整流器的比较

① 相比于三相整流器,单相整流器的线电流畸变更大,从而导致单相整流器的功率因数较差。

② 三相整流器直流侧输出电流的纹波比单相整流器要小。直流侧输出电流的纹波与直流侧电容的大小密切相关,因此在大多数情况下三相整流器所需的电容容量比单相整流器要小。

③ 三相整流器的电压调整率比单相整流器小。从空载到满载,三相整流器直流侧电压的最大负载调整率基本小于 5%。

单相与三相电压电流对比如表 6-2 所示。

表 6-2　单相与三相电压电流对比

| 项目 | 单相 | 三相 |
|---|---|---|
| 进线电流 | 畸变大（$THD$、$CF$ 大，$PF$ 低） | 畸变小（$THD$、$CF$ 小，$PF$ 高） |
| 输出电流 | 纹波大 | 纹波小 |
| 输出电压 | 负载调整率高 | 负载调整率低 |
| 中线电流 | 大 | 无 |

## 本章小结

本章通过单相桥式、三相桥式结构来讲解二极管整流电路的工作波形和输入输出特点。二极管整流电路在实际应用中多为 $RC$ 负载，在单相和三相的讲解中，均是先从电阻负载、电流源负载、直流侧恒定电压负载逐渐过渡到实际负载的分析。重点掌握的概念包括：当考虑交流侧电感时，整流电路的换流过程分析方法，以及二极管整流电路的 $THD$、$CF$、$PF$ 等的分析计算方法等。

## 习题

1. 单相桥式不控整流电路整流输出电压中含有哪些次数的谐波？其中幅值最大的是哪个？电网侧电流中含有哪些次数的谐波？其中主要的是哪几个？

2. 三相桥式不控整流电路整流输出电压中含有哪些次数的谐波？其中幅值最大的是哪个？电网侧电流中含有哪些次数的谐波？其中主要的是哪几个？

3. 定性解释图 6-15 所示实际二极管整流电路的波形。

4. 三相二极管整流电路的自然换相点是什么概念？

5. 试比较单相不控整流桥和三相不控整流桥的区别。

习题集
第 6 章
AC—DC 变换
器（二极管
整流）

教学 PPT
第 7 章
AC—DC 变换
器(晶闸管
整流和有源
逆变电路)

# 7.1　概　述

上一章讨论了二极管不可控整流器的原理,其一般用于 $RC$ 负载,电压不可调,且功率流动是单向的。然而,在某些场合,比如充电器和交直流电机驱动,希望直流电压是可控的。如果将不控整流电路中的二极管换成晶闸管或 IGBT 等可控器件,则整流电路就变成了可控整流。其中以晶闸管为整流器件的相控整流电路是经典的可控整流电路,也是电力电子技术的发端。在电力电子技术发展初期,晶闸管变换器得到了广泛的应用,后期随着可控开关在高电压、大电流场合的应用,晶闸管变换器现今主要用于三相大功率系统中,如高压直流输电(HVDC)和具有再生制动能力的交直流电机等。

上一章所分析的二极管整流可以看成晶闸管整流的一个特殊情况,其分析思路仍然适用于本章。需要注意的是,在上一章中,由于平波电容的存在,通常直流侧电流是断续的,二极管整流器基本上工作在断续模式。本章晶闸管整流器的负载通常是电机、HVDC 系统等大感性负载,所以,它通常工作在连续模式,连续模式也是讨论的重点。此外,断续模式也会涉及,例如轻载时系统会工作在断续模式。

典型的晶闸管整流器如图 7-1 所示。对于给定的交流电压,直流侧的平均电压可以连续地从正的最大值调节到负的最小值。但是,由于晶闸管的单向导电性,直流侧电流只能有一个方向,所以,晶闸管整流器只能在 1、4 两个象限内运行。当电压电流都为正时,整流器处于整流模式,功率从交流侧流向直流侧。当电压为负时,整流器处于逆变模式,功率从直流侧流向交流侧。在某些场合,例如可正反转的直流电机,需要工作在 4 个象限,此时可以通过两个如图 7-1(a) 所示的变换器的反并联实现。

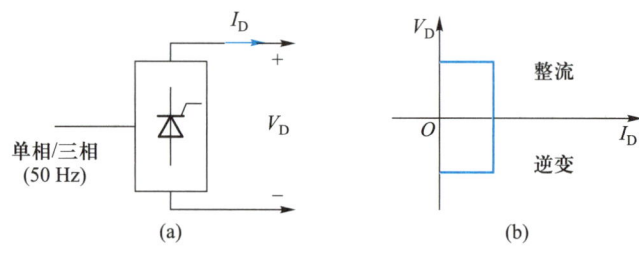

图 7-1　典型的晶闸管整流器

在本章中,假定晶闸管是理想的,除了讨论关断时间 $t_q$ 时,其他部分都假设关断和开通是瞬时完成的。

## 7.2 晶闸管整流电路的基本概念

以下通过单相单个(单相半波)晶闸管、三相三个(三相半波)晶闸管电路带不同类型负载来说明它的基本概念和工作原理。

### 7.2.1 单相半波可控整流电路

#### (1) 纯电阻负载

图 7-2 是半波整流纯电阻负载电路与波形,在 $\alpha$ 角处触发导通晶闸管。当输入电压 $v_s$ 处于正半周的时候,在 $\alpha$ 之前,由于晶闸管没有导通,电流为零,电阻上也没有电压。当 $\omega t = \alpha$ 时,晶闸管受到门极电流触发而导通,$v_D = v_s$,$i = v_D/R$。当输入电压和电流同时过零后,晶闸管自然关断。由输出电压波形,可以得到平均输出电压为

$$V_D = \frac{1}{2\pi} \int_{\alpha}^{\pi} \sqrt{2} V_s \sin \omega t d(\omega t) = \frac{\sqrt{2} V_s}{2\pi} (1 + \cos \alpha) = 0.45 V_s \frac{1 + \cos \alpha}{2} \tag{7-1}$$

式中,$V_s$ 为输入电压有效值,所以,调节触发角 $\alpha$ 可以改变平均输出电压 $V_D$。

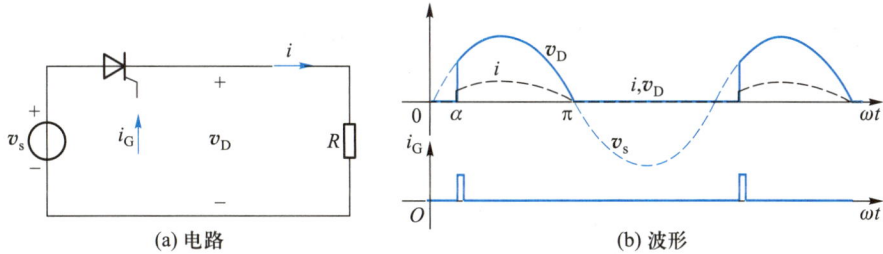

图 7-2 半波整流纯电阻负载电路与波形

#### (2) 阻感负载

图 7-3 是半波整流阻感负载电路与波形,初始状态电流为 0。在 $\alpha$ 角处,晶闸管导通,$v_D = v_s$,而电流因为电感的原因从零开始上升。电阻电压和电感电压分别满足

$$v_R = iR \tag{7-2}$$

$$v_L(t) = L \frac{di}{dt} = v_s - v_R \tag{7-3}$$

在 $\alpha$ 和 $\theta_1$ 之间,$v_s$ 大于 $v_R$,$v_L$ 为正,电流逐渐增大。当 $\omega t = \theta_1$ 时,$v_s = v_R$,$v_L$ 变为零,电流达到最大值。随后 $v_L$ 为负,电流开始下降。当 $\omega t = \pi$ 时,$v_s$ 过零,由于电感需要释放能量,此时,虽然 $v_D = v_s$ 变为负值,但晶闸管并不关断,电流仍然下降。直到 $\omega t = \theta_2$,电流为 0,晶闸管才会关断,称 $\theta_2$ 为**熄灭角(extinction angle)**。从波形图中可以看到,此时阴影部分

的面积 $A$(α 和 $\theta_1$ 之间阴影面积)$= B$($\theta_1$ 和 $\theta_2$ 之间阴影面积)。因为这两块面积是电感电压的积分,由伏秒平衡可以得到两者必相等。

相比于纯电阻负载,阻感负载中电感对电流变化有抗拒作用,流过电感的电流变化时,在其两端产生的感应电动势的极性阻止电流变化,使得电感电流不能突变,这是理解阻感负载波形的关键。而对比图 7-2 和图 7-3 可知,阻感负载由于电感的影响,输出平均电压降低了。

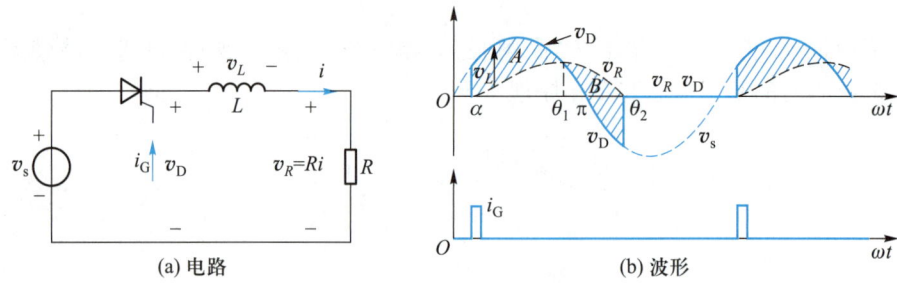

图 7-3　半波整流阻感负载电路与波形

### (3) 电感-电压源负载

如图 7-4 所示,负载为电感 $L$ 和一个直流恒压源 $E_D$。开始时,晶闸管反偏,电流为 0,$v_D = E_D$,晶闸管两端承受着 $v_s - E_D$ 的电压。直到 $\omega t = \theta_1$ 后,$v_s - E_D > 0$,晶闸管才具备导通的条件。设 $\omega t = \theta_2$ 时晶闸管被触发,此时电流开始上升,电感电压满足

$$v_L(t) = L\frac{\mathrm{d}i}{\mathrm{d}t} = v_s - E_D \tag{7-4}$$

当 $\omega t = \theta_3$ 时,$v_D = E_D$,$v_L = 0$,电流达到最大值,随后电流下降,直到 $\omega t = \theta_4$ 时,电流为 0。同样地,阴影部分面积 $A = B$。

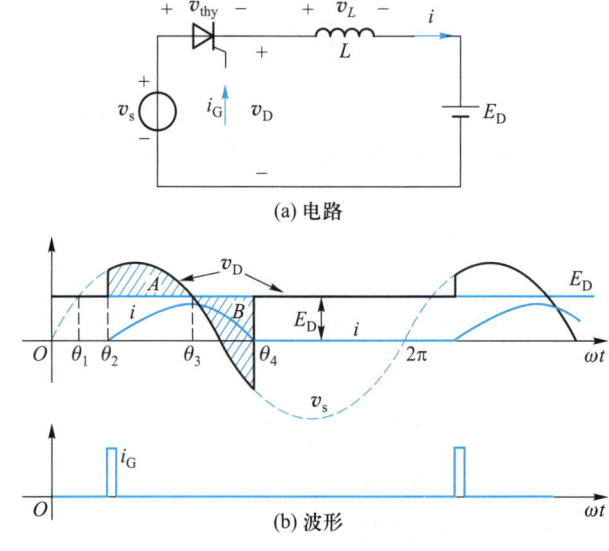

图 7-4　半波整流电感-电压源负载电路与波形

单相半波整流电路因为输出具有很大的直流分量,不具备实用价值,只是为了用来说明晶闸管整流的原理,且输出电压、电流的计算比较复杂,需要解超越方程,所以本节中没有去计算阻感负载、电感-电压源负载的输出电压、电流,仅给出了较为简单的电阻负载输出电压公式(7-1)。

### 7.2.2 三相半波可控整流电路

如果把三个上述半波整流电路组合起来,分别连接到三相电源,则可以组成如图7-5(a)所示的三相半波可控整流电路。

#### (1) 电阻负载

图7-5为三相半波可控整流带电阻负载电路及 $\alpha = 0°$ 时的主要波形。与单相电路不同,对共阴极三相半波相控整流电路来说,各相晶闸管能够被触发导通的最早时刻不是过零点,而是相电压的正交点。三相整流电路中,将晶闸管能够被触发导通的最早时刻定义为自然换相点。自然换相点被作为计算晶闸管触发角 $\alpha$ 的起点,即自然换相点处 $\alpha = 0°$。显然,共阴极及共阳极三相半波相控整流电路的自然换相点分别是相电压的正交点和负交点,而后续将介绍的全桥相控整流电路则共有 6 个自然换相点。

$\alpha = 0°$ 时,相当于将电路中的晶闸管换作二极管。显然,相电压最大的一相所对应的晶闸管导通,并使另两相晶闸管承受反压关断,输出整流电压即为该相的相电压,电流从一个晶闸管转移到另一个晶闸管。

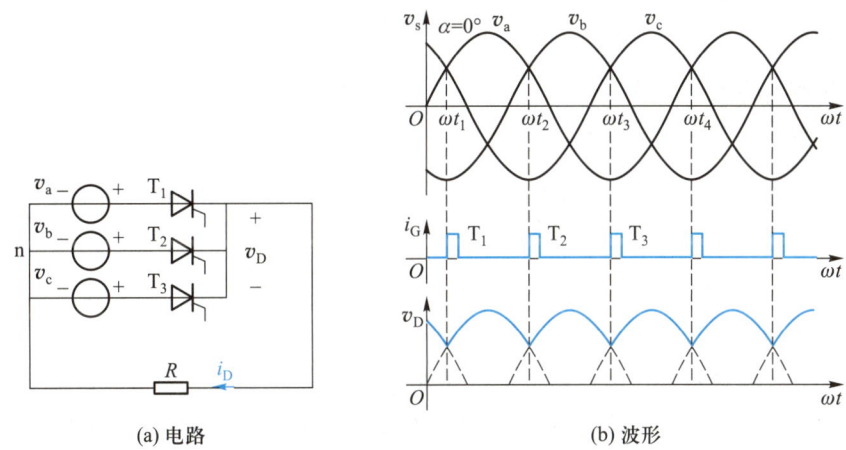

(a) 电路　　　　　　(b) 波形

图 7-5　三相半波可控整流电路带电阻负载电路及 $\alpha = 0°$ 时的主要波形

增大触发角 $\alpha$,整流电路波形相应发生变化。图7-6(a)是 $\alpha = 30°$ 时的波形,在 $\omega t_1$ 时刻之后,$v_b > v_a$,此时 $T_2$ 开始承受正压,但由于没有触发脉冲而不导通,$T_1$ 仍然导通。直到触发脉冲出现,$T_2$ 导通,$T_1$ 承受反压关断。从输出电压和电流波形来看,晶闸管导通角仍为 120°。但这时负载电流处于连续和断续的临界状态。若 $\alpha > 30°$,则当相电压过零变负时,该相晶闸管关断。而此时下一相晶闸管虽承受正压,但因无触发脉冲而不导通,负载电压和电流均为零,直到下一相晶闸管的触发脉冲出现为止。这会导致负载电流断续,晶闸管导通角小于 120°。图7-6(b)是 $\alpha = 60°$ 时的波形,此时晶闸管导通角为 90°。若继续增大触发角,输出电压越来越小,$\alpha=150°$ 时,$v_D$ 为零。故电阻负载时,三相半波可控整流电路移相范围是 150°。

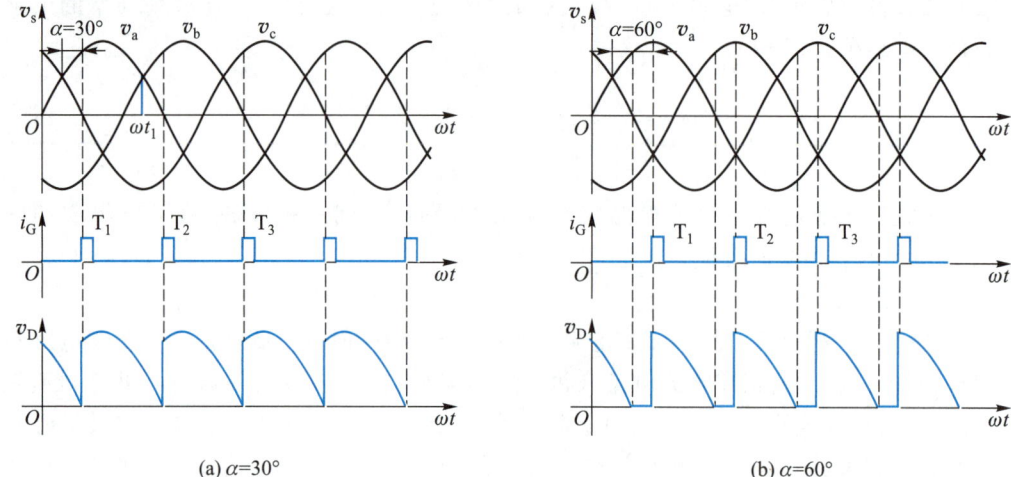

(a) $\alpha=30°$ （b) $\alpha=60°$

图 7-6　三相半波可控整流电路带电阻负载 $\alpha=30°$ 和 $\alpha=60°$ 时的主要波形

根据图 7-6,整流电压平均值计算分为 $\alpha\leqslant30°$ 和 $\alpha>30°$ 两种情况。

① $\alpha\leqslant30°$ 时,负载电流连续:

$$V_D = \frac{1}{\frac{2\pi}{3}}\int_{\frac{\pi}{6}+\alpha}^{\frac{5}{6}\pi+\alpha}\sqrt{2}V_s\sin\omega t\,\mathrm{d}(\omega t) = \frac{3\sqrt{6}}{2\pi}V_s\cos\alpha = 1.17V_s\cos\alpha \tag{7-5}$$

式中,$V_s$ 为输入相电压有效值。

② $\alpha>30°$ 时,负载电流断续:

$$V_D = \frac{1}{\frac{2\pi}{3}}\int_{\frac{\pi}{6}+\alpha}^{\pi}\sqrt{2}V_s\sin\omega t\,\mathrm{d}(\omega t) = \frac{3\sqrt{2}}{2\pi}V_s\left[1+\cos\left(\frac{\pi}{6}+\alpha\right)\right] = 0.675V_s\left[1+\cos\left(\frac{\pi}{6}+\alpha\right)\right]$$

$$\tag{7-6}$$

## （2）阻感负载

图 7-7(a)为三相半波相控整流电路带阻感负载电路。与单相半波阻感负载不同,此处为便于分析,假设电感极大,则负载可以看成电流源。$\alpha\leqslant30°$ 时,负载电压波形与电阻负载时相同;$\alpha>30°$ 时,当某相电压过零变负时,由于电感的作用,电流不会降到零,因此,该相晶闸管仍然导通,直到下一相晶闸管触发脉冲的到来,才发生换流,这与电阻负载情况不同。

图 7-7(b)为 $\alpha=60°$ 时的工作波形。$T_2$ 导通时,$T_1$ 承受反压而关断。同理,当 $T_3$ 导通时,$T_2$ 承受反压而关断。这种情况下输出电压波形中会出现负的部分,随着 $\alpha$ 的增大,输出电压波形中负的部分将增加。当 $\alpha=90°$ 时,负载电压 $v_D$ 中正负面积相等,平均输出电压为零,即大电感负载时,三相半波相控整流电路移相范围是 90°。如式(7-7)所示,由于负载电流连续,阻感负载时的输出电压平均值与 $\alpha\leqslant30°$ 时的电阻负载相同。

$$V_D = 1.17V_s\cos\alpha \tag{7-7}$$

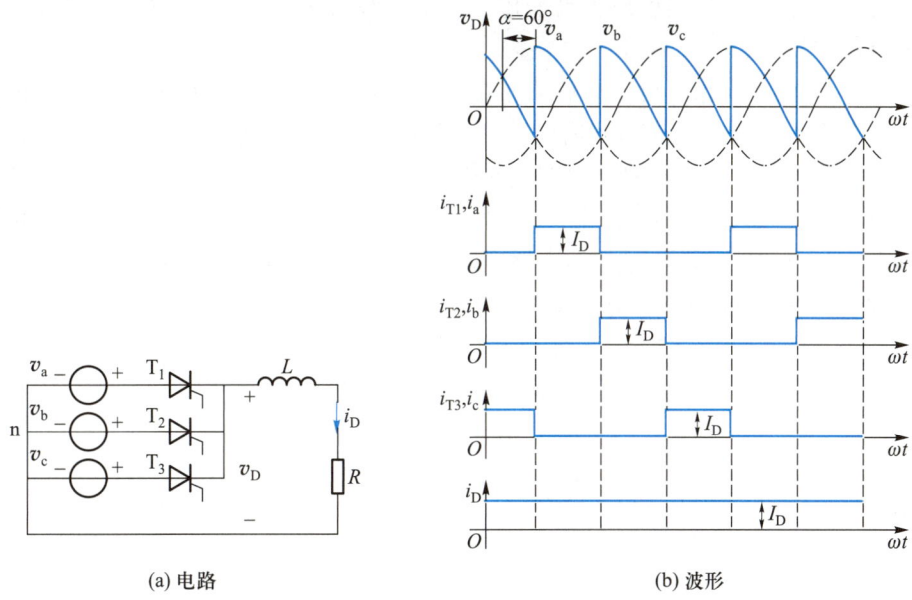

(a) 电路                                   (b) 波形

**图 7-7    三相半波可控整流电路带阻感负载电路及 $\alpha = 60°$ 时的主要波形**

### （3）反电动势负载（$RE$、$RLE$ 负载）

在相控整流电路中,蓄电池、直流电动机电枢等可统一称为反电动势负载。$R$ 代表蓄电池内阻、直流电动机电枢电阻等,而 $L$ 代表线路电感、为减小输出电流纹波而插入的平波电抗、直流电动机电枢电感等。如果是蓄电池等 $L$ 较小可以忽略的负载,则可以看作 $RE$ 负载。本章在三相半波、单相桥式、三相桥式相控整流电路反电动势负载中,均分析 $RE$ 和 $RLE$ 两种类型。对于直流电动机负载,电枢电感通常较大,所以在以直流电动机负载为对象分析的实际单相、三相相控整流电路中,均以 $RLE$ 为例进行讨论。在习题中,为计算简单起见,通常都假定电感极大。

图 7-8 是三相半波相控整流电路带反电动势电阻 $RE$ 负载电路及工作波形。

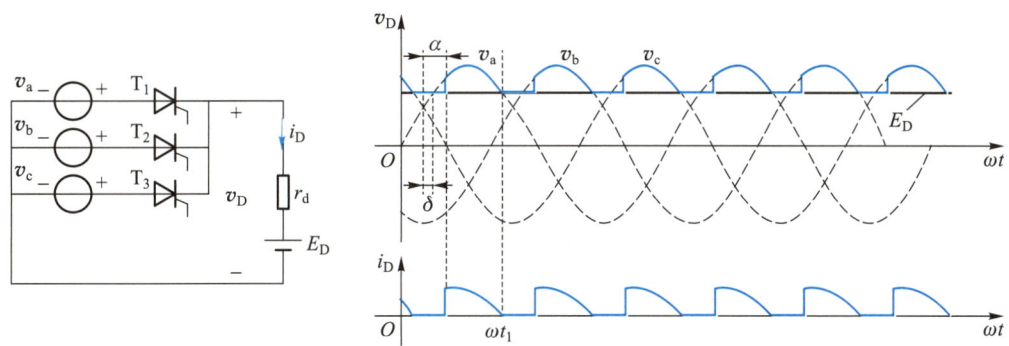

**图 7-8    三相半波相控整流电路带反电动势电阻 $RE$ 负载电路及工作波形**

若在 $\alpha < \delta$ 时触发晶闸管 $T_1$,则由于此时 $v_a < E_D$,$T_1$ 承受反压不能导通。在 $\alpha > \delta$ 的某个点,触发 $T_1$,因为 $v_a > E_D$,故 $T_1$ 承受正压导通。而 $\alpha > \omega t_1$ 时,由于 $v_a$ 重新小于 $E_D$,故 $T_1$ 开始承受反压,$T_1$ 关断,但此时 $T_2$ 触发信号尚未到来,因而 $i_D = 0$,而 $v_D = E_D$。所以,在 $\alpha$

角相同时,该电路整流输出电压平均值比带电阻负载时大,电流断续状态下具体值的计算也变得比较复杂。

当电感不能忽略时,反电动势负载等效为如图 7-9(a)所示的 *RLE* 负载,*L* 将降低图 7-8 中电流的峰值,增加底部导通时间,从而降低电流纹波,甚至实现电流连续。这一特点对于电动机负载是尤其有利的,它能够增加电动运行的平稳性,7.3.4 节将详述。图 7-9(a)中有了电感 $L_d$,波形如图 7-9(b)所示,$\omega t_1$ 之后,当 $v_s$ 小于 $E_D$ 时,晶闸管仍可导通。如果 $L_d$ 不够大,则到 $\omega t_2$ 时刻,电感中的能量释放完毕,$T_1$ 关断,但 $T_2$ 触发信号尚未到来,因而 $i_D = 0$,而 $v_D = E_D$,电路仍然处于断续模式。

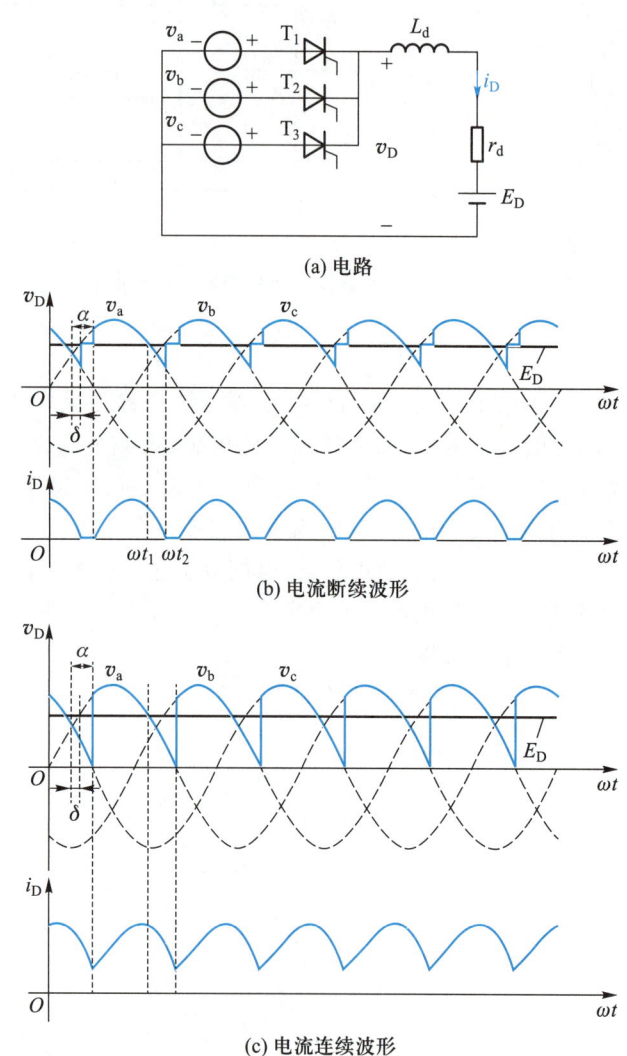

(a) 电路

(b) 电流断续波形

(c) 电流连续波形

**图 7-9　三相半波相控整流电路带反电动势阻感 *RLE* 负载电路且电流断续、连续时的工作波形**

而当 $L_d$ 继续增大时,电流将进入连续模式,如图 7-9(c)所示。与该电路带大电感(电流源)负载时的负载电压 $v_D$ 波形相同,此时平均输出电压 $V_D$ 为

$$V_D = 1.17 V_s \cos \alpha \tag{7-8}$$

输出直流电压瞬时值可表示为

$$v_D = r_d i_D + L_d \frac{\mathrm{d}i_D}{\mathrm{d}t} + E_D \tag{7-9}$$

因为 $L_d$ 的平均电压为零, 所以有

$$V_D = r_D I_D + E_D \tag{7-10}$$

当 $L_d$ 足够大时, 负载电流 $i_D$ 波形将与阻感 (电流源) 负载时的波形相同, 成为一个平直的直线。

### 7.2.3 几个重要概念

综合上述电路的工作原理, 可以总结几个重要的概念。

(1) 触发角 $\alpha$

指从晶闸管开始承受正压起到施加触发脉冲的电角度。

(2) 导通角 $\theta$

指晶闸管在一个周期中处于导通的电角度。例如, 图 7-2 所示电阻负载中, 导通角为 $\theta = \pi - \alpha$。

(3) 移相和移相范围

改变触发脉冲出现的时刻, 即改变 $\alpha$ 的大小从而控制输出电压的大小称为移相控制。改变触发角 $\alpha$ 使得输出电压平均值从最大降为零对应的 $\alpha$ 的范围称为移相范围。例如图 7-2 中, 半波阻性负载的移相范围为 $180°$。

(4) 同步

使触发脉冲与相控整流电路的电源电压之间保持频率和相位的协调关系称为同步, 同步是相控电路正常工作必不可少的条件。

(5) 换流或换相

电流从一个支路向另一个支路转移的过程称为换流, 也称为换相。对于前面章节介绍的以全控器件构成的 DC—DC、DC—AC 电路, 因为器件开通关断都可以通过门极进行控制, 所以实际电路中更关注的是换流时电路的瞬态过程, 而不讨论其自身的开通或关断过程。而对于半控型器件晶闸管来说, 只要处于承受正压的状态, 就可以通过门极触发开通, 开通与全控型器件并无区别, 但不能通过对门极的控制来使晶闸管关断, 必须利用外部条件或采取其他措施才能使其关断, 这比开通过程要复杂, 因此换流主要是指晶闸管的关断方式。

晶闸管换流方式有电网换流、负载换流、强迫换流等。对于本章介绍的相控整流电路, 除了只存在一个支路或者电路工作于断续状态, 不存在两个支路之间的换流之外, 无论其工作在整流还是逆变状态, 都是借助于电网电压实现换流的, 都属于电网换流。后面将介绍的三相交流调压电路和采用相控方式的交—交变频电路中的换流方式也是电网换流。在换流时, 只要把负的电网电压施加在欲关断的晶闸管上即可使其关断。这种换流方式不需要附加任何元件。而由负载提供换流电压则称为负载换流。当负载为容性, 负载电流相位超前于负载电压时, 就可以实现负载换流, 如第五章介绍的中频感应加热逆变器中, 通过在负载上并联电容, 使得负载呈现容性, 因而在换流时, 负载电压通过

开通的晶闸管反向加在要关断的晶闸管上成为关断负压。而在不满足电网或者负载换流的条件时，就需要设置附加的换流电路，给欲关断的晶闸管强迫施加反向电压或反向电流的换流方式称为强迫换流。强迫换流通常利用附加电容上所储存的能量来实现，因此也称为电容换流。第五章介绍的晶闸管三相桥式（串联二极管式）电流型方波逆变器就属于强迫换流。

### 7.2.4　触发信号的产生

有了上述概念，来看看上述的半波相控电路如何实现与电网同步以及移相控制，也就是在上述电路中如何产生一个与电网电压同步的、期望的触发角信号。其原理框图如图 7-10 所示。首先由市电交流电压通过变压器产生一个同步信号 $v_{\text{syn}}$，再由同步信号产生锯齿波信号 $v_{\text{ST}}$。将锯齿波信号 $v_{\text{ST}}$ 与控制信号 $v_{\text{control}}$ 进行比较，当 $v_{\text{ST}}$ 等于 $v_{\text{control}}$，即 $t = \dfrac{\alpha}{\omega}$ 时产生脉冲。由于 $v_{\text{control}}$ 大小可调，所以，$\alpha$ 也可以自由调节。触发角 $\alpha$ 的计算公式如下

$$\alpha = 180° \frac{v_{\text{control}}}{V_{\text{ST}}} \tag{7-11}$$

其中，是 $V_{\text{ST}}$ 锯齿波 $v_{\text{ST}}$ 的幅值。

图 7-10 所示的触发信号通常通过集成电路来产生。

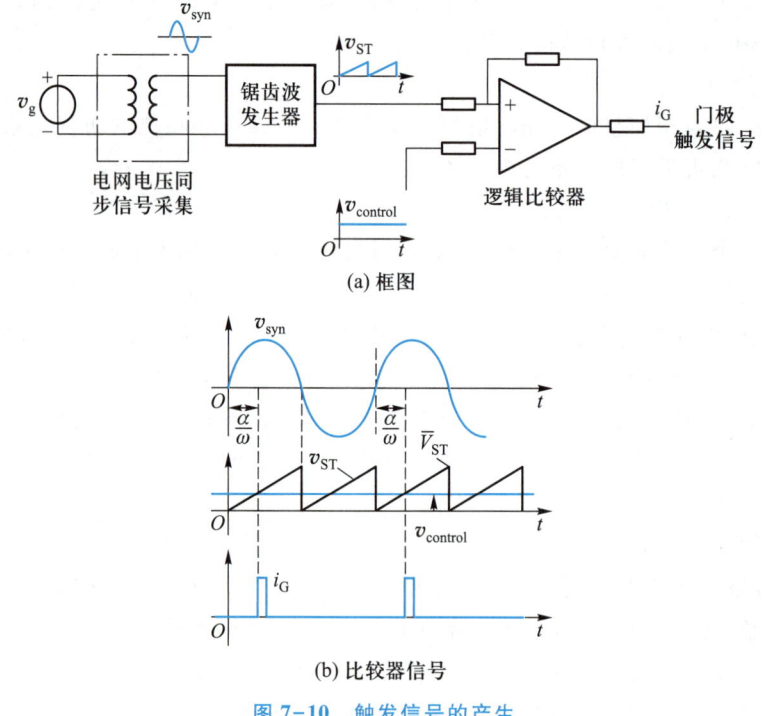

(a) 框图

(b) 比较器信号

图 7-10　触发信号的产生

### 7.2.5 实际的晶闸管整流电路——桥式整流电路概述

与二极管半波整流电路类似,半波晶闸管整流电路无论是单相还是三相,因为其输入电流中含有很大的直流分量,故输出电压谐波大,并不具备实际意义。常用的可控整流一般是桥式整流电路,如图 7-11 所示,其中,图 7-11(a)为实际单相全桥晶闸管整流电路,图 7-11(b)为实际三相桥式晶闸管整流电路。需要注意的是,晶闸管整流电路的负载与二极管整流电路的 $RC$ 负载有所不同,通常晶闸管整流电路的负载是感性的,例如直流电动机负载,这可以用如图 7-11 中的 $L_d$ 来表示。所以,晶闸管整流电路的负载电流通常是连续的。图 7-11 中的 $L_s$ 表示整流器输入电感,可以和 $v_s$ 一起理解为电网模型的一部分。

分析思路与二极管整流器一致,也是先做些假设,然后步步逼近真实的负载。

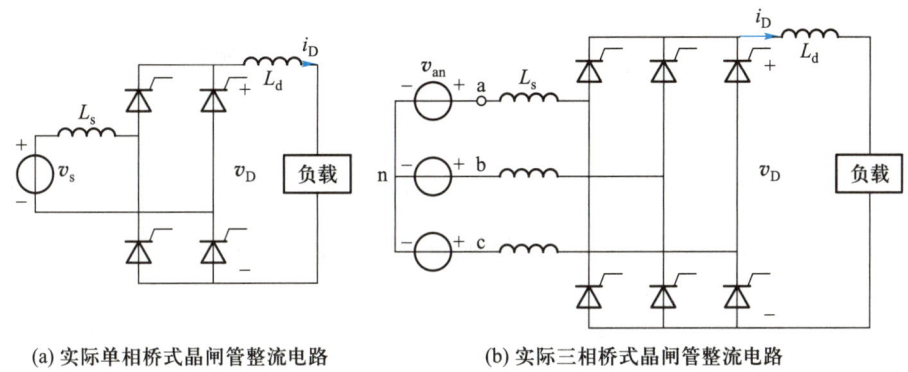

(a) 实际单相桥式晶闸管整流电路      (b) 实际三相桥式晶闸管整流电路

图 7-11 实际的晶闸管整流电路

# 7.3 单相桥式晶闸管整流电路

### 7.3.1 纯电阻负载单相桥式晶闸管整流电路且 $L_s = 0$

首先以简单的电阻负载为例,并忽略图 7-11(a)中的输入电感 $L_s$。如图 7-12,在带电阻负载的单相桥式全控整流电路中,晶闸管 $T_1$ 和 $T_2$ 组成一对桥臂,$T_3$ 和 $T_4$ 组成另一对桥臂。

若在 $\alpha = 0°$($v_s$ 由负变正过零点)处给 $T_1$ 和 $T_2$ 触发信号,而在 $\alpha = \pi$($v_s$ 由正变负过零点)处给 $T_3$ 和 $T_4$ 触发信号,则图 7-12 所示电路工作过程将与第六章单相桥式二极管整流电路完全一样。若在正半周 $\alpha \neq 0$ 处给 $T_1$ 和 $T_2$ 触发信号,$T_1$ 和 $T_2$ 导通,电流从电源正极经 $T_1$、$R$ 和 $T_2$ 流回电源负极。当 $v_s$ 过零时,流经晶闸管的电流也降到零,$T_1$ 和 $T_2$ 关断。同理可分析负半周 $\alpha \neq 0$ 处给 $T_3$ 和 $T_4$ 触发信号的情况。

由图 7-12 可知,整流电压平均值为

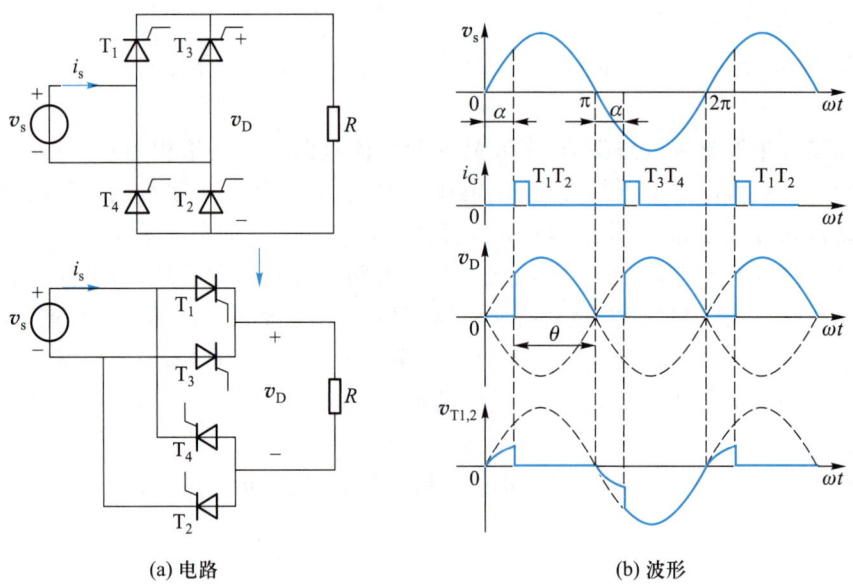

(a) 电路　　　　　　　　　　　　(b) 波形

图 7-12　电阻负载单相桥式晶闸管整流电路和波形

$$V_D = \frac{1}{\pi} \int_\alpha^\pi \sqrt{2} V_s \sin \omega t \, \mathrm{d}(\omega t) = 0.9 V_s \frac{1 + \cos \alpha}{2} \tag{7-12}$$

$\alpha = 180°$ 时, $V_D = 0$, 可见单相全桥带纯电阻负载的移相范围是 $180°$。

### 7.3.2　阻感(电流源)负载单相桥式晶闸管整流电路且 $L_s = 0$

本节考虑带阻感负载的情况,此处仍然忽略图 7-11(a) 中的输入电感 $L_s$。与纯电阻负载相比,阻感负载由于电感的作用,负载电流 $i_D$ 波形变得平直,当电感足够大时,负载电流 $i_D$ 波形可近似为一条水平线。事实上,单相桥式全控整流电路多用于向直流电动机这类的负载(等效为反电动势+小电阻+大电感)供电,所以,可以认为是电流源负载。以下分析也将阻感负载等效为电流源负载,如图 7-13 所示。课后习题也多假定负载电感极大,从而可等效为电流源负载。

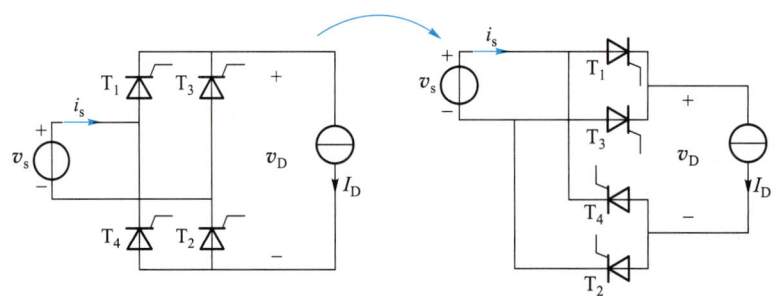

图 7-13　单相晶闸管整流器电流源负载电路

如果持续施加门极触发电流,那么图 7-13 所示电路就相当于一个二极管整流电路,其波形如图 7-14(a)所示,它的工作原理与二极管整流器带电流源负载完全一致。

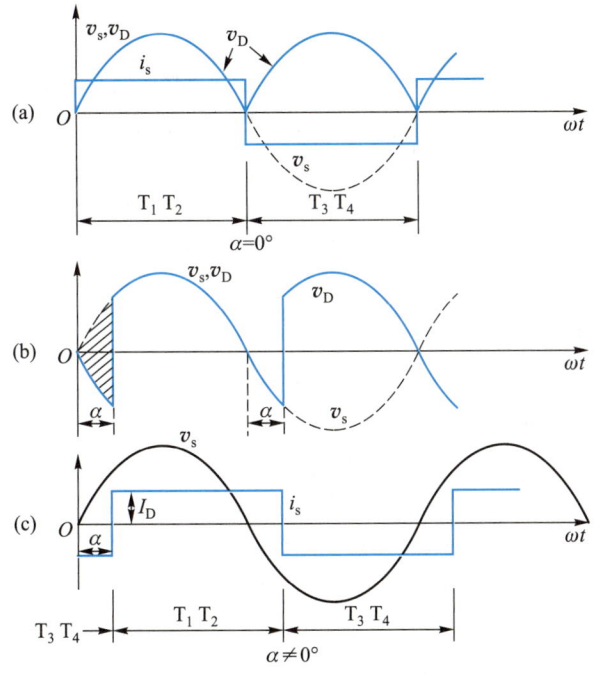

图 7-14 电流源负载的波形

接下来讨论电路在 $\alpha \neq 0°$ 时的情况。如图 7-14(b)所示,在 $v_s$ 的正半周,$\omega t = \alpha$ 时,触发 $T_1$ 和 $T_2$ 导通,$v_D = v_s$,此时输入电流等于输出电流 $I_D$。而当 $v_s$ 过零变负后,由于 $T_3$ 和 $T_4$ 的触发信号还没有到,所以,电流源的作用使得 $T_1$ 和 $T_2$ 仍然保持着导通的状态。等到 $\omega t = \pi + \alpha$ 时,触发 $T_3$ 和 $T_4$,由于此时 $T_3$ 和 $T_4$ 承受正电压,故 $T_3$ 和 $T_4$ 导通。$v_s$ 通过 $T_3$ 和 $T_4$ 给 $T_1$ 和 $T_2$ 施加反压,使 $T_1$ 和 $T_2$ 关断,流过 $T_1$ 和 $T_2$ 的电流立刻转移到 $T_3$ 和 $T_4$ 上。此时输入电流方向变反,为 $-I_D$,整个过程的波形如图 7-14 的(b)(c)所示。此时输出电压的计算如下。

$$V_D = \frac{1}{\pi} \int_{\alpha}^{\pi+\alpha} \sqrt{2} V_s \sin \omega t \mathrm{d}(\omega t) = 0.9 V_s \cos \alpha \qquad (7\text{-}13)$$

式(7-13)说明与上一章的单相二极管整流相比,单相晶闸管整流器的输出电压表达式多了一个 $\cos \alpha$,也就是可以通过改变触发角 $\alpha$ 来改变输出电压的平均值。

令 $\alpha = 0$ 且 $L_s = 0$ 时的平均输出电压为 $V_{DO}$,则

$$V_{DO} = \frac{1}{\pi} \int_0^{\pi} \sqrt{2} V_s \sin \omega t \mathrm{d}(\omega t) = \frac{2\sqrt{2}}{\pi} V_s = 0.9 V_s \qquad (7\text{-}14)$$

那么由 $\alpha$ 产生的电压损失为

$$\Delta V_D = V_{DO} - V_D = 0.9 V_s (1 - \cos \alpha) \qquad (7\text{-}15)$$

归一化以后的平均输出电压随 $\alpha$ 的变化曲线如图 7-15 所示。当 $\alpha < 90°$ 时,平均输出电压为正,整流器处于整流模式;当 $\alpha > 90°$ 时,平均输出电压变为负值,电路处于逆变模式,此模式将在 7.3.7 节介绍。

由图 7-16 可以看出输入电流是一个幅值为 $I_D$ 的方波,相对于输入电压 $v_s$,它被相移了 $\alpha$ 角。

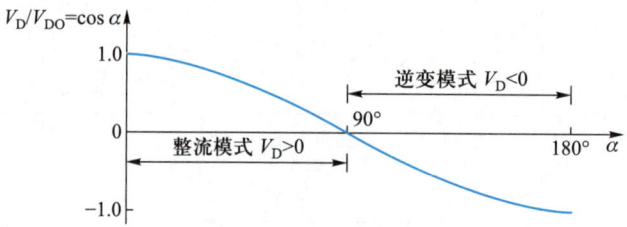

图 7-15　归一化的平均输出电压随 $\alpha$ 的变化曲线

用傅里叶级数来分析输入电流。

$$i_s(\omega t) = \sqrt{2}I_{s1}\sin(\omega t - \alpha) + \sqrt{2}I_{s3}\sin[3(\omega t - \alpha)] + \sqrt{2}I_{s5}\sin[5(\omega t - \alpha)] + \cdots \quad (7-16)$$

其基波有效值可以通过傅里叶分析得到

$$I_{s1} = \frac{2}{\pi}\sqrt{2}I_D = 0.9I_D \quad\quad (7-17)$$

基波有效值同时也可以通过 $P_s = P_D$,$V_s I_{s1}\cos\alpha = V_D I_D$ 来计算。

输入电流波形及谐波分析如图 7-16、图 7-17 所示。

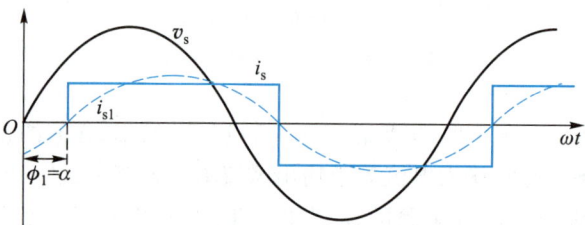

图 7-16　输入电流波形

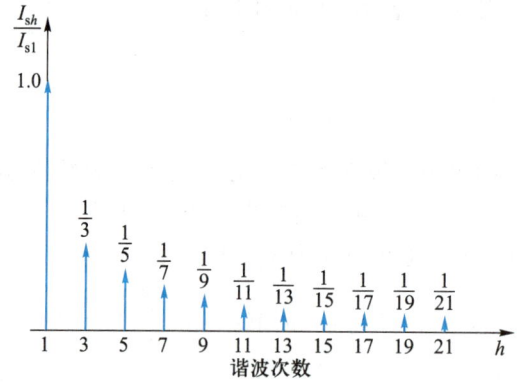

图 7-17　输入电流谐波分析

输入电流的谐波分布特征是 $2n\pm1(n=2,3\cdots)$ 次,其有效值为

$$I_{sh} = \frac{I_{s1}}{h} \quad\quad (7-18)$$

又因为输入电流有效值 $I_s = I_D$,所以,输入电流的总谐波畸变率为

$$THD = 100 \times \frac{\sqrt{I_s^2 - I_{s1}^2}}{I_{s1}} = 48.43\% \tag{7-19}$$

从图 7-16 中很明显地看出,输入基波电流滞后于输入电压 $\alpha$ 角,因此,其位移因数为

$$DPF = \cos \phi_1 = \cos \alpha \tag{7-20}$$

所以,交流侧的功率因数为

$$PF = \frac{I_{s1}}{I_s} DPF = \frac{I_{s1}}{I_s} \cos \alpha = 0.9 \cos \alpha \tag{7-21}$$

在非正弦电路中,有功功率、视在功率、功率因数的定义与正弦电路相同。公用电网中,通常电压的畸变很小,而电流的畸变可能很大。因此为简化功率分析,此处不考虑电网电压畸变。

基波电压与谐波电流之间不产生有功功率,所以,输入到整流器的有功功率为

$$P = V_s I_{s1} \cos \phi_1 = 0.9 V_s I_D \cos \alpha \tag{7-22}$$

接着计算基波无功功率为

$$Q_1 = 0.9 V_s I_D \sin \alpha \tag{7-23}$$

基波视在功率为

$$S_1 = V_s I_{s1} = 0.9 V_s I_D = (P^2 + Q_1^2)^{1/2} \tag{7-24}$$

它小于视在功率 $S = V_s I_s$,两者之间还差一个畸变功率 $D$

$$D = \sqrt{S^2 - S_1^2} \tag{7-25}$$

式(7-25)表明,畸变功率 $D$ 是由谐波电流与基波电压产生的无功功率。$P$、$Q_1$、$S_1$、$S$ 的关系绘制在图 7-18 中。

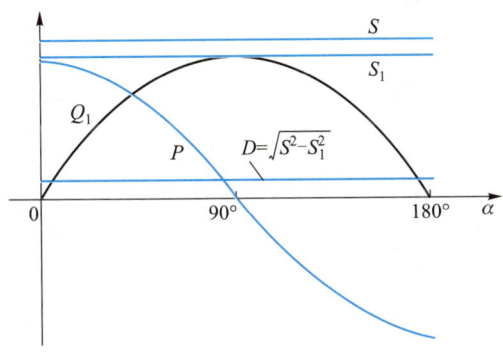

图 7-18　$P$、$Q_1$、$S_1$、$S$ 的关系

**例题 7-1**　如果图 7-13 所示阻感负载中电感不能认为无穷大,那么请分析电流断续时的输出电压 $v_D$ 和电流 $i_D$ 的波形,并计算输出电压平均值 $V_D$。

**答:** $V_D = \frac{1}{\pi} \int_\alpha^{\alpha+\theta} \sqrt{2} V_s \sin \omega t \, \mathrm{d}(\omega t) = \frac{\sqrt{2} V_s}{\pi} [\cos \alpha - \cos(\alpha + \theta)]$

稳态工作下,根据伏秒平衡,电感两端电压平均值为零,故负载电流平均值为 $I_D =$

$$\frac{V_{\mathrm{D}}}{R} = \frac{\sqrt{2}\,V_{\mathrm{s}}}{R\pi}\left[\cos\alpha - \cos(\alpha+\theta)\right]。$$ 其波形如图 7-19 所示。

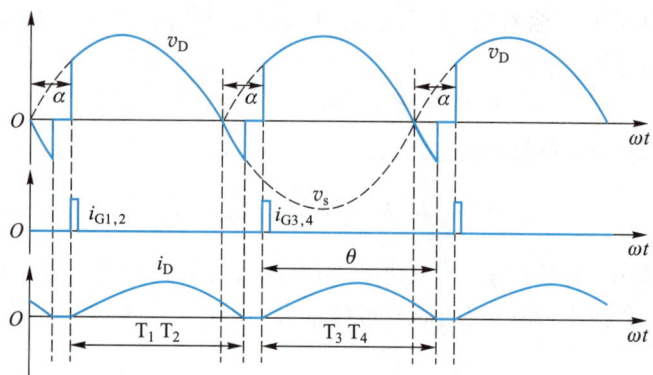

图 7-19　单相晶闸管整流器阻感负载波形

可见，负载不能看作电流源时，需要解超越方程才能得到数值解，类似于 7.2.1 节中单相半波阻感负载。

### 7.3.3　阻感（电流源）负载单相桥式半控整流电路且 $L_{\mathrm{s}}=0$

在单相桥式全控整流电路中，用两个晶闸管同时导通以形成导电回路，实际上为了对每个导电回路进行控制，只需一个晶闸管就可以了，另一个晶闸管可以用二极管代替，从而简化整个电路。以阻感负载为例，将图 7-13 中的两个晶闸管用二极管代替可以得到如图 7-20(a)(b) 所示的两种单相桥式半控整流电路。

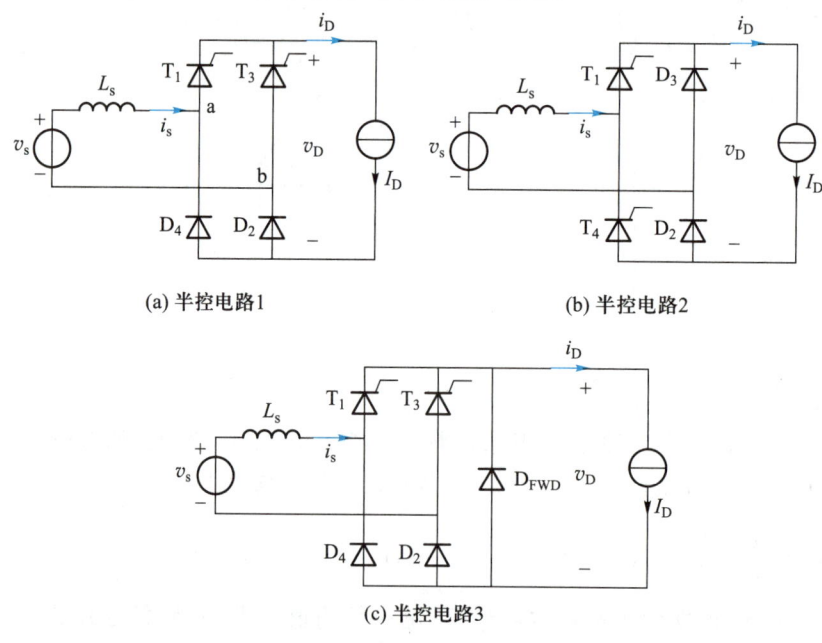

图 7-20　单相桥式半控整流电路

半控电路与全控电路在电阻负载时的工作情况相同,以下针对阻感负载进行讨论。

对于图 7-20(a)所示电路,与全控桥时相似,假设负载中电感很大,且电路已工作于稳态。在 $v_s$ 正半周,在 $\alpha$ 角处触发晶闸管 $T_1$,$v_s$ 经 $T_1$ 和 $D_2$ 向负载供电。$v_s$ 过零变负时,因电感作用使电流连续,$T_1$ 继续导通。但因 a 点电位低于 b 点电位,故电流从 $D_2$ 转移至 $D_4$,$D_2$ 关断,电流由 $D_4$、$T_1$ 续流,则 $v_D = 0$,不会出现 $v_D$ 为负的情况。在 $v_s$ 负半周 $\alpha$ 角触发 $T_3$,$T_3$ 导通,则向 $T_1$ 施加反压使之关断,$v_s$ 经 $T_3$ 和 $D_4$ 向负载供电。$v_s$ 过零变正时,$D_2$ 导通,$D_4$ 关断。$T_3$ 和 $D_2$ 续流,$v_D$ 又为零。此后重复该过程。

但图 7-20(a)所示电路可能出现失控,实际运行时,当 $\alpha$ 角突然增大到 180° 或触发脉冲丢失时,会发生一个晶闸管持续导通而两个二极管轮流导通的情况,使 $v_D$ 成为正弦半波,即半周期为正弦,另外半周期为零,其平均值保持恒定,相当于单相半波不可控整流电路时的波形,此时触发脉冲失去控制作用,称为失控。例如当 $T_1$ 导通时切断触发电路,则当 $v_s$ 变负时,由于电感的作用,负载电流由 $T_1$、$D_4$ 续流,当 $v_s$ 又变正时,因 $T_1$ 是导通的,$v_s$ 又经 $T_1$、$D_2$ 导通,出现失控现象。为避免失控,图 7-20(a)所示电路需要另加续流二极管 $D_{FWD}$,如图 7-20(c)所示。有续流二极管时,续流过程由 $D_{FWD}$ 完成,在续流阶段晶闸管关断,这就避免了某一个晶闸管持续导通从而导致失控。同时,续流阶段导电回路中只有一个管压降,可以降低损耗。

单相桥式半控整流电路有续流二极管、阻感负载时的工作波形如图 7-21 所示,可见 $V_D$ 的计算与纯阻负载时式(7-12)一致。

单相桥式半控整流电路另一种接法如图 7-20(b)所示,相当于把 $T_2$、$T_3$ 用 $D_2$、$D_3$ 代替,这样可以省去续流二极管 $D_{FWD}$,续流由 $D_2$、$D_3$ 完成。此时器件的导通顺序是 $T_1D_2$、$D_2D_3$、$T_4D_3$、$D_2D_3$。

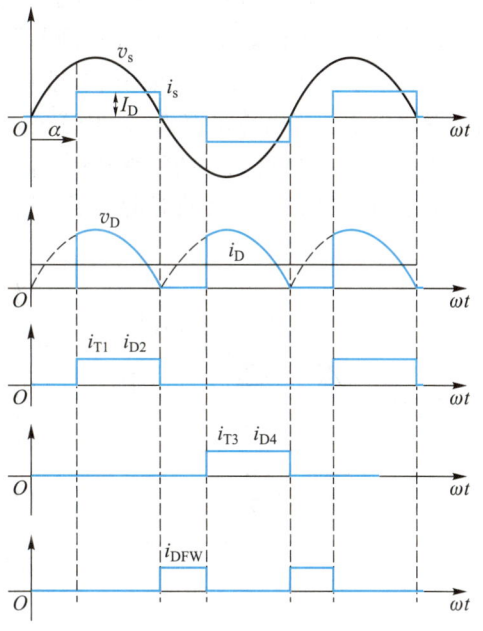

图 7-21　单相桥式半控整流电路有续流二极管、阻感负载时的工作波形

### 7.3.4　反电动势负载($RE$、$RLE$)单相全桥晶闸管整流电路且 $L_s = 0$

如 7.2.2 节所述,当蓄电池、运行中的直流电动机电枢负载的电感可以忽略时,负载可看成是反电动势 $RE$ 负载。如图 7-22 所示,当忽略主电路各部分的电感时,只有在 $v_s$ 瞬时值的绝对值大于反电动势即 $|v_s| > E_D$ 时,晶闸管才会承受正压,具有导通可能。而晶闸管导通后,$v_D = v_s$,$i_D = (v_D - E_D)/r_D$,直至 $|v_s| = E_D$,$i_D$ 降至 0 使得晶闸管关断,此后 $v_D = E_D$。

$RE$ 负载下的负载电流是断续的,电流断续对于蓄电池充电工况无妨,但用于对直流

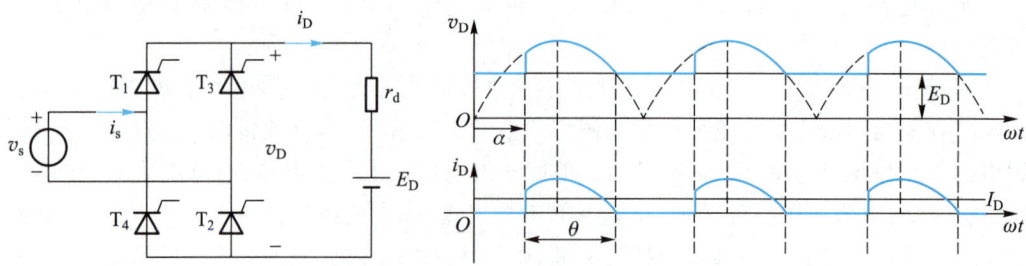

图 7-22　单相桥式全控整流电路接反电动势 *RE* 负载电路及波形

电动机电枢绕组供电将带来一系列问题,如机械特性变软;晶闸管导通角小,电流波形窄,为保证一定大小的平均值则电流峰值很大,有效值也将变大,也就是波形系数变大;峰值和有效值增大导致装置容量变大;同时峰值较大的脉冲电流又将造成直流电动机换向困难,易产生火花。所以,当电枢电感不够大时,还会在反电动势负载回路串联一个平波电抗器,以平滑电流脉动、延长晶闸管导通时间、保持电流连续。所以,此时将成为 *RLE* 负载。如图 7-23 所示,当晶闸管被触发导通后,即使 $v_s$ 小于 $E_D$ 甚至变负时,晶闸管仍可继续导通。当电感足够大时,电流进入连续模式,晶闸管导通 180°。这时整流电压 $v_D$ 与阻感(电流源)负载时的波形相同,$v_D$ 的计算公式也一致。当 $L_d$ 足够大时,负载电流 $i_D$ 波形与阻感(电流源)负载时的波形相同。

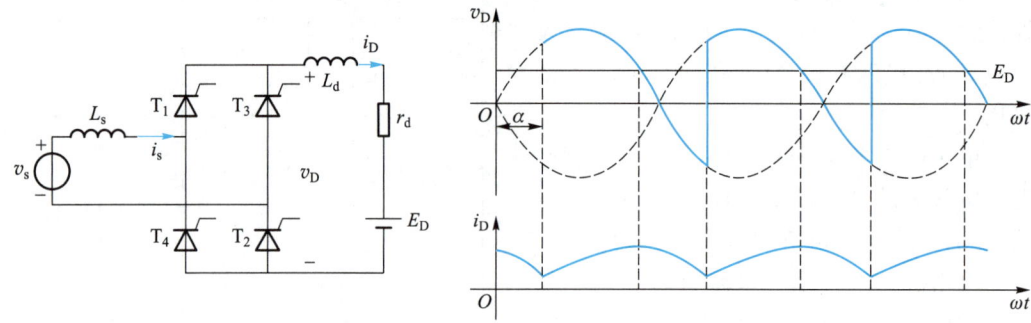

图 7-23　单相桥式全控整流电路带反电动势负载串平波电抗器电路及波形

**例题 7-2**　如图 7-23 所示的单相桥式全控整流电路,$L_s = 0$,$v_s = 220$ V,$r_d = 2$ Ω,$L_d$ 极大,反电动势 $E_D = 100$ V,当 $\alpha = 30°$ 时,求整流输出平均电压 $V_D$,电流 $I_D$,输入交流侧电流有效值 $I_s$ 并作出 $v_D$、$i_D$、$i_s$ 的波形。

答:$V_D = 0.9 v_s \cos \alpha = 0.9 \times 220 \times \cos 30° \text{ V} \approx 171.5 \text{ V}$

$I_D = (V_D - E_D)/r_d \approx (171.5 - 100)/2 \text{ A} \approx 35.7 \text{ A}$

$I_s = I_D \approx 35.7 \text{ A}$

$v_D$、$i_D$、$i_s$ 的波形如图 7-24 所示。

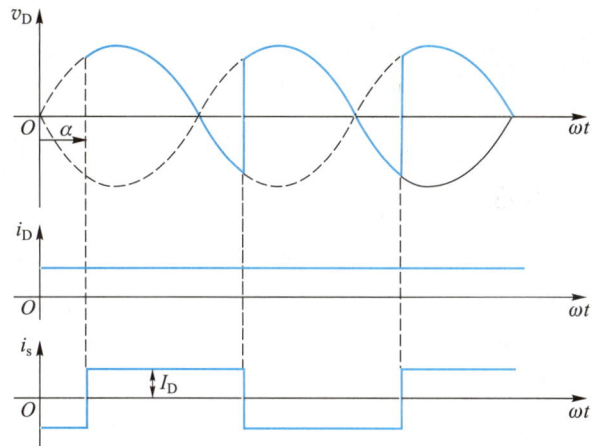

图 7-24　$L_d$ 极大时单相桥式全控整流电路反电动势负载波形

### 7.3.5　考虑输入电感影响（$L_s \neq 0$）的单相全桥晶闸管整流电路（电流源负载）

与二极管整流电路一致，图 7-11 中的输入电感 $L_s$ 通常是不能忽略的，它是电网模型的一部分，也可以理解为线路电感。$L_s$ 会对晶闸管整流电路的换流和输出电压产生影响。如图 7-25 所示，由于存在着输入电感，换流不再是瞬间完成，而需要花费一定的时间。这段时间称为**换流时间**，换流时间所对应的角度称为**换相重叠角**，用字母 $u$ 表示。

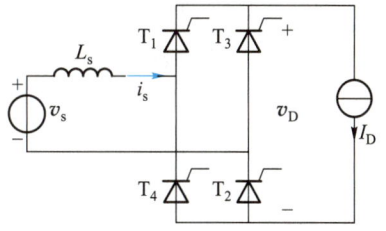

图 7-25　考虑输入电感的晶闸管整流电路

图 7-26 展示了换相重叠角的影响。假设换流前 $T_3$、$T_4$ 导通，而换流后 $T_1$、$T_2$ 导通，也就是考虑电流从 $T_3$、$T_4$ 换流到 $T_1$、$T_2$。如图 7-26(a) 所示，输入电流 $i_s$ 从 $-I_D$ 变到 $I_D$。和二极管整流一样，在换流时，四个晶闸管均处于导通状态，换流等效电路与二极管整流电路完全一致。换流时，$v_D = 0$，使得输出电压平均值下降，产生电压损失，在这段时间内，$T_1$、$T_2$ 的电流从 0 变成 $I_D$，而 $T_3$、$T_4$ 则相反。

图 7-26(a) 所示等效电路与图 6-9 所示二极管单相整流器相同，同样具有 6 条支路，4 个节点，具有 $m = b - n + 1 = 3$ 个独立的网孔电流，如图 7-26(a) 所示网孔电流分别定义为 $i_{u1}$、$i_{u2}$、$I_D$，其中 $i_{u1} = -i_{u2} = i_u$（分析参考 6.2.2 节）。换流时 $T_1$、$T_2$、$T_3$、$T_4$ 同时导通，有 $v_D = 0$，$i_{T1} = i_{T2}$ 从零开始上升到 $I_D$，$i_{T3} = i_{T4}$ 从 $I_D$ 开始下降到 0。由上述分析易知在换流过程中有

$$i_{T1} = i_{T2} = i_u \quad i_{T3} = i_{T4} = I_D - i_u \tag{7-26}$$

且有

$$i_s = i_{T1} - i_{T4} = -I_D + 2i_u \tag{7-27}$$

换流时，4 个晶闸管全部导通，显然有

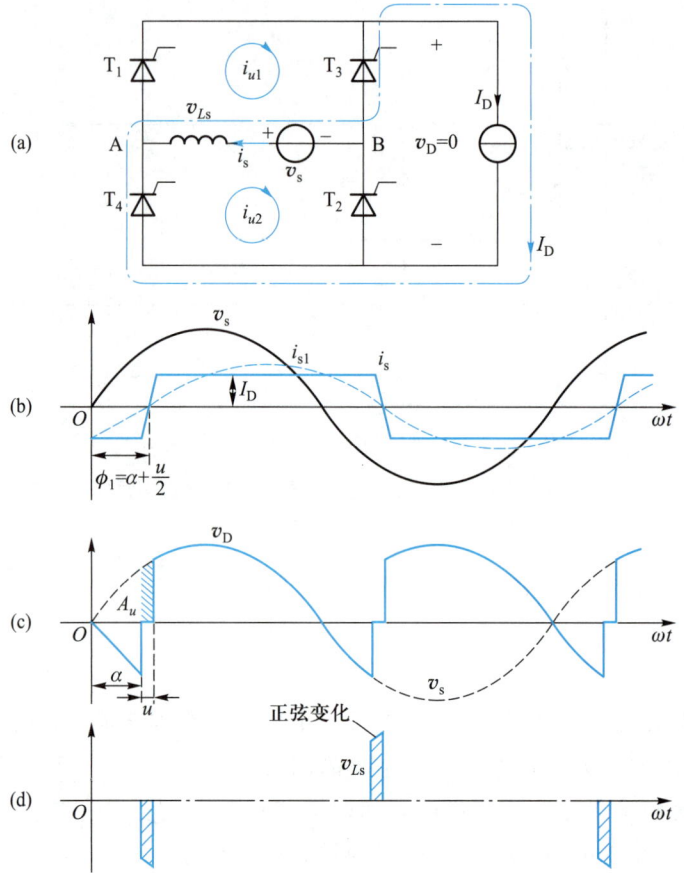

图 7-26　考虑输入电感时的波形图

$$v_{s} = v_{Ls} = L_{s} \frac{\mathrm{d}i_{s}}{\mathrm{d}t} \tag{7-28}$$

两边同乘以 $\mathrm{d}(\omega t)$ 并对换流区间进行积分,可以得到换流造成的电压损失 $A_{u}$

$$A_{u} = \int_{\alpha}^{\alpha+u} \sqrt{2}V_{s} \sin \omega t \mathrm{d}(\omega t) = \sqrt{2}V_{s}[\cos \alpha - \cos(\alpha + u)] = \omega L_{s} \int_{-I_{D}}^{I_{D}} \mathrm{d}i_{s} = 2\omega L_{s} I_{D} \tag{7-29}$$

所以,可计算出因为换流所造成的电压损失

$$\Delta V_{\mathrm{D}u} = \frac{A_{u}}{\pi} = \frac{2\omega L_{s} I_{\mathrm{D}}}{\pi} \tag{7-30}$$

因而考虑了 $L_{s}$ 的平均输出电压为

$$V_{\mathrm{D}} = 0.9V_{s} \cos \alpha - \frac{2\omega L_{s} I_{\mathrm{D}}}{\pi} \tag{7-31}$$

同时,从式(7-29)可以解出换相重叠角 $u$ 的计算公式

$$\cos(\alpha + u) = \cos \alpha - \frac{2\omega L_{s} I_{\mathrm{D}}}{\sqrt{2}V_{s}} \tag{7-32}$$

当 $\alpha = 0$ 时,等效于二极管整流器的换相重叠角计算公式(6-15) $\cos u = 1 - \dfrac{2\omega L_s}{\sqrt{2}\, V_s} I_D$。式

(7-29)表明,负载电流 $I_D$、输入电感 $L_s$ 越大,则换相重叠角 $u$ 越大。$\alpha \leqslant 90°$ 时,$\alpha$ 越小,$u$ 越大,因为 $\alpha$ 越小,相邻相的相电压差值越小,换流时的 $\mathrm{d}i/\mathrm{d}t$ 越小,能量释放越慢。此结论同样适用于后续的三相桥式整流电路。

换相重叠角同样也影响了输入基波电流和位移因数。可以从图 7-26 中看出

$$DPF \approx \cos\left(\alpha + \frac{1}{2}u\right) \tag{7-33}$$

由输入输出功率平衡

$$V_s I_{s1} DPF = V_D I_D \tag{7-34}$$

结合式(7-31)、式(7-33)、式(7-34)可求得基波输入电流有效值

$$I_{s1} \approx \frac{0.9 V_s I_D \cos\alpha - (2/\pi)\omega L_s I_D^2}{V_s \cos(\alpha + u/2)} \tag{7-35}$$

之后在 $i_s$ 由 $I_D$ 变为 $-I_D$ 时有同样的换流过程,在此不予赘述。

### 7.3.6 实际的单相晶闸管整流电路($L_s \neq 0, RLE$)

以直流电动机负载为例,实际单相桥式晶闸管整流电路如图 7-27(a)所示,负载等效成直流电动势 $E_D$、大电感 $L_d$ 与很小的电阻 $r_d$ 串联,且 $L_s \neq 0$。

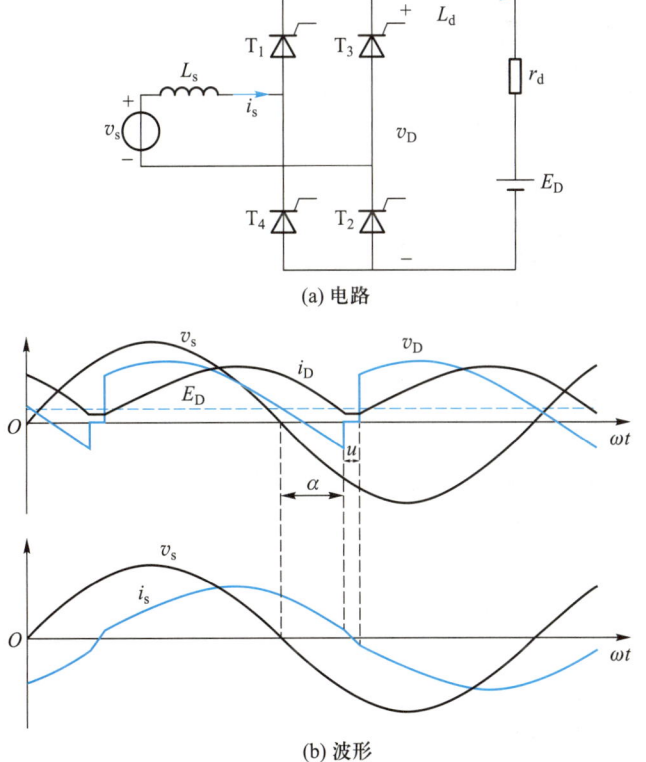

(a) 电路

(b) 波形

图 7-27 实际单相桥式晶闸管整流电路(直流电动机负载)的电路图和波形(连续模式)

图 7-27(b)画出了 $\alpha = 45°$，输出电流连续的波形图。可以清楚地看到由 $L_s$ 产生的换相重叠角 $u$，在换流的时候，输出电流 $i_D$ 维持在最小值。

因为 $i_D$ 连续，所以，根据式(7-31)可以将此时的输出电压平均值表示成

$$V_D \approx 0.9V_s \cos\alpha - \frac{2}{\pi}\omega L_s i_{Dmin} \tag{7-36}$$

其中，$i_{Dmin}$ 是 $i_D$ 的最小值，也就是 $\alpha$ 处的 $i_D$。

为了得到输出电流的平均值，列出下式

$$v_D = r_d i_D + L_d \frac{\mathrm{d}i_D}{\mathrm{d}t} + E_D \tag{7-37}$$

两边积分并应用伏秒平衡，式(7-37)可以用平均值表示为

$$V_D = r_d I_D + E_D \tag{7-38}$$

结合式(7-36)，可知直流侧平均输出电压 $V_D$ 可以通过控制触发角 $\alpha$ 来控制，从而进一步控制输出电流 $i_D$ 以及输送到负载的功率。

假设直流电动机 $L_d$ 等参数不变，如果 $E_D$ 因励磁增加而升高，或主动控制直流电动机转速不变，而负载变轻，即负载转矩与电流变小时，弱磁作用也相应减弱，磁通变高，同样也会让反电动势 $E_D$ 增加。而当 $E_D$ 增加到特定值后，$I_D$ 将变得断续，如图 7-28 所示，断续期间有 $v_D = E_D$。

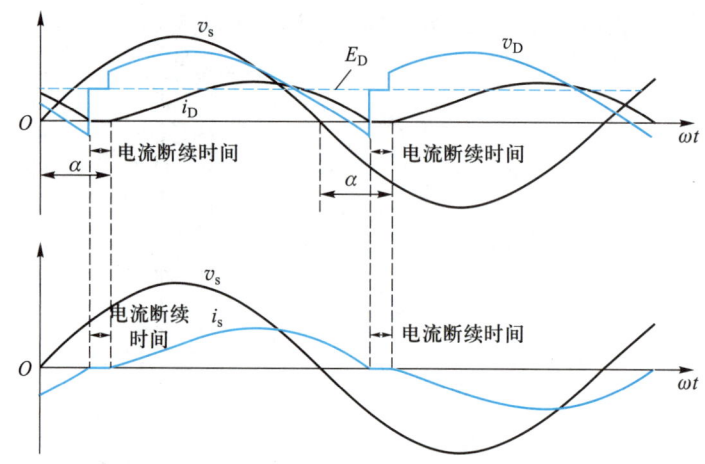

图 7-28　实际单相晶闸管整流电路(直流电动机负载)断续模式下的波形图

需要指出的是，晶闸管整流一般带的是电动机负载，或是用于 HVDC 等的大感性负载系统，$L_D$ 通常比较大，所以，电流一般都是处于连续状态。当负载是重载时，整流器也更易工作在连续状态，换流期间 $v_D = 0$，如图 7-27 所示。

例题 7-3　如图 7-27(a)所示的单相全控桥，反电动势阻感负载，$r_d = 1\ \Omega$，$L_d = \infty$(为计算方便，通常假设为无穷大)，$E_D = 40\ \text{V}$，$V_s = 220\ \text{V}$，$L_s = 0.5\ \text{mH}$，当 $\alpha = 60°$ 时，求 $V_D$、$I_D$、$u$，并画出整流电压 $v_D$ 的波形。

答：$V_D = 0.9V_s \cos\alpha - \dfrac{2\omega L_s I_D}{\pi}$

$$I_D = \frac{V_D - E}{r_d}$$

解得：$I_D = 53.64\ A$

并通过 $\cos(\alpha + u) = \cos \alpha - \dfrac{2\omega L_s I_D}{\sqrt{2}\,V_s}$ 解得 $u = 3.52°$。其工作波形如图 7-29 所示。

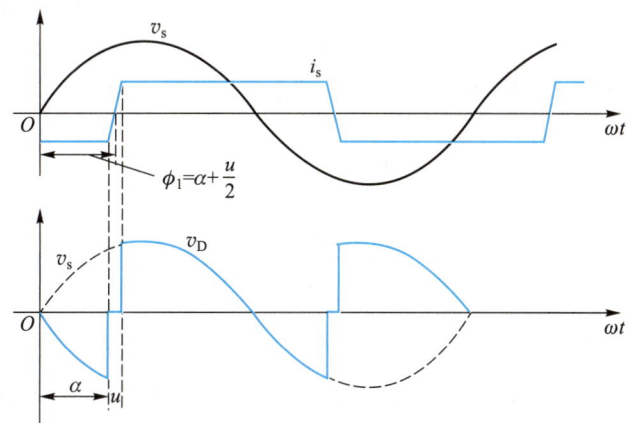

图 7-29 单相全控桥,反电动势阻感负载工作波形

### 7.3.7 单相晶闸管整流电路的逆变模式

理解逆变模式最简单的方法就是假设负载是一个电流源 $I_D$，如图 7-30(a) 所示。这个电路在触发角 $\alpha$ 满足 $90° < \alpha < 180°$ 时的输出电压与电流的波形如图 7-30(b) 所示。可以看到 $v_D$ 的平均值为负，因此，直流侧平均功率 $P_D = V_D I_D$ 也为负，它表示负载发出能量，平均能量从直流侧流到交流侧。同时，交流侧的有功功率也为负值，因为 $P_{ac} = V_s I_{s1} \cos \phi_1$，$\phi_1 > 90°$。

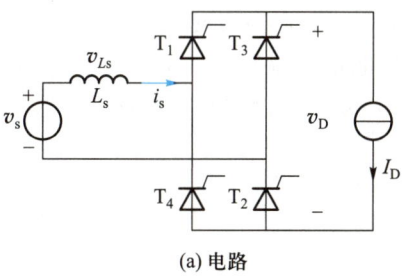

(a) 电路

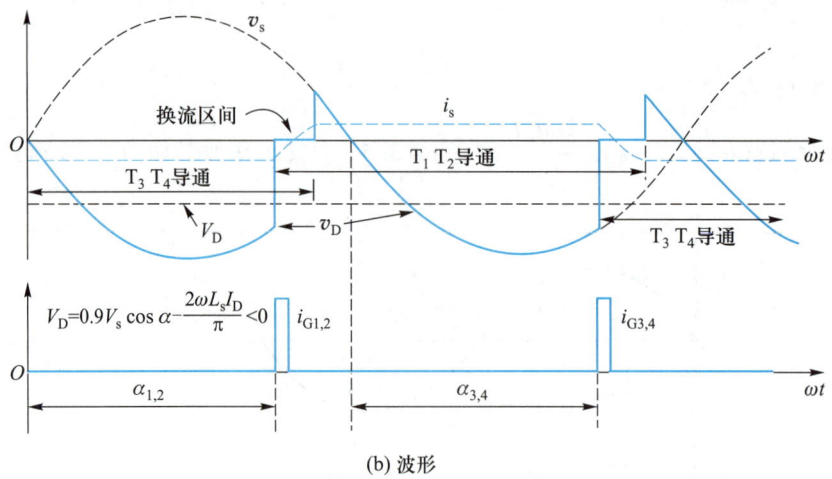

(b) 波形

图 7-30　逆变模式的电路图和波形图

例题 7-4　请画出图 7-30 所示电路从整流到逆变的输出电压波形变化过程。

答:单相桥式电流源负载电路整流到逆变模式的转换如图 7-31 所示。

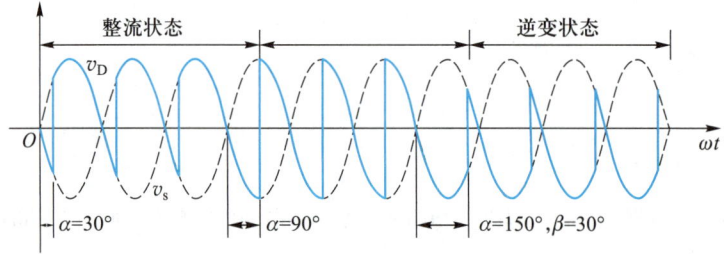

图 7-31　单相桥式电流源负载电路整流到逆变模式的转换

如果将晶闸管整流器等效为直流电压源 $V_D$,则图 7-27(a)所示的实际晶闸管整流电路可以等效为图 7-32 中的两个电动势同极性连接,而电流总是从电动势高的流向电动势低的,所以在整流模式下 $V_D > E_D$,电流总是向右,负载吸收能量。但晶闸管的电流只能单向,电流只能朝右向负载流动。因而要实现逆变模式,让能量向左侧,也就是向电源侧流动,只能通过同时改变直流侧整流输出电压 $V_D$ 和负载电压 $E_D$ 极性,且让 $|E_D| > |V_D|$ 的方式实现,如图 7-32 所示。这是分析晶闸管整流器逆变模式工作的基本思路。

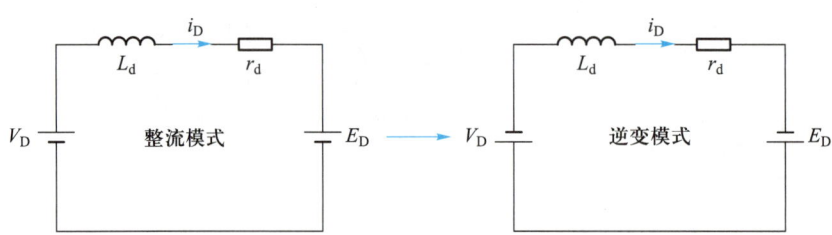

图 7-32　实际晶闸管整流等效电路

对于图 7-33 所示的实际晶闸管电路,如果 $V_D$ 和 $E_D$ 能够同时反向,仍以同极性连接,则可以实现能量从直流到交流的逆变模式。图 7-33 中的直流侧电源 $E_D$ 不仅可以代表背靠背晶闸管变换器驱动的四象限运行直流电动机,也可以代表蓄电池、光伏电源等。无论 $E_D$ 代表什么,只要满足两个条件,图 7-33 就能实现逆变,即:① $90° < \alpha < 180°$,以产生负的输出电压,即 $V_D < 0$;② $|E_D| > |V_D|$,以产生正向电流。最容易理解的例子当然还是直流电动机处于回馈制动状态,电动机反电动势也就是 $E_D$ 极性变负,能量回馈到交流侧。在逆变工作状态下,虽然晶闸管的阳极电位大部分处于交流电压为负的半周期,但由于有外接直流电动势 $E_D$ 的存在,晶闸管仍能承受正向电压而导通。

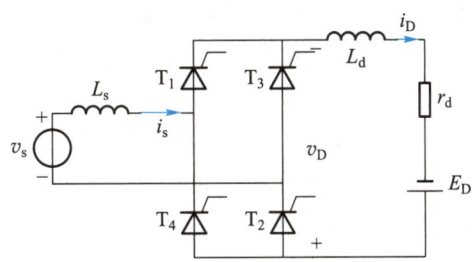

图 7-33　实际的晶闸管逆变电路

在图 7-33 中,如果假定 $L_d$ 很大,负载电流为恒流,瞬时值 $i_D$ 等于平均值 $I_D$,那么图 7-30(b)的波形也可以应用到图 7-33 所示电路。既然在稳态时电感平均电压为 0,那么存在关系

$$V_D = 0.9 V_s \cos \alpha - \frac{2}{\pi} \omega L_s I_D = E_D + I_D r_d \tag{7-39}$$

上式应用的范围是输出电流恒定为 $I_D$,如果 $i_D$ 连续但不是恒定电流源时,则需要用 $i_D$ 在 $\omega t = \alpha$ 的值来代替式(7-39)中 $\frac{2}{\pi} \omega L_s I_D$ 项的 $I_D$。

在逆变模式时,晶闸管两端电压的波形如图 7-34 所示。在 $u$ 区间,换流完成,$T_3$ 和 $T_4$ 电流降到零,并开始承受反压。从 $T_3$、$T_4$ 开始承受反压到 $v_{T3}$ 和 $v_{T4}$ 变为零这段时间定义为熄灭角 $\gamma$(为安全关断的窗口)

$$\gamma = 180° - (\alpha + u) \tag{7-40}$$

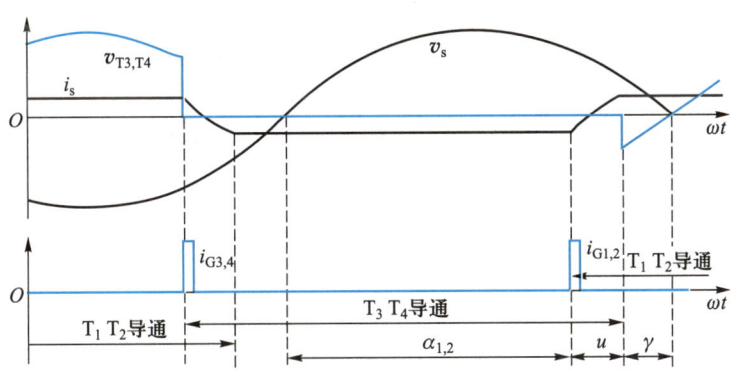

图 7-34　逆变模式时的波形

在熄灭角 $\gamma$ 内,晶闸管 $T_3$、$T_4$ 电压为负,一旦过了这段时间,电压就变为正。在第二章中已经了解到,晶闸管电流变成零后还需要经过反向恢复过程 $t_{rr}$ 和正向电压阻断能力恢复过程 $t_{gr}$,也就是经过关断时间 $t_q = t_{rr} + t_{gr}$ 后,晶闸管才具备正向阻断能力。所以,要求

289

熄灭时间 $t_\gamma = \gamma/\omega$ 大于晶闸管关断时间 $t_q$,否则正向电压将会使晶闸管提前导通,造成换流失败,产生过电流烧坏晶闸管。除了熄灭角预留不足之外,以下几种情况也会导致逆变失败:

① 触发电路不可靠,不能适时准确地给晶闸管分配脉冲,如脉冲丢失、脉冲延时等,致使晶闸管不能正常换相,交流电源电压和直流电动势顺向串联,形成短路;

② 晶闸管发生故障,在应该阻断期间,器件失去阻断能力,或在应该导通时,器件不能导通,造成逆变失败;

③ 在逆变工作时,交流电源发生缺相或突然消失,由于直流电源 $E_D$ 的存在,晶闸管仍可导通,此时变流器的交流侧由于失去了同直流电源极性相反的交流电压,因此,直流电源将通过晶闸管造成短路。

除了熄灭角外,为分析和计算方便起见,通常也把 $\alpha > \dfrac{\pi}{2}$ 时的触发角用 $\beta = \pi - \alpha$ 表示,$\beta$ 被称为逆变角。单相电路中,触发角 $\alpha$ 是以交流电压过零点为起始点,由此向右方计量,而逆变角 $\beta$ 和触发角 $\alpha$ 计量方向相反,其大小自 $\beta = 0$ 的起始点向左方计量,二者关系为 $\beta = \pi - \alpha$。有了 $\beta$ 后,式(7-40)可以写成

$$\gamma = \beta - u \tag{7-41}$$

如果再把晶闸管关断时间 $t_q$ 折算成角度 $\theta$,通常为 5°左右,则逆变角 $\beta$ 必须满足式(7-42)。

$$\gamma = \beta - u > \theta \Rightarrow \beta > u + \theta \tag{7-42}$$

再预留一个安全裕量角 $\varphi$,则 $\beta$ 需具有最小值 $\beta_{min} = u + \theta + \varphi$。晶闸管 $t_q$ 较大时可达到 200~300 μs,折算到电角度 $\theta$ 为 4°~5°,而安全裕量角 $\varphi$ 通常取 10°。

当要启动类似于图 7-33 所示的逆变器时,为避免过流,一开始需要将触发角 $\alpha$ 调节到足够大(比如 165°)使得 $i_D$ 断续,如图 7-35 所示,然后再调节 $\alpha$ 到所需的状态,但用此方式启动时需要在满足 $\beta_{min} = u + \theta + \varphi$ 的前提下尽量调大 $\alpha$。

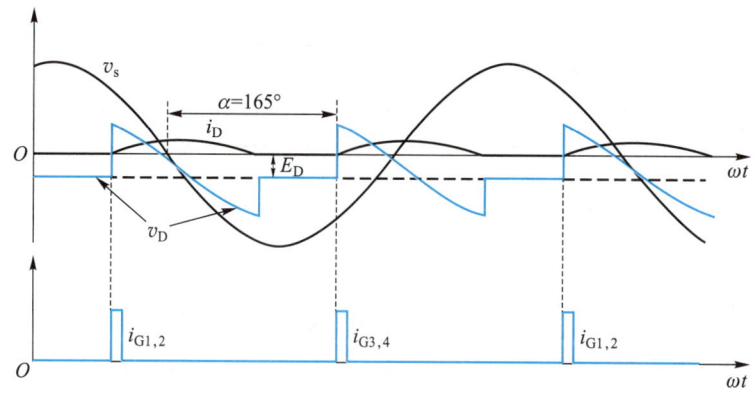

图 7-35　逆变模式启动时的波形

在图 7-27(b)、图 7-28、图 7-35 中,在 $L_s$ 和电流纹波的共同作用下,$v_D$ 和 $v_s$ 之间有个差值。如果不考虑 $L_s$ 或认为负载为恒流源,即 $I_D$ 恒定,则导通区间 $v_D$ 与 $v_s$ 重合,如图 7-29、图 7-30 所示。

需要强调的是本章所述的有源逆变应该包含两层意思：一是逆变器输出与电网连接，即没有电网不能工作，此为字面的"有源"；二是有源的概念需要限制在相控。可以定义为利用晶闸管实现 DC—AC，将直流电能变为交流电能输出给交流电网。有源逆变的主要应用场合是异步电动机调速系统、直流电动机四象限传动及高压直流输电系统等。如图 1-8 所示的传统相控交—直—交 HVDC 系统的用户接收端就是典型的有源逆变系统。而与之对应的图 1-9 所示轻型直流输电系统中轻型直流输电电路采用的是开关模式控制，虽然它也是与电网连接，但不属于相控，如果没有电网，它一样可以离网模式工作，类似的还有光伏并网逆变器、风力并网逆变器等，而通过相位控制实现逆变的晶闸管逆变器则不能离网运行。所以，有源逆变仅仅理解第一层意思是不全面的。注意不要将有源逆变和无源逆变中的"有源"与"无源"，和有源阻尼、无源阻尼，有源器件、无源器件中的"有源"与"无源"混淆，从而将此处的有源翻译成 active，无源翻译成 passive，与 active device、active power filter 等处的有源混淆。由于把逆变分为有源逆变与无源逆变，容易与并网 PWM 控制的逆变器混淆，所以这两个概念只限于本章使用。

**例题 7-5** 如图 7-33 所示的单相全控桥，反电动势阻感负载，$r_d = 1\ \Omega$，$L_d = \infty$，$V_s = 220\ \text{V}$，$L_s = 0.5\ \text{mH}$，当 $E_D = -150\ \text{V}$，$\beta = 60°$时，求 $V_D$、$I_D$、$u$，并画出 $v_D$、$i_s$ 的波形。

**答：**

$$V_D = 0.9 V_s \cos \alpha - \frac{2\omega L_s I_D}{\pi}, \alpha = \pi - \beta$$

$$I_D = \frac{V_D - E}{r_d}$$

三式联立，得

$$V_D \approx -103.64\ \text{V}, I_D \approx 46.36\ \text{A}$$

并通过 $\cos(\alpha + u) = \cos \alpha - \dfrac{2\omega L_s I_D}{\sqrt{2} V_s}$ 解得 $u = 3.15°$。

单相全控桥反电动势阻感负载工作波形如图 7-36 所示。

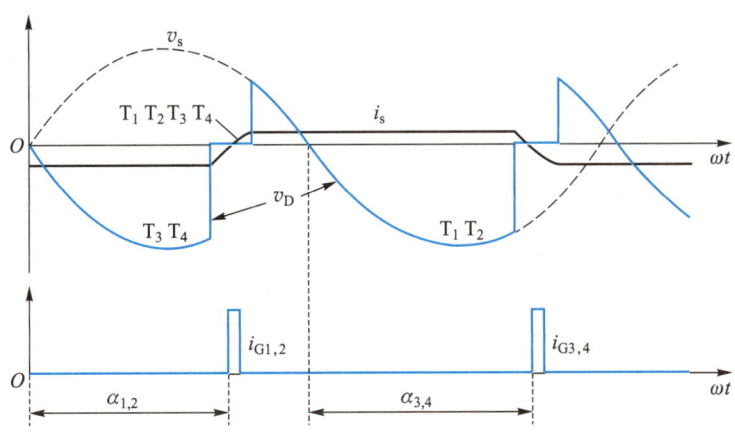

**图 7-36 单相全控桥反电动势阻感负载工作波形**

# 7.4　三相桥式晶闸管整流电路

下面分析三相晶闸管整流电路。分析思路与单相一致,虽然三相晶闸管整流电路的实际负载是大电感性质,并且需要考虑 $L_s$ 的影响,但仍然可以从简化的电路和假设开始。

## 7.4.1　电阻性负载三相桥式晶闸管整流电路且 $L_s=0$

先从如图 7-37 所示的纯电阻负载三相桥式晶闸管相控整流电路开始分析,此处忽略电感 $L_s$ 的影响。图中的编号与三相二极管整流类似,同样把 6 个晶闸管分成上下两组。输出电流 $i_D$ 同时流经 $T_1$、$T_3$、$T_5$ 中的一个晶闸管与 $T_2$、$T_4$、$T_6$ 中的一个晶闸管。

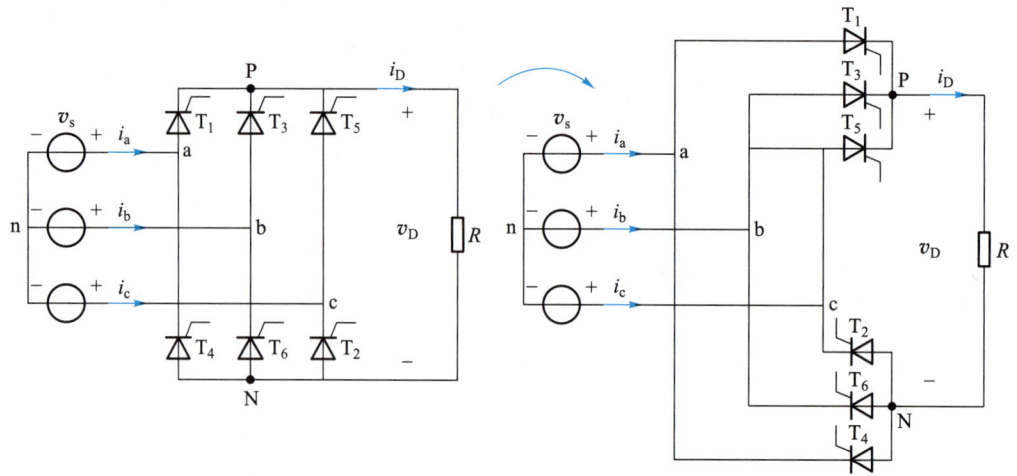

图 7-37　纯电阻负载三相桥式晶闸管相控整流电路

三相桥式晶闸管相控整流电路中,每隔 60° 一个自然换相点,正负方向均有自然换相点。当在自然换相点触发晶闸管,也就是 $\alpha=0°$ 时触发晶闸管,相当于门极触发信号持续施加,那么这个电路就相当于一个二极管整流电路。如图 7-38 所示,其工作波形与三相二极管不控整流电路完全一样,晶闸管的导通顺序为 $T_1T_2$—$T_2T_3$—$T_3T_4$—$T_4T_5$—$T_5T_6$—$T_6T_1$。

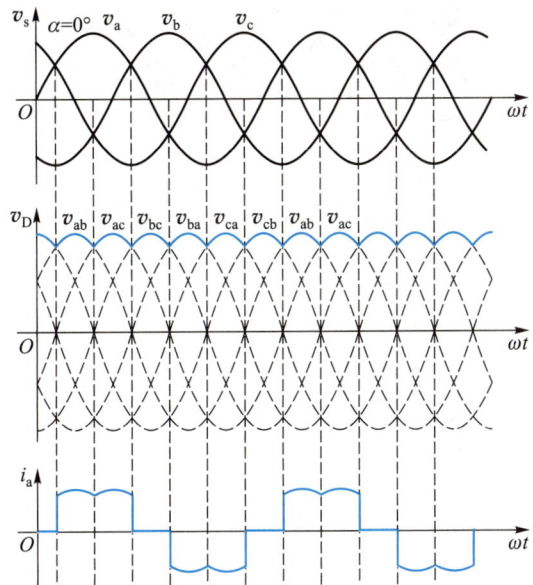

**图 7-38　纯电阻负载三相桥式晶闸管相控整流电路 $\alpha = 0°$ 的工作波形**

触发角 $\alpha = 30°$ 时,晶闸管起始导通时刻推迟了 $30°$,组成 $v_D$ 的每一段线电压也推迟了 $30°$,导致 $v_D$ 的平均值降低。其波形如图 7-39(a)所示。同理,如图 7-39(b)所示,$\alpha = 60°$ 时,$v_D$ 中的每段线电压继续向后移,$v_D$ 的平均值继续降低,且 $v_D$ 瞬时值已经降到了零值。如果继续增大 $\alpha$,$v_D$ 将出现零值区间,也就是 $v_D$ 不再连续。图 7-39(c)所示为 $\alpha = 90°$ 时的波形,$v_D$ 出现了零值区间。这说明,$\alpha = 60°$ 是三相桥式晶闸管整流电路电阻性负载电压 $v_D$ 波形连续与断续的临界点。

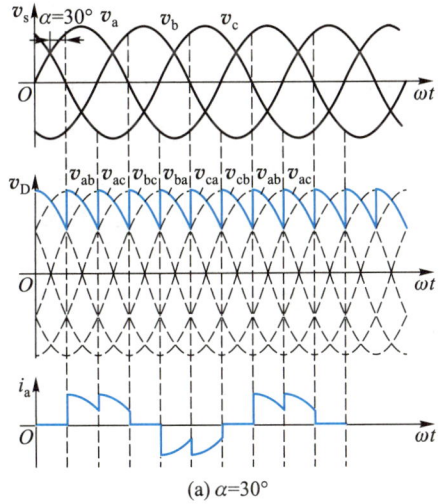

(a) $\alpha = 30°$

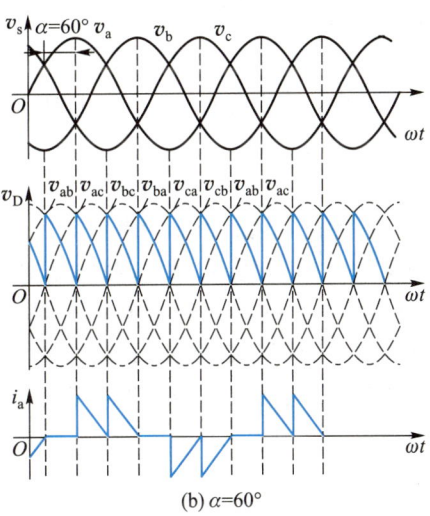

(b) $\alpha = 60°$

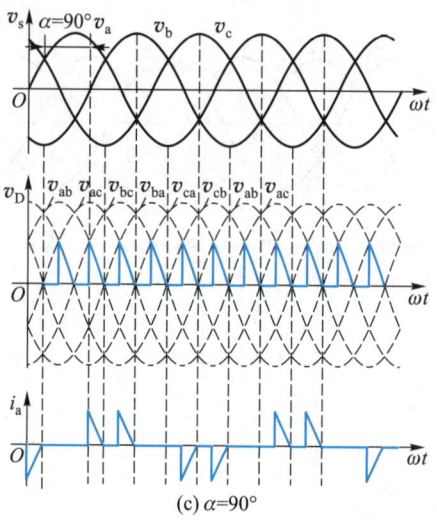

图 7-39　纯电阻负载三相桥式晶闸管相控整流电路波形

$\alpha \leqslant 60°$ 时，输出电压 $v_D$ 连续，平均值通过线电压积分计算为

$$V_D = \frac{1}{\pi/3} \int_{\frac{\pi}{3}+\alpha}^{\frac{2\pi}{3}+\alpha} \sqrt{2}\, V_{LL} \sin \omega t\, \mathrm{d}(\omega t) = 1.35 V_{LL} \cos \alpha = 2.34 V_s \cos \alpha \qquad (7\text{-}43)$$

式中，$V_{LL}$、$V_s$ 分别为输入电源的线电压和相电压有效值。

$\alpha > 60°$ 时，$v_D$ 不再连续，平均值计算为

$$V_D = \frac{1}{\pi/3} \int_{\frac{\pi}{3}+\alpha}^{\pi} \sqrt{2}\, V_{LL} \sin \omega t\, \mathrm{d}(\omega t) = 1.35 V_{LL} \left[ 1 + \cos\left(\frac{\pi}{3}+\alpha\right) \right] = 2.34 V_s \left[ 1 + \cos\left(\frac{\pi}{3}+\alpha\right) \right]$$

$$(7\text{-}44)$$

若继续增大 $\alpha$ 到 120° 时，$V_D$ 为零，所以，三相桥式晶闸管相控整流电路电阻负载的移相范围是 120°。

当 $\alpha > 60°$，$v_D$ 不再连续时，不能采用常规的单脉冲触发控制晶闸管的开通。因为出现断续后，原本导通的晶闸管已经自然关断，即使给了新的晶闸管触发脉冲，但一个晶闸管导通形成不了电流通路。以图 7-40 中 $\alpha = 90°$ 为例，在 $\omega t_1$ 时刻，$v_{ab}$ 过零，则 $T_1$ 和 $T_6$ 由通态转为断态。到 $\omega t_2$，应给 $T_2$ 触发脉冲，但是此时 $T_1$ 已经关断，因为电流没有了回路，所以，$T_2$ 也无法导通。因而为保证 2 个晶闸管（此处为 $T_1$ 和 $T_2$）能同时导通，触发时可采用两种方法：一是宽脉冲触发，触发脉冲宽度大于 60° 而小于 120°，一般取 80° ～ 100°，如图 7-40 所示；另一种是双脉冲触发，即用两个窄脉冲代替宽脉冲，在 $v_D$ 的六个时间段，给应该导通的晶闸管都提供触发脉冲，而不管原来是否导通，所以，每隔 60° 就需要提供两个触发脉冲，实际提供的脉冲顺序是 $T_1 T_2$—$T_2 T_3$—$T_3 T_4$—$T_4 T_5$—$T_5 T_6$—$T_6 T_1$—$T_1 T_2$，如图7-40所示。

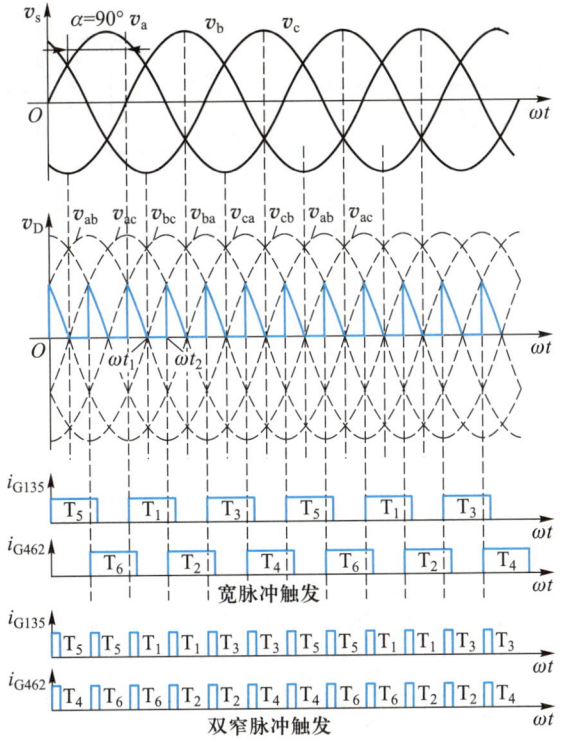

图 7-40　三相桥式晶闸管相控整流纯电阻负载断续时的触发脉冲波形

**例题 7-6**　宽脉冲触发中,为什么脉冲宽度要大于 60°而小于 120°?

**答**:两个自然换相点相隔 60°,所以要大于 60°,而不能大于 120°,因为大于 120°时,会进入下一个自然换相点。

### 7.4.2　阻感负载(电流源负载)三相晶闸管整流电路且 $L_s=0$

和单相一样,阻感负载由于电感的作用,会使得负载电流 $i_D$ 波形变得平直,当电感足够大时,可以认为是电流源负载。事实上,三相桥式全控整流电路多用于向 HVDC、直流电动机负载(等效为反电动势+小电阻+大电感)等系统供电,所以,其负载可以近似认为是电流源负载。以下分析以及习题中都将阻感负载等效为电流源。

如图 7-41 所示,负载为电流源 $I_D$,并忽略 $L_s$ 的影响。如果持续施加门极触发信号,相当于 $\alpha=0°$,那么这个电路相当于一个二极管整流电路,其波形如图 7-42(a)所示,此时的平均输出电压和二极管整流电路中式(6-54)一致,$V_{DO}$ 中的 O 表示 $L_s=0$。

$$V_{DO}=\frac{3\sqrt{2}}{\pi}V_{LL}=1.35V_{LL}=2.34V_s \tag{7-45}$$

当 $\alpha\neq0°$ 时的波形如图 7-42(b)~(d)所示。下面以晶闸管 $T_5$ 换流到晶闸管 $T_1$ 来说明具体工作过程,也就是 $T_5T_6 \rightarrow T_6T_1$ 换流。

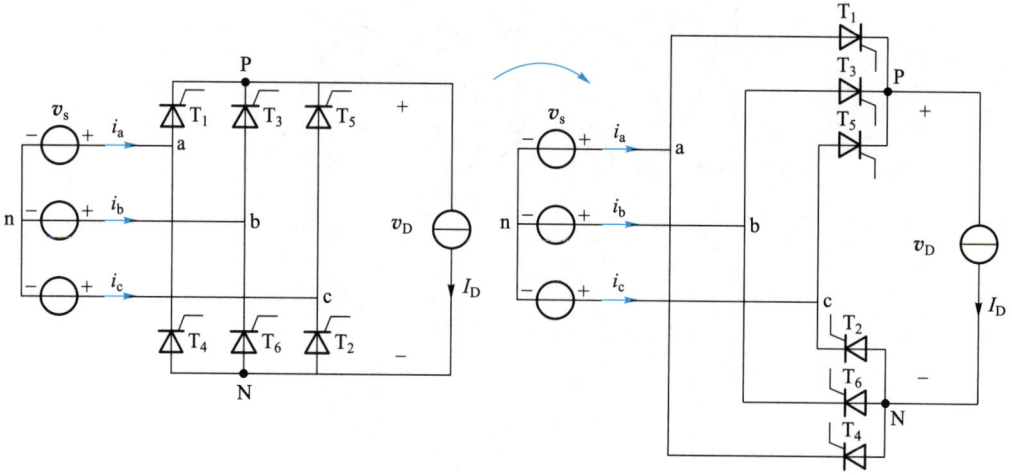

图 7-41　三相晶闸管整流电路电流源负载

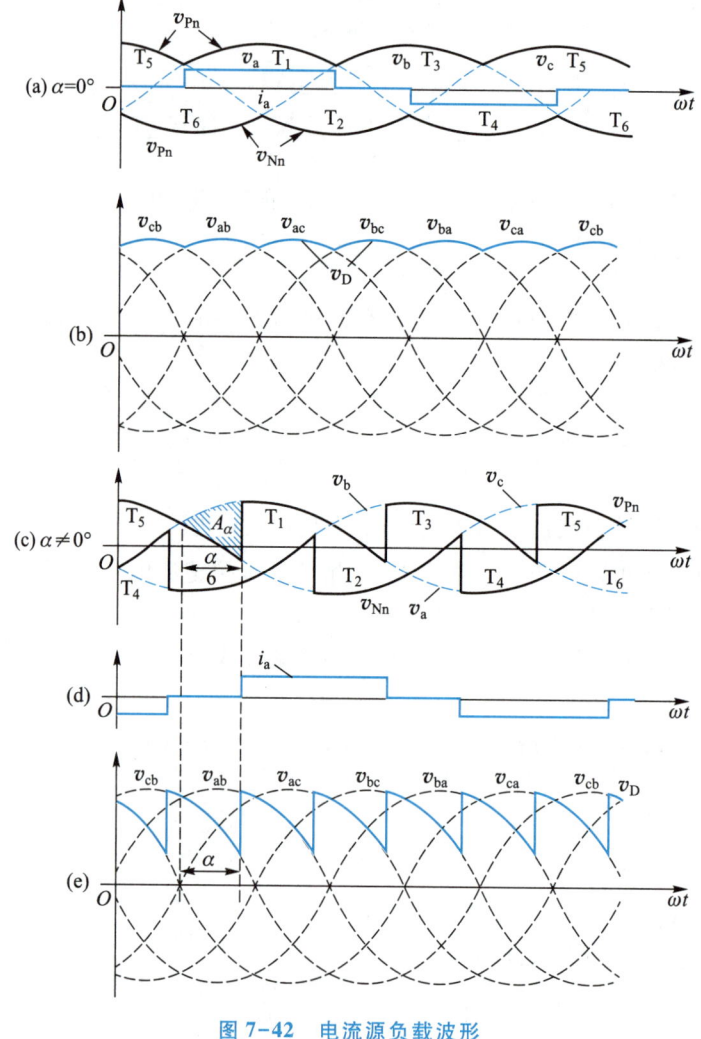

图 7-42　电流源负载波形

从图 7-42(b) 中可以看到，$T_5$ 在 $\omega t = \alpha$ 之前处于导通状态。由于没有输入电感 $L_s$，在 $\omega t = \alpha$ 时，电流瞬间换流到 $T_1$。a 相电流波形如图 7-42(d) 所示，与 $v_a$ 相比，a 相电流滞后了 $\alpha$，其他相电流也是如此。直流侧电压波形 $v_D(=v_{Pn}-v_{Nn})$ 如图 7-42(e) 所示。

对比图 7-42(a) 中的 $v_{Pn}$、$v_{Nn}$ 波形可以看出，当 $\alpha \neq 0°$ 时，与 $\alpha = 0°$ 的 $v_{Pn}$、$v_{Nn}$ 相比，相邻两个自然换相点之间也就是每 60° 都会产生一块电压损失面积 $A_\alpha$（$v_{Pn}$ 或 $v_{Nn}$ 上的损失），因而可以得到考虑触发角 $\alpha$ 时的平均输出电压为

$$V_D = V_{DO} - \frac{A_\alpha}{\pi/3} \tag{7-46}$$

从图 7-42(c) 中看出，阴影标出的 $A_\alpha$ 是 $v_a - v_c = v_{ac}$ 的积分，所以，$A_\alpha$ 可以表示为

$$A_\alpha = \int_0^\alpha v_{ac}\,\mathrm{d}(\omega t) = \int_0^\alpha \sqrt{2}\,V_{LL}\sin\omega t\,\mathrm{d}(\omega t) = \sqrt{2}\,V_{LL}(1-\cos\alpha) \tag{7-47}$$

将式(7-45)、式(7-47)代入式(7-46)中得到

$$V_D = \frac{3\sqrt{2}}{\pi}V_{LL}\cos\alpha = 1.35V_{LL}\cos\alpha = 2.34V_s\cos\alpha = V_{DO}\cos\alpha \tag{7-48}$$

式(7-48)表明，与单相类似，三相晶闸管整流电路输出电压可以通过调节 $\alpha$ 来控制。只要电感足够大使得输出电流连续（即输出电压连续）且不考虑 $L_s$，则 $V_D$ 与 $I_D$ 无关。式(7-48)同时也说明，在阻感负载中，只要电感大到使得输出电压连续，则输出电压 $V_D$ 的计算不需要像电阻负载那样分成 $\alpha \leqslant 60°$ 和 $\alpha > 60°$ 两段。正如前文所述，通常三相桥式相控整流电路阻感负载应用场合中，都可以认为电感无穷大，所以，其输出电压计算相对简单。

同时可以得到直流侧的功率为

$$P = V_D I_D = 1.35 V_{LL} I_D \cos\alpha \tag{7-49}$$

不同 $\alpha$ 时候的输出电压波形如图 7-43 所示。从图中可以看出，输出电压以 60° 为周期波动，其交流纹波频率是基波频率的 6 倍。

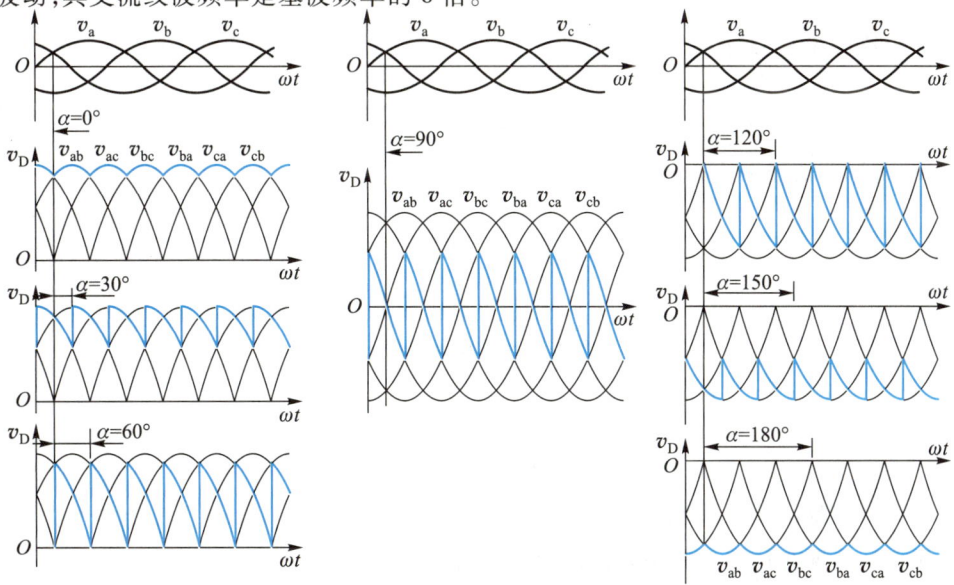

图 7-43　电流源负载不同 $\alpha$ 时候的输出电压 $v_D$ 波形

从图 7-43 也可以得出结论,当 $\alpha \leq 60°$ 时,$v_D$ 波形连续,其工作情况与纯电阻负载时十分相似,各晶闸管的通断情况、输出整流电压波形、晶闸管承受的电压波形等和纯电阻负载都一样。当 $\alpha > 60°$ 时,电感性负载的工作情况与纯电阻不同,电阻负载时,$v_D$ 不会出现负的部分,而电感性负载时,由于电感的作用,$v_D$ 会出现负的部分。在 $\alpha = 90°$ 时,若电感足够大(输出电压电流连续),则 $v_D$ 波形会上下对称,平均值为零。所以,带大电感(电流源)负载时,三相桥式相控整流电路的移相范围为 $90°$。

接下来分析输入相电流。如图 7-44(a)所示,输入相电流是幅值为 $I_D$ 的矩形波,与 $\alpha = 0°$ 相比,输入电流位移了 $\alpha$。由傅里叶分析可以得到其频谱如图 7-44(b)所示,其表达式为

$$i_a(\omega t) = \sqrt{2} I_{s1} \sin(\omega t - \alpha) - \sqrt{2} I_{s5} \sin[5(\omega t - \alpha)] - \sqrt{2} I_{s7} \sin[7(\omega t - \alpha)] +$$
$$\sqrt{2} I_{s11} \sin[11(\omega t - \alpha)] + \sqrt{2} I_{s13} \sin[13(\omega t - \alpha)] + \cdots \tag{7-50}$$

谐波次数为

$$h = 6n \pm 1 \quad (n = 1, 2, 3 \cdots) \tag{7-51}$$

其基波有效值为(根据傅里叶积分计算或根据 $3V_s I_{s1} DPF = V_D I_D$ 计算,$V_s$ 为相电压有效值,$I_{s1}$ 为相电流基波有效值)

$$I_{s1} = 0.78 I_D \tag{7-52}$$

谐波有效值和基波有效值的关系为

$$I_{sh} = \frac{I_{s1}}{h} \tag{7-53}$$

其中,$h$ 满足式(7-51)。

还可得到相电流有效值为(占空比开方乘以幅值)

$$I_s = \sqrt{\frac{2}{3}} I_D \approx 0.816 I_D \tag{7-54}$$

与基波有效值关系为

$$\frac{I_{s1}}{I_s} = \frac{3}{\pi} \approx 0.955 \tag{7-55}$$

所以,总谐波畸变率为

$$THD = \frac{\sqrt{I_s^2 - I_{s1}^2}}{I_{s1}} \times 100\% \approx 31.08\% \tag{7-56}$$

下面讨论交流侧的功率问题。从图 7-44(a)看出位移因数为

$$DPF = \cos \phi_1 = \cos \alpha \tag{7-57}$$

由式(7-55)与式(7-57)得功率因数为

$$PF = \frac{I_{s1}}{I_s} DPF = \frac{3}{\pi} \cos \alpha \tag{7-58}$$

不同 $\alpha$ 时候的输入相电流波形与相量图如图 7-45 所示。其输入有功功率、基波无功功率和基波视在功率与单相分析相同,就不在此赘述。

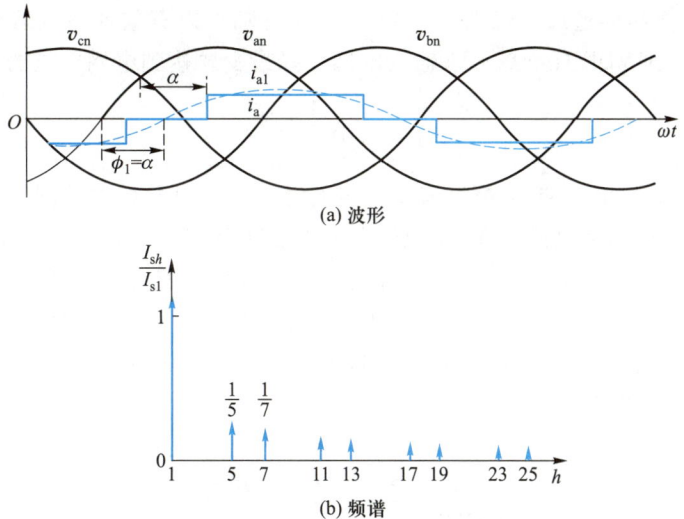

图 7-44 电流源负载三相晶闸管整流电路输入相电流波形及其频谱

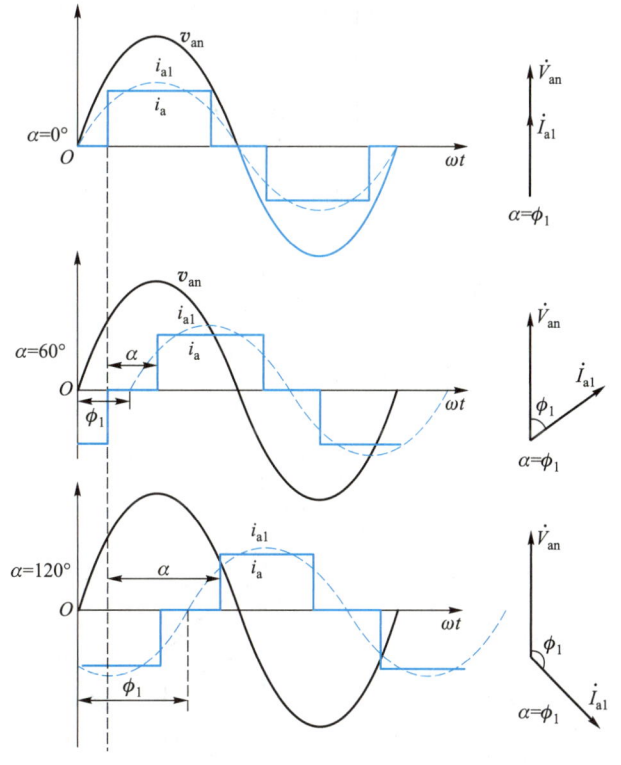

图 7-45 不同 $\alpha$ 时候的输入相电流波形与相量图

### 7.4.3 考虑输入电感($L_s \neq 0$)的三相晶闸管整流电路(电流源负载)

接下来考虑输入电感 $L_s$ 的影响,如图 7-46 所示。在实际应用中,一般不能忽略输入

299

电感的影响, $L_s$ 虽然会造成一定的电压损失, 但是它却可以有效地减少谐波电流, 从而提升电能质量。德国 VDE 标准就要求输入电感压降最少要达到电网电压的 5%, 即

$$\omega L_s \geqslant 0.05 \frac{V_{LL}/\sqrt{3}}{I_{s1}} \tag{7-59}$$

考虑 $L_s$ 时, 对于给定的 $\alpha$, 换流需要一定的时间。假设开始时晶闸管 $T_5$ 和 $T_6$ 导通。当 $\omega t = \alpha$ 时, 电流开始从晶闸管 $T_5$ 换流到 $T_1$, 换流过程中 $T_1 T_5 T_6$ 全部导通, 换流等效电路如图 7-47(a) 所示。取 $v_{an}$ 等于 $v_{cn}$ 的时刻也就是自然换相点作为零点开始分析, 画出电压波形图如图 7-47(b) 所示。在换流时间内, 晶闸管 $T_1$ 和 $T_5$ 同时导通, 相电压 $v_{an}$ 与 $v_{cn}$ 经 $L_s$ 短路。电流 $i_a$ 从 0 逐渐上升到 $I_D$, 同时 $i_c$ 逐渐从 $I_D$ 减少到 0, 如图 7-47(c) 所示。$v_{an}$、$i_a$ 波形如图 7-48 所示。

图 7-46　考虑输入电感 $L_s$ 的三相晶闸管整流电路

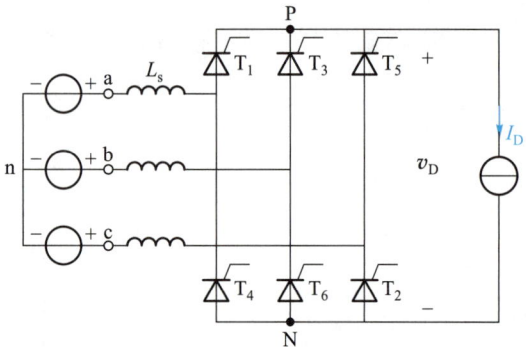

(a) 换流等效电路(ac两相间)

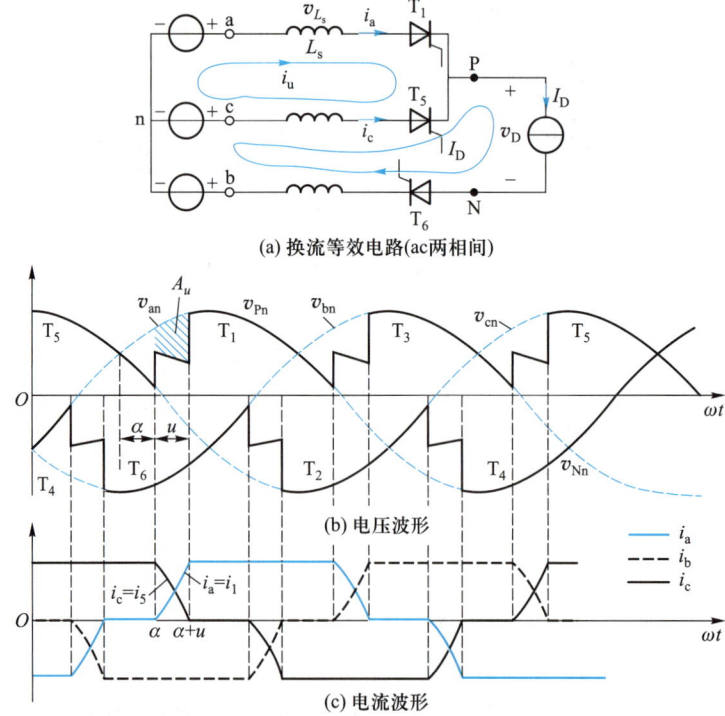

(b) 电压波形

(c) 电流波形

图 7-47　三相晶闸管整流电路电流源负载换流时的简化电路和波形

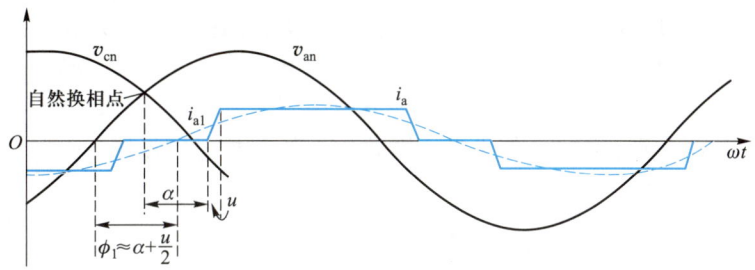

**图 7-48 三相晶闸管整流电路电流源负载考虑 $L_s$ 的 $i_a$ 波形**

可以用网孔分析法来定量分析图 7-47(a)所示的等效电路。在等效电路中,有 3 条支路,2 个节点,所以有 2 个网孔电流。设晶闸管 $T_1$ 与 $T_5$ 之间的网孔电流为 $i_u$,晶闸管 $T_5$ 与 $T_6$ 之间的网孔电流为 $I_D$。可以得到 a 相和 c 相输入电感上的电压为

$$v_{La} = L_s \frac{di_a}{dt} = L_s \frac{di_u}{dt} \tag{7-60}$$

$$v_{Lc} = L_s \frac{di_c}{dt} = L_s \frac{d(I_D - i_u)}{dt} = -L_s \frac{di_u}{dt} \tag{7-61}$$

在换流过程中,P 点的电压为

$$v_{Pn} = v_{an} - v_{La} = v_{an} - L_s \frac{di_u}{dt} \tag{7-62}$$

$$v_{Pn} = v_{cn} - v_{Lc} = v_{cn} + L_s \frac{di_u}{dt} \tag{7-63}$$

由上面两式相加可以得到 $v_{Pn}$ 与 $v_{an}$ 和 $v_{cn}$ 的关系

$$v_{Pn} = (v_{an} + v_{cn})/2 \tag{7-64}$$

因为上节中不考虑 $L_s$ 时 $v_{Pn} = v_{an}$,所以,电压损失为

$$v_{drop} = v_{an} - v_{Pn} = v_{an} - (v_{an} + v_{cn})/2 = (v_{an} - v_{cn})/2 = v_{ac}/2 \tag{7-65}$$

因而电压损失面积 $A_u$ 为

$$A_u = \int_{\alpha}^{\alpha+u} v_{drop} d(\omega t) = \int_{\alpha}^{\alpha+u} \frac{\sqrt{2} V_{LL}}{2} \sin \omega t \, d(\omega t) = \frac{\sqrt{2} V_{LL}}{2} \left[ \cos \alpha - \cos(\alpha + u) \right] \tag{7-66}$$

同时电压损失面积也可以通过电感压降的积分获得

$$A_u = \int_{\alpha}^{\alpha+u} v_{Ls} d(\omega t) \int_{\alpha}^{\alpha+u} L_s \frac{di_u}{dt} d(\omega t) = \omega L_s \int_0^{I_D} di_u = \omega L_s I_D \tag{7-67}$$

将式(7-66)和式(7-67)结合得到换相重叠角 $u$ 计算公式为

$$\cos(\alpha + u) = \cos \alpha - \frac{2\omega L_s}{\sqrt{2} V_{LL}} I_D \tag{7-68}$$

同时根据 $A_u$,可以求得实际的平均输出电压为

$$V_D = V_{DO} \cos \alpha - \Delta V_{Du} = V_{DO} \cos \alpha - \frac{A_u}{(\pi/3)} = \frac{3\sqrt{2}}{\pi} V_{LL} \cos \alpha - \frac{3\omega L_s I_D}{\pi}$$

$$= 1.35 V_{LL} \cos \alpha - \frac{3\omega L_s I_D}{\pi} = 2.34 V_s \cos \alpha - \frac{3\omega L_s I_D}{\pi} \tag{7-69}$$

与单相分析相同,触发角 $\alpha$ 也同样会影响位移因数。从图 7-48 可以看出,位移因数为

$$DPF \approx \cos\left(\alpha + \frac{1}{2}u\right) \tag{7-70}$$

通过输入输出功率平衡,还可以得到位移因数的另外一种表达形式,推导过程可参考本章习题 14 的参考答案。

$$DPF \approx \frac{1}{2}\left[\cos\alpha + \cos(\alpha+u)\right] \tag{7-71}$$

图 7-47 中,为了计算由于换流造成的电压损失等变量时,展示了 $v_{PN}$、$v_{Nn}$ 等细节波形,而图 7-49 则宏观地给出了考虑输入电感 $L_s$、在不同触发角时的输出电压 $v_D$ 与输入电流 $i_a$ 的波形。

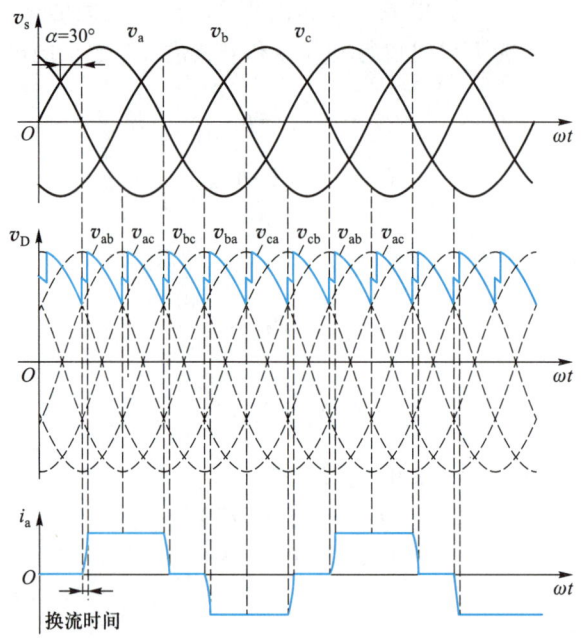

**图 7-49** 考虑输入电感 $L_s$ 的三相晶闸管整流电路阻感负载波形

至此,定量分析了单相、三相桥式二极管不控整流以及单相全桥、三相全桥晶闸管相控整流电路阻感负载（电流源负载）时,输入电感 $L_s$ 引起的输出电压损失与换相时间。无论是二极管不控整流电路还是晶闸管相控整流电路,其原理和计算方法都相同,如果取 $\alpha = 0°$,则二者的计算公式完全相同。事实上,可以总结出所有不控、相控整流电路输入电感引起的输出电压损失和换相时间公式,如表 7-1 所示（二极管整流时,以 $\alpha = 0°$ 代入）。需留意的是,单相全桥换流过程中,交流电感的电流 $i_s$ 是在 $-I_D$ 到 $I_D$ 之间变化,其余均为 0 到 $I_D$ 之间变化,所以,在通用公式中虽然单相全桥结构 $m = 2$,但其结果要加倍。通用公式中,单相时 $V$ 用 $V_s$ 代入,而三相中 $V$ 用 $V_{LL}$ 代入。

**表 7-1** 换相压降、换相时间计算公式总结（$V_s$、$V_{LL}$:相电压、线电压有效值）

| 电路形式 | 换相压降 $\Delta V_{Du}$ | $\cos\alpha - \cos(\alpha+u)$ |
|---|---|---|
| 单相全波,用于有变压器抽头电路,$m = 2$ | $\dfrac{\omega L_s I_D}{\pi}$ | $\dfrac{\omega L_s I_D}{\sqrt{2}\,V_s}$ |

续表

| 电路形式 | 换相压降 $\Delta V_{Du}$ | $\cos\alpha-\cos(\alpha+u)$ |
|---|---|---|
| 单相桥式 $m=2$ | $\dfrac{2\omega L_s I_D}{\pi}$ | $\dfrac{2\omega L_s I_D}{\sqrt{2}\,V_s}$ |
| 三相半波 $m=3$ | $\dfrac{3\omega L_s I_D}{2\pi}$ | $\dfrac{2\omega L_s I_D}{\sqrt{6}\,V_s}=\dfrac{2\omega L_s I_D}{\sqrt{2}\,V_{LL}}$ |
| 三相全桥 $m=6$ | $\dfrac{3\omega L_s I_D}{\pi}$ | $\dfrac{2\omega L_s I_D}{\sqrt{6}\,V_s}=\dfrac{2\omega L_s I_D}{\sqrt{2}\,V_{LL}}$ |
| $m$ 脉波整流电路 | $\dfrac{m\omega L_s I_D}{2\pi}$ | $\dfrac{\omega L_s I_D}{\sqrt{2}\,V\sin(\pi/m)}$ |

**例题 7-7** 与三相桥式相控整流电流源负载相似,如果在图 7-5 所示的三相半波电流源负载中,考虑输入电感 $L_s\neq0$,也会产生换相压降,请画出输出电压 $v_D$ 和输入电流波形,并求出输出电压平均值、换相压降,同时与表 7-1 对照。

**答:**假设 a、c 两相之间进行换流,电流由 c 向 a 相换流。两相晶闸管 $T_1T_3$ 同时导通,a、c 两相短路。可列出电路中的回路电压方程和节点电流方程。

$$\begin{cases} v_a-L_s\dfrac{di_a}{dt}=v_D \\[2mm] v_c-L_s\dfrac{di_c}{dt}=v_D \\[2mm] i_a+i_c=I_D \end{cases} \Rightarrow \begin{cases} L_s\dfrac{di_a}{dt}=\dfrac{v_a-v_c}{2} \\[2mm] L_s\dfrac{di_c}{dt}=\dfrac{v_c-v_a}{2} \end{cases}$$

换流过程中 $v_a>v_c$,所以 $i_a$ 逐渐增加到 $I_D$,而 $i_c$ 逐渐减小至零,完成换流过程。

换相过程中输出整流电压为

$$v_D=v_a-L_s\dfrac{di_a}{dt}=\dfrac{v_a+v_c}{2}$$

换相压降计算为

$$\Delta V_{Du}=\frac{1}{2\pi/3}\int_\alpha^u (v_a-v_D)\,d(\omega t)=\frac{1}{2\pi/3}\int_\alpha^u L_s\frac{di_a}{dt}d(\omega t)=\frac{1}{2\pi/3}\int_\alpha^u \omega L_s\,di_a=\frac{3}{2\pi}\omega L_s I_D$$

从而可以计算输出电压平均值

$$V_D=V_{DO}\cos\alpha-\Delta V_{Du}=V_{DO}\cos\alpha-\frac{3}{2\pi}\omega L_s I_D$$

三相半波阻感负载考虑输入电感时的换相过程及波形如图 7-50 所示。

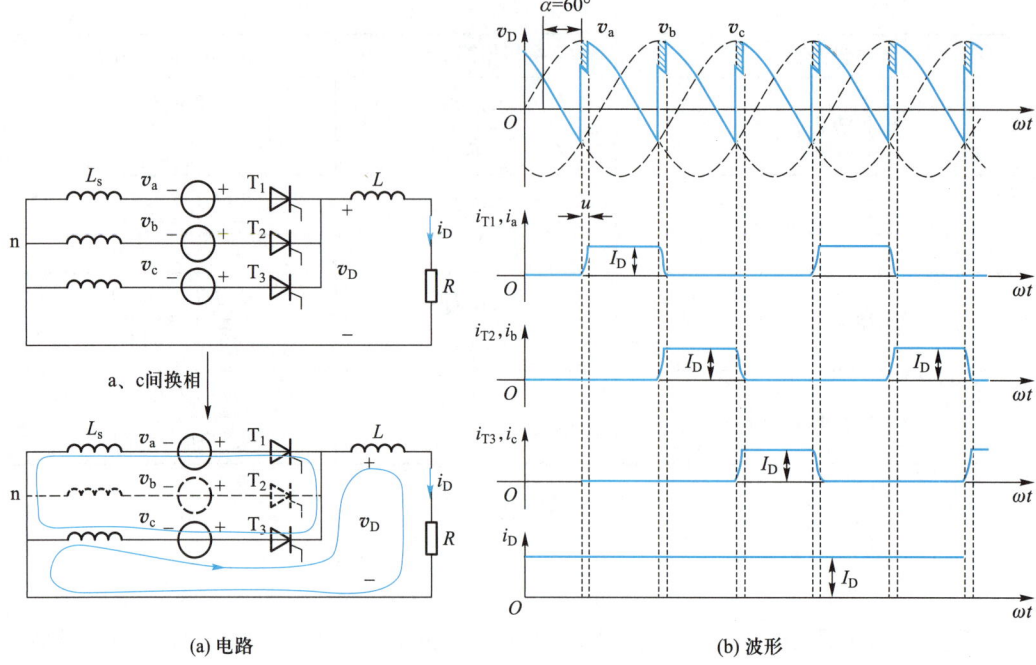

(a) 电路　　　　　　　　　　　　　(b) 波形

**图 7-50　三相半波阻感负载考虑输入电感时的换相过程及波形**

### 7.4.4　实际的三相晶闸管整流电路（$L_s \neq 0$，$RLE$ 或反电动势负载）

以直流电动机负载为例，实际的三相桥式晶闸管整流电路如图 7-51 所示，负载等效成直流电动势 $E_D$、电感 $L_d$ 与很小的电阻 $r_d$ 串联。

对于实际的三相晶闸管整流器，通常满足 $\omega L_d \gg r_d$，其输出电流接近恒定，主要波形如图 7-52 所示。各个参量如果按照图 7-46 所示的考虑输入电感 $L_s$ 的三相整流桥电流源负载来计算，误差会很小。事实上实际的系统通常也是假定电感无穷大来计算的，但如果需要精确的计算，则通常需要用计算机来分析。

和单相晶闸管整流电路一样，三相电路也存在断续模式，例如 $E_D$ 较大，且不满足 $\omega L_d \gg r_d$ 时，也就是不能认为 $L_d$ 无穷大时，图 7-51 电路会进入断续模式，断续模式下主要波形如图 7-53 所示。

与单相相同，图 7-52 中认为 $L_d$ 为无穷大，负载为恒流源，即 $i_D$ 恒定，则导通区间 $v_D$ 与 $v_s$ 重合。但在图 7-53 中，$L_d$ 为有限值，所以在 $L_s$ 和电流纹波的共同作用下，$v_D$ 和 $v_s$ 之间有一个差值。

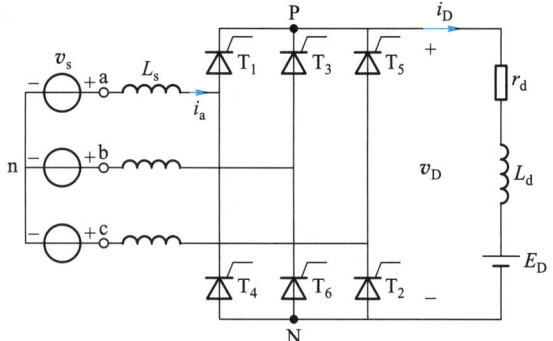

**图 7-51　实际的三相桥式晶闸管整流电路**

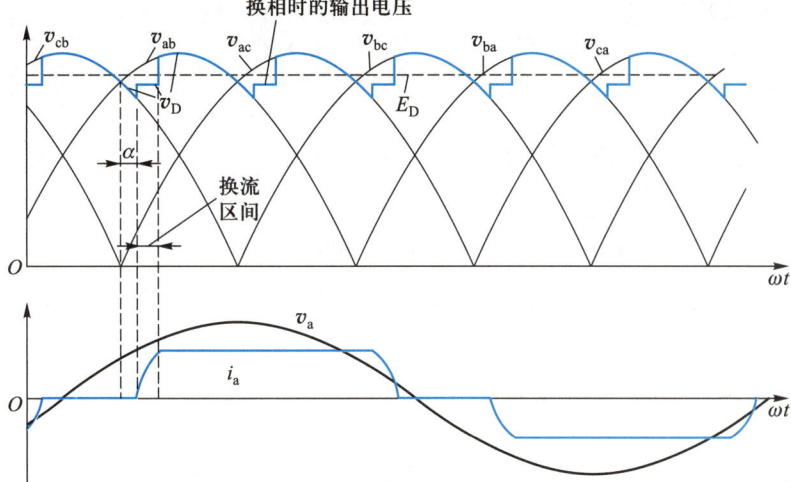

图 7-52 实际三相晶闸管整流电路连续模式下的波形

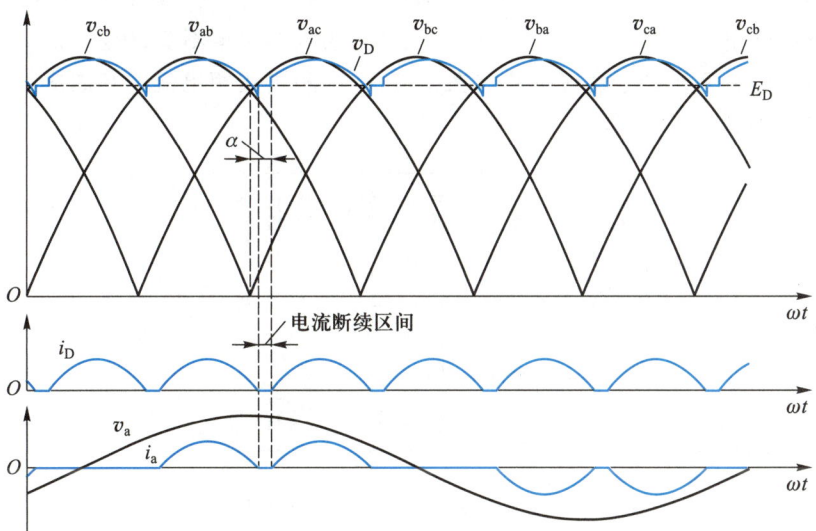

图 7-53 断续模式下主要波形

需要说明,在大功率的可控整流中,常常会用到多重化相控整流、带平衡电抗器的双反星形可控整流电路等技术,可以参考相关书籍和文献,限于篇幅,本书不做介绍。

**例题 7-8** 如图 7-51 所示的三相全控桥,反电动势阻感负载,$E_D = 200$ V,$r_D = 1$ Ω,$L_d = \infty$,$V_s = 220$ V,$\alpha = 60°$。当 $L_s = 0$ 和 $L_s = 1$ mH 情况下分别求 $V_D$、$I_D$、$u$ 的值,并作出 $L_s = 1$ mH 时的 $v_D$ 波形。

**答:**

(1) $L_s = 0$ 时:

$$V_D = 1.35 V_{LL} \cos \alpha = V_{DO} \cos \alpha \approx 256.5 \text{ V}$$

$$I_D = \frac{V_D - E_D}{r_d} \approx \frac{256.5 - 200}{1} \text{ A} = 56.5 \text{ A}$$

（2）$L_s = 1$ mH 时：

$$V_D = 1.35V_{LL}\cos\alpha - \frac{3\omega L_s I_D}{\pi}$$

$$I_D = \frac{V_D - E_D}{r_d} \approx 43.46A$$

并通过 $\cos(\alpha + u) = \cos\alpha - \dfrac{2\omega L_s I_D}{\sqrt{2}V_{LL}}$ 解得 $u = 3.308°$。

$L_s = 1$ mH 时的 $v_D$ 波形可参考图 7−49。

### 7.4.5　三相晶闸管整流电路的逆变模式

（1）逆变模式的分析

与单相分析方法相同，先假定直流侧是恒流源 $I_D$，因为它是最容易理解逆变模式的，如图 7−54 所示。触发角 $\alpha$ 大于 90°小于 180°的电压电流波形如图 7−55（a）（b）所示。由式（7−69）可知，此时平均输出电压为负，而电流方向和幅值不变，所以，负载产生功率，交流侧吸收功率，系统处于逆变模式。在交流侧，$v_s$ 和进线相电流的基波成分 $i_{s1}$ 的相角 $\phi_1$ 大于 90°，如图 7−55 所示。

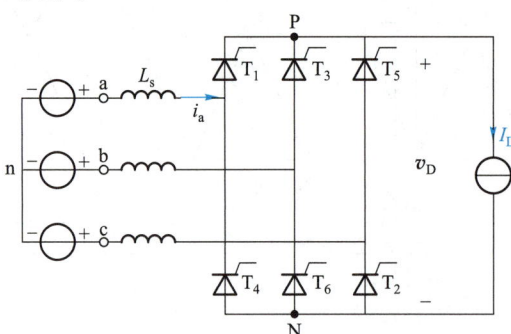

图 7−54　电流源负载三相晶闸管电路逆变模式

图 7−56 中的实际三相晶闸管逆变电路的运行状态由 $E_D$ 与 $\alpha$ 决定。与单相相同，进入逆变模式的条件是 $\alpha > 90°$，使得 $v_D < 0$，同时 $|E_D| > |v_D|$ 以产生正向电流。

与单相讨论类似，如图 7−57 所示，熄灭角 $\gamma = 180° - \alpha - u$，且必须满足 $\beta_{min} = u + \theta + \varphi$。

与单相一样，为分析和计算方便起见，通常也把 $\alpha > \dfrac{\pi}{2}$ 时的控制角用 $\beta = \pi - \alpha$ 表示，但注意三相电路的触发角 $\alpha$ 是以自然换相点作为起始点和终点的。图 7−58 给出了 $\beta = 30°$ 时的输出电压波形。

（2）逆变模式的启动

与单相类似，如果要启动类似于图 7−56 所示的逆变器，一开始需要将触发角 $\alpha$ 调节到足够大（比如 165°）使得 $i_D$ 断续，以避免过流，然后再调节 $\alpha$ 到所需的状态，和单相逆变电路一样，同样需要在满足 $t_\gamma > t_q$ 的前提下调节 $\alpha$，所以，$\beta$ 具有最小值 $\beta_{min} = u + \theta + \varphi$（安全裕量角）限制。

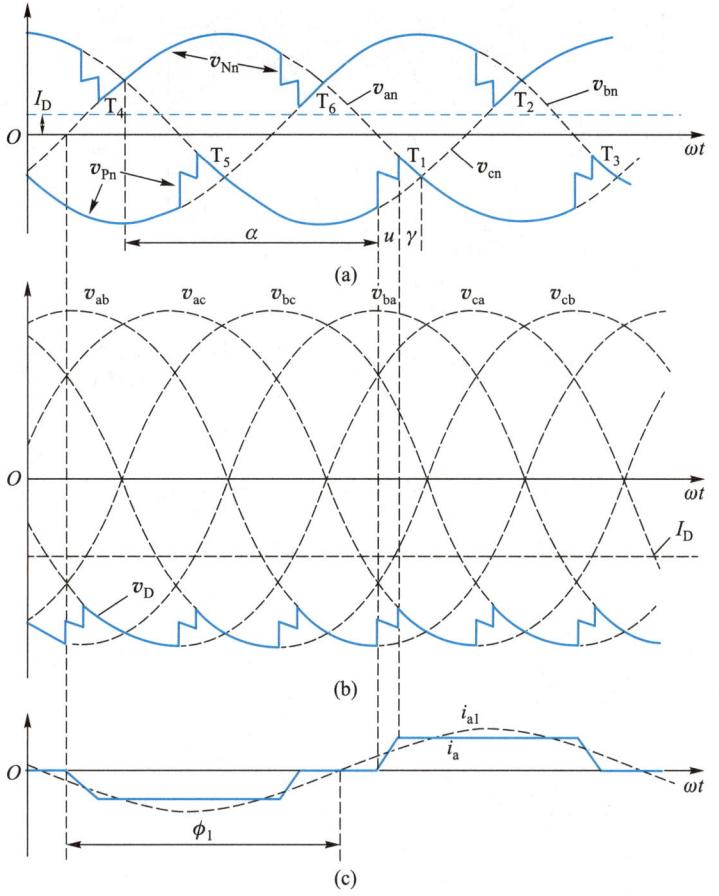

图 7-55 三相晶闸管电路逆变模式的波形图

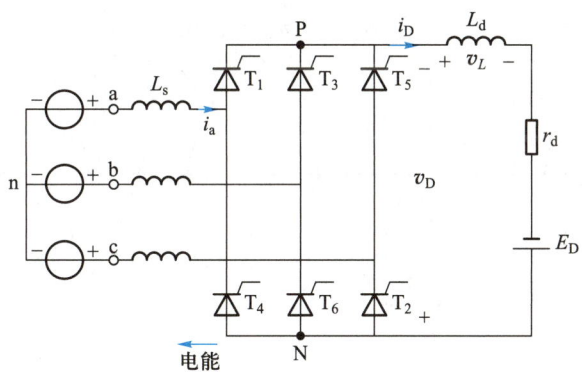

图 7-56 实际三相晶闸管逆变电路

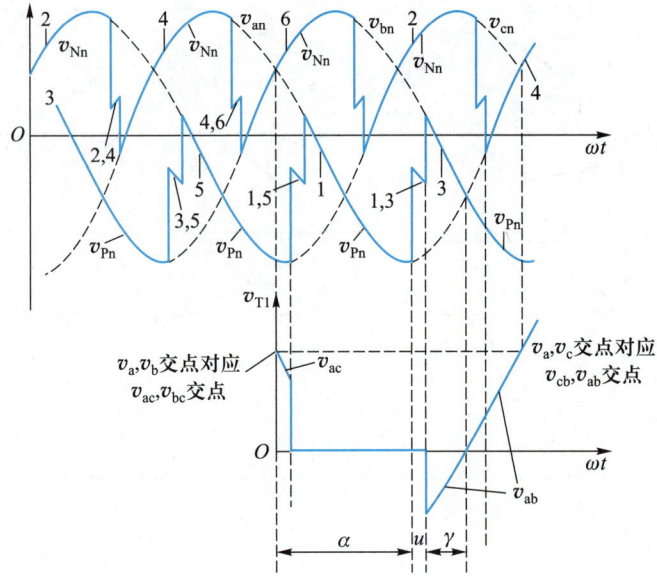

图 7-57　逆变模式的电压波形

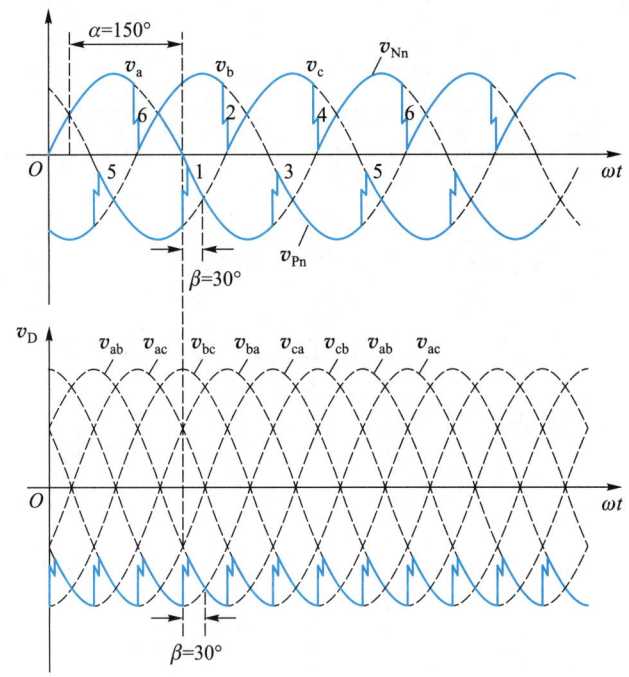

图 7-58　三相桥式晶闸管整流电路工作于有源逆变时的电压波形

例题 7-9　如图 7-56 所示的三相全控桥式有源逆变电路,为加快电动机的制动过程并增大电枢电流,应如何调节 $\beta$ 角? 对于电枢电流为 10 A 的电动机制动系统,当 $V_{LL}$ = 380 V、$L_s$ = 5 mH 时,考虑安全裕量,并假设晶闸管关断时间为 $t_q$ = 300 μs,为防止逆变失败,求 $\beta_{min}$。

答:在有源逆变模式下

$$I_D = \frac{-V_D - (-E_D)}{r_D}$$

同时

$$V_D = 1.35 V_{LL} \cos \alpha - \frac{3\omega L_s I_D}{\pi}$$

也就是

$$I_D = \frac{-1.35 V_{LL} \cos \alpha + \frac{3\omega L_s I_D}{\pi} + E_D}{r_D}$$

可见要增大电枢电流,则要减小 $\alpha$ 角,即增加 $\beta$ 角。

在逆变启动或者需要减小电枢电流时,则要增大 $\alpha$ 角。但要注意,$\alpha$ 角过大可能会造成逆变失败,必须为换流留下足够的时间。根据下式计算换流时间:

$$\cos(\alpha + u) = \cos \alpha - \frac{2\omega L_s}{\sqrt{2} V_{LL}} I_D$$

将 $\alpha = \pi - \beta$ 代入该式得到

$$\cos[\pi - (\beta - u)] = \cos(\pi - \beta) - \frac{2\omega L_s}{\sqrt{2} V_{LL}} I_D$$

又因为

$$\gamma = \beta - u > \omega t_{off} = 5.4°$$

故可变为 $\cos \beta = \cos \gamma - \dfrac{2\omega L_s}{\sqrt{2} V_{LL}} I_D < \cos 5.4° - 0.0585 \approx 0.937\ 1$

所以

$$\beta > 20.43°$$

故 $\beta_{min} = 20.43° + \varphi$(安全裕量角)。

## 7.5　整流电路的谐波和功率因数分析

对于二极管不控整流、晶闸管相控整流等电路,如果能针对其典型负载分析其输入电压、电流畸变、输入功率因数、输出侧电压谐波和电流谐波,将十分有助于理解和设计电路。

### 7.5.1　单相桥式、三相桥式晶闸管相控整流电路输入侧电流谐波和功率因数分析

具体分析可参考 7.3.2 节和 7.4.2 节。

### 7.5.2　单相桥式、三相桥式二极管不控整流电路输入侧电流谐波和功率因数分析

在 6.2.1 节和 6.3.1 节中已经针对单相桥式、三相桥式二极管不控整流电路带电流源负载的情况进行了输入侧谐波和功率因数的分析。但事实上,实际的二极管整流电路通常为容性负载,其波形和电流源负载时的波形差异较大,典型的交流侧电流波形如图 6-15 和图 6-29 所示。对如图 6-15、图 6-29 所示的波形进行傅里叶分解所得的数学表达式十分复杂,具体分析可以参考相关文献,本书仅给出如下定性的分析结论。

谐波规律:

① 单相、三相的谐波次数分别为奇数 $2n\pm1$ 次和 $6n\pm1$ 次,次数越高,谐波幅值越小;

② $\omega RC$ 越大,谐波越大,基波越小。因为 $\omega RC$ 越大,意味着负载越轻,二极管的导通角越小,交流侧电流波形底部越窄,波形畸变越严重;

③ $\omega\sqrt{LC}$ 越大($C$ 固定),谐波越小。这是因为串联电感 $L$ 抑制了冲击电流,从而抑制了交流电流畸变。

功率因数规律:

① 除了 $\omega\sqrt{LC}$($C$ 固定)很小时位移因数 $DPF = \cos\phi_1 = \cos\alpha$ 超前以外,通常位移因数是滞后的(如图 6-14 所示),也就是基波相角 $\phi_1$ 通常是滞后的。并且随着 $\omega RC$ 减小,负载加重。滞后角度增大,位移因数减小。三相时基波位移因数 $\cos\phi_1$ 接近 1,且高于单相;

② 随着 $\omega RC$ 减小,负载加重,基波因数(基波有效值与总有效值之比)、总的功率因数均提高。如果有滤波电感,随滤波电感增加,总功率因数也随之提高。

### 7.5.3　单相桥式、三相桥式二极管不控整流、晶闸管相控整流电路输出电压谐波分析

整流电路的输出电压是周期性的非正弦函数,其主要成分为直流,同时包含各种频率的谐波。连续或者断续模式、考虑或者不考虑输入电感 $L_s$ 等不同条件下,不控、相控整流输出电压谐波特征差异较大,本节以连续模式、不考虑 $L_s$ 为例分析其谐波特性。由于在一个交流电源周期 $2\pi$ 中,有 $m$ 个形状相同的电压脉波,因此,电压脉波的周期 $\omega T = \dfrac{2\pi}{m}$。所以,$v_D$ 是一个周期函数,可以将 $v_D$ 写成傅里叶级数的形式

$$v_D(t) = V_D + \sum_{n=1}^{\infty} \left[ a_n\cos(n\omega t) + b_n\sin(n\omega t) \right] \tag{7-72}$$

或

$$v_D(t) = V_D + \sum_{n=1}^{\infty} V_{nm}\cos(n\omega t + \phi_n) \tag{7-73}$$

其中,$V_D$ 为输出电压平均值,$a_n$ 和 $b_n$ 为傅里叶系数,$V_{nm} = \sqrt{a_n^2 + b_n^2}$ 是 $n$ 次谐波幅值,$\phi_n = \arctan(-b_n/a_n)$ 为 $n$ 次谐波相位角。

为了得到 $V_{nm}$ 的表达式,以如图 7-59 所示的三相半波整流电阻负载输出电压波形为

例,并将 3 脉波抽象为 $m$ 脉波进行分析和计算。选取如图 7-59 所示的一个输出脉冲周期 $T$:$\left[0,\dfrac{2\pi}{m}\right]$,设触发角为 $\alpha$,在 $\left[0,\dfrac{\pi}{m}+\alpha\right]$ 区间内 a 相导通,$v_{\mathrm{D}}(t)=v_{\mathrm{a}}(t)$;在 $\left[\dfrac{\pi}{m}+\alpha,\dfrac{2\pi}{m}\right]$ 区间内 b 相导通,$v_{\mathrm{D}}(t)=v_{\mathrm{b}}(t)$。即 $v_{\mathrm{D}}(t)$ 的分段函数表达式为

$$v_{\mathrm{D}}(t)=\begin{cases}v_{\mathrm{a}}(t)=\sqrt{2}\,V_{\mathrm{s}}\cos(\omega t) & 0\leqslant\omega t\leqslant\dfrac{\pi}{m}+\alpha\\[3mm]v_{\mathrm{b}}(t)=\sqrt{2}\,V_{\mathrm{s}}\cos\left(\omega t-\dfrac{2\pi}{m}\right) & \dfrac{\pi}{m}+\alpha<\omega t\leqslant\dfrac{2\pi}{m}\end{cases}\tag{7-74}$$

式(7-74)在输出脉冲周期 $T$ 内的平均值即为 $V_{\mathrm{D}}$:

$$V_{\mathrm{D}}=\frac{1}{T}\int_{0}^{T}v_{\mathrm{D}}(t)\,\mathrm{d}t=\frac{m}{2\pi}\int_{0}^{2\pi/m}v_{\mathrm{D}}(\omega t)\,\mathrm{d}(\omega t)=\frac{\sqrt{2}\,V_{\mathrm{s}}}{\pi}m\sin\left(\frac{\pi}{m}\right)\cos\alpha\tag{7-75}$$

把 $m=2$、3、6 代入上式即为在前面推导的不考虑 $L_{\mathrm{s}}$ 时的单相桥式、三相半波和三相全桥相控整流输出电压表达式。

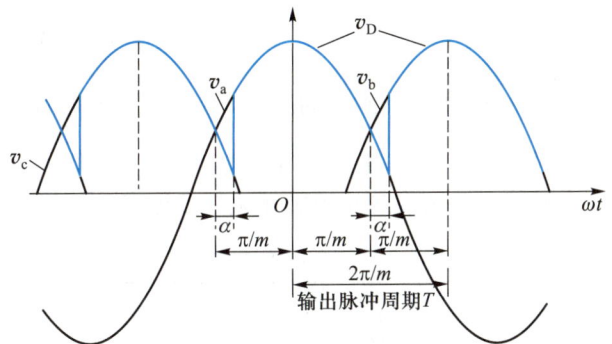

图 7-59 三相半波整流电阻负载输出电压波形

再将式(7-74)代入式(7-76)中求得 $a_n$、$b_n$,即可得到 $v_{\mathrm{D}}(t)$ 的傅里叶数学表达式,即

$$\begin{cases}a_n=\dfrac{2}{T}\displaystyle\int_{0}^{T}v_{\mathrm{D}}(t)\cos(n\omega t)\,\mathrm{d}t=\dfrac{m}{\pi}\int_{0}^{\frac{2\pi}{m}}v_{\mathrm{D}}(\omega t)\cos(n\omega t)\,\mathrm{d}(\omega t)\\[3mm]b_n=\dfrac{2}{T}\displaystyle\int_{0}^{T}v_{\mathrm{D}}(t)\sin(n\omega t)\,\mathrm{d}t=\dfrac{m}{\pi}\int_{0}^{\frac{2\pi}{m}}v_{\mathrm{D}}(\omega t)\sin(n\omega t)\,\mathrm{d}(\omega t)\end{cases}\tag{7-76}$$

并根据式(7-76)求得的 $a_n$、$b_n$,以及 $V_{nm}=\sqrt{a_n^2+b_n^2}$,得到 $m$ 脉波相控整流的输出电压 $n$ 次谐波幅值的表达式为

$$V_{nm}=\frac{\sqrt{2}\,V_{\mathrm{s}}}{\pi}m\sin\left(\frac{\pi}{m}\right)\cos\left(\frac{n\pi}{m}\right)\frac{1}{(n+1)(n-1)}\sqrt{(n+1)^2+(n-1)^2-2(n+1)(n-1)\cos2\alpha}\tag{7-77}$$

二极管不控整流电路的谐波相当于上式中 $\alpha=0°$。

根据谐波幅值的表达式,单相桥式和三相全桥相控整流具有如下规律:

① 谐波次数分别为偶数 $2n$ 次、$6n$ 次,次数越高,谐波幅值越小;

② 谐波幅值和触发角关系如图 7-60 所示,$V_{\mathrm{s}}$、$V_{\mathrm{LL}}$ 分别为相电压和线电压有效值。

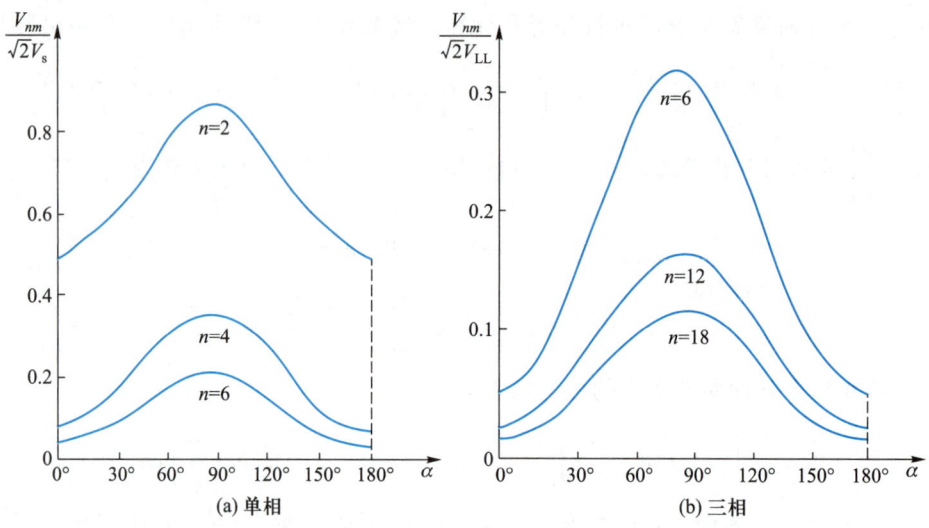

**图 7-60　单相及三相桥式相控整流电路输出电压谐波特性**

根据式(7-77)及有效值定义可以计算出总谐波有效值 $V_H$,再定义整流电压的纹波系数 $\gamma_u = \dfrac{总谐波有效值}{直流电压平均值} = \dfrac{V_H}{V_D}$,可以得到不同脉波、不同触发角时的电压纹波系数,作为表征整流器特性的一个重要指标。如表 7-2 所示的 $\alpha = 0°$ 时不同脉波数电压纹波系数,可以理解为相控整流电路或二极管整流电路输出电压纹波系数。

**表 7-2　$\alpha = 0°$ 时不同脉波数电压纹波系数**

| $m$ | 2 | 3 | 6 | 12 | $\infty$ |
|---|---|---|---|---|---|
| $\gamma_u$ | 48.2 | 18.27 | 4.18 | 0.994 | 0 |

需要强调的是,对于二极管整流,上述计算未考虑负载的性质。二极管整流电路通常是电容负载,所以,输出电压的纹波系数还会受到电容滤波的影响,如果电容很大,则输出电压纹波率会很小。

## 7.6　二极管不控、晶闸管相控整流电路输入侧电压分析—— 公共连接点线电压波形畸变

7.3.2 节和 7.4.2 节已经分析了相控整流电路的输入电流谐波、功率因数等变量,但为了分析方便,前面忽略了电网的等效阻抗,认为网侧电压为正弦波,然而,如果考虑网侧阻抗,则整流电路输入电流的谐波必定会在电网电压上产生畸变,其产生原理和在输出侧产生电压损失是一致的。网侧的电压畸变对系统和其他用电设备会产生比较大的影响,所以,在 7.3.2 节、7.4.2 节、7.5.1 节基础上本节再给出晶闸管相控整流电路较为详细的输入侧电压波形和畸变分析过程,以及降低电压畸变的建议,二极管不控整流电路与之类似。

　　图 7-61(a)所示为三相相控整流电路与电网、其他设备的连接示意图,将输入电感 $L_s$ 分成两部分:$L_{s1}$ 与 $L_{s2}$。$L_{s1}$ 是电网等效电感,$L_{s2}$ 是变换器侧的电感。$L_{s1}$ 与 $L_{s2}$ 之间的节点还会连着其他的负载,称为公共连接点(point of common coupling,PCC)。以下将讨论三相整流器造成的 PCC 点 **线电压下陷(line notching)** 或 **波形畸变(waveform distortion)**。

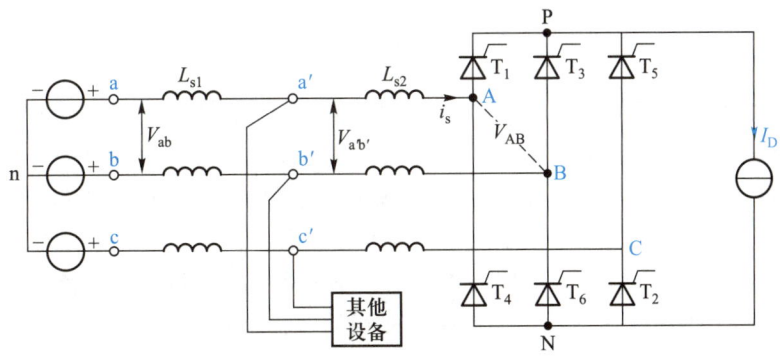

(a) 三相相控整流电路与电网、其他设备的连接示意图

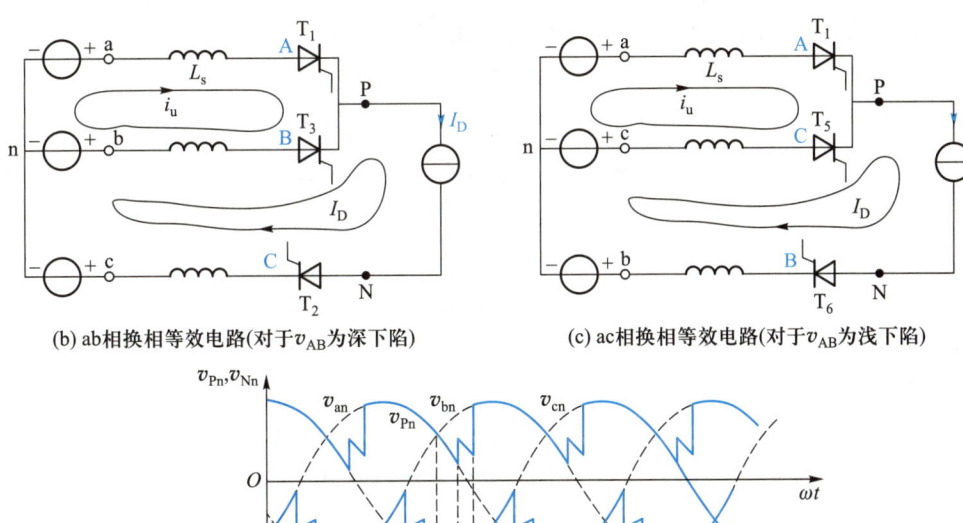

(b) ab相换相等效电路(对于$v_{AB}$为深下陷)　　(c) ac相换相等效电路(对于$v_{AB}$为浅下陷)

(d) 输入电压畸变示意图

**图 7-61　三相晶闸管整流器线电压波形分析**

**例题 7-10**　在 7.5 节中讨论了单相及三相整流电路的输入侧电流谐波,输入侧电压畸变(即为谐波),输出电压谐波,为什么单单没有讨论输出侧的电流谐波?

答:输出电流谐波通常由负载性质决定。相同的,在第五章逆变器中,也只讨论了输出电压谐波,而不讨论输出电流谐波。

### 7.6.1　线电压畸变

为分析方便,把图 7-61(a)中的 $L_{s1}$、$L_{s2}$ 合并成 $L_s$,得到整流器换流等效电路以及波形,如图 7-61(b)~(d)所示,以此来分析输入侧线电压的畸变。整流器一个周期内会有 6 次换流,在换流过程中,三相中有两相经 $L_s$ 短接。在每个周期内,A、B 两端将会被短接两次,产生深下陷。剩下的 4 个浅下陷是由 a、b 相中的一相和 c 相一起换流产生,深下陷的电压损失是两个电感压降,浅下陷的电压损失是一个电感压降。深下陷和浅下陷时的等效电路如图 7-61(b)(c)所示。如果是 a、b 相被短接,如图 7-61(b)所示,则 $V_{AB}$ 的损失为两个电感 $L_s$ 上的压降,如果是 a、b 相中的一相与 c 相被短接,如图 7-61(c)所示,则 $v_{AB}$ 的损失为一个电感 $L_s$ 上的压降。对于线电压 $v_{AB}$,其波形如图 7-61(d)所示。

深下陷的面积是图 7-47 中电压损失面积 $A_u$ 的两倍即

$$2A_u = 2\omega L_s I_D \tag{7-78}$$

深下陷的深度即为线电压幅值

$$\text{深下陷深度} \approx \sqrt{2}\, V_{LL} \sin \alpha \,(\alpha \text{ 为触发角}) \tag{7-79}$$

因此,下陷宽度 $u$ 可以由式(7-78)式(7-79)近似成

$$u \approx \frac{2\omega L_s I_D}{\sqrt{2}\, V_{LL} \sin \alpha} \text{ rad} \tag{7-80}$$

下陷宽度 $u$ 同样可以由式(7-68)得到。浅下陷的宽度与深下陷相同,但是深度和面积是深下陷的一半。

实际中,更关心的是 PCC 点的线电压 $v_{a'b'}$,因为它直接影响到电网上其他的负载。$v_{a'b'}$ 的下陷宽度与 $v_{AB}$ 相同,都为 $u$,但经过简单计算可以发现 $v_{a'b'}$ 的下陷深度和面积是 $v_{AB}$ 的 $\rho$ 倍。

$$\rho = \frac{L_{s1}}{L_{s1}+L_{s2}} \tag{7-81}$$

因此,在给定的交流系统中(给定 $L_{s1}$),若提高 $L_{s2}$,那么下陷面积会减少,电压谐波也会减少,这与 7.4.3 节的描述中 $L_s$ 的提高会使电能质量提高是呼应的。

### 7.6.2　通过输入电流谐波计算公共连接点电压畸变

通过 7.6.1 节的线电压下陷可以计算出公共连接点电压 $v_{a'b'}$ 的畸变率 $THD$。同时,注意到公共连接点的电压畸变是由电流谐波引起的,而图 7-61 中输入电流的谐波 $I_h$ 计算在 7.4.2 节中已经详细描述过。所以,公共连接点电压总谐波成分也可以通过输入电流谐波和输入电感 $L_{s1}$ 来计算

$$THD = \frac{\left[ \sum_{h \neq 1} (I_h \times \omega L_{s1})^2 \right]^{1/2}}{V_s} \times 100\% \qquad (7\text{-}82)$$

因为晶闸管相控整流通常是电感负载,所以其对应的谐波含量要远低于二极管整流。

## 本章小结

本章首先利用单相半波、三相半波电路来说明晶闸管变换器的工作原理和相控、触发角、导通角、移相范围等概念,接着分析了不考虑输入电感影响时的单相全桥、三相全桥晶闸管电路工作原理(电阻负载、电流源负载)、输出电压的计算、谐波分析等。之后,考虑输入电感(电流源负载)情况下,计算了输出电压的损失、换相重叠角等。实际的晶闸管变换器通常是大电感、反电动势负载,并且通常要求输出电流连续,此时其计算与电流源负载相同。本章还分析了晶闸管变换器的逆变模式。最后,在 7.5 节和 7.6 节,系统总结分析了二极管、晶闸管整流电路的输入侧电流谐波、输出侧电压谐波以及输入电流谐波与电网阻抗共同导致的输入侧电压畸变。

## 习题

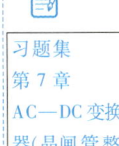

习题集
第 7 章
AC—DC 变换器(晶闸管整流和有源逆变电路)

1. 单相桥式全控整流电路整流输出电压中含有哪些次数的谐波? 幅值最大的是哪个? 电网侧电流中含有哪些次数的谐波? 主要的是哪个?

2. 三相桥式全控整流电路整流输出电压中含有哪些次数的谐波? 幅值最大的是哪个? 电网侧电流中含有哪些次数的谐波? 主要的是哪个?

3. 整流电压平均值从最大值降到零,对应的 $\alpha$ 角变化范围称为移相范围。写出晶闸管单相桥式、三相全桥整流电路负载分别为电阻负载和阻感负载(电流源负载)时,触发角的移相范围。

4. 带阻感负载单相桥式整流电路如图 7-62 所示,$V_s = 220\ \text{V}$,$L_s = 2\ \text{mH}$,$I_D = 20\ \text{A}$,$\alpha = 60°$,求:输出电压平均值 $V_D$ 和换相重叠角。

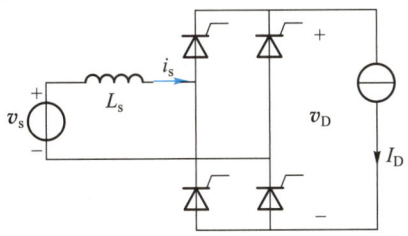

**图 7-62  习题 4 电路图**

5. 单相桥式半控整流电路如图 7-63 所示,$V_s = 220\ \text{V}$,$L_s = 0$,$r_d = 5\ \Omega$,$E_D = 60\ \text{V}$,假设 $L_d$ 足够大,$\alpha = 60°$,求:输出电压平均值 $V_D$、电流平均值 $I_D$ 和网侧输入电流 $i_s$ 有效值,并作出 $v_D$、$i_D$ 和 $i_s$ 的波形。

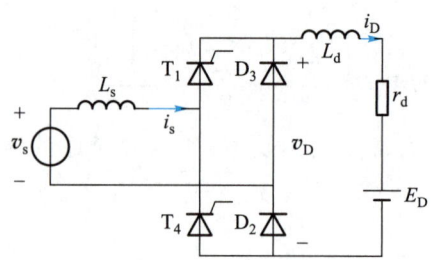

图 7-63　习题 5 电路图

6. 带续流二极管的单相桥式整流电路如图 7-64 所示,$V_s = 220$ V,$R = 10$ Ω,假设 $L_d$ 足够大,$\alpha = 60°$,求:输出电压平均值 $V_D$、电流平均值 $I_D$ 以及网侧输入电流 $i_s$ 有效值,并作出 $v_D$、$i_D$ 和 $i_s$ 的波形。

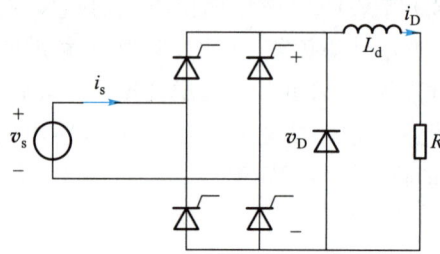

图 7-64　习题 6 电路图

7. 带续流二极管的单相桥式整流电路如图 7-65 所示,$V_s = 220$ V,$L_s = 2$ mH,$I_D = 20$ A,$\alpha = 60°$,求:输出电压平均值 $V_D$ 和换相重叠角。

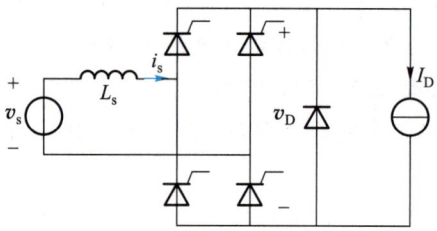

图 7-65　习题 7 电路图

8. 单相桥式全控整流电路如图 7-66 所示,$L_d$ 值极大,输出电流中纹波可以忽略。(1) 求输出电压表达式(用触发角 $\alpha$ 表示);(2) 求输入功率因数;(3) 画出 $v_D$、$i_D$、$i_s$ 的波形。

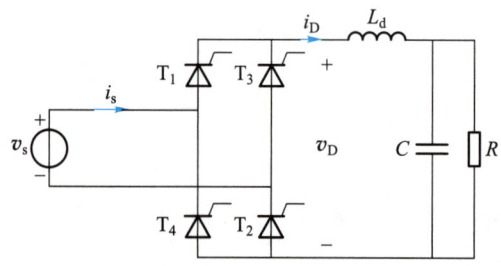

图 7-66　习题 8 电路图

9. 单相桥式半控整流电路如图 7-67 所示,反电动势阻感负载,$V_s = 220\ \text{V}$,$E_D = 60\ \text{V}$,$r_d = 2\ \Omega$,$L_d$ 足够大,$\alpha = 60°$,求输出电压和输出电流的平均值 $V_D$、$I_D$,并画出 $v_D$、$i_D$、$v_{T1}$、$v_{D1}$ 的波形。

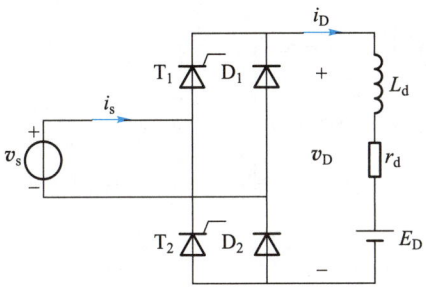

图 7-67　习题 9 电路图

10. 单相全控桥如图 7-68 所示,反电动势阻感负载,$r_d = 1\ \Omega$,$L_d = \infty$,$E_D = 30\ \text{V}$,$V_s = 220\ \text{V}$,$L_s = 0.2\ \text{mH}$,当 $\alpha = 45°$时,求 $V_D$、$I_D$、$u$,并画出整流电压 $v_D$ 的波形。

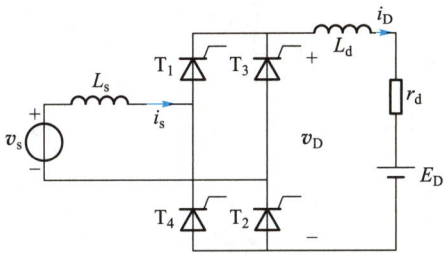

图 7-68　习题 10 电路图

11. 三相半波整流电路共阳极与共阴极 a、b 两相的自然换相点是同一点吗?如果不是,它们在相位上差多少度?

12. 三相半波可控整流电路如图 7-69 所示,电阻负载,$R = 5\ \Omega$,$L_d = \infty$,$V_s = 220\ \text{V}$,当 $\alpha = 60°$时,求 $V_D$、$i_D$、$i_{T1}$,并画出 $v_D$、$i_s$ 的波形。

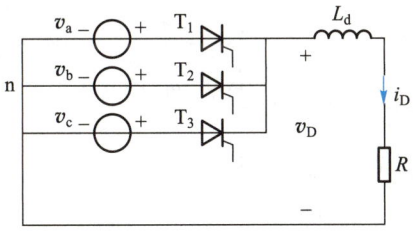

图 7-69　习题 12 电路图

13. 5 kW/250 V 的直流电动机采用三相桥式全控整流电路供电,电枢电阻 $r_d = 5\ \Omega$,$L_s = 1\ \text{mH}$,$\alpha = 60°$,假设平波电抗器 $L_d$ 足够大,如图 7-70 所示,求 $v_s$、$i_s$、反电动势 $E_D$ 和整流桥输入侧功率因数。

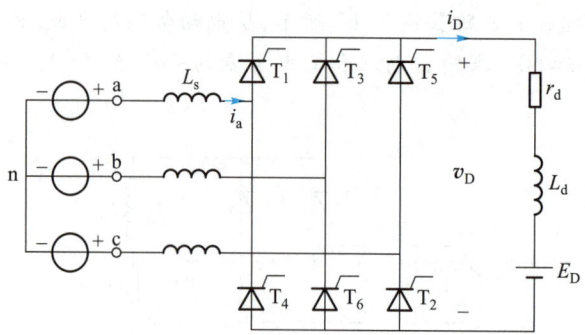

图 7-70 习题 13 电路图

14. 针对图 7-71 所示的三相晶闸管整流电路，试推导公式(7-71)。

$$DPF \approx \frac{1}{2}\left[\cos\alpha + \cos(\alpha+u)\right]$$

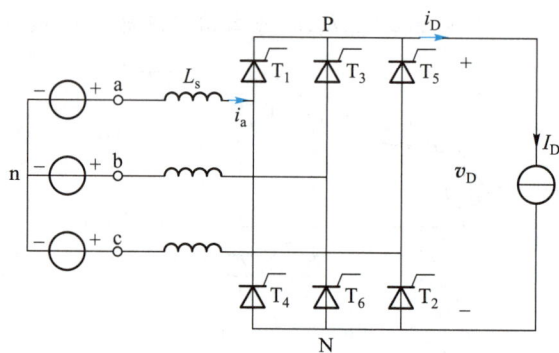

图 7-71 习题 14 电路图

15. 三相桥式全控整流电路，阻感负载，如图 7-72 所示，$R = 5\ \Omega$，$L_d = \infty$，当 $\alpha = 30°$ 时，输出电压平均值 $V_D = 200\ V$，分别求 $L_s = 0$、$L_s = 1\ mH$ 时的 $V_s$ 和 a 相电流有效值 $I_a$，并求 $L_s = 1\ mH$ 时的换流时间。

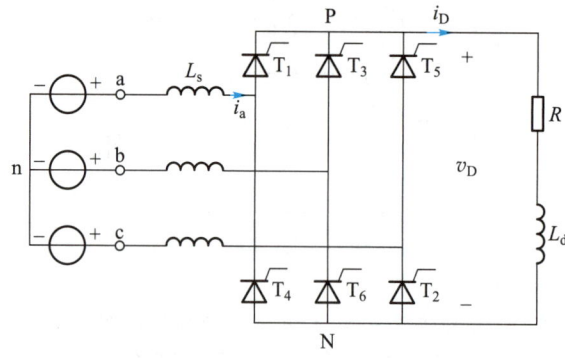

图 7-72 习题 15 电路图

16. 带续流二极管的三相全控桥式整流电路对大电感负载供电，如图 7-73 所示，$R = 2.5\ \Omega$，$V_s = 220\ V$，分别计算当 $\alpha = 30°$ 和 $\alpha = 90°$ 时输出电压平均值及开关器件电流平均值和有效值。

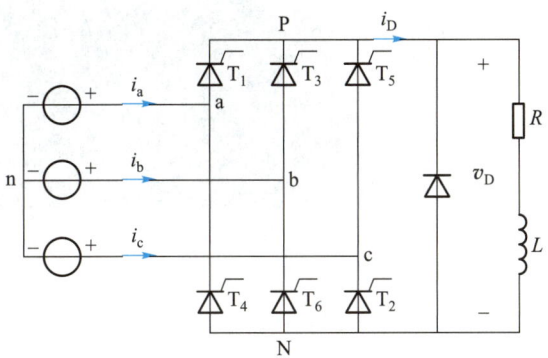

图 7-73　习题 16 电路图

17. 三相全控桥逆变模式运行,反电动势阻感负载,如图 7-74 所示,$r_d = 1\ \Omega$,$L_d = \infty$,$V_s = 220\ V$,$V_{LL} = 380\ V$,$L_s = 1\ mH$,当 $E_D = -400\ V$,$\beta = 60°$时,求 $V_D$、$I_D$ 与 $u$ 的值,并求此时的逆变功率。

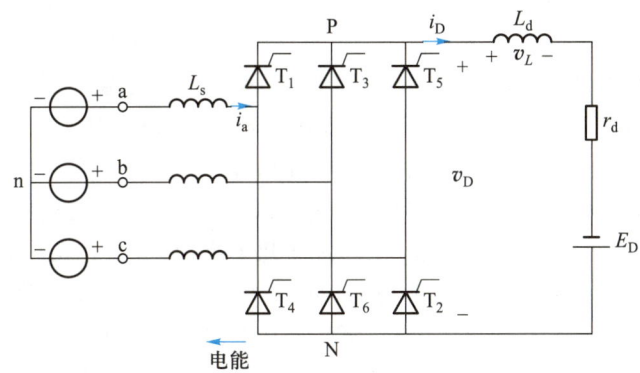

图 7-74　习题 17 电路图

18. 实现有源逆变模式需要哪两个条件?

19. 什么是逆变失败? 后果是什么? 逆变失败的原因有哪些?

# 8.1 概　　述

　　AC—AC 变换器（AC—AC converter）是指能将一种形式（电压、电流、频率和相数等）的交流电变换成另一种形式交流电的电力电子变换装置。只改变电压、电流或对电路的通断进行控制，而不改变频率的电路称为交流电力控制电路，改变频率的电路称为变频电路。

　　交流电力控制电路又可以分为交流调压电路、交流调功电路以及交流电力电子开关三种。交流调压电路一般采用晶闸管相控方式实现，也可以用基于全控器件的 PWM 斩控方式实现，它广泛应用于灯光调节、异步电机的软启动和调速等场合；交流调功电路和交流调压电路的电路形式完全相同，只是控制方式不同，它不是通过控制触发角对输出电压波形进行控制，而是将负载与交流电源接通几个周期，再断开几个周期，通过改变接通周期与断开周期的比值来调节输出功率。在一些大惯性环节如温度控制中常采用交流调功电路。相比于交流相控调压电路，交流调功电路不对电网造成谐波污染。如果把晶闸管反并联后串入交流电路中，代替电路中的机械开关，起到接通和断开电路的作用，这就是交流电力电子开关，用来替代交流电路中的机械开关，主要用于投切交流电力电容器以控制电网的无功功率。

　　交—交变频电路也被称为直接变频电路（或周波变流器），是不通过中间直流环节把电网频率的交流电直接变换成不同频率交流电的变换电路，包括相控式交—交变频和矩阵式 PWM 交—交变频，前者主要用于大功率交流电机调速系统。

　　本章主要讨论交流电力控制电路和交—交变频电路的构成和基本工作原理。

# 8.2 交流电力控制电路

### 8.2.1 交流调压电路

　　交流调压电路具有晶闸管相控实现方式和基于全控器件的 PWM 斩控方式两种，以下将具体介绍。

### 一、相控式交流调压电路

#### 1. 单相相控式交流调压电路

相控式交流调压电路的工作情况和负载性质有很大的关系,下面就电阻性负载和阻感性负载分别讨论。

(1) **电阻性负载** 单相相控式交流调压电路电阻性负载电路如图 8-1(a)所示。在交流电源的正负半周分别在 $\omega t = \alpha$ 和 $\omega t = \pi + \alpha$ 时刻触发晶闸管 $T_1$ 和 $T_2$,从而得到负载两端的电压波形如图 8-1(b)所示。因为是纯阻负载,每个晶闸管均在对应的交流电压过零点关断,晶闸管的控制触发角为 $\alpha$,导通角为 $\theta = \pi - \alpha$。负载电压波形是电源电压波形的一部分,负载电流和负载电压的波形相同,晶闸管也只在两个晶闸管均关断时才承受电压。

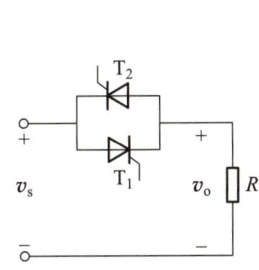
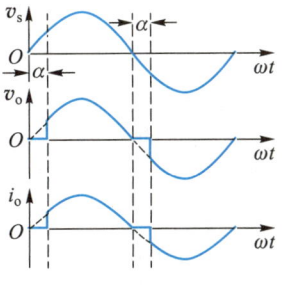

(a) 电阻负载单相交流调压电路　　(b) 电阻负载单相交流调压工作波形

**图 8-1　电阻负载单相交流调压电路及其工作波形**

由此可知,当电源电压有效值为 $V_s$、晶闸管的控制触发角为 $\alpha$ 时,负载两端的电压有效值 $V_o$ 为

$$V_o = \sqrt{\frac{1}{\pi}\int_\alpha^\pi (\sqrt{2}\,V_s \sin\omega t)^2 \mathrm{d}(\omega t)} = V_s\sqrt{\frac{1}{2\pi}\sin 2\alpha + \frac{\pi-\alpha}{\pi}} \tag{8-1}$$

流过负载中电流的有效值 $I_o$ 为

$$I_o = \frac{V_o}{R} = \frac{V_s}{R}\sqrt{\frac{1}{2\pi}\sin 2\alpha + \frac{\pi-\alpha}{\pi}} \tag{8-2}$$

流过晶闸管中电流的有效值 $I_T$ 为

$$I_T = \sqrt{\frac{1}{2\pi}\int_\alpha^\pi \left(\frac{\sqrt{2}\,V_s\sin\omega t}{R}\right)^2 \mathrm{d}(\omega t)} = \frac{V_s}{R}\sqrt{\frac{1}{4\pi}\sin 2\alpha + \frac{\pi-\alpha}{2\pi}} \tag{8-3}$$

电路输入侧的功率因数为

$$\lambda = \frac{P}{S} = \frac{V_o I_o}{V_s I_o} = \frac{V_o}{V_s} = \sqrt{\frac{1}{2\pi}\sin 2\alpha + \frac{\pi-\alpha}{\pi}} \tag{8-4}$$

由式(8-1)知,当 $\alpha = 0$ 时,输出电压 $V_o = V_s$ 为最大,当 $\alpha = \pi$ 时,$V_o = 0$,因此该电路在电阻负载下触发脉冲的移相范围为 $0 \leqslant \alpha \leqslant \pi$。输出电压随 $\alpha$ 的增大而减小,功率因数也随 $\alpha$ 的增大而减小。

(2) **阻感性负载** 当负载中电感 $L$ 与电阻 $R$ 相比不可忽略时,该负载即认为是阻感性负载,如图 8-2(a)所示。由于电感的作用,负载电流滞后于负载电压,也就是说当负载电压(电源电压)下降到零,负载中的电流并不下降到零,晶闸管在电压过零后不关断,直到电感中能量全部释放完,电感(负载)中的电流下降到零,晶闸管才关断,对应的电路工作波形如图 8-2(b)所示。

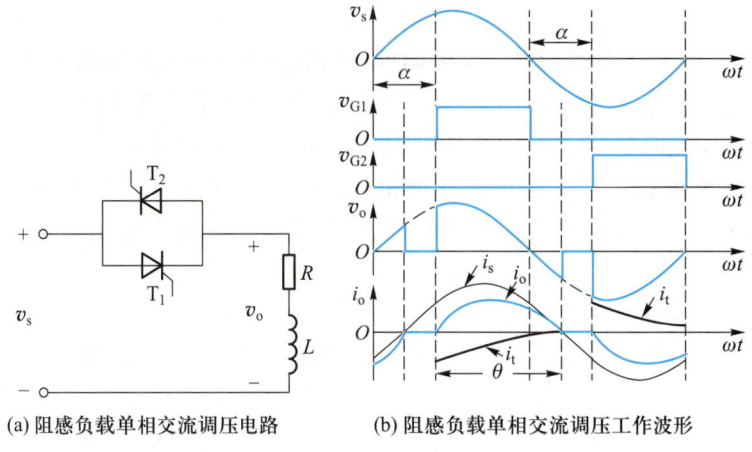

(a) 阻感负载单相交流调压电路　　　　(b) 阻感负载单相交流调压工作波形

图 8-2　阻感负载单相交流调压电路及其工作波形

设负载阻抗角 $\varphi = \arctan(\omega L/R)$,晶闸管的控制触发角为 $\alpha$,则在 $\omega t = \alpha$ 时刻触发开通晶闸管 $T_1$,负载电流应满足如下微分方程和初始条件

$$L\frac{\mathrm{d}i_o}{\mathrm{d}t} + Ri_o = \sqrt{2}\,V_s\sin \omega t,\, i_o\big|_{\omega t=\alpha}=0 \tag{8-5}$$

解方程得

$$i_o = \frac{\sqrt{2}\,V_s}{Z}\sin(\omega t-\varphi) - \frac{\sqrt{2}\,V_s}{Z}\sin(\alpha-\varphi)\mathrm{e}^{\frac{\alpha-\omega t}{\tan\varphi}},\, \alpha\leqslant\omega t\leqslant\alpha+\theta \tag{8-6}$$

式中,$i_s = \dfrac{\sqrt{2}\,V_s}{Z}\sin(\omega t-\varphi)$ 为稳态分量;$i_t = -\dfrac{\sqrt{2}\,V_s}{Z}\sin(\alpha-\varphi)\mathrm{e}^{\frac{\alpha-\omega t}{\tan\varphi}}$ 为瞬态分量,$Z = \sqrt{R^2+(\omega L)^2}$,$\theta$ 为晶闸管导通角。

利用边界条件:$\omega t = \alpha+\theta$ 时 $i_o = 0$,可求得

$$\sin(\alpha+\theta-\varphi) = \sin(\alpha-\varphi)\mathrm{e}^{\frac{-\theta}{\tan\varphi}} \tag{8-7}$$

另一方面,当 $T_2$ 导通时,上述关系完全相同,只是 $i_o$ 极性相反,相位差 180°。

负载电压有效值 $V_o$ 为

$$V_o = \sqrt{\frac{1}{\pi}\int_{\alpha}^{\alpha+\theta}(\sqrt{2}\,V_s\sin \omega t)^2\mathrm{d}(\omega t)}$$

$$= V_s\sqrt{\frac{\theta}{\pi}+\frac{1}{2\pi}[\sin 2\alpha-\sin(2\alpha+2\theta)]} \tag{8-8}$$

负载电流有效值 $I_o$ 为

$$I_o = \sqrt{\frac{1}{\pi}\int_{\alpha}^{\alpha+\theta}\left\{\frac{\sqrt{2}\,V_s}{Z}\left[\sin(\omega t-\varphi)-\sin(\alpha-\varphi)\mathrm{e}^{\frac{\alpha-\omega t}{\tan\varphi}}\right]\right\}^2\mathrm{d}(\omega t)}$$

$$= \frac{V_s}{\sqrt{\pi}Z}\sqrt{\theta - \frac{\sin\theta\cos(2\alpha+\varphi+\theta)}{\cos\varphi}} \tag{8-9}$$

流过晶闸管的电流有效值 $I_T$ 为

$$I_T = I_o/\sqrt{2} \tag{8-10}$$

由式(8-6)、式(8-7)得,当 $\varphi<\alpha<\pi$ 时,$T_1$ 和 $T_2$ 的导通角 $\theta$ 均小于 $\pi$,其电路工作波形如图8-2(b)所示。$\alpha$ 越小,$\theta$ 越大,$\alpha=\varphi$ 时,式(8-6)中的瞬态分量为零,只存在稳态分量,相当于晶闸管被短接,电路相当于交流电源直接带阻感负载。此时,$\theta=\pi$,负载电流连续,输出电压 $V_o$ 等于输入电压 $V_s$。也就是说该电路在阻感负载下触发脉冲的移相范围为 $\varphi\leqslant\alpha\leqslant\pi$。当 $\alpha<\varphi$ 时,单相交流调压电路失控,但不表示 $\alpha<\varphi$ 时电路不能工作,下面就 $\alpha<\varphi$ 的情况进行分析。

当 $\alpha$ 继续减小使 $0\leqslant\alpha<\varphi$,即触发脉冲在 $0\leqslant\omega t<\varphi$ 的某一时刻触发 $T_1$,则 $T_1$ 的导通时间将超过 $\pi$。到 $\omega t=\pi+\alpha$ 时刻触发 $T_2$ 时,负载电流 $i_o$ 尚未过零,$T_1$ 仍在导通,$T_2$ 不会立即开通。直到 $i_o$ 过零后,$T_2$ 才会开通(如图8-3,$T_2$ 的触发脉冲必须有足够宽度,一般情况下,采用宽度为 $\pi-\alpha$ 的宽脉冲或脉冲序列触发)。因为 $\alpha<\varphi$,$T_1$ 提前开通,负载 $L$ 被过充电,其放电时间也将延长,使得 $T_1$ 结束导电时刻大于 $\pi+\varphi$,因为有 $\pi+\varphi>\pi+\alpha$,所以,$T_1$ 导通角大于 $\pi$,并使 $T_2$ 推迟开通,$T_2$ 导通角自然小于 $\pi$。

在这种情况下,方程式(8-5)和式(8-6)仍是适用的,只是 $\omega t$ 的适用范围不再是 $\alpha\leqslant\omega t\leqslant\alpha+\theta$,而是扩展到 $\alpha\leqslant\omega t<\infty$,因为这种情况下 $i_o$ 已不存在断流区,其过渡过程和带 $RL$ 负载的单相交流电路在 $\omega t=\alpha(\alpha<\varphi)$ 时合闸所发生的过渡过程完全相同。由式(8-6)可以看出,$i_o$ 由两个分量组成,第一项为正弦稳态分量,第二项为指数衰减分量。在指数分量的衰减过程中,$T_1$ 的导通时间逐渐缩短,$T_2$ 的导通时间逐渐延长。当指数分量衰减到零后,$T_1$ 和 $T_2$ 的导通时间都趋近于 $\pi$,其稳态的工作情况与 $\alpha=\varphi$ 时完全相同,如图8-3所示。

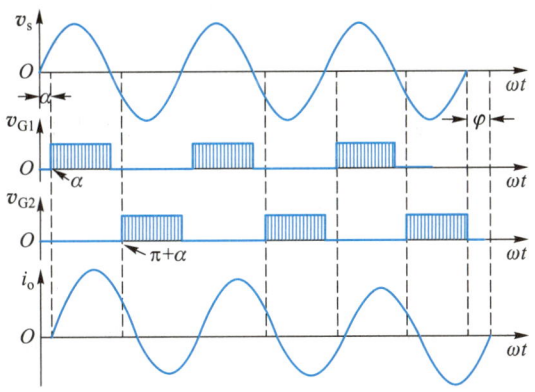

图8-3 $\alpha<\varphi$ 时阻感负载交流调压电路工作波形

### 2. 三相相控式交流调压电路

把三个单相相控式交流调压电路分别接到三相交流电源中,就得到了三相相控式交流调压电路,其通常有星形联结和三角形联结两种方式。

图8-4所示为星形联结三相相控交流调压电路,图8-4(a)所示的电路是带中线的

三相交流调压电路,而图 8-4(b)所示的电路是不带中线的三相交流调压电路。为对应换流顺序,图 8-4 所示电路中 6 只晶闸管的标号顺序与三相桥式整流电路的标号一致。

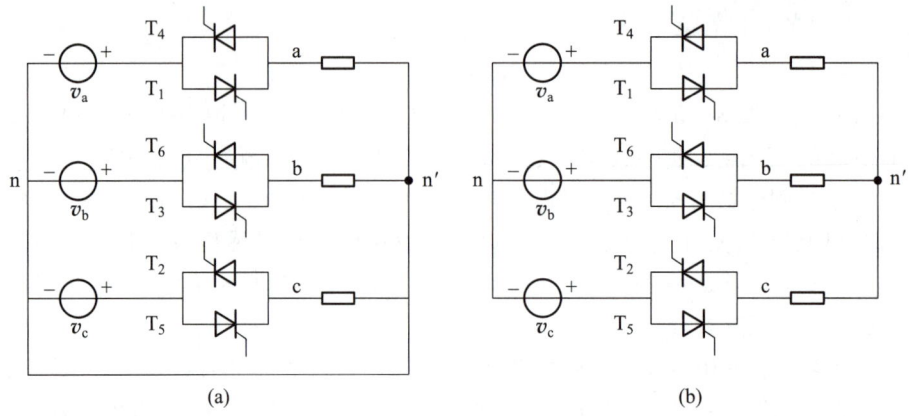

(a)　　　　　　　　　　　(b)

**图 8-4　星形联结三相相控交流调压电路**

三角形联结三相相控交流调压电路如图 8-5 所示。

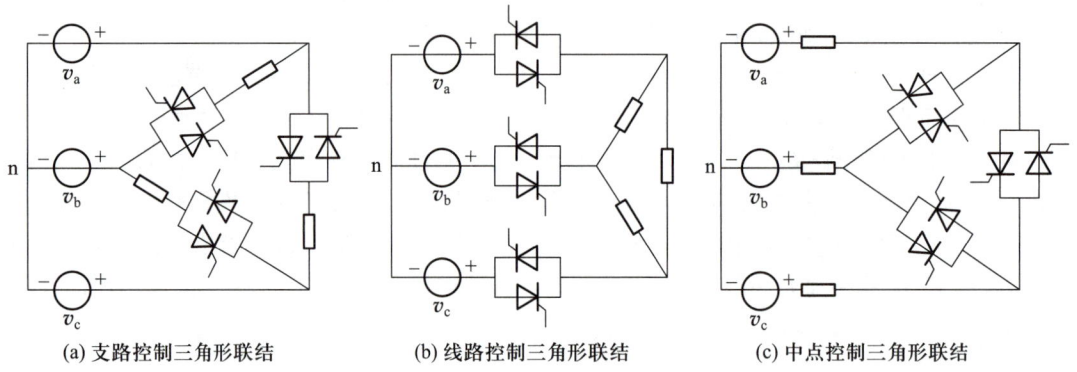

(a) 支路控制三角形联结　　　(b) 线路控制三角形联结　　　(c) 中点控制三角形联结

**图 8-5　三角形联结三相相控交流调压电路**

以下具体分析它们的工作原理,以星形联结电路为重点分析。

（1）星形联结电路分析　星形联结电路可分为三相三线和三相四线两种情况。三相四线交流调压电路,如图 8-4(a)所示,相当于三个单相交流调压电路的组合,三相互相错开 120°工作。

三相三线交流调压电路,如图 8-4(b)所示,其工作原理较三相四线的工作原理复杂,任一相导通时必须和另一相或其他两相构成回路,因此与单相交流调压电路一样,一般采用宽度为 $\pi-\alpha$ 的宽脉冲或脉冲序列触发。三相触发脉冲应依次相差 120°,同一相的两个反并联晶闸管触发脉冲应相差 180°。因此,和三相桥式全控整流电路一样,触发脉冲顺序也是 $T_1 \sim T_6$ 依次相差 60°。下面以电阻负载为例,分析三相三线交流调压电路的工作原理。

如果把晶闸管换成二极管,可以看出,相电流和相电压同相位,相电压过零时二极管开始导通,因此把相电压过零点定为开通角 $\alpha$ 的起点。三相三线电路中,两相间导通是靠线电压导通的,而线电压超前相电压 30°,因此 $\alpha$ 角移相范围是 0~150°。

由于晶闸管的触发脉冲采用宽度为 $\pi-\alpha$ 的宽脉冲或脉冲序列,在任一时刻,可能是三相中各有一个晶闸管导通,这时负载相电压就是电源相电压;也可能两相中各有一个晶闸管导通,另一相不导通,这时导通相的负载相电压是电源线电压的一半。根据任一时刻导通晶闸管的个数以及半个周波内电流是否连续可将 $0\sim150°$ 的移相范围分为如下三段。

① $0°\leqslant\alpha<60°$:三管导通与两管导通交替模式,每管导通 $180°-\alpha$,一个周期内晶闸管导通情况如表 8-1 所示,但 $\alpha=0°$ 时一直是三管导通。

表 8-1　三相相控交流调压电路晶闸管导通情况

| 区间 | $t_1\sim t_2$ | $t_2\sim t_3$ | $t_3\sim t_4$ | $t_4\sim t_5$ | $t_5\sim t_6$ | $t_6\sim t_7$ |
|---|---|---|---|---|---|---|
| 晶闸管 | $T_5$、$T_6$、$T_1$ | $T_6$、$T_1$ | $T_6$、$T_1$、$T_2$ | $T_1$、$T_2$ | $T_1$、$T_2$、$T_3$ | $T_2$、$T_3$ |
| 区间 | $t_7\sim t_8$ | $t_8\sim t_9$ | $t_9\sim t_{10}$ | $t_{10}\sim t_{11}$ | $t_{11}\sim t_{12}$ | $t_{12}\sim t_{13}$ |
| 晶闸管 | $T_2$、$T_3$、$T_4$ | $T_3$、$T_4$ | $T_3$、$T_4$、$T_5$ | $T_4$、$T_5$ | $T_4$、$T_5$、$T_6$ | $T_5$、$T_6$ |

② $60°\leqslant\alpha<90°$:任意时刻都是两管导通,每相导通 $120°$。

③ $90°\leqslant\alpha<150°$:两管导通与无晶闸管导通交替模式,每相导通 $300°-2\alpha$。导通角被分割为不连续的两部分,在半周波形内形成两个断续的波头,各占 $150°-\alpha$。

图 8-6 给出了 $\alpha=30°$、$\alpha=60°$、$\alpha=90°$、$\alpha=120°$ 时各晶闸管的导通区间和 a 相负载两端的电压波形,$0°\leqslant\alpha\leqslant90°$ 时,电压波形连续,$\alpha=90°$ 时电压波形临界连续,$90°<\alpha<150°$ 时,电压波形断续。

分析波形可以看出,电流波形畸变较大,含有大量谐波,经过傅里叶分析可知,其所含谐波为 $6k\pm1(k=1,2,3\cdots)$,这和三相桥式全控整流电路交流侧电流所含谐波的次数完全相同。

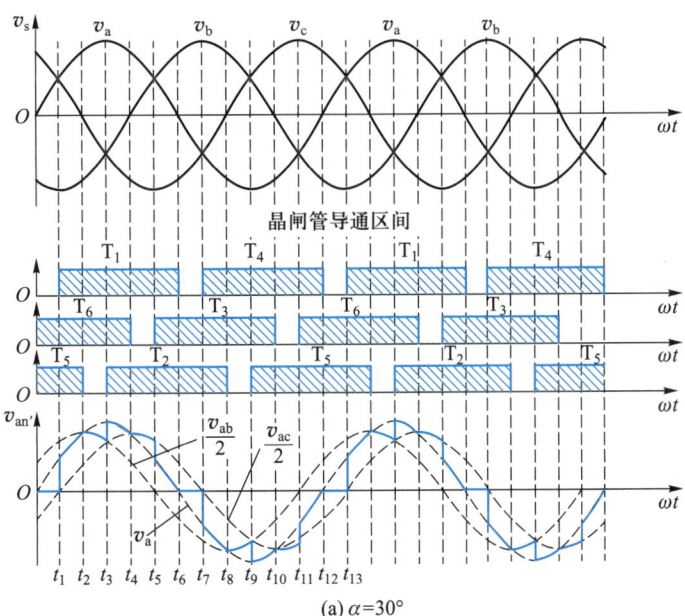

(a) $\alpha=30°$

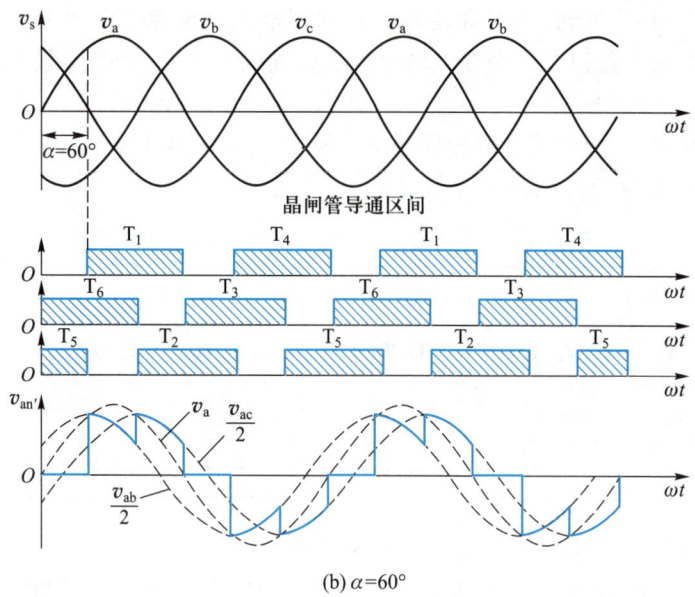

(b) $\alpha=60°$

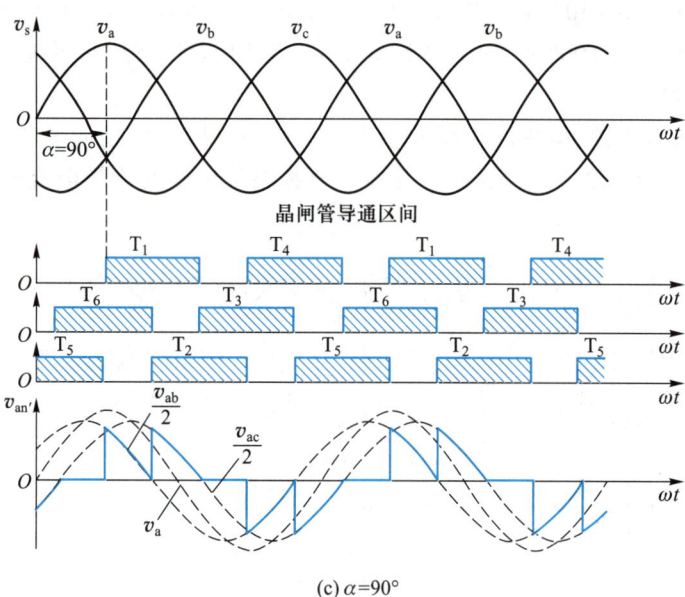

(c) $\alpha=90°$

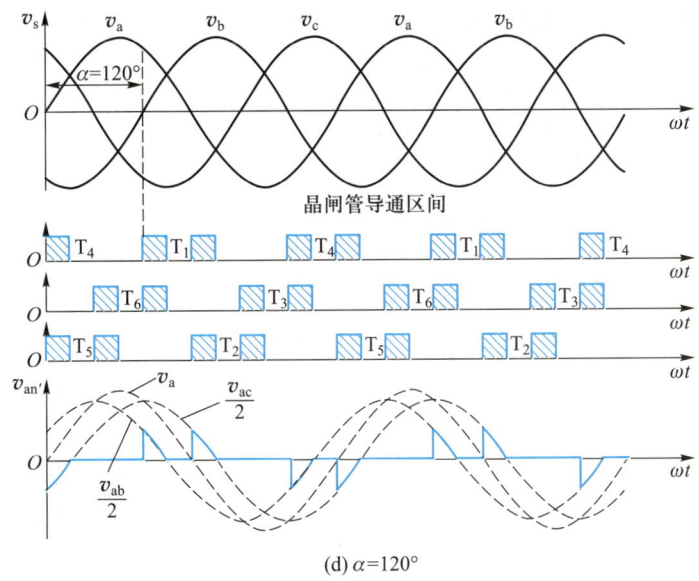

(d) $\alpha=120°$

图 8-6　电阻负载时不同 $\alpha$ 角时负载相电压波形

在阻感负载的情况下,可参照电阻负载和前述单相阻感负载时的分析方法,只是此时情况更复杂一些。$\alpha=\varphi$ 时,负载电流最大且为正弦波,相当于晶闸管全部被短接时的情况。

（2）其他联结方式的三相交流调压电路分析

支路控制三角形联结电路如图 8-5(a)所示。这种电路由三个线电压供电的单相交流调压电路组成,因此,单相交流调压电路的分析方法和结论完全适用于支路控制三角形联结三相交流调压电路。在求取输入线电流(即电源电流)时,只要把与该线相连的两个负载相电流求和就可以了。支路控制三角形联结方式的一个典型应用是晶闸管控制电抗器(TCR)。

对于图 8-5(b)所示的线路控制三角形联结电路,只要把三角形联结的三相负载等效成星形联结,则三相三线星形联结电路的分析方法和结论完全适用于该电路;同样图 8-5(a)所示支路控制三角形联结电路的分析方法与结论也适用于图 8-5(c)所示的中点控制三角形联结电路。

### 3. 相控式交流调压电路的应用

相控式交流调压电路的一个典型应用就是异步电动机软启动,其主电路原理图如图 8-7 所示。

### 二、斩控式交流调压电路

斩控式交流调压电路如图 8-8 所示,图中 $T_1$、$T_2$、$D_1$、$D_2$ 构成一个双向可控开关 $S_1$,$S_2$ 与 $S_1$ 类似。其基本原理和直流斩波电路类似,只是直流斩波电路的输入电压是直流电压,而斩控式交流调压电路的输入是正弦交流电压。其中 $S_1$ 进行斩波控制,$S_2$给负载电流提供续流通道。由于斩控式交流调压电

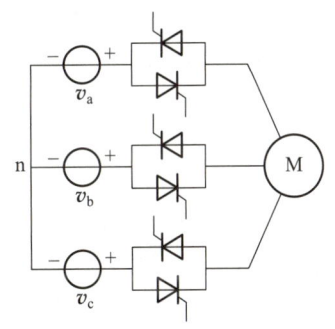

图 8-7　相控式交流调压电路的应用——异步电动机软启动主电路原理图

路的输入是正弦交流电压,所以,$S_1$、$S_2$ 都必须是双向可控开关,几种常见的双向可控开关单元如图 8-9 所示。

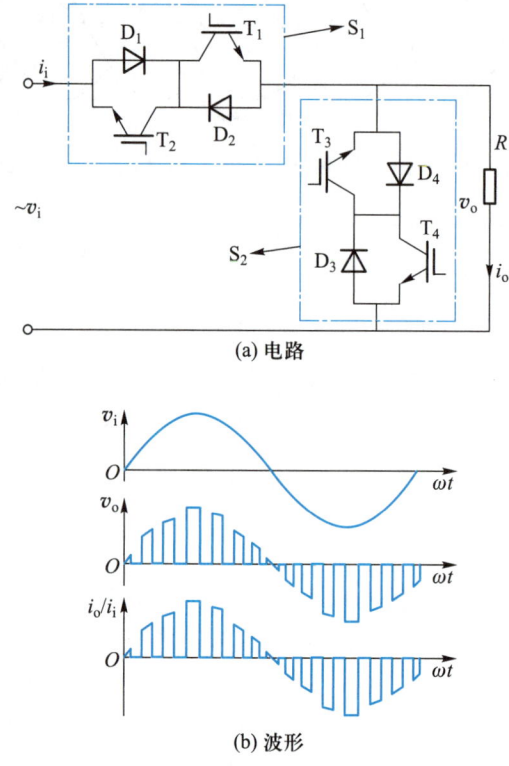

(a) 电路

(b) 波形

**图 8-8　斩控式交流调压电路**

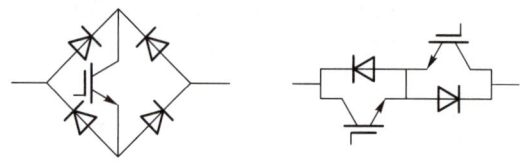

**图 8-9　几种常见的双向可控开关单元**

设 $S_1$ 的导通时间为 $t_{on}$,开关周期为 $T$,则占空比 $D = t_{on}/T$。和直流斩波电路一样,可以通过改变 $D$ 来调节输出电压。

假设输入电压为

$$v_i(t) = V_m \sin \omega t \qquad (8-11)$$

开关管占空比为 $D$,则输出电压的基波分量为

$$v_{o1}(t) = D V_m \sin \omega t \qquad (8-12)$$

图 8-8(b)给出了电阻负载斩控式交流调压电路的波形。在电源正半周,$D_1$-$T_1$ 高频斩波,而 $D_3$-$T_3$ 在 $D_1$-$T_1$ 关断时续流,和 Buck 电路工作原理完全一致。而负半周则由另外一对开关 $D_2$-$T_2$ 和 $D_4$-$T_4$ 斩波和续流。可以看出,电源电流 $i_i$ 的基波分量是和电源电压 $v_i$ 同相位的,即位移因数为 1。另外,通过 FFT 分析可知,电源电流中不含低次谐波,只含和开关周期有关的高次谐波。单相斩控交流调压阻感负载和三相斩控交流调压

电路原理类似,考虑到篇幅问题,就不做介绍了。

### 8.2.2　交流调功电路

交流调压电路主要采用相位控制对输出电压进行调节,主要用于灯光调节、异步电动机的软启动和调速等场合,对于类似温度调节等具有大惯性环节的被控对象则没有必要对交流电源的每个周期进行调压控制,而只需对输出功率进行通断控制即可,这就是交流调功电路。交流调功电路的拓扑结构与交流调压电路完全相同,二者仅仅是控制方式不同。如图 8-10 所示,在电源电压过零的时刻控制晶闸管导通或关断,将负载与电源接通几个周波,再断开几个周波,改变通断周波数的比值来调节负载所消耗的平均功率。相比于相位控制,在交流电源接通期间,负载电压、电流都是正弦波,不对电网造成谐波污染。

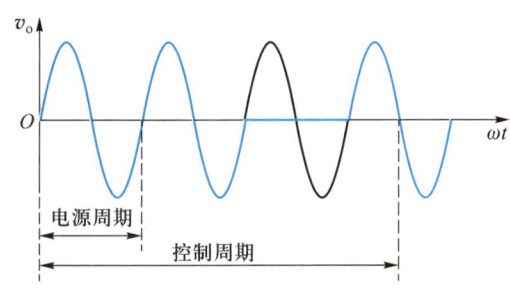

图 8-10　交流调功电路的工作波形

### 8.2.3　交流电力电子开关

在公用电网中,交流电力电容器的投入与切断是控制无功功率的重要手段。通过对无功功率的控制,可以提高功率因数,稳定电网电压,改善供电质量。过去大多采用机械开关(接触器等)投切电容器,但由于机械开关存在寿命有限、开关过程伴随着噪声等缺点,近几年已逐渐被淘汰,代替它的是交流电力电子开关,从而形成了晶闸管投切电容器(thyristor switched capacitor,TSC)等。与机械开关投切的电容器相比,晶闸管投切电容器是一种性能优良的无功补偿方式。

图 8-11(a)为晶闸管投切电容器的基本单元结构(单相),它与单相相控调压电路结构以及单相交流调功电路单元结构完全相同。图 8-11 中电感 $L$ 较小,用来抑制电容器投入电网时可能出现的冲击电流。根据电网功率因数的变化情况,同时为了减少电容器投入时的电流冲击,不能一次投入所有的电容器,因此电容器一般为分组投切,如图 8-11(b)所示,这样 TSC 就成为断续可调的动态无功功率补偿器。由于成本的原因,TSC 目前还是无功补偿的主要手段,在具体实施方法上,还有过零点投切或预充电等技术来保障投切瞬间冲击电流最小,本书在此不再细述。

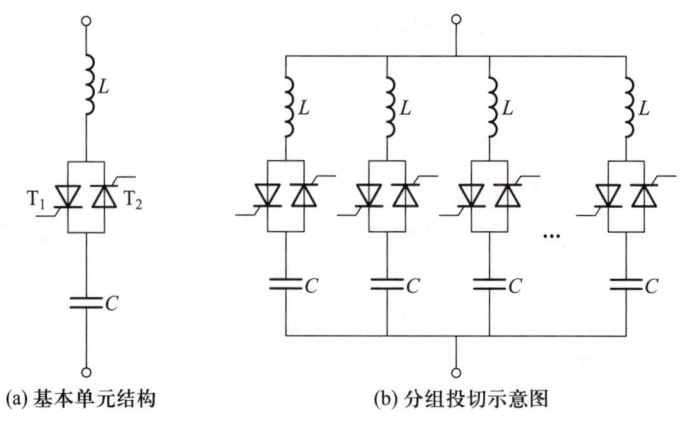

(a) 基本单元结构　　　　　(b) 分组投切示意图

图 8-11　晶闸管投切电容器（TSC）基本示意图

## 8.3　交—交变频电路

交—交变频电路把电网频率的交流电变成电压、频率可调的交流电,广泛用于大功率交流电动机调速传动系统,实用的主要是三相输出交—交变频电路。交—交变频电路主要有相控式交—交变频电路和矩阵式 PWM 型交—交变频电路。

### 8.3.1　相控式交—交变频电路

相控式交—交变频是一种直接的变频,也被称为周波变流器（cycloconvertor）。其优点是损耗小、效率较高,可以实现四象限运行,缺点是调频范围低,仅为输入的 $1/2 \sim 1/3$,功率因数较低,适用于低速大功率场合,在轧机、矿山卷扬、船舶推进等传动系统中应用较多。

#### （1）单相相控交—交变频电路

单相相控交—交变频电路是三相相控交—交变频电路的基础,单相输出交—交变频电路的构成、工作原理、控制方法及输入输出特性的分析和结论大多适用于三相输出交—交变频电路。因此先从单相输出交—交变频电路的构成、工作原理开始分析。

晶闸管具有单向导电性,故由它构成的变流器只能实现电流单向流动,但电压可以通过控制触发角 α 实现连续变化以及反向,因而,通常晶闸管变流器可以工作在两个象限。在第七章已经提到过要实现直流电动机的四象限运行,可以用正反两组晶闸管变流器并联实现,如图 8-12 所示。因为每个晶闸管变流器可以实现两个象限工作,两组晶闸管变流器则可以实现四个象限工作,但是第七章中只用这种结构来实现单个晶闸管变流器实现不了的电流双向流动,并没有牵涉频率的变化。

事实上,图 8-12 所示结构不仅可以用来实现改变负载电流方向,还可以实现频率的调节,这就构成了单相交—交变频电路,其原理图如图 8-13 所示。

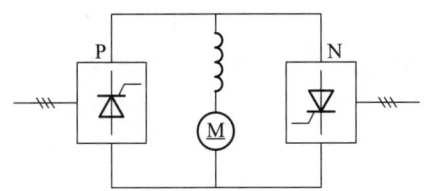

图 8-12 正反两组晶闸管变流器
并联实现电动机四象限运行

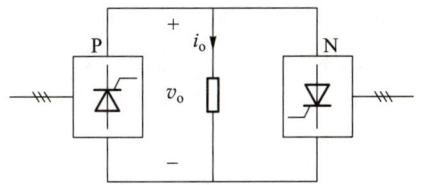

图 8-13 单相交—交变频电路原理图

图 8-13 中,P 组和 N 组变流器可以是单相全桥、三相半波、三相桥式等多种结构,如图 8-14 所示。

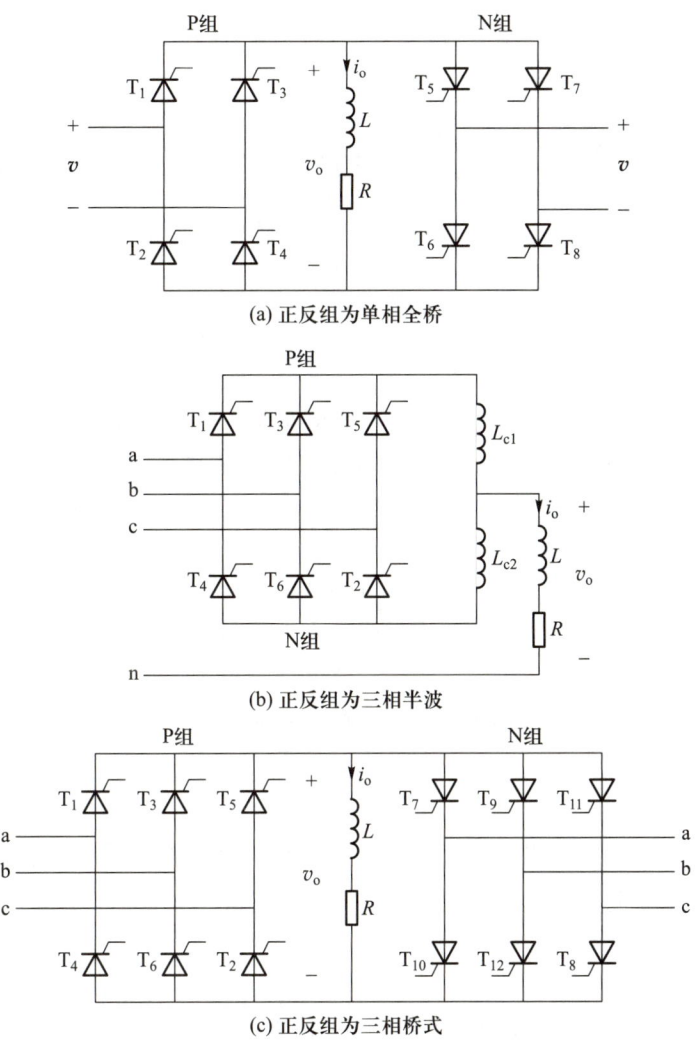

(a) 正反组为单相全桥

(b) 正反组为三相半波

(c) 正反组为三相桥式

图 8-14 交—交变频电路变流器结构

在图 8-14 中,P 组工作时,负载电流 $i_o$ 为正,N 组工作时,$i_o$ 为负。让两组变流器按一定的频率交替工作,负载就得到该频率的交流电。改变两组变流器的切换频率,就可以改变输出频率。而按比例改变变流电路的控制角 $\alpha$,就可以改变交流输出电压的幅值。

进一步,为了使输出电压波形接近正弦波,可以按照一定规律对 $\alpha$ 角进行控制,即在半个周期内让 P 组 $\alpha$ 角从 90°减到 0°或某个值,再增加到 90°,每个控制间隔内的平均输出电压就按一定规律从零增至最高,再减到零;另外半个周期可对 N 组进行同样地控制,则可以获得较低频率的交—交正弦平均电压控制。以 P 组、N 组为三相半波结构为例,则按照该电压控制规律,单相交—交变频电路输出电压波形如图 8-15 所示。可以看出,输出电压并不是平滑的正弦波,而是由若干段电源电压拼接而成。当控制 $\alpha$ 角按一定规律从 90°减到 0°,再增加到 90°时,输出电压幅值最大,如果要减小输出电压的幅值,只需要改变 $\alpha$ 角的下限,例如从 90°减到 5°,再增加到 90°,后面式(8-17)将说明这点。

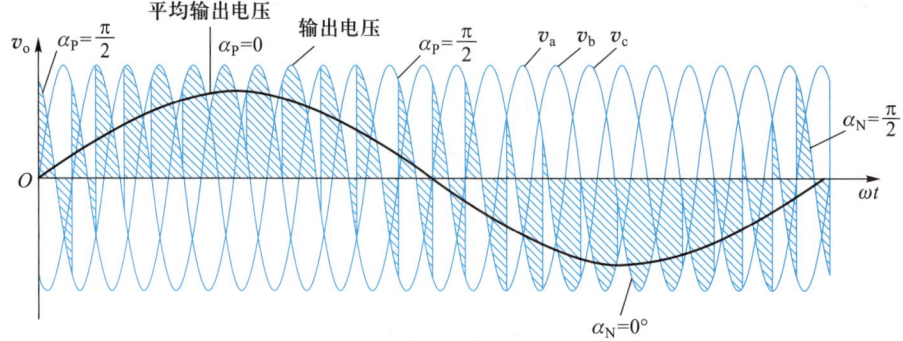

图 8-15　正反组采用三相半波电路的相控单相交—交变频电路输出电压波形

通过不断改变控制角 $\alpha$,可以使交—交变频电路的输出电压波形基本为正弦波。具体怎么实现 $\alpha$ 的改变呢?和逆变器一样,可以采用多种调制或计算的方法,其中余弦交点法是一种广泛使用的调制方法,下面主要介绍余弦交点法的工作原理和调制过程。

设三相交流电源为

$$\begin{cases} v_{a} = V_{m}\sin\ (\omega t) \\ v_{b} = V_{m}\sin\ (\omega t - 2\pi/3) \\ v_{c} = V_{m}\sin\ (\omega t + 2\pi/3) \end{cases} \tag{8-13}$$

设 $V_{DO}$ 为 $\alpha = 0°$ 时整流电路的理想空载输出电压,如果触发角为 $\alpha$,则此时的平均输出电压为

$$\bar{v}_{o} = V_{DO}\cos\ \alpha \tag{8-14}$$

需要注意,在式(8-14)中,对于交—交变频电路来说,每次控制时,$\alpha$ 都是不同的,式(8-14)中的 $\bar{v}_{o}$ 表示每次控制间隔内输出电压的平均值。

期望的正弦波输出电压为

$$v_{o,ref} = V_{om}\sin\ \omega_{o}t \tag{8-15}$$

如果具体到每个控制间隔内的电压,则和 $\bar{v}_{o}$ 类似,$v_{o,ref}$ 也可以理解成平均电压。从而可以联立式(8-14)和式(8-15),由 $\bar{v}_{o} = v_{o,ref}$ 得到

$$\cos\ \alpha = \frac{V_{om}}{V_{DO}}\sin\ \omega_{o}t = \gamma\sin\ \omega_{o}t \tag{8-16}$$

式中,$\gamma$ 称为输出电压比,$\gamma = \dfrac{V_{om}}{V_{DO}}(0 \leqslant \gamma \leqslant 1)$,则

$$\alpha = \arccos(\gamma \sin \omega_o t) \tag{8-17}$$

这就是余弦交点法的基本公式,式中 $\alpha$ 是针对电网角频率 $\omega$ 而言的。

下面以正反组为三相半波整流为例,通过图 8-16 对余弦交点法以及 $\alpha$ 值的具体计算方法做进一步说明,设第 $n$ 个触发脉冲的触发角为 $\alpha_n$,触发时刻为 $t_n$,由图 8-16 可知

$$\alpha_n = \omega t_n - \pi/6 - 2(n-1)\pi/3 \tag{8-18}$$

将式(8-18)带入式(8-16)得

$$\cos \alpha_n = \cos\left[\omega t_n - \pi/6 - 2(n-1)\pi/3\right] = \sin(\omega t_n + \pi - 2n\pi/3) = \gamma \sin \omega_o t_n \quad (n=1,2,3\cdots)$$
$$\tag{8-19}$$

式中,$\alpha_n$ 表示第 $n$ 个触发脉冲的触发角,$t_n$ 表示第 $n$ 个触发脉冲出现的时刻,根据触发角范围要求($0° \leqslant \alpha \leqslant 90°$)可见每个触发脉冲出现的时刻是 $\sin(\omega t + \pi - 2n\pi/3)$ 这族曲线的下降段与 $\gamma \sin \omega_o t$ 的交点位置。载波可定义为 $V_{DO}\sin(\omega t + \pi - 2n\pi/3)$,用 $v_{as}$、$v_{bs}$、$v_{cs}$ 表示。注意到式(8-13)中的相电压 $v_a$、$v_b$、$v_c$ 还可以写为 $V_m \sin(\omega t + 2\pi/3 - 2n\pi/3)$,则易知载波信号 $v_{as}$、$v_{bs}$、$v_{cs}$ 比对应相电压 $v_a$、$v_b$、$v_c$ 超前 $\pi/3$。调制波为 $V_{om}\sin \omega_o t$,具体调制如图 8-16所示。当采用三相桥式整流电路时,应按线电压左移 30° 进行调制。

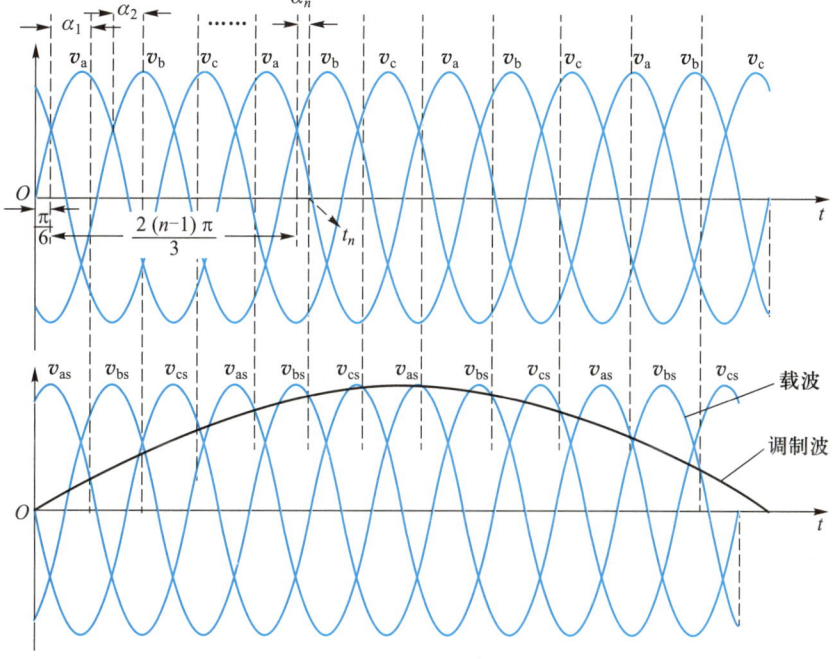

**图 8-16 余弦交点法工作原理图解**

根据式(8-17),输出正弦波电压幅值 $V_{om}$ 的改变是通过改变 $\alpha$ 的范围来实现的。图 8-16 中,$\alpha_{Pmin} = 0°$,$\alpha_{Pmax} = 90°$,此时 $V_{om}$ 幅值最大,当需要减小交流输出电压 $V_{om}$ 幅值时,根据式(8-17),$\alpha_{Pmin}$ 会相应增加,例如 $\alpha_{Pmin} = 5°$。

余弦交点法可以用模拟电路来实现,但线路复杂,且不易实现准确地控制。采用计算机控制时可方便地实现准确的运算,而且除计算 $\alpha$ 角外,还可以实现各种复杂地控制运算,使整个系统获得很好的性能。

实际交—交变频中正反组整流电路多采用三相桥式电路,单相桥式每半个电源电压

周期只能改变一次相控角,只能在交流电源半个周期中得到一个输出电压平均值。三相半波只有三次,而三相桥式电路中,一个电源周期中有 6 个脉波,在一个电源周期中可以得到六个不同的整流电压输出。

另一方面,交—交变频的负载多为感性,如交流电动机等,此时根据负载电压电流的相位关系,需要控制整流电路工作于整流和有源逆变两种状态,这与图 8-15 中不考虑功率因数角,全部工作于整流状态不同。以下以正反组采用三相桥式电路单相交—交变频为例进行具体说明。设 $v_o = V_{om} \sin \omega_o t$,功率因数角为 $\phi$,负载电流为 $i_o = I_{om} \sin(\omega_o t - \phi)$,则其工作状态如图 8-17 所示。

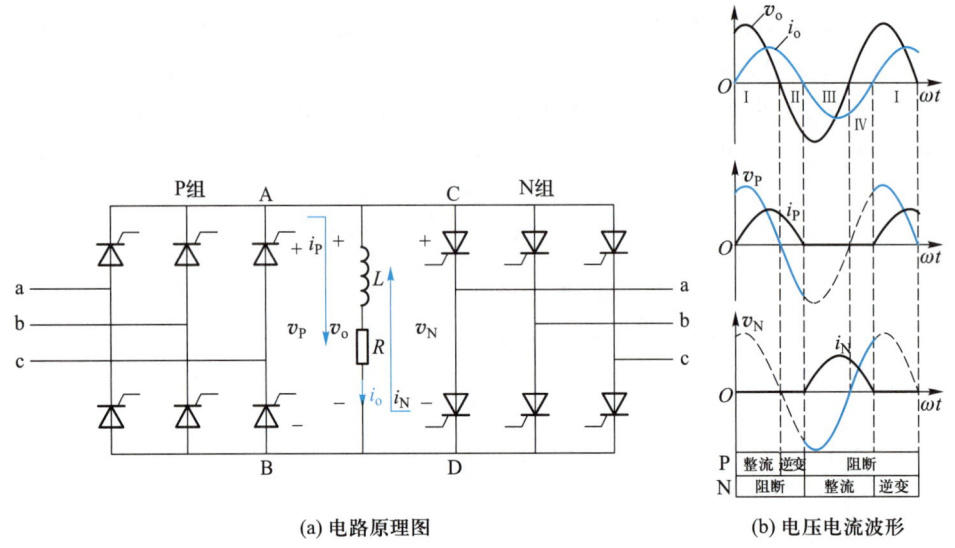

(a) 电路原理图　　　　　　　　(b) 电压电流波形

图 8-17　交—交变频电路的整流和逆变工作状态

在区间 Ⅰ ,$i_o > 0$,$v_o > 0$,此时,控制电路让 P 组工作于整流状态,正组 $\alpha_P < 90°$,$v_P = v_o > 0$,且 $\alpha_P$ 按式(8-17)变化。在区间 Ⅱ ,$i_o = i_P > 0$,而电压改变极性,$v_o < 0$。因为 $i_o = i_P > 0$,由于晶闸管具有单向导电性,所以即使电压 $v_o$ 改变极性,仍然需要让正组 P 工作。但此时应该控制 P 组工作于有源逆变状态,而不是整流状态,也就是 $\alpha_P > 90°$,这与图 8-15 中控制 N 组工作于整流状态在输出电压效果上是相同的。大于 90° 的 $\alpha_P$ 计算方法是 $\alpha_P = 180° - \alpha_N$,而 $\alpha_N$ 按照式(8-17)计算,但反组并不实际发出触发脉冲。控制 P 组触发于 $\alpha_P = 180° - \alpha_N$ 和控制 N 组触发于 $\alpha_N$ 在输出电压的效果上是相同的。正组相控角工作在 $\alpha_P = 180° - \alpha_N$ 的有源逆变状态时的输出电压为

$$v_o = v_P = v_{AB} = V_{DO} \cos \alpha_P = V_{DO} \cos(\pi - \alpha_N) = -V_{DO} \cos \alpha_N (\alpha_N < 90°) = V_{om} \sin \omega_o t < 0$$

$$(8-20)$$

在图 8-17(b)所示的区间Ⅲ内,$i_o = i_N < 0$,$v_o < 0$,控制电路让 N 组工作于整流状态,且 $\alpha_N$ 按式(8-17)变化。在区间Ⅳ,$v_o > 0$,$i_o < 0$,因为 $i_o < 0$,所以即使电压改变极性,仍然需要让反组 N 工作,但此时应该控制反组 N 工作于有源逆变状态,也就是 $\alpha_N > 90°$。大于 90° 的 $\alpha_N$ 计算方法是 $\alpha_N = 180° - \alpha_P$。反组相控角工作在 $\alpha_N = 180° - \alpha_P$ 的有源逆变状态时的输出电压为

$$v_o = v_N = v_{CD} = -v_{DC} = -V_{DO}\cos\alpha_N = -V_{DO}\cos(\pi-\alpha_P) = V_{DO}\cos\alpha_P(\alpha_P<90°) = V_{om}\sin\omega_o t>0$$

$$(8-21)$$

负载侧 $v_o$ 电压为正,电流流出负载,流向反组 N。因为 $v_o>0$, $i_o<0$,所以反组 N 向电网侧提供功率,处于有源逆变状态。

在图 8-17 所示交—交变频 4 种工作状态基础上,再考虑到无环流工作方式下必须要在负载电流过零时在正反组间加入死区,则一周工作波形可以划分为如图 8-18 所示的 6 段,其中 2、5 两段为切换死区。也就是在图 8-17(b)所示的电流过零点,两组桥需要切换时,不是简单地把原来工作着的一组桥触发脉冲立即封锁,同时把另外一组桥立即开通,而是要在两组切换时加入死区时间。因为已导通的晶闸管并不能在触发脉冲取消瞬间立即关断,必须在晶闸管承受反压、电流过零条件下,且需要一个关断时间才能恢复阻断能力。如果两组桥的触发脉冲封锁和触发同时进行,则出现两组桥同时导通情况从而产生环流(在两组变流器之间流动而不经过负载的电流),因为没有设置环流电抗器,所以,将产生很大的短路电流,烧毁晶闸管。实际上,在上述图 8-17 所示的工作过程中加入死区,就是广泛采用的逻辑控制无环流方法。它可以避免两组变流器之间产生环流,所以,它不需要设置环流电抗器。具体地说,两组变流电路在工作时,不同时施加触发脉冲,在两组切换时预留安全关断时间。正反组分别工作半周,即一组变流器工作时,封锁另外一组变流器的触发脉冲。

综合考虑功率因数、死区时间后,触发角 $\alpha_{Pmax}$ 是大于 90° 的。输出电压幅值越小,也就是电压调制比越小,则 $\alpha_{Pmin}$ 越大,半周期内触发角的平均值越大,此时功率因数越低 [式(7-20),式(7-57),$PF = \dfrac{I_{s1}}{I_s}\cos\alpha = \dfrac{3}{\pi}\cos\alpha$]。交—交变频电路采用的是相位控制方式,输入电流相位总是滞后于输入电压。

除逻辑无环流控制方式之外,根据对于环流的不同处理方法,图 8-18 还有几种控制方案,如 $\alpha_N+\alpha_P=180°$ 配合控制有环流($\alpha_N+\alpha_P=180°$ 时两组变流器输出平均电压相等,但瞬时值不等,所以没有直流环流但有脉动环流)、可控环流、错位控制无环流等。逻辑控制无环流系统不需要设置环流电抗器,而有环流控制系统必须要在图 8-17 所示基础上设置环流电抗器。

从上述工作原理的分析中可以看出,交—交变频电路的输出电压是由许多段电网电压拼接而成的。输出电压一个周期内包含的电网电压段数越多,输出电压波形就越接近正弦波。每段电网电压的平均持续时间是由变流电路的脉波数决定的。因此,当输出频率增高时,输出电压一周期所含电网电压的段数就减少,波形畸变就严重。电压波形畸变以及由此产生的电流波形畸变和转矩脉动是限制输出频率提高的主要因素。就输出波形畸变和输出上限频率的关系而言,很难确定一个明确的界限。当然,构成交—交变频电路的两组交流电路的脉波数越多,输出上限频率就越高。就常用的三相桥式电路而言,一般情况下,输出上限频率不高于电网频率的 $1/3 \sim 1/2$。电网频率为 50 Hz 时,交—交变频电路的输出上限频率约为 20 Hz。

### (2) 三相相控交—交变频电路

相控式交—交变频电路的实用电路是三相输出的交—交变频电路,三相输出的交—交变频电路是由三组输出电压相位各差 120° 的单相交—交变频电路组成的。单相输出

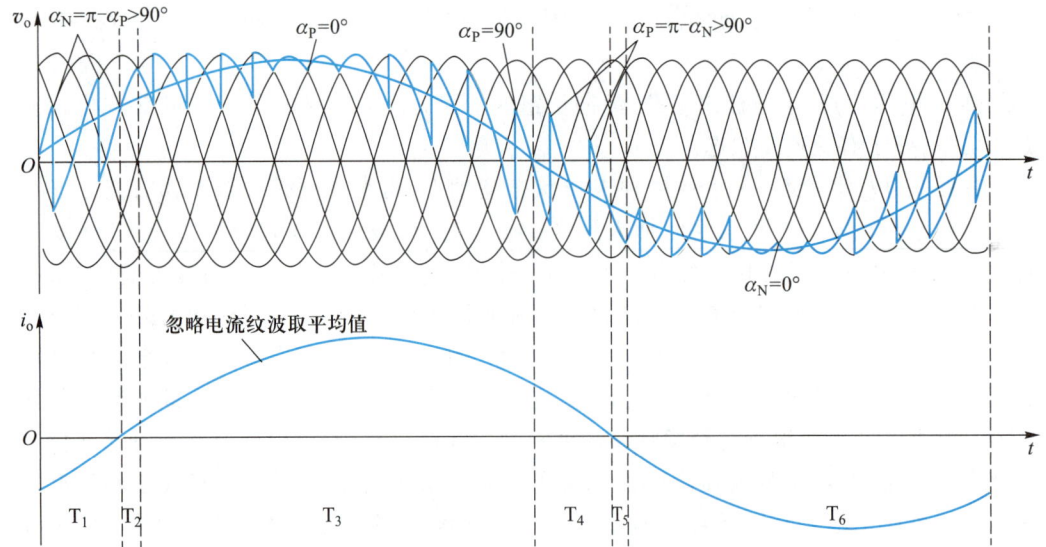

图 8-18　采用三相桥式电路的单相交—交变频电路输出电压和电流波形

交—交变频电路的分析方法和结论大多适用于三相输出交—交变频电路。

三相交—交变频电路主要有两种接线方式,即公共交流母线进线方式[如图 8-19(a)所示]和输出星形联结方式[如图 8-19(b)所示]。

① 公共交流母线进线方式　由三组彼此独立的、输出电压相位相互错开 120°的单相交—交变频电路构成,它们的电源进线通过进线电抗器接在公共的交流母线上。因为电源进线端公用,所以三组单相交—交变频电路的输出端必须隔离。为此,交流电动机的三个绕组必须拆开,共引出六根线。这种电路主要用于中等容量的交流调速系统。

② 输出星形联结方式　输出星形联结方式是指三组输出电压相位相互错开 120°的单相交—交变频电路的输出端是星形联结,电动机的三个绕组也是星形联结,电动机中性点不和变频器中性点接在一起,电动机只引出三根线即可。因为三组单相交—交变频电路的输出联结在一起,其电源进线就必须隔离,因此三组单相交—交变频器分别用三个变压器供电。由于变频器输出端中点不和负载中点相联结,所以在构成三相变频电路的六组桥式电路中,至少要有不同输出相的两组桥中的四个晶闸管同时导通才能构成回路,形成电流。和整流电路一样,同一组桥内的两个晶闸管靠双触发脉冲保证同时导通。而两组桥之间则是靠各自的触发脉冲有足够的宽度,以保证同时导通。

相控三相交—交变频电路的输出上限频率、输出电压谐波和单相交—交变频电路分析方式是一致的,但输入电流谐波和功率因数与单相交—交变频电路有所差别。

总输入电流由三个单相的同一相输入电流合成而得到,有些谐波相互抵消,谐波种类有所减少,总的谐波幅值也有所降低。

三相电路总的有功功率为各相有功功率之和,但视在功率却不能简单相加,而应该由总输入电流有效值和输入电压有效值来计算,比三相各自的视在功率之和小。因此,三相交—交变频电路总输入功率因数要高于单相交—交变频电路,但在输出电压较低时,总的功率因数仍然不高。

相控三相交—交变频电路输入平均功率因数较低的原因主要是其输出电压较低,特

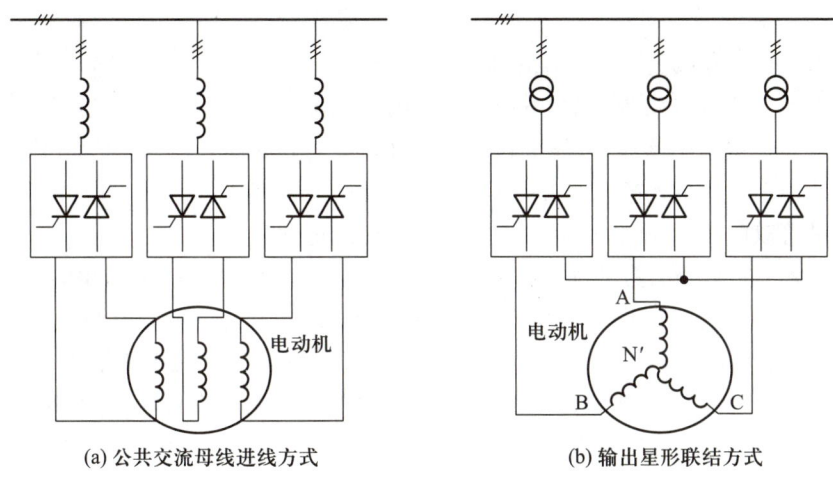

(a) 公共交流母线进线方式      (b) 输出星形联结方式

**图 8-19 相控三相交—交变频电路的两种接线方式**

别是在输出电压过零附近,控制触发角 $\alpha$ 较大,使得输入平均功率因数很低。提高输入平均功率因数的主要方法就是提高输出电压,这样可减小控制触发角 $\alpha$,从而提高输入平均功率因数。对于如图 8-19(b)所示的输出星形联结的三相交—交变频电路,每组单相交—交变频电路输出的电压为相电压,加在负载上的电压为线电压。如果在各相电压中叠加同样的直流分量或 3 倍于输出频率的谐波分量,它们都不会在线电压中反映出来,因而也就不会加到负载上。利用以上结论,可以得到两种方法来改善输入功率因数,即在相电压中叠加直流电压分量的直流偏置法,以及叠加交流分量的交流偏置法。这两种方法和在第五章逆变器中介绍的三次谐波注入有异曲同工之妙。

相电压中叠加直流电压分量——直流偏置法,会使得输出电压的正半波平均电压增大,对提高输入平均功率因数有好处,但是负半波平均电压将以同样幅度减小,因而又降低了输入平均功率因数。所以,常用的办法是在输出相电压叠加三次谐波——交流偏置法,也就是通常所说的梯形波输出控制方式,即使三组单相变频器的输出均为梯形波(也称准梯形波),如图 8-20 所示。因为梯形波中的主要谐波成分是三次谐波,在线电压中三次谐波相互抵消,线电压仍为正弦波,而变流器较长时间工作在高输出电压区域(即梯形波的平顶区),$\alpha$ 角较小,因此输入功率因数可得到明显地提高。

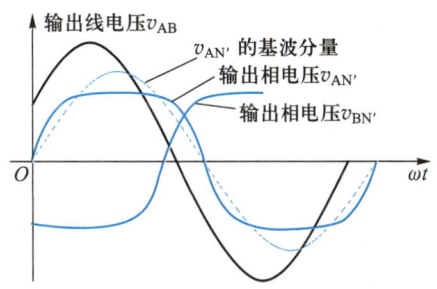

**图 8-20 梯形波输出控制方式下的理想输出电压波形**

## *8.3.2 矩阵式交—交变频电路

8.3.1 节中介绍的相控交—交变频电路通常只用在低速、大功率场合。

矩阵变换器(matrix converter)作为一种新型的交—交变频电源,自 1979 年由 M. Venturini 提出了一种有效的开关控制方法后,已得到越来越多的研究和应用,它有以下优点：

　　① 输出频率不受输入电源频率的限制；

　　② 输入功率因数可任意调节，与负载功率因数无关；

　　③ 无中间直流或交流环节，能量直接传递，体积小，效率高；

　　④ 可获得正弦波形的输入电流和输出电压，波形失真度小；

　　⑤ 能量可双向传递，非常适合四象限运行的交流传动系统。

　　矩阵式交—交变频电路的输入一般是三相交流电，其输出可以是单相的，称为单相矩阵式交—交变频电路；也可以三相输出，称为三相矩阵式交—交变频电路。

　　为了能较好地对输出电压的频率进行调节，一般采用三相交流电压输入，如图 8-21(a)所示。在给定电压的正半波，哪相电压最高，就对哪相电压进行斩波，在给定电压的负半波，哪相电压最低，就对哪相电压进行斩波，从而得到如图 8-21(b)所示的波形。二者都由双向开关 S 进行续流。

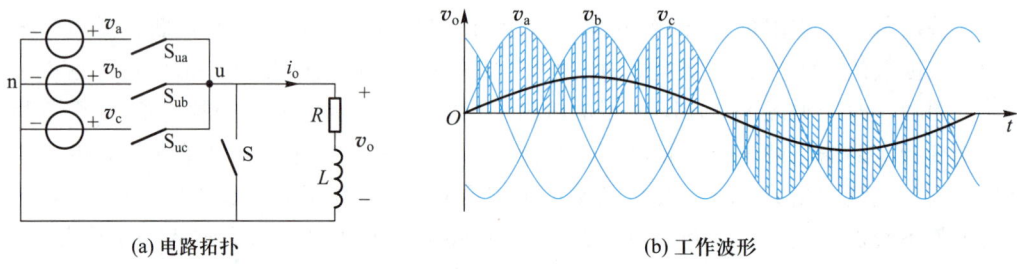

(a) 电路拓扑　　　　　　　　　　　　　　(b) 工作波形

图 8-21　三相交流电压输入的斩控式 AC—AC 变换器电路拓扑及其工作波形

　　从图 8-21 所示的波形可以看出，每个脉冲波都是电网相电压的一部分，它是由电网电压经斩波得到，因此这种变频方式称为斩控式交—交变频。输出波形由基波和 3 倍电源频率的高频分量以及与斩波频率一致的高频分量叠加而成，基波的频率随系统电源电压的频率改变而改变。

　　图 8-21 所示的电路中，$S_{ua}$、$S_{ub}$、$S_{uc}$ 以及 S 均采用如图 8-9 所示双向可控开关。在给定正弦电压的正半波，当 a 相电压最高时，$S_{ua}$ 斩波，b 相电压最高时，$S_{ub}$ 斩波，c 相电压最高时，$S_{uc}$ 斩波，S 续流，负载上就得到正向电压。在给定正弦电压的负半波，当 a 相电压最低时，$S_{ua}$ 斩波，b 相电压最低时，$S_{ub}$ 斩波，c 相电压最低时，$S_{uc}$ 斩波，S 续流，负载上就得到负向电压。为了减少开关器件，可将续流回路的开关器件去掉，如图 8-22(a)所示。这时，在给定电压的正半波，当某相电压最高，则该相对应开关管斩波，而电压最低的那一相的开关管作为续流管。如 a 相电压最高，b 相电压最低，则 $S_{ua}$ 斩波，$S_{ub}$ 续流，输出波形如图 8-22(b)所示。把电路重画成如图 8-22(c)所示的结构，由于其开关 $S_{ua}$、$S_{ub}$、$S_{uc}$ 的排列就像一个 1×3 的矩阵，故称为矩阵式变换器。

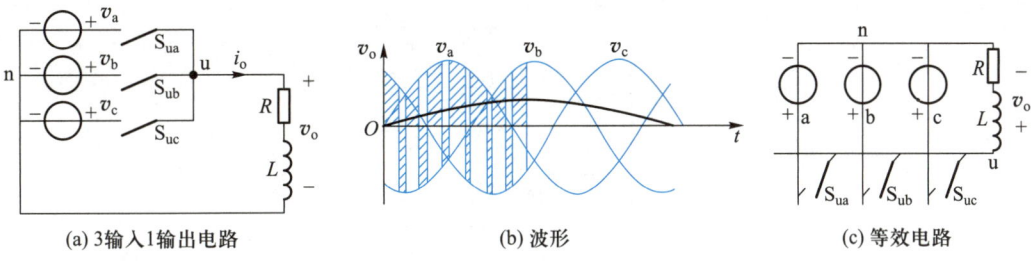

(a) 3输入1输出电路　　　　　(b) 波形　　　　　(c) 等效电路

图 8-22　3 输入 1 输出的矩阵式交—交变频电路

对如图 8-22(c) 所示的单相矩阵式交—交变频电路, 利用一组开关 $S_{ua}$、$S_{ub}$、$S_{uc}$ 的通断组合就可以得到单相交流电压。把三个相同结构的单相矩阵式交—交变频电路用同一组三相交流电压供电, 就得到如图 8-23 所示的电路。图 8-23 中, 按照负载中点和电源中点是否联结分为带中性线和不带中性线两种结构。因为矩阵变换器目前多用于电动机驱动场合, 所以还是以三线的不带中性线结构为主。

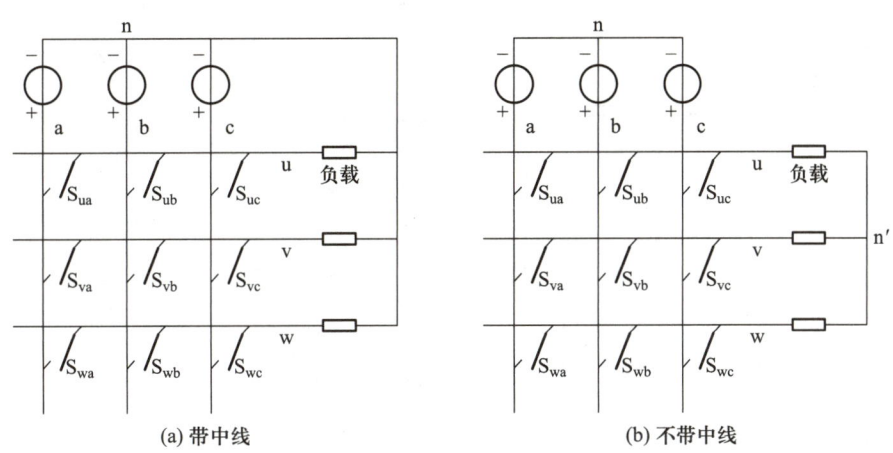

(a) 带中线　　　　　　　　　　(b) 不带中线

图 8-23　三相矩阵式交—交变频电路

以图 8-9 所示的实际双向开关表示的三相三线矩阵式交—交变频电路带电动机负载如图 8-24 所示。

对于图 8-23(a)(b), 设任意一个开关开通时 S 为 1, 关断时 S 为 0, 可得到其输出相电压为

$$\begin{cases} v_{un} = S_{ua}v_a + S_{ub}v_b + S_{uc}v_c \\ v_{vn} = S_{va}v_a + S_{vb}v_b + S_{vc}v_c \\ v_{wn} = S_{wa}v_a + S_{wb}v_b + S_{wc}V_c \end{cases} \quad (8-22)$$

则

$$\begin{cases} v_{uv} = v_{un} - v_{vn} = (S_{ua} - S_{va})v_a + (S_{ub} - S_{vb})v_b + (S_{uc} - S_{vc})v_c \\ v_{vw} = v_{vn} - v_{wn} = (S_{va} - S_{wa})v_a + (S_{vb} - S_{wb})v_b + (S_{vc} - S_{wc})v_c \\ v_{wu} = v_{wn} - v_{un} = (S_{wa} - S_{ua})v_a + (S_{wb} - S_{ub})v_b + (S_{wc} - S_{uc})v_c \end{cases} \quad (8-23)$$

写成矩阵形式, 即

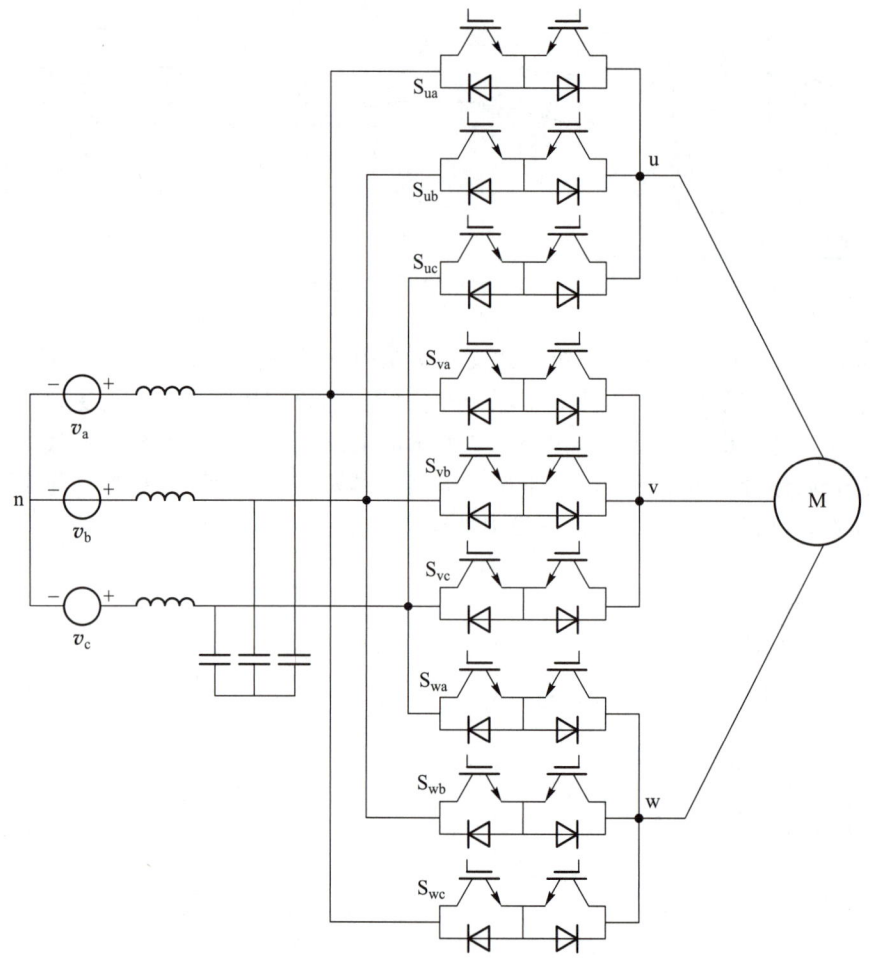

**图 8-24　三相三线矩阵式交—交变换电路带电动机负载**

$$\begin{pmatrix} v_{uv} \\ v_{vw} \\ v_{wu} \end{pmatrix} = \begin{pmatrix} S_{ua}-S_{va} & S_{ub}-S_{vb} & S_{uc}-S_{vc} \\ S_{va}-S_{wa} & S_{vb}-S_{wb} & S_{vc}-S_{wc} \\ S_{wa}-S_{ua} & S_{wb}-S_{ub} & S_{wc}-S_{uc} \end{pmatrix} \begin{pmatrix} v_a \\ v_b \\ v_c \end{pmatrix} \tag{8-24}$$

对于图 8-23(b),还可以推导出负载相电压为

$$\begin{pmatrix} v_{un'} \\ v_{vn'} \\ v_{wn'} \end{pmatrix} = \begin{pmatrix} S_{ua} & S_{ub} & S_{uc} \\ S_{va} & S_{vb} & S_{vc} \\ S_{wa} & S_{wb} & S_{wc} \end{pmatrix} \begin{pmatrix} v_a \\ v_b \\ v_c \end{pmatrix} - \frac{1}{3} \begin{pmatrix} 1 \\ 1 \\ 1 \end{pmatrix} \begin{pmatrix} S_{ua}+S_{va}+S_{wa} \\ S_{ub}+S_{vb}+S_{wb} \\ S_{uc}+S_{vc}+S_{wc} \end{pmatrix}^T \begin{pmatrix} v_a \\ v_b \\ v_c \end{pmatrix} \tag{8-25}$$

同时,需要强调,对某相输出而言,为了防止短路,任何时刻只能有一个开关导通,而为了防止感性负载开路导致过电压,必须有一个开关导通,也就是开关函数满足 $S_{ia}+S_{ib}+S_{ic}=1, i \in (u,v,w)$。

从式(8-24)可看出,矩阵变换器的控制需要解决两个基本问题,首先是如何求取式(8-24)中的调制矩阵,其次是如图 8-24 所示的双向开关切换、换流时如何能够做到安全高效。这些问题目前已经得到较好的解决,调制矩阵的求解方法大致可以分为直接变换法、滞环电流跟踪法和间接空间矢量调制法等,其中间接空间矢量法最早在 1989 年提出,它把矩阵变换器等效成传统的交—直—交结构,采用 PWM 整流和 PWM 逆变合成技术,使矩阵变换器的性能得到较大的改善。这种策略既能够控制输出电压波形,又能控制输入电流波形,且输入功率因数可控,因而得到了最广泛的应用和研究。双向开关的切换比较成熟的方法有四步换流和两步换流等,具体可以参考相关文献。

　　在实际应用中,如果矩阵变换器的输入是电压源,则要求输出是一个电流源,反之,如果输入是电流源,则要求输出是电压源。因为矩阵变换器是单级变换,假设输入输出均为电压源,则在双向开关导通时会将幅值不同的输入输出电压源短路。如图 8-25 所示,在一个实际的矩阵变换器驱动电机的电路中,因为输出交流电机是一个电流源,而电网虽然是一个电压源,但因为线路电感的

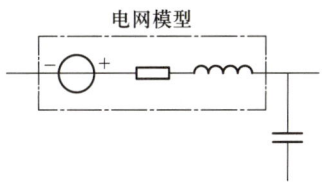

图 8-25　矩阵变换器输入侧设计

原因,它又不是一个理想的电压源,所以必须在矩阵变换器的输入侧设计一个电容,使得输入侧呈现电压源性质。

## 本章小结

　　能实现交流电压幅值、频率或相数变换的电路称为 AC—AC 变换器。AC—AC 变换电路可以分为交流电力控制电路和交—交变频电路;交流电力控制电路包含交流调压电路(又分为相控式和 PWM 斩控式)、交流调功电路以及交流电力电子开关。交—交变频电路又分为相控式交—交变频电路和矩阵式交—交变频电路。

　　交流电力控制电路中的重点是交流调压电路。在交流调压电路中,重点分析了单相相控式交流调压电路的基本原理、星形联结的三相相控式交流调压电路的工作原理;分析了单相斩控式交流调压电路的基本原理,给出了三相斩控式交流调压电路的基本拓扑。在交—交变频电路中,着重介绍了相控式交—交变频电路的工作原理和正弦波输出的调制方法——余弦交点法,并对矩阵式交—交变频的基本原理、控制策略作了简单的介绍。

## 习题

习题集
第 8 章
AC—AC 变
换器

　　1. 单相交流调压器中电源为工频 220 V,阻感负载,其中 $R=0.5\ \Omega$,$L=2$ mH。试求:① 开通角 $\alpha$ 的变化范围;② 负载电流的最大有效值;③ 最大输出功率及此时电源侧的功率因数;④ 当 $\alpha=\dfrac{\pi}{2}$ 时,晶闸管电流有效值,晶闸管导通角和电源侧功率因数。

　　2. 交流调压电路和交流调功电路有什么区别?二者各运用于什么样的负载?为什么?

　　3. 单相交—交变频电路和直流电动机传动用的反并联可控整流电路有什么不同?

　　4. 交—交变频电路的最高输出频率是多少?制约输出频率提高的因素是什么?

　　5. 交—交变频电路的主要特点和不足是什么?主要用途是什么?

　　6. 试述矩阵式变频电路的基本原理和优缺点。为什么说这种电路有较好的发展前景?

# 第 9 章
# 软开关变换器

## 9.1 概　　述

　　所谓**软开关**是指在开关电路中增加相应的电感、电容等谐振元件,通过在开关过程中引入谐振,使开关管开通前电压降为零,或关断前电流先降为零,从而消除开关过程中电压、电流的交叠,减小开关损耗。

　　软开关一般可分为**零电压开关(zero voltage switching,ZVS)和零电流开关(zero current switching,ZCS)**。零电压开关分为零电压开通和零电压关断;零电流开关分为零电流开通和零电流关断。

　　根据软开关技术实现的方法,软开关变换器可分为谐振型和移相型。谐振型又可以分为全谐振、准谐振和基于准谐振的 PWM 软开关;移相型有移相全桥和双有源桥(dual active bridge,DAB)。软开关的分类如图 9-1 所示。全谐振按照谐振元件数量可以分为两谐振元件、三谐振元件及多谐振元件等;准谐振包含零电压准谐振、零电流准谐振、用于逆变器的谐振直流环;基于准谐振的 PWM 软开关包含零开关 PWM、零转换 PWM。实际在软开关变换器的发展中,谐振和移相可能会同时使用,所以这里仅指实现软开关的两种基本方式。

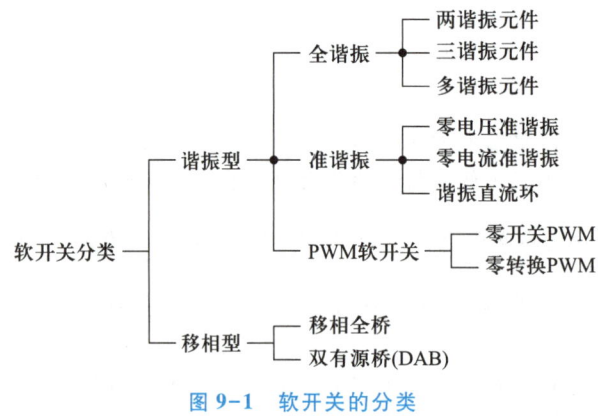

图 9-1　软开关的分类

　　本章将首先介绍软开关的基本概念,然后按照谐振型变换器、移相型变换器的顺序进行讲解。

# 9.2 软开关的基本概念和发展

### 9.2.1 功率电路的开关过程

第 2 章图 2-26 中介绍了全控器件的开关过程以及产生的开关损耗,当时只把器件和电路当成了比较理想的情况。如果考虑到二极管的反向恢复特性以及电路的寄生参数,实际的过程如图 9-2 所示,器件关断时,由于寄生电感的原因,开关的端电压会发生过冲,而在器件开通时,由于桥臂对管的反并联二极管反向恢复的影响,开通器件的电流也会发生过冲。$v_{T_1}$ 和 $i_{T_1}$ 交叠区形成了器件的关断损耗,开通损耗和关断损耗相比于图 2-26 会更大,且电压、电流的过冲会产生更高的电磁干扰(electromagnetic interference)水平。

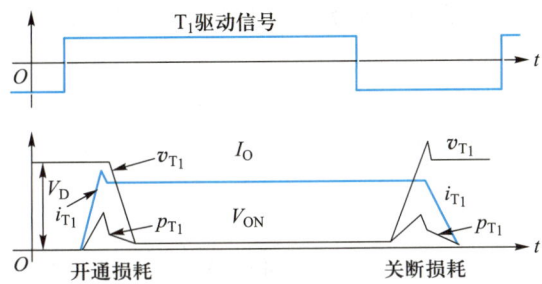

图 9-2 考虑寄生参数、反向恢复特性等的实际开关管开通与关断过程与波形

在工作电压和工作电流一定的条件下,功率管在每个开关周期中的开关损耗是恒定的,常规的功率变换技术中,随着开关频率的提高,一方面开关管的开关损耗会呈正比地上升,电路的效率大大降低,从而使变换器处理功率的能力大幅下降;另一方面,高速开关产生很高的 $dv/dt$、$di/dt$,以及二极管的反向恢复电流,这些都是电磁干扰的源头。而软开关技术可以解决上述问题,所以其一直是电力电子的研究热点。

### 9.2.2 软开关技术的概念

一般而言,硬开关是通过如图 9-2 所示的突变的开关过程中断功率流而完成能量的变换,而软开关是通过在原来的开关电路中增加很小的电感、电容等谐振元件,构成辅助换流网络,在开关过程前后引入谐振过程,使开关器件中的电流(或其两端的电压)按正弦或准正弦规律变化,当电流过零时,使器件关断,或者当电压下降到零时,器件导通,从而可以消除开关过程中电压、电流的重叠,降低它们的变化率,并大大减小甚至消除开关损耗和开关噪声,这样的电路就是**软开关电路**,软开关典型的开关过程如图 9-3 所示。

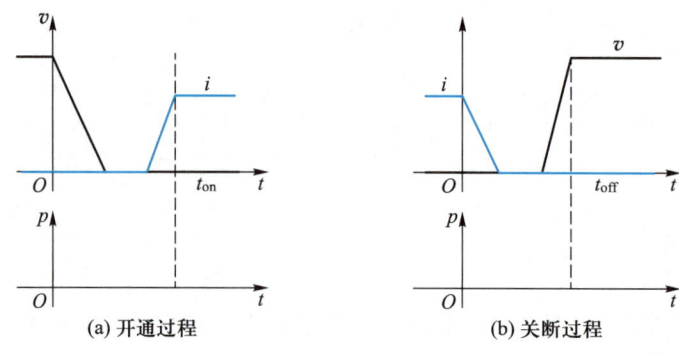

(a) 开通过程　　　　　　　(b) 关断过程

图 9-3　软开关典型的开关过程

软开关 DC—DC 变换器除了需要完成图 9-3 所示的软开关功能外,还需要完成输出电压或电流调节。为了实现这两个功能,可以采用变频调制(pulse frequency modulation, PFM,一般用于谐振型软开关变换器)或移相调制(phase shift modulation, PSM,一般用于移相型软开关变换器)。

因为通过变频实现的谐振变换器软开关变换器的效率更高,所以其应用更为广泛。

## 9.3　谐振型软开关变换器

谐振型软开关变换器根据谐振的过程可以分为全谐振、准谐振以及基于准谐振的 PWM 软开关变换器等。

### 9.3.1　全谐振型

全谐振变换器在谐振腔中采用两个或多个谐振元件,其基本结构如图 9-4(a)所示。

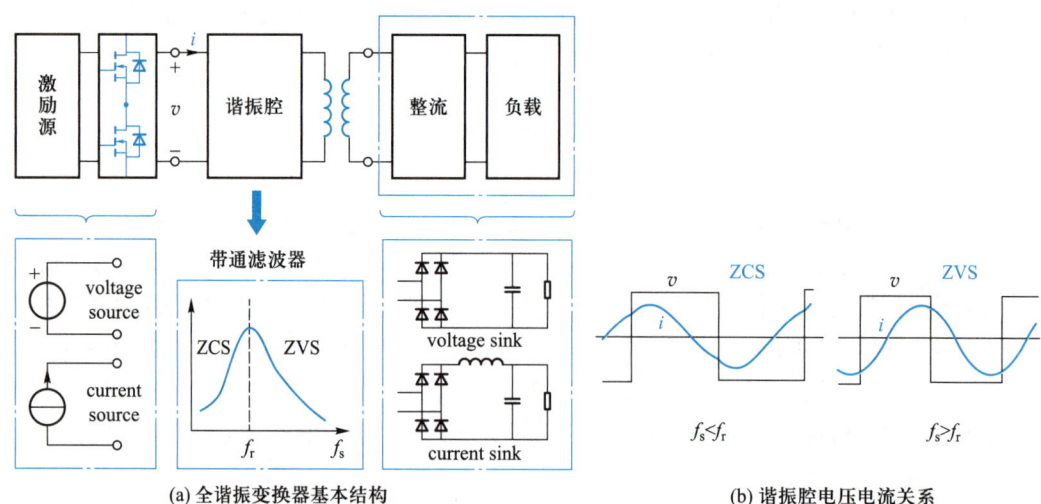

(a) 全谐振变换器基本结构　　　　　　　　(b) 谐振腔电压电流关系

图 9-4　全谐振变换器工作原理

通过调节图 9-4(a) 所示电路的开关频率可以调节谐振腔的电压和电流相位,使得谐振腔入口呈容性或感性,从而实现 ZVS 或 ZCS。以感性为例,如图 9-4(a) 所示桥臂,当上管关断、下管开通前的瞬态中,因为电流为正,必定通过谐振使得上管结电容充电到直流侧电压,而下管结电容放电到零,下管二极管导通。因而死区结束后,下管即为 ZVS 开通。同理可以分析当开关频率小于谐振频率即 $f_s < f_r$ 时,ZCS 关断的情况。

(1) 两谐振元件

根据全谐振电路谐振腔元件数量,又可以分为两谐振元件、三谐振元件和多谐振元件。如图 9-5 所示,两谐振元件的组合方式有很多种,它们有不同的特征。

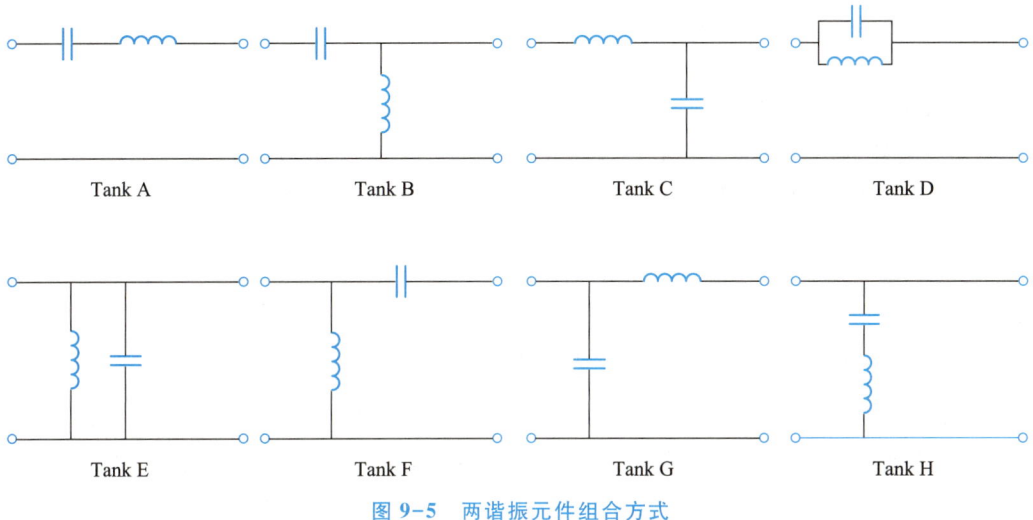

图 9-5 两谐振元件组合方式

将图 9-5 中的谐振元件接入主电路可以实现不同类型的全谐振变换器。例如将 Tank A 插入变换器就形成了串联负载串联谐振变换器(series-loaded resonant converter, SRC),如图 9-6 所示。

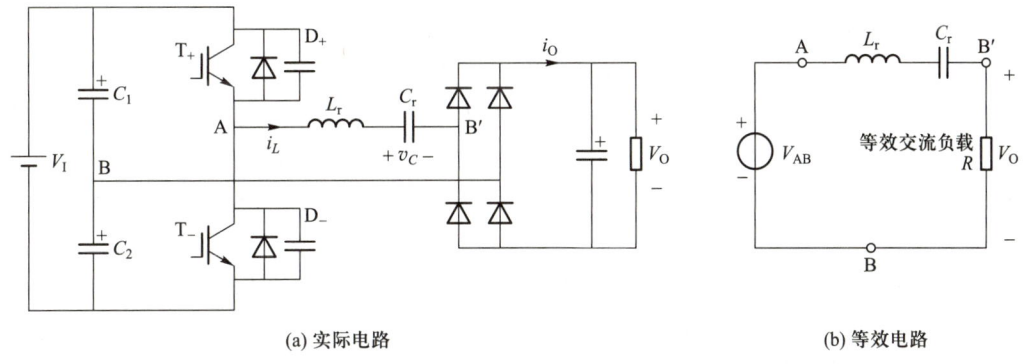

(a) 实际电路  (b) 等效电路

图 9-6 串联负载串联谐振变换器

由半桥与 Tank C 构成的并联负载串联谐振变换器(parallel-loaded resonant converter,PRC)如图 9-7 所示。

345

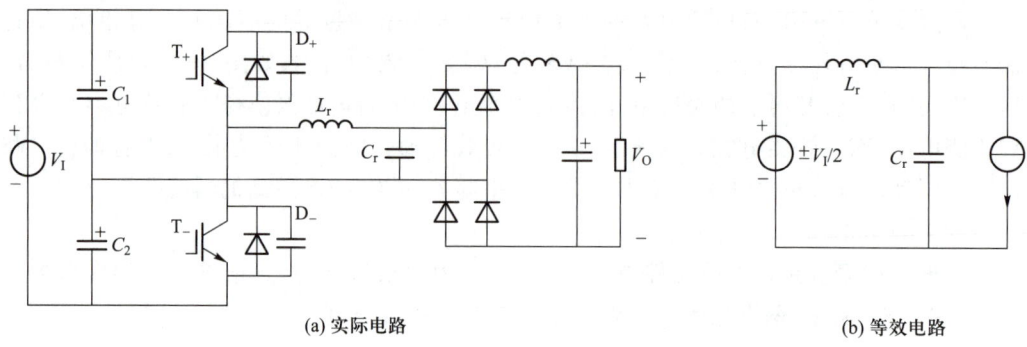

(a) 实际电路　　　　　　　　　　　　　　　(b) 等效电路

图 9-7　并联负载串联谐振变换器

　　此外还有众多利用两谐振元件构成的全谐振电路。本节以图 9-6 所示的串联负载串联谐振电路为例进行分析。通过改变半桥电路开关频率,产生方波电压激励,与谐振腔共同作用,实现不同的软开关。可以计算得到串联负载串联谐振电路的电压增益频率特性是

$$\frac{V_O}{V_{AB}}=\frac{R}{\sqrt{R^2+\left(\omega_s L_r-\dfrac{1}{\omega_s C_r}\right)^2}}=\frac{1}{\sqrt{1+\left(\dfrac{\omega_s L_r}{R}-\dfrac{1}{\omega_s R C_r}\right)^2}} \tag{9-1}$$

式中,$\omega_s=2\pi f_s$,$f_s$ 为变换器的开关频率。再根据品质因数定义 $Q=\omega_r L_r/R=1/(\omega_r C_r R)$,其中 $\omega_r$ 为谐振角频率,可以得到串联负载串联谐振电路用品质因数 $Q$ 表示的电压增益频率特性

$$\frac{V_O}{V_{AB}}=\frac{1}{\sqrt{1+Q^2\left(\dfrac{\omega_s}{\omega_r}-\dfrac{\omega_r}{\omega_s}\right)^2}} \tag{9-2}$$

式(9-2)表明,串联负载串联谐振变换器可用调整开关频率的方式来控制输出电压增益。而根据谐振频率和开关频率的关系,串联谐振电路有三种工作状态。分别是开关频率高于谐振频率,谐振腔电流连续且呈感性,可以实现开关管 ZVS 开通;开关频率小于谐振频率,但高于谐振频率的二分之一,此时谐振腔电流连续且呈容性,开关管可以实现 ZCS 关断;开关频率小于二分之一谐振频率,此时谐振腔电流断续且呈容性,开关管实现 ZCS 关断。以下以应用较多的图 9-6 中的半桥串联负载串联谐振 DC—DC 变换器开关频率高于谐振频率为例进行分析。

　　如果 $\omega_s>\omega_r$,此时的主要波形如图 9-8 所示,谐振电感电流是连续工作模式。谐振回路呈感性,即端口电压 $v_{AB}$ 领先电流 $i_L$。

　　该模式下,$T_+$ 开通信号在 $i_L$ 过零变正点 $\omega_0 t_0$ 前已经生成,但在 $\omega_0 t_0$ 后实际导通,之前 $T_+$ 的反并联二极管 $D_+$ 导通续流,把 $T_+$ 钳位在零电压,所以为零电流零电压开通,同理可分析 $T_-$ 的开通。$T_+$ 关断后,开关结电容和谐振腔串联形成谐振回路,谐振使得 $T_+$ 结电容充电,$T_-$ 结电容放电,放电到零后,反并联二极管 $D_-$ 导通续流,将 $T_-$ 电压钳位在零,并在反并联二极管电流自然过零后,开关才实际导通,所以为开关管创造了零电压零电流开通条件。同时,因为没有反并联二极管和另外一个开关之间换流的过程(如 $D_+$ 和 $T_-$ 之

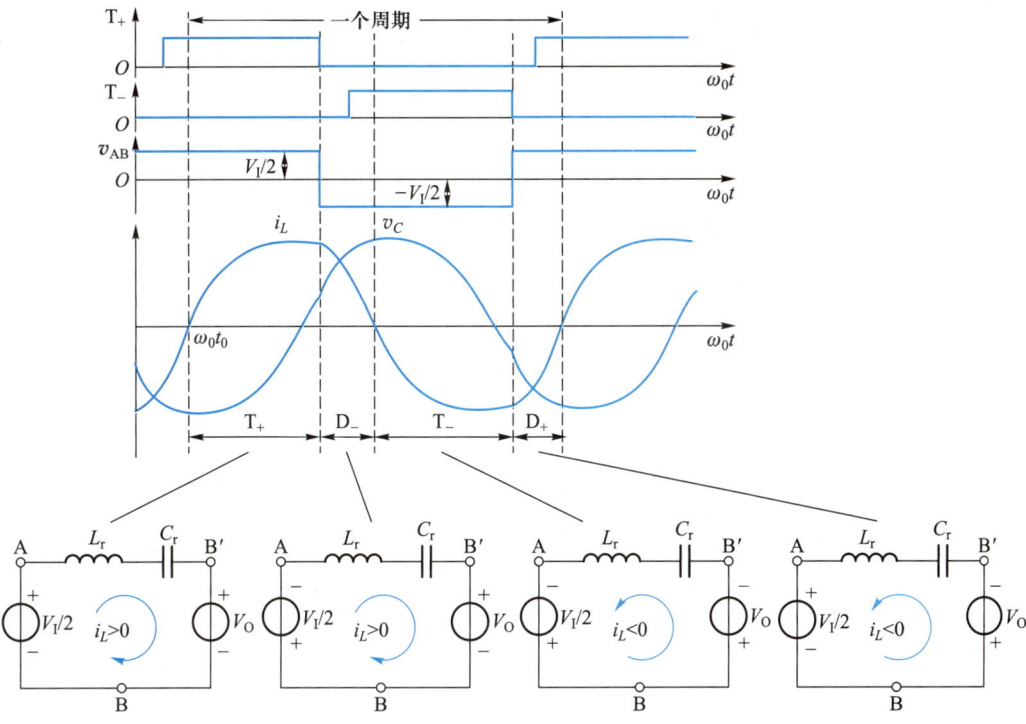

图 9-8 电流连续工作模式($\omega_s > \omega_r$)主要波形

间,$D_-$ 和 $T_+$ 之间),所以续流二极管也无须很好的反向恢复特性。但同时从图 9-8 也可以看出,它最大的缺点是开关几乎是在 $i_L$ 最大时候的硬关断,这将造成较大的关断损耗。为了实现开关管的零电压关断,可以在像第 2 章中的无源吸收电路一样,在开关管上并联吸收电容,当开关管关断时,其电流转移到并联电容上,电容限制了开关管两端电压的上升率,电压从零慢慢升高,从而实现了零电压关断。可以总结,$\omega_s > \omega_r$ 时,电流连续,开关实现零电压、零电流开通,二极管实现自然关断。虽然开关管是硬关断条件,但是可以通过并联电容的方式实现零电压关断。另外,$\omega_s > \omega_r$ 时,电压电流的谐波也是最小的,事实上 $\omega_s > \omega_r$ 控制方式是最常见的。

图 9-9 给出了串联负载串联谐振电路以品质因数为参数的电压增益与归一化频率的关系。它也说明全谐振电路采用的是变频控制 PFM 来调节输出电压。只要 $f_s > f_r$ 就可以保证实现 ZVS。

两谐振元件的电路只有一个谐振点,最大增益为 1,在峰值处效率高,但在宽范围电压场合调控性能较差。而三谐振元件的组合可以结合不同的两元件组合的优点,还可以有两个谐振点,拓宽了软开关调节范围。

**(2)三谐振元件——LLC 和 LCC 电路**

为了提升谐振变换器的特性,出现了多于两个谐振元件的谐振电路,如图 9-10 所示的三谐振元件电路。而由三谐振元件构成的软开关电路中应用比较多的是 LLC 和 LCC。

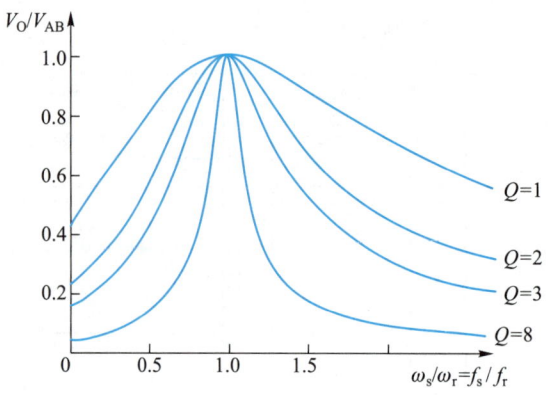

图 9-9　串联负载串联谐振电路以品质因数为参数的电压增益与归一化频率的关系

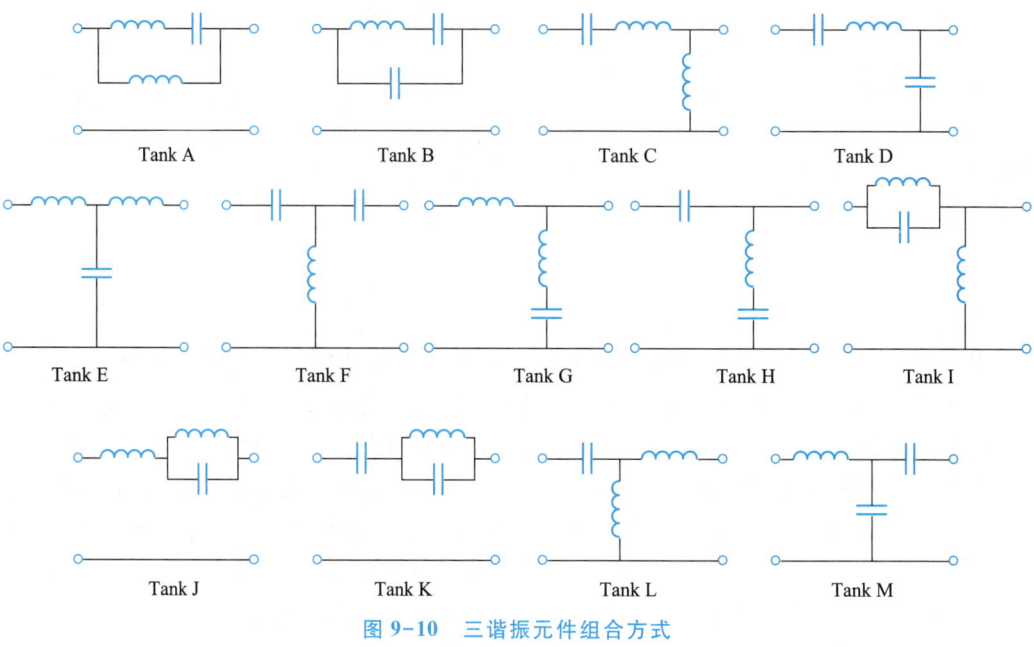

图 9-10　三谐振元件组合方式

本章将重点介绍在服务器电源、电动汽车中应用较多的 LLC 电路,半桥 LLC 谐振变换器如图 9-11 所示。

LLC 谐振变换器中的谐振元件相当于两谐振元件的 Tank B 和 Tank A 的组合,LLC 的增益曲线也相当于负载并联型 Tank B 电路和负载串联型 Tank A 电路的增益曲线叠加,如图 9-12 所示。Tank B 电路在左侧,即 LLC 的 ZCS 区,它的存在让 Tank A 的部分 ZCS 区变成了 ZVS,所以相比于负载串联型 Tank A 电路(SRC 电路),在谐振点附近工作不容易落入 ZCS 区。

同理可分析 LCC 谐振变换器,如图 9-13 所示。LCC 谐振变换器中的谐振元件相当于两谐振元件的负载串联型 Tank A 和负载并联型 Tank C 的组合,LCC 的增益曲线也相当于 Tank A 和 Tank C 的增益曲线叠加,如图 9-14 所示。

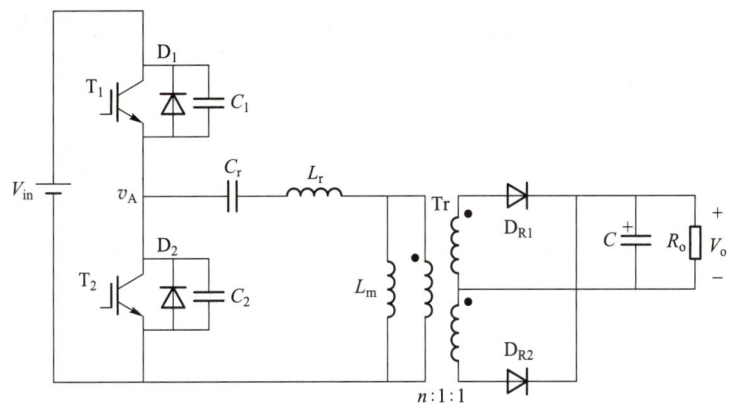

图 9-11 半桥 LLC 谐振变换器

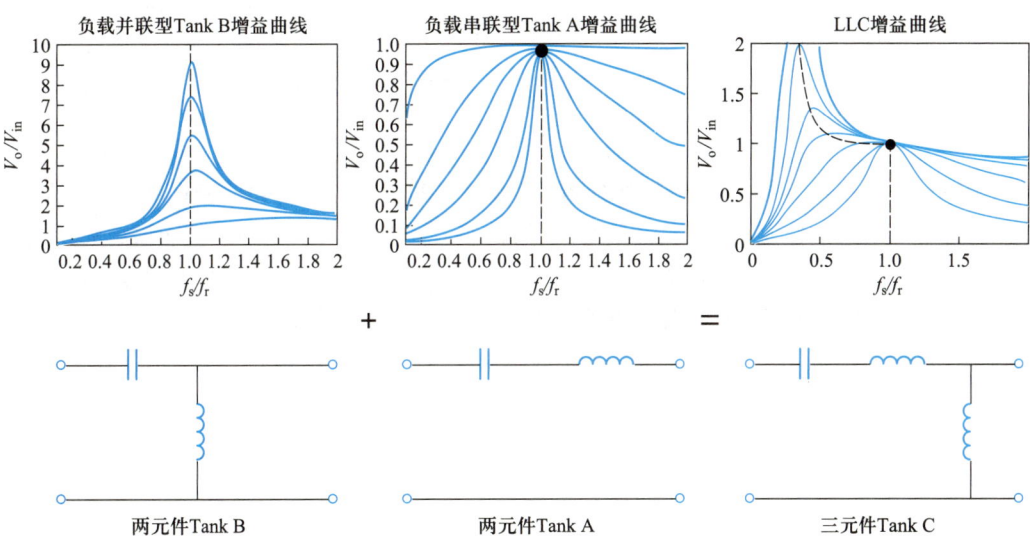

图 9-12 LLC 增益曲线图(虚线右侧为 ZVS,左侧为 ZCS)

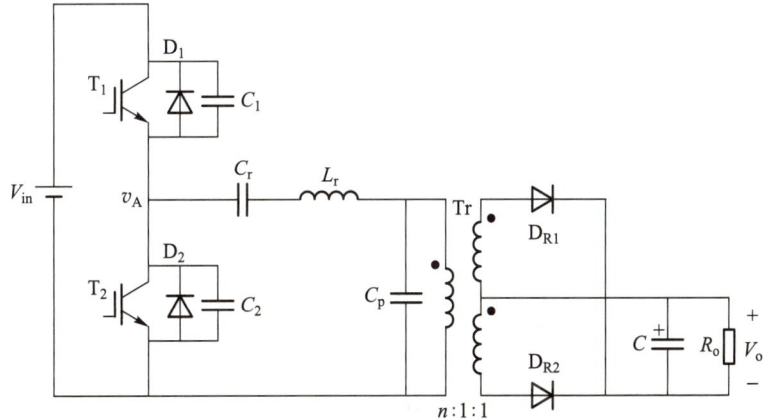

图 9-13 半桥 LCC 谐振变换器电路图

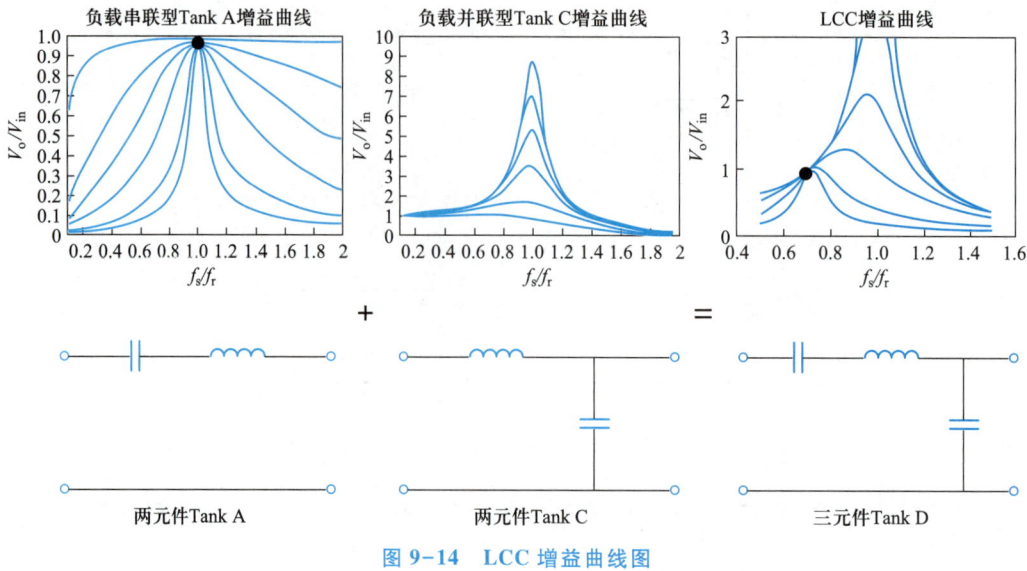

图 9-14　LCC 增益曲线图

### ① 半桥 LLC 电路拓扑与工作方式

图 9-15 给出了半桥 LLC 谐振变换器的电路图,其中,$T_1 \sim T_2$ 为开关管,$D_{R1} \sim D_{R2}$ 为二次侧整流二极管,$C$ 是输出滤波电容,$R_o$ 是负载,变压器匝比为 $n:1:1$。谐振电感 $L_r$ 和 $L_m$ 与谐振电容 $C_r$ 构成 LLC 谐振网络,其中 $L_r$ 包含了变压器的一次侧漏感,而 $L_m$ 表示变压器的励磁电感。因为谐振电容串联在一次侧回路,因此也起到隔直的作用,避免变压器直流偏磁。

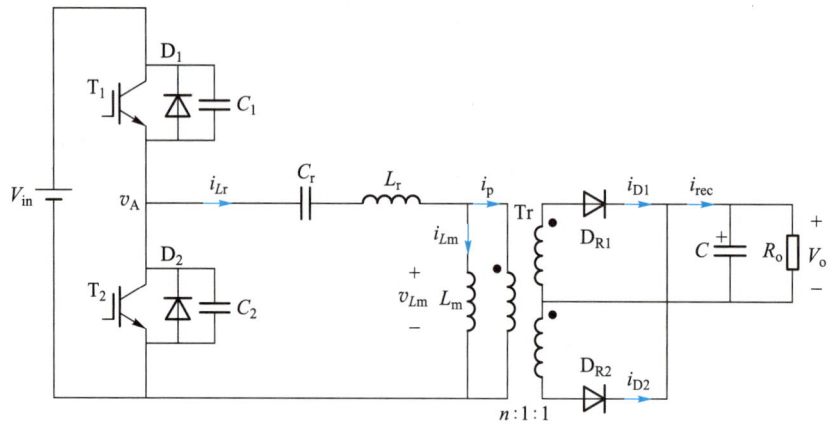

图 9-15　半桥 LLC 谐振变换器的电路图

谐振电感 $L_r$ 和谐振电容 $C_r$ 的谐振频率称为串联谐振频率,记做 $f_r$,而励磁电感 $L_m$ 与谐振电感 $L_r$ 和谐振电容 $C_r$ 的谐振频率称为串并联谐振频率,记为 $f_m$。

$$f_r = \frac{1}{2\pi\sqrt{L_r C_r}} \tag{9-3}$$

$$f_m = \frac{1}{2\pi\sqrt{(L_r+L_m)C_r}} \tag{9-4}$$

$L_m$ 可以是变压器的励磁电感也可以是外并的电感。LLC 电路有三种工作模式,分别是高于(过谐振)、等于(准谐振)和低于(欠谐振)$f_r$。其工作情况如图 9-16 所示,其中比较关键的是等于谐振频率工况,理解该工况后就比较容易理解其他模式了。

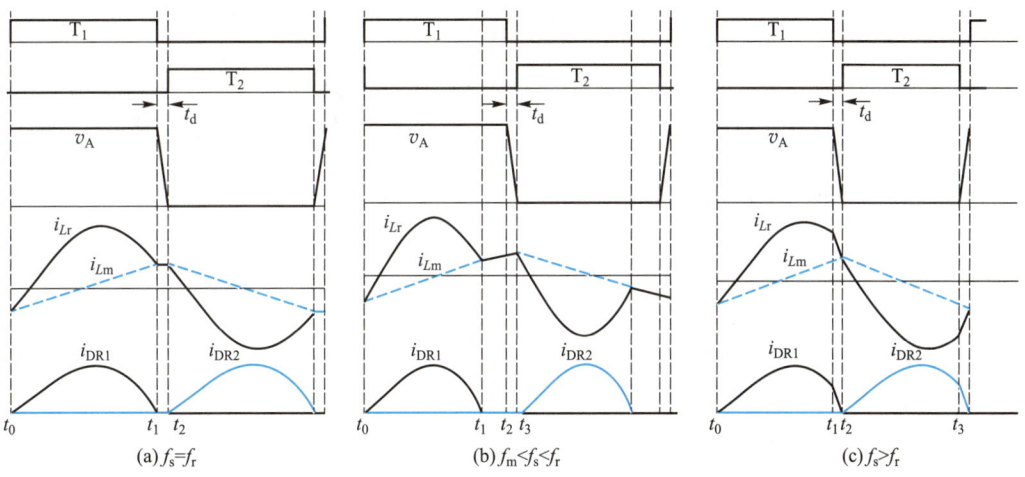

图 9-16 LLC 电路三种工作模式

图 9-16(a)所示为开关频率等于谐振频率,当谐振电感电流谐振到与励磁电感电流相同时,开关管正好关断。

图 9-16(b)所示为开关频率小于谐振频率,在这种模式下谐振电感电流谐振到与励磁电感电流相同后,励磁电感 $L_m$ 与 $L_r$、$C_r$ 共同谐振。

图 9-16(c)所示为开关频率大于谐振频率,在这种模式下励磁电感 $L_m$ 一直被输出电压钳位,不参与谐振工作。

以开关频率等于谐振频率为例,在谐振点工作时,谐振电流周期和半桥输出电压 $v_A$ 周期相等。在 $T_1$ 关断时刻,谐振电流刚好谐振到与励磁电流相等,所以此时二次侧电流为零,$D_{R1}$、$D_{R2}$ 全部关断,放开了对于 $L_m$ 的钳位。$T_1$ 关断后开始死区时间,假设死区时间很短,可以认为电流保持不变。死区内等效电路为谐振电路,如图 9-17(b)所示,在谐振作用下,$v_A$ 下降,假设这个下降在死区结束时刚好完成,即 $v_A$ 到零。实际上要有些假设才能满足这个特征,但此假设会让分析变得容易理解。谐振过程中,随着 $v_A$ 下降,$v_{Lm}$ 变化,同名端变为负,异名端变为正,这将使得在某个点 $-v_{Lm}$ 大于 $nV_o$,从而使得 $D_{R2}$ 导通,为分析方便,假设这个导通点就在死区结束点,随着 $D_{R2}$ 导通,产生 $i_{rec}$ 以及 $i_p$,$i_p$ 必然流出同名端。

虽然 LLC 电路谐振点是最佳工作模式,但因为实际电路中寄生参数的影响,谐振频率无法精确控制,LLC 实际工作中比较容易向右进入过谐振区或者向左进入 ZCS 正斜率区,所以通常会让开关频率略低于谐振频率但仍在 ZVS 区,称为欠谐振工作模式,如图 9-16(b)所示。此时因为谐振周期低于开关周期也就是 $v_A$ 周期,所以,在 $T_1$ 关断前,$i_{Lr}$ 已经与 $i_{Lm}$ 相遇,此时二次侧电流为零,二极管实现自然关断。图 9-16(b)中 $t_1 \sim t_2$ 等效电路如图 9-17(a)所示,此时二次侧放开对于 $L_m$ 的钳位,一次侧三个元件谐振,谐振作用下,$L_m$ 储能,从而实现升压功能。之后 $t_2$ 时刻,$T_1$ 关断,进入死区时间,谐振等效电路如图 9-17(b)所示,从而实现 $T_2$ 的 ZVS 开通。

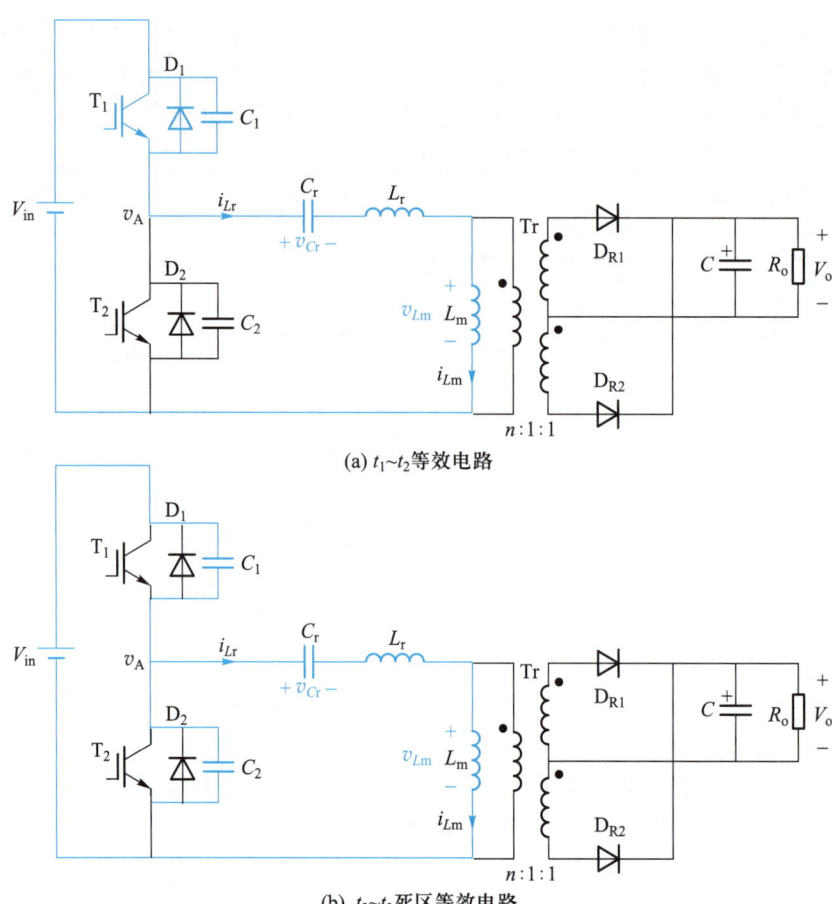

(a) $t_1 \sim t_2$ 等效电路

(b) $t_2 \sim t_3$ 死区等效电路

图 9-17　半桥 LLC 三元件谐振等效电路

LLC 电路最初在服务器电源中得到应用,因为功率一般不超过几个千瓦,所以以半桥 LLC 为主,而随着 LLC 技术的发展,其在电动汽车等场合得到了大量应用,功率也随之增加,而拓扑也以全桥为主。下面介绍全桥 LLC 谐振变换器的基本工作原理。

② 全桥 LLC 电路欠谐振工作区原理分析

LLC 电路在欠谐振区具有储能能力,从而具有升压能力,大部分 LLC 电路都工作在欠谐振区,所以本书以欠谐振区为例说明其工作原理。为了方便阐述,图 9-18 给出了全桥 LLC 谐振变换器电路。图 9-19 为全桥 LLC 谐振变换器在欠谐振时的工作过程。

模态 0　$t_0$ 之前

在 $t_0$ 时刻之前,$T_1$、$T_4$ 截止,$T_2$、$T_3$ 导通,因为 $i_{Lm} = i_{Lr}$,变压器一、二次侧电流均为零,所以二次侧二极管处于关断状态,$L_m$ 没有被钳位,$L_r$、$C_r$ 和 $L_m$ 处于共同谐振状态,谐振电感电流 $i_{Lr}$ 与励磁电感电流 $i_{Lm}$ 相等,并流过 $T_2$、$T_3$,负载由输出滤波电容供电。

模态 1　$t_0 \sim t_1$ 阶段

等效电路如图 9-20(a)所示,$t_0$ 时刻关断 $T_2$、$T_3$,进入死区时间,此时 $i_{Lr}$ 给 $C_2$、$C_3$ 充电,$C_1$、$C_4$ 放电。因为死区时间很短,可近似认为 $i_{Lm}$、$i_{Lr}$ 不变且相等,该阶段 $L_m$ 参与谐振,二次侧与一次侧隔离,负载电流由滤波电容供电。到 $t_1$ 时刻,$C_1$、$C_4$ 电压下降到零。

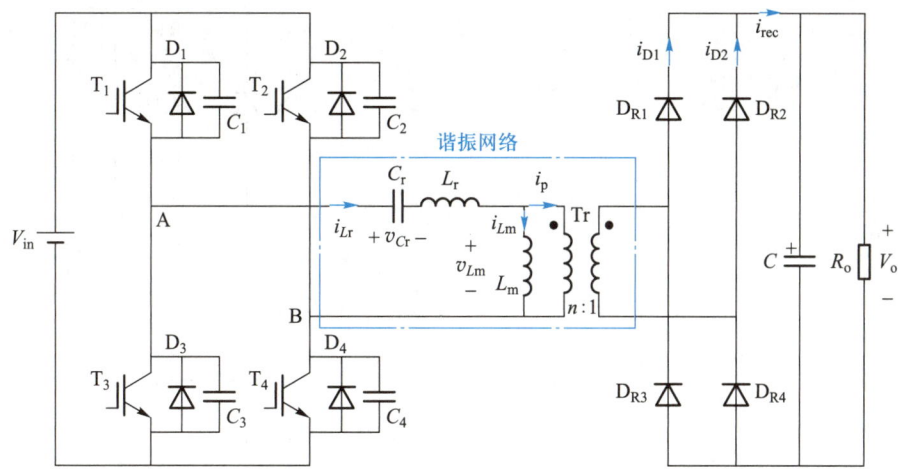

**图 9-18 全桥 LLC 谐振变换器电路**

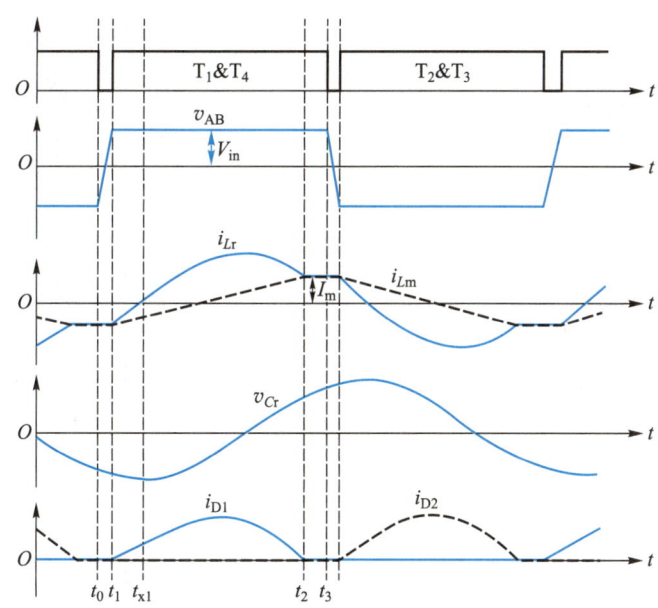

**图 9-19 全桥 LLC 谐振变换器在欠谐振时的工作过程**

为分析方便,假设 $v_{AB}$ 升压在死区结束时刚好完成。在 $v_{AB}$ 变为 $V_{in}$ 前的某个点,根据 KVL 方程,$v_{Lm}$ 将大于 $nV_o$,从而使得 $D_{R1}$、$D_{R4}$ 导通,同样为分析方便,也假设这个导通点就在死区结束点,随着 $D_{R1}$、$D_{R4}$ 导通,产生 $i_{rec}$ 以及 $i_p$,$i_p$ 必然流入同名端。

**模态 2 $t_1 \sim t_{X1}$ 阶段**

如图 9-20(b)所示,$t_1$ 时刻,$C_1$、$C_4$ 电压下降到零,$T_1$、$T_4$ 反并联二极管导通,$v_{AB} = V_{in}$,同时或稍后 $T_1$、$T_4$ 开通信号到,但 IGBT 本体并不实际导通电流。根据模态 1 假设,$t_1$ 时加在 $L_m$ 上的电压高于折算到一次侧的输出电压,二次侧 $D_{R1}$、$D_{R4}$ 导通,变压器一次侧被钳位在 $nV_0$。该模态结束标志为 $t_{X1}$ 时刻 $L_r$ 上的谐振电流过零变正。

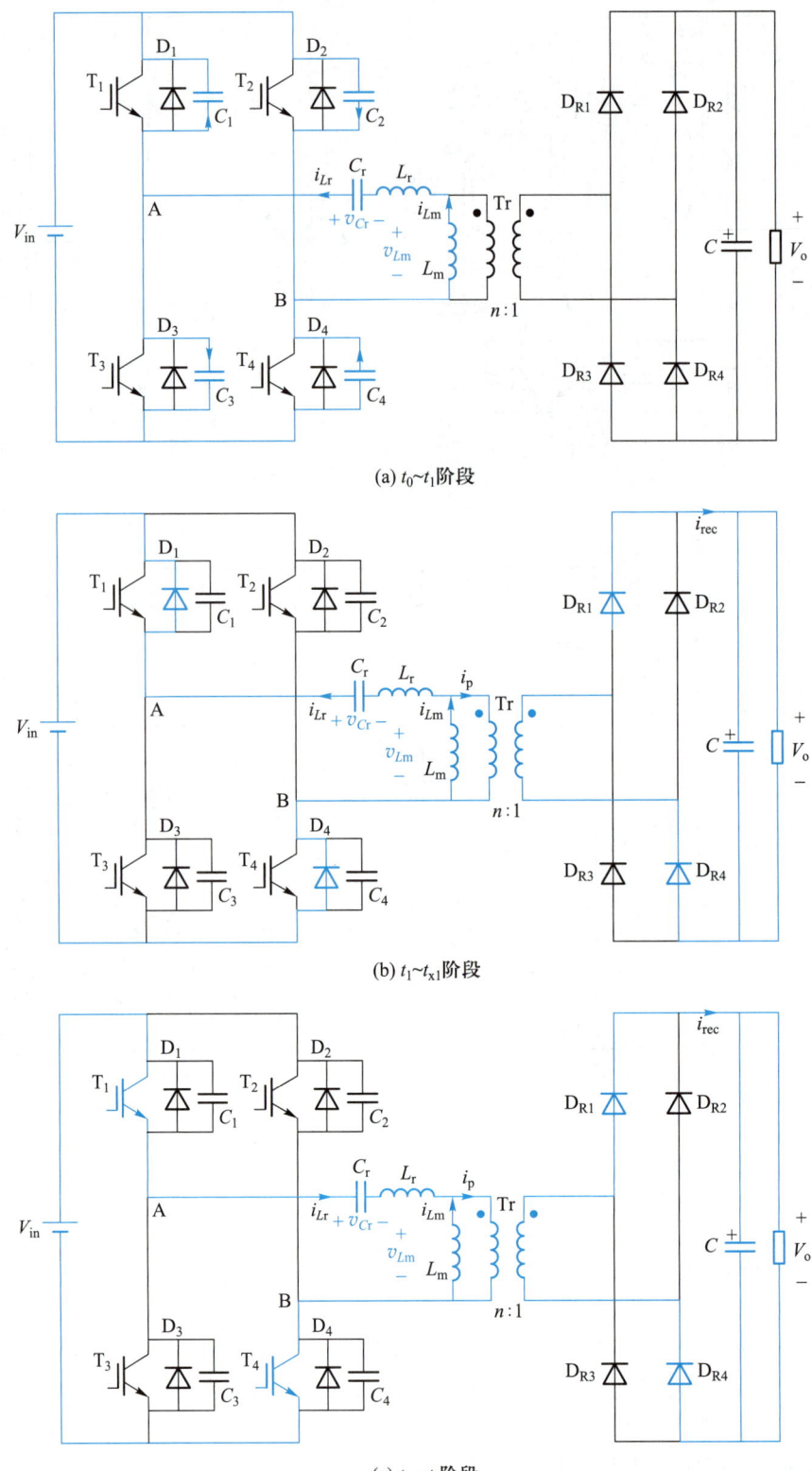

(a) $t_0 \sim t_1$阶段

(b) $t_1 \sim t_{x1}$阶段

(c) $t_{x1} \sim t_2$阶段

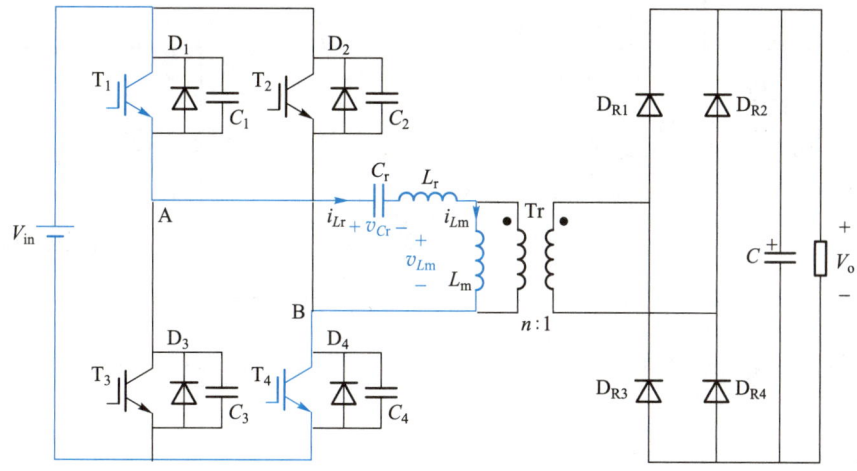

(d) $t_2 \sim t_3$ 阶段

图 9-20 全桥 LLC 电路开关模态等效图

### 模态 3  $t_{X1} \sim t_2$ 阶段

如图 9-20(c)所示,$t_{X1}$ 时刻,$L_r$ 上的谐振电流过零变正,$T_1$、$T_4$ 电流开始正向流动,此阶段结束标志为 $t_2$ 时刻 $i_{Lr} = i_{Lm}$。

### 模态 4  $t_2 \sim t_3$ 阶段

如图 9-20(d)所示,$t_2$ 时刻,$i_{Lr}$ 再次谐振到与励磁电流 $i_{Lm}$ 相等,变压器两端电流满足 $i_p = i_{rec} = 0$,二次侧 $D_{R1}$、$D_{R4}$ 自然关断,放开对于 $L_m$ 的钳位,$L_m$ 参与谐振。

$t_3$ 时,$T_1$、$T_4$ 关断,进入负半周,与前述 4 个模态对应,不再赘述。

③ LLC 电路的基波分析法——频域分析工具

LLC 通常工作在谐振频率附近但略低于谐振频率从而使得效率最优。因而可以假设只有基波分量传输能量,忽略谐波的影响,采用基波分量近似法来分析全桥 LLC 谐振变换器,从而将 LLC 电路简化为一个线性电路来分析。

首先将全桥 LLC 谐振变换器划分为如图 9-21 所示的开关网络、谐振网络和整流滤波网络三个部分。

#### a. 开关网络简化

开关网络输入电压为 $V_{in}$,全桥输出电压 $v_{AB}$ 为幅值为 $V_{in}$ 的交流方波电压,对其进行傅里叶展开可得

$$v_{AB}(t) = \frac{4V_{in}}{\pi} \sum_{n=1,3,5,\cdots} \frac{1}{n} \sin n\omega_s t \tag{9-5}$$

式中,$\omega_s$ 为开关角频率。$v_{AB}$ 的基波分量 $v_{AB1}$ 为

$$v_{AB1}(t) = \frac{4V_{in}}{\pi} \sin \omega_s t = \sqrt{2} V_{AB1} \sin \omega_s t \tag{9-6}$$

式中,$V_{AB1}$ 为基波电压有效值

$$V_{AB1} = \frac{2\sqrt{2}}{\pi} V_{in} \tag{9-7}$$

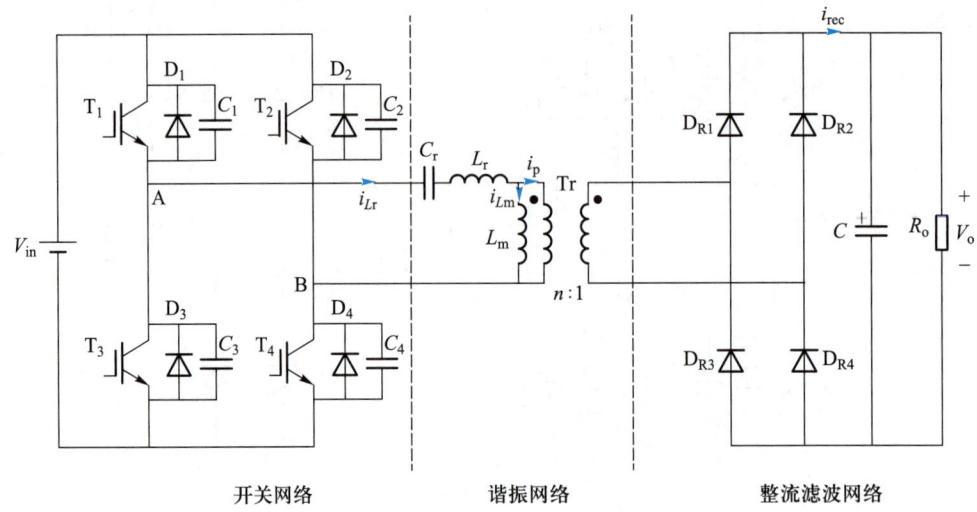

图 9-21　全桥 LLC 谐振变换器

　　桥臂中点间电压 $v_{AB}$ 及其基波分量 $v_{AB1}$ 的波形如图 9-22 所示,根据上述谐振点附近工作的假设,为了简化分析,将开关网络等效为一个基波正弦电压源 $v_{AB1}$。

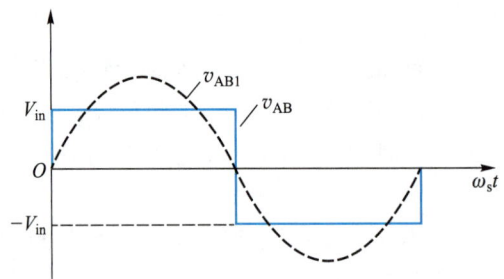

图 9-22　桥臂中点间电压 $v_{AB}$ 及其基波分量 $v_{AB1}$ 的波形

### b. 整流网络简化

　　当开关频率 $f_s$ 接近谐振频率 $f_r$ 时,变压器的一次侧电流 $i_p$ 可近似认为是正弦,表示为

$$i_p(t) = \sqrt{2} I_{p1} \sin(\omega_s t - \varphi) \tag{9-8}$$

其中 $\varphi$ 为 $i_p$ 滞后于 $v_{AB}$ 的相位,$I_{p1}$ 为 $i_p$ 的有效值。

　　当 $i_p$ 为正时,二次侧二极管 $D_{R1}$、$D_{R4}$ 导通,变压器一次侧电压 $v_p = nV_0$,二次侧整流后电流 $i_{rec} = ni_p$,当 $i_p$ 为负时,二次侧二极管 $D_{R2}$,$D_{R3}$ 导通,$v_p = -nV_o$,$i_{rec} = -ni_p$,图 9-23 给出了 $i_p$、$i_{rec}$、$v_p$ 及其基波分量 $v_{p1}$ 的波形。

　　$i_{rec}$ 经过滤波后的平均值即为负载电流 $I_o$。

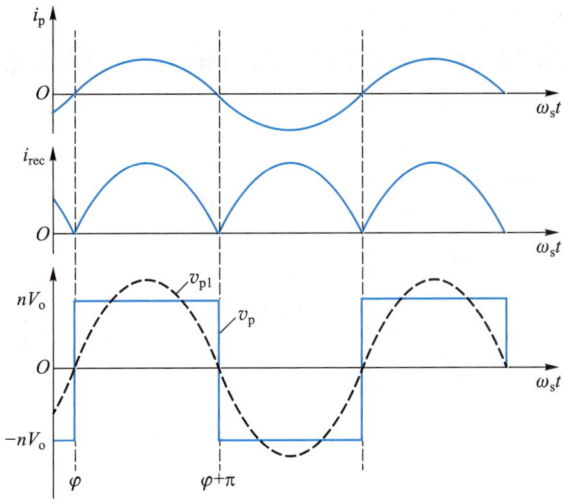

图 9-23 关键波形

$$I_o = \frac{1}{\pi} \int_\varphi^{\varphi+\pi} i_{rec} \, d\omega_s t = \frac{1}{\pi} \int_\varphi^{\varphi+\pi} n i_p \, d\omega_s t$$

$$= \frac{1}{\pi} \int_\varphi^{\varphi+\pi} n\sqrt{2} I_{p1} \sin(\omega_s t - \varphi) \, d\omega_s t$$

$$= \frac{2\sqrt{2}}{\pi} n I_{p1} \tag{9-9}$$

由式(9-9)可求得 $I_{p1}$ 为

$$I_{p1} = \frac{\pi}{2\sqrt{2}\,n} I_o \tag{9-10}$$

将式(9-10)代入式(9-8),可得 $i_p$ 为

$$i_p(t) = \frac{\pi}{2n} I_o \sin(\omega_s t - \varphi) \tag{9-11}$$

根据图 9-23 中变压器一次侧电压 $v_p$ 波形,利用傅里叶级数展开,可得出 $v_p$ 的基波分量 $v_{p1}$ 为

$$v_{p1}(t) = \frac{4nV_o}{\pi} \sin(\omega_s t - \varphi) = \sqrt{2} V_{p1} \sin(\omega_s t - \varphi) \tag{9-12}$$

$V_{p1}$ 为 $v_{p1}$ 的有效值表示为

$$V_{p1} = \frac{2\sqrt{2}\,n}{\pi} V_o \tag{9-13}$$

从图 9-23 中可以看出,$v_{p1}$ 与 $i_p$ 同相位,且波形一致,因此整流滤波网络可等效为一个纯阻性负载 $R_{ac}$。根据式(9-11)和式(9-12)可得 $R_{ac}$ 为

$$R_{ac} = \frac{v_{p1}(t)}{i_p(t)} = \frac{\dfrac{4nV_o}{\pi} \sin(\omega_s t - \varphi)}{\dfrac{\pi}{2n} I_o \sin(\omega_s t - \varphi)} = \frac{8n^2}{\pi^2} \frac{V_o}{I_o} = \frac{8n^2}{\pi^2} R_o \tag{9-14}$$

c. 全桥 LLC 谐振变换器的概念电路及简化电路

由以上分析可以得到全桥 LLC 谐振变换器的概念电路和简化电路如图 9-24 所示。

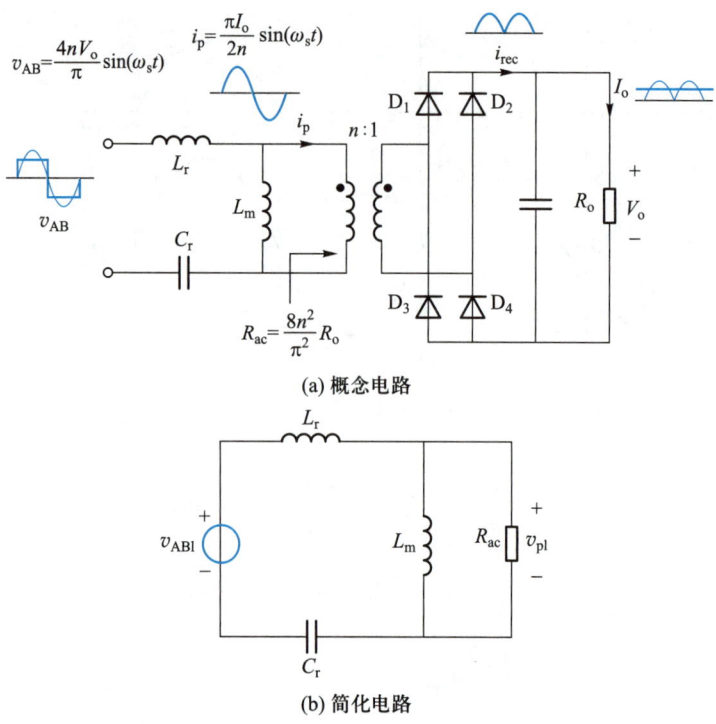

(a) 概念电路

(b) 简化电路

图 9-24 全桥 LLC 谐振变换器的概念电路和简化电路

④ 输入输出电压增益

谐振变换器输入输出电压传输比 $M$ 定义为折算到变压器一次侧的输出电压与输入电压的比值,表示为

$$M = \frac{nV_o}{V_{in}} \tag{9-15}$$

根据式(9-7)、式(9-13),式(9-15)可改写为

$$M = \frac{V_{p1}}{V_{AB1}} \tag{9-16}$$

从简化电路图 9-24 可以得到

$$H(j\omega_s) = \frac{\dot{V}_{p1}}{\dot{V}_{AB1}} = \frac{j\omega_s L_m // R_{ac}}{j\omega_s L_m // R_{ac} + j\omega_s L_r + \dfrac{1}{j\omega_s C_r}}$$

$$= \frac{\omega_s^2 L_m C_r R_{ac}}{(\omega_s^2 L_m C_r + \omega_s^2 L_r C_r - 1) R_{ac} + j\omega_s L_m (\omega_s^2 L_r C_r - 1)} \tag{9-17}$$

定义 $Q$ 为谐振电路品质因数

$$Q = \frac{Z_r}{R_{ac}} = \frac{\sqrt{L_r/C_r}}{R_{ac}} \tag{9-18}$$

定义电感比 $k$ 为

$$k = L_m/L_r \tag{9-19}$$

根据式(9-18)和式(9-19),并考虑 $\omega_r = \dfrac{1}{\sqrt{L_r C_r}}$,式(9-17)可表示为

$$H(j\omega_s) = \frac{\dot{V}_{p1}}{\dot{V}_{AB1}} = \frac{k\left(\dfrac{\omega_s}{\omega_r}\right)^2}{\left[(k+1)\left(\dfrac{\omega_s}{\omega_r}\right)^2 - 1\right] + j\dfrac{\omega_s}{\omega_r}kQ\left[\left(\dfrac{\omega_s}{\omega_r}\right)^2 - 1\right]} \tag{9-20}$$

定义开关频率 $f_s$ 与谐振频率 $f_r$ 的比值为标幺频率,记为 $f_N$,有

$$f_N = \frac{f_s}{f_r} = \frac{\omega_s}{\omega_r} \tag{9-21}$$

由式(9-16)、式(9-20)、式(9-21)可得

$$M = |H(j\omega_s)| = \frac{1}{\sqrt{\left[\left(1 - \dfrac{1}{f_N^2}\right)Qf_N\right]^2 + \left[\left(1 - \dfrac{1}{f_N^2}\right)\dfrac{1}{k} + 1\right]^2}} \tag{9-22}$$

所以全桥 LLC 谐振变换器的输入输出电压传输比与 $k$ 和 $Q$ 有关。图 9-25 给出了 $k=5$ 时不同 $Q$ 下的全桥 LLC 谐振变换器的输入输出电压传输比曲线。同时可计算出图 9-24(b)所示谐振网络的等效输入阻抗,并令输入阻抗虚部为零,则可得出纯阻曲线的表达式,如图 9-25 中虚线所示。

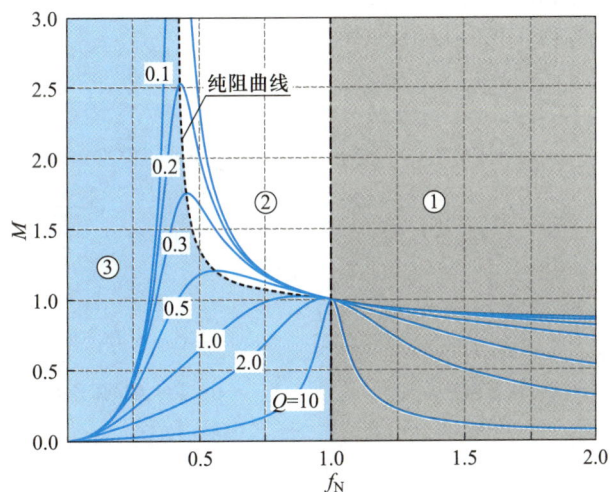

图 9-25 全桥 LLC 谐振变换器的输入输出电压传输比曲线($k=5$)

纯阻曲线将整个工作区域划分为 ZVS 和 ZCS 区域。当变换器工作在纯阻曲线左侧时,呈容性,开关管工作在 ZCS 状态,如图 9-25 中区域③所示,但通常 LLC 电路要避免工

作在区域③,因为该区域具有正斜率,会引起控制不稳定。如果工作在纯阻曲线右侧时,变换器呈感性,开关管工作在 ZVS 状态。此外,$f_N = 1$ 直线又将感性区分为两部分,分别为过谐振区①和欠谐振区②。在 $f_N = 1$ 直线右侧即过谐振区,电压增益小于 1,处于降压模式,变换器呈感性,开关管可以实现 ZVS,而二次侧二极管是否可以实现 ZCS,取决于死区时间内谐振电流是否可以谐振到励磁电流,通常认为过谐振下二次侧二极管不能实现 ZCS。在 $f_N = 1$ 直线左侧即欠谐振区,电压增益大于 1,处于升压模式,变换器呈感性,开关管可以实现 ZVS,二次侧二极管自然关断,实现了 ZCS。通常 LLC 电路设计工作在区域②,因为此时既能升压,也能实现一次侧 ZVS,二次侧二极管 ZCS。

### 9.3.2　准谐振型变换器

准谐振变换器的特点是谐振元件参与能量变换的某一个阶段,而不是如前文所述的谐振变换器那样全程参与、完全的自由谐振。通常用在如 Buck、Boost 这样的单管变换器中,所以并没有前述的感性容性之分。

根据开关管和谐振元件的不同结构,准谐振开关可以分为零电流谐振开关、零电压谐振开关以及由它们组合而成的多谐振开关。另外,用于逆变器的谐振直流环节(resonant DC-link)也属于准谐振软开关变换器。

图 9-26(a)表示了基本的零电压谐振开关(也存在其他形式),谐振电容 $C_r$ 与开关管 T 并联,当 T 关断时,$C_r$ 限制 T 上电压的上升率,从而实现 T 的零电压关断;而当 T 开通前,$L_r$ 和 $C_r$ 谐振工作使 $C_r$ 的电压回到零,从而实现 T 的零电压开通。因此 $L_r$ 和 $C_r$ 提供了零电压开关的条件。图 9-26(b)所示为基本的零电流谐振开关(也存在其他形式)。零电流谐振开关中,谐振电感 $L_r$ 和开关 T 是串联的,在 T 开通前,$L_r$ 的电流为零,当 T 开通时,$L_r$ 限制 T 中的电流上升率,实现零电流开通,而当 T 关断前,$L_r$ 和 $C_r$ 谐振工作使 $L_r$ 的电流回到零,从而实现 T 的零电流关断。

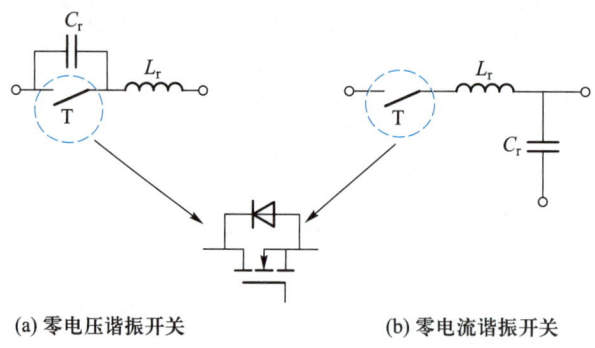

(a) 零电压谐振开关　　　　　　(b) 零电流谐振开关

**图 9-26　零电压和零电流谐振开关**

事实上,要实现零电压开关或是零电流开关正是把图 9-26 对应的谐振开关基本单元插入电路中,如图 9-27 所示分别是把它们插入基本 DC—DC 变换电路形成的零电压开关和零电流开关准谐振 DC—DC 变换器族。

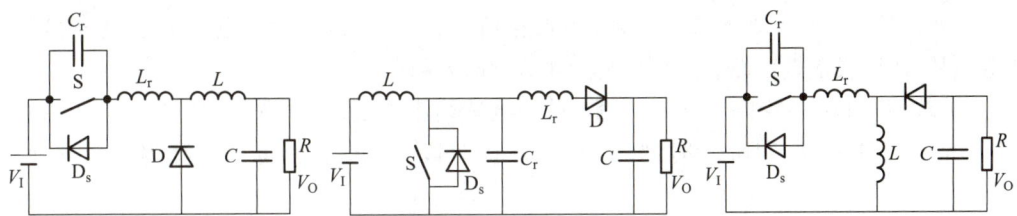

(a) 零电压开关准谐振Buck、Boost、Buck-Boost电路

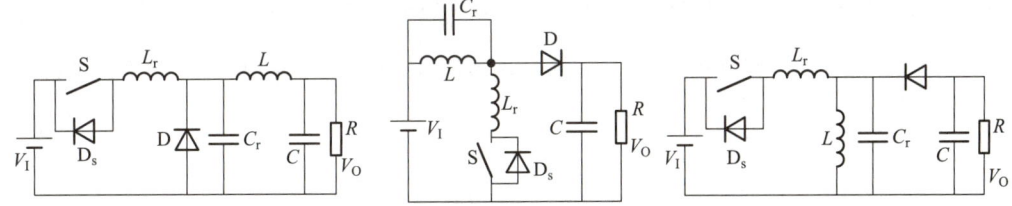

(b) 零电流开关准谐振Buck、Boost、Buck-Boost电路

**图 9-27 零电压和零电流开关准谐振 DC—DC 变换器族**

在图 9-27(a) 中,开关管与谐振电容 $C_r$ 并联,并反并联一个二极管提供反向电流通道,当谐振电容 $C_r$ 上的电压由正变零时,反并联二极管导通就会短接谐振电容结束谐振过程。因而,可以近似地认为这样的准谐振电路是一个半波谐振电路。在图 9-27(b) 中,功率开关也并联了一个二极管提供反向电流通道,但反并联二极管与谐振电容 $C_r$ 不是并联关系,它的导通不会断开谐振回路,$L_r$ 和 $C_r$ 可以自由谐振。所以图 9-27(a) 所示的零电压开关结构决定了谐振电路是半波工作模式,而图 9-27(b) 所示的零电流开关结构决定了谐振电路是全波工作模式(近似全波)。事实上零电压开关和零电流开关都可以通过电路结构实现半波和全波两种工作模式,且半波、全波的具体电路实现结构也不唯一。

以下以 Buck 变换器为例来说明零电压开关准谐振变换器工作原理。将 Buck 变换器中的开关用准谐振零电压开关代替就构成了零电压开关准谐振 Buck 变换器。此外还需要做如下假设:

① 所有开关管、二极管均为理想器件;

② 所有电感、电容均为理想元件;

③ $L$ 足够大,在一个开关周期内,流过它的电流基本不变,定义为 $I_1$,输入可以看成一个恒流源,且 $L \gg L_r$;

④ $C$ 足够大,在一个开关周期内,其两端电压基本不变,为 $V_0$,可以和负载电阻 $R$ 一起看成恒压源。

其电路拓扑和主要工作波形如图 9-28 所示,其谐振半周期也是 $t_1 \sim t_4$。以下分析假设开关、二极管和电感、电容等为理想器件;$L$ 足够大,流过其的电流基本不变,定义为 $I_0$,且 $L \gg L_r$。

① $t_0 \sim t_1$ 时段:如图 9-29(a) 所示,谐振电容充电阶段,$t_0$ 之前,开关为通态,二极管断态,$t_0$ 时刻,$T_s$ 关断,电感 $L_r + L$ 向 $C_r$ 充电,由于 $L$ 很大,可以等效为电流源。$V_{Cr}$ 线性上升,上升率由 $\dfrac{\mathrm{d}v_{cr}}{\mathrm{d}t} = \dfrac{I_0}{C_r}$ 决定。同时,$v_D$ 线性下降,直到 $t_1$ 时刻,$v_D = 0$,D 导通。

② $t_1 \sim t_4$ 时段：如图 9-29（b）所示，谐振阶段，$t_1$ 时刻，D 导通，电感 $L$ 通过 D 续流，$L_r$、$C_r$、$V_I$，D 形成谐振回路，$t_4$ 时刻，$V_{Cr} = 0$，$D_s$ 开始导通。

③ $t_4 \sim t_5$ 时段：如图 9-29（c）所示，谐振电感续流阶段，$t_4$ 时刻，$D_s$ 开始导通，$V_{Cr}$ 被钳位于零，$i_{Lr}$ 线性衰减，直到 $t_5$ 时刻，$i_{Lr} = 0$。在该时段，开通 $T_s$ 就可以达到零电压开通的目的。

④ $t_5 \sim t_6$ 时段：如图 9-29（d）所示，谐振电感充磁阶段，$t_5$ 时刻，$i_{Lr}$ 电流过零，$T_s$ 从具有开通信号变为实际导通，$i_{Lr}$ 线性上升，直到 $t_6$ 时刻，$i_{Lr} = I_o$，D 关断。随后进入 $t_6 \sim t_0$ 的向负载供电状态［图 9-29（e）］。$t_4 \sim t_6$ 阶段，$i_{Lr}$ 的变化率由 $\dfrac{\mathrm{d}i_{Lr}}{\mathrm{d}t} = \dfrac{V_I}{L_r}$ 决定，为线性变化。

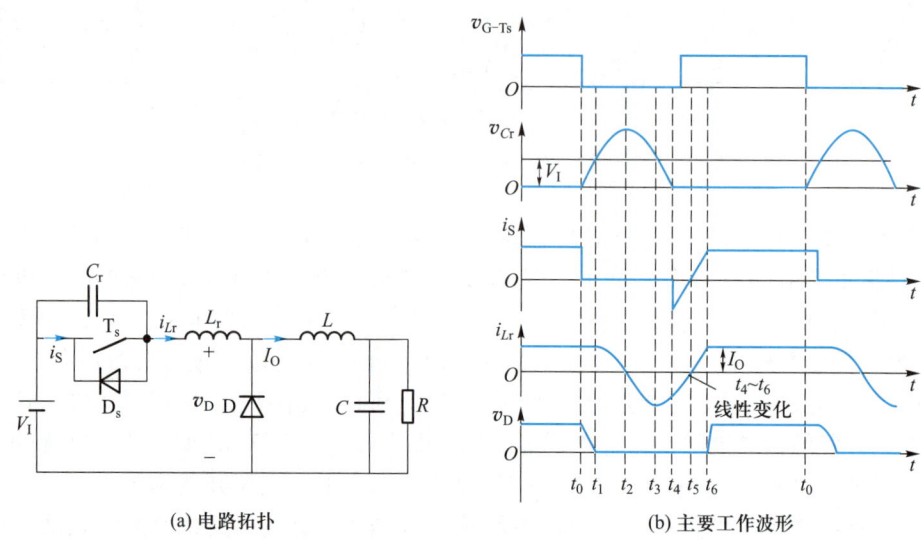

（a）电路拓扑  （b）主要工作波形

**图 9-28　零电压开关准谐振 Buck 变换器电路拓扑及主要工作波形**

前文提到，逆变器的谐振直流环节也是属于零电压开关准谐振变换器。各种交流—直流—交流变换电路中都存在中间直流环节。谐振直流环电路通过在直流环节中引入谐振，使后级电路中的整流或逆变环节工作在软开关条件下。图 9-30 所示为用于电压型逆变器的谐振直流环电路。它用一个辅助开关 $T_s$ 就可以使逆变器中所有的开关工作在零电压开通的条件下。实际电路中也可以用逆变桥臂的开关直通与关断来代替 $T_s$。

谐振直流环节逆变器将 $LC$ 谐振腔插入直流电压源和逆变器之间，这样输入电能在流向逆变器之前必须先通过 $LC$ 谐振腔，那么进入逆变器的就不再是直流电压而变为频率较高的谐振脉冲电压，该脉冲电压周期性地在其谐振峰值与零点之间振荡，从而周期性地产生零电压时间间隔，为后面的逆变器桥臂创造零电压通断条件。为了使谐振电容电压 $V_{Cr}$ 能够周期性地回到零值，必须为 $LC$ 谐振腔补充能量以补偿电路寄生参数产生的损耗。其办法是在 $LC$ 谐振腔开始振荡前，先开通 $T_s$，使电感 $L$ 中储存能量，这样就可以使得 $LC$ 振荡为等幅振荡。如果将三相逆变器用电流源 $I_o$ 代替，如图 9-30（b）所示，因为负载电感远大于谐振电感，所以负载电流 $I_o$ 在一个谐振周期中可以近似看作不变。具体波形分析可参考相关资料。

将图 9-27（b）所示零电流开关插入基本 DC—DC 变换电路可以形成零电流开关准谐振电路。限于篇幅，本书不做具体讲解。

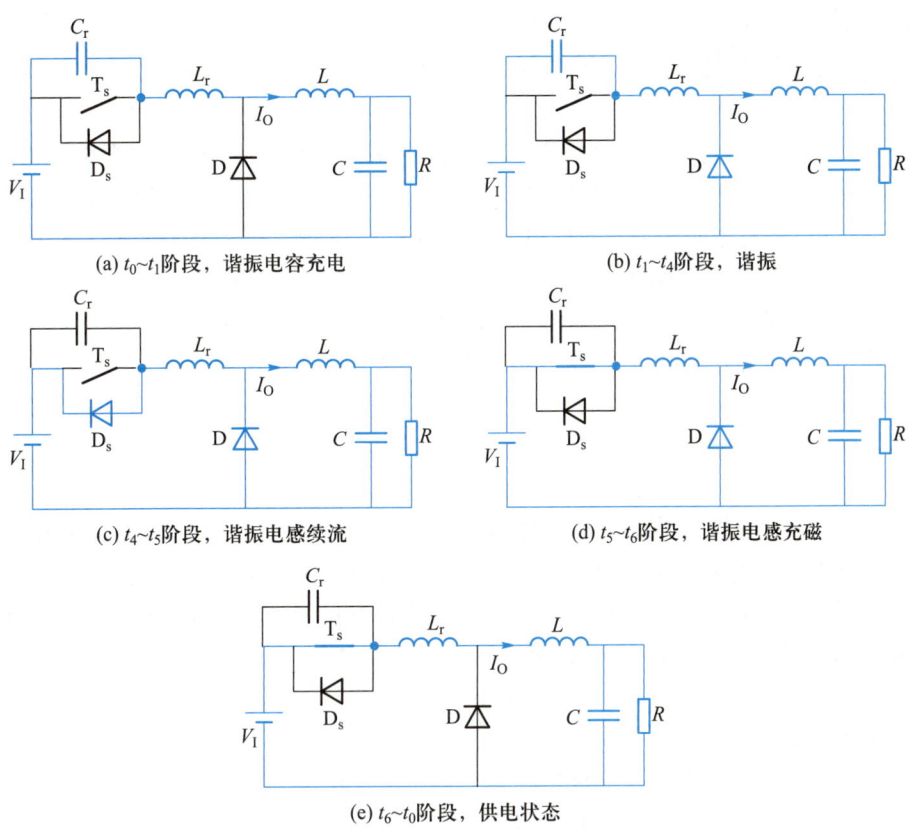

(a) $t_0 \sim t_1$阶段，谐振电容充电　　(b) $t_1 \sim t_4$阶段，谐振

(c) $t_4 \sim t_5$阶段，谐振电感续流　　(d) $t_5 \sim t_6$阶段，谐振电感充磁

(e) $t_6 \sim t_0$阶段，供电状态

图 9-29　零电压开关准谐振 Buck 变换器工作过程分解

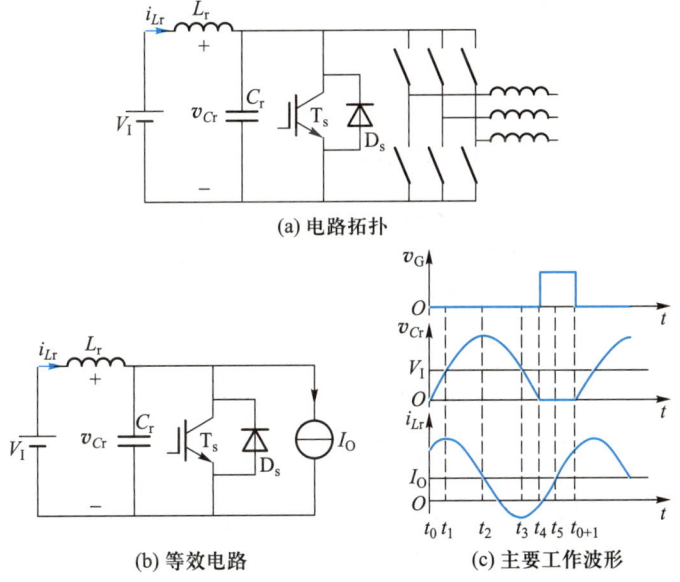

(a) 电路拓扑

(b) 等效电路　　(c) 主要工作波形

图 9-30　谐振直流环电路的等效电路及主要工作波形

### 9.3.3 基于准谐振的 PWM 软开关变换器

准谐振软开关电路在基本的变换器中加入谐振电感和谐振电容,与常规的 PWM 硬开关变换器相比,它具有很多优势,但准谐振软开关是利用 PFM 调压,用改变开关频率的方式来进行控制,变化的开关频率使得电源的变压器、电感、电容等无源元件的设计变得困难,噪声也不易控制。再者,开关管的通断时机要根据谐振周期变化,故不易控制。而常规的 PWM 变换器开关频率恒定,当输入电压或负载变化时,通常靠调节开关的占空比来调节输出电压,属恒频控制,控制方法简单。本节介绍的 PWM 软开关变换器就是将两种拓扑的优点组合在一起,形成的一种新的软开关电路拓扑,其主要分为零开关 PWM 变换器和零转换 PWM 变换器。

#### (1) 零开关 PWM 变换器

事实上,要在准谐振变换器上实现 PWM 控制,只需控制 $L_r$ 与 $C_r$ 的谐振开始时刻即可。控制谐振开始时刻的方法是:要么在适当时刻先短接谐振电感,在需要谐振的时刻再断开;要么在适当时刻先断开谐振电容,在需要谐振的时刻再接通,由此得到不同形式的零开关 PWM 电路的基本开关单元。零开关 PWM 变换器(zero switching PWM converter)可分为:零电压开关 PWM 变换器(zero voltage switching PWM converter),对应的基本开关单元如图 9-31(a)所示;零电流开关 PWM 变换器(zero current switching PWM converter),对应的基本开关单元如图 9-31(b)所示。图 9-31 中 $T_s$、$D$、$L$ 分别表示 Buck 电路的主电路元件,$L_r$ 与 $C_r$ 为谐振元件,$T_{s1}$ 为辅助开关。

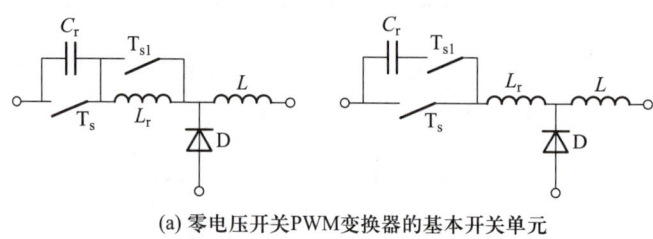

(a) 零电压开关PWM变换器的基本开关单元

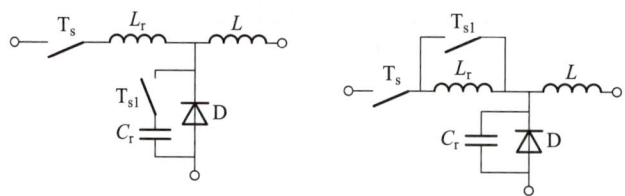

(b) 零电流开关PWM变换器的基本开关单元

**图 9-31 零开关 PWM 变换器的基本开关单元**

该类变换器是在准谐振变换器的基础上,加入一个辅助开关管来控制谐振元件的谐振过程,从而实现恒定频率控制,即 PWM 控制。与准谐振变换器不同的是,谐振元件的谐振工作时间比开关周期要短得多,一般为开关周期的 10%～20%,谐振元件的损耗较小。

以 Buck 型变换器为例,在图 9-28 所示零电压开关准谐振 Buck 变换器基础上,若谐振电容串接一个可控开关控制谐振时刻,则构成零电压开关 PWM 变换器,如图 9-32(a) 所示,主要工作波形如图 9-32(b) 所示。

下面将具体分析图 9-32(a) 中零电压开关 PWM 变换器的工作原理。

在分析之前,做如下假设:

① 所有开关管、二极管均为理想器件;

② 所有电感、电容均为理想元件;

③ $L$ 足够大,且 $L \gg L_r$,在一个开关周期内,流过其的电流基本不变,定义为 $I_0$,也可以把 $L$ 和负载、滤波电容 $C$ 看成一个电流为 $I_0$ 的电流源。

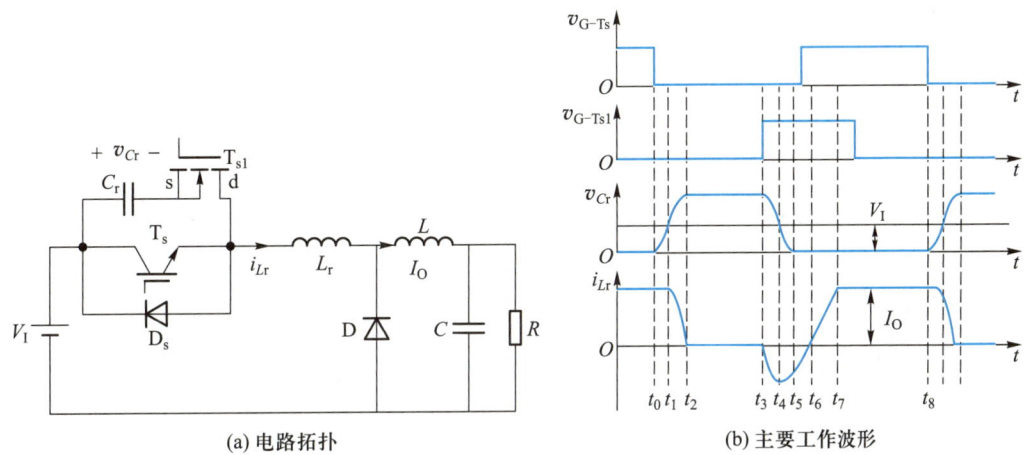

(a) 电路拓扑　　　　　　　　　(b) 主要工作波形

**图 9-32　零电压开关 PWM(ZVS-PWM)Buck 变换器电路拓扑及主要工作波形**

图 9-32 所示的 ZVS-PWM Buck 变换器的一个工作周期分为 7 个阶段,设电路初始状态为主开关管 $T_s$ 导通,辅助开关管 $T_{s1}$ 关断,续流二极管 D 关断,输出电流全部流过主开关管 $T_s$ 和谐振电感 $L_r$,工作过程如图 9-33 所示(为便于理解,当电流流过 $T_{s1}$ 的体二极管时才将其画出,否则不画)。

① $t_0 \sim t_1$ 阶段,谐振电容充电阶段,电流路径如图 9-33(a) 所示。$t_0$ 时刻,开关管 $T_s$ 关断,其电流立即转移到谐振电容上去,给谐振电容充电。也就是 $I_0$ 通过 $T_{s1}$ 的寄生二极管给电容 $C_r$ 充电,$C_r$ 上的电压线性上升,在 $t_1$ 时刻,$v_{Cr}$ 达到 $V_I$,二极管 D 导通,$i_{Lr}$ 开始减小。

② $t_1 \sim t_2$ 阶段,谐振电感放电阶段,电流路径如图 9-33(b) 所示。$t_1$ 时刻,二极管 D 导通,负载电流一部分经 D 续流,一部分经谐振电感给电容 $C_r$ 充电,电感电流 $i_{Lr}$ 下降,$t_2$ 时刻,$i_{Lr}$ 下降到零,这时电容 $C_r$ 电压达到峰值。

③ $t_2 \sim t_3$ 阶段,负载电流续流阶段,电流路径如图 9-33(c) 所示。$t_2$ 时刻,$i_{Lr}$ 下降到零,$v_{Cr}$ 达到峰值,随后 $i_{Lr}$ 维持零电流,$v_{Cr}$ 维持峰值电压,直到 $t_3$ 时刻 $T_{s1}$ 导通。

④ $t_3 \sim t_5$ 阶段,谐振阶段,电流路径如图 9-33(d) 所示。$t_3$ 时刻,$T_{s1}$ 导通,$L_r$、$C_r$ 开始谐振,$v_{Cr}$ 开始下降,$i_{Lr}$ 反向增大,$t_4$ 时刻,$v_{Cr}$ 下降至 $V_I$,$i_{Lr}$ 达到反向峰值;随后 $i_{Lr}$ 反向减小,$v_{Cr}$ 继续下降,直至 $t_5$ 时刻,$v_{Cr}$ 下降到零。

⑤ $t_5 \sim t_6$ 阶段,$i_{Lr}$ 续流阶段,电流路径如图 9-33(e) 所示。$t_5$ 时刻,$v_{Cr}$ 下降到零,$i_{Lr}$ 经

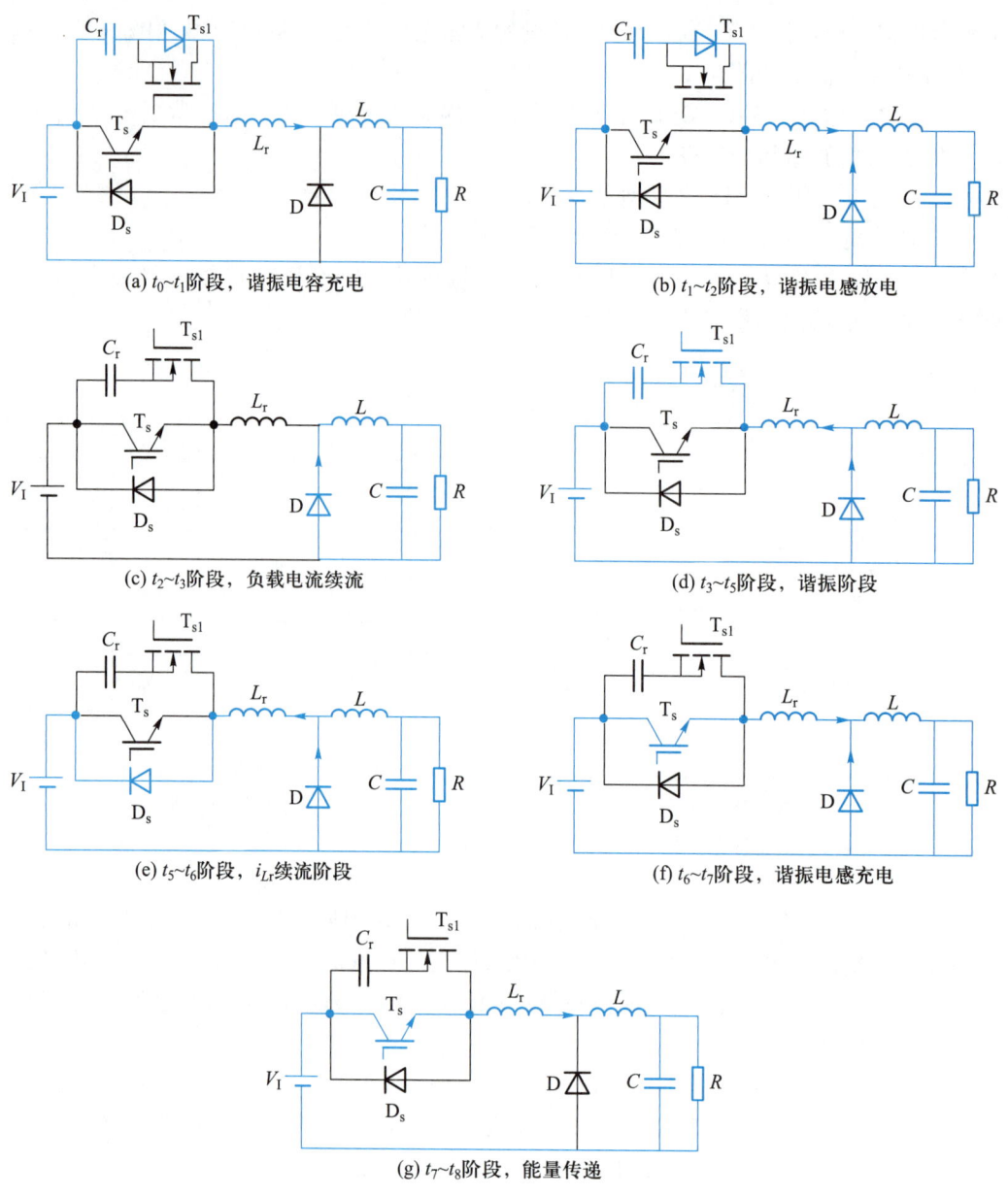

(a) $t_0 \sim t_1$ 阶段，谐振电容充电

(b) $t_1 \sim t_2$ 阶段，谐振电感放电

(c) $t_2 \sim t_3$ 阶段，负载电流续流

(d) $t_3 \sim t_5$ 阶段，谐振阶段

(e) $t_5 \sim t_6$ 阶段，$i_{L_r}$ 续流阶段

(f) $t_6 \sim t_7$ 阶段，谐振电感充电

(g) $t_7 \sim t_8$ 阶段，能量传递

图 9-33　零电压开关 PWM（ZVS-PWM）Buck 变换器工作过程分解

$D_s$ 续流并线性下降，$T_s$ 两端电压 $v_{C_r}$ 被钳在零电压，在这个阶段开通 $T_s$，则 $T_s$ 零电压开通，$t_6$ 时刻反向电流下降到零。

⑥ $t_6 \sim t_7$ 阶段，谐振电感充电阶段，电流路径如图 9-33(f) 所示。$t_6$ 时刻前，$T_s$ 已经在零电压下开通，$t_6$ 时刻 $T_s$ 开始实际导通电流，接着流过其中的电流将线性增大，直到 $t_7$ 时刻，$i_{L_r}$ 达到 $I_0$，D 关断。

⑦ $t_7 \sim t_8$ 阶段，能量传递阶段，电流路径如图 9-33(g) 所示。该阶段完成能量从输入到输出的传递任务，直到 $t_8$ 时刻 $T_s$ 关断，进入下一个工作周期。

图 9-32 在谐振电容上串接辅助开关构成零电压开关 PWM 变换器，同样可以在谐振

电感上并接辅助开关达到相同的目的。与零电压开关 PWM 变换器相同,如果在 ZCS 准谐振变换器的谐振电容上串接或在谐振电感上并接一个可控开关,可以构成零电流开关 PWM 变换器,限于篇幅,本书不做具体描述。

（2）零转换 PWM 变换器

前面讨论的全谐振变换器、准谐振变换器中,谐振电感和谐振电容一直参与能量传递,而且它们的电压和电流应力较大。在零开关 PWM 变换器中,谐振元件虽然不是一直谐振工作,但谐振电感却串联在主功率回路中,损耗较大。同时,零开关 PWM 变换器的开关管和谐振元件的电压应力和电流应力与准谐振变换器完全相同。为了克服这些缺陷,又出现了零转换 PWM 变换器(zero transition PWM converter)的概念。

零转换 PWM 变换器可分为零电压转换 PWM 变换器(zero voltage transition PWM converter,ZVT PWM converter)和零电流转换 PWM 变换器(zero current transition PWM converter,ZCT PWM converter),对应的基本开关单元如图 9-34 所示。

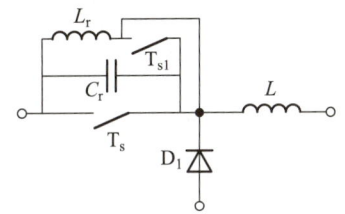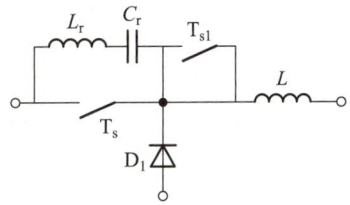

(a) 零电压转换PWM变换器的基本开关单元　　(b) 零电流转换PWM变换器的基本开关单元

图 9-34　零转换 PWM 变换器的基本开关单元

虽然这类变换器也是采用对谐振时刻进行控制来实现 PWM 控制,但与零开关变换器相比,其具有更突出的优点:① 辅助电路只是在开关管开关时工作,其他时间不工作;② 辅助电路不是串联在主功率回路中,而是与主功率回路相并联,从而减小了辅助电路的损耗;③ 辅助电路的工作不会增加主开关管的电压和电流应力,主开关管的电压和电流应力很小,与常规的 PWM 变换器的电压和电流应力一样,这是它与零开关 PWM 变换器的根本区别;④ 最后,也是最重要的,主开关可以实现恒频控制。

理论上说,只要在基本的 DC—DC 变换器的开关上并联可控的并联谐振环节就能得到相应的零电压转换 PWM 变换器。以下以零电压转换 PWM Boost 变换器为例来分析零电压转换 PWM 变换器的工作原理。

零电压转换 PWM Boost 变换器的电路拓扑如图 9-35(a)所示,注意此时谐振电感 $L_r$ 和谐振电容 $C_r$ 是并联状态,则辅助开关 $T_{s1}$ 只能与谐振电感串联,以构成谐振回路。此外,辅助开关断开时,需要引入一个二极管 $D_1$ 作为辅助电感电流的续流通路。同样假设开关管、二极管、电感、电容等均为理想器件,假设输入滤波电感 $L$ 足够大,在一个开关周期内,其电流基本不变为 $I_1$,且 $L \gg L_r$,输出滤波电容 $C$ 足够大,在一个开关周期内,其电压基本保持不变,为 $V_0$,滤波电容 $C$ 和负载 $R$ 可以看成一个电压源。

一个开关周期可以分成 7 个不同的工作阶段,其主要工作波形如图 9-35(b)所示。

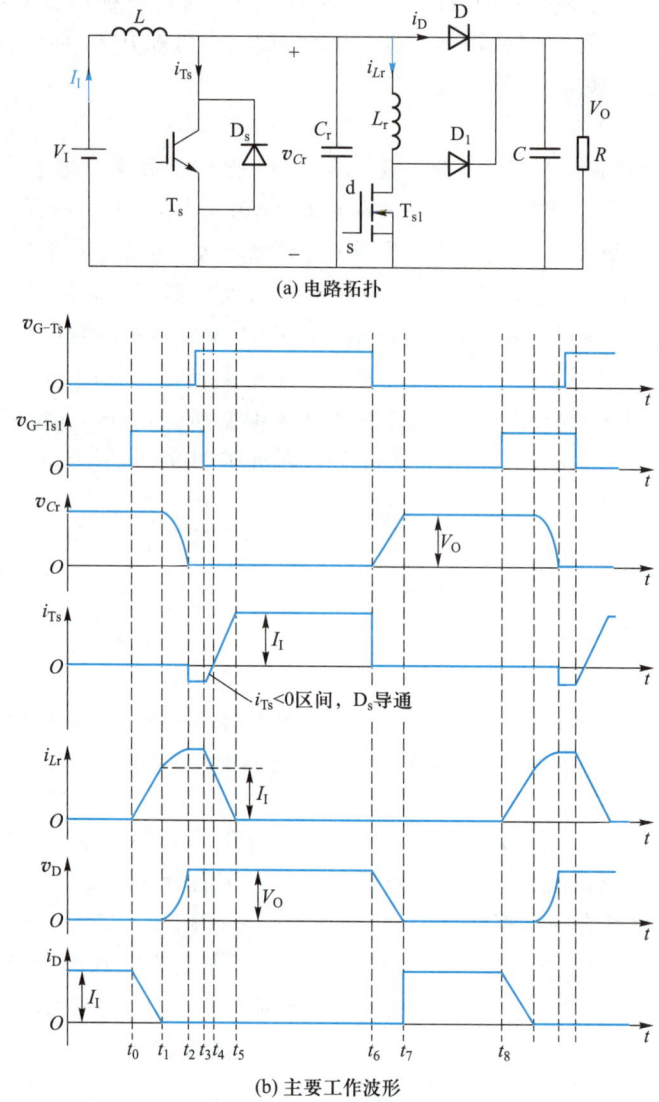

(a) 电路拓扑

(b) 主要工作波形

图 9-35　零电压转换 PWM Boost 变换器的电路拓扑及主要工作波形

各阶段工作过程分解如图 9-36 所示。

① $t_0 \sim t_1$ 阶段，谐振电感充电阶段，电流路径如图 9-36(a) 所示。$t_0$ 以前，主开关 $T_s$ 和辅助开关 $T_{s1}$ 处于关断状态，二极管 D 导通。$t_0$ 时刻，$T_{s1}$ 导通，电感 $L_r$ 中电流线性上升，D 中的电流线性减小，$t_1$ 时刻 $i_{Lr}$ 达到 $I_1$，D 中的电流下降到零，D 自然关断。

② $t_1 \sim t_2$ 阶段，谐振阶段，电流路径如图 9-36(b) 所示。$t_1$ 时刻，$i_{Lr}$ 达到 $I_1$，D 中的电流下降到零，D 关断，$L_r$、$C_r$ 开始谐振，$i_{Lr}$ 继续增大，$v_{Cr}$ 开始下降，$t_2$ 时刻，$i_{Lr}$ 达到峰值，而 $v_{Cr}$ 下降到零，$D_s$ 导通，将 $T_s$ 电压钳在零电压。

③ $t_2 \sim t_3$ 阶段，$i_{Lr}$ 续流阶段，电流路径如图 9-36(c) 所示。$t_2$ 时刻，$D_s$ 导通给 $i_{Lr}$ 续流并维持峰值，$v_{Cr}$ 维持零值，直到 $t_3$ 时刻 $T_{s1}$ 关断，因为 $t_2 \sim t_3$ 阶段，$D_s$ 导通，此阶段开通 $T_s$ 就是零电压开通。

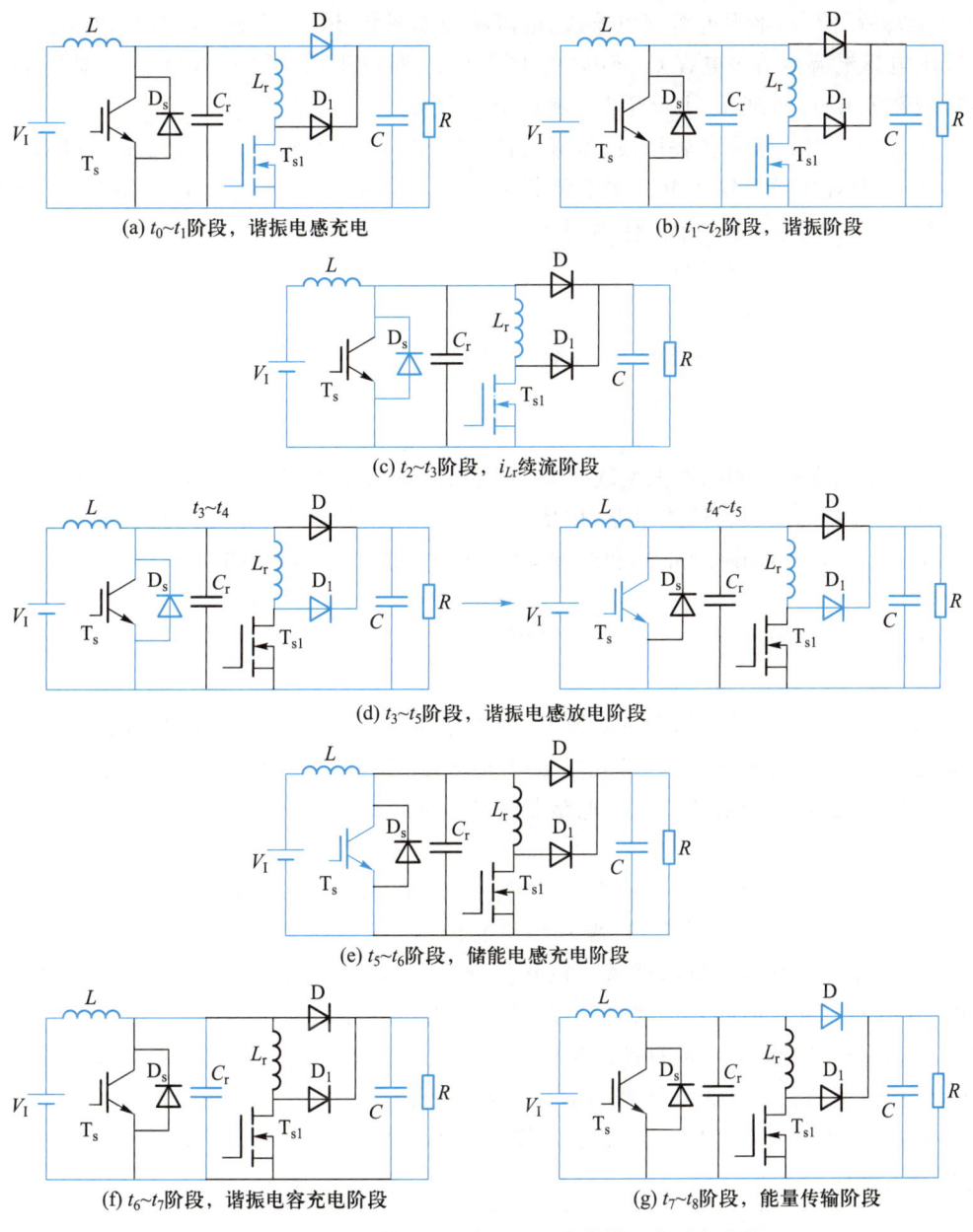

(a) $t_0 \sim t_1$阶段，谐振电感充电

(b) $t_1 \sim t_2$阶段，谐振阶段

(c) $t_2 \sim t_3$阶段，$i_{Lr}$续流阶段

(d) $t_3 \sim t_5$阶段，谐振电感放电阶段

(e) $t_5 \sim t_6$阶段，储能电感充电阶段

(f) $t_6 \sim t_7$阶段，谐振电容充电阶段

(g) $t_7 \sim t_8$阶段，能量传输阶段

图 9-36　零电压转换 PWM Boost 变换器工作过程分解

④ $t_3 \sim t_5$ 阶段，谐振电感放电阶段，电流路径如图 9-36(d) 所示。$t_3$ 时刻，$T_{s1}$ 关断，$D_1$ 导通，$i_{Lr}$ 和 $D_s$ 中的电流开始下降，$t_4$ 时刻，$D_s$ 中的电流下降到零。$t_3 \sim t_4$ 阶段与 $t_2 \sim t_3$ 阶段相同，都有 $D_s$ 导通，$t_2 \sim t_4$ 阶段开通 $T_s$，$T_s$ 零电压开通。$t_4$ 时刻，$D_s$ 中的电流下降到零，随后 $T_s$ 开始实际导通，导通电流 $i_{Ts}$ 增大，$i_{Lr}$ 减小，$t_5$ 时刻，$i_{Ts}$ 等于 $I_1$，$i_{Lr}$ 下降到零。

⑤ $t_5 \sim t_6$ 阶段，储能电感充电阶段，电流路径如图 9-36(e) 所示。$t_5$ 时刻，$i_{Lr}$ 下降到零，$D_1$ 关断，$i_{Ts}$ 上升到 $I_1$，$T_s$ 为输入电流提供储能电感充电回路，滤波电容给负载供电，与不加辅助电路的 Boost 电路完全相同，该状态维持到 $t_6$ 时刻，$T_s$ 关断。

⑥ $t_6 \sim t_7$ 阶段,谐振电容充电阶段,电流路径如图 9-36(f)所示。$t_6$ 时刻,$T_s$ 关断,随后升压电感电流给谐振电容 $C_r$ 充电(由于存在 $C_r$,所以 $T_s$ 是零电压关断),$v_{Cr}$ 即 $T_s$ 两端电压线性上升,$t_7$ 时刻,$v_{Cr}$ 上升至 $V_0$,随后 D 自然导通。

⑦ $t_7 \sim t_8$ 阶段,能量传输阶段,电流路径如图 9-36(g)所示。该阶段与不加辅助电路一样,输入储能电感和输入电压源给负载供电。$t_7$ 时刻,D 导通,$v_{Cr}$ 电压被钳在 $V_0$,直到 $t_8$ 时刻,$T_{s1}$ 导通,进入下一个工作周期。

# 9.4　移相型软开关变换器

除了采用变频控制的谐振型软开关变换器外,还有采用移相控制的移相型软开关变换器,这种变换器一般为桥式电路,以实现移相。本章将重点介绍应用较多的移相全桥(phase shifted full bridge,PSFB)和双有源桥(dual active bridge,DAB)变换器。

## 9.4.1　移相全桥变换器

对于采用双极性控制的全桥变换器,如果把对角线上两个开关的 PWM 信号错开一个角度,留出谐振的时间,则可以实现零电压开关、零电压零电流开关、零电流开关三种不同的软开关方式(移相方式或主电路器件有所不同)。

### (1)移相全桥变换器的工作原理

移相全桥 DC—DC 变换器的主电路拓扑如图 9-37 所示,在第 4 章全桥 DC—DC 双极性控制中,对角线开关即 $T_1$、$T_4$ 驱动信号相同,$T_2$、$T_3$ 驱动信号相同,两对开关对称控制,通过调节占空比控制电压增益。在此基础上,如果固定两个对角线的占空比为接近50%(必须预留死区时间),同时将 $T_4$、$T_3$ 开通信号分别滞后于 $T_1$、$T_2$ 一个相位角 $\varphi$,就构成了移相全桥控制模式。通过控制移相角 $\varphi$ 来控制输出电压,所以也称 $T_1$、$T_2$ 构成的桥臂为超前桥臂,$T_3$、$T_4$ 构成的桥臂为滞后桥臂。而谐振就是发生在每个桥臂的一个开关管关断,另一个开通前的死区内,正负半周共发生 4 次谐振,从而为即将开通的开关管创造软开关条件。

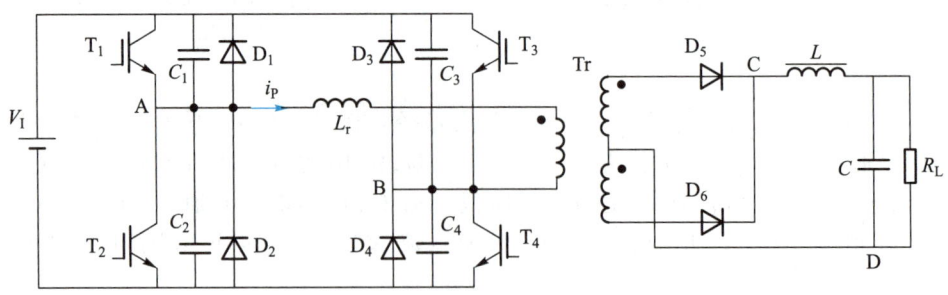

图 9-37　移相全桥 DC—DC 变换器的主电路拓扑

为了分析方便,假设:

① 所有开关管、二极管均为理想器件；

② 所有电感、电容和变压器均为理想元件；

③ $C_1 = C_2 = C_3 = C_4 = C$；

④ $L \gg L_r/n^2$，$n$ 为变压器一、二次侧匝比。

在一个开关周期内，移相全桥变换器有 12 个工作阶段，图 9-38 给出了该变换器的主要工作波形。

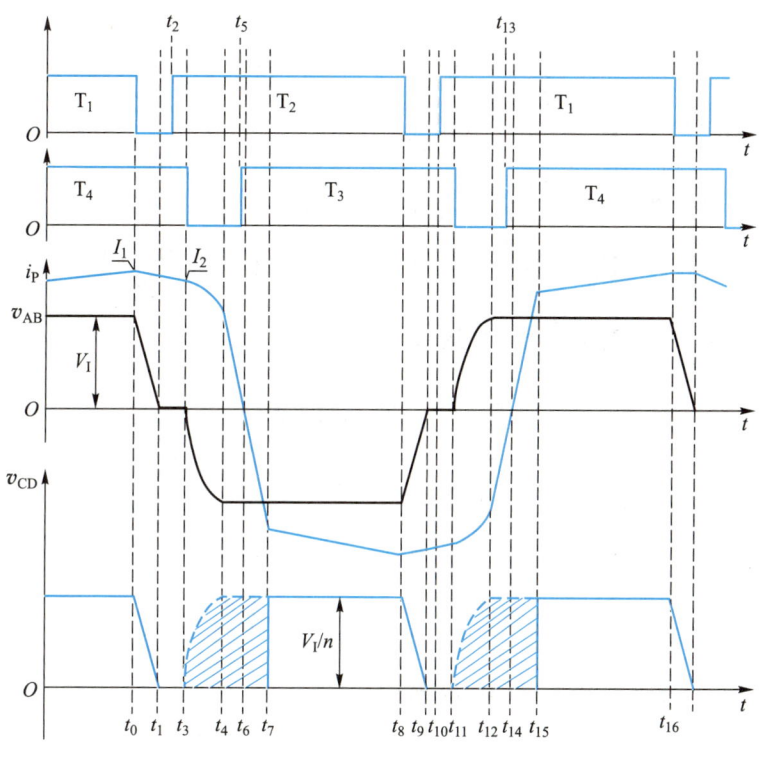

**图 9-38　移相全桥变换器主要工作波形**

移相全桥 DC—DC 变换器工作过程分解如图 9-39 所示。各阶段工作过程分析如下：

① $t_0$ 之前阶段，正半周能量传输阶段，电流路径如图 9-39(a)所示，一次侧电流流经 $T_1$、$T_4$、谐振电感、变压器一次侧。二次侧整流管 $D_5$ 导通，一次侧给负载供电。

② $t_0 \sim t_1$ 阶段，超前臂谐振阶段，电流路径如图 9-39(b)所示。$t_0$ 之前，$T_1$、$T_4$ 导通，$v_{AB}$ 为 $+V_1$，$t_0$ 时刻，$T_1$ 关断，变压器一次侧电流 $i_P$ 从 $T_1$ 转移到 $C_1$、$C_2$ 支路，这时 $L_r$ 与 $L$ 折算到一次侧的电感 $n^2L$ 串联，并和 $C_1$、$C_2$ 开始谐振，由于 $n^2L$ 足够大，$i_P$ 基本不变，因此谐振过程 $C_1$ 两端电压线性增大，$C_2$ 两端电压线性减小，直到 $t_1$ 时刻，$C_1$ 两端电压增大到 $V_1$，$C_2$ 两端电压减小到零，$D_2$ 自然导通，谐振过程结束。

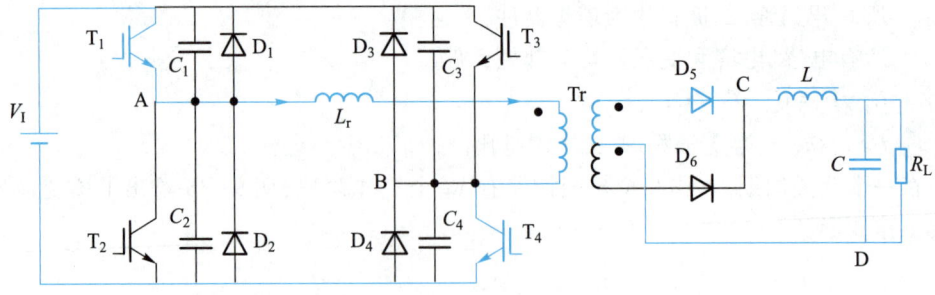

(a) $t_0$ 之前阶段，正半周能量传输

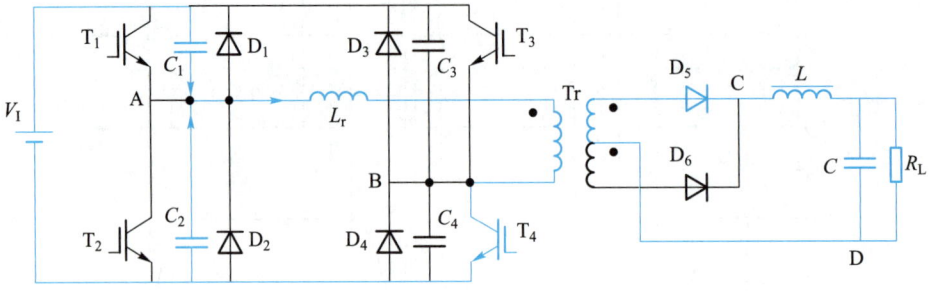

(b) $t_0 \sim t_1$ 阶段，超前臂谐振

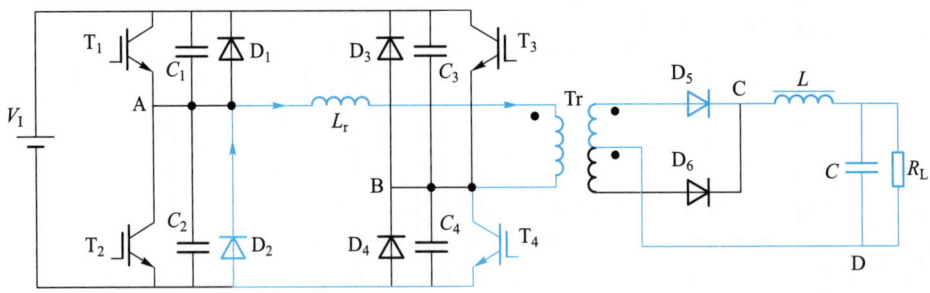

(c) $t_1 \sim t_3$ 阶段，续流阶段

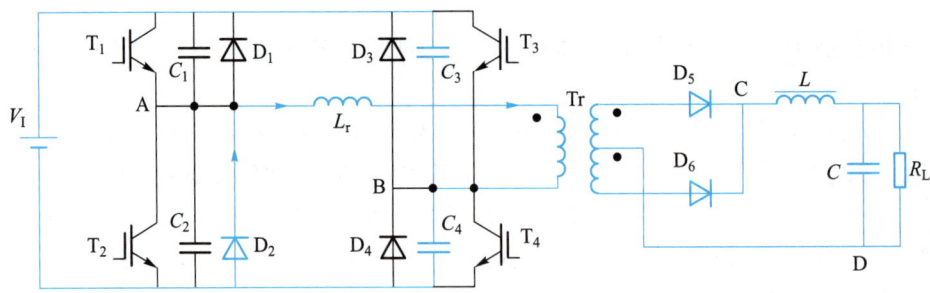

(d) $t_3 \sim t_4$ 阶段，滞后臂谐振阶段

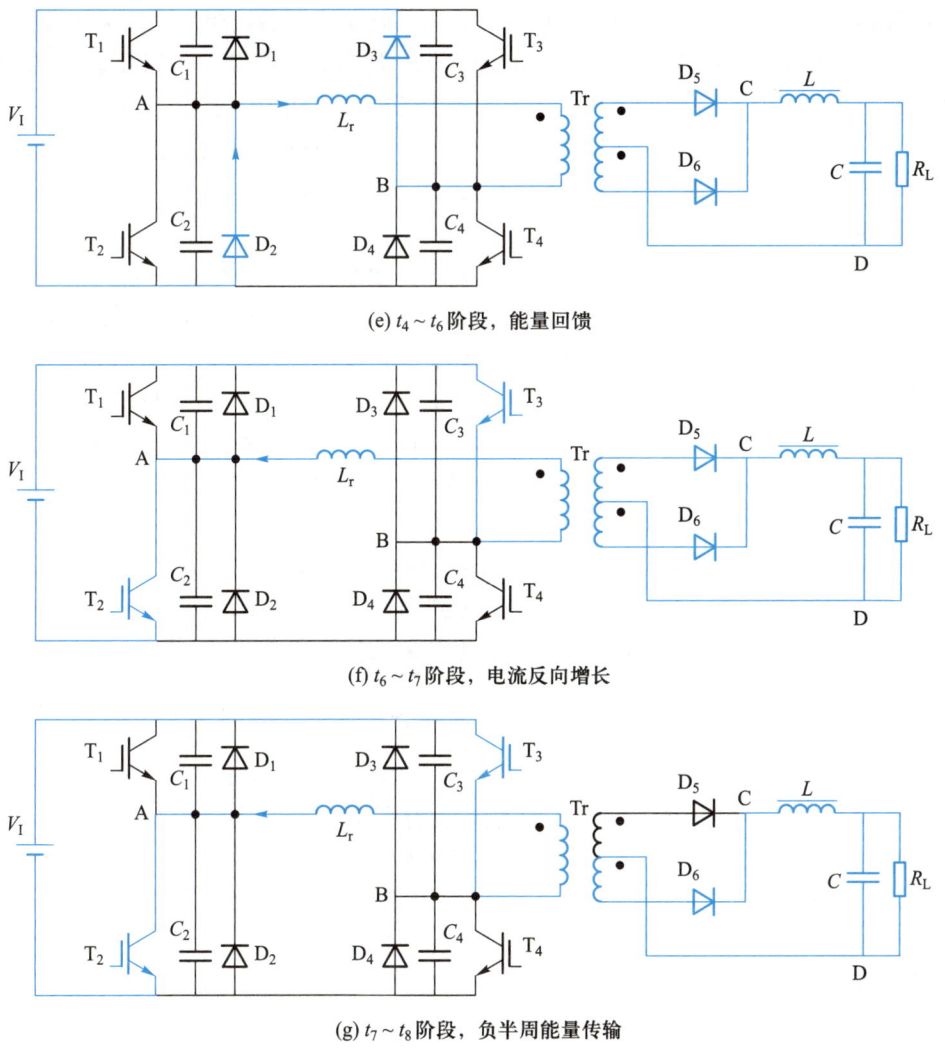

(e) $t_4 \sim t_6$ 阶段，能量回馈

(f) $t_6 \sim t_7$ 阶段，电流反向增长

(g) $t_7 \sim t_8$ 阶段，负半周能量传输

图 9-39 移相全桥 DC—DC 变换器工作过程分解

③ $t_1 \sim t_3$ 阶段，续流阶段，电流路径如图 9-39（c）所示。$t_1$ 时刻，$C_1$ 两端电压增大到 $V_1$，$C_2$ 两端电压减少到零，$D_2$ 导通，将 $T_2$ 两端电压钳位成零电压，$t_2$ 时刻开通 $T_2$，则 $T_2$ 零电压开通，但因为 $i_P > 0$，所以 $T_2$ 并不实际导通电流。需要强调，$T_2$ 的开通信号必须在② 中的超前臂谐振结束后给出，也就是 $T_1$、$T_2$ 之间的死区时间需要大于超前臂的谐振时间。 该阶段由负载电流（恒流）折算到变压器一次侧的电流 $i_P$ 经 $T_4$、$D_2$ 续流，$v_{AB}$ 为零，变压器 二次侧电流路径不变，直到 $t_3$ 时刻，$T_4$ 关断。

④ $t_3 \sim t_4$ 阶段，滞后臂谐振阶段，电流路径如图 9-39（d）所示。$t_3$ 时刻，$T_4$ 关断，变压 器一次侧电流 $i_P$ 从 $T_4$ 转移到 $C_3$、$C_4$ 支路，这时 $L_r$ 和 $C_3$、$C_4$ 开始谐振，谐振过程 $C_4$ 两端 电压增大，$C_3$ 两端电压减小，由于 $T_4$ 的关断，输出电压 $v_{AB}$ 变负，使得变压器一次侧电流 开始下降。而在二次侧，电压改变极性，使得同名端为负，$D_6$ 开始导通，电流从 $D_5$ 向 $D_6$ 换流。类似于二极管整流、晶闸管整流中考虑电网阻抗 $L_s$ 的情况，由于一次侧漏抗折算 到二次侧，外加二次侧漏感的原因，两个二极管换流需要一定的时间，换流时间内，变压

器二次侧相当于短路，$v_{CD}=0$，因此，此时 $L$ 不参与一次侧滞后臂的谐振。直到 $t_4$ 时刻，$C_4$ 两端电压增大到 $V_1$，$C_3$ 两端电压减小到零，$D_3$ 导通，滞后臂谐振结束。需要强调，变压器二次侧短路状态一直要持续到负半周的 $t_7$。因为可以将 $L$ 认为恒流源，故在 $t_3$ 前一次侧电流 $i_P$ 可以支撑负载电流，而在 $t_3$ 后，电压变负，$i_P$ 开始下降，所以它就不能支撑负载电流，二次侧需要通过短路状态来维持负载电流，直到 $i_P$ 反向增长到绝对值与 $t_3$ 时刻相等，也就是 $t_7$ 时刻。

⑤ $t_4 \sim t_6$ 阶段，能量回馈阶段，电流路径如图 9-39(e)所示。$t_4$ 时刻，$C_4$ 两端电压增大到 $V_1$，$C_3$ 两端电压减少到零，$D_3$ 导通，这时变压器一次侧漏抗中储存的能量经 $D_2$、$D_3$ 回馈到输入电源，$t_5$ 时刻开通 $T_3$，由于 $D_3$ 导通将 $T_3$ 两端电压钳位在零电压，因此 $T_3$ 零电压开通，类似于③中对于 $T_2$ 的分析，此时 $T_3$ 并不实际导通电流。同样也有 $T_4$、$T_3$ 之间的死区时间需要大于滞后臂的谐振时间。直到 $t_6$ 时刻，变压器一次侧电流 $i_P$ 下降到零，该阶段结束。$t_6$ 时刻，因为 $i_P=0$，变压器流出同名端电流等于流入同名端电流，所以此时流过 $D_5$ 的电流等于流过 $D_6$ 的电流。

⑥ $t_6 \sim t_7$ 阶段，电流反向增长阶段，电流路径如图 9-39(f)所示。$t_6$ 时刻，变压器一次侧电流 $i_P$ 下降到零，电源经过 $T_3$、$T_2$ 将 $V_1$ 加到变压器一次侧，$i_P$ 将线性上升，但还不足以提供负载电流，二次侧仍然需要通过短路状态来维持负载电流，也就是二次侧仍然处于换相短路阶段，所以 $i_P$ 的上升速率可以计算为 $\dfrac{V_1}{L_r}$。直到 $t_7$ 时刻，$i_P$ 上升到等于负载电流，二次侧换相结束，$D_5$ 关断。④⑤⑥阶段换相短路状态也可以这么理解，④阶段前，与负载电流对应的一次侧电流 $i_P$ 几乎不变，能够支撑负载电流，$i_P$ 流入同名端，负载电流通过 $D_5$ 流出同名端，满足变压器流入流出同名端安匝数($F=Hl=Ni$)相等，也就是磁势平衡原则。④⑤⑥阶段，也需要满足这个原则，但 $i_P$ 下降、反向增长且没有达到负载电流，此时，如果负载电流都由 $D_5$ 或 $D_6$ 导通，则无法满足流入流出同名端电流相等的原则。二次侧必须通过换相短路来维持负载电流或安匝数相等的原则。

⑦ $t_7 \sim t_8$ 阶段，负半周能量传输阶段，电流路径如图 9-39(g)所示。$t_7$ 时刻，$i_P$ 上升到等于负载电流，二次侧换相结束，$D_5$ 关断，电源 $V_1$ 将经过 $T_3$、$T_2$、变压器和 $D_6$ 向负载传输能量，这一阶段变压器一次侧电流仍增加，增加速率为 $(V_1-nV_0)/(L_r+n^2L)$，直到 $t_8$ 时刻，$T_2$ 关断，随后进入下一个半周期。

**(2) 移相全桥变换器软开关实现条件**

由以上分析可知，为了实现零电压开通，在同一桥臂的导通与关断信号之间的间隔（死区）时间，电感上必须要有足够的能量 $E$ 用来抽走将要开通的开关管的结电容（或外加电容）上的电荷，以及给同一桥臂关断的开关管的结电容（或外加电容）充电。同时，考虑到变压器的一次侧绕组电容，还要有一部分能量用来抽走变压器一次侧绕组寄生电容 $C_p$ 上的电荷。也就是说，要实现开关管的零电压开通，必须满足下式

$$E>\frac{1}{2}C_1V_1^2+\frac{1}{2}C_2V_1^2+\frac{1}{2}C_pV_1^2 \tag{9-23}$$

① 超前桥臂软开关条件

超前桥臂谐振阶段的等效电路如图 9-40 所示。

在超前桥臂谐振过程中，输出滤波电感折算到一次侧后电感 $n^2L$ 与谐振电感 $L_r$ 串

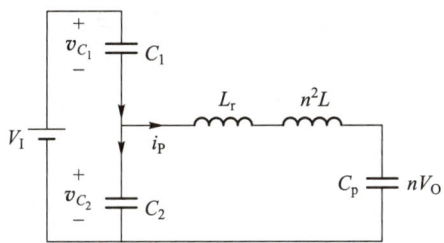

图 9-40　超前桥臂谐振阶段的等效电路

联,此时用来实现 ZVS 的能量是 $n^2L+L_r$ 中的能量 $\frac{1}{2}(n^2L+L_r)I_1^2$,如图 9-38 所示,$I_1$ 代表超前桥臂开关 $T_1$ 关断瞬间的一次侧电流幅值,考虑到输出滤波电感 $n^2L$ 很大,所以这个能量很容易满足式(9-23)。

　　② 滞后桥臂软开关条件

　　滞后桥臂谐振阶段的等效电路如图 9-41 所示。

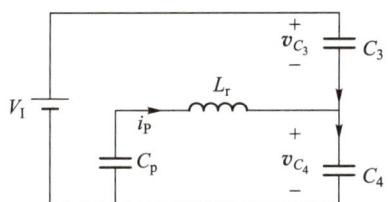

图 9-41　滞后桥臂谐振阶段的等效电路

　　在滞后桥臂的谐振过程中,变压器二次侧是短路的,此时整个变换器被分成两部分:一部分是一次侧电流逐渐改变方向,其流通路径由逆变器提供;另一部分是负载电流由整流桥提供续流回路,负载侧与变压器一次侧没有关系。自然不存在如超前桥臂那样把二次侧大电感折算到一次侧的情况,所以,此时用来实现 ZVS 的能量只是谐振电感中的能量,如果不满足下式就无法实现 ZVS。

$$\frac{1}{2}L_rI_2^2 > \frac{1}{2}C_3V_1^2 + \frac{1}{2}C_4V_1^2 + \frac{1}{2}C_pV_1^2 \tag{9-24}$$

　　如图 9-38 所示,$I_2$ 代表滞后桥臂开关关断瞬间的一次侧电流幅值。正因为滞后桥臂不容易满足式(9-24),所以需要在移相全桥主电路特意插入一个漏感 $L_r$。实验和计算表明,因为漏感 $L_r$ 增加了导通损耗,同时增加了下节将要介绍的占空比丢失,所以移相全桥比较适合用在电压较高而电流较小的场合,如果是电流较大的场合,其减少的开关损耗未必能弥补由于插入漏感 $L_r$ 而造成的额外的导通损耗,此时移相全桥未必是合理的选择。

### （3）移相全桥变换器的占空比丢失

　　在晶闸管整流电路中曾讨论过交流侧电抗对整流电路的影响,对于单相双半波或单相桥式可控整流电路,在换相过程中直流侧电压为零,并且电抗越大换相重叠角 $\gamma$(对应的换相时间为 $\gamma/2\pi$)也越大。对于移相全桥变换器,其二次侧的整流环节相当于单相双半波或单相桥式整流电路,在变压器二次侧的整流二极管换相时同样存在着换相重叠,在换相重叠期间直流侧电压为零,通常在移相全桥变换器中称之为占空比丢失,也就是二次侧的占空比小于一次侧的占空比,如图 9-38 所示的阴影部分 $t_3 \sim t_7$,同样变压器漏抗越大,占空比丢失越多,计算如下。首先定义占空比损失 $D_{loss}$ 为图 9-38 中阴影部分时间与二分之一开关周期的比值: $D_{loss} = \dfrac{t_7 - t_3}{T_s/2}$(因为一个开关周期对应一个桥臂上下两个开关的开通关断,所以一个开关对应二分之一周期)。则

$$\frac{i_P(t_3) - i_P(t_7)}{D_{loss}T_s/2} \approx \frac{V_1}{L_r} \tag{9-25}$$

整理得

$$D_{loss} \approx \frac{2L_r\big[i_P(t_3) - i_P(t_7)\big]}{V_1 T_s} \tag{9-26}$$

考虑到滤波电感足够大,滤波电感中的电流纹波可以忽略,可近似认为

$$i_P(t_3) = -i_P(t_7) = I_2 = I_0/n \tag{9-27}$$

将式(9-27)代入式(9-26)得

$$D_{loss} \approx \frac{4L_r f_s I_0}{n V_1} \tag{9-28}$$

从式(9-28)可以知道: $L_r$ 越大、负载越重、输入电压 $V_1$ 越低, $D_{loss}$ 越大。

### (4) 移相全桥变换器的优缺点分析

与常规的全桥变换器相比,移相全桥变换器具有明显的优势。后者可以利用变压器漏感与开关管结电容谐振,在不增加额外元器件的情况下,通过移相控制方式,使功率开关管实现零电压导通,减小开关损耗;降低开关噪声,提高整机效率,减小整机的体积与重量;保持了恒频控制,且开关管的电压电流应力与常规的全桥变换器基本相同。其主要缺点为:滞后桥臂开关管在轻载时将失去零电压开关功能;一次侧有较大环流,增加了系统通态损耗;存在着占空比丢失;输出整流二极管为硬开关,开关损耗较大。

## 9.4.2　双有源桥变换器

双有源桥变换器如图 9-42 所示, $L$ 为辅助电感,用于实现软开关以及构成双有源桥的功率传输储能元件, $v_p$ 和 $v_s$ 分别为一、二次侧桥臂中点电压。Tr 为高频变压器,其变比为 $n:1$。与移相全桥变换器相比,双有源桥变换器有 4 对可控时序的主动桥臂,存在左侧、右侧全桥内部两个桥臂的内移相角以及两个全桥之间的外移相角共计三个移相角或三个控制变量。

如果忽略图 9-42 中的变压器,可将双有源桥变换器等效为两个方波或准方波电源通过电感相连的拓扑,如图 9-43(a)所示。分析两个方波或准方波电源中的基波分量,可将双有源桥变换器一、二次侧电压源理解为两个相位不同的电网,通过电感连接并传输功率,因此可以画出图 9-43(b)中的矢量分析图。在一、二次侧交流电压存在一定的相位差时,即可在电感上产生电压 $v_x$,生成的 $i_L$ 即为双有源桥传递的带有大小和相位信

息的电感电流。当一次侧交流电压 $v_p$ 超前二次侧交流电压 $v_s$ 时,功率从一次侧流向二次侧;当一次侧交流电压 $v_p$ 滞后二次侧交流电压 $v_s$ 时,功率从二次侧流向一次侧。因为移相角的变化是连续的,故双有源桥变换器在双向功率变换中可以像电网潮流一样无缝切换。

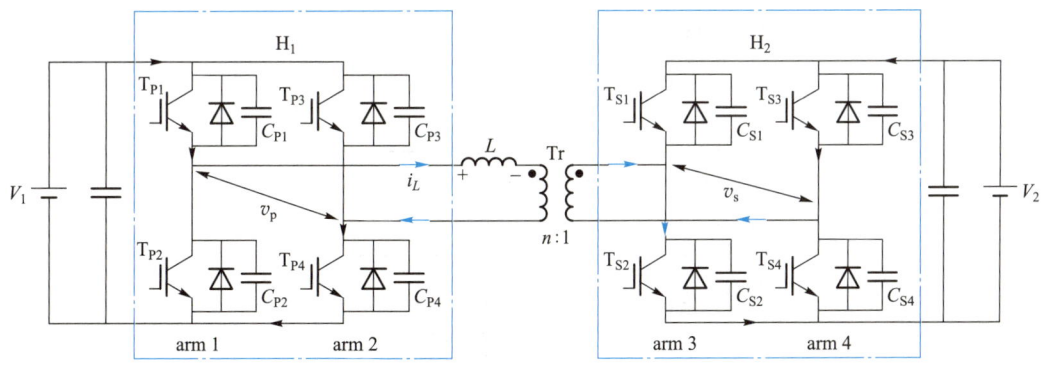

图 9-42　双有源桥变换器

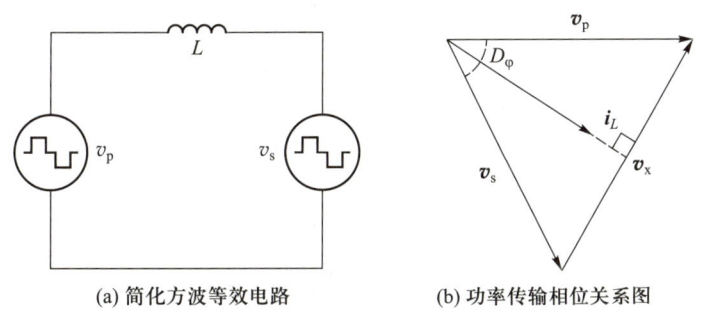

(a) 简化方波等效电路　　　　(b) 功率传输相位关系图

图 9-43　双有源桥变换器等效电路分析

从双有源桥变换器提出到现在的三十多年中,产生了多种移相角的控制方式。本书以最基础的单重移相控制为例,分析双有源桥变换器的工作原理与拓扑特性。

（1）单重移相下双有源桥变换器的工作原理分析

定义增益比 $k=nV_2/V_1$,通常 $k=1$ 时,即两侧电压为变压器变比时,双有源桥变换器工作在最佳工作点,$k>1$ 为升压工况,$k<1$ 为降压工况。无论使用何种移相控制方式,双有源桥变换器拓扑的每一桥臂的上下管都工作在 50% 占空比互补导通模式。$t_d$ 为死区时间,$T_{hs}$ 为半周期时间,$f_s$ 为开关频率,即 $T_{hs}=\dfrac{1}{2f_s}$。$D_\varphi T_{hs}$ 为 $T_{S1}$ 相对 $T_{P1}$ 驱动波形的移相时间,$D_\varphi$ 为表征移相大小的移相占空比,正向工作即功率正向传输时 $D_\varphi$ 取值范围为 $0\sim1$,反向工作时 $D_\varphi$ 取值范围为 $-1\sim0$。在高频变压器无气隙条件下,励磁电流可忽略不计,在 $v_p$ 和 $v_s$ 的作用下,辅助电感中的电流与变压器绕组电流如图 9-44 中的 $i_L$ 所示,以流向右侧为正。双有源桥变换器的功率传输通过控制储能电感电流来实现,其输出特性为一电流源,更多应用在两侧都为电压源 $V_1$ 与 $V_2$ 的工况工作。因

此,以两侧均接入电压源(如两侧都为电池)为例进行分析,因此,在开关周期中,$v_p$ 和 $v_s$ 的幅值固定。

对双有源桥变换器在功率正向流动、降压工况运行下进行分析。双有源桥变换器各阶段工作过程如图 9-44 所示,其中 $T_{P1}$、$T_{P3}$、$T_{S1}$、$T_{S3}$ 为桥臂上管的驱动信号,下管 $T_{P2}$、$T_{P4}$、$T_{S2}$、$T_{S4}$ 的驱动信号与上管互补。

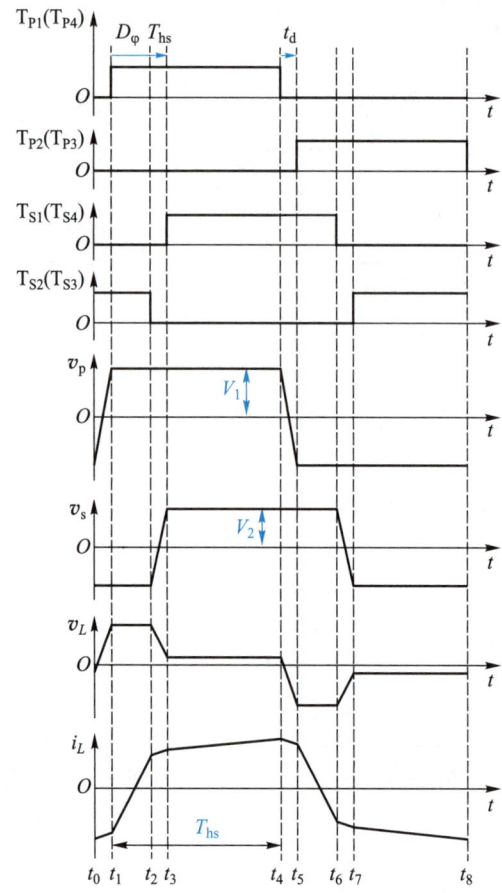

图 9-44　单重移相降压模式($k<1$)控制下双有源桥变换器的典型工作波形

以半周 $t_0 \sim t_4$ 为例分析双有源桥变换器各阶段工作过程,如图 9-45 所示。

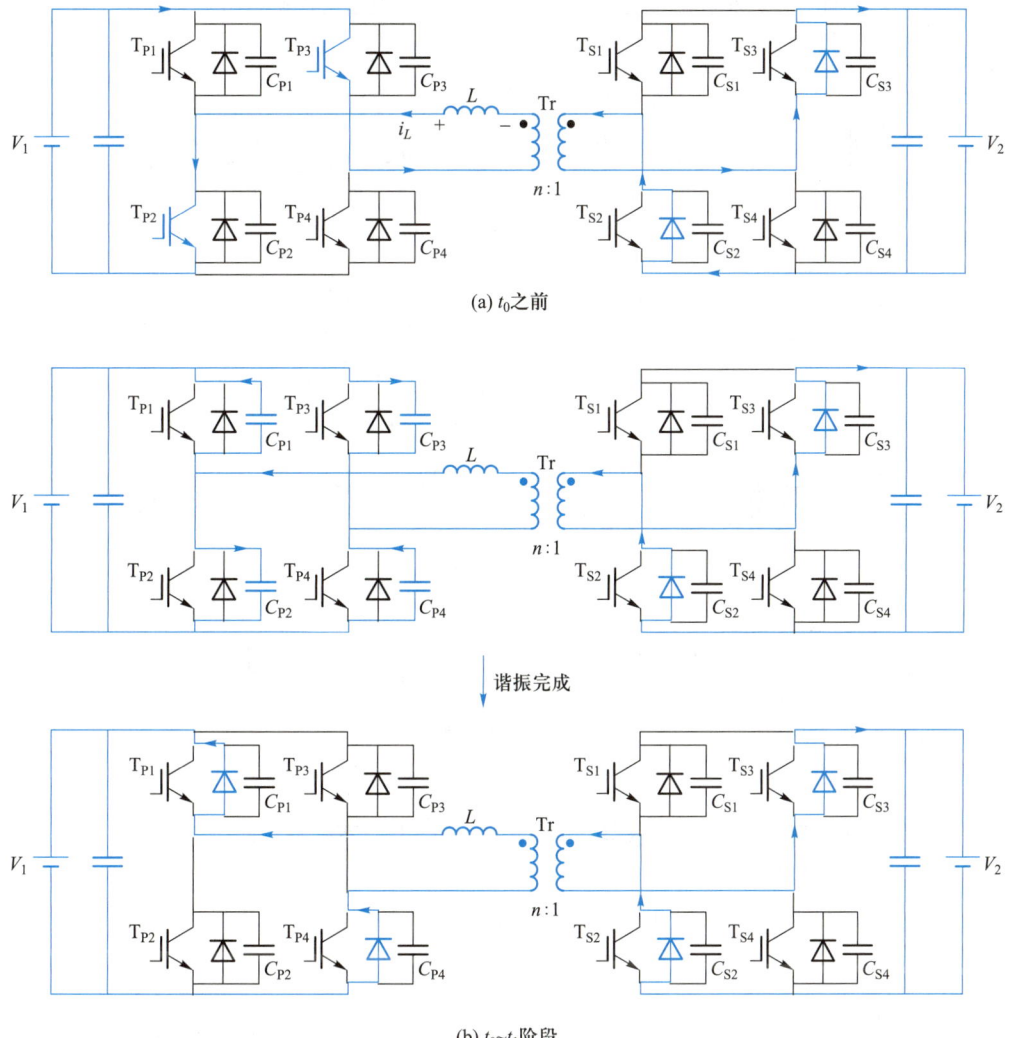

(a) $t_0$ 之前

↓ 谐振完成

(b) $t_0 \sim t_1$ 阶段

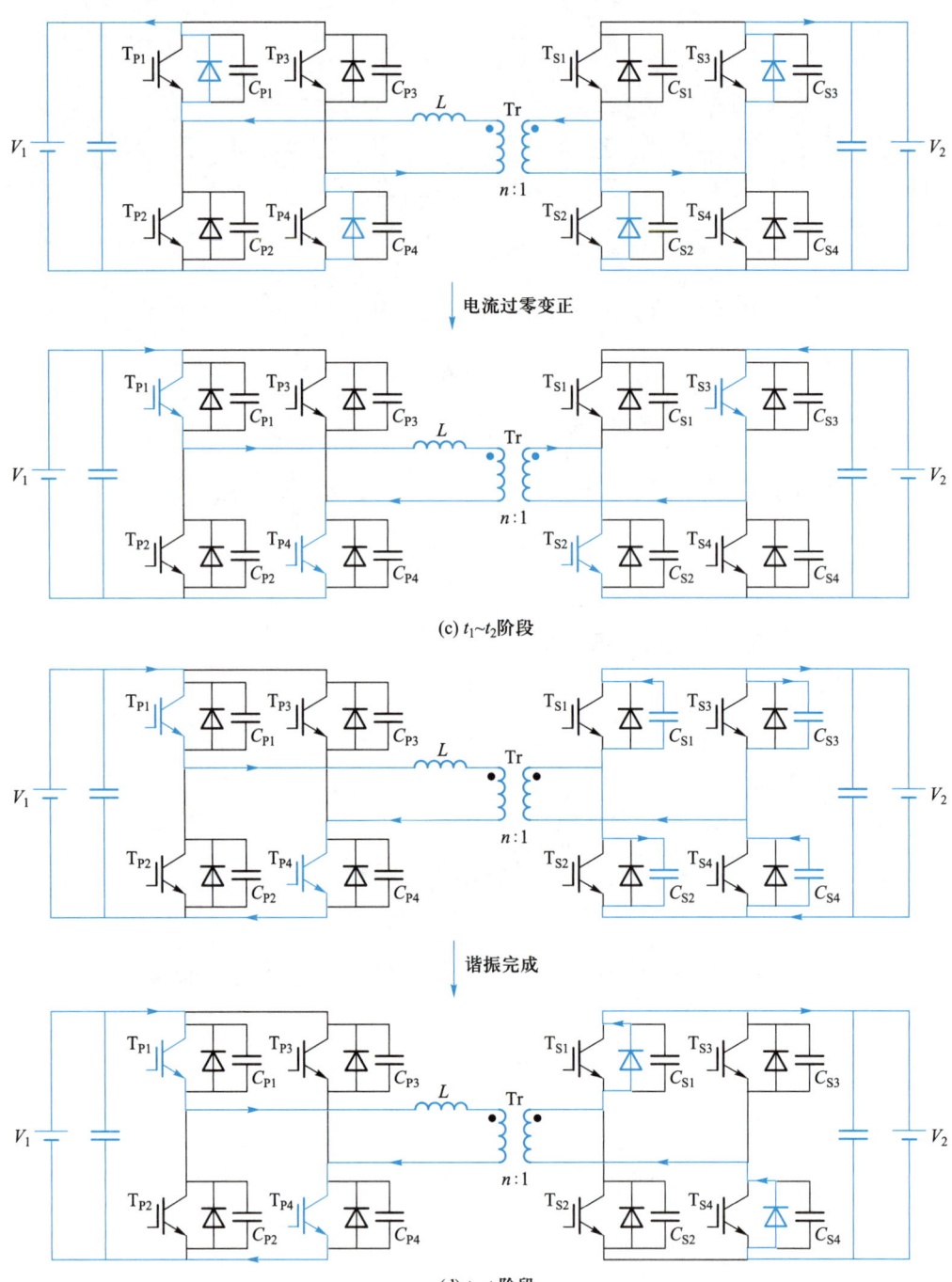

电流过零变正

(c) $t_1 \sim t_2$阶段

谐振完成

(d) $t_2 \sim t_3$阶段

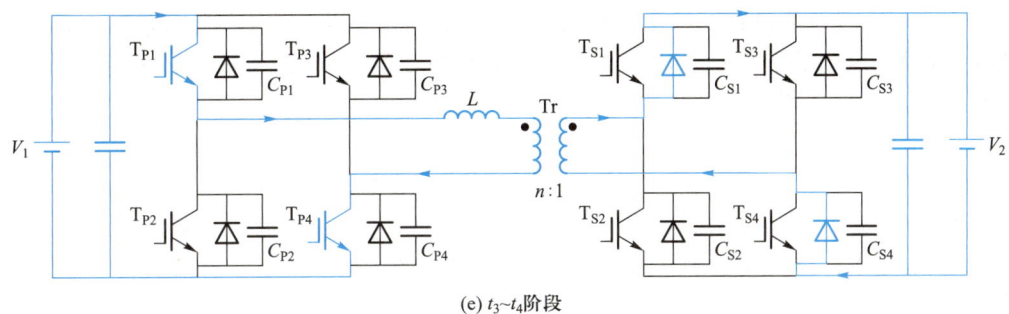

(e) $t_3 \sim t_4$ 阶段

图 9-45　双有源桥变换器各阶段工作过程

① $t_0$ 时刻之前,电流路径如图 9-45(a)所示,$T_{P2}$、$T_{P3}$ 以及 $T_{S2}$、$T_{S3}$ 的反并联二极管导通,一次侧和二次侧全桥输出端口电压分别为 $-V_1$ 和 $-nV_2$,电感两端电压为 $nV_2-V_1$,$i_L$ 线性减小,其表达式为

$$i_L(t) = i_L(t_0) + \frac{nV_2 - V_1}{L}(t - t_0) \tag{9-29}$$

② $t_0 \sim t_1$ 阶段,电流路径如图 9-45(b)所示,$t_0$ 时刻,$T_{P2}$、$T_{P3}$ 硬关断,一次侧进入死区状态,二次侧 $T_{S2}$ 和 $T_{S3}$ 反并联二极管处于导通状态。一次侧电感 $L$ 与开关管 $T_{P1}$、$T_{P2}$、$T_{P3}$、$T_{P4}$ 的寄生电容 $C_{P1}$、$C_{P2}$、$C_{P3}$、$C_{P4}$ 发生谐振,其中 $C_{P2}$ 和 $C_{P3}$ 充电,$C_{P1}$ 和 $C_{P4}$ 放电。当谐振完成后,电容 $C_{P1}$ 和 $C_{P4}$ 放电至电压为零,$C_{P2}$ 和 $C_{P3}$ 充电至电压为输入电压 $V_1$,由于电感电流为负,一次侧电流流经 $T_{P1}$ 和 $T_{P4}$ 的反并联二极管,$T_{P1}$、$T_{P4}$ 的两端电压为零,为 ZVS 开通创造条件。

③ $t_1 \sim t_2$ 阶段,电流路径如图 9-45(c)所示。$t_1$ 时刻前 $T_{P1}$、$T_{P4}$ 的二极管处于续流状态,$T_{P1}$、$T_{P4}$ 在 $t_1$ 时刻实现零电压开通。一、二次侧电流分别流过 $T_{P1}$、$T_{P4}$、$T_{S2}$ 以及 $T_{S3}$ 的反并联二极管。$i_L$ 过零变正后,$T_{P1}$、$T_{P4}$、$T_{S2}$ 以及 $T_{S3}$ 导通电流,因此一、二次侧全桥的输出端口电压别为 $V_1$ 和 $-V_2$,电感两端电压为 $V_1+nV_2$,电感电流 $i_L$ 线性上升,可表示为

$$i_L(t) = i_L(t_1) + \frac{V_1 + nV_2}{L}(t - t_1) \tag{9-30}$$

④ $t_2 \sim t_3$ 阶段,电流路径如图 9-45(d)所示。$t_2$ 时刻二次侧开关管 $T_{S2}$、$T_{S3}$ 硬关断,二次侧进入死区状态。一次侧开关 $T_{P1}$ 和 $T_{P4}$ 处于导通状态。此时 $i_L$ 为正,电感 $L$ 与 $T_{S1}$、$T_{S2}$、$T_{S3}$、$T_{S4}$ 的寄生电容 $C_{S1}$、$C_{S2}$、$C_{S3}$、$C_{S4}$ 发生谐振,其中 $C_{S2}$ 和 $C_{S3}$ 充电,$C_{S1}$ 和 $C_{S4}$ 放电。同样地,当谐振过程结束后,$C_{S2}$ 和 $C_{S3}$ 两端的电压为输出电压 $V_2$,而 $C_{S1}$ 和 $C_{S4}$ 两端电压下降至零。此时电感电流方向为正,二次侧电流通过 $T_{S1}$ 和 $T_{S4}$ 的反并联二极管续流,为 ZVS 开通创造条件。

⑤ $t_3 \sim t_4$ 阶段,电流路径如图 9-45(e)所示。在经过一段死区时间后,电路 $T_{S1}$、$T_{S4}$ 的二极管处于续流阶段,$T_{S1}$、$T_{S4}$ 在 $t_3$ 时刻打开即能实现零电压软开通。一次侧和二次侧全桥的端口电压分别为 $V_1$ 和 $V_2$,电感两端电压为 $V_1-nV_2$,$i_L$ 线性增大,其表达式由下式给出

$$i_L(t) = i_L(t_3) + \frac{V_1 - nV_2}{L}(t - t_3) \tag{9-31}$$

由于双有源桥变换器在稳态运行时,满足电感伏秒平衡的条件,其电感电流正负半周完全对称,因此状态 $t_5 \sim t_8$ 与状态 $t_1 \sim t_4$ 呈完全的正负对称关系,故不再详细分析双有源桥变换器后半周期的工作情况。

（2）双有源桥变换器单重移相调制工作特性

① 传输功率。由于变换器前后半个周期的工作模态对称,因此可基于双有源桥变换器半个周期的工作情况对其功率进行求解。在此,定义一次侧向二次侧传输功率为正向,系统的功率传输计算均从一次侧进行。正向传输功率时,定义平均功率为 $P$,其可通过一次侧输出端口电压 $v_p$ 和电感电流 $i_L$ 在半周期内的积分计算得出

$$P = \frac{1}{T_s} \int_{t_0}^{t_4} v_p(t) i_L(t) \, dt = \frac{nV_1V_2}{2f_sL} D_\varphi (1 - D_\varphi), D_\varphi \in [0, 1] \tag{9-32}$$

同理,当 $D_\varphi$ 为负时,一次侧传输功率为负,即系统向一次侧反向传输功率。此时传输的功率仍可用积分计算得到

$$P = \frac{1}{T_s} \int_{t_0}^{t_4} v_s(t) i_L(t) \, dt = \frac{nV_1V_2}{2f_sL} D_\varphi (1 + D_\varphi), D_\varphi \in [-1, 0] \tag{9-33}$$

结合双有源桥变换器正反向传输功率表达式,可统一总结为如下形式

$$P = \frac{1}{T_s} \int_{t_0}^{t_4} v_p(t) i_L(t) \, dt = \frac{nV_1V_2}{2f_sL} D_\varphi (1 - |D_\varphi|), D_\varphi \in [-1, 1] \tag{9-34}$$

由式（9-34）可知,通过控制外移相角 $D_\varphi$ 可实现对双有源桥变换器传输功率大小和方向的控制。

② 软开关范围。双有源桥变换器的软开关一般指开关器件的零电压开通。为实现开关管的 ZVS 开通,在开关管导通之前电感电流必须通过反并联二极管续流,即在死区时间内电感电流需要把将导通开关管的电容电荷抽走,并同时给刚关断开关管的电容电荷充满,使得开关管开通前其两端电压被续流的反并联二极管钳位在零电压,从而实现 ZVS 开通。为此,电感的电流方向有一定的限制,才能保证电流在死区时间内可通过开关管的反并联二极管续流。假设在开关管 $T_{S1}$ 开通的时刻,电感电流方向满足其 ZVS 条件,则在后半周期的同一时刻即 $T_{S2}$ 开通时,根据电感伏秒平衡原理,此时电感电流方向必与半周期之前相反,也就必能满足 $T_{S2}$ 的 ZVS 条件。因此只要保证同一桥臂中某一开关管可 ZVS 开通,则其互补开关管也就能同时实现软开。对此,表 9-1 列出了双有源桥变换器八个开关管 ZVS 开通对电感电流方向的限制条件。

表 9-1　双有源桥变换器八个开关管 ZVS 开通对电感电流方向的限制条件

| 开关管 | 电感电流约束 |
| --- | --- |
| $T_{P1}, T_{P4}, T_{S2}, T_{S3}$ | $i_L < 0$ |
| $T_{P2}, T_{P3}, T_{S1}, T_{S4}$ | $i_L > 0$ |

在单重移相控制方式下,开关管 $T_{P1}$ 和 $T_{P4}$、$T_{P2}$ 和 $T_{P3}$、$T_{S1}$ 和 $T_{S4}$、$T_{S2}$ 和 $T_{S3}$ 同时动作。根据图 9-44 可列出单重移相控制下各开关管 ZVS 开通对电感电流方向的约束不等式为

$$\begin{cases} i_L(t_0) < 0 & T_{P1} \ \& \ T_{P4} \\ i_L(t_2) > 0 & T_{S1} \ \& \ T_{S4} \end{cases} \tag{9-35}$$

同时根据电感各时刻电流表达式之间的关系,忽略死区模态中开关结电容充放电时间的情况下,可得到下列等式

$$\begin{cases} i_L(t_2) = \dfrac{V_1 + nV_2}{L} D_\varphi T_s + i_L(t_0) \\[2mm] i_L(t_4) = \dfrac{V_1 - nV_2}{L}(1 - D_\varphi) T_s + i_L(t_2) \\[2mm] i_L(t_0) + i_L(t_4) = 0 \end{cases} \qquad (9\text{-}36)$$

根据公式(9-36)可得双有源桥变换器各开关时刻的电流表达式为

$$\begin{cases} i_L(t_0) = -\dfrac{T_s[V_1 + nV_2(2D_\varphi - 1)]}{2L} \\[3mm] i_L(t_2) = \dfrac{T_s[V_1(2D_\varphi - 1) + nV_2]}{2L} \\[3mm] i_L(t_4) = \dfrac{T_s[V_1 + nV_2(2D_\varphi - 1)]}{2L} \end{cases} \qquad (9\text{-}37)$$

结合式(9-35)的 ZVS 软开通电流限定条件,可以解得满足软开通所需的移相角范围

$$\begin{cases} D_\varphi > \dfrac{1-k}{2} & T_{S1} \ \& \ T_{S4} \\[3mm] D_\varphi > \dfrac{k-1}{2k} & T_{P1} \ \& \ T_{P4} \end{cases} \qquad (9\text{-}38)$$

根据式(9-38)可分析出:当一、二次侧的输出端口电压匹配即 $k=1$ 时,所有开关管均能实现 ZVS 开通;当双有源桥变换器处于降压模式即 $k<1$ 时,一次侧所有开关管均可 ZVS 软开,二次侧开关管则需要满足 $D_\varphi > (1-k)/2$;当双有源桥变换器处于升压模式即 $k>1$ 时,二次侧所有开关管均可软开,一次侧开关管的 ZVS 限制条件 $D_\varphi > (k-1)/2k$;当双有源桥变换器处于轻载模式即 $D_\varphi$ 较小时,软开关范围较窄;随着 $k$ 远离 1,双有源桥变换器的软开关范围逐渐减小。为了改善双有源桥变换器的软开关特性,需要对电路的控制方式进行改进,这也是双有源桥变换器引入双重移相控制(DPS)、三重移相控制(TPS)的目的之一。限于篇幅,本书不再介绍。

# 本章小结

本章首先介绍了软开关的基本概念和分类,然后重点介绍 LLC、移相全桥变换器、双有源桥变换器等得到很多工业应用的软开关变换器。

软开关变换器本质上是在实现功率变换、电压等变量调节功能基础上实现零电压开通、零电流关断等以减少开关损耗。而对于软开关 DC—DC 变换器,它首先要实现输出电压调节的功能,与此同时实现软开关,以提高系统效率。而本书正是根据变换器同时实现调压和软开关两种功能的不同方式,将软开关变换器分为谐振型和移相型两大类。实际中,在宽电压范围等条件下,两种方式常常结合使用。

# 习题

1. 高频化的意义是什么？

2. 什么是软开关？软开关电路分为几类？

3. 以 Buck 变换器为例，说明零电压开关准谐振变换器和零电压开关 PWM 变换器在电路结构及特性上的区别。

4. 说明逆变器的谐振直流环节如何实现零电压开通和关断。

5. 以 Boost 变换器为例，说明零电压转换 PWM 变换器的工作原理，与零电压开关 PWM 控制相比，有何改进？

6. 在移相全桥零电压开关 PWM 电路中，如果没有谐振电感 $L_r$，电路的工作状态将发生哪些变化，哪些开关仍是软开关，哪些开关将成为硬开关？

7. 在零电压转换 PWM 电路中，辅助开关 $T_{s1}$ 和二极管 $D_1$ 是软开关还是硬开关？为什么？

8. 试分析 LLC 电路能够实现升压的原因。其与第 4 章 DC—DC 变换器中哪种变换器实现升压的原理类似？

9. 试分析移相全桥 ZVS-PWM DC—DC 变换器工作原理和实现软开关的条件。移相控制 ZVS-PWM 全桥变换器实现零电压开通时，超前桥臂和滞后桥臂开关过程有何异同？

10. 除了单重移相，双有源桥变换器还有什么移相方式？双有源桥变换器的移相和移相全桥的移相策略异同点是什么？

# 参考文献

［1］ Mohan N, Undeland T, Robbins W P. Power Electronics Converters, Applications, And Design［M］. 3rd ed. 北京:高等教育出版社,2004.

［2］ 张兴,黄海宏. 电力电子技术［M］. 3 版. 北京:科学出版社,2023.

［3］ 刘进军,王兆安. 电力电子技术［M］. 6 版. 北京:机械工业出版社,2022.

［4］ 阮毅,杨影,陈伯时. 电力拖动自动控制系统——运动控制系统［M］. 5 版. 北京:机械工业出版社,2016.

［5］ 陈坚,康勇. 电力电子学——电力电子变换和控制技术［M］. 3 版. 北京:高等教育出版社,2011.

［6］ 徐德鸿,马皓,汪槱生. 电力电子技术［M］. 北京:科学出版社,2006.

［7］ 林渭勋. 现代电力电子电路［M］. 杭州:浙江大学出版社,2002.

［8］ 张立,赵永健. 现代电力电子技术［M］. 北京:科学出版社,1992.

［9］ 贺益康,潘再平. 电力电子技术［M］. 3 版. 北京:科学出版社,2019.

［10］ 阮新波,严仰光. 直流开关电源的软开关技术［M］. 北京:科学出版社,2000.

［11］ 赵修科. 实用电源技术手册:磁性元器件分册［M］. 沈阳:辽宁科学技术出版社,2002.

## 读者意见反馈

为收集对教材的意见建议，进一步完善教材编写并做好服务工作，读者可将对本教材的意见建议通过如下渠道反馈至我社。

咨询电话　400-810-0598

反馈邮箱　gjdzfwb@ pub.hep.cn

通信地址　北京市朝阳区惠新东街 4 号富盛大厦 1 座
　　　　　高等教育出版社总编辑办公室

邮政编码　100029

## 防伪查询说明

用户购书后刮开封底防伪涂层，使用手机微信等软件扫描二维码，会跳转至防伪查询网页，获得所购图书详细信息。

防伪客服电话　（010）58582300